W0236730

Hans Förstl (Hrsg.)

Theory of Mind

Neurobiologie und Psychologie sozialen Verhaltens

Hans Förstl (Hrsg.)

Theory of Mind

Neurobiologie und Psychologie
sozialen Verhaltens

Mit 41 zum Teil farbigen Abbildungen

 Springer

Prof. Dr. med. Hans Förstl
Klinik und Poliklinik für Psychiatrie und Psychotherapie
Klinikum rechts der Isar der TU München
Ismaninger Straße 22
81675 München

ISBN-10   3-540-27240-2
ISBN-13   978-3-540-27240-3

Springer Medizin Verlag Heidelberg

Bibliografische Information der Deutschen Nationalbibliothek
Die Deutsche Nationalbibliothek verzeichnet diese Publikation in der Deutschen Nationalbibliografie;
detaillierte bibliografische Daten sind im Internet über http://dnb.d-nb.de abrufbar.

Springer Medizin Verlag

springer.com

© Springer Medizin Verlag Heidelberg 2007

Printed in Germany

Planung: Renate Scheddin
Projektmanagement: Renate Schulz
Lektorat: Karin Dembowsky, München
Design: deblik Berlin
SPIN 11509950
Satz: medionet AG, Berlin
Druck: Stürtz GmbH, Würzburg
Gedruckt auf säurefreiem Papier   2126 – 5 4 3 2 1 0

Vorwort

Zorzi von Castelfranco (»Giorgione« oder der große Giorgio) hinterließ ein rätselhaftes Bild, das nur einen Teil seiner Spannung aus dem Gewitter im Hintergrund bezieht. Da wir uns mit Psychologie und Hirnfunktion in sozialen Beziehungen beschäftigen, haben wir diese meteorologische Marginalie auf dem Umschlag abgeschnitten. Der Betrachter interessiert sich ohnehin vorrangig für Mutter und Kind, hell im rechten Vordergrund der bukolischen Landschaft. Das Kind interessiert sich dagegen für nahe liegende Schlüsselreize und nicht für entfernte Betrachter aus einer späteren Epoche, wohl aber die Mutter, deren aufmerksamer Blick auf uns gerichtet ist, während sie ihrem Säugling eher nebenbei die Brust gibt. Dass ein Söldner mit Lanze am linken Bildrand mit gefälligem Interesse, aber ohne erkennbare Beziehung zur Mutter – ähnlich wie wir – auf sie schaut, irritiert zusehends. Wie Röntgenaufnahmen des Bildes zeigen, stand vorher an gleicher Stelle eine Nymphe im Wasser. Fand Giorgione es möglicherweise reizvoller, uns – in einem kühnen Vorgriff auf die Symbolik eines Sigmund Freud – quasi auf der Leinwand zu spiegeln und unsere Intentionen zu entdecken, während die mythologische Bedeutung und die psychologische Situation innerhalb des Bilderrahmens hermetisch verschlossen bleiben? Aber derartige hermeneutische Aufgaben gehören zum Kerngeschäft unseres Gehirns, und wir sind gewohnt, zu brauchbaren Arbeitshypothesen zu gelangen.

Theory of Mind (ToM) ist der Versuch, andere und ihre Absichten zu verstehen und dadurch unser eigenes Verhalten vernünftig anzupassen.

In diesem Band werden zahlreiche Aspekte der ToM ohne Rücksicht auf Widersprüche, Vollständigkeit oder einheitliche Darstellung aufgegriffen. Das Spektrum der Beiträge reicht von der Zoologie, Ethnologie, Evolution und Soziobiologie, Entwicklungspsychologie, genetischen Grundlagen sozialer Kognition, Kommunikation und Komputation, der Neurophilosophie des Selbstbewusstseins, Psychodynamik und Psychosomatik, literarischen und bildnerischen Aspekten, Identität und Missidentifikation, Spiritualität und Religion sowie der Frage der Willensfreiheit bis zu den Störungen der ToM.

Was ToM ansonsten leistet, wird besonders deutlich, wenn diese grundlegend wichtige Leistung außer Kraft gesetzt wird. Beispiele sind der kollektive Verlust »menschlichen« Handelns in der jüngeren Geschichte und das kriminelle Verhalten einzelner.

Bei einer Reihe von Krankheitsbildern wird die ToM beeinträchtigt und ist mitunter gezielt wieder zu trainieren. Hierzu zählen die Persönlichkeitsstörungen im Jugend- und Erwachsenenalter, affektive Erkrankungen, Schizophrenie, Autismus, vaskuläre und degenerative Hirnerkrankungen wie die frontotemporalen Demenzen. Die ToM des Behandlers wird bei komatösen Patienten besonders gefordert. Der Beitrag von Detlev Ploog (†) – sein letztes Manuskript – erscheint inhaltlich unverändert. Es eignet sich besonders gut als Synopse des gesamten Themas.

Ich danke den Autoren. Alle haben zügig und sorgfältig ihre Manuskripte verfasst, trotz anderer zwingender Verpflichtungen, Berufungsverhandlungen, Trennungen, Fahrradunfall, Flucht, Emeritierung usw. Ohne die Unterstützung von Frau Scheddin und Frau Schulz vom Springer-Verlag und vor allem ohne das aufmerksame und konsequente Lektorat von Frau Dembowsky läge nur ein Manuskriptstapel vor mir und kein Buch vor Ihnen.

Der Herausgeber eines Buches unterzieht sich einer strengen Übung in ToM. Er öffnet die Büchse der Pandora und erfährt mehr über Menschen und Schicksale, als er wissen wollte. Wegen der hiermit erneut bewiesenen Bedeutung der ToM und einem Fehlen entsprechender Literatur erschien es unumgänglich, das Buch zu veröffentlichen.

Hans Förstl
München, im Herbst 2006

Inhaltsverzeichnis

Autorenverzeichnis

Berger, Mathias, Prof. Dr. med.
Universitätsklinik für Psychiatrie und
Psychosomatik
Abt. für Psychotherapie
Hauptstraße 5
79104 Freiburg
Mathias.Berger@uniklinik.de

Brüne, Martin, Dr. med.
Westfälisches Zentrum für Psychiatrie
und Psychotherapie der Ruhr-Universität
Alexandrinenstraße 1
44791 Bochum
Martin.Bruene@ruhr-uni-bochum.de

Cranach, Michael von, Dr. med.
Bezirkskrankenhaus Kaufbeuren
Kemnater Straße 16
87600 Kaufbeuren
michael.v.cranach@bkh-kaufbeuren.de

Diehl-Schmid, Janine, Dr. med.
Klinik für Psychiatrie und Psychotherapie
Klinikum rechts der Isar der TU München
Möhlstraße 26
81675 München
janine.diehl@lrz.tum.de

Dose, Matthias, Prof. Dr. med.
Bezirkskrankenhaus Taufkirchen (Vils)
Fachkrankenhaus für Psychiatrie
und Psychotherapie
Postfach 80
84413 Taufkirchen/Vils
m.dose@bkh-taufkirchen.de

Dykierek, Petra, Dr. phil. Dipl.-Psych.
Universitätsklinik für Psychiatrie
und Psychosomatik
Abt. für Psychotherapie
Hauptstraße 5
79104 Freiburg
petra_dykierek@uniklinik-freiburg.de

Ferstl, Evelyn C., Dr.
Max-Planck-Institut für Kognitions-
und Neurowissenschaften
Stephanstraße 1a
04103 Leipzig

Förstl, Hans, Prof. Dr. med.
Klinik und Poliklinik für Psychiatrie und
Psychotherapie
Klinikum rechts der Isar der TU München
Ismaninger Straße 22
81675 München
hans.foerstl@lrz.tum.de

Freisleder, Franz Joseph, Dr. med.
Heckscher Klinik des Bezirks Oberbayern
Fachklinik für Psychiatrie, Neurologie und
Psychotherapie des Kindes- und Jugendalters
Deisenhofener Straße 28
81539 München
FranzJosephFreisleder@Heckscher-Klinik.de

Gehring, Ulrike, Jun.-Prof. Dr. phil.
Institut für Kunstgeschichte der Universität Trier
FB III
54286 Trier
gehring@uni-trier.de

Gündel, Harald, Priv.-Doz. Dr. med.
Institut und Poliklinik für Psychosomatische Medi-
zin, Psychotherapie und Medizinische Psychologie
Klinikum rechts der Isar der TU München
Langerstraße 3/I
H.Guendel@lrz.tu-muenchen.de

Hohendorf, Gerrit, Dr. med.
Institut für Geschichte und Ethik der Medizin der
TU München
Ismaninger Straße 22
81675 München
Hohendorf@gesch.med.tu-muenchen.de

Horn, Alexander, Kriminalhauptkommissar
Polizeipräsidium München
Kommissariat 115
Tegernseer Landstraße 220
81549 München
alexander.horn03@polizei.bayern.de

Janzen, Rudolf W.C., Prof. Dr. med.
Ehemals Neurologische Klinik
Krankenhaus Nordwest
Steinbacher Hohl 2-26
60488 Frankfurt
janzen.rudolf.wc@khnw.de

Kircher, Tilo, Prof. Dr. med.
Universitätsklinik für Psychiatrie
der RWTH Aachen
Pauwelsstraße 30
52074 Aachen
tilo.kircher@ukaachen.de

Leube, Dirk, Dr. med.
Universitätsklinik für Psychiatrie
der RWTH Aachen
Pauwelsstraße 30
52074 Aachen
dleube@ukaachen.de

Mainzer, Klaus, Prof. Dr.
Universität Augsburg
Lehrstuhl für Philosophie
Wissenschaftstheorie
Universitätsstraße 10
86159 Augsburg
klaus.mainzer@phil.uni-augsburg.de

Marx, Peter, Prof. em. Dr. med.
Klinik und Hochschulambulanz
für Neurologie und Klinische Neuropsychologie
Charité – Universitätsmedizin Berlin
Hindenburgdamm 30
12200 Berlin
peter.marx@charite.de

Meyer-Lindenberg, Andreas, Priv.-Doz. Dr. med.
Unit for Systems Neuroscience in Psychiatry
and Neuroimaging
Genes, Cognition and Psychosis Program
National Institute for Mental Health
National Institutes of Health 10-3C101
9000 Rockville Pike
Bethesda, MD 20892
USA
andreasm@mail.nih.gov

Möller, Arnulf, Priv.-Doz. Dr. Dr. med.
Regionaler Ärztlicher Dienst
IV-Stelle
Leitender Arzt
Röntgenstraße 17/Postfach
8087 Zürich
Schweiz
amo@svazurich.ch

Newen, Albert, Prof. Dr. phil.
Eberhardt-Karls-Universität Tübingen
Philosophisches Seminar
Bursagasse 1
72070 Tübingen
newen@uni-tuebingen.de

Northoff, Georg, Prof. Dr. med. habil. Dr. phil. habil.
Klinik für Psychiatrie, Psychotherapie
und Psychosomatische Medizin
Leipziger Straße 44
39120 Magdeburg
georg.northoff@medizin.uni-magdeburg.de

Ploog, Detlev, Prof. Dr. med. Dr. phil. h.c. (†)
Ehemals Max-Planck-Institut für Psychiatrie
Kraepelinstraße 2
80804 München

Reichholf, Josef H., Prof. Dr. rer. nat.
Zoologische Staatssammlung der LMU
Wirbeltierabteilung
Münchhausenstraße 21
81247 München
Reichholf.Ornithologie@zsm.mwn.de

Rentrop, Michael, Dr. med.
Klinik und Poliklinik für Psychiatrie
und Psychotherapie
Klinikum rechts der Isar der TU München
Ismaninger Straße 22
81675 München
michael.rentrop@lrz.tum.de

Roth, Gerhard, Prof. Dr. phil. Dr. rer. nat.
Institut für Hirnforschung
Universität Bremen
Postfach 33 04 40
28334 Bremen
gerhard.roth@uni-bremen.de

Schiefenhövel, Wulf, Prof. Dr. med.
Max-Planck-Institut für Verhaltensphysiologie
Humanethologie
Von-der-Tann-Straße 3
82346 Andechs
schiefen@erl.ornithol.mpg.de

Schramm, Elisabeth, Dr. Dipl.-Psych.
Universitätsklinik für Psychiatrie
und Psychosomatik
Abt. für Psychotherapie
Hauptstraße 5
79104 Freiburg
Lisa.Schramm@uniklinik-freiburg.de

Sodian, Beate, Prof. Dr. phil.
Institut für Entwicklungspsychologie
und Pädagogische Psychologie
Ludwig-Maximilians-Universität
Leopoldstraße 13
80802 München
sodian@edupsy.uni-muenchen.de

Steinböck, Herbert, Dr. med.
Forensische Abteilung
Bezirkskrankenhaus Haar
Ringstraße 20
85540 Haar
Steinboeck@krankenhaus-haar.de

Vogeley, Kai, Prof. Dr. med. Dr. phil.
Klinik und Poliklinik für Psychiatrie
und Psychotherapie
Klinikum der Universität zu Köln
Kerpener Straße 62
50924 Köln
kai.vogeley@uk-koeln.de

Wendel, Claudia, Dr. Dipl.-Psych.
Fachbereich Angewandte Humanwissenschaften
Hochschule Magdeburg-Stendal
Osterburger Straße 25
39576 Stendal
claudia.wendel@hs-magdeburg.de

Wendt, Gunna
Jella-Lepman-Straße 38
81673 München
gunna.wendt@t-online.de

Wilmanns, Juliane C., Prof. Dr. phil. Dr. med.
Institut für Geschichte und Ethik der Medizin
der TU München
Ismaninger Straße 22
81675 München
wilmanns@gesch.med.tum.de

Abkürzungsverzeichnis

AAI	*Adult Attachment Interview*
AAM	Angeborener Auslösemechanismus
ACA	Arteria cerebri anterior
ACC	Anteriorer zingulärer Kortex
ACM	Arteria cerebri media
AD	Alzheimer-Demenz
ADHS	Aufmerksamkeitsdefizit-/Hyperaktivitätsstörung
ADI-R	*Autism Diagnosis Interview–Revised*
aTL	Anteriorer Temporallappen
BA	Brodmann-Areal
BLPC	Bilateraler parietaler Kortex
BOLD	*Blood Oxygen Level-Dependent*
CBASP	*Cognitive Behavioral Analysis System of Psychotherapy*
CCT	Kraniale Computertomographie
CNN	*Cellular Neural Network*
DBT	Dialektisch-behaviorale Therapie
DLPFC	Dorsolateraler präfrontaler Kortex
dmPFC	Dorsaler frontomedialer Kortex
DMPFC	Dorsomedialer präfrontaler Kortex
DMT	Dorsomedialer Thalamus
DSM	Diagnostisches und statistisches Manual psychischer Störungen
EEA	*Environment of Evolutionary Adaptedness*
fMRT (fMRI)	Funktionelle Magnetresonanztomographie
FTD	Frontotemporale Demenz
FTLD	Frontotemporale lobäre Neurodegeneration
ICD	Internationale Klassifikation psychischer Erkrankungen
IPT	Interpersonelle Psychotherapie
KI	Künstliche Intelligenz
KMS	Kortikale Midline-Strukturen
KVT	Kognitive Verhaltenstherapie
LiS	Locked-in-Syndrom
LPFC	Lateraler präfrontaler Kortex
LPMC	Lateraler prämotorischer Kortex
LSD	Lysergsäurediethylamid
MB	Mittelhirn (*Midbrain*)
MBT	*Mentalization-Based Treatment*
MC	Motorischer Kortex
MIT	Massachusetts Institute of Technology
MOFC	Medialer orbitofrontaler Kortex
MPC	Medialer parietaler Kortex
MPFC	Medialer präfrontaler Kortex
NIMH	National Institute of Mental Health
OFA	Operative Fallanalyse
OFC	Orbitofrontaler Kortex

PACC	Prägenualer anteriorer zingulärer Kortex
PCC	Posteriorer zingulärer Kortex
PCL-R	*Psychopathy Checklist-Revised*
PCP	Phencyclidin
PET	Positronenemissionstomographie
PFC	Präfrontaler Kortex
PMC	Prämotorischer Kortex
rCBF	Regionaler zerebraler Blutfluss
RS (RSC)	Retrosplenium (retrosplenialer Kortex)
SACC	Supragenualer anteriorer zingulärer Kortex
SBP	Selbstbezogenes Processing
SD	Semantische Demenz
SMA	Supplementärmotorischer Kortex
SOC	*Sense of Coherence*
SONAR	*Sex Offender Need Assessment Rating*
SOPT	*Sex Offender Treatment Programme*
STIPO	Strukturiertes Interview zur Erfassung von Persönlichkeitsorganisation
STS	Superiorer temporaler Sulcus
TFP	Übertragungsfokussierte Psychotherapie (*Transference-Focused Psychotherapy*)
TMT-B	*Trail Making Test-B*
ToBy	*Theory of Body*
ToM	*Theory of Mind*
TPJ	*Temporoparietal Junction*
VMPFC	Ventromedialer präfrontaler Kortex
WBS	Williams-Beuren-Syndrom
WCST	*Wisconsin Card Sorting Test*

Grundlagen

Theory of Mind: Anfänge und Ausläufer

Hans Förstl

1

1.1   Begriff

Die Bezeichnung »Theory of Mind« (ToM) ist mehrdeutig, und ihre Bedeutung muss vorab erklärt werden, um deutlich zu machen, worum es in diesem Buch geht. Fodor (1978) sowie Premack und Woodruff (1978) benutzten diesen Begriff für eine spezielle geistige Leistung, nämlich die Fähigkeit bzw. den Versuch eines Individuums, sich in andere hineinzuversetzen, um deren Wahrnehmungen, Gedanken und Absichten zu verstehen. Die folgenden Beiträge befassen sich also nicht mit allgemeinen philosophischen Theorien über die Natur, Eigenschaften und Funktionen des menschlichen Geistes (*philosophy of mind*), mit dem Leib-Seele-Problem oder deren modernen Lösungsversuchen im Kontext von Neurobiologie und Neurophilosophie. Die letztgenannten Disziplinen tauchen aber durchaus auf, soweit sie zum Verständnis jener speziellen ToM beitragen.

ToM ist die Grundlage sozialen, »sittlichen« Verhaltens. Ohne Interesse am anderen, ohne Gefühl für dessen Bedürfnisse und ohne differenziertes Verständnis seiner Perspektiven entwickeln sich weder Mitgefühl noch Rücksicht oder Respekt. Eine Reihe von Beispielen in diesem Buch beschreibt Störungen der ToM, die zu erheblichen Defiziten in der sozialen Interaktion führen. Ein Mangel an ToM kann bei manchen Personen mit autistischer Veranlagung erhebliche Reserven für Spezialbegabungen freisetzen (*idiots savants*); dies kann als Hinweis darauf bewertet werden, wie viele Ressourcen normalerweise durch ToM-Leistungen gebunden sind. Die ToM repräsentiert zwar eine besondere und ständige menschliche Leistung, die in einigen Berufssparten besonders hoch entwickelt werden kann. Neben dem Menschen gibt es aber auch andere Lebewesen, die ihren Erfolg durch interindividuelles Verständnis optimieren können.

1.2   Verwandte Leistungen und Konzepte

Empathie. Mit Übernahme vorwiegend der emotionalen Innenperspektive einer anderen Person unter Wahrung einer gewissen beobachtenden Distanz (Als-ob-Bedingung). Empathie bezeichnet zumeist die wohlwollende und gegebenenfalls therapeutisch wirksame emotionale Zuwendung des teilnehmenden Beobachters ohne vorsätzliches Augenmerk auf die Intentionen des anderen hinsichtlich etwaiger Konsequenzen für den Beobachter selbst. Die Bandbreite dieser emotionsbetonten Gefühlsübernahme reicht von der emotionalen Ansteckung des Kleinkindes (*emotional contagion*; Simner 1971), bis zur sensiblen Artikulation von Stimmungen in sozialen Gruppen durch deren Führungspersönlichkeiten (Hsee et al. 1990).

Mimesis. Als Nachahmung (Imitation), womit notwendigerweise auch die Annäherung an die Innenperspektive des Dargestellten erfolgt. Die Darstellung wirkt umso authentischer, je erfolgreicher der Nachahmer in die emotionale und kognitive Situation des Nachgeahmten eintaucht (vgl. im Schauspielunterricht die »Lee-Strassberg-Methode«). Die intensive Darstellung von Gefühlen ist nach der Theorie von James und von Lange zwangsläufig mit deren subjektiver Wahrnehmung verbunden. Eine Sonderform der Mimesis repräsentiert die Identifikation mit anderen und die Übernahme von deren Auffassungen und Verhaltensmustern.

Hermeneutik. Das Verstehen, der intellektuelle Zugang zum Untersuchungsobjekt. Da der Götterbote Hermes seine Botschaften im Allgemeinen verschlüsselt überbrachte, mussten diese erst interpretiert, ausgelegt werden. Friedrich Schleiermacher erweiterte die bloße Exegese klassischer Schriften, welche der Begriff damals bezeichnete, um die Aspekte des Wiedererlebens und Einfühlens. Wilhelm Dilthey entwickelte die Einfühlungshermeneutik zu einer psychologisch nützlichen Disziplin. Karl Jaspers (1959) behauptete, bei dem Verstehen handele es sich entweder um ein Erhellen oder um ein Entlarven, stets aber sei dieses Deuten verbunden mit einer »Grundstimmung des Dahinterkommens«. Gedankenleser und Wahrsager verfügen über ein kommerziell nutzbares und sehr psychologisches – keineswegs parapsychologisches – Talent, empfängliche Personen zu identifizieren, zum Sprechen zu bringen und ihnen mit anderen Worten das Erfahrene wieder vieldeutig und überzeugend mitzuteilen; sie sind Meister der ToM.

Soziale Intelligenz. Nach Thorndike (1920) die Fähigkeit, Menschen zu verstehen und zu »managen«, kurz, hinsichtlich menschlicher Beziehungen klug und erfolgreich zu handeln. Die Evolutionsbiologie entdeckte Elemente des Machiavellismus, die nicht nur bei politischen Prozessen in Großgruppen wirksam seien, sondern als machiavellistische Intelligenz-Leistungen auch in einem kleinen Personenkreis zum eigenen Vorteil eingesetzt werden können. Trivers (1971) definierte den reziproken Altruismus, durch den nicht allein die Gruppe – wie in der klassisch soziologischen Auffassung Auguste Comtes – profitiere, sondern – bei geschickter Bilanzierung von persönlicher Investition und Rendite – auch das handelnde Individuum. Damit werden komplizierte Kosten-Nutzen-Berechnungen der Wirtschaftsmathematik, die intelligenten Lebewesen teilweise intuitiv zugänglich sind, zu einer Basis sozialer Kontrakte. Am Spiel erfolgreich zu partizipieren vermögen nur jene Individuen, die Betrug und Betrüger durch sensible Perspektivübernahme identifizieren. Die perfekteste Täuschung jedoch gelingt (s. Mimesis), wenn der Akteur selbst an die Richtigkeit seines Handelns glaubt (adaptive Selbsttäuschung; Trivers 1985).

Alltagspsychologie. *Folk psychology*, *common sense psychology*, *mentalizing*, die menschliche Neigung, alle möglichen Objekte, Zustände und Ereignisse mit psychologisierenden Worten zu beschreiben, die eine bestimmte Charaktereigenschaft, Gefühlslage, Absicht etc. ausdrücken (▶ Kap. 7). Dies ist in erster Linie als Beleg dafür anzusehen, wie routiniert wir mit diesen Konzepten umgehen und wie selbstverständlich den Beobachtungen Eigenschaften unserer subjektiv erlebten Innenwelt übergestülpt werden. Jaspers (1959) behauptete, die Psychoanalyse sei nichts als eine solche verstehende Populärpsychologie. Tatsächlich werden »Übertragung« und »Gegenübertragung« (Projektion von frühkindlichen oder kollektiv unbewussten Einstellungen auf den Therapeuten und dessen emotionale Reaktion auf Übertragung, Widerstand und Regression des Patienten), also die wechselseitige Unterstellung eigener innerer Wahrnehmungsmuster und Reaktionsweisen im analytischen Prozess thematisiert. Die wissenschaftliche Nutzbarkeit dieser Alltagspsychologie wurde hinterfragt (Fodor 1987). Moderne, validierte Therapieverfahren nutzen gezielt und explizit Erkenntnisse über die ToM (▶ Kap. 23).

1.3　Philosophie

> Zufolge dieser Untersuchung also, o Menon, scheint die Tugend durch eine göttliche Schickung denen einzuwohnen, denen sie einwohnt. Das Bestimmtere darüber werden wir aber erst wissen, wenn wir, ehe wir fragen, auf welche Art und Weise die Menschen zur Tugend gelangen, zuvor an und für sich untersuchen, was die Tugend ist. Jetzt aber ist es Zeit, dass ich wohin gehe. (Platon/Schleiermacher)

Nach Platon wird das sittliche Empfinden und Verhalten den Tugendhaften von den Göttern eingegeben. Es scheint also nicht der Mensch, der sich selbst verantwortlich Gedanken macht, wie er dem anderen gerecht werden kann, sondern eine höhere Macht, die für tugendhaftes Verhalten sorgt. In der antiken Philosophie spielte die intellektuell reizvolle Frage nach dem Zugang zum Geist des anderen demgemäß keine dominierende Rolle. Die Welt – und damit auch die anderen Menschen – wurden als gegeben hingenommen (Avramides 2001).

Durch die Trennung zwischen Leib und Seele stellten sich jedoch in der Folge mehrere Hindernisse zwischen das Selbst und die anderen. Als schweres Handicap bei deren Überwindung erwies sich der radikal sezierende Skeptizismus von Descartes.

Als vorsätzliche öffentliche Provokation (einer abwesenden Außenwelt) und tragische Selbstinszenierung wandten sich Philosophen so verschiedener Denkrichtungen wie Schopenhauer oder Wittgenstein ganz ab von der gemeinsamen Welt und tauchten in ihr einziges, einsames Innenleben.

Sprachphilosophische Gegenstimmen, die auf Analogieschlüsse vom Selbst zum anderen oder auf die Zwangsläufigkeit des Solipsismus bei übertrieben sparsamen Grundannahmen verwiesen, machten weit weniger Eindruck (Malcolm 1958; Russell 1948). John Stewart Mill (1889) bemühte früh den Analogieschluss, um von sich zum Nächsten zu gelangen: äußere Einwirkungen (A) lösen im eigenen Körper eine Reihe von Veränderungen (B) aus, die dann zu bestimmten Gefühlen und Verhaltensweisen (C) führen. Beobachte man nun bei anderen (A) und (C), könne man (B) annehmen und nachvollziehen.

Lipps (1907) ging von einem »Instinkt der Einfühlung« aus und befand im Gegensatz zu Mill, dass es sich bei der Einfühlung eben nicht um einen logischen Schluss handle, »sondern um eine ursprüngliche und nicht weiter zurückführbare, zugleich höchstwunderbare Tatsache«. Diese Position wird durch neuere neurobiologische Ergebnisse gestützt (▶ Kap. 1.5). Dasselbe gilt für die Auffassung Wilhelm Diltheys (1910), der zwar die Existenz eines fremden Ich für einen »rätselhaften Tatbestand« hielt, um den man nicht wirklich wisse, an dessen Realität man aber glaube. Dilthey meinte in Vorwegnahme moderner Diskussionen über die ToM, dass das Erleben des eigenen Zustands und das Nachbilden eines fremden Zustands im Kern des Vorgangs einander gleichartig seien (Schlossberger 2005).

Max Scheler beschäftigte sich immer wieder mit dem Grund zur Annahme eines fremden Ich und wandelte dabei seine Auffassung von einer logischen Grundannahme hin zur unmittelbaren Wahrnehmung des anderen. 1913 formulierte er eine »Phänomenologie und Theorie der Sympathiegefühle«, in der er vier Formen eines Ich/Du-indifferenten gemeinsamen Fühlens, Verstehens und Teilnehmens an den Gefühlen anderer unterschied:

— die Gefühlsansteckung bzw. Einfühlung,
— das Nachfühlen,
— das Mitfühlen und
— die Liebe.

Elemente der ToM stecken zweifelsfrei in jener Schelerschen Sympathieform und waren seither unter verschiedenen Titeln Inhalt experimenteller Studien.

Selbst an einem kritischen Punkt, an dem keine heftigere Erschütterung möglich schien, gelingt es in der modernen Philosophie, noch radikalere Grundpositionen zu vertreten, als sie in Folge des kartesischen Skeptizismus entwickelt worden waren. Das Selbstbewusstsein des modernen Individuums wird weiter gedemütigt, wenn Metzinger (2003) die Existenz einer kontinuierlichen, personalen Identität grundsätzlich infrage stellt. An deren Stelle setzt er ein phänomenales Selbst als Prozess für das bewusst wahrnehmende Subjekt, das ganz aus objektiven Ereignissen in der Umwelt entstehe.

Dieser deprimierende Ansatz führt jedoch nicht notwendigerweise zum Verlust aller Rechte der Persönlichkeit, sondern lenkt eher den Blick auf die Bedeutung von tatsächlichem Verhalten und vermuteten Absichten.

William James (1890) wies bereits vor seiner Konversion zur Philosophie als scharfsinniger Psychologe darauf hin, dass der Mensch so viele »soziale Selbsts« besitze, wie er Beziehungen eingehe. Dies deckt sich mit der aktuellen Auffassung von Leary (2004), nach der das Selbst über das Individuum hinausweise.

> Das Soziale Selbst eines Menschen ist die Anerkennung, die er von seinen Bezugspersonen erhält. Wir sind nicht nur Gruppentiere, die sich gerne in Sichtweite ihrer Artgenossen aufhalten, sondern wir haben ein angeborenes Bedürfnis nach Anerkennung – und zwar positiver Anerkennung – durch unsere Mitmenschen. Man könnte keine gemeinere Bestrafung ersinnen, als – falls dies überhaupt möglich wäre – einen Menschen vollkommen aus der Gesellschaft zu entlassen und ihn überhaupt nicht mehr wahrzunehmen … . (James 1890)

Paul Churchland (1986) vermutete einen evolutionären Druck auf die Anpassung des Zentralnervensystems, von dem erwartet werde, wichtige Ereignisse in der Umwelt vorherzusehen; herausragende Bedeutung für das individuelle Überleben kommt dabei häufig jenen Ereignissen zu, die von anderen Lebewesen verursacht oder nur beabsichtigt werden.

Dennett (1988) erkannte einen Vorteil in der Berechnung fremder Absichten (*intentional stance*) und sogar im eigenen Verhalten gegenüber anderen Lebewesen, Pflanzen und sogar leblosen Objekten, als hätten diese ein ähnliches Innenleben mit vergleichbaren Denk- und Handlungsprinzipien wie wir selbst (*agency*). Diese hilfreiche Illusion des Subjekts erlaubt eine aufmerksame und ernsthafte Sammlung differenzierter Informationen auf den Boden eigener Vorerfahrungen und Vorüberlegungen. Ferner trägt sie zur Selbstbestimmung, Anpassung und Selbstsicherheit in einer gar nicht mehr so fremden Umwelt bei (Blackmore 1999).

1.4 Ökonomie

Das Feuer im Ofen heizt, auch wenn wir nicht dabei sind. Also, sagt man, wird es dazwischen wohl auch gebrannt haben, in der warm gewordenen Stube. Doch sicher ist das nicht und was das Feuer vorher getrieben hat, was die Möbel während unseres Ausgangs taten, ist dunkel. Keine Vermutung darüber ist zu beweisen, aber auch keine, noch so phantastische, zu widerlegen. Eben: Mäuse tanzen auf dem Tisch herum, und was tat oder war inzwischen der Tisch? Grade, dass alles bei unserer Rückkehr wieder dasteht, »als wäre nichts gewesen«, kann das Unheimlichste von allem sein. (Bloch 1930)

Die Alltagserfahrung widersteht allzu scharfsinnigen Kritiken, und selbst Philosophen reden miteinander, als hätten sie es mit interessanten, Selbst-ähnlichen Lebewesen zu tun. Ernst Bloch (1930) empfahl zwei praktisch und ökonomisch vorteilhafte Maßnahmen bei der Weltgestaltung durch Denker und Demiurg, nämlich räumliche und zeitliche Konstanz, z. B. erstens ein Stuhl ist ein Stuhl, und zweitens bleibt er es, und zwar genau da, wo er stand, selbst wenn wir den Raum verlassen. Um ein anderes Beispiel zu wählen, ein Mensch mit schwarzen Haaren und seltsamen Angewohnheiten wird mit höchster Wahrscheinlichkeit die Haarfarbe nicht wechseln und vermutlich die Angewohnheiten beibehalten, während der Betrachter kurzzeitig den Rücken kehrt. Andere Lösungen

wären denkbar, sind aber nur mit großem Aufwand zu bewerkstelligen und zu beobachten und besitzen darüber hinaus nur eine geringe lebenspraktische Bedeutung. Bei bestimmten psychischen Erkrankungen wird belastenderweise, in philosophischen Seminaren wird vorsätzlich und kurzfristig als geistige Leibesübung von diesen ökonomischen und dadurch vernünftigen Grundannahmen abgewichen.

Erneutes Interesse gewinnen derartige Experimente im Kontext von psychologischer und neurobiologischer Forschung. Reizvolle Paradigmen wurden entwickelt, um die Abweichungen von der allgemeinen, vermeintlich kollektiv wahrgenommenen Objektkonstanz zu überprüfen.

Was können andere Personen wissen, in deren Abwesenheit bestimmte neue Informationen nur den aufmerksamen Beobachter angeboten werden?
Von welchen falschen Annahmen müssen die anderen, wenn sie zurückkehren und zwischenzeitlich nichts Relevantes beobachten konnten, zwangsläufig ausgehen?

Geprüft wird in diesen False-belief-Paradigmen natürlich nicht das Wissen Dritter, sondern die Fähigkeit des Beobachters, den Perspektivwechsel zu vollziehen und sich in den Kenntnisstand des anderen hineinzuversetzen und aufgrund dieses Perspektivwechsels dessen Einschätzungen zu berechnen. Dabei lassen sich unterschiedliche Ebenen der Komplexität, des »Um-die-Ecke-Denkens« prüfen (Cummins 1998; Dennett 1988):

1. x glaubt p.
2. x möchte, dass y glaubt, z wolle p.
3. ...
4. ...
5. ...
6. Peter glaubt (1), dass Judith denkt (2), dass Renate möchte (3), dass Peter vermutet (4), dass Judith beabsichtigt (5), Renate in dem Glauben zu lassen (6) ... (Beispiel aus Dunbar 2004)

Bis zur fünften Berechnung – oder 5. Stufe der Intentionalität – lassen sich für den mittelmäßig begabten Beobachter bei ausreichend interessanter

Fragestellung die einzelnen Perspektiven noch recht erfolgreich und ohne große Mühe nachvollziehen; danach fällt die Leistung stark ab (Dunbar 2004; Kinderman et al. 1998). Man kann über die Beziehungen zwischen unserer Fähigkeit, um die Ecke zu denken einerseits und andererseits der Größe sozialer Gruppen oder der Kapazität unseres Arbeitsgedächtnisses spekulieren.

1.5   Neurobiologie

1938 entdeckten Klüver und Bucy wichtige Verhaltensänderungen bei Rhesusäffchen, denen chirurgisch der vordere Anteil des Temporallappens einschließlich der Amygdala entfernt worden war. Sie wurden einerseits ruhiger, passiver, gleichgültiger und zeigten andererseits Zeichen einer oralen und sexuellen Enthemmung sowie weitere soziale Regelverletzungen. Entscheidend war hierbei offenbar die Läsion der Amygdala, die ansonsten an der Vermittlung der emotionalen Bedeutung von Umweltreizen beteiligt ist (Downer 1961). Dieses System wirkt wesentlich an der Vermeidung gefährlicher Situationen mit. Die operierten Rhesusäffchen wurden entweder von ihrer Horde ausgestoßen oder getötet.

Differenzierte mimetische oder empathische Leistungen können jedoch nicht von Alarmsignalen vermittelt werden, sondern sind auf subtilere Mechanismen angewiesen, die bei interessanten Wahrnehmungen ein feineres Mitschwingen und einen Nachklang erlauben.

Gastaut und Bert (1954) konnten erstmals nachweisen, dass das Betrachten von Filmsequenzen zu ähnlichen elektroenzephalographischen Änderungen führte, wie selbstinitiierte Handlungen.

Weit verteilte Neuronensysteme, die für diese Resonanz zuständig sind, wurden insbesondere von der Arbeitsgruppe um Rizzolatti untersucht und als Spiegelneurone (*mirror neurons*) bezeichnet (Gallese et al. 2004; Umilta et al. 2001). Diese Spiegelneuronensysteme stellen ein wesentliches Substrat für grundlegende Mechanismen der ToM dar. Ihre Beschreibung liefert ein wichtiges Argument für die Bedeutung der »Simulationstheorie« (Gallese u. Goldman 1998; Gazzaniga 2005), im Weiteren sogar für das »soziale Kontagion«, das neurophysi-

ologisch angelegte Mitempfinden, Mitleid, Mitmachen (Hatfield et al. 1994; Simner 1974) sowie einen daraus resultierenden Altruismus (Empathie-Altruismus-Hypothese; Smith 1759).

Die gebremste Mitberechnung einer beobachteten Bewegung, die gedämpfte emotionale Anregung durch fremde Empfindungen sind lehrreich und vermindern das Überraschungsmoment, wenn Gefahren aus einem Hinterhalt auftauchen, in dem sie vorher verschwunden waren. Derartige Analysen werden durch parallel arbeitende und quervernetzte Gehirne auf eine breitere empirische Basis gestellt und dabei ökonomischer und erfolgreicher durchgeführt.

Sozial besonders wichtige Signale werden dabei individuell in spezialisierten neurobiologischen Subsystem bearbeitet, die etwa im inferotemporalen Kortex auf spezielle Körper- und Gesichtsformen sogar bestimmte Personen ansprechen (überspitzt als »Großmutter-Neurone« bezeichnet; Gross et al. 1972).

Arnold Gehlen (1978) beklagte sich in der letzten selbst vorgenommenen Revision seines Werkes »Der Mensch, seine Natur und seine Stellung in der Welt«, dass die Neurowissenschaft noch nichts Befriedigendes über die Vorgänge im Nervensystem – denn dort sei die gesamte Gesetzlichkeit menschlicher Leistungen irgendwie »vertreten« – sagen könne, die insgesamt zu immer erfolgreicheren Lösungen angesichts der elementaren Belastungen des Menschen beitrügen. Vermutlich fände er die jüngsten Ergebnisse der Hirnforscher ganz relevant für die Erklärungen dessen, was er als »Entlastungsprinzip« bezeichnete. Er verstand darunter in erster Linie die Entlastung vom »Instinktdruck«.

1.6   Religion

Ihr sollt nicht stehlen, nicht täuschen und einander nicht betrügen. … Du sollst Deinen Nächsten nicht ausbeuten und ihn nicht um das Seine bringen. … Du sollst einen Tauben nicht verfluchen und einem Blinden kein Hindernis in den Weg stellen. … Ihr sollt in der Rechtsprechung kein Unrecht tun. … Du sollst Deinen Stammesgenossen nicht verleumden und Dich nicht hinstellen und das Leben Deines Nächsten fordern. … Du sollst Deinen Nächsten lieben wie Dich selbst. Ich bin der Herr. (Altes Testament, Leviticus 19, 11-18)

In der Einheitsübersetzung der Bibel (1980) wird in einer Fußnote zum Alten Testament, Leviticus 19, darauf hingewiesen, dass in Israel nur der Volks- oder Glaubensgenosse als Nächster betrachtet und durch entsprechende Regeln geschützt war. Jesus habe die Nächstenliebe auf alle Menschen ausgedehnt (Matthäus 5, 43; Lukas 10, 27-37: Liebt Eure Feinde; tut denen Gutes, die Euch hassen, …).

Einige grundlegende Aspekte der neutestamentarischen Forderung nach Nächstenliebe, die mit der ToM zu tun haben, erscheinen bereits neurobiologisch verankert. Aus soziobiologischer Sicht dienen Riten und Religionen der Kommunikation und Gruppenkohärenz. Sie wirken identitätsstiftend und fördern die Moral in mancher Hinsicht (Boyer 2000; Wilson 2000). Gleichzeitig erlauben sie die Ausgrenzung Ungläubiger mit geringerem Heilsanspruch und damit geringerem Wert; sie vermindern in der Praxis die Skrupel bei der Elimination dieser Fremden zu einem höheren Zweck. Religionen dienen Gruppen, um Ziele zu erreichen, die bei geringerem Zusammenhalt oder von Einzelpersonen nicht erreicht werden könnten (Wilson 2000). Die Lebensverhältnisse der Menschen, vor allem deren Wirtschaftsform, determinieren die Ausgestaltung der Religion und insbesondere des Gottesbildes; in patriarchalischen Gesellschaften herrscht ein Gottvater, bei Hirtenvölkern erscheint er als guter Hirt etc. (Lenski 1970). Dieser liebe Gott erscheint als Extrapolation und Personifikation jenes sozialen Regelwerks, das letztlich auf der ToM beruht.

Arnold Gehlen (1978) und Max Scheler (1983) betrachteten die Phantasie als götterschaffende Kraft, deren hauptsächliche Leistung darin bestehe, den Menschen über das Bewusstsein seiner Instabilität, Riskiertheit und Ohnmacht herauszureißen. Nicht die Furcht, sondern die Überwindung der Furcht schaffe Götter.

Nach dieser Entdeckung des weltexzentrisch gewordenen Seinskernes war dem Menschen noch ein doppeltes Verhalten möglich: Er könnte sich darüber verwundern und seinen erkennenden Geist in Bewegung setzen, das Absolute zu erfassen und sich in es einzugliedern – das ist der Ursprung der Metaphysik jeder Art; sehr spät erst in der Geschichte ist sie aufgetreten und nur bei wenigen Völkern. Er könnte aber auch aus dem unbezwinglichen Drang nach Bergung – nicht nur seines Einzel-Seins, sondern zuvörderst seiner ganzen Gruppe – aufgrund und mithilfe des ungeheuren Phantasieüberschusses, der von vorneherein im Gegensatz zum Tiere in ihm angelegt ist, diese Seinsphäre mit beliebigen Gestalten bevölkern, um sich in seine Macht durch Kult und Ritus hineinzubergen, um etwas von Schutz und Hilfe »hinter sich« zu bekommen, da er im Grundakt seiner Naturentfremdung und -vergegenständlichung – und dem gleichzeitigen Werden seines Selbstseins und Selbstbewusstseins – ins pure Nichts zu fallen schien. Die Überwindung dieses Nihilismus in der Form solcher Bergungen, Stützungen, ist das, was wir Religion nennen. (Scheler 1983)

Literatur

Agnew CR, van Lange PAM, Rusbult CE, Langston CA (1998) Cognitive interdependence commitment and the mental representation of close relationships. J Personality Social Psychol 74: 939-954

Altes Testament, Einheitsübersetzung (1980) Leviticus 19/18. Herder, Freiburg

Aron A, Fraley B (1999) Relationship closeness as including other in the self: cognitive underpinnings and measures. Social Cogn 17: 140-160

Avramides A (2001) Other minds. Routledge, London

Blackmore S (1999) The meme machine. Oxford University Press, Oxford

Bloch E (1930/1985) Der Rücken der Dinge. In: Spuren. Suhrkamp, Frankfurt

Boyer P (2000) Functional origins of religious concepts: ontological and strategic selection in evolved minds. J R Anthropol Inst 6: 195-214

Buytendijk FJJ (1958) Mensch und Tier: ein Beitrag zur vergleichenden Psychologie. Rowohlts deutsche Enzyklopädie, Hamburg

Churchland PS (1986) Neurophilosophy. Bradford/MIT Press, Cambridge, MA

Crook JH (1980) The evolution of human consciousness. Oxford University Press, Oxford

Cummins DD (1998) Social norms and other minds – the evolutionary roots of higher cognition. In: Cummins DD, Allen C (eds) The evolution of mind. Oxford University Press, Oxford, pp 30-50

Dennett DC (1988) The intentional stance in theory and practice. In: Byrne RW, Whiten A (eds) Machiavellian intelligence. Oxford University Press, Oxford, pp 180-202

Dilthey W (1910) Das Verstehen anderer Personen und ihrer Lebensäusserungen. In: Der Aufbau der geschichtlichen Welt in den Geisteswissenschaften. Gesammelte Schriften. Teubner, Leipzig/Berlin, S 205-220

Downer JL (1961) Changes in visual gnostic functions and emotional behaviour following unilateral temporal pole damage in »split-brain" monkey. Nature 191: 50-51

Dunbar R (2004) The human story: a new history of mankind's evolution. Faber & Faber, London

Fodor JA (1978) Propositional attitudes. Monist 61: 501-523

Fodor JA (1987) Psychosemantics – the problem of meaning in the philosophy of mind. MIT Press, Cambridge, MA

Frith U, Frith CD (2003) Development and neurophysiology of mentalizing. Phil Trans R Soc Lond B 358: 459-473

Gallese V, Goldman A (1998) Mirror neurons and the simulation theory of mind-reading. Trends Cogn Sci 2: 493-501

Gallese V, Keysers C, Rizzolatti G (2004) A unifying view of the basis of social cognition. Trends Cogn Sci 8: 396-400

Gastaut H, Bert J (1954) EEG changes during cinematographic presentation: moving picture activation of the EEG. EEG Clin Neurophysiol, Suppl 6: 433-444

Gazzaniga MS (2005) The ethical brain. Dana Foundation, New York

Gehlen A (1940/1986) Der Mensch. Seine Natur und seine Stellung in der Welt, 13. Aufl. Aula, Wiesbaden

Gross C, Rocha-Miranda C, Bender D (1972) Visual properties of neurons in inferotemporal cortex of the macaque. J Neurophysiol 35: 96-111

Hatfield E, Caccioppo JT, Rapson RL (1994) Emotional contagion. Cambridge University Press, New York

Hsee CK, Hatfield E, Carlson JG, Chemtob C (1990). The effect of power on susceptibility to emotional contagion. Cognition Emotion 4: 327-340

James W (1890/1950) The consciousness of self. In: The principles of psychology. Dover Publications, New York, pp 291-401

Jaspers K (1959). Allgemeine Psychopathologie, 9. Aufl. Springer, Berlin

Kinderman P, Dunbar RIM, Bentall RP (1998) Theory-of-mind deficits and causal attributions. Br J Psychol 89: 191-204

Klüver H, Bucy PC (1938) An analysis of certain effect of bilateral temporal lobectomy in the rhesus monkey with special reference to »psychic blindness". J Psychol 5: 33-54

Leary MR (2004) The curse of the self: self-awareness, egotism, and the quality of human life. Oxford University Press, Oxford

Lenski G (1970) Human societies: a macrolevel introduction to sociology. McGraw-Hill, New York

Lipps T (1907) Das Wissen von fremden Ichen. Psychol Unters I/4: 694-722

Malcolm N (1958) Knowledge of other minds. J Philos 15/23: 969-978

Metzinger T (2003) Being no one: the self model theory of subjectivity. MIT Press, Cambridge, MA

Mill JS (1889) An examination of Sir William Hamilton's philosophy, 6th edn. London

Platon (1957/1975) Menon. In: Sämtliche Werke II. (Übers. Schleiermacher F). Rowohlts Klassiker, Hamburg

Premack D, Woodruff G (1978) Does the chimpanzee have a theory of mind? Behav Brain Sci 1: 515-526

Russell B (1948) Analogy. In: Human knowledge: its scope and limits, VI/8. Allen & Unwin, London

Scheler M (1913) Zur Phänomenologie und Theorie der Sympathiegefühle und von Liebe und Hass. Mit einem Anhang: Über den Grund zur Annahme eines fremden Ich. Niemeyer, Halle/Saale

Scheler M (1928/1983) Die Stellung des Menschen im Kosmos, 10. Aufl. Francke, Bern, München

Schlossberger M (2005) Die Erfahrung des Anderen. Gefühle im menschlichen Miteinander. Akademie-Verlag, Berlin

Simner ML (1971) Newborn's response to the cry of another infant. Dev Psychol 5: 136-150

Smith A (1759) The theory of the moral sentiments. (Online publication: http://www.econlib.org/LIBRARY/Smith/smMS.html)

Stone VE (2006) Theory of mind and the evolution of social intelligence. In: Cacioppo JT, Visser PS, Pickett CL (eds) Social neuroscience – people thinking about people. MIT Press, Cambridge MA, pp 103-130

Tajfel H (1981) Humans and social categories: studies in social psychology. Cambridge University Press, Cambridge

Thorndike EL (1920). Intelligence and its uses. Harper's Magazine 140: 227-235

Trivers RL (1985) Social evolution. Benjamin & Cummings, Menlo Park, CA

Trivers RL (1971) The evolution of reciprocal altruism. Quart Rev Biol 46: 35-56

Umilta MA, Kohler E, Gallese V, Fogassi L, Fadiga L, Keysers C, Rizzolatti G (2001) I know what you are doing: a neurophysiological study. Neuron 31: 155-165

Wilson DS (2002) Darwin's cathedral: evolution, religion, and the nature of society. University of Chicago Press, Chicago, IL

Wilson EO (2000) Sociobiology – the new synthesis. Harvard University Press, Cambridge, MA, pp 559-561

Soziales Verhalten im Tierreich: Anklänge oder Ursprünge

Josef H. Reichholf

2

2.1 Einführung: Zwei Beispiele aus der Vogelwelt

Beispiel

Schauplatz 1: Freie Natur, ein Auwald
Fünf Paare Schwanzmeisen (Aegithalos caudatus) sind mit dem Nestbau beschäftigt. Jedes Paar wählt einen besonderen Platz für die sehr gut getarnten, kugelförmigen Nester. Diese werden innen mit über 1000 Federn ausgepolstert, außen mit Moos und schließlich mit Flechten fast bis zur Unsichtbarkeit verkleidet. Dennoch werden durchschnittlich vier von fünf Nestern von Feinden entdeckt und zerstört.

An den übrig gebliebenen geschieht Merkwürdiges: Sobald die Jungen geschlüpft sind, zehn und mehr an der Zahl, werden sie nicht nur vom Elternpaar eifrig gefüttert, sondern auch von den anderen Schwanzmeisen der Gruppe, die ihre Nester verloren hatten. Die für eine Brut zu groß geratene scheinende Jungenzahl kommt somit reibungslos und meist auch bestens ernährt zum Ausfliegen – dank der Helfer aus der Nachbarschaft!

Die im konkreten Beispiel insgesamt zehn alten Schwanzmeisen kennen einander. Jeden Abend treffen sie sich in einem Dickicht mit viel Gezerrpe und rutschen auf einem möglichst waagerechten Ast so dicht zusammen, dass man sie in einer solchen Schlafkugel nur noch anhand der daraus hervorragenden Schwänze zählen kann.

Auch die ausgeflogenen Jungvögel bleiben im Schwarm, bilden abends die Schlafreihe (❏ Abb. 2.1) und kommen damit, was die Verlustrate im ersten Lebensjahr betrifft, weit besser über den Winter als die viel kräftigeren, in Höhlen nistenden und darin übernachtenden Kohlmei-

sen, die zudem weithin von den Futterhäuschen der Menschen profitieren.

Aber es sind nicht diese eng miteinander verwandten Nestgeschwister, die sich im nächsten Jahr unter Umständen als Helfer bei den Mitgliedern der eigenen Gruppe betätigen werden, sondern durchaus »fremde« Schwanzmeisen, die sich zu einem Erwachsenenschwarm zusammengefunden hatten. Sie kennen einander und wissen genau, wo die anderen ihre Nester bauen. Man besucht sich und hilft, wenn man selber kann und ein anderes Paar die Hilfe nötig hat.

Reziproker Altruismus wird die Soziobiologie sogleich feststellen und den Fall zu den vielen anderen bekannten Fällen solcher Art ad acta legen. »Helfer am Nest« sind nichts Besonderes, sondern ein weit verbreitetes Sozialverhalten in der Vogelwelt. Den »Helfern« wird bei der nächsten Brut vielleicht von den anderen geholfen – und so lohnt der Einsatz. Ob während der Lebensspanne eines Schwanzmeisenpaares ein ähnliches Ergebnis an ausgeflogenen Jungen zustande käme, würden sie kleinere Gelege und mehr Brutversuche machen und auf sich allein gestellt versuchen, diese zum Erfolg zu führen, muss offen bleiben. Denn diese »denkbare Strategie« ist eben bei Schwanzmeisen nicht realisiert – während umgekehrt Kohl- und Blaumeisen oder andere »echte Meisen« (Familie Paridae) tatsächlich in genau dieser Weise für sich selbst »sorgen«.

❏ **Abb. 2.1.** Das Kontaktschlafen von Schwanzmeisen (*Aegithalos caudatus*) kommt insbesondere den ranghohen Mitgliedern der Gruppe zugute, die Innenpositionen einnehmen können. (Foto: Hans Löhr (†), Max-Planck-Institut für Verhaltensphysiologie)

Beispiel

Schauplatz 2: Ein Haus mit Garten im niederbaye-
rischen Hügelland

Mehrere Menschen und ein von Hand aufgezogener Kolk-
rabe (Corvus corax); friedliche Stimmung, man unterhält
sich. Der Rabe sitzt auf der Schulter seines Besitzers
(◗ Abb. 2.2), beknabbert dessen Ohr und stochert dann
mit seinem gewaltigen Schnabel in den Augenbrauen
des Mannes. Ein Freund kommt an, begleitet von seinem
Hund. Der Kolkrabe blickt »scharf« auf ihn, wird etwas
unruhig, aber keineswegs ängstlich.

Mit Hunden kann er umgehen. Das hat er sich selbst
angelernt, als sein Besitzer mit ihm über die Hügel von
Bauernhof zu Bauernhof spazieren ging und er jeweils
von einem ihn heftig verbellenden Hund »begleitet«
wurde. Der Rabe schwang sich eines Tages in die Luft, zog
einen Kreis und glitt genau von hinten über den Hund
heran. Im richtigen Moment schlug er diesem mit einem
lautem »Mao-Ruf« auf den Kopf zwischen die Ohren. Der
solcherart getroffene Hund machte einen Luftsprung
mit allen Vieren, sträubte die Haare und rannte davon.
Mit den anderen Hunden geschah dies nach dem ersten

Erfolg genauso. Von Hunden wurde der Mann mit dem
Kolkraben fortan nicht mehr behelligt. Der Rabe war zum
Hundeschreck geworden.

Den Hund des Freundes jedoch sollte und durfte der
Rabe nicht (ver)jagen! Das schien er auch gelernt zu
haben – viel schneller sogar als der Hund. Dieser miss-
traut ihm und daher bellt er ihn kurz an. Der Rabe fliegt
auf, dreht eine Runde, gleitet aber nicht von hinten auf
den Hund zu, wie er es sonst getan hätte, sondern fliegt
genau vor ihm so langsam und so niedrig, dass der
Hund hinter ihm herhetzen kann, was dieser auch tut,
zuerst bellend, dann bald außer Atem, weil der Vogel
stets gerade um jenes Quäntchen schneller fliegt, als der
Hund laufen kann. Runde um Runde drehen sie um das
Haus, bis der Hund völlig erschöpft zusammenbricht.
Da schwenkt der Rabe mit eleganter Kurve auf den Ast
eines Baumes und »spricht« mehrfach wiederholt zu sich
selbst: »Mao, bist ja mein Braver!« Und putzt sich. Mit die-
sem Satz war er immer gelobt worden, und er macht ihn
so täuschend ähnlich nach, dass wohl niemand in der
Lage gewesen wäre, ohne den Vogel zu sehen, zu hören,
wer das »spricht«. Völlig entspannt fliegt er anschließend

◗ **Abb. 2.2.** Der Kolkrabe (*Corvus corax*) »Mao« mit seinem Besitzer und »Kumpan« Karl Pointner (†). (Foto: privat)

2

auf die Schulter seines Besitzers und setzt sein soziales Putzen fort, als ob nichts geschehen wäre.

Ein solches Verhalten lässt sich nicht mehr in ein einfaches Schema eines wie auch immer gearteten »Altruismus auf Gegenseitigkeit« einordnen. Der Vogel hatte die andressierte Vorgabe, diesen Hund nicht zu schlagen, eingehalten und ihm doch auf seine Weise eine »Lehre erteilt«. Jeder der Anwesenden empfand das so. Was sich ereignete, geschah gänzlich spontan, ohne irgendwelches Lernen davor, so, wie der Rabe auch die Vertreibung der anderen Hunde auf seine Weise selbst »entdeckt« hatte.

2.2   Allgemeiner Ansatz der Evolutionsbiologie

Die biologischen Wurzeln des Menschen reichen nicht nur zurück bis tief in seine unmittelbare Primatenverwandtschaft, sondern er gehört mit den Primaten zu den übrigen Säugetieren, den Wirbeltieren, den Vielzellern und allen Lebewesen ganz allgemein. Die moderne DNA-Analyse bestätigt höchst eindrucksvoll die Einheit des Lebendigen – trotz der schier unfassbaren Vielfalt der Lebewesen. Abstammung und Verwandtschaft verbinden sämtliche existierenden Lebensformen miteinander. Scharfe Grenzen lassen sich nirgends ziehen, aber »Abzweigungen« (Gabelungen in den Stammeslinien) sind festzustellen, an denen sich Arten oder ganze Stammeslinien voneinander abgetrennt haben. Mit dem Konzept der »molekularen Uhr« kann man sie zeitlich ungefähr zurückdatieren und anhand der Fossilbelege »eichen«. Folglich muss für Verhaltensweisen grundsätzlich in gleicher Weise angenommen werden, dass sie »Vorläufer« oder Vorformen haben und sich entwickelten – wie die Eigenschaften von Körperbau, Physiologie oder zellulären molekularen Prozessen auch.

Lediglich rein »erlerntes Verhalten« könnte theoretisch aus dieser Bindung an die stammesgeschichtlichen Prozesse herausgelöst werden, sofern es ein solches überhaupt gibt. Wie die menschlichen Sprachen zeigen, bedürfen auch sie, die doch jedes Kind neu erlernen muss, der biologischen

Basis der Sprechfähigkeit, und sie lassen sich daher nicht als »rein erlerntes Verhalten« betrachten. Ungleich engere Verbindungen zu den Wurzeln aus mehr oder minder ferner Vergangenheit sind für die nonverbalen Verhaltensweisen anzunehmen, zumal wenn bekannt (und beobachtbar) ist, dass sie in bestimmten Situationen nahezu unkontrolliert automatisch ablaufen.

Die **Vergleichende Verhaltensforschung** um Konrad Lorenz hat hierzu eine Fülle von Beispielen zusammengetragen (Eibl-Eibesfeldt 1984 für das menschliche Verhalten), von denen viele in den Bereich des Sozialverhaltens fallen und von der Soziobiologie übernommen worden sind (Wilson 1975; Voland 1993). Doch die Grundfrage, ob es sich dabei um Analogien oder um Homologien handelt, geriet nach scheinbarer Klärung (»moralanaloges Verhalten« im Sinne von Konrad Lorenz 1963) nach der Entdeckung der hohen quantitativen Übereinstimmungen im Genom wieder in den Bereich von Ungewissheit und Spekulationen. Man ist sich gegenwärtig nicht einmal mehr sicher, ob so etwas »Festes und Fassbares« wie das Auge tatsächlich mehrfach unabhängig in den verschiedenen Stammeslinien »erfunden« wurde oder ob die genetischen Grundlagen für die Augenbildung nicht doch bei allen Augenträgern weitestgehend übereinstimmen.

Daher wird hier auch von vornherein ausgeklammert, ob ein aus menschlicher Sicht moralisches Verhalten bei Tieren »grundsätzlich« (was immer damit gemeint sein mag) als »analog« einzustufen sei oder ob es auf gleichartigen (genetischen) Anlagen beruht. Vielmehr soll es nachfolgend um die Funktionen gehen, die damit verbunden sind, und um die davon ableitbaren Evolutions- oder Selektionsvorteile.

> ❶ Die Grundannahme jedoch bleibt: Verhalten ist etwas Gewordenes mit evolutionärer Geschichte.

2.3   Beschränkung auf das Sozialverhalten

Bereits für Charles Darwin (1859) stellten zahlreiche Eigenheiten des Sozialverhaltens von Tieren und Menschen ein Problem dar, das sich mit seinem Erklärungsansatz des *survival of the fittest* nicht lösen ließ. Was sollte ein Tier auch davon haben, zugunsten von Artgenossen eigene Nachteile in Kauf zu nehmen? In seinem viel weniger bekannten Nachfolgewerk über den Ursprung des Menschen (1871) behandelte Darwin die sexuelle Selektion im Tierreich weit ausführlicher als die Humanevolution.

Ein Jahrhundert später blieb noch Konrad Lorenz (1963) konzeptuell im »Artbezogenen« stecken und schrieb Verhaltensweisen, die nicht direkt dem Individuum zugute zu kommen schienen, der »Erhaltung der Art« zu. Die innerartliche (intraspezifische) Aggression bezeichnete er als das »sogenannte Böse«, das (im Sinne der Erhaltung und Förderung der Art) Gutes schafft. Beeindruckt von den »fairen« Kämpfen von Hirschen, Antilopen oder anderen Säugetieren, die mit an sich tödlichen Waffen ausgestattet sind, kommt bei Lorenz in der Tendenz und mitunter höchst subtil zum Ausdruck, dass eigentlich nur der Mensch »entartet« sei und es nur bei ihm zu weitgehend hemmungslosem Töten von Artgenossen komme, wogegen sogar Klapperschlangen nur miteinander ringen und dann ihres Weges gehen – als Sieger oder als Verlierer.

In der Zeit von Konrad Lorenz hatte der schottische Verhaltensbiologe V. C. Wynne-Edwards (1962) mit seinem großen Werk über die Bedeutung des Sozialverhaltens für die Lebensweise, die Ökologie der Tiere großes Aufsehen erregt. Denn er hatte »Gruppenselektion« (*group selection*) vorgeschlagen und damit erklären wollen, warum altruistisches Verhalten »sich lohnt« – nämlich weil es der Gruppe zugute kommt, in der die Altruisten leben. Doch dieses Konzept wurde aus theoretischen Gründen rasch verworfen, weil es den »Betrügern« und »Täuschern« viel zu große Vorteile und Chancen bieten würde, sich auf Kosten der Altruisten zu vermehren, und deren »egoistische Art« würde sich damit schnell durchsetzen (müssen).

Richard Dawkins (1978) setzte dem Gruppenaltruismus einen extremen genetischen Egoismus (»Das egoistische Gen«) entgegen und erzielte damit weit reichende Wirkungen, weil Hamilton (1964) das von Wynne-Edwards (1962) aufgeworfene Problem bereits mathematisch gelöst hatte. Er zeigt in seinen beiden grundlegenden Veröf-

fentlichungen, dass die Lösung dort liegt, wo sie beim Menschen längst (und wohl auch von jeher) praktiziert wird: in der »Verwandtschaftsselektion« (*kinship selection*). Danach sollte der Grad der Verwandtschaft wie in einer Kosten-Nutzen-Abwägung weitestgehend bestimmen, wie das Verhalten den Artgenossen gegenüber ausfällt. Dass einfache Auslöser, wie das von Konrad Lorenz so genannte »Kindchenschema«, mitwirken und sogar der allgemeine Grad der stammesgeschichtlichen Nähe oder Ferne unbewusst berücksichtigt wird, bildet dazu keinen Widerspruch.

Für uns Menschen ist es im Tierschutz selbstverständlich, die uns am nächsten stehenden Menschenaffen, dann in der Rangfolge die übrigen Primaten, Säuger, Vögel und die »niederen Wirbeltiere« gegenüber den Wirbellosen wie Insekten oder Schnecken zu bevorzugen. Bei Blumen haben wir keine Hemmungen, deren Fortpflanzungsorgane, die Blüten, abzuschneiden und in Vasen zu stellen, um uns daran zu erfreuen. Vegetarisch zu sein, gilt Vielen moralischer, als »Fleisch« zu essen, wenngleich Pflanzen wie Tiere grundsätzlich Lebewesen sind.

Mit dieser theoretischen Grundlegung entstand aus der Vergleichenden Verhaltensforschung (Ethologie) die **genetisch fundierte Soziobiologie**. Der Bezug auf ein »festes Konzept« versetzt sie in die Lage, ihre Interpretationen als »überprüfbare Prognosen« zu erstellen. Allerdings wird im weitaus überwiegenden Maße damit erst post hoc gearbeitet, um Erklärungen für beobachtetes Verhalten zu bekommen (s. auch Heschl 1998). Und mit ihrem starken genetischen Bezug verbindet sich auch ihre größte Schwäche: Wenn Nachkommen (Kinder) 50% des mütterlichen bzw. väterlichen Erbgutes aufweisen, Enkel entsprechend 25% und Urenkel 12,5%, so dünnt sich der »Verwandtschaftsgrad« in der Tat ganz ähnlich aus, wie er in menschlichen Gesellschaften »empfunden« wird (◘ Abb. 2.3). Aber die so betrachteten Individuen stimmen dennoch in mehr als 99,9% der Gene überein. Selbst mit Taufliegen oder Bakterien »teilen« wir Menschen noch 50% des Erbgutes oder mehr.

❶ Bislang kann nicht festgelegt werden, um welche Gene es sich handelt, die »soziobiologisch« wirksam werden (sollen) und warum sich

2

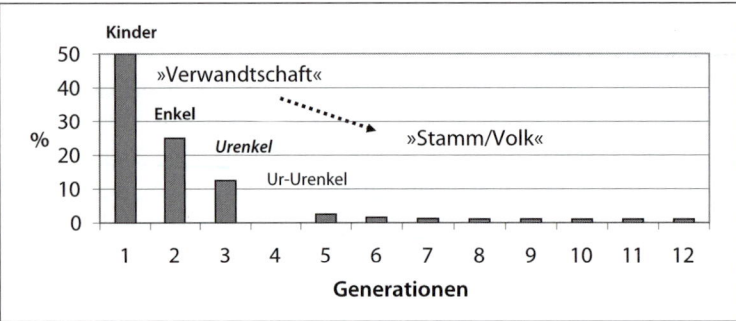

◘ Abb. 2.3. Bildung eines »Volkes«. Ausdünnung des Verwandtschaftsgrades (% »gemeinsame Gene«) mit zunehmender Zahl der Generationen; 10–12 Generationen ~ 200 Jahre

diese vom großen Rest so sehr unterscheiden. Die Übereinstimmung des soziobiologischen Konzeptes mit Empfindungen und Verfahrensweisen des Menschen bildet daher sicherlich ein Kernstück der Attraktivität der Soziobiologie und macht den heftigen Kampf gegen diese Theorie verständlich. Die Empirie hat sie dessen ungeachtet vielfach auf ihrer Seite.

2.4 Moralisches oder moralanaloges Verhalten bei Tieren

Das Eingangsbeispiel kann als Pars pro Toto für eine sehr große, kaum noch überschaubare Zahl von Fallbeispielen angesehen werden, aus denen hervorgeht, dass

1. die elterliche Fürsorge die Überlebenswahrscheinlichkeiten des Nachwuchses steigert und
2. darüber hinaus häufig auch Geschwister oder nahe Verwandte bei der Betreuung des Nachwuchses mithelfen. Sie steigern damit ihre »Gesamtfitness« (*inclusive fitness*), weil Geschwister einen sehr hohen Anteil an Genen gemeinsam haben.

Das Extrem stellen in dieser Richtung die sozialen Insekten wie zahlreiche Arten von Ameisen, Bienen und Wespen dar, bei denen es aufgrund von ungewöhnlichen Modi der Vererbung einen höheren Verwandtschaftsgrad zwischen den »Arbeiterinnen« gibt, als diese mit den potenziellen eigenen Nachkommen hätten. Die komplexesten Formen sozialen und kooperativen Verhaltens sind bei diesen Tieren entwickelt. Nicht selten

ist es »das Privileg« einer »Königin« oder eines »dominanten Paares«, allein für Nachwuchs zu sorgen, den dann alle übrigen Mitglieder der großen Gruppe oder des »Staates« höchst uneigennützig zu versorgen haben. Sie opfern sich »bereitwillig« für die Gemeinschaft. Die Nachkommen sind zu geschlechtlich funktionsuntüchtigen Neutren geworden und haben damit sogar – nach organischer Eigenständigkeit (Abgrenzung des Innen nach außen) und Stoffwechsel zur Aufrechterhaltung des Lebens – das dritte Grundkennzeichen des lebendigen Organismus, die Fähigkeit zur Fortpflanzung, aufgegeben.

❶ Die Soziobiologie kann solche Sozialsysteme mit ihrer Theorie funktional hinreichend erklären (Hamilton 1964; Voland 1993). Problematischer wird es, die Anfänge zu begründen, die zu solchen komplexen Formen des Sozialverhaltens geführt haben. Denn wo das »fertige Endprodukt« sichtlich gut ist und bestens funktioniert, muss das noch lange nicht für die (evolutionären) Anfänge gelten.

Das Anfangsbeispiel der Schwanzmeisen geht jedoch über diese Gegebenheiten von Verwandtschaft und ihrer Förderung hinaus, da es auch »fremde« Individuen mit einschließt, die helfen. Wie schon angeführt, erklärt die Soziobiologie dieses gleichfalls sehr weit verbreitete Verhalten mit dem »reziproken Altruismus«, der Hilfe auf Gegenseitigkeit (Hunt 1992). Es hätte auch bei den Helferpaaren mit einer erfolgreichen Brut klappen können, und dann wäre die Hilfe der anderen Artgenossen willkommen gewesen. Solche auf die Zukunft ausgerichteten Verhaltensweisen werden umso wichtiger (und können entsprechend umso häufiger und ausgeprägter erwartet werden), je länger das individuelle Leben dauert.

Wer günstigstenfalls nur eine Fortpflanzungsperiode erleben wird, sollte alles daran setzen, diese maximal zu nutzen und sich nicht in Erwartung späterer Chancen zurückhalten, wenn es doch nichts mehr zu erwarten gibt. Daher kann das Spinnenmännchen, das sich bei der Paarung vom Weibchen fressen lässt, mehr für den eigenen Nachwuchs tun als mit der rechtzeitigen Flucht, weil das von ihm im entscheidenden Augenblick zusätzlich miternährte Weibchen mehr Eier legen wird, die vom »geopferten« Männchen befruchtet worden sind. Die **Menge des (erfolgreichen) Nachwuchses** wird so gleichsam zur »Währung«, mit der die Fitness gemessen und die Bedeutung einer bestimmten Form von Sozialverhalten – oder auch höchst unsozial erscheinendem Verhalten – bestimmt wird.

Auf diese Weise konnte die Soziobiologie solche von Konrad Lorenz für entartet angesehenen und tunlichst übergangenen Verhaltensweisen als der individuellen Fitness dienlich erklären, z. B. das Töten kleiner Junger, wenn es fremden Löwenmännchen gelingt, ein Rudel zu erobern. Die Löwinnen kommen so schneller wieder in den Östrus und ermöglichen dem Männchen oder der Männchengruppe, die Zahl der eigenen Nachkommen zu erhöhen.

Das Alternativbeispiel bietet die Geschwisterkonkurrenz bei zahlreichen Arten, die einer langen Versorgung unter unvorhersehbar schwankenden Umweltbedingungen bedürfen. In dieser Lage befindet sich das Adlerjunge, das ein Geschwister bekommen hat, weil das zweite abgelegte Ei geschlüpft ist. Wenn Nahrung nicht gerade im Überfluss von den Altvögeln herbeigebracht werden kann, attackiert das ältere (und demgemäß stärkere) Junge das schwächere jüngere so lange, bis der geschwisterliche Nebenbuhler tot ist (und vielleicht sogar direkt als Beute betrachtet und verzehrt wird). **Kronismus** wird dieses Verhalten genannt, das der Fitness der/des Erstgeborenen zugute kommt und die Altvögel »kalt lässt«.

In diesen Beispielen deutet sich an, was gegenwärtig in der Biologie des Sozialverhaltens eine besondere Rolle spielt, nämlich die **unterschied-**

lichen Interessen der Entwicklungsstadien und der Geschlechter. Auch dazu hatte Charles Darwin (1871) schon ein bewundernswert umfassendes Material an Befunden zusammengetragen, ohne aber – da die genetischen Grundlagen noch so gut wie unbekannt waren – überzeugende Erklärungen dafür liefern zu können.

Der Nachwuchs hat ein anderes »Interesse« als selbst dessen eigene Eltern, und er steht in Konkurrenz zueinander und mit der nächstfolgenden Generation. Männliches und weibliches Geschlecht »müssen« demnach noch weit unterschiedlichere (Fortpflanzungs-)Interessen entwickeln, weil die relativen Beiträge beider zu den gemeinsamen Nachkommen oftmals höchst verschieden ausfallen und andere Möglichkeiten eröffnen. So hat das weibliche Geschlecht zumeist weitaus mehr zu investieren als das männliche, das seine winzig kleinen, »billig« herzustellenden Samen in großen Mengen einsetzen und »verbreiten« könnte, während das Weibchen insbesondere bei Säugetieren und Vögeln sehr hohe Eigeninvestitionen in eine im Vergleich zum Männchen sehr kleine Menge an Eier/Junge zu tätigen hat.

Ein entsprechender **Kampf der Geschlechter** spielt sich offenbar zwischen den Löwen und den Löwinnen ab. Das lässt sich direkt beobachten und über Fortpflanzungserfolge quantitativ bewerten. Löwen, welche die kleinen Jungen der Vorgänger töten, haben selbst mehr Junge, auch wenn dadurch die Zahl der überlebenden Jungen bei den Weibchen vermindert werden sollte, wozu es bei häufigerem Wechsel in der Rudelführung kommen kann. Es liegt daher letztlich auch an den Weibchen, sich nicht allzu sehr gegen die Tötungen zu wehren, um die Stabilität des Rudels nicht zu gefährden.

Die moderne Molekulargenetik eröffnete noch weitaus ergiebigere Einblicke. Sie konnte zeigen, dass Monogamie in der Natur selten wirklich praktiziert wird, »**Seitensprünge**« (*extra-pair copulations*) aber häufig vorkommen und zu erheblichen Prozentsätzen zum Nachwuchs beitragen. Insbesondere in der Vogelwelt wurde deutlich, wie sehr (und wie »hart«) die Weibchen wählen und die Männchen testen, ehe sie sich verpaaren. Und dennoch nutzen sie die Möglichkeiten zu Kopulationen mit fremden Männchen – was das »System« jedoch wieder ausgleicht, denn das eigene Männchen kann ebenso gut bei einem anderen Weibchen der Fremde sein.

Die sich aufdrängenden Ähnlichkeiten mit dem Menschen legen auch in diesem Bereich eine allgemeine Grundlage nahe, auch wenn sich diese nach heutigem Kenntnisstand über die Gene noch nicht hinreichend fassen lässt (Heschl 1998). Denn weshalb sollte es sich lohnen – bei ohnehin extrem hoher genetischer Übereinstimmung –, das »Risiko« einzugehen, aus der Paarbindung kurzzeitig auszubrechen? Die Antwort liegt möglicherweise in einem völlig anderen Bereich: Dieser verkörpert in den menschlichen Gesellschaften geradezu die Gefahr, vor der im Sexuellen direkt oder indirekt gewarnt wird. Es ist dies die Ansteckung mit Krankheitserregern und Parasiten und deren Übertragung in den eigenen »innerfamiliären Bereich«. Was kurzfristig und auf das betroffene Individuum bezogen höchst riskant oder lebensgefährlich sein kann, erweist sich im längerfristigen, im evolutionären Kontext als die wahrscheinlich stärkste Kraft, die fit hält, Schönheit aufbaut und letztlich die Evolution vorantreibt.

Vielleicht lässt sich die Evolution der Sexualität am besten als **Wettstreit mit den Krankheitserregern und Parasiten** erklären, weil die beständigen genetischen Neukombinationen diese immer wieder vor eine neu formierte Abwehr im Immunsystem stellen – mit sich somit stets und unbegrenzt erneuernden Möglichkeiten.

Hieraus ergibt sich auf der »anderen Seite« der **»unsoziale Ausschluss«**, wenn Individuen tatsächlich von Parasiten zu stark geplagt oder von Krankheiten befallen sind. Dieses Ausgestoßenwerden ist gleichfalls sehr häufig im Tierreich zu beobachten. Was »abweicht«, wird gemieden oder behasst, wenn die Abweichung zu stark ausgefallen ist. Das Anhassen ist bei Vögeln sehr verbreitet – und gibt Feinden wie Greifvögeln eher die Möglichkeit, Beute zu machen, als der geschlossene Schwarm »Gleichartiger«. So findet die Ausgrenzung von Abweichlern, Kranken und Schwachen in der Natur durchaus häufig statt und muss im Sinne von »stabilisierender Selektion« als ebenso »normal« angesehen werden wie die erstaunlichen Formen von Kooperation, deren Nutzen sich erst später herausstellt.

2.5 Einsichtiges Verhalten

Sittlichkeit setzt Einsicht voraus, Einsicht in die Notwendigkeiten und Folgen. Wo automatisch reagiert wird, etwa wenn Menschen »bedenkenlos« kleine Kinder aus der Lebensgefahr retten, reicht angeborenes Verhalten als Erklärung aus. Man macht das so »als Mensch«, weil das wohl seit jeher die Menschen (angeborenermaßen) so in den Sozietäten gemacht haben, in denen sie lebten. Vieles ist auf dieser Basis von Natur aus »moralisch«, weil es allgemein dem Überleben des Nachwuchses dient. Einsicht ist nicht erforderlich, und selbst auf nachträgliches Lob hin sehen sich die Helfer zumeist kaum in der Lage, ihr Verhalten rational zu begründen.

Erheblich anders liegen die Dinge bei Verhaltensweisen wie im geschilderten Beispiel des Kolkraben.

1. Der Umgang des Raben mit dem Hund griff über die geprägte Partnerbeziehung zum Menschen (mit individueller Prägung auf den »Pfleger«, den der Rabe unter allen Umständen persönlich kannte und von allen anderen Menschen unterschied) auf eine völlig andere Art von Lebewesen hinaus.

2. Der Vogel musste »diesen Hund« sogar individuell von allen anderen Hunden unterscheiden und folglich irgendwie zu dem »Schluss« kommen, dass er auch anders zu behandeln war.

3. Er musste sich selbst als »Täter« erkennen und gleichsam »aktiv« von »passiv« unterscheiden, als nicht er wie sonst den Hund jagte, sondern diesen bis zu dessen totaler Erschöpfung hinter sich herjagen ließ. Dann drückte er das aus, was er ansonsten zur Beruhigung oder Begrüßung zu hören bekam: »Mao, bist ja mein Braver!«

War schon die anfängliche Reaktion auf die Hunde außergewöhnlich genug und so im normalen Verhalten von Kolkraben kaum jemals zu erwarten, so ging die Umkehrung seiner »Rolle« als Jäger von Hunden, der sich nun selbst jagen – und doch nicht jagen – ließ, weit über das hinaus, was als Ablauf eines natürlichen, situationsbezogenen Verhaltens angesehen werden kann. Man kann sich des Eindrucks nicht erwehren, dass hier im Gehirn des

Box

Was also ist »moralisch«?

Diese Frage lässt sich nicht wirklich beantworten, weil sie im jeweiligen Kontext der Tierart(en) vom Ergebnis gewertet wird und nicht von der Motivation (wie beim Menschen). Formal erscheint uns diese Unterscheidung notwendig, funktional wird sie ziemlich bedeutungslos, denn für den Geretteten oder die Überlebenden dürfte es von nachrangiger Bedeutung sein, aus welcher Motivation heraus ihnen geholfen wurde. Das Ergebnis zählt im natürlichen Ablauf (Trivers 1985); in der menschlichen Gesellschaft natürlich auch, aber diese ist sicherlich ungleich stärker motivationsbezogen, weil sie über Sozialisierung und kulturelles Lernen von Gruppennormen die »reine Natur« im Verhalten überwinden und möglichst verbessern will. Der Mensch ist sich seiner Individualität bewusst und sollte daher auch der sich hieraus ergebenden moralischen Verpflichtung nachkommen.

So könnte man vielleicht auch den »kategorischen Imperativ« im Sinne von Kant verstehen, der ja durchaus, wie Konrad Lorenz gezeigt hat und im »sogenannten Bösen« (1963) populär machte, auf naturgemäß anständigem, »sittlichem« Verhalten begründet ist. Aber er reicht darüber hinaus. Stark verkürzt ergibt sich daraus die Frage, ob sich Tiere einfach so verhalten »müssen«, wie sie sich verhalten, oder ob sie auch ein mehr oder minder großes Maß an individueller Freiheit haben. An diesem Problem scheiden sich nach wie vor die Geister. Denn wer einem Tier individuelle Freiheit(en) zubilligt, muss gleichsam billigend in Kauf nehmen, dass dieses Tier auch denkt (Hauser 2001). Der menschliche Geist würde damit als letzte Bastion der Einmaligkeiten und Eigenständigkeiten des Menschen fallen (Tomasello 1999) und seine Ursprünge »im Tierreich« haben, wie alles andere »Menschliche« auch. Allmähliche, »quantitative Übergänge« zu Denken und Moral wären die Folge.

Wahrscheinlich geht die weitaus überwiegende Mehrheit der Biologen ganz selbstverständlich davon aus, dass dem so ist. Und wenn dem nicht so sein sollte, bedürfte es weit aufwändigerer Begründungen, die bis zum Un- oder Übernatürlichen reichten, als bei einem evolutionären Ursprung von Geist und Denken. Doch da es bekanntlich schon höchst problematisch ist nachzuweisen, **wie** ein anderer Mensch denkt (nicht nur dass er denkt!), und wir Menschen untereinander darauf weitestgehend angewiesen sind anzunehmen, das Denken anderer würde grundsätzlich genauso wie bei einem selbst ablaufen, potenziert sich die Schwierigkeit bei der Behandlung des Denkens von Tieren. Weil es an der Möglichkeit des Austausches über eine Sprache mangelt, deren Kontext und vor allem deren spezifischer Bedeutungsinhalt es plausibel machen, auf grundsätzliche Gleichartigkeit zu schließen (Reichholf 2001; Tomasello 1999).

Es waren daher die *expressions of emotions*, die Darwin in seinem zweiten großen Buch (1871) beschäftigten, weil sie den kontinuierlichen Übergang zu den nächstverwandten Primaten und zur übrigen Tierwelt vermitteln. Mit den Primaten befasst sich ▶ Kap. 30. Deshalb wird hier abschließend nur auf das zweite Eingangsbeispiel des Kolkraben Bezug genommen, da dieses aus der »anderen Welt« der Vögel kommt.

Kolkraben genügend »Einsicht« zustande gekommen war. Er hatte sich im Sinne seines menschlichen Partners »richtig« (also im sozialen Kontext auch »sittlich«, weil es so die Sitte ist!) verhalten, gleichzeitig seine Lösung aber dazu benutzt, zu täuschen, denn er hetzte den Hund – was ja »verboten« war – auf andere Weise so lange, bis dieser nicht mehr konnte. Und zeigte daraufhin alle Anzeichen von »Zufriedenheit«, wie sie sonst auch im Verhaltensrepertoire des Raben zu beobachten sind (Heinrich 1994).

Dieser »Fall« ist kein Einzelfall. Im vorwissenschaftlichen Bereich wissen nicht nur Hunde- oder Katzenhalter um die Individualität ihrer Tiere und ihrer oftmals höchst erstaunlichen Leistungen (Sommer 1992). Bernd Heinrich (1994) gab in seinem Buch über die Kolkraben zahlreiche Beispiele von Intelligenz und Einsicht in die komplexe, neu-

2

artige Situation. Auf eine Phase »mechanistischer« Betrachtung des Tierverhaltens, das selbst Konrad Lorenz mit seiner Suche nach den »fest angeborenen Verhaltensweisen«, den Ethogrammen der Art(en), letztlich noch nicht ganz aufgegeben hatte, folgte die inzwischen viel individuellere Betrachtungsweise, die Tieren grundsätzlich und evolutionär – graduell abgestufte Denkfähigkeiten zubilligt (Cheney u. Seyfarth 1994; Dawkins 1994; Gould u. Gould 1994; Hauser 2001). Mit allen Implikationen, die sich daraus für Sozialverhalten und Individualität ergeben.

❶ Die Grenze zwischen »dem Tier« und »dem Menschen« ist längst gefallen. Der verbindende Strom, der sich aus der evolutionären Betrachtung ergibt, bedeutet weder eine Vermenschlichung der Tiere noch eine Vertierlichung der Menschen (Kotrschal 1995). Schließlich hat uns die Sprache die Möglichkeit eröffnet, uns darüber auszutauschen (Reichholf 2001) und die Ergebnisse des Guten in die Normen der Motivationen einzubauen: Als Mittel zur Begründung der Folgen oder um diese zu vermeiden, so sie unmoralisch ausfallen sollten.

Literatur

Cheney DL, Seyfarth R M (1994) Wie Affen die Welt sehen. Das Denken einer anderen Art. Hanser, München

Darwin C (1859) On the origin of species. Murray, London

Darwin C (1871) The descent of man and selection in relation to sex. Murray, London

Dawkins R (1978) Das egoistische Gen. Springer, Berlin Heidelberg New York

Dawkins MS (1994) Die Entdeckung des tierischen Bewusstseins. Spektrum, Heidelbergder Humanethologie. Piper, München

Gould JL, Gould CG (1994) The animal mind. Scientific American Library, New York

Hamilton WD (1964) The genetical evolution of social behaviour. J Theor Biol 7: 1–16, 17–52

Hauser MD (2001) Wilde Intelligenz. Was Tiere wirklich denken. Beck, München

Heinrich B (1994) Die Seele der Raben. Fischer, Frankfurt

Heschl A (1998) Das intelligente Genom. Springer, Berlin Heidelberg New York

Hunt M (1992) Das Rätsel der Nächstenliebe. Der Mensch zwischen Egoismus und Altruismus. Campus, Frankfurt

Kotrschal K (1995) Im Egoismus vereint? Tiere und Menschentiere – das neue Weltbild der Verhaltensforschung. Piper, München

Lorenz K (1963) Das sogenannte Böse. Borothra Schoeler, Wien

Reichholf JH (2001) Gemeinsam gegen die Anderen: Evolutionsbiologie kultureller Differenzierung. In: Fikentscher W (Hrsg) Begegnung und Konflikt – eine kulturanthropologische Bestandsaufnahme. Bayerische Akademie der Wissenschaften, Philosophisch-historische Klasse. Abh. NF 120: 270–281

Sommer V (1992) Lob der Lüge. Täuschung und Selbsttäuschung bei Tier und Mensch. Beck, München

Tomasello M (1999) Die kulturelle Entwicklung des menschlichen Denkens. Suhrkamp, Frankfurt

Trivers R (1985) Social evolution. Benjamin/Cummings, Menlo Park, CA

Wilson EO (1975) Sociobiology – the new synthesis. Belknap, Harvard, Cambridge, MA

Voland E (1993) Grundriß der Soziobiologie. Fischer, Stuttgart

Wynne-Edwards VC (1962) Animal dispersion in relation to social behaviour. Oliver & Boyd, Edinburgh

Geistige und moralische Enphronesis in Hochland-Neuguinea – Beispiele aus der Kultur der Eipo

Wulf Schiefenhövel

3.1 Einleitung

Im Verlauf der Hominisation hat sich ein nach wie vor unzureichend verstandener Prozess vollzogen, der zum menschlichen Gehirn und seinen staunenswerten Leistungen geführt hat, u. a. jenen, die uns befähigen, uns in das Gegenüber hineinzuversetzen – in seine Gefühle (Empathie) und Gedanken (»Theory of Mind«, Premack u. Woodruff 1978, oder, wie vom Autor vorgeschlagen, »Enphronesis« oder Gedankenlesen, Schiefenhövel 2003). Es erscheint sinnvoll, zwischen diesen beiden Leistungen zu unterscheiden (Brüne et al. 2003b), auch deshalb, weil sie sehr wahrscheinlich in der Phylogenese aufeinanderfolgende Entwicklungen, also »Stufen«, waren. Primaten und andere Säuger zeigen empathische Reaktionen, während die kognitiv anspruchsvollere Enphronesis wohl nur bei den Menschenaffen und dem Genus *Homo* entfaltet ist. Das gilt sicher auch für die Fähigkeit, »moralisch richtig« von »moralisch falsch« unterscheiden zu können, die hier als moralische Enphronesis behandelt wird und die zentral mit dem universalen Gerechtigkeitsgefühl (s. unten) korreliert und mit dem, was wir Gewissen nennen.

Das Konzept des *environment of evolutionary adaptedness* (EEA, Foley 1997) beschreibt, unscharf zwar, aber doch brauchbar, das hypothetische Bündel von Einflüssen aus der unbelebten-belebten und sozialen Umwelt, das für die prähistorische Formung der Eigenschaften, in diesem Fall des Menschen, von zentraler Bedeutung war. Brothers (1990) hat die Hypothese formuliert, es sei vor allem die komplexe Sozialstruktur unserer Vorfahren gewesen, die dazu geführt hat, dass unser Gehirn so besonders leistungsfähig geworden ist. Dieser Ansatz erscheint einleuchtend, jedenfalls plausibler als die Vorstellung, neurobiologische Anpassungen an Werkzeugherstellung/-gebrauch oder gemeinsame Jagd hätten unser Gehirn geformt. Die Idee von Brothers hat zahlreiche Anhänger gefunden (z. B. Brüne et al. 2003a).

Schlechterdings haben wir trotz bemerkenswerter, vor Jahrzehnten kaum denkbarer Fortschritte etwa in Paläoanthropologie (Schrenk 2003) und Archäologie (Burenhult et al. 1993/94) nur wenige Datensätze oder Modelle, die den möglichen Szenarien des EEA gerecht werden könnten. Annäherungen an Lebensweise, geistige, psychische und soziale Fähigkeiten der Hominiden und des frühen *Homo sapiens* gelingen, ebenfalls mit zunehmend präziseren Aussagen, z. B. mittels der Forschungen zur Primatologie (McGrew 2004); die Neurobiologie, die sich z. T. auf bildgebende Verfahren stützt (Markowitsch 2002), macht große Fortschritte auf dem Weg zur Erklärung des Wahrnehmens, Fühlens, Denkens und Verhaltens von uns Menschen; modellgestützte Herangehensweisen (Boyd u. Richerson 1985) versuchen ebenfalls, Parameter und Konsequenzen der Lebensbedingungen primordialer, rezent-traditionaler und urbaner menschlicher Gesellschaften zu analysieren.

Ethnoprähistorische Zugänge bieten sich ebenfalls an. Jedoch sind Jäger- und Sammlergesellschaften, die primordialen Kulturen unserer afrikanischen Vorfahren entsprechen könnten, derzeit nur mehr sehr eingeschränkt existent: Die San der Kalahari etwa haben einen dramatischen Akkulturationsprozess durchgemacht, bevor fokussierte psychologische Studien, etwa zur Enphronesis, durchgeführt werden konnten; in ähnlicher Weise gilt das auch für die Pygmäengesellschaften des zentralafrikanischen Regenwaldes. Die australischen Aborigines haben durch den Kulturkontakt mit den weißen Einwanderern ihre paläolithische Weise der Subsistenz schon lange verloren.

Die Gesellschaft der Eipo im Hochland West-Neuguineas sowie ihre belebte und unbelebte Umwelt waren Gegenstand von zwischen 1974 und 1980 durchgeführten Felduntersuchungen (Koch u. Helfrich 1978). Zur Arbeit an ethnographischen, ethnomedizinischen und humanethologischen Themen hat sich der Verfasser 22 Monate lang dort aufgehalten und von Beginn an auch einen großen Teil der primären Aufnahme der Eipo-Sprache übernommen (Heeschen u. Schiefenhövel 1983). Daraus entstand ein Wörterbuch nach dem Prinzip des »Oxford English Dictionary«. Die ca. 6000 Einträge enthalten viele authentische Äußerungen der Informantinnen und Informanten: Sprichwörter, Teile aus Legenden, Erzählungen, religiösen Formeln etc.

Im Folgenden wird sowohl auf im Zuge der teilnehmenden Beobachtung erstellte Protokolle von Geschehnissen als auch auf Einträge aus dem Wörterbuch Bezug genommen, um zu prüfen,

◘ Abb. 3.1. Eipo-Kinder, Hochland von West-Neuguinea, Indonesien. Im gemeinsamen Spiel, weitgehend ohne Spielzeug, können sich die für uns Menschen so kennzeichnenden kognitiven und sozialen Fähigkeiten herausbilden. (s. auch Farbtafel am Buchende)

ob und in welcher Weise eine Kultur wie jene der Eipo dazu dienen mag, Fähigkeiten und Prozesse der Empathie und insbesondere der geistigen und moralischen Enphronesis zu exemplifizieren (◘ Abb. 3.1).

3.2 Die Eipo – Moderne Modelle der Vergangenheit

Zu Beginn der Untersuchungen lebten die etwa 800 Eipo, Mitglieder der Mek-Sprach- und Kulturfamilie (Schiefenhövel 1976, 1991a), bezüglich ihrer materiellen Kultur im Neolithikum.

– Alle Werkzeuge waren aus Stein, Knochen und Holz gefertigt.
– Ihre komplexe agglutinierende Sprache war schriftlos.
– Ihre Gesellschaft war, wie die ihrer engeren und ferneren Nachbarn im gebirgigen Inland Neuguineas, gekennzeichnet durch meist monogame (in ca. 10% polygyne) Ehen,

Arbeitsteilung, virilokale Residenz, patrilineare Klane, auf dem Prinzip der Meritokratie fungierende »Big Men« als politische Entscheidungsträger, sakrale Männerhäuser, in ähnlicher Weise für das andere Geschlecht tabuisierte Frauenhäuser für Menstruation, Geburt, Wochenbett, längere Krankheit und als Refugium bei Eheproblemen. Auch andere Traditionen bezeugen den ausgeprägten kulturellen Geschlechtsdimorphismus der Eipo-Gesellschaft (Schiefenhövel 2001a), der Frauen durchaus das selbstbewusste Wahrnehmen ihrer Interessen ermöglichte.

– Kämpfe innerhalb der eigenen Gruppe und Kriege gegen den »Erzfeind« im westlichen Nachbartal kosteten einen hohen Blutzoll, vor allem unter den Männern, von denen jeder Vierte eines gewaltsamen Todes starb; damit lagen die Eipo bezüglich der Homizidrate im Mittelfeld der Neuguinea-Hochland-Gesellschaften (Schiefenhövel 2001b).

— Mit Grabstöcken bearbeitete Gärten lieferten vor allem
  - Süßkartoffeln (*Ipomoea batatas*),
  - Taro (*Colocasia esculenta*, vor ca. 8000 Jahren im Hochland Neuguineas erstmals domestiziert),
  - Bananen (*Musa X paradisiaca*),
  - Zuckerrohr (*Saccharum officinarum*) sowie
  - verschiedene Gemüsearten wie *Saccharum edule*, *Setaria palmifolia* und *S. plicata*, *Abelmoschus manihot* und *Rungia klossii*. Von diesen die lieferten beiden letztgenannten den Großteil des insgesamt sehr limitierten Proteinanteils in der Ernährung – Kwashiorkor oder vergleichbare Symptome von Mangelernährung traten jedoch nicht auf. Kinder und Erwachsene waren in aller Regel außerordentlich gesund und körperlich so leistungsfähig wie hoch trainierte Sportlerinnen und Sportler in unseren Gesellschaften: Frauen transportierten z. B. Lasten aus Gartenfrüchten und Feuerholz vom Gewicht ihres eigenen Körpers über weite Strecken.

— Die sozialen Bande in den erweiterten Familien, Klanen, Männerhaus- und Dorfgemeinschaften waren eng, sodass die Individuen in nahezu allen Fällen psychosozial aufgehoben waren. Die Bedürfnisse von Neugeborenen, Säuglingen und Kleinkindern wurden in annähernd idealer Weise erfüllt (sehr hohes Ausmaß an Körperkontakt zur Mutter und zu anderen Bezugspersonen, sehr häufige kindgesteuerte Mund-Mamillen-Kontakte zum Trinken und Trostsaugen, Schiefenhövel 1991b) – möglicherweise eine kulturelle Anpassung an die schwierigen Lebensbedingungen in der schroffen Gebirgslandschaft mit nur wenigen, kleinen jagdbaren Beuteltieren, einer begrenzten Anzahl an domestizierten Schweinen und mit Passübergängen in 3700 m Seehöhe, d. h. 2000 m oberhalb der meisten Siedlungen. Oft legten die Eipo diesen Aufstieg und den Abstieg in die Täler der Handels- und Heiratspartner südlich der zentralen Kordillere an einem Tag zurück.

❶ In ihrer staunenswerten Anpassung an die physischen und sozialen Lebensbedingungen und ihrer neolithischen Lebensweise lassen sich die Eipo als »moderne Modelle der Vergangenheit« ansehen und daher als geeignet, als Zeugen jener Entwicklungen zu dienen, die zu den typisch menschlichen Fähigkeiten der Empathie sowie der geistigen und moralischen Enphronesis geführt haben.

Außer Acht bleiben müssen in diesem Kapitel die in der Tat erstaunlichen botanischen (Hiepko u. Schiefenhövel 1987) und zoologischen (Blum 1979) Kenntnisse der Eipo, z. B. ihre in das Linnésche System passende Klassifikation von Pflanzen und Tieren. Diese Befunde und der Eipo genaues Wissen um die ökologische Eingepasstheit der Lebewesen belegen, welchen Stand die naturwissenschaftliche Durchdringung der Welt in nichtschriftlichen Gesellschaften erreichen kann. Die Mythen, Sprichwörter und Liedtexte der Eipo (Heeschen 1999) sind beeindruckende Zeugnisse der kreativen Geistigkeit einer solchen primordialen Kultur.

❶ Ob und in welcher Weise derartige Fähigkeiten der strukturell abstrakten Durchdringung und Ordnung der Welt der Dinge und die Nutzung der Macht von Metapher und Symbol – beides reich ausgeprägt in der Tradition der Eipo – auf der Fähigkeit zu Enphronesis aufbauen oder umgekehrt eine ihrer Mitbedingungen waren, kann derzeit noch nicht beantwortet werden. Es erscheint jedenfalls einleuchtend, dass abstrakt-kognitives Analysieren sowie Symbolverständnis und -gebrauch auf der einen und Enphronesis auf der anderen Seite zwei Aspekte eines evolutionär-neurobiologischen Prozesses waren.

3.3 Ergebnisse

3.3.1 Ego im Netz vielfältiger sozialer Beziehungen und Interaktionen – Szenario für die Evolution des »sozialen Gehirns«

Bei unseren Befragungen zeigte sich, dass bereits Kinder gute bis sehr gute Kenntnisse ihrer Verwandtschaft hatten. Die Eipo-Sprache verfügt über eine differenzierte Terminologie, mittels derer Bluts- und Affinverwandtschaft von Individuen detailliert beschrieben werden kann. Einige Informanten, z. T. noch jugendlich, konnten die Namen ihrer Vorfahren bis zu vier oder fünf Generationen zurück nennen; diese Informationen erwiesen sich als richtig, wenn sie mit denen weiterer Gewährsleute verglichen wurden; Namen und Klanzugehörigkeit der Urgroßeltern konnten praktisch immer erinnert werden.

Diese genealogische Tiefe ist bemerkenswert, wenn man bedenkt, dass viele Mitglieder unserer eigenen Gesellschaft schon Schwierigkeiten haben, die Namen ihrer vier Großeltern zusammenzubringen, und dass die Eipo ja bis dato keinerlei schriftliche Aufzeichnungen besaßen. Andererseits ist natürlich die soziale, auch genealogische Verortung des Individuums im Kontinuum der Generationen für Menschen in traditionalen Gesellschaften ungleich viel wichtiger als in unseren soziologisch ganz anders geformten und abgesicherten Gesellschaften, denn für eine Person bei den Eipo war es (und ist es vermutlich noch) vital wichtig zu wissen, mit wem sie wie verwandt war, weil sich aus diesen regulierten Beziehungen Ansprüche und Verpflichtungen ergaben, aus denen durchaus lebenserhaltende oder in anderer Weise bedeutende Konsequenzen erwuchsen.

Die patrilineare klangebende Achse, bedeutsam für das Anrecht auf Land, Hilfeleistungen, Verteidigung mit Waffen und die Beachtung spezifischer Tabus war besonders gut im Gedächtnis verankert, aber auch die matrilinearen Verzweigungen waren präsent. Über beide Verwandtschaftslinien entstand Schutz, Absicherung und z. B. berechtigte Erwartung, verköstigt zu werden, etwa beim Besuch in fremden Dörfern. Zu Beginn der Feldarbeiten betrug der Radius der geographischen Erfahrung bei den Eipo nicht mehr als maximal drei Tagesmärsche, weil darüber hinaus keine Verwandten mehr wohnten, und man befürchtete, schutzlos Wetter und Hunger ausgesetzt zu sein oder gar Opfer aggressiver Akte zu werden.

Die unterschiedlichen und unterschiedlich engen verwandtschaftlichen Bande präsent zu haben, zu wissen, welche der komplexen Anredeformen der genau einzuhaltenden Etikette entspra-

chen, zu welchen kleinen Geschenken und Hilfeleistungen man verpflichtet war und welche man erwarten konnte, war eine kognitive Leistung, zu der oft schon Kinder fähig waren. Die Interaktionen mit einer Vielzahl an Personen im komplexen Netz der verwandtschaftlichen Beziehungen sollten – das war die erwartete Norm – nach Möglichkeit störungsfrei funktionieren, denn die betreffenden Menschen konnten im Leben des Einzelnen, etwa bei Initiation, Heirat, Hausbau, Gartenarbeit, Jagd und religiös bedeutsamen Ritualen eine entscheidende supportive Rolle spielen. Es war also wichtig, nicht nur die strukturellen, normativen Aspekte des näher oder ferner Verwandtseins zu kennen und zu berücksichtigen, sondern dabei auch die jeweils unterschiedlichen Charaktere, die zu vermutenden Handlungsweisen und Strategien der Interaktionspartner im Auge zu behalten.

Hier war also neben einem guten Gedächtnis in hohem Maße Enphronesis gefragt. Diese Aufgabe wurde dadurch erleichtert, dass man sich in einem von Traditionen recht genau festgelegten sozialen Rahmen bewegte, in dem ein vergleichsweise hohes Maß an Vorhersagbarkeit der Intentionen und Aktionen der anderen gegeben war. Weiter kam hinzu, dass man mit den meisten der Interaktionspartner wiederholt in Kontakt war, seine Erfahrungen mit ihnen also in die eigenen Planungen und Handlungen einbeziehen konnte.

Jeder Jugendliche und Erwachsene kannte alle Bewohner des eigenen Dorfes (40–200 Personen), wohl auch viele der Dörfer der eigenen politischen Allianz (ca. 600 Personen), die insbesondere für die kriegerischen Auseinandersetzungen und dorfübergreifende Rituale und Festlichkeiten (❏ Abb. 3.2) von Bedeutung war. Diese Kenntnis erstreckte sich nicht nur auf die Namen von Personen, sondern auch auf Teile der Biographie, d. h., dieses Wissen war konkret und präzise. Es waren auch Menschen bekannt, die man nicht jeden Tag zu Gesicht bekam, wie z. B. die Bewohner der Dörfer südlich des Gebirges, mit denen man im Zuge gegenseitiger Besuche im Rahmen von Handels- und Heiratsbeziehungen nur selten zusammenkam, vielleicht ein- oder zweimal pro Jahr. Biographische Details wurden oftmals auch von bereits verstorbenen Personen erinnert, mit denen man nie in persönlichem Kontakt gewesen war, von denen

◘ Abb. 3.2. Tanzfest der Eipo, Hochland von West-Neuguinea, Indonesien. Männer und Frauen folgen einer unterschiedlichen Choreographie. Nach Überzeugung der Einheimischen sind beide Geschlechter in ihrer Unterschiedlichkeit und Komplementarität gleich bedeutsam für den Fortbestand des Lebens und des kosmischen Geschehens. (s. auch Farbtafel am Buchende)

man aber in Erzählungen gehört hatte. Es waren sogar Personen aus den Dörfern der »Erbfeinde« bekannt (in seltenen Fällen gab es Heiraten über diese ansonsten deutlich markierte politisch-ideologische Grenze hinweg). Schätzungsweise kannte jedes Mitglied der Eipo-Gesellschaft 300–600 Personen zumindest mit Namen.

Die psychosozialen Bedingungen der damaligen Eipo-Gesellschaft bilden recht gut jenes Szenario ab, das nach Brothers (1990) die Entwicklung des sozialen Gehirns zur Folge gehabt haben könnte.

3.3.2 Empathie

Da das Augenmerk dieses Buches auf der typisch menschlichen Begabung mit geistiger und moralischer Enphronesis liegt, werden hier nur einige wenige Beispiele von Situationen gegeben, in denen die Eipo-Gastgeber ihre hoch entwickelte Empathie an den Tag legten (m. E. eine zumindest bei den höheren Primaten entwickelte phylogenetische

Vorstufe und nicht kongruent mit Enphronesis, s. oben). Wegen anfangs fehlender Sprachkenntnis spielte sich die Kommunikation zunächst vor allem auf der nonverbalen Ebene ab. Es war bemerkenswert und beruhigend, wie problemlos die sehr basale Verständigung zumeist funktionierte, etwa beim gemeinsamen Bau einer für Cessna-Flugzeuge geeigneten Landebahn, die nach einem Jahr fertig gestellt war. (Bei Aufenthalten in Japan hatten sich weit größere Schwierigkeiten ergeben, die nonverbalen Signale der Gegenüber zu dekodieren und mit den eigenen Kommunikationsversuchen verstanden zu werden als in der damaligen Welt kriegerischer und kannibalischer »Steinzeit-Papua« in den Bergen Neuguineas.) Es wurde bald klar, dass gegenseitiges intuitives Verstehen zwischen den Eipo-Gastgebern und uns möglich war und in der Tat oft recht gut funktionierte, insbesondere wenn es darum ging, gegenseitig spezifische Emotionen und Intentionen zu entschlüsseln.

Aus dem Wörterbuch sollen hier nur einige wenige Beispiele angeführt werden, die zeigen, welche Emotionstermini die Papua-Sprache der Eipo besitzt. Von den sechs »Basisemotionen« sind die folgenden sprachlich realisiert, z. T. mehrfach und in unterschiedlichen Schattierungen (s. Übersicht).

Sprachlicher Ausdruck von Basisemotionen bei den Eipo

1. »Freude«
   kanye deibmanil »die Seele/der Geist wird mir geboren« – ich freue mich (eine eher stille Form der innerlichen Freude)
   kanye teleb boubnil »mir ist die Seele mit Gutem angefüllt« – ich freue mich, ich bin glücklich
   kanye lukuldan- »die Seele ist erregt« – freudig erregt sein
   kanye walwal danmanil »die Seele wird mir gewaltig verzaubert« – ich bin außer mir vor Freude
2. »Trauer«
   kanye malye unmanil »Schlechtes hat sich meiner Seele bemächtigt« – ich bin traurig
   kanye barib- »die Seele wird verhüllt« – traurig, gedrückter Stimmung sein (z. B. an Verstorbene denken)
   kanye monokolongon/kanye monokuk »in meiner Seele ist Schweigen/meine Seele schweigt« – ich bin verstummt, traurig; depressiv
3. »Furcht/Angst«
   elel ängstlich, Angst
   kanye bindobmanil »meine Seele verschwindet« – ich erschrecke
   kanye dalolab- »die Seele fällt seitlich herunter« – erschrecken, sich fürchten (z. B. wenn man jemandem unerwartet begegnet)
   kanye ib- »die Seele ist eingedämmt, eingesperrt« – verzweifelt sein
4. »Wut«
   yu »heiß, hitzig« – wütend, cholerisch
   mun lob- »den Bauch lösen« – wütend werden
   arub- zornig, wütend sein
   beneb- zornig sein
5. »Überraschung«
   kanye norobrob- »die Seele schnürt sich zusammen« – zusammenfahren, (unangenehm) überrascht sein
6. »Ekel«
   duknesin »es macht uns erbrechen« – ekelhaft
   Hier wird die biopsychologische Basis der Ekelempfindung genau bezeichnet, denn das Ekelgesicht ist eine ethologische Ritualisierung des Brechvorgangs (Schiefenhövel 1994).

Die Eipo-Sprache enthält u. a. weitere Emotionen beschreibende Termini (s. Übersicht).

Weitere Emotionstermini aus der Eipo-Sprache

kanye tengebrob- »die Seele ist nach oben hin entfaltet« – entzückt sein
kanye lobrob- »die Seele ist gelöst« – entzückt sein
kanye mamun »die Seele ist mit sich allein« – satt, zufrieden sein
kanye deib- »die Seele auf die Erde legen« – eine Heimat finden, beruhigt und zufrieden sein
boukwe »Leber« – körperlich spürbare Sehnsucht, Verlangen; z. B. nach einer Person (nichtsexuell)
kanye lelik ub- »Kitzel überkommt die Seele« – Schadenfreude empfinden
matan süchtig, eifersüchtig (z. B. *kwat matan*, Vagina-Eifersucht eines Mannes, dessen Frau einen anderen Partner hat)
kanye sukub- »die Seele krampft sich zusammen« – neidisch, eifersüchtig sein

Zum Teil reichen die aufgeführten Termini und Konzepte in den Bereich der Zuschreibung kognitiver, d. h. nicht »rein« emotionaler Zustände und Dispositionen beim anderen hinein. Das würde der angenommenen entwicklungsgeschichtlichen Stufenfolge (Brüne et al. 2003b) entsprechen.

❗ Die Fähigkeit zur Enphronesis erstreckt sich sozusagen retrograd auf die phylogenetisch ältere Fähigkeit zur Empathie, sie beschreibt, konzeptualisiert und macht die affektiven Zustände bei Ego und bei den anderen damit in neuer Weise der kognitiven Repräsentation, Reflexion und Bewertung zugänglich, realisiert damit eine ToM der emotionalen Zustände.

Die Primärreaktion des Trauerns beim Tod von Angehörigen, das Mittrauern bei den Angehörigen der Dorfgemeinschaft, die Trauerrituale und die Texte der Trauerlieder der Eipo sind emphatisch und eindrucksvoll (Schiefenhövel 2002). Die tiefe Verletzung in der Seele des anderen empfinden zu können versichert die durch den Tod geschwächte Familie der Loyalität und Unterstützung und festigt den Zusammenhalt der Gruppe.

3.3.3 Geistige Enphronesis

In den Geisteswissenschaften ist die kulturrelativistische Sapir-Whorf-Hypothese (Sapir 1929; Whorf 1956) nach wie vor einflussreich, derzufolge man als Mitglied einer kulturellen Gemeinschaft die Welt quasi nur durch das Fenster erkennen kann, das diese spezifische Kultur für den Blick nach draußen bereithält. Andere wissenschaftstheoretische Perspektiven und damit die Suche nach einer kulturinvarianten Wahrnehmung, nach einer generellen, auf die kognitiven Leistungen des Menschen bezogenen Wahrheit wären demzufolge unsinnig und unmöglich.

Die Erfahrungen des Verfassers in den traditionalen Kulturen Melanesiens, mittlerweile eine Spanne von 40 Jahren umfassend, sind ganz anders. Die Tatsache, dass es möglich war, in monolingualem Zugriff eine der hoch komplexen und auch vom Vokabular her sehr umfangreichen Papua-Sprachen des Trans-New-Guinea-Phylums

(McElhanon u. Voorhoeve 1970) zu erlernen und so einen Teil des geistigen Reichtums und der kognitiven Konzepte dieser archaischen Gesellschaft zu erschließen (s. Box) und auch für kommende Generationen von Eipo zumindest in der zu Buchstaben gewordenen Form zu erhalten, belegt m. E, dass der kognitive Transfer von einer Kultur zu einer sehr anderen durchaus möglich ist. Die Kulturen vergleichende Anthropologie (Ember 1977) ist eine Disziplin mit weiterem Entwicklungspotenzial.

Box

Zu den faszinierendsten Erlebnissen des Aufenthaltes bei den Eipo gehören jene Stunden, die meine besten Informanten (wegen der in meiner Hütte fehlenden Feuerstelle in Reissäcke gehüllt) nächtens mit mir verbrachten, um mir das eine oder andere Detail ihrer Sprache und Kultur zu erklären. Wohl motiviert von intellektuellem Ehrgeiz und pädagogischem Eifer brachten sie es fertig, dem weißen Besucher mit seinen zunächst arg limitierten Sprachkenntnissen präzise Informationen zu übermitteln, und sie verließen die Hütte oft erst im Morgengrauen, wenn sie sicher sein konnten, dass der Ethnograph die Sache richtig verstanden hatte. Nicht alle Mitglieder der Dorfgemeinschaft vermochten diesen kognitiven Transfer in gleicher Weise zu bewerkstelligen oder waren daran ähnlich interessiert, dass der neugierige *bol kurunang* (Rosahäutige, Weiße) nach Möglichkeit genaue Informationen über ihre Welt und ihr Denken erhielt, aber es gab doch eine ganze Reihe von Informantinnen und Informanten, mit denen dieser Schritt über die Sprach- und Kulturgrenze hinweg vollzogen werden konnte.

Nachstehende Einträge aus dem Wörterbuch (s. Übersicht) mögen weitere Belege für die transkulturelle Enphronesis sein. Sie enthalten ebenfalls häufig den Terminus *kanye*. Es sei daher kurz beschrieben, wie sich dem Verfasser das semantische Spektrum dieses Eipo-Wortes erschloss (s. Beispiel).

Zum Gebrauch des Eipo-Wortes *kanye*

Zu Beginn der Zeit bei den Eipo, in der die Arbeit an der Flugzeuglandebahn vorangebracht werden musste, stand ein Kind neben mir auf der Baustelle, zeigte auf meinen Schatten und sagte:

an kanye ateba – Du/Dein XY hier

Es war klar, dass der von der Sonne geworfene Schatten gemeint war.
Einige Zeit später ging ich in einer Gruppe Einheimischer am Fuße einer Felswand entlang, einer der Männer rief einen lauten Satz, und alle erfreuten sich am zurückgeworfenen Echo:

yupo kanye lukubmanyasil – Der Sprache XY kommt wie Perlen auf einer Kette aufgereiht zu uns (eine sehr expressive Metapher für das Zurückgeworfenwerden der Wörter im Echo)

Die beiden Kontexte ließen erkennen, kanye musste so etwas wie immaterielles Abbild bedeuten.
Wieder später antwortete eine Mutter auf meine Frage, ob ihr zur medizinischen Behandlung gebrachtes Kind schon spreche:
gum, kanye gum – Nein, kein XY (offenbar also Verständnis für die Sprache, Verstand, Geist, ebenfalls nichtgreifbare Eigenschaften)

Das semantische Spektrum von *kanye* kann mit den Begriffen Schatten, Echo, Bild, Abbild, Verstand, Verständnis, Vorstellung, Geist, Wissen, Seele, Totenseele, Naturgeist, Schöpfergeist umschrieben werden. Der Terminus findet sich wie erwähnt in einer ganzen Reihe von Ausdrücken, die innere Zustände von Menschen beschreiben, seien sie eher emotionaler oder, wie im Folgenden angeführt, kognitiver Art (s. Übersicht).

Einträge aus dem Wörterbuch als Belege für transkulturelle Enphronesis

kanye bikmal   er/sie weiß Bescheid
kanye bobmal/bobuk   »er/sie trägt Wissen« – zeigt Verstand, wurde verständig (z. B. Kinder, die zu sprechen beginnen)
kanye betinye   »zwei Seelen haben« – zweifeln, skeptisch sein
kanye bobatek-   »der Geist/die Seele dreht sich« – verwirrt sein
kanye kunuklamle   »der Verstand verdüstert sich«– nicht wissen, was man tun soll, hin- und her überlegen, in Unruhe und Verlangen an etwas denken
kanye kikilib-   »in der Vorstellung vergleichen« – einen Vergleich anstellen
kanye sunub-   »in der Vorstellung herumlegen, ein Maß anlegen« – abschätzen, vergleichen
kanye wisib/usib-   »der Verstand wird alt, erfahren« – etwas für sich behalten, etwas anderes sagen als man denkt
kanye dob-   »den Geist, das Erkennen eines anderen rauben« – täuschen, belügen (eine der typisch menschlichen Möglichkeiten, Enphronesis zu Machiavellischen Zwecken zu nutzen)
teneb-   denken, überlegen, absichtsvoll handeln

kanye teneb-   »im Geist denken« – überlegen, nachdenken, abwägen
meke weguke teneb-   »sich mit Absicht vom Wasser fortreissen lassen« – der typische Suizid in einem Gebirgsfluss
Dabei wird die Genitalbekleidung, der Schamschurz bei Frauen und die Peniskalebasse bei Männern, auf einem im Fluss hoch aufragenden Felsen hinterlegt als Zeichen, dass es sich um einen Selbstmord und keinen Unfall handelte; quasi ein Abschiedsbrief.
nape tenen kwarak dobmal   »an Großvater denkend hin und her schwanken« – daran denkend, dass er sein Großvater sein könnte, hat er ihm geholfen
Mit Formulierungen dieser Art wird Hilfsbereitschaft ausgedrückt; Zweierlei ist dabei bemerkenswert: zum einen das Sich-Hineinversetzen in einen alten Menschen, das Berücksichtigen der Rolle, die er im Leben der Gemeinschaft gespielt hat, seiner besonderen Hilfsbedürftigkeit und die Reflexion, dass man selbst einmal in dieser Lage sein kann; zum anderen Hilfsbereitschaft nicht als spontanes, impulsives Geben, sondern als Prozess eines Abwägens. Dieser Ausdruck zeigt exemplarisch, ▼

in welch komplexer Weise die Fähigkeit zur Empathie und jene zur Enphronesis sich in der geistigen Kultur der Eipo verbinden.

eib-   sehen, einsehen, erkennen, verstehen, wissen (hier ist die visuelle Wahrnehmung die Basis des semantischen Konzepts, ganz kongruent mit »sehen, einsehen, erkennen« im Deutschen)

gekeb-   »einen Sinnesreiz in sich aufnehmen« – hören, riechen, wahrnehmen

walwal   »Schwanken, Konfusion« – Nichtwissen, Unkenntnis

kanye walwal danmanil   »der Geist verschwindet mir in Konfusion« – ich habe einen Blackout (z. B. wegen einer besonders lustvollen Erfahrung)

winyabrenakin   »ich mache Dich reden« – ich kann mich in Dich hineinversetzen und Dich bewegen, mir Informationen zu geben, die Du mir vielleicht gar nicht geben willst; ich bringe Dich zum Sprechen

makna, von *mak-, mangmang-* u. a.   »parallel, eng nebeneinander liegend« – Analogiezauber; intensiver Wunsch.

Man bedient sich des Konzepts des *tertium comperationis* (s. Signaturenlehre in Europa oder das homöopathische Prinzip des *similia similibus curentur*): Indem man eine Parallelität, eine Ähnlichkeit erzeugt, verknüpft man auf magische Weise zwei Dinge oder Prozesse. Mit diesem sich der Macht der Symbolik bedienenden Kunstgriff versucht man, ein bestimmtes stark gewünschtes Ergebnis zu erzwingen. Beispielsweise soll das rituelle Zerbrechen eines Stöckchens über einem Kranken die vom Geist angelegte Krankheitsfessel zum Zerspringen bringen und damit Heilung erzeugen. Hier erstreckt sich also Enphronesis auf als vitalistische Prozesse gedachte und Geistern zugeschriebene Zustände außerhalb des unmittelbaren menschlichen Zugriffs – eine anthropozentrische Ausdehnung der Enphronesis auf Vorgänge in der extrahumanen Welt, der Versuch, den dort waltenden Mächten eine ähnliche ToM zuzuschreiben, wie man sie im Verkehr mit anderen Menschen gewohnt ist.

3.3.4 Moralische Enphronesis

Wie in vermutlich allen auf persönliche Bekanntschaft und Beziehungen aufgebauten Gesellschaften ist *do ut des* das Kerngesetz der Gemeinschaft der Menschen. Zur Reziprozität ist man primär infolge der abgestuften Loyalität unter Verwandten verpflichtet. In den meisten Fällen richteten sich die Eipo tatsächlich auch nach diesem Prinzip. Gegenüber dem Fremden gilt die Verpflichtung zur Reziprozität weniger, er passt nicht wirklich in das Schema der personalisierten, auf verwandtschaftliche Bande sowie lange gemeinsame Erfahrung gründenden Beziehungen. Eine ganze Reihe von Vokabeln drückt die Erwartung aus, dass sich jeder den Regeln der Reziprozität unterwirft. Allerdings kann es auch zu Verletzungen der diesbezüglichen Normen kommen. Die Eipo erwarten insbesondere von ihren *sisinang* (denen, die das Sagen haben), den »Big Men«, die Einhaltung der Verpflichtung zur Gegenseitigkeit. Gerade auch aus diesem Grunde rekrutieren sich diese Initiativ- und Führungspersonen aus einem Personenkreis, der gewöhnlich durch besondere soziale Kompetenz gekennzeichnet ist. Auch bei den »Big Men« kann es verständlicherweise vorkommen, dass sie die Regeln brechen und versuchen, bei den eigentlich recht genau festgelegten und ausgewogenen Transaktionen »einen Schnitt« zu machen. – Auf jeden Fall aber sind jedem juvenilen und erwachsenen Mitglied der Gemeinschaft die ethischen Spielregeln vertraut.

Oft hörte man den warnenden Satz:

mem, kwaning fatabsulul! – Tabu, tu das nicht, sonst könnten wir zu wenige Süßkartoffeln haben/Hunger leiden!

Damit wurde daran gemahnt, dass die in der religiösen und sozialen Tradition festgelegten und geschützten Normen einzuhalten seien, weil sonst außermenschliche Kräfte, z. B. Natur- und Totengeister, als Sanktion etwa eine Krankheit der als Hauptnahrungsquelle essenziell wichtigen Süßkartoffeln bewirken und große Not auslösen könnten.

Hier findet also sozusagen eine Verschiebung der Moralität statt: von der interindividuellen Ebene der Reziprozität zu jener der für die gesamte Gesellschaft so wichtigen Normeinhaltung und Wahrung der Tradition, deren Schutz als Primäraufgabe der extrahumanen sakralen Instanzen gesehen wurde. Die Nähe dieses Konzeptes zu den religiösen Vorstellungen der mediterranen Weltreligionen ist erkennbar.

Mitglieder so genannter kollektivistischer Gesellschaften unterliegen überall einem hohen Normendruck, das war auch im Zusammenleben mit den Eipo sehr deutlich. Menschen, die die Erwartungen der anderen erfüllten, galten als nachahmenswerte Vorbilder für die Gemeinschaft und wurden mit ehrenden Bezeichnungen bedacht. So sagte man z. B. von Frauen, die ihre gehegten und geliebten Schweine zur Schlachtung bei einem großen Fest weggaben:

erebrob- – (den Kopf) hoch tragen (im stolzen Gefühl, den Erwartungen der anderen, den Normen der Gesellschaft entsprochen zu haben)

Diese Frauen wissen, welche Normen sie zu erfüllen haben, was die anderen über sie denken, und sie verhalten sich entsprechend – moralische Enphronesis. Die Emotion Stolz fungiert dabei als Teil eines intrinsischen Belohnungssystems.

Wenn sich Menschen nach Meinung von Mitgliedern der Dorfgemeinschaft außerhalb der Normen bewegt, die heiligen Traditionen gebrochen hatten oder gar nur dessen beschuldigt wurden, konnten schwerste Sanktionen die Folge sein (s. Beispiel).

Der Fall A.

Eine Frau namens A. aus dem kleinen Dorf Moknerkon war von einem »Seher« aus ihrer eigenen Dorfgemeinschaft als schuldig am Tod eines Kleinkindes geoffenbart worden. Der Vater des verstorbenen Kindes bewaffnete sich, sogar mit dem Schutzpanzer, der bei Kämpfen und Kriegen getragen wurde, holte einen ebenfalls voll ausgerüsteten anderen Mann zu Hilfe, überfiel die im für Männern tabuierten Frauenhaus weilende A. und streckte sie mit Pfeilschüssen nieder. Abgesehen davon, dass »Verhexungen« mittels schwarzer Magie/Todeszauber nur dann

wirken können, wenn das Opfer davon weiß oder einen solchen Zauberakt vermutet – erschien aufgrund der weiteren Umstände klar, dass A. völlig unschuldig war. Sie wurde Opfer eines politischen Ränkespiels zwischen dem Dorf Moknerkon und jenem Dorf, aus dem das verstorbene Kind stammte. Denn Moknerkon war beschuldigt worden, im Krieg zu nahe auf der Seite der Feinde gestanden zu haben. A. war das ideale Opfer, sie stammte aus einer weiter talwärts gelegenen Region und hatte keinerlei männliche Verwandten im Eipomek-Tal, die sie hätten schützen, d. h. rächen können. Der Mord an ihr konnte also für den Vater des Kindes folgenlos bleiben.

Der Fall A. zeigt, dass es lebensgefährlich ist, von den Normen abzuweichen, ebenso gefährlich, unschuldig einer solchen Normverletzung beschuldigt zu werden. Sogar die Leiche von A. wurde misshandelt, zum Fluss geschleift (Wasser neutralisiert nach Eipo-Vorstellung die Wirkung von Zauber) und dort beschossen und verspottet – eine klare Demonstration der moralischen Entrüstung (*moralistic aggression*, Trivers 1971). Für den zur Entrüstung Anlass Gebenden ergeben sich oft bedrohliche Folgen. Allein deshalb schon mag sich im Verlauf der Hominidenentwicklung die besondere Fähigkeit herausgebildet haben, Zorn, Wut und Rachegelüste bei den anderen frühzeitig und genau zu erkennen. Jene unserer Vorfahren, die zur moralischen Enphronesis besser in der Lage waren, hatten bessere Überlebenschancen.

In ähnlicher Weise dürfte das für das Gemisch aus emotionalen und kognitiven Reaktionen zutreffen, das wir Gerechtigkeitsgefühl (Fikentscher 1992; Masters u. Guter 1992) oder das Gewissen nennen (Eibl-Eibesfeldt 1984). Menschen, die gut spüren konnten, welche universalen und/oder kulturspezifischen ethischen Erwartungen in der Gemeinschaft bestanden, hatten sicherlich Vorteile, die sich oft genug in reproduktiver Münze ausgezahlt haben dürften. Denn die Mitglieder der Gruppe wollten verständlicherweise mit solchen Partnern zu tun haben, deren Mimik (am straffen Zügel der Emotionen geführt) und vor allem deren Handlungen erkennen ließen, dass sie um diese verpflichtenden Normen wussten und ihnen auch (meistens) nachkamen. Ein ähnliches Argument hat R. Frank (1988) für die evolutionäre Entstehung der Ehrlichkeit formuliert. Mit moralischer Enphronesis und sozialer Intelligenz ist mehr zu erreichen als mit der egoistischen Brechstange. Die nachfolgende Liste zeigt, wie präsent diese Vorstellungen in der Kultur der Eipo sind (s. Übersicht).

Wörter und Konzepte aus der Eipo-Sprache zur moralischen Enphronesis bzw. zu amoralischen Handlungen

alye   Scham, beschämt, soziale Scheu – als typische menschliche Grundemotion, aufgebaut auf der ToM-Einsicht »Ich weiss, dass Du weisst, dass ich etwas falsch gemacht habe« Sie erleichtert das soziale Miteinander, ermöglicht dem Individuum, wieder seinen Platz in der Gemeinschaft zu finden sowie Situationen zu vermeiden, in denen man das Gesicht verlieren kann. Auf der anderen Seite sind Individuen auch bei den Eipo durchaus ehrgeizig und bestrebt, durch besondere Leistungen besondere Wertschätzung in der Gemeinschaft zu erfahren. Dieses Bestreben wird ebenso verstanden und respektiert wie Scham und soziale Scheu

balum   »Schwellung« – mit den Lippen schmollen als Zeichen, dass einem Unrecht geschehen ist (Signal, das Berücksichtigung, Rekonziliation bewirken kann)

akalib   verabscheuungswürdig, amoralisch (z. B. Krieg während der heiligen Zeit der Initiation; Einhalten von religiösen und anderen Normen)

telel   unwahr, gelogen

yil   amoralisch, schlecht

mereke   recht und billig

anib-, anilyan-   Zuflucht bei Menschen suchen, sich zu jemandem flüchten (Konzept der Schutzwürdigkeit des Individuums und des Refugiums)

akub-   etwas zu seinem Besitz erklären (d.h. einen formalen Akt vollziehen, der auf einen Anspruch gegründet ist – nicht einfach stehlen)

ambe-   offen nehmen (nicht stehlen)

benebreib-   ermahnen, aufrufen

lyeb-   »überdecken« – besänftigen (durch geschicktes Überdecken des Problems, durch Ablenken)

lon kanye   »Geist, der zu lösen weiß« – jemand, der in der Lage ist, Schuld zu vergeben (Rekonziliation als wesentliches Element menschlicher Gemeinschaft)

kanye meib-   »die Gedanken hierhin und dahin lenken« – jemanden zu Unrecht beschuldigen

letek kwoteb-   jemanden zum Außenseiter machen

kanye dob- (von *dob-/dol-*)   wegnehmen, berauben, d. h. den anderen der richtigen Einschätzung berauben) lügen, täuschen

arukdongob-   jemandem etwas ans Herz legen

kunukdongob-   in jemandes Schuld stehen

kablib-   überschreiten (eine Person, einen Gegenstand), übertreten (Regel, Norm verletzen)

mem   Tabu, Verpflichtung

sidikna mem!/sisine mem!   keine Namen nennen! Am Ende von Geschichten, vergleichbar der Versicherung im Nachspann von Filmen etc. »Alle Ähnlichkeiten mit lebenden Personen wären rein zufällig« – trotzdem spielt die soziale Kontrolle durch Klatsch natürlich in Face-to-face-Gesellschaften eine sehr bedeutende, vermutlich die entscheidende Rolle dafür, dass Individuen sich der Gruppennorm angepasst verhalten – der Ausspruch ist also eher eine rhetorische Floskel

bolum   mit Geben beschäftigt (das kulturelle Ideal des *do ut des*, dem vor allem die »Big Men« nachkommen sollten)

dareib-   reziprok geben

taruk leblob-   Verpflichtung der Reziprozität nicht einhalten

asik olon kanye   »Geist/Seele von jemandem, der sich im Haus verkriecht« – jemand, der nicht an der Gartenarbeit oder am Krieg teilnimmt (was eigentlich seine Verpflichtung wäre)

ining wine   »Blutarbeit« – die Kompensationsregelung von Tötungen (Gerechtigkeitsgefühl, Verantwortlichkeit)

ninye kisok beneb-   »den Kopf eines Menschen auf sich nehmen« – für andere verantwortlich sein Zum Beispiel als Kriegs-/Kampfanführer/«Big Man« für alle Toten auf der eigenen Seite, die in den oft Monate anhaltenden bewaffneten Auseinandersetzungen zu beklagen sind; für die Toten ist Kompensation zu zahlen und ein Fest auszurichten (Prinzip der Verantwortlichkeit).

Fazit

Von ihren »Big Men« und »Big Women« erwarteten die Eipo neben einer vitalen Physis besonders gut entwickelte Eigenschaften der geistigen und moralischen Enphronesis. Um die vielfältigen Initiativrollen für die Gemeinschaft übernehmen, sie überzeugen und mitreißen zu können, bedurfte es eines guten Intellekts, des Lesenkönnens der Gedanken und Intentionen der anderen, sozialer Einfühlung und der Fähigkeit, sich auf die durch Tradition und Situation geformten ethischen Erwartungen der Gruppe einstimmen zu können. Es ist durchaus möglich, dass gerade diese Eigenschaften und nicht ungebremste Aggressivität und Verfolgung egoistischer Interessen ein evolutionärer Motor für die Entwicklung dieser Charakteristika unserer Spezies war.

In seinen Arbeiten über die Medlpa im Hochland von Papua-Neuguinea liefert der Ethnologe Andrew Strathern (1971) einen von ihm primär nicht intendierten und daher besonders glaubwürdigen Beleg für die evolutionsbiologische These, dass sich Alpha-Rollen wie sie in typischer Weise von den »Big Men« eingenommen werden, gemäß Darwinscher Logik auszahlen. Im Verlauf der ausgesprochen komplexen Transaktionen, die zur letzten Klimax der aufwändigen Moka-Feste führten, mussten jene, die sich deren Organisation zutrauten, eben die »Big Men«, eine Vielfalt von Enphronesis-Leistungen vollbringen. Es galt, die verschlungenen Wege genau zu kennen, die die Tradition für die vielfältigen vorbereitenden Geschenk- und Tauschaktionen mit unterschiedlichen Partnern vorsah, nämlich jenen, die als Alliierte für das Aufbringen der gewaltigen Mengen an kostbarstem Muschelschmuck und fetten Schweinen mitverantwortlich waren … und die natürlich post festum eine Gegenleistung erwarteten.

Besonders interessant am *moka* der Medlpa war, dass es dabei nicht um quasifinanziellen Gewinn ging, darum, dass man als Organisator dieser großartigen Zurschaustellung von festlich geschmückten Menschen und unvorstellbar reichen Gaben hinterher mehr Schweine oder mehr Muschelschmuck als vorher besaß. Das *moka* war eine Art Nullsummenspiel. Das entscheidende Element, der Motor aller geistigen und physischen Anstrengungen war der Prestigegewinn … wenn denn im besten Fall alles nach Plan verlaufen und alle Beteiligten von der Wucht der Geschehnisse mitgerissen und der Quantität und Qualität der Gaben verzaubert worden waren, sodass noch nach Generationen von diesem *moka* und dem es ausrichtenden »Big Man« gesprochen wurde.

Es konnte aber auch schief gehen. Irgendwo im Verlauf der komplexen Planungen konnte ein kognitiver, sozialer oder psychologischer Fehler passiert sein, der all die großartigen Pläne zum Platzen bringen und alle schon eingegangenen Transaktionen und Verpflichtungen null und nichtig machen würde. Dann war das Worst-case-Szenario da, das Gesichtsverlust und schlimmste Schmach bedeutete: Ein »Big Man« hatte sich anheischig gemacht, ein Super-Fest auszurichten und war kläglich gescheitert. In den verschiedenartigen großen Tauschzeremonien Melanesiens, auch dem durch die Arbeiten Malinowskis (1922) bekannten *kula* der Trobriander, kamen und kommen solche Karrierekatastrophen der »Big Men« durchaus vor. Man fragt sich, warum dann überhaupt Menschen (in den meisten Fällen sind es Männer, im Fall der Trobriand-Insulaner für eine bestimmte Form der öffentlichen Transaktion auch Frauen) ein derart hohes Risiko eingehen.

Die Antwort gibt Andrew Strathern (1971) mit gut dokumentierten Aufstellungen des reproduktiven Erfolgs der »Big Men«: Sie haben deutlich mehr reproduktive Chancen als der einfache Mann, weil sie mehrere Frauen an sich zu binden vermögen – bis zu sechs, wohingegen die anderen Männer meist nur eine oder zwei Sexual- und Reproduktionspartnerinnen haben. Bei den Eipo waren die Verhältnisse ähnlich, allerdings waren Feste vom Ausmaße des *moka* dort nicht üblich, sodass die soziale und politische Sichtbarkeit der »Big Men« und auch ihre Polygynie begrenzter war (Maximum: drei Frauen).

Der mit sehr hohem und riskantem persönlichem Einsatz ausgetragene Kampf um Spitzenplätze in der Hierarchie quasineolithischer Gruppen im Hochland Neuguineas und anderswo hat seinen realen Grund sehr wahrscheinlich in der Sicherung besserer Möglichkeiten für das erfolgreiche Aufziehen von Nachkommen. Und um die Position eines »Big Man« oder einer »Big Woman« erreichen und für eine gewisse Zeit halten zu können, bedurfte es vor allem strotzender Vitalität, selbstvertrauenden Muts und perfekter Enphronesis.

Literatur

Blum P (1979) Untersuchungen zur Tierwelt im Leben der Eipo im zentralen Bergland von Irian-Jaya (West-Neuguinea), Indonesien. Reimer, Berlin

Boyd R, Richerson PJ (1985) Culture and the evolutionary process. University of Chicago Press, Chicago

Brothers L (1990) The social brain: a project for integrating primate behavior and neurophysiology in a new domain. Concepts Neurosci 1: 27–51

Brüne M, Ribbert H, Schiefenhövel W (eds) (2003a) The social brain. Evolution and pathology. Wiley, Chichester

Brüne M, Ribbert H, Schiefenhövel W (2003b) Postscript. In: Brüne M, Ribbert H, Schiefenhövel W (eds) The social brain. Evolution and pathology. Wiley, Chichester, pp 433–438

Burenhult G, Rowley-Conwy P, Schiefenhövel W, Hurst TD, White JP (eds) (1993, 1994) The illustrated history of humankind, 5 volumes. Weldon Owen, Sydney

Eibl-Eibesfeldt I (1984) Die Biologie des menschlichen Verhaltens. Grundriss der Humanethologie. Piper, München

Ember C (1977) Crosscultural cognitive studies. Am Rev Anthropol 6: 33–56

Fikentscher W (1992) The sense of justice and the concept of cultural justice. Legal anthropology. In: Masters, RD, Gruter M (eds) The sense of justice. Biological foundations of law. Sage, London, pp 106–127

Foley RA (1997) The adaptive legacy of human evolution: a search for the environment of evolutionary adaptedness. Evol Anthropol 4: 194–203

Frank RH (1988) Passions within reason. The strategic role of emotions. Norton, New York/London

Heeschen V (1990) Ninye bún. Mythen, Erzählungen, Lieder und Märchen der Eipo im zentralen Bergland von Irian Jaya (West-Neuguinea), Indonesien. Reimer, Berlin

Heeschen V, Schiefenhövel W (1983) Wörterbuch der Eipo-Sprache. Eipo – Deutsch – Englisch. Reimer, Berlin

Hiepko P, Schiefenhövel W (1987) Mensch und Pflanze. Ergebnisse ethnotaxonomischer und ethnobotanischer Untersuchungen bei den Eipo, zentrales Bergland von Irian Jaya (West-Neuguinea), Indonesien. Reimer, Berlin

Koch G, Helfrich K (Hrsg) (1978) Steinzeit – heute. Forschungen im Bergland von Neuguinea. Das interdisziplinäre West-Irian Projekt. Staatliche Museen Preussischer Kulturbesitz, Berlin (Führungsblätter zur Sonderausstellung)

Malinowski B (1922) Argonauts of the Western Pacific: an account of native enterprise and adventure in the archipelago of Melanesian New Guinea. Dutton, New York

Markowitsch H (2002) Dem Gedächtnis auf der Spur. Vom Erinnern und Vergessen. Primus, Darmstadt

Masters RD, Gruter M (eds) (1992) The sense of justice. Biological foundations of law. Sage, Newbury Park, London

McElhanon KA, Voorhoeve CL (1970) The trans New Guinea phylum: explorations in deep-level genetic relationships. Pacific Linguistics B/16, Australian National University, Canberra

McGrew WC (2004) The cultured chimpanzee. Reflections on cultural primatology. Cambridge University Press, Cambridge

Meggit MJ (1965) The lineage system of the Mae-Enga of New Guinea. Oliver & Boyd, Edinburgh

Premack D, Woodruff G (1978) Does the chimpanzee have a »theory of mind«? Behav Brain Sci 4: 515–526

Sapir E (1929) The status of linguistics as a science. Language 5: 209

Schiefenhövel W (1976) Die Eipo-Leute des Berglands von Indonesisch-Neuguinea: Kurzer Überblick über den Lebensraum und seine Menschen. Einführung zu den Eipo-Filmen des Humanethologischen Filmarchivs der Max-Planck-Gesellschaft. Homo 26(4): 263–275

Schiefenhövel W (1991a) Eipo. In: Hays TE (ed) Encyclopedia of world cultures, vol II, Oceania. G.K. Hall, Boston, pp 55–59

Schiefenhövel W (1991b) Ethnomedizinische und verhaltensbiologische Beiträge zur pädiatrischen Versorgung. Curare 14(4): 195–204

Schiefenhövel W (1994) Formen nichtsprachlicher Kommunikation. In: Schiefenhövel W, Vogel C, Vollmer G, Opolka U (Hrsg) Zwischen Natur und Kultur. Der Mensch und seine Beziehungen. Trias, Stuttgart, S 109–137

Schiefenhövel W (2001a) Sexualverhalten in Melanesien. Ethnologische und humanethologische Aspekte. In: Sütterlin C, Salter F (Hrsg) Irenäus Eibl-Eibesfeldt. Zu Person und Werk. Bibliotheca Aurea. Peter Lang, Frankfurt, S 274–288

Schiefenhövel W (2001b) Kampf, Krieg und Versöhnung bei den Eipo im Bergland von West-Neuguinea – Zur Evolutionsbiologie und Kulturanthropologie aggressiven Verhaltens. In: Fikentscher W (Hrsg) Begegnung und Konflikt – eine kulturanthropologische Bestandsaufnahme. Bayerische Akademie der Wissenschaften, Philosophisch-Historische Klasse, Abhandlungen, Neue Folge, Heft 120. Beck, München, S 169–186

Schiefenhövel W (2002) Evolutionäre und transkulturelle Perspektiven in der Psychiatrie. Trauer und Depression. Nervenheilkunde 3: 119–126

Schiefenhövel W (2003) Ninye kanye: the human mind. Traditional Papuan societies as models to understand evolution towards the social brain. In: Brüne M, Ribbert H, Schiefenhövel W (eds) (2003a) The social brain. Evolution and pathology. Wiley, Chichester, pp 93–109

Schrenk F (2003) Die Frühzeit des Menschen. Beck, München

Strathern A (1971) The rope of Moka. Big-men and ceremonial exchange in Mount Hagen, New Guinea. Cambridge University Press, Cambridge

Trivers R (1971) The evolution of reciprocal altruism. Quart Rev Biol 46: 35–37

Whorf BL (1956) Language, thought, and reality. MIT Press, Cambridge, MA

Zur Evolution der Theory of Mind – soziobiologische Aspekte

Martin Brüne

4.1   Einführung

Das wissenschaftliche Konstrukt ToM ist von hoher interdisziplinärer Relevanz. Neben vergleichenden Untersuchungen der ToM bei nichtmenschlichen Primaten (Premack u. Woodruff 1978; Tomasello et al. 2003) hat sich vor allem die Entwicklungspsychologie (Wellman 1985; Leslie 1987), in den letzten zwei Jahrzehnten auch die psychopathologische Forschung, mit Störungen der ToM beschäftigt (Brüne u. Brüne-Cohrs 2006). Dieser interdisziplinäre Ansatz steht in unmittelbarem Zusammenhang mit der Hypothese vom »sozialen Gehirn« (Brothers 1990). Ihr zufolge verfügen Primaten einschließlich des Menschen über spezialisierte zentralnervös repräsentierte Module (Fodor 1983), deren stammesgeschichtliche Entwicklung in engem Zusammenhang mit für Primaten typischen Sozialstrukturen steht und die sich infolge von Selektionsdrücken der sozialen Umwelt entwickelten (Dunbar 2003). Die ToM ist demnach als **Teil eines sozialkognitiven Moduls** aufzufassen, bei dem jedoch definitorische Unschärfen, insbesondere im Hinblick auf die Abgrenzung von »Empathie«, bestehen (Premack u. Woodruff 1978; Brüne et al. 2003).

Die ToM, definitorisch eng gefasst als Fähigkeit, sich in andere Individuen hineinversetzen zu können, ist nach neueren Forschungsergebnissen eine offenbar nur dem Menschen (und vielleicht in rudimentärer Form den Menschenaffen) eigene kognitive Fähigkeit (Heyes 1998), deren evolutionäre Entwicklung aus visueller Perspektivübernahme und Imitation auch auf neuro- und verhaltensbiologischer Ebene rekonstruiert werden kann (Gallese u. Goldman 1998; Decety u. Chaminade 2005). Damit sind drei wichtige Fragen angesprochen, die nach Tinbergen (1963) beantwortet werden müssen, um eine Verhaltensweise vollständig verstehen zu können:

1. die Frage nach den neurophysiologischen Mechanismen,
2. die Frage nach den ontogenetischen Entwicklungsschritten und
3. die Frage nach der phylogenetischen Entstehungsgeschichte.

Das vorliegende Kapitel befasst sich mit der vierten Tinbergenschen Frage nach dem **adaptiven Wert** oder Selektionsvorteil der ToM. Aus soziobiologischer Sicht ist es nämlich bedeutsam zu fragen, warum sich die ToM im Laufe der Evolution des Menschen in dieser Form entwickelte, trotz erheblicher evolutionärer »Kosten«, die insbesondere mit der menschlichen Hirnentwicklung zusammenhängen:

- hoher Energieverbrauch (20% für ein Organ, das lediglich 2% des Körpergewichts des erwachsenen Menschen ausmacht; Aiello u. Wheeler 1995) sowie
- eine extrem verlängerte Wachstums- und Reifungszeit, die für die Hirnentwicklung und die Gestaltung »offener Programme« (Mayr 1997) durch Lernvorgänge erforderlich ist (Joffe 1997).

Der Versuch einer Antwort auf diese Frage greift insbesondere auf drei **evolutionstheoretische Konzepte** zurück, die bislang kaum explizit mit der ToM in Zusammenhang gebracht wurden:

1. das soziobiologische Problem des reziproken Altruismus unter nichtverwandten Individuen (Trivers 1971),
2. die Theorie der sozialen Verträge (*social contract theory*, Cosmides 1989),
3. die evolutionäre Spieltheorie (Axelrod u. Hamilton 1981).

4.2   Stellt die ToM eine Anpassung an die zunehmende Komplexität frühmenschlicher Sozialstrukturen dar?

Alle Primaten leben in sozialen Gruppen unterschiedlicher Größe und verhalten sich territorial. Das Leben in Gruppen bietet einerseits Anpassungsvorteile für das Individuum, wie z. B. Schutz vor Raubtieren oder das Teilen von Nahrungsressourcen (Alexander 1987). Auf der anderen Seite erzeugt das Leben in Gruppen direkte Konkurrenz um besonders begehrte Ressourcen und um Sexualpartner. Diese Situation hat daher besondere Selektionsdrücke hervorgerufen, die bei Primaten die Entstehung eines »**sozialen Gehirns**«, also einer

Spezialisierung auf die Wahrnehmung und Verarbeitung sozialer Signale, hervorgerufen haben könnte (Brothers 1990; Whiten 2000; Dunbar 2003).

Bereits in den 60-er und 70-er Jahren war Primatologen und Evolutionspsychologen aufgefallen, dass Primaten über kognitive Fähigkeiten verfügen, die über das erforderliche Maß für Futtersuche und Verteidigung eines Territoriums hinausgehen. So haben unabhängig voneinander Jolly (1966) und Humphrey (1976) postuliert, dass wohl vor allem die soziale Umwelt entscheidende Selektionsdrücke auf die Hirnentwicklung bei Primaten hervorgerufen hat. Dass ausgerechnet Primaten und nicht andere Tiergruppen eine derartige soziale Intelligenz hervorgebracht haben, mag in der Tatsache begründet liegen, dass das visuelle System bei Primaten eine herausragende Rolle spielt, während z. B. bei sozial lebenden Karnivoren (Fleischfressern) das olfaktorische System von größerer Bedeutung ist (Dunbar 1998).

4.3 Das Problem des reziproken Altruismus unter nichtverwandten Individuen

Im Kontext der sozialen Lebensweise von Primaten mit komplexen sozialen Interaktionen und gegenseitiger Abhängigkeit ist u. a. die Fähigkeit entscheidend, zwischen potenziellen Kooperationspartnern und unkooperativem Verhalten unterscheiden zu können. Aus soziobiologischer Perspektive stellt **kooperatives Verhalten zwischen genetisch nichtverwandten Individuen** ein erklärungsbedürftiges Phänomen dar (Trivers 1971). Unter der Annahme, dass es im genetischen Interesse eines Individuums liegt, sich selbst möglichst häufig fortzupflanzen, um möglichst viele Kopien der eigenen Gene an kommende Generationen weiterzuvererben, ist zwar einleuchtend, warum genetisch verwandte Individuen miteinander kooperieren (und zwar proportional zum genetischen Verwandtschaftsgrad); Kooperation zwischen nichtverwandten Organismen erscheint dagegen nicht plausibel, wenn das »Prinzip Eigennutz« auf den ersten Blick die Fitness eines Individuums stärker begünstigen würde. Trivers (1971) hat ausgeführt, dass sich kooperatives Verhalten zwischen Individuen besonders unter folgenden Umständen entwickeln sollte:

1. wenn die beteiligten Organismen eine hohe Lebenserwartung haben,
2. wenn sie auf engem Raum miteinander leben,
3. wenn sie in hohem Maße von einander abhängig sind,
4. wenn die Periode elterlicher Fürsorge für Nachkommen lang ist,
5. zwischen Individuen mit flachen Dominanzhierarchien sowie
6. zwischen Individuen, die in innerartlichen Auseinandersetzungen (etwa Konflikte zwischen territorialen Gruppen) Hilfestellung leisten.

Sämtliche dieser Eigenschaften trafen sicher auch auf menschliche Urgesellschaften zu und möglicherweise auch auf vormenschliche Sozialstrukturen, die denen der heute lebenden Schimpansen ähnlich gewesen sein könnten (van Schaik et al. 2004).

Ein Problem, das mit reziprok-altruistischem Verhalten einhergeht, ist der Zeitfaktor zwischen einem Fall kooperativen Verhaltens auf der einen Seite und dem Erwidern der Kooperation. Trivers (1971) postuliert daher, beim Menschen habe sich ein komplexes System regulativer Mechanismen entwickelt, um Reziprozität in sozialen Interaktionen sicherzustellen. Dazu zählen nach Trivers (1971) sowohl

- emotionale Prozesse wie das Knüpfen von Freundschaften oder anderen engen zwischenmenschlichen Beziehungen und die moralistische Aggression, um Reziprozität altruistischen Verhaltens einzufordern und »Abweichler« zu reglementieren, als auch
- kognitive Prozesse, insbesondere das Wahrnehmen subtiler Täuschungsmechanismen sowie in komplexer werdenden Gesellschaften Regeln des Austauschs von Ressourcen.

Obwohl Trivers (1971) den Ausdruck ToM nicht gebraucht, so wird doch klar, dass hier die kognitive Fähigkeit gemeint ist, Täuschung und Ausgenutztwerden durch Dritte vergegenwärtigen zu können.

Dawkins und Krebs (1979) haben ausgeführt, dass sowohl zwischen- als auch innerartlich evolu-

4

tionäre Prozesse ablaufen, die als regelrechtes **Wett-rüsten** bezeichnet werden können. Derartiges ist beispielsweise beobachtbar zwischen pathogenen Keimen und dem Immunsystem eines Organismus:

- Auf Neumutationen eines pathogenen Agens muss das Immunsystem mit immer neuen Abwehrstrategien reagieren.
- Umgekehrt müssen pathogene Agenzien immer neue Mutationen entwickeln, um sich in einem Wirtsorganismus vermehren zu können.

> ❶ Das fundamentale Konzept des evolutionären Wettrüstens könnte in Bezug auf die in diesem Kapitel diskutierte innerartliche Konkurrenz zwischen Individuen in komplexen Sozialgefügen bedeuten, dass der Entwicklung subtiler Täuschungsmanöver gleichfalls subtilere Methoden des Aufdeckens von Täuschungen entstehen müssen, denen wiederum noch verfeinerte Methoden des Täuschens folgen usw. (Brüne u. Brüne-Cohrs 2006). Sollte diese Hypothese zutreffen, so müssten kognitive Mechanismen nachweisbar sein, die sich speziell mit dieser evolutionären Problematik auseinandersetzen.

4.4 Die Theorie von den »sozialen Verträgen« *(social contract theory)*

Tatsächlich scheint es so zu sein, dass logisches Denken und das Überprüfen von Konditionalbedingungen für Menschen einfacher ist, wenn Gesetzmäßigkeiten in einen sozialen Kontext gestellt werden anstatt in einen mathematisch-abstrakten (Cosmides 1989). Der **Wason-Test** (Wason 1966) stellt ein solches abstraktes Szenario dar (s. Box).

> ❶ Es ist mit anderen Worten einfacher, Aufgaben zu logischem Denken und Überprüfen von Konditionalbedingungen zu lösen, wenn sie ein »soziales Vertragswerk« darstellen *(social contract,* Cosmides 1989), möglicherweise deshalb, weil die Evolution in komplexen menschlichen Sozialstrukturen die Entstehung so genannter domänenspezifischer kognitiver Module erforderte.

Als weiterer Beleg für die Hypothese, dass kognitive Fähigkeiten als Folge sozialer Selektionsdrücke entstanden, kann angeführt werden, dass sich bei den Shiwiar, einem Volk des ecuadorianischen Regenwaldes, ganz ähnliche Befunde nachweisen ließen wie in westlichen Kulturen (Sugiyama et al. 2002).

Box

Der Wason-Test

Im Test werden vier Karten verwendet, auf denen sich auf der einen Seite entweder die Buchstaben »A« oder »B« befinden, auf der anderen Seite entweder die Ziffern »2« oder »3«. Alle vier Varianten werden nebeneinander gelegt, und die Versuchspersonen werden gefragt, welche der vier Karten mindestens umgedreht werden müssen, um folgenden Konditionalsatz auf seinen Wahrheitsgehalt zu überprüfen:

> Wenn auf der einen Seite ein Vokal ist, dann steht auf der anderen Seite eine gerade Ziffer.

Die meisten Testpersonen scheitern an dieser Aufgabe.

Die Lösung fällt sehr viel leichter, ersetzt man die abstrakten Buchstaben und Ziffern durch die Wörter »Bier«, »Cola« sowie die Altersangaben »16« und »25« und fragt die Testpersonen, wie sie die folgende Regel überprüfen würden:

> Wenn eine Person Alkohol trinkt, muss sie über 18 Jahre alt sein.

Während es noch recht einfach ist herauszufinden, ob die Regel eingehalten wird (durch das Umdrehen der Karte »A« bzw. »Bier«), so ist es in der abstrakt formulierten Fragestellung intuitiv nicht plausibel, auch zu überprüfen, ob die Regel verletzt wird (durch Umdrehen der Ziffer »3« bzw. der Karte mit der Aufschrift »16« Jahre!).

4.5   Evolutionäre Spieltheorie

Die These, dass sich die ToM des Menschen im Zuge der Notwendigkeit zur Kooperation in Kleingruppen entwickelte (für die die Fähigkeit, kooperierende von nichtkooperierenden Individuen unterscheiden zu können, von essenzieller Bedeutung war), lässt sich außerdem durch Untersuchungen aus dem Bereich der evolutionären Spieltheorie belegen. Im klassischen »**Gefangenendilemma**« (*prisoners' dilemma*, Axelrod u. Hamilton 1981) wird das folgende hypothetische Szenario entwickelt (s. Box).

> **Box**
>
> **Das Gefangenendilemma**
> Zwei Personen, die verdächtigt werden, ein Verbrechen begangen zu haben, werden von der Polizei am Tatort aufgegriffen und getrennt verhört. Beide haben die Möglichkeit, miteinander zu kooperieren, indem sie aussagen »Es war keiner von uns«, nicht zu kooperieren und den jeweils anderen zu beschuldigen oder zu gestehen.
> In Abhängigkeit von der Höhe einer möglichen Strafe (z. B. ein Jahr Gefängnishaft für beide Verdächtige im Falle der gegenseitigen Kooperation, vier Jahre für beide, wenn sie sich gegenseitig beschuldigen, oder fünf Jahre für denjenigen, der kooperiert im Falle eines unkooperativen Komplizen, der dann einer Bestrafung entgehen würde) sind beide Verdächtige angesichts der Tatsache, dass sie nicht wissen, wie sich der jeweils andere verhält, dem Dilemma ausgesetzt zu entscheiden, ob sie miteinander kooperieren oder nicht.

Das ursprünglich von Wirtschaftswissenschaftlern kreierte spieltheoretische Dilemma wurde erstmals von Maynard-Smith (1974) auf biologische Konflikte zwischen Individuen angewandt; unkooperatives Verhalten bezeichnete Maynard-Smith als »Falken-Strategie« (*hawk strategy*), kooperatives Verhalten als »(Friedens-)Tauben-Strategie« (*dove strategy*).

Querverbindungen zwischen diesen sehr ähnlichen theoretischen Ansätzen wurden lange übersehen. Ein Problem des simplifizierenden Gefangenendilemmas ist, dass sich Interaktionen in menschlichen Kleingruppen nur selten auf einmalige Situationen beschränken. In Computersimulationen, in denen das Gefangenendilemma zwischen zwei Individuen wiederholt gespielt wird, hat sich als beste Strategie das »wie Du mir, so ich Dir« erwiesen. Das heißt, es ist vorteilhaft, im Zuge kooperativen Verhaltens der anderen Person selbst zu kooperieren und als Antwort auf nichtkooperatives Verhalten ebenfalls nicht zu kooperieren (Axelrod 1984).

Die Situation wird jedoch komplizierter, wenn mehr als zwei Individuen involviert sind. Dies war und ist in menschlichen Kleingruppen sicherlich eher die Regel als die Ausnahme. Wenn es um die Verteilung von Ressourcen wie z. B. Nahrung geht, sind vielschichtigere Mechanismen am Werk, die mit der Einhaltung sozialer Normen und Androhung von Sanktionen einhergehen (Fehr u. Fischbacher 2004). In komplexen Szenarien ist egoistisches bzw. unkooperatives Verhalten für das menschliche Individuum eines Gruppenverbandes auch deshalb langfristig nicht von Vorteil, weil soziale Normen existieren und deren Einhaltung durch entsprechende Sanktionen sichergestellt werden.

Steinel und De Dreu (2004) haben kürzlich in einem spieltheoretischen Modell die Bereitschaft von Personen untersucht, andere mit Informationen zu versorgen, und zwar in Abhängigkeit davon, ob die anderen eher als kompetitiv oder kooperativ wahrgenommen werden. Sie fanden heraus, dass Testpersonen in der Regel weniger ehrlich waren und häufiger gezielte Falschinformationen gaben, wenn das Gegenüber als kompetitiv wahrgenommen wurde, möglicherweise als Ausdruck der Furcht, ausgebeutet zu werden.

❶ **Obwohl die skizzierten spieltheoretischen Überlegungen nicht explizit auf das ToM Konzept rekurrieren, so ist offensichtlich, dass für die Lösung der spieltheoretischen Problemstellungen der Besitz einer ToM Voraussetzung ist und somit erhebliche Vorteile im Hinblick auf die Gesamtfitness eines Individuums bietet.**

4

Fazit

Das vorliegende Kapitel beschrieb die evolutionäre Entstehungsgeschichte einer kognitiven Leistung, für die der Begriff ToM geprägt wurde. Die stammesgeschichtlichen Wurzeln dieser kognitiven Fähigkeit beruhen auf unserem Primatenerbe mit seinen komplexen Sozialstrukturen und der Notwendigkeit zur Kooperation innerhalb einer Gruppe von Individuen. Das einzelne Individuum steht aus soziobiologischer Sicht vor dem Problem, erkennen können zu müssen, ob andere Individuen bereit sind, zu kooperieren, d. h., es muss in der Lage sein, auch Täuschungen wahrnehmen und interpretieren zu können, um den eigenen reproduktiven Erfolg sicherzustellen. Individuen, die dazu nicht in der Lage sind, haben statistisch gesehen geringere Chancen, die eigenen Gene an nachfolgende Generationen weiterzugeben.

Menschen haben im Laufe ihrer stammesgeschichtlichen Entwicklung im Sinne eines evolutionären Wettrüstens (Dawkins u. Krebs 1979) die bereits bei allen Primaten angelegte Spezialisierung des sozialen Gehirns (Brothers 1990; Dunbar 2003) perfektioniert und eine ToM entwickelt, die die Antizipation von Verhalten anderer Individuen ermöglicht. Belege für diese These stammen aus Untersuchungen zum Verhalten in evolutionären Spielszenarien. Weitere Evidenzen ergeben sich aus neueren funktionell-bildgebenden Untersuchungen zur Lokalisation von ToM-Vorgängen im Gehirn und von kognitiven Prozessen während des Ausführens von Computerspielen, die das Erkennen von Kooperation oder nichtkooperativem Verhalten erfordern, wenn diese gegen den Computer oder andere Personen gespielt werden. So konnten McCabe et al. (2001) zeigen, dass kooperationswillige Testpersonen Hirnregionen im präfrontalen Kortex stärker aktivieren, wenn sie statt mit dem Computer mit einem menschlichen Mitspieler kooperieren, während bei unkooperativen Testpersonen keine unterschiedliche Aktivierung feststellbar war. In ähnlicher Weise fanden Rilling et al. (2004), dass Testpersonen während eines Gefangenendilemma-Spiels gegen Personen und Computer Hirnregionen im ventromedialen präfrontalen Kortex aktivierten, die auch in funktionell-bildgebenden Studien bei der Lösung von ToM-Aufgaben aktiviert wurden (Brüne u. Brüne-Cohrs 2006).

Die ToM des Menschen ist jedoch auch mit Kosten verbunden, die energetischer (Aiello u. Wheeler 1995),

ontogenetischer (Joffe 1997) oder möglicherweise funktioneller Natur sind (Brüne u. Brüne-Cohrs 2006). Wir überprüfen ständig unsere Umwelt – auch die unbelebte – quasi automatisch auf absichtsvolles Verhalten. In alltäglichen Sozialkontakten steckt in der ToM also eine recht hohe Irrtumswahrscheinlichkeit (Charlton u. McClelland 1999), die einer ständigen Abgleichung mit der Realität bedarf. Die Erforschung von Zusammenhängen von Störungen der ToM mit dem Verhalten in kompetitiven oder kooperativen spieltheoretischen Szenarien steht aber noch am Anfang.

Literatur

Aiello LC, Wheeler P (1995) The expensive tissue hypothesis. Curr Anthropol 36: 184–193

Alexander RD (1987) The biology of moral systems. de Gruyter, New York

Axelrod R (1984) The evolution of cooperation. Basic Books, New York

Axelrod R, Hamilton WD (1981) The evolution of cooperation. Science 211: 1390–1396

Brothers L (1990) The social brain: a project for integrating primate behavior and neurophysiology in a new domain. Concepts Neurosci 1: 27–51

Brüne M, Brüne-Cohrs U (2006) »Theory of mind" – evolution, ontogeny, brain mechanisms and psychopathology. Neurosci Biobehav Rev 30: 437–455

Brüne M, Ribbert H, Schiefenhövel W (2003) Postscript. In: Brüne M, Ribbert H, Schiefenhövel W (eds) The social brain – evolution and pathology. Wiley, Chichester, pp 433–436

Charlton BG, McClelland HA (1999) Theory of mind and delusional disorders. J Nerv Ment Dis 187: 380–383

Cosmides L (1989) The logic of social exchange: Has natural selection shaped how humans reason? Studies with the Wason selection task. Cognition 31: 187–276

Dawkins R, Krebs JR (1979) Arms races between and within species. Proc R Soc London B 205: 489–511

Decety J, Chaminade T (2005) The neurophysiology of imitation and intersubjectivity. In: Hurley S, Chater N (eds) Perspectives on imitation, vol 1. Mechanisms of imitation and imitation in animals. MIT Press, Cambridge, MA

Dunbar RIM (2003) The social brain: mind, language, and society in evolutionary perspective. Ann Rev Anthropol 32: 163–181

Dunbar RIM (1998) The social brain hypothesis. Evol Anthropol 6: 178–190

Fehr E, Fischbacher U (2004) Social norms and human cooperation. Trends Cogn Sci 8: 185–190

Fodor J (1983) The modularity of mind. MIT Press, Cambridge, MA

Gallese V, Goldman A (1998) Mirror neurons and the simulation theory of mind-reading. Trends Cogn Sci 2: 493–501

Heyes CM (1998) Theory of mind in nonhuman primates. Behav Brain Sci 21: 101–148

Humphrey NK (1976) The social function of intellect. In: Bateson PPG, Hinde RA (eds) Growing points in ethology. Cambridge University Press, Cambridge, pp 303–317

Joffe TH (1997) Social pressures have selected for an extended juvenile period in primates. J Hum Evol 32: 593–605

Jolly A (1966) Lemur social behaviour and primate intelligence. Science 153: 501–506

Leslie A (1987) Pretence and representation: the origins of »theory of mind". Psychol Rev 94: 412–426

Maynard-Smith J (1974) The theory of games and the evolution of animal conflicts. J Theoret Biol 47: 209–221

Mayr E (1997) This is biology: the science of the living world. Harvard University Press, Cambridge, MA

McCabe K, Houser D, Ryan L, Smith V, Trouard T (2001) A functional imaging study of cooperation in two-person reciprocal exchange. Proc Natl Acad Sci USA 98: 11832–11835

Premack D, Woodruff G (1978) Does the chimpanzee have a »theory of mind"? Behav Brain Sci 4: 515–526

Rilling JK, Sanfey AG, Aronson JA, Nystrom LE, Cohen JD (2004) The neural correlates of theory of mind within interpersonal interactions. NeuroImage 22: 1694–1703

Schaik van CP, Preuschoft S, Watts D (2004) Great ape social systems. In: Russon AE, Begun DR (eds) The evolution of thought: evolutionary origins of great ape intelligence, Cambridge University Press, Cambridge

Steinel W, De Dreu CKW (2004) Social motives and strategic misrepresentation in social decision making. J Pers Soc Psychol 86: 419–434

Sugiyama LS, Tooby J, Cosmides L (2002) Cross-cultural evidence of cognitive adaptations for social exchange among the Shiwiar of Ecuadorian Amazonia. Proc Natl Acad Sci USA 99: 11537–11542

Tinbergen N (1963) On the aims and methods of ethology. Z Tierpsychol 20: 410–433

Tomasello M, Call J, Hare B (2003) Chimpanzees understand psychological states – the question is which ones and to what extent. Trends Cogn Sci 7: 153–156

Trivers R (1971) The evolution of reciprocal altruism. Quart Rev Biol 46: 35–57

Wason PC (1966) Reasoning. In: Foss BM (ed) New horizons in psychology. Penguin, Harmondsworth

Wellman HM (1985) The child's theory of mind: The development of conceptions of cognition. In: Yussen SR (ed) The growth of reflection. Academic Press, San Diego, CA, pp 169–206

Whiten A (2000) Social complexity and social intelligence. Novartis Foundation Symposium 233: 185–196

Entwicklung der Theory of Mind in der Kindheit

Beate Sodian

5.1   Einleitung

Als ToM werden die alltagspsychologischen Konzepte bezeichnet, die wir benützen, um uns selbst und anderen mentale Zustände zuzuschreiben (was wir wissen, wollen, denken, fühlen usw.). Die begriffliche Erschließung der psychologischen Domäne durch das Kind ist in den letzten 20 Jahren zum Gegenstand intensiver entwicklungspsychologischer Forschung geworden (Astington 2000; Flavell 2000; Perner 1991, 2000; Sodian 2005a; Sodian u. Thoermer 2006; Wellman 2002).

Die Ursprünge der entwicklungspsychologischen ToM-Forschung liegen in der Forschung zu den Spezifika menschlicher Kognition. Premack und Woodruff (1978) stellten die provokante Frage: *Does the Chimpanzee have a Theory of Mind?* Sie argumentierten, die Fähigkeit, sich selbst und anderen mentale Zustände zuzuschreiben, setze theoretische Konzepte voraus, da mentale Zustände nicht beobachtbar sind, sondern wie theoretische Terme in den Naturwissenschaften erschlossen werden, und da die Zuschreibung mentaler Zustände die Verhaltensvorhersage und -erklärung erheblich verbessert.

Einige ihrer ersten experimentellen Befunde an Schimpansen schienen darauf hinzudeuten, dass diese zur Zuschreibung mentaler Zustände fähig seien. So konnte die Schimpansin Sarah für bestimmte in Videosequenzen gezeigte Problemsituationen (z. B. eine Person, die versucht, aus einem verschlossenen Käfig herauszukommen) korrekte Lösungen auswählen (das Foto des Schlüsselbunds unter einer Reihe von Alternativen). Diese Erfolge können jedoch auch ohne Zuschreibung mentaler Zustände zustande gekommen sein. Sarah kann allein durch die Repräsentation der Problemsituation (»der Welt«) zur richtigen Lösung gekommen sein, ohne sich gefragt zu haben, wie ein anderes Individuum (die Person, die in der Problemsituation steckt) die Welt repräsentiert.

Ein überzeugender Test für die Fähigkeit zur Zuschreibung mentaler Zustände muss deshalb die Repräsentation einer **falschen** Überzeugung einer Person über eine Situation erfordern, denn die Vorhersage von Handlungen einer Person aufgrund ihrer **wahren** Überzeugungen kann stets auch ohne Zuschreibung mentaler Zustände, allein aufgrund

der Repräsentation des Zustands der Welt, zustande kommen.

5.2   Das Konzept falscher Überzeugung *(false belief)*

Wimmer und Perner (1983) entwickelten aufgrund dieser Überlegungen ein experimentelles Paradigma zur Untersuchung des Verständnisses falscher Überzeugung bei Kindern (s. Box: Die »Maxi-Aufgabe«)

Box

Die »Maxi-Aufgabe«

Der Versuchsperson wird eine Geschichte mit Puppen vorgespielt. Eine Geschichtenfigur (Maxi) legt Schokolade an einen Ort A (Schrank). Die Geschichtenfigur verlässt die Szene (geht auf den Spielplatz). In ihrer Abwesenheit transferiert eine zweite Geschichtenfigur (die Mutter) die Schokolade von Ort A nach Ort B (die Schublade). Sie verlässt dann die Szene. Maxi kommt zurück. Wo wird er die Schokolade suchen?

Fast alle Kinder unter drei Jahren antworteten falsch, d. h., sie erwarteten, dass Maxi an Ort B suchen würde, wo die Schokolade tatsächlich ist. Richtige Antworten auf die Testfrage »Wo wird Maxi suchen?«gaben ca. 50% der vier- bis fünfjährigen und 90% der sechs- bis siebenjährigen Kinder.

Von den Kindern, die die Testfrage korrekt beantworteten, meisterte die Mehrheit auch weiter gehende Handlungsvorhersagen unter Berücksichtigung der falschen Überzeugung des Protagonisten: Wenn Maxi fälschlicherweise glaubt, die Schokolade sei im blauen Schrank, und er nicht will, dass seine Schwester Susi die Schokolade findet, was wird er ihr sagen, wenn sie nach der Schokolade fragt? – Maxi (der betrogene Betrüger) wird sie unwillentlich dorthin führen, wo die Schokolade tatsächlich ist.

Parallele Entwicklungsbefunde zeigten sich in einer Aufgabe, die ohne die Anforderung des

Geschichtenverstehens auskommt (Hogrefe et al. 1986; s. Box: Die »Smarties-Aufgabe«):

Die »Smarties-Aufgabe«

Der Versuchsperson wird eine Verpackung gezeigt, deren typischen Inhalt sie kennt, z. B. eine Smarties-Schachtel. Auf die Frage, was in der Schachtel sei, sagt das Kind: »Smarties«. Daraufhin wird die Schachtel geöffnet, und das Kind sieht, dass in Wirklichkeit ein anderer Inhalt (Bleistift) darin ist. Dann wird die Schachtel wieder geschlossen, und das Kind wird gefragt, was ein anderes Kind, das nicht in die Schachtel schauen konnte, wohl über den Inhalt glauben (bzw. sagen) wird. Dreijährige Kinder antworteten nicht nur, dass ein uninformiertes Kind sagen wird, es sei ein Bleistift in der Schachtel, sie glaubten auch, dass **sie selbst** gesagt (gedacht) hätten, es sei ein Bleistift darin, bevor die Schachtel geöffnet wurde (Gopnik u. Astington 1988).

Die Unfähigkeit, sich an die eigene falsche Überzeugung zu erinnern, ist nicht auf Gedächtnisprobleme zurückzuführen oder auf die mangelnde Bereitschaft, eigene Fehler zuzugeben (Wimmer u. Hartl 1991). Die Befunde deuten darauf hin, dass es sich bei der **Repräsentation falscher Überzeugungen** nicht allein um ein Problem der Perspektivenübernahme handelt, sondern dass das gleiche begriffliche System der Erschließung eigener und fremder mentaler Zustände zugrunde liegt und dass die Entwicklung dieses begrifflichen Systems im Altersbereich zwischen drei und vier Jahren entscheidende Fortschritte macht (Gopnik 1993).

Obwohl unter erleichternden Bedingungen in einzelnen Studien Kompetenz auch bei jungen Dreijährigen gefunden werden konnte, deutet die inzwischen recht umfangreiche Forschungsliteratur zur Entwicklung des Verstehens falscher Überzeugung darauf hin, dass es sich um ein robustes Entwicklungsphänomen handelt. In einer statistischen Metaanalyse von mehr als 500 False-belief-Studien fanden Wellman et al. (2001), dass Zweieinhalbjährige und junge Dreijährige in den verschiedensten Varianten der False-belief-Aufgabe mehrheitlich

den False-belief-Fehler machen (realitätsbezogen antworten), während ab dreieinhalb Jahren eine Zunahme der korrekten (überzeugungsbasierten) Antworten mit dem Alter festzustellen ist. Dies gilt unabhängig davon, ob sich die Testfrage auf mentale Zustände (was glaubt er?) oder auf Verhalten der Zielperson bezieht (wo wird er suchen?) und ob die Zielperson eine Geschichtenfigur ist, eine Person in einem Videofilm, eine Puppe, ein Kind, ein Erwachsener – oder die Versuchsperson selbst.

5.3   Lüge und Täuschung

Vielleicht ist aber die **Zuschreibung** mentaler Zustände ein zu wenig sensitiver Indikator für das begriffliche Verständnis jüngerer Kinder. Zeigt sich nicht im spontanen **Handeln** von Kleinkindern bereits früh die Fähigkeit, die mentalen Zustände anderer zu manipulieren (Chandler et al. 1989)? Eine eingehende Beschäftigung mit der Entwicklung der Fähigkeit zu Lüge und Täuschung bei Kindern – ein Phänomen, das in der Entwicklungspsychologie seit ihrer Frühzeit (Stern u. Stern 1909) vernachlässigt worden war – ergab jedoch, dass genuine Täuschungskompetenz erst etwa ab dem Alter von vier Jahren demonstriert werden kann (Sodian 1994).

Als Evidenz für das Verständnis von Überzeugungen können nur solche Täuschungshandlungen gewertet werden, die mit der **Absicht**, den anderen zu täuschen, geplant wurden. Da Verhaltensweisen, die täuschende **Effekte** erzielen (z. B. im Tierreich), auftreten, ohne dass sich eine Täuschungsintention nachweisen lässt, sind Alltagsbeobachtungen über Täuschungsmanöver kleiner Kinder häufig nur begrenzt aufschlussreich. Zumindest muss gezeigt werden, dass der Täuscher nicht durch Erfahrungslernen wusste, dass die kritische Handlung bei seinem Gegner einen bestimmten Effekt hervorruft. Daher sind Alltagsbeobachtungen wie auch Laborbefunde (Lewis et al. 1989; Polak u. Harris 1999), die zeigen, dass Zwei- bis Dreijährige häufig abstreiten, etwas Verbotenes getan zu haben, anfällig für den Einwand, es habe sich entweder um eine reine Vermeidungsreaktion gehandelt oder um eine gelernte Strategie, negative Konsequenzen zu vermeiden. Diese reduktionistische Interpretation gewinnt an Plausibilität durch die häufig beobachtete offensichtliche Ungeschicklichkeit kindlicher Lügen (wenn Kinder z. B. abstreiten genascht zu haben, obwohl sie mit Schokoladenresten bekleckert sind).

Peskin (1992) untersuchte die kindliche Fähigkeit, die eigene Intention zu verbergen, in einer Laborsituation, die natürlichen Wettbewerbssituationen ähnelt (s. Box: Die Täuschungsaufgabe).

> **Box**
>
> ### Die Täuschungsaufgabe
> Eine andere Person will immer genau das gleiche Objekt, das das Kind will; deshalb ist es strategisch günstig, vorzutäuschen, man wolle ein anderes Objekt.
> Fast alle Drei- und Vierjährigen teilten ihren Wunsch wahrheitsgemäß mit, während die meisten Fünfjährigen ein Objekt zeigten, das sie nicht mochten. Dreijährige lernten die Täuschungsstrategie nicht, während Vierjährige rasch begannen zu täuschen. Dass es sich bei der Unfähigkeit der Dreijährigen zu täuschen, um ein konzeptuelles Defizit und nicht um ein Missverständnis der Kompetitionssituation handelt, wird nahe gelegt durch ihr gutes Abschneiden in einer Kontrollbedingung, in der sie entscheiden sollten, welche Puppe (eine kooperative vs. eine kompetitive Puppe) zuerst wählen dürfen sollte.

Ähnlich wie Peskin fand Sodian (1991) einen deutlichen Entwicklungsfortschritt in einer strategischen Täuschungsaufgabe. Während Kinder unter dreieinhalb Jahren nahezu nie einen Gegner durch einen irreführenden Hinweis zu täuschen versuchten (auf eine leere Schachtel deuten), tat dies die Mehrheit der Kinder über vier Jahre spontan. Russell et al. (1991) zeigten in einer sehr ähnlichen Aufgabe, dass Dreijährige auch nach 20 Durchgängen trotz wachsender Frustration über den Verlust der Belohnung die Täuschungsstrategie nicht lernten, während Vierjährige sie spätestens im zweiten oder dritten Durchgang einsetzten.

Für ein konzeptuelles Defizit spricht das Abschneiden Dreijähriger in einer engen Kontrollbedingung: Sodian (1991) fand, dass knapp 50%

der Drei- bis Dreieinhalbjährigen und über 70% der älteren Dreijährigen in einer zur Täuschungsaufgabe parallel konstruierten Sabotageaufgabe, in der sie den Gegner durch physische Obstruktion von der Belohnung abhalten konnten, Kompetenz zeigten.

5.4 Implizites vor explizitem Verständnis?

Die Zuschreibung mentaler Zustände in verbalen Aufgaben, die Vorhersage der Handlungen von Geschichtenfiguren wie auch die aktive Manipulation von kommunikativen Hinweisen in Spielsituationen erfordern ein **explizites** Verständnis falscher Überzeugung, das in einem verbalen oder nonverbalen Urteil zum Ausdruck kommt. Im Gegensatz dazu kann sich **implizites** Verständnis mentaler Zustände in Blickbewegungen bei der Verarbeitung von False-belief-Episoden ausdrücken. Clements und Perner (1994) fanden Evidenz für implizites Verständnis falscher Überzeugung bei Kindern im Altersbereich zwischen zwei Jahren und elf Monaten und drei Jahren und sechs Monaten, die in ihren expliziten Urteilen in False-belief-Aufgaben scheitern (s. Box: Was Blickwendungen verraten).

> **Box**
>
> ### Was Blickwendungen verraten
> In einer Aufgabe vom Typ der »Maxi-Aufgabe« wurde beobachtet, auf welchen von zwei Orten die Kinder schauten, unmittelbar nachdem die Testfrage »Wo wird Maxi suchen?« gestellt worden war
> Ab dem Alter von zwei Jahren und elf Monaten (aber nicht früher) fand sich bei über 80% der Kinder eine antizipative Blickwendung zu dem Ort, an dem die Geschichtenfigur basierend auf ihrer falschen Überzeugung suchen würde. Jedoch deuteten über 70% der Kinder dieser Altersgruppe als Antwort auf die Testfrage auf den anderen Ort; sie antworteten also realitätsbasiert, wenn ein explizites Urteil verlangt wurde.

Diese Dissoziation zwischen explizitem Urteil und impliziten Verhaltensmaßen wurde für den Altersbereich der jungen Dreijährigen mehrfach repliziert (Clements u. Perner 2001). Garnham und Ruffman (2001) zeigten in einer methodisch verfeinerten Version der Aufgabe, dass die antizipative Blickwendung nicht auf einen assoziativen Bias, sondern auf ein implizites Verständnis der falschen Überzeugung zurückzuführen ist.

In jüngster Zeit wurden mit **Blickzeitmethoden** Hinweise auf ein implizites Verständnis falscher Überzeugung bei Kindern bereits im **zweiten** Lebensjahr gefunden. Onishi und Baillargeon (2005) zeigten 15 Monate alten Babys eine Handlungssequenz vom Typ der »Maxi-Aufgabe«(s. Box: Die Blickzeitaufgabe).

Die Autorinnen interpretieren diesen Befund im Sinne des Erwerbs einer ToM bereits in früher Kindheit. Jedoch lassen sich Alternativinterpretationen der Blickzeitmuster (z. B. basierend auf Stimulusassoziationen bzw. auf Oberflächenstrategien) auf der Basis der bisher vorliegenden Evidenz nicht ausschließen (Perner u. Ruffman 2005).

Die neuere Säuglingsforschung hat große Fortschritte in der Erforschung der Anfänge einer **intuitiven Psychologie im Säuglingsalter** gemacht (Gergely 2002; Meltzoff 2002). Schon im ersten Lebensjahr enkodieren Babys menschliche Handlungen als zielgerichtet (Woodward 1998). Sie haben Erwartungen über die Rationalität der Zielerreichung (Gergely et al. 1995) und leiten Handlungsvorhersagen aus der Repräsentation von Handlungszielen ab (Phillips et al. 2002; Sodian u. Thoermer 2004).

❶ Im zweiten Lebensjahr zeigen sich in empathischen Reaktionen erste Hinweise auf das Verständnis der Emotionen anderer und – damit verbunden – auf beginnende Selbstrepräsentation (sich selbst im Spiegel erkennen) (Bischof-Köhler 1989). Jedoch ist intuitiv-psychologisches Verständnis in früher Kindheit nicht gleichzusetzen mit einer ToM.

Im Kern beinhaltet eine ToM ein Verständnis mentaler Repräsentation (Perner 1991): Zu verstehen, dass Maxi eine Proposition (Schokolade im blauen Schrank) für wahr hält, von der ich weiß, dass sie falsch ist, bedeutet zu verstehen, dass Maxi einen Zustand der Welt falsch repräsentiert. Ein solches repräsentationales Verständnis des Denkens ist auch Voraussetzung für die Entwicklung einer zeitlich kohärenten **Selbstrepräsentation**.

Zwei- und dreijährige Kinder erkennen sich im Spiegel, und sie können sich auch auf Fotos erkennen, die in der Vergangenheit aufgenommen wurden. Zeigt man ihnen jedoch eine unmittelbar vor der Betrachtung aufgenommene Videoaufnahme, in der der Versuchsleiter ihnen einen Sticker auf den Kopf klebt, so greifen sie sich (auch mit Hilfen) nicht an den Kopf, um den Sticker zu entfernen (Povinelli 2001). Sie erkennen sich, aber sie bilden keine kohärente Repräsentation von vergangenem, gegenwärtigem und zukünftigem Selbst aus.

❶ Eine zeitlich übergreifende Selbstrepräsentation entwickelt sich im Alter von vier bis fünf Jahren als ein repräsentationales Metakonzept des Selbst.

5.5   Die Unterscheidung von Schein und Sein

Eine ToM ist ein **System** miteinander vernetzter Begriffe. In engem Zusammenhang mit der begrifflichen Unterscheidung von Überzeugung und Realität entwickelt sich im Alter zwischen etwa drei und vier Jahren die Fähigkeit zur Unterscheidung von Aussehen und Realität – oder von Schein und Sein. Die Schein-Sein-Differenzierung erfordert ein Verständnis mentaler Vorgänge, da die eigene Wahrnehmung als Quelle der scheinbaren Identität eines Objekts konzeptualisiert werden muss. Darüber hinaus erfordert die Schein-Sein-Differenzierung die simultane mentale Manipulation zweier konfligierender Repräsentationen einer Entität (scheinbare Identität und reale Identität eines Objekts) und ähnelt in dieser Hinsicht der Differenzierung zwischen falscher Überzeugung und Realität (Flavell 1986). Flavell et al. (1983, 1986) entwickelten eine Reihe experimenteller Paradigmen zur systematischen Untersuchung der Schein-Sein-Differenzierung bei Kindern (s. Box: Schwamm oder Felsbrocken?).

Die Differenzierungsleistungen der Dreijährigen verbesserten sich weder wesentlich durch ein kurzfristiges Training (Taylor u. Hort 1990) noch waren Reduktionen der Informationsverarbeitungsanforderungen der Aufgaben erfolgreich (Flavell et al. 1987). Insbesondere ließen sich die Schwierigkeiten dreijähriger Kinder nicht ausschließlich auf die syntaktisch-semantische Komplexität der Testfragen zurückführen, da parallele Fragepaare nach der Unterscheidung zwischen Spielidentität eines Objekts (*pretense identity*) und dessen realer Identität von der überwiegenden Mehrzahl der Dreijährigen richtig beantwortet wurden (Flavell et al. 1986; Sodian et al. 1998). Flavell (1988) interpretiert die Befunde zur Schein-Sein-Differenzierung im Sinne eines Entwicklungsfortschritts in der Fähigkeit zur Metarepräsentation, d. h. der Fähigkeit, duale Repräsentationen für ein- und dieselbe Entität simultan zu bilden bzw. mental zu manipulieren.

Box	

Schwamm oder Felsbrocken?
Der Versuchsperson wird ein Trickobjekt gezeigt, wie man es in Zauberläden kaufen kann, etwa ein Schwamm, der wie ein Felsbrocken aussieht. Nachdem dem Kind die wahre Identität des Objekts demonstriert wurde, werden ihm Fragen gestellt zur **scheinbaren** Identität

> Wie sieht das aus?
> Sieht es aus wie ein Schwamm, oder sieht es aus wie ein Felsbrocken?

und zur **wahren** Identität

> Was ist das wirklich?
> Ist es in Wirklichkeit ein Schwamm, oder ist es in Wirklichkeit ein Felsbrocken?

Die Ergebnisse dieser Testaufgaben zeigen einen sehr ähnlichen Entwicklungstrend wie die Aufgaben zum Verständnis falscher Überzeugung: Während die Mehrheit der Vierjährigen die Differenzierungsfragen korrekt beantwortete, scheiterte die Mehrheit der Dreijährigen, indem sie entweder realistische Fehler machte, d. h. antworteten,

> das Objekt schaue aus wie ein Schwamm und sei ein Schwamm,

oder phänomenistische Antworten gab, d. h. antworteten,

> der Schwamm sehe aus wie ein Felsbrocken und sei ein Felsbrocken.

5.6   ToM-Defizit bei autistischen Kindern

Autismus ist eine tief greifende Entwicklungsstörung, die gekennzeichnet ist

- durch gravierende Störungen der sozialen Interaktion, der verbalen und nonverbalen Kommunikation sowie der Imagination (Phantasietätigkeit) und
- durch massive Einschränkungen des Repertoires an Interessen und Aktivitäten.

Diese Beeinträchtigungen werden bereits vor dem dritten Geburtstag beobachtet. Die Prävalenz der autistischen Störung (Kanner-Typ) liegt bei 0,16–0,22%. Zwillingsstudien und genealogische Studien weisen auf eine genetische Basis des Autismus hin (Frith 2003; Baron-Cohen 2000; Baron-Cohen et al. 2002; Sodian 2005b).

Baron-Cohen et al. (1985) fanden, dass autistische Kinder, die in verbalen Intelligenztests mindestens so gut wie normal entwickelte Vierjährige abschnitten, falsche Überzeugungen nicht repräsentierten. Eine klinische Kontrollgruppe – Kinder mit Down-Syndrom mit gleichem verbalem Alter – schnitt in False-belief-Tests dagegen wie normal entwickelte Vierjährige ab. In einer Vielzahl von Folgestudien mit diesem Design (Baron-Cohen 2000) wurde ein breites und spezifisches Defizit autistischer Kinder im Verständnis des mentalen Bereichs demonstriert, das sowohl

- ontologische Unterscheidungen (mentale vs. physische Phänomene),
- das Verständnis epistemischer Zustände (Sehen-Wissen),
- Täuschungshandlungen,
- die Schein-Sein-Differenzierung,
- die Zuschreibung bestimmter Emotionen als auch
- Vorläufer der ToM-Entwicklung wie Symbolspiel und *joint attentional skills*

betrifft. Die Spezifität des Defizits in der Repräsentation mentaler Zustände wurde durch experimentelle Kontrollen belegt.

Obwohl eine Subgruppe hoch intelligenter autistischer Personen mit einer Verzögerung von mehreren Jahren ToM-Aufgaben löst, bleiben Defizite in komplexeren Aufgaben (Verständnis falscher Überzeugung höherer Ordnung, Verständnis uneigentlichen Sprechens) bestehen (Happé 1994). Die Befunde deuten auf einen gravierenden und spezifischen Entwicklungsrückstand in der Repräsentation mentaler Zustände bei autistischen Personen hin. Die Validität von ToM-Aufgaben zur Einschätzung sozialer Defizite von alltagsweltlicher Bedeutung demonstriert eine Studie von Frith et al. (1994), die einen bedeutsamen Zusammenhang zwischen dem Abschneiden in ToM-Aufgaben und dem durch die *Vineland Adaptive Behavior Scale* eingeschätzten Sozialverhalten zeigte (▶ Kap. 26 zu Autismus im Erwachsenenalter).

5.7 Die neurophysiologische Basis der ToM

Durch Studien mit bildgebenden Verfahren wurde in den letzten Jahren versucht, auf neurophysiologischer Ebene Evidenz für einen dedizierten, **domänenspezifischen ToM-Mechanismus** zu finden (Frith u. Frith 2000; Gallagher u. Frith 2003; Kain u. Perner 2005). Die Befunde der vorliegenden Studien deuten auf eine konsistente Aktivierung des medialen präfrontalen Kortex während der Bearbeitung von ToM-Aufgaben hin (BA 8 und BA 9), wobei diese Regionen im vordersten Teil des des parazingulären Kortex liegen. Auch weitere Hirnregionen werden bei ToM-Aufgaben aktiviert, insbesondere der Sulcus temporalis superior und die Schläfenlappen beidseitig.

Evidenz für die Schlüsselrolle des **anterioren parazingulären Kortex** kommt v. a. aus zwei funktionellen Imaging-Studien, die die Hirnaktivierung **während** der Bearbeitung einer Aufgabe in Echtzeit untersuchten (s. Box).

Box

Funktionelle Bildgebung
Eine Studie (Gallagher et al. 2000) induzierte den »intentionalen Standpunkt« durch die Instruktion, ein kompetitives Spiel »gegen den Versuchsleiter« zu spielen, während in den Kontrollbedingungen gegen einen »Computer mit vorher festgelegtem Regelwerk« bzw. gegen einen »Computer mit Zufallsgenerator« gespielt wurde. – In Wirklichkeit spielten die Versuchspersonen in allen drei Bedingungen gegen einen Zufallsgenerator.
Der kritische Unterschied zwischen der Bedingung, die mentale Attributionen evozieren sollte (gegen Versuchsleiter), und den Kontrollbedingungen bestand in der bilateralen Aktivierung des anterioren parazingulären Kortex.

Der anteriore parazinguläre Kortex wird nicht ausschließlich durch ToM-Aufgaben aktiviert, jedoch sind die anderen bekannten Aktivierungsbedingungen (Reflexion über eigene Emotionen, *self-*

monitoring, autobiografisches Gedächtnis) ebenfalls mit Mindreading-Fähigkeiten assoziiert.

❶ **Über die neuralen Korrelate der Bearbeitung**
von ToM-Aufgaben bei Kindern ist bisher nichts
bekannt. Neurokognitive Studien (mit ereig-
niskorrelierten Potenzialen) an Kindern sind
notwendig, um Zusammenhänge zwischen
kognitiver Entwicklung und neuronaler Speziali-
sierung aufzudecken.

5.8 Entwicklung einer fortgeschrittenen ToM

Zuschreibungen mentaler Zustände beschränken
sich nicht auf Repräsentationen der Realität:
Maxi glaubt, der Eisverkäufer sei im Park.

Sie betreffen auch Repräsentationen mentaler
Repräsentationen der Realität:
Maxi glaubt, dass Susi glaubt, der Eisverkäufer sei
auf dem Marktplatz.

Es ist leicht einzusehen, dass die Fähigkeit
zur Zuschreibung mentaler Zustände zweiter und
höherer Ordnung einen wesentlichen Fortschritt in
der Prädiktions- und Erklärungskraft unserer sozialen Inferenzen darstellt. Perner und Wimmer (1985)
untersuchten das Verständnis von Überzeugungen
zweiter Ordnung erstmals systematisch bei Kindern
und fanden Kompetenz im Alter von sieben bis acht
Jahren. Spätere Studien mit einfacheren Aufgaben fanden Kompetenz bereits bei älteren Vorschulkindern
(Fünf- bis Sechsjährigen) (Sullivan et al. 1994). Eine
ToM zweiter Ordnung ist Voraussetzung für das Verständnis von komplexen Sprechakten wie Ironie und
Witz, die sich von Lügen nicht dadurch unterscheiden, dass sie intentional falsche Äußerungen sind,
sondern dadurch, dass der Sprecher nicht **intendiert**,
dass der Hörer die Lüge bzw. den Witz **glaubt** (Inferenzen über mentale Zustände zweiter Ordnung)
(Leekam 1991; Winner u. Leekam 1991).

❶ **Eine ToM ist nicht nur ein kognitives Werkzeug,**
das es uns erlaubt, eigene und fremde Hand-
lungen zu erklären und vorherzusagen, sondern
auch ein System (potenziell explizierbarer)
Vorstellungen über mentale Zustände und
Aktivitäten.

Wellman und Hickling (1994) untersuchten den
Gebrauch und das Verständnis von **Metaphern** über
den mentalen Bereich und fanden, dass die Personifikation des Geistes als unabhängigem Agenten
sowohl im Gebrauch als auch im Verständnis
einschlägiger Metaphern in diesem Altersbereich
zunimmt. Flavell et al. (1993, 1995) befragten Kinder nach mentaler Aktivität bei Personen, die
keine physische Aktivität zeigten (ruhig sitzen,
warten) und fanden, dass Vorschulkinder in der
Tat kontinuierliche geistige Aktivität negieren und
»Denken«als ein punktuelles Ereignis auffassen.
Auch die Unkontrollierbarkeit gedanklicher Aktivität (man kann nicht verhindern, an eine Spritze
zu denken, wenn man eine Injektionsnadel sieht)
ist Vorschulkindern fremd (Flavell et al. 1998).

Die Vorstellung eines kontinuierlichen und
nicht unterdrückbaren **Bewusstseinsstroms** scheint
erst im Schulalter zu beginnen. Vorschulkinder
unterschätzen nicht nur gedankliche Aktivität bei
anderen, sondern haben im Gegensatz zu Grund-
schulkindern auch Schwierigkeiten, eigene Gedanken zu berichten, was sich nicht auf ein sprach-
liches Problem reduzieren lässt (Flavell et al. 1995).
Auch wenn Fünfjährige unter sehr vereinfachten
Bedingungen introspektiv einige Bewusstseinsinhalte berichten können, glauben sie im Gegensatz
zu Achtjährigen und Erwachsenen, dass es möglich sei, ihre eigene spontane gedankliche Aktivität
vollkommen zu unterdrücken (Flavell et al. 2000).
Auch die Vorstellung von »innerer Sprache«scheint
sich erst im Schulalter zu entwickeln (Flavell et al.
1997).

Parallel zur Entwicklung eines Konzepts des
Bewusstseins entwickelt sich ebenfalls erst im
Schulalter ein Verständnis des Unbewussten:
Vorschulkinder differenzieren nur unzureichend
zwischen verschiedenen Bewusstseinszuständen
und verstehen z. B. nicht, dass man nicht denkt,
wünscht, sieht, hört und reflektiert sowie kontrolliert handelt, während man (traumlos) schläft (Flavell et al. 1999).

❶ **Die vorliegenden Studien zum Verständnis der**
Kognition deuten darauf hin, dass wichtige
Elemente unserer intuitiven Kognitionspsycho-
logie – die Vorstellung der Kontinuität, parti-
ellen Unabhängigkeit und Unkontrollierbarkeit

kognitiver Aktivität – sich relativ spät, erst im Schulalter, entwickeln und dass diese naiven Vorstellungen über Kognition in engem Zusammenhang mit der sich entwickelnden Fähigkeit zur Introspektion stehen.

5.9 Theoretische Erklärungen der ToM-Entwicklung

5.9.1 Theorie-Theorie

Versteht man unsere mentalistische Alltagspsychologie als eine intuitive Theorie, so lassen sich Entwicklungsveränderungen in diesem begrifflichen System im Sinne eines **Theoriewandels** (analog zum Paradigmenwechsel in der Wissenschaftsgeschichte) darstellen. Gopnik und Wellman (1994) beschreiben diesen Theoriewandel als Wandel von einer Verhaltenstheorie, in der das Konzept der Überzeugung zunächst völlig fehlt und menschliches Verhalten nur in den Begriffen von Wünschen und Emotionen konzeptualisiert wird, hin zu einer Theorie, in der das Konzept der Überzeugung zentral für das Verständnis menschlichen Verhaltens wird, also als Übergang von einem nichtrepräsentationalen zu einem **repräsentationalen** Verständnis des mentalen Bereichs.

Perner (1991, 2000) charakterisiert die ToM des vierjährigen Kindes als Theorie mentaler Repräsentation, da das Verständnis falscher Überzeugung das Verständnis von Missrepräsentation impliziert. Da diese Einsicht einhergeht mit einem Verständnis der (Informations-)Bedingungen, unter denen falsche Repräsentationen der Realität zustande kommen, sowie der Konsequenzen, die sie für das Handeln haben, handelt es sich bei einer **repräsentationalen ToM** um eine echte kausale Theorie mentaler Vorgänge.

5.9.2 Simulationstheorie

Während Theorie-Theorien der ToM-Entwicklung annehmen, ein theorieähnliches System begrifflichen Wissens leite unsere alltagspsychologischen Interpretationen eigenen und fremden Verhaltens, nehmen Simulationstheorien an, dass diese Inter-

pretationen nicht auf begrifflichen Konstrukten, sondern auf unseren unmittelbaren **Erfahrungen** eigenen psychischen Geschehens basieren. Wir projizieren uns in die Situation des anderen, stellen uns vor, was wir in dieser Situation denken und fühlen würden, und attribuieren dann diese simulierten mentalen Erfahrungen auf den anderen (Goldman 1992; Gordon 1986; Harris 1991).

Harris (1992) legt eine Theorie der ToM-Entwicklung basierend auf der Simulationsannahme vor. Simulationen sind umso schwieriger, je mehr Voreinstellungen verändert werden müssen: Wenn man den mentalen Zustand eines anderen simulieren muss, der sich vom eigenen mentalen Zustand unterscheidet, so muss man den eigenen Zustand (Voreinstellung) ignorieren und den Zustand des anderen unter den für den anderen relevanten Informationsbedingungen bzw. Zielzuständen simulieren. Im Falle falscher Überzeugung muss das Kind nicht nur den eigenen mentalen Zustand ignorieren, sondern auch den Zustand der Realität, um den mentalen Zustand des anderen, der eine falsche Überzeugung hat, zu simulieren – das heißt, es müssen zwei Voreinstellungen verändert werden, um zur korrekten Simulation zu kommen.

❶ Hinsichtlich des Entwicklungsverlaufs des Verstehens eigener und fremder mentaler Zustände kommen die Simulationstheorie und die Theorie-Theorie zu unterschiedlichen Vorhersagen: Während die Simulationstheorie vorhersagt, dass Kinder Schwierigkeiten beim Verständnis des mentalen Geschehens im anderen haben sollten, jedoch unmittelbaren Zugang zum eigenen mentalen Geschehen, kommt die Theorie-Theorie zu der Vorhersage, dass das Verständnis des eigenen und des fremden mentalen Geschehens im Entwicklungsverlauf ungefähr simultan verlaufen sollte, da beides gesteuert wird durch die begriffliche Erschließung der mentalen Domäne.
Die empirische Evidenz spricht eher für die Theorie-Theorie (Gopnik u. Wellman 1994), da Kinder eigene und fremde mentale Zustände ungefähr gleichzeitig konzeptualisieren, insbesondere, da sie die falsche Überzeugung eines anderen nicht früher erschließen als sie ihre eigene falsche

Überzeugung über einen konkreten Sachverhalt erinnern können (Gopnik u. Astington 1988).

5.9.3 Modularitätstheorie

Leslie (1994) führt die Entwicklung der ToM auf die sukzessive neurologische Reifung dreier domänenspezifischer modularer Mechanismen zur Repräsentation der Eigenschaften von Agenten zurück:

- ToBy (Theory-of-Body-Mechanismus) reift in der ersten Hälfte des ersten Lebensjahres und erlaubt es dem Säugling u. a., Agenten von Nichtagenten auf der Basis spontaner Bewegungsfähigkeit zu unterscheiden.

Darauf aufbauend greifen zwei ToM-Mechanismen:

- TOMM1 unterstützt bereits gegen Ende des ersten Lebensjahres die Repräsentation intentionaler Agenten, deren Handeln im Hinblick auf konkrete Ziele zu interpretieren ist.
- TOMM2 beginnt im Alter von ungefähr 18 Monaten zu arbeiten und führt zur Entwicklung der metarepräsentationalen Fähigkeit, die propositionalen Einstellungen von Agenten (vorgeben, dass – glauben dass – sich vorstellen, dass – wünschen, dass) zu repräsentieren.

Modularitätstheoretiker gehen davon aus, dass ein metarepräsentationales Verständnis falscher Überzeugung vorhanden ist, lange bevor Aufgaben zum Verständnis falscher Überzeugung gelöst werden. Mit TOMM1 und TOMM2 sei die Kompetenz zur **Metarepräsentation** gegeben, das Scheitern in entsprechenden Aufgaben sei auf Performanzprobleme zurückzuführen.

❶ Modularitätsthoerien sind konsistent mit der Universalität der ToM Entwicklung und sind gut imstande, die Dissoziation zwischen gestörter ToM Entwicklung und allgemeiner intellektueller Entwicklung im Falle von Autismus zu erklären (Leslie u. Thaiss 1992). Jedoch werden sie den Entwicklungsphänomenen nur eingeschränkt gerecht.

5.10 Die Rolle von Perspektiven und Bezugssystemen bei der ToM-Entwicklung

Das Problem des Verständnisses falscher Überzeugung kann als ein spezieller Fall eines allgemeineren Problems der **Repräsentation von Perspektiven** verstanden werden. Perner et al. (2003) definieren Perspektivenprobleme als Situationen, in denen die Integration von Information nur durch die Einführung des Konzepts der Perspektive gelingen kann, d. h., in denen verschiedene Repräsentationen eines Sachverhalts auf einer Metaebene als verschiedene Arten, ein- und denselben Sachverhalt zu repräsentieren, verstanden werden müssen. Die Notwendigkeit zur Metarepräsentation charakterisiert Perspektivenprobleme jeglicher Art (Perspektivenprobleme definiert als Probleme des **Verständnisses** von Perspektiven).

Neben sozial-kognitiven Perspektivenproblemen (wie dem False-belief-Problem) können auch Objektbenennungen, die Objekte auf verschiedene Arten individuieren, als Perspektivenprobleme im obigen Sinne verstanden werden. Das Benennen eines Objekts als »Kaninchen« oder als »Tier« bedeutet, verschiedene Perspektiven oder Bezugsrahmen bei der Objektbenennung zu benützen. Um explizit zu verstehen, dass das gleiche Objekt gleichzeitig als Kaninchen **und** als Tier bezeichnet werden kann, ist ein metarepräsentationales Verständnis von Perspektiven nötig. Diese Theorie ist gut vereinbar mit empirischen Befunden, die auf eine enge Assoziation zwischen dem Erfolg in Aufgaben zum Verständnis sowie zur Nutzung alternativer Benennungen und dem Verständnis falscher Überzeugung hinweisen (Perner et al. 2002a).

Ausgehend vom gestaltpsychologischen Begriff des **Bezugssystems** kommt Bischof-Köhler (2000) zu einer recht ähnlichen theoretischen Erklärung der ToM-Entwicklung. Die im Alter von ungefähr vier Jahren beginnende Fähigkeit, Bezugssysteme zum Gegenstand der Reflexion zu machen, hat weit reichende Konsequenzen für die kognitive und die motivationale Entwicklung; Bischof-Köhler spricht auch von einem Strukturwandel in der kindlichen Entwicklung.

❗ Aus der Theorie der Bezugssysteme lässt sich die Hypothese ableiten, dass zwischen ToM-Entwicklung und der Entwicklung des Zeitverständnisses ein Zusammenhang bestehen sollte, da die Repräsentation von Zeitdauern, wie sie für die Handlungsplanung nötig ist, die Reflexion der Zeit als Bezugssystem voraussetzt.

5.11 ToM und exekutive Funktionen

Unter exekutiven Funktionen versteht man die Prozesse bei der Verhaltenskontrolle, die notwendig sind, um auf ein mental repräsentiertes Ziel zu fokussieren und die Zielrealisation gegen konkurrierende Handlungsalternativen abzuschirmen. Die wichtigsten Dimensionen der exekutiven Funktionen sind
- inhibitorische Kontrolle,
- Arbeitsgedächtnis und
- Aufmerksamkeitsflexibilität (Pennington et al. 1997).

Wesentliche Entwicklungsfortschritte in exekutiven Funktionen sind im Altersbereich zwischen drei und sechs Jahren dokumentiert (Diamond et al. 1997; Hughes 1998a). Die ToM-Entwicklung ist mit der Entwicklung exekutiver Funktionen nicht nur alterskorreliert, sondern robuste altersbereinigte korrelative Zusammenhänge zwischen verschiedenen Maßen exekutiver Funktionen und ToM-Kompetenzen – insbesondere dem Verständnis falscher Überzeugung – wurden in zahlreichen Studien, sowohl bei normal entwickelten als auch bei autistischen Kindern gefunden (Perner u. Lang 1999, 2000).

Sowohl inhibitorische Kontrollanforderungen als auch Arbeitsgedächtnisanforderungen der exekutiven Aufgaben scheinen zur Korrelation mit den False-belief-Aufgaben beizutragen: Carlson et al. (2002) fanden in einer Studie an 40–60 Monate alten Kindern, in der eine umfangreiche Testbatterie zur Prüfung exekutiver Funktionen eingesetzt wurde, dass inhibitorische Kontrolle mit dem Verständnis falscher Überzeugung signifikant korrelierte, auch wenn Alter und IQ kontrolliert wurden. In einer Längsschnittstudie fand Hughes (1998b), dass Fortschritte in exekutiver Kontrolle ein signifikanter Prädiktor für das spätere Abschneiden in ToM-Aufgaben waren, nicht jedoch umgekehrt ToM-Leistungen exekutive Kontrolleistungen vorhersagten.

Ist die ToM-Entwicklung somit als eine **Konsequenz** des Entwicklungsfortschritts in exekutiven Funktionen zu erklären bzw. sind sowohl die Entwicklung exekutiver Funktionen als auch die ToM-Entwicklung auf gemeinsame zugrundeliegende kognitive Veränderungen zurückzuführen? Möglicherweise haben jüngere Kinder bereits ein begriffliches Verständnis falscher Überzeugung, können dieses jedoch aufgrund der inhibitorischen Anforderungen der ToM-Aufgaben nicht zum Ausdruck bringen: Sie haben Schwierigkeiten, ihre vordringliche Tendenz, mit dem wahren Zustand der Realität zu antworten (also z. B. zu sagen, wo die Schokolade ist), zu inhibieren und die falsche Überzeugung einer uninformierten Person zu erschließen. Diese Erklärung greift zu kurz, denn signifikante Korrelationen bestehen auch zwischen exekutiven Aufgaben und solchen ToM-Aufgaben, die nur minimale exekutive Anforderungen stellen (z. B. Aufgaben, die die **Erklärung** einer Fehlhandlung, nicht eine Handlungsprognose, verlangen) (Hughes 1998a; Perner u. Lang 1999; Perner et al. 2002b).

Auf begrifflicher Ebene könnte der Zusammenhang zwischen exekutiven Funktionen und ToM dadurch zustandekommen, dass Handlungsmonitoring und Handlungskontrolle Voraussetzung sind für einfache Formen des Selbstbewusstseins und diese wiederum Voraussetzung für die Entwicklung mentaler Konzepte (Russell 1997; Pacherie 1997). Ein bestimmtes Niveau exekutiver Kontrolle wäre somit notwendig, um Einsicht in den intentionalen Charakter menschlichen Handelns zu gewinnen, um darauf aufbauend intentionale Zustände, speziell Überzeugungen, zu konzeptualisieren.

Eine Alternativerklärung des empirisch beobachteten Zusammenhangs zwischen ToM-Entwicklung und der Entwicklung exekutiver Funktionen besteht in der Annahme, die ToM sei nicht Konsequenz, sondern im Gegenteil **Vorläufer und Voraussetzung** der Entwicklung der Handlungskontrolle. Wimmer (1989) argumentiert, dass die Entwicklung einer ToM zu verbesserter Selbstkontrolle führe, da eine ToM zu haben bedeutet, die kausalen Konsequenzen von Überzeugungen für das Handeln zu verstehen, was zu verbesserter Einsicht in die Möglichkeit führt, das eigene Handeln intentional zu steuern.

Zu bedenken ist, dass die empirisch beobachteten Korrelationen auch ohne die Annahme funktionaler Zusammenhänge erklärbar sind. ToM und exekutive Funktionen werden durch benachbarte Hirnregionen des präfrontalen Kortex unterstützt, die vermutlich mit ähnlicher Geschwindigkeit reifen, ohne notwendigerweise funktional voneinander abhängig zu sein (Ozonoff et al. 1991).

Fazit

Die ToM-Forschung untersucht aufgrund begrifflicher Analysen der *folk psychology* die Entwicklung der begrifflichen Erschließung der mentalen Domäne in der Kindheit. Im Altersbereich zwischen etwa drei und vier Jahren erwerben Kinder das Konzept der Überzeugung (*belief*) und damit die Fähigkeit, mentale Zustände unabhängig von der Realität zu repräsentieren und Handlungsvorhersagen aus Zuschreibungen mentaler Zustände abzuleiten. Die Evidenz aus mehreren hundert Studien deutet darauf hin, dass es sich dabei um ein genuines Entwicklungsphänomen handelt (Wellman et al. 2001). Theoretische Erklärungen dieses Entwicklungsphänomens lassen sich den Gruppen der Theorie-Theorien, der Simulationstheorien und der Modularitätstheorien zuordnen. Weitere theoretische Erklärungsversuche bringen die ToM-Entwicklung mit anderen, grundlegenden kognitiven Veränderungen in Verbindung: mit der Repräsentation von Perspektiven bzw. Bezugssystemen sowie der Reifung exekutiver Funktionen.

Literatur

Astington JW (2000) Wie Kinder das Denken entdecken. Reinhardt, München

Baron-Cohen S (2000) Theory of mind and autism: a fifteen year review. In: Baron-Cohen S, Tager-Flusberg H, Cohen DJ (eds), Understanding other minds. Perspectives from developmental cognitive neuroscience, 2nd edn. Oxford University Press, Oxford, pp 3–20

Baron-Cohen S, Leslie AM, Frith U (1985) Does the autistic child have a »theory of mind«? Cognition 21: 37–46

Baron-Cohen S, Wheelwright S, Lawson J, Griffin R, Hill J (2002) The exact mind: empathizing and systemizing in autism spectrum conditions. In: Goswami U (ed) Blackwell handbook of childhood cognitive development Blackwell, Malden, MA, pp 491–508

Bischof-Köhler D (1989) Spiegelbild und Empathie. Die Anfänge der sozialen Kognition. Huber, Bern

Bischof-Köhler D (2000) Kinder auf Zeitreise. Theory of Mind, Zeitverständnis und Handlungsorganisation. Huber, Bern

Carlson SM, Moses LJ, Breton C (2002) How specific is the relation between executive function and theory of mind? Contributions of inhibitory control and working memory. Infant Child Dev 11: 73–92

Chandler M, Fritz AS, Hala S (1989) Small scale deceit: deception as a marker of 2-, 3-, and 4-year-olds' early theories of mind. Child Dev 60: 1263–1277

Clements WA, Perner J (1994) Implicit understanding of belief. Cogn Dev 9: 377–395

Clements WA, Perner J (2001) When actions really do speak louder than words? But only implicitly: young children's understanding of false belief in action. Br J Dev Psychol 19: 413–432

Diamond A, Prevor MB, Callender G, Druin DP (1997) Prefrontal cortex cognitive deficits in children treated early and continuously for PKU. Monographs of the Society for Research in Child Development 62(4), Serial No. 252

Flavell JH (1986) The development of children's knowledge about the appearance-reality distinction. Am Psychologist 41: 418–425

Flavell JH (1988) The development of children's knowledge about the mind: from cognitive connections to mental representations. In: Astington JW, Harris P, Olson DR (eds), Developing theories of mind. Cambridge University Press, New York, pp 244–267

Flavell JH (2000) Development of children's knowledge about the mental world. Int J Behav Dev 24: 15–23

Flavell JH, Flavell ER, Green FL (1983) Development of the appearance-reality distinction. Cogn Psychol 15: 95–120

Flavell JH, Green FL, Flavell ER (1986) Development of kowledge about the appearance – reality distinction. Monographs of the Society for Research in Child Development 51, Serial No. 212

Flavell JH, Green FL, Wahl KE, Flavell ER (1987) The effects of question clarification and memory aids on young children's performance on appearance-reality tasks. Cogn Dev 2: 127–144

Flavell JH, Green FL, Flavell ER (1993) Children's understanding of the stream of consciousness. Child Dev 64: 387–398

Flavell JH, Green FL, Flavell ER (1995) Young children's knowledge about thinking. Monographs of the Society for Research in Child Development 68, Serial No. 243, pp 39–47

Flavell JH, Green FL, Flavell ER, Grossman JB (1997) The development of children's knowledge about inner speech. Child Dev 68: 39–47

Flavell JH, Green FL, Flavell ER (1998) The mind has a mind of its own: developing knowledge about mental uncontrollability. Cogn Dev 13: 127–138

Flavell JH, Green FL, Flavell ER, Lin NT (1999) Development of children's knowledge about unconsciousness. Child Dev 70: 396–412

Flavell JH, Green FL, Flavell ER (2000) Development of children's awareness of their own thoughts. J Cogn Dev 1: 97–112

Frith U (2003) Autism: explaining the enigma, 2nd edn. Blackwell, Malden, MA

Frith C, Frith U (2000) The physiological basis of theory of mind: functional neuroimaging studies. In: Baron-Cohen S, Tager-Flusberg H, CohenDJ (eds) Understanding other minds. Perspectives from developmental cognitive neuroscience, 2nd edn. Oxford: University Press, Oxford, pp 334–356

Frith U, Happé F, Siddons F (1994) Autism and theory of mind in everyday life. Soc Dev 3: 108–124

Gallagher HL, Frith CD (2003) Functional imaging of »theory of mind«. Trends Cogn Sci 7: 77–83

Gallagher HL, Happé F, Brunswick N, Fletcher PC, Frith U, Frith CD (2000) Reading the mind in cartoons and stories: an fMRI study of »theory of mind« in verbal and nonverbal tasks. Neuropsychologia 38: 11–21

Garnham WA, Ruffman T (2001) Doesn't see, doesn't know: is anticipatory looking really related to understanding of belief? Dev Sci 4: 94–100

Gergely G (2002) The development of understanding self and agency. In: Goswami U (ed) The Blackwell handbook of childhood cognitive development. Blackwell, Oxford, pp 26–46

Gergely G, Nadasdy Z, Csibra G, Bíró S (1995) Taking the intentional stance at 12 months of age. Cognition 56: 165–193

Goldman AI (1992) In defense of the simulation theory. Mind Language 7: 104–119

Gopnik A (1993) How we know our minds: the illusion of first-person knowledge of intentionality. Behav Brain Sci 16: 1–14

Gopnik A, Astington JW (1988) Children's understanding of representational change and its relation to the understanding of false belief and the appearance-reality distinction. Child Dev 59: 26–37

Gopnik A, Wellman HM (1994) The theory theory. In: Hirschfeld LA, Gelman SA (eds) Mapping the mind – domain specificity in cognition and culture. Cambridge University Press, Cambridge, pp 257–293

Gordon RM (1986) Folk psychology as simulation. Mind Language 1: 158–171

Happé F (1994) An advanced test of theory of mind: understanding of story characters' thoughts and feelings by able autistic, mentally handicapped, and normal children and adults. J Autism Dev Dis 24: 129–154

Harris PL (1991) The work of the imagination. In: Whiten A (ed) Natural theories of mind: evolution, development and simulation of everyday mindreading. Basil Blackwell, Oxford, pp 283–304

Harris PL (1992) From simulation to folk psychology: the case for development. Mind Language 7: 120–144

Hogrefe GJ, Wimmer H, Perner J (1986) Ignorance vs. false belief: a developmental lag in attribution of epistemic states. Child Dev 157: 567–582

Hughes C (1998a) Executive function in preschoolers: links with theory of mind and verbal ability. Br J Dev Psychol 16: 233–253

Hughes C (1998b) Finding your marbles: does preschoolers' strategic behavior predict later understanding of mind? Dev Psychol 34: 1326–1339

Kain W, Perner J (2005) What fMRI can tell us about the ToM–EF connection: False beliefs, working memory and inhibition. In: Schneider W, Schumann-Hengsteler R, Sodian B (eds) Young children's cognitive development: interrelations among executive functioning, working memory, verbal ability, and theory of mind. Lawrence Erlbaum, Hillsdale, NJ

Leekam S (1991) Jokes and lies: children's understanding of intentional falsehood. In: Whiten A (ed) Natural theories of mind: evolution, development, and simulation of everyday mindreading. Basil Blackwell, Cambridge, MA, pp 159–174

Leslie AM (1994) ToMM, ToBy, and agency: core architecture and domain specificity in cognition and culture. In: Hirschfeld LA, Gelman SA (eds) Mapping the mind: domain specificity in cognition and culture. Cambridge University Press, New York, pp 119–148

Leslie AM, Thaiss L (1992) Domain specificity in conceptual development: evidence from autism. Cognition 43: 225–251

Lewis M, Stanger C, Sullivan MW (1989) Deception in 3-year-olds. Dev Psychol 25: 439–443

Meltzoff AN (2002) Imitation as a mechanism of social cognition: Origins of empathy, theory of mind, and the representation of action. In: Goswami U (ed) The Blackwell handbook of childhood cognitive development. Blackwell, Oxford, pp 6–25

Onishi KH, Baillargeon R (2005) Do 15-month-old infants understand false beliefs? Science 308: 255–258

Ozonoff S, Pennington BF, Rogers SJ (1991) Executive function deficits in high-functioning autistic children: relationship to theory of mind. J Child Psychol Psychiatry 32: 1081–1105

Pacherie E (1997) On being the product of one's failed actions. In: Russell J (ed) Autism as an executive disorder. Oxford University Press, Oxford, pp 215–255

Pennington B, Rogers S, Bennetto L, Grifith EM, Reed DT, Shyu V (1997) Validity tests of the executive dysfunction hypothesis of autism. In: Russell J (ed) Autism as an executive disorder. Oxford University Press, Oxford, pp 143–179

Perner J (1991) Understanding the representational mind. MIT Press, Cambridge, MA

Perner J (2000) Theory of mind. In: Bennett M (ed) Developmental psychology. Achievements & prospects. Psychology Press, Hove, East Sussex

Perner J, Lang B (1999) Development of theory of mind and executive control. Trends Cogn Sci 3: 337–344

Perner J, Lang B (2000) Theory of mind and executive function: is there a developmental relationship? In: Baron-Cohen S, Tager-Flusberg H, Cohen D (eds) Understanding other minds: perspectives from autism and developmental cognitive neuroscience, 2nd edn. Oxford University Press, Oxford

Perner J, Ruffman T (2005) Infants' insight into the mind: how deep? Science 308(5719): 214–216

5

Perner J, Wimmer H (1985) »John thinks that Mary thinks that.« Attribution of second order beliefs by 5- to 10-year-old children. J Exp Psychol 39(17): 437–471

Perner J, Stummer S, Sprung M, Doherty M (2002a) Theory of mind finds its Piagetian perspective: why alternative naming comes with understanding belief. Cogn Dev 17: 1451–1472

Perner J, Lang B, Kloo D (2002b) Theory of mind and self control: more than a common problem of inhibition. *Child Dev* 73: 752–767

Perner J, Brandl J, Garnham A (2003) What is a perspective problem? Developmental issues in understanding belief and dual identity. Facta Philosophica 5

Peskin J (1992) Ruse and representations: on children's ability to conceal information. Dev Psychol 28: 84–89

Phillips AT, Wellman HM, Spelke ES (2002) Infants' ability to connect gaze and emotional expression to intentional action. Cognition 85: 53–78

Polak A, Harris PL (1999) Deception by young children following non-compliance. Dev Psychol 35 : 561–568

Povinelli DJ (2001) The self: elevated in consciousness and extended in time. In: Moore C, Lemmon K (eds) The self in time. Developmental perspectives. Lawrence Erlbaum, Hillsdale, NJ

Premack D, Woodruff G (1978) Does the chimpanzee have a theory of mind? Behav Brain Sci 1: 515–526

Russell J (1997) How executive disorders can bring about an inadequate theory of mind. In: Russell J (ed) Autism as an executive disorder. Oxford University Press, Oxford, pp 256–304

Russell J, Mauthner N, Sharpe S, Tidswell T (1991) The «windows task» as a measure of strategic deception in preschoolers and autistic subjects. Br J Dev Psychol 9: 331–349

Sodian B (1991) The development of deception in young children. Br J Dev Psychol 9: 173–188

Sodian B (1994) Early deception and the conceptual continuity claim. In: Lewis C, Mitchell P (eds) Children's early understanding of mind: origins and development. Lawrence Erlbaum, Hillsdale, NJ, pp 385–401

Sodian B (2005a) Theory of mind. The case for conceptual development. In: Schneider W, Schumann-Hengsteler R, Sodian B (eds) Interrelationships among working memory, theory of mind, and executive functions. Lawrence Erlbaum, Hillsdale, NJ, pp 95–130

Sodian B (2005b) Tiefgreifende Entwicklungsstörungen. Autismus. In: Schlottke PF, Silbereisen RK, Schneider S, Lauth GW (Hrsg) Enzyklopädie der Psychologie. Serie II. Klinische Psychologie Bd 5: Störungen im Kindes- und Jugendalter. Hogrefe, Göttingen, S 419–452

Sodian B, Thoermer C (2004) Infants' understanding of looking, pointing, and reaching as cues to intentional action. J Cogn Dev 5: 289–316

Sodian B, Thoermer C (2006) Theory of Mind. In: Schneider W, Sodian B (Hrsg) Enzyklopädie der Psychologie. Serie V Entwicklungspsychologie Bd 2: Kognitive Entwicklung. Hogrefe, Göttingen, S 495–608

Sodian B, Hülsken C, Ebner C, Thoermer C (1998) Die begriffliche Unterscheidung von Mentalität und Realität im kindlichen Symbolspiel – Vorläufer einer Theory of Mind? Sprache Kogn 17: 199–213

Stern C, Stern W (1909) Erinnerung, Aussage und Lüge in der ersten Kindheit. Barth, Leipzig

Sullivan K, Zaitchik D, Tager-Flusberg H (1994) Preschoolers can attribute second order beliefs. Dev Psychol 30: 395–402

Taylor M, Hort B (1990) Can children be trained in making the distinction between appearance and reality? Cogn Dev 5: 89–99

Wellman HM (2002) Understanding the psychological world: developing a theory of mind. In: Goswami U (ed) The Blackwell handbook of childhood cognitive development. Blackwell, Oxford

Wellman HM, Hickling AK (1994) The minds' »I«: children's conception of the mind as an active agent. Child Dev 65: 1564–1580

Wellman HM, Cross D, Watson J (2001) A meta-analysis of theory of mind development: the truth about false belief. Child Dev 72: 655–684

Wimmer H (1989) Common-sense Mentalismus und Emotion: Entwicklungspsychologische Implikationen. In: Roth E (ed) Denken und Fühlen. Springer, Berlin Heidelberg New York, S 56–66

Wimmer H, Hartl M (1991) Against the Cartesian view on mind: Young children's difficulty with own false beliefs. Br J Dev Psychol 9: 125–138

Wimmer H, Perner J (1983) Beliefs about beliefs: representation and constraining function of wrong beliefs in young children's understanding of deception. Cognition 13: 103–128

Winner E, Leekam S (1991) Distinguishing irony from deception: Understanding the speaker's second-order intention. Br J Dev Psychol 9: 257–270

Woodward AL (1998) Infants selectively encode the goal object of an actor's reach. Cognition 69: 1–34

Neuronale Mechanismen sozialer Kognition unter genetischem Einfluss

Andreas Meyer-Lindenberg

6.1   Ansätze der sozialen Neurowissenschaften

Die sozialen Neurowissenschaften haben in den letzten Jahren ein explosives Wachstum erfahren. Ergebnisse dieses noch jungen Forschungsgebiets eröffnen neue Perspektiven für diverse Bereiche – von Biologie und Evolutionsforschung, Sozialwissenschaften und Philosophie bis hin zur Ökonomie (Adolphs 2003). In diesem Rahmen ergeben sich auch neue Aufschlüsse über die ToM, nämlich dann, wenn es gelingt, neuronale Submodule für einzelne Aspekte der sozialen Kognition abzugrenzen und zum übergreifenden Konzept einer ToM in Beziehung zu setzen (Tager-Flusberg u. Sullivan 2000). Methoden zur Abbildung von Korrelaten der Hirnfunktion in vivo, insbesondere die funktionelle Kernspintomographie (fMRT bzw. fMRI), haben hierzu entscheidend beigetragen, weil die Darstellung regional funktionell differenzierter Hirnaktivität im Rahmen der doch kognitiv meist komplexen sozial relevanten Verhaltensfunktionen wesentliche Hinweise auf solche Submodule liefern kann (Tost et al. 2005). Diese Befunde können mit tierexperimentellen, neuroanatomischen und neurophysiologischen Daten in Beziehung gesetzt werden, um so hoffentlich am Ende mechanistische oder zumindest doch testbare Hypothesen über solche Subfunktionen und ihr funktionelles Korrelat zu liefern.

Ein neuer Ansatz in den sozialen Neurowissenschaften verbindet den methodischen Ansatz der **funktionellen Bildgebung** mit einem Blick auf **genetische Mechanismen sozialen Verhaltens**. Dass das Sozialverhalten von entscheidender Wichtigkeit für das Überleben (Silk et al. 2003) und die Lebensqualität menschlicher und nichtmenschlicher Primaten ist, ist unstrittig (Adolphs 2003). Ein erheblicher Einfluss genetischer Faktoren auf das Sozialverhalten ist insofern sehr wahrscheinlich und beim Menschen auch in ersten Ansätzen nachgewiesen (Scourfield et al. 1999). Verglichen mit anderen Säugetieren sind Primaten durch die hochgradige Komplexität ihres sozialen Netzes ausgezeichnet (Zhou et al. 2005). Eine mit den Daten gut verträgliche Hypothese des *social brain* vertritt sogar die Ansicht, dass soziale Verarbeitungsprozesse der Hauptantrieb der raschen Zunahme von (insbeson-

dere präfrontalem) Hirnvolumen in der Evolution zum *Homo sapiens* waren (Dunbar 2003). Insofern ist die Identifizierung und Charakterisierung von neuralen Mechnismen sozialer Kognition von wissenschaftlichem und auch potenziell klinischem Interesse.

In eigenen Arbeiten auf diesem Feld wurde ein zweigleisiger Ansatz verfolgt:
- Einerseits wurden die Hirnfunktionen in genetischen Syndromen mit auffälligen Störungen des Sozialverhaltens untersucht; hier sind die beteiligten Gene bekannt und in ihrer Funktion zumeist erheblich abnorm.
- Zum anderen interessieren Variationen im Genom gesunder Probanden, die also insofern definitionsgemäß nicht krankheitswertig sind. Dennoch können diese genetischen Varianten Prozesse der Affektmodulation und sozialen Kognition beeinflussen und so im Zusammenspiel mit vielen anderen, genetischen und Umweltfaktoren zum Risiko neuropsychiatrischer Erkrankungen beitragen. Hier sind die Faktoren natürlich deutlich subtiler. Doch können Aufschlüsse über die zugrunde liegenden neuronalen Risikomechanismen oft Hinweise auf die Pathophysiologie der entsprechenden Erkrankungen ergeben und neue Ansätze für therapeutisches Eingreifen versprechen.

6.2   Williams-Beuren-Syndrom

6.2.1   Allgemeine neuropsychologische Auffälligkeiten

Von allen genetischen Störungen des Sozialverhaltens ist sicherlich eine der faszinierendsten und meistdiskutierten das **Williams-Beuren-Syndrom** (WBS). Hierbei kommt es aufgrund einer fehlerhaften Aneinanderlagerung der Chromosomen bei der Meiose zum Verlust einer Gruppe von etwa 28 nebeneinander liegenden Genen auf dem langen Arm von Chromosom 7 (7q11.23) (Hillier et al. 2003). Der Grund hierfür sind repetitive Gensequenzen, die sich an beiden Enden des betroffenen Chromosomenabschnitts befinden und zu einer Fehlausrichtung führen können.

Die Häufigkeit des WBS wird zwischen 1:20.000 bis hin zu 1:7500 angegeben. Es ist sicherlich unterdiagnostiziert (Meyer-Lindenberg et al. 2006).

Die Betroffenen haben ein typisches Gesicht und sind früh durch kardiovaskuläre Probleme, insbesondere supravalvuläre Aortenstenosen, und Hypokalzämie auffällig. Viele andere somatische Systeme können ebenfalls, in wechselnder Ausprägung, betroffen sein. Von größtem Interesse aber ist das höchst ungewöhnliche **neuropsychiatrische Profil** von Betroffenen mit WBS (Klein-Tasman u. Mervis 2003; Mervis u. Klein-Tasman 2000). Das Syndrom geht üblicherweise mit einer mäßig- bis mittelgradigen Intelligenzminderung einher (IQ im Mittel um 65). Ganz im Gegensatz zu anderen genetischen Syndromen mit geistiger Behinderung, wie z. B. der Trisomie 21, ist das neuropsychologische Profil bei WBS hochgradig uneinheitlich:

- Ausgeprägte Schwächen zeigen die Betroffenen insbesondere im Bereich der Visuokonstruktion, der Fähigkeit, ein Ganzes aus seinen (visuellen) Teilen zusammenzusetzen, wie beispielsweise bei einem Puzzle.
- Stark gestört sind auch Langzeitgedächtnis und räumliche Navigation.
- Dem stehen deutlich weniger betroffene Bereiche gegenüber, wie Sprachfunktionen und eine oft eindrucksvolle Musikalität (Bellugi et al. 1988).

> ❶ Das WBS wurde seit langer Zeit als ein genetisches Modell der »Modularität« angesehen – wenn ein genetisches Syndrom isoliert oder doch zumindest ganz vorwiegend bestimmte neuropsychologische Funktionen betrifft und andere unbeeinträchtigt lässt, so spricht dies nach Ansicht vieler für dissoziierbare neurale kognitive Module unter genetischer Kontrolle (Bellugi et al. 1988).

Mit Hilfe multimodaler Hirnbildgebung konnten ausgeprägte und umschriebene Funktionsstörungen in einzelnen Strukturen des visuellen Verarbeitungssystems (Meyer-Lindenberg et al. 2004) und des Hippokampus (Meyer-Lindenberg et al. 2005b) nachgewiesen werden, während andere Hirnregionen funktionell nicht beeinträchtigt erschienen (Meyer-Lindenberg et al. 2006).

6.2.2 Besonderheiten im Sozialverhalten

Während die allgemein neuropsychologischen Auffälligkeiten einen erheblichen Teil der wissenschaftlichen Diskussion um das WBS dominiert haben, so sind es doch die Unterschiede im **Sozialverhalten**, die im Umgang mit Betroffenen unmittelbar beeindrucken und die einen Großteil der erfreulichen wie auch der problematischen Aspekte des Syndroms ausmachen. Menschen mit WBS sind in erheblichem Ausmaß hypersozial (Bellugi et al. 1999):

- Sie suchen aktiv soziale Kontakte auch mit völlig Fremden und erkennen soziale Gefahren- und Distanzsignale in aller Regel nicht.
- Bereits das »Fremdeln« der Säuglinge fehlt.
- Als Kinder sind sie weit mehr an ihren Spielkameraden als am Spiel interessiert.
- Der Umgang mit anderen ist geprägt von genuinem Interesse und von einem von vielen bemerkten und auch in Verhaltensstudien quantifizierbar erhöhten Ausmaß an Empathie (Klein-Tasman u. Mervis 2003).

Auf diese Weise nehmen Menschen mit WBS unmittelbar für sich ein, geraten aber durch Nichterkennen/Nichtrespektieren sozialer Distanz auch in Konflikte und können sich durch die Abwesenheit sozialer Angst auch in für sie gefährliche Situationen begeben.

Der unmittelbar beeindruckenden Hypersozialität und sozialen Furchtlosigkeit steht eine erst auf den zweiten Blick sichtbare, aber für die Betroffenen nicht weniger wichtige, erhebliche Erhöhung nichtsozialer Ängste gegenüber (Dykens 2003). In der bisher größten Untersuchung dieser Art hatten nahezu alle Probanden mit WBS signifikante Phobien, und die Mehrzahl litt unter unspezifischen Ängsten, z. B. »vor der Zukunft« (Dykens 2003). In der Gesamtschau ihrer sozialen Befindlichkeit sind Menschen mit WBS also trotz ihres unmittelbar einnehmenden Ersteindrucks nicht unbedingt glücklicher als andere, was sich auch in Befragungen der Betroffenen widerspiegelt (unveröffentlichtes Datenmaterial).

❶ **Beim WBS ergibt sich das Bild einer abnormen Verminderung sozialer Ängstlichkeit in Kombination mit abnorm erhöhter nichtsozialer Angst. Dies legt die Möglichkeit nahe, dass soziale und nichtsoziale Angst im Hinblick auf ihre neuralen Mechanismen und zugrunde liegenden genetischen Faktoren dissoziierbar sein könnten.**

6.3   fMRT-Untersuchungen

6.3.1 Amygdala

In einer eigenen fMRT-Studie (Meyer-Lindenberg et al. 2005a) wurde zunächst die **Amygdala** in den Blick genommen. Eine der Hauptaufgaben dieses mandelgroßen Hirnareals ist nämlich das Signalisieren (potenzieller) Gefahrenquellen in der Umgebung – reichhaltig vom visuellen System mit Afferenzen versorgt, führt die Aktivierung der Amygdala zu einer Aufmerksamkeitshinwendungs- und Arousal-Reaktion und damit zu einer Mobilisierung der Ressourcen des Organismus, um den Gefahrenreiz entsprechend zu beantworten (Amaral 2003). Eine der stärksten Amygdalaaktivatoren beim Menschen sind **ängstliche Gesichter** (Adolphs et al. 1994), die üblicherweise als soziales Gefahrensignal angesehen werden: Der Ausdruck von Angst auf dem Gesicht eines Mitmenschen signalisiert das Vorhandensein einer relevanten Gefahrenquelle. (Seltene) Patienten mit bilateraler Läsion der Amygdala zeigen dementsprechend auch mangelhafte Verarbeitung solcher sozialen Gefahrensignale und sind sozial enthemmt (Adolphs et al. 1994). In Analogie damit wurde daher eine primäre Störung der Amygdalafunktion bei WBS postuliert (Bellugi et al. 1999).

Um dies zu untersuchen, wurden 13 Probanden mit WBS studiert. Eines der Hauptprobleme bei der Untersuchung dieses Syndroms ist die üblicherweise damit einhergehende geistige Behinderung, die die Teilnahme an fMRT-Untersuchungen erschweren kann und die Wahl einer Vergleichsgruppe problematisch werden lässt:
▬ Untersucht man zum Vergleich Normalprobanden, wie es häufig geschieht, so können

eventuell gefundene Gruppenunterschiede einfach Ausdruck des diskrepanten IQ sein.
▬ Rekrutiert man alternativ eine Gruppe von Teilnehmern mit vergleichbar vermindertem IQ, so geht diese Intelligenzminderung in der Vergleichsgruppe nunmehr auf das Konto eines entweder bekannten oder idiopathischen pathologischen Zustands, der wiederum das Bild verfälscht.

Dieses Problem wurde, wie bei unseren anderen Untersuchungen zum WBS (Meyer-Lindenberg et al. 2004), umgangen durch Rekrutieren einer hoch selektierten Gruppe von Teilnehmern mit WBS, aber normalem IQ. Diese Betroffenen, die relativ zur Gesamtgruppe des WBS also von exzeptioneller Intelligenz waren, konnten so mit Normalprobanden verglichen werden, ohne die Befunde durch Unterschiede in der Allgemeinintelligenz zu beeinflussen.

Entsprechend dem klinischen Bild wurde die Aktivierung der Amygdala auf sozial relevante und sozial nichtrelevante angstauslösende Reize untersucht (s. Box).

Die Amygdalareaktion entsprach genau dem klinischen Angstprofil: Die fehlende Aktivierung für soziale Angst auslösende Stimuli könnte also der sozialen Enthemmung und Furchtlosigkeit bei WBS zugrunde liegen, während die erhöhte Reaktion auf sozial nichtrelevante Reize die Neigung zu Phobien und frei flottierender Angst erklären kann. Eine erhöhte Amygdalareaktion auf phobieauslösende Reize wurde in der Tat bei Phobien beobachtet (Dilger et al. 2003), ebenso wie eine verstärkte Antwort dieser Struktur auf Gesichter bei sozialer Phobie (Stein et al. 2002), dem »Inversen« des bei WBS beobachteten Angstprofils.

6.3.2 Präfrontalkortex

Die o.g. Befunde zeigten also in der Tat eine Störung der Amygdala. Jedoch war die Amygdala nicht einfach »kaputt«, denn auf sozial nichtrelevante Stimuli reagierte sie sogar stärker als normal. Entsprechend ergab sich die Frage, ob die Ursache der abnormen Amygdalaaktivierung in einer Stö-

Untersuchungen zur Aktivierung der Amygdala

Als **sozial relevante Stimuli** dienten furchtsame und ärgerliche Gesichter (Hariri et al. 2002). Probanden sahen jeweils drei Gesicher auf einem Computerbildschirm, eines davon war das »Zielgesicht«. Durch Drücken eines Knopfes mussten sie angeben, welches der beiden anderen Gesichter dieselbe Emotion wie das Zielgesicht ausdrückte. Normalprobanden zeigten eine robuste Aktivierung der Amygdala auf diese Reize, wie schon mehrfach vorbeschrieben. Die Teilnehmer mit WBS aktivierten die Amygdala hingegen nahezu überhaupt nicht (◘ Abb. 6.1, oben).

Es folgte der Vergleich mit der Amygdalareaktion auf Angst auslösende Photos **ohne soziale Komponente** (d. h. ohne dass Gesichter und soziale Interaktionen im Bild zu sehen waren, z. B. abstürzende Flugzeuge, Haie usw.). Wiederum sahen die Teilnehmer ein Zielbild und zwei weitere Bilder, wovon eines mit dem Zielbild identisch war. Die Aufgabe war, durch Knopfdruck das passende Bild zu identifizieren (Hariri et al. 2002). Hier zeigte sich eine bei Probanden mit WBS verglichen mit den Normalprobanden deutlich verstärkte Antwort der Amygdala (◘ Abb. 6.1, unten).

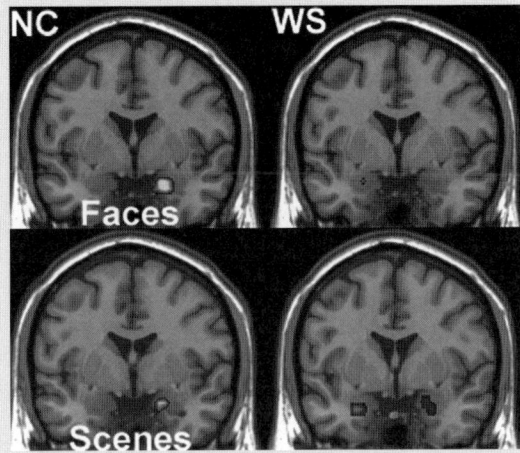

◘ **Abb. 6.1.** Schnittbilder durch die Amygdala. Die *obere Reihe* zeigt die Aktivierung auf sozial relevante Reize (Gesichter, *faces*), die *untere Reihe* auf sozial nichtrelevante Reize (Bilder, *scenes*); *links*: Normalprobanden (*NC*), *rechts*: Teilnehmer mit WBS (*WS*). Die Aktivierung der Amygdala ist bei sozial relevanten Reizen bei WBS vermindert, bei sozial irrelevanten erhöht. (Mod. nach Meyer-Lindenberg et al. 2005a; s. auch Farbtafel am Buchende)

rung der Regulation dieser Struktur durch andere Hirnareale zu suchen sei (s. Box).

OFC. Bereits früher war eine strukturelle Abnormität (Volumenminderung) im OFC beschrieben worden (Meyer-Lindenberg et al. 2004), und so deuteten die Daten auf eine Minderfunktion dieses Hirnareals mit konsekutiver Dysregulation der Amygdala als möglicher Ursache der gestörten Sozialfunktion bei WBS hin. Eine wichtige, für die soziale Kognition relevante Rolle des OFC ist die der Repräsentation von Bewertungen und von Reiz-Antwort-Assoziationen und deren situationsadäquate Modifikation (Kringelbach u. Rolls 2004). Die Interaktion von OFC und Amygdala ist für die Verknüpfung von Sinnesinformation mit sozial relevanten Motivationsfaktoren wesentlich

(Adolphs 2003). Entsprechend führen Läsionen dieser Region zu sozialer Enthemmung (Rolls et al. 1994) und auch zu der Unfähigkeit, Fauxpas zu erkennen (Stone et al. 1998), und sie erinnern somit zumindest qualitativ an Aspekte der Hypersozialität bei WBS (Bellugi et al. 1999).

MPC. Im Gegensatz hierzu war eine Region im MPC beim WBS „tonisch" aktiv. Die Interaktion von MPC und Amygdala spielt eine zentrale Rolle in der Regulation der Amygdalaaktivität und insbesondere in der Extinktion, der (aktiven) Verminderung der Antwort auf einen konditionierten Angst auslösenden Reiz. Im Rahmen der sozialen Kognition wird diesem Areal eine Funktion in der neuralen Basis der Empathie zugeschrieben (Singer et al. 2004), und eine Rolle des MPC in der

6

Untersuchungen zur Regulation der Amygdala

Um dieser Frage nachzugehen, wurde zusätzlich die Schwierigkeit der Aufgabenstellung variiert: Die Zuordnung der Gesichter war schwieriger und erforderte mehr Aufmerksamkeit, da sie anhand der Emotion und nicht anhand des Bildinhalts erfolgte. Wie bereits bei einer Voruntersuchung gefunden (Hariri et al. 2003), aktivierten Normalprobanden nur während der schwierigeren Aufgabe drei **Areale im Präfrontallappen**, die für die Amygdalaregulation relevant sind (◘ Abb. 6.2):

- den dorsolateralen präfrontalen Kortex (DLPFC),
- den medial-präfrontalen Kortex (MPC) und
- den orbitofrontalen Kortex (OFC).
- Bei den Teilnehmern mit WBS ergab sich ein gänzlich anderes Bild (◘ Abb. 6.2):
- der OFC aktivierte überhaupt nicht,
- sowohl der DLPFC als auch der MPC waren bereits während der einfachen Aufgabe aktiv, und beide steigerten ihre Aktivierung während der schwierigeren Aufgabe nicht.

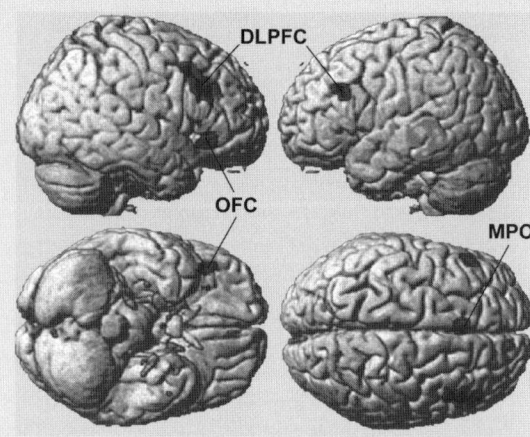

◘ **Abb. 6.2.** Gruppenstatistik mit bei Normalprobanden gegenüber WBS differenziell aktivierten Regionen beim Vergleich der einfacheren mit der schwierigeren Zuordnungsaufgabe. Aktivierungsunterschiede finden sich im DLPFC, im MPC (nur angedeutet *unten rechts in der Mittellinie* zu sehen) und im OFC. (Mod. nach Meyer-Lindenberg et al. 2005a; s. auch Farbtafel am Buchende)

Integration emotional relevanter Informationen über Mitmenschen und Selbst ist postuliert worden (Adolphs 2003). Wiederum ist die relativ zu Normalprobanden bei WBS erhaltene oder sogar erhöhte Aktivierung dieses Hirnareals in qualitativ guter Korrespondenz zu sozialen Stärken bei WBS, wie beispielsweise der bemerkenswerten Empathiefähigkeit (Klein-Tasman u. Mervis 2003). Weiterhin ist dem MPC auch eine zentrale Region für die ToM im engeren Sinne – der neuralen Repräsentation mentaler Prozesse anderer – zugesprochen worden (Fletcher et al. 1995). Wiederum handelt es sich hier, zumindest anekdotisch, um eine Stärke im kognitiven Profil von Betroffenen mit WBS (Tager-Flusberg u. Sullivan 2000).

DLPFC. Der DLPFC schließlich ist eine zentrale Region für die Exekutivkontrolle kognitiver Prozesse. Spezifisch im Rahmen der sozialen Kognition wird ihm eine Rolle in der Repräsentation und Anpassung übergeordneter Zielvorgaben sozialer

Interaktion zugeschrieben. Eine Hauptfunktion des DLPFC ist die situationsadäquate Modulierung und Steuerung anderer, hierarchisch nachgeordneter Hirnregionen (Adolphs 2003). Die erhöhte Aktivität dieser Hirnregion bei WBS schon während der einfachen Zuordnungsaufgabe deutet daher auf einen erhöhten solchen Steuerungsbedarf hin.

6.3.3 Pfadanalyse

Die nähere Untersuchung dieser Zusammenhänge erfolgte mit Hilfe der Pfadanalyse, einem Verfahren, das es gestattet, in begrenztem Umfang kausale (zumindest gerichtete) Interaktionen zwischen Hirnarealen zu analysieren (Glabus et al. 2003).

Angewandt auf die eigenen Daten ergab sich bei **Normalprobanden**, dass sowohl OFC und MPC signifikant, und zwar negativ, mit der Amygdala gekoppelt waren. Dies entspricht den bekannten neuroanatomischen Gegebenheiten (Ghashghaei

u. Barbas 2002). Der DLPFC hingegen hatte keine direkte Verbindung zur Amygdala, sondern beeinflusste sie lediglich indirekt über Verbindungen zu OFC und MPC. Wiederum entspricht dies genau den tatsächlichen neuroanatomischen Gegebenheiten (Ghashghaei u. Barbas 2002), und es stimmt überein mit dem Konzept der Modulation hierarchisch niedrigerer Hirnregionen (hier: OFC und MPC) als Prinzip der Funktion des DLPFC.

Bei **WBS** ergab sich hingegen ein gänzlich anderes Bild: Der OFC zeigte keinerlei signifikante Interaktionen, weder mit der Amygdala noch mit anderen kortikalen Arealen. Die Verbindung von MPC und Amygdala entsprach der bei Normalprobanden, und der DLPFC schließlich war nur mit dem MPC gekoppelt.

Diese Daten bestätigten zunächst eine **Fehlfunktion des OFC** in der Amygdalaregulation bei WBS: Der OFC war nicht nur nicht aktiviert und strukturell abnorm, er zeigte auch keinerlei funktionelle Interaktionen mit der Amygdala und anderen kortikalen Regionen. Darüber hinaus aber ergibt sich auch ein kortikales System der Amygdalaregulation bei Normalprobanden im Dienste der sozialen Kognition unter genetischer Kontrolle: Eine differenzierte zweizügelige Regulation der Amygdala durch zwei basale präfrontale kortikale Areale – OFC und MFC –, die wiederum in ihrer Aktivität unter der Kontrolle des DLPFC stehen.

6.4   Genetische Faktoren

Weitere Befunde ergeben Aufschluss über zusätzliche genetische Einflüsse auf dieses Regulationssystem. So fand sich in einer Untersuchung eines häufigen, mit dem Risiko für Depression verknüpften **Polymorphismus des Serotonintransportergens** eine selektive Störung der Interaktion von Amygdala und MPC bei der genetischen Risikovariante – einen Befund, der sich im Sinne einer verminderten inhibitorischen Kontrolle der Amygdala im Rahmen der Extinktion interpretieren lässt (Pezawas et al. 2005). Dies stellt einen möglichen neuronalen Mechanismus dar, über den – via verminderter Extinktion und damit verbundener reduzierter Fähigkeit, mit adversen Lebenserfahrungen und -umständen fertig zu werden – eine

erhöhte Depressionsneigung in der Interaktion mit entsprechenden Umweltfaktoren resultieren könnte. Für das WBS ergibt sich umgekehrt die Spekulation, dass eine erhöhte Extinktion durch die noch vorhandene und nunmehr vom DLPFC auch »tonisch« geförderte MPC-Amygdala-Interaktion der einzige noch verbleibende Weg ist, die Amygdalaaktivität zu regulieren und in gewissem – sicherlich unzureichendem – Maße für soziale Kompetenz und Kognition nutzbar zu machen.

Auch für die Interaktion von OFC und Amygdala ergeben sich aus neuen Ergebnissen weitere genetische Einflussfaktoren, hier durch ein in den Dopaminstoffwechsel eingreifendes Gen (Drabant et al. 2006).

Fazit

Neben der allgemeinen Relevanz der Charakterisierung neuronaler Mechanismen sozialer Kognition unter genetischer Kontrolle ergibt sich aus dem vorliegenden Datenmaterial noch der Befund, dass unterschiedliche neuronale Mechanismen zur Repräsentation sozial gebundener und nicht sozial gebundener Angst vorhanden zu sein scheinen. Dieses unerwartete Ergebnis stimmt mit den provozierenden Daten von Amaral und Mitarbeitern überein, die fanden, dass – im Gegensatz zu der Hypothese der Amygdala als eines unspezifischen Gefahrendetektors – eine neonatale Läsion der Amygdala bei nichtmenschlichen Primaten zu einer eindrucksvollen Dissoziation von sozialer und nichtsozialer Angst führte: Die betroffenen Tiere zeigten keine Furcht vor nichtsozialen Reizen, waren aber in sozialen Interaktionen deutlich ängstlicher (Prather et al. 2001), also ein gegenüber dem WBS umgekehrter Befund dissoziierter Furcht. Dies legt die Hypothese nahe, dass der Fortfall der inhibitorischen Kontrolle durch den OFC bei WBS zunächst zu einer Enthemmung der Amygdala und dadurch – möglicherweise durch den Mechanismus einer verstärkten Extinktion aller Angst auslösenden Reize, die sozial relevante Reize deshalb stärker betrifft, weil sie relativ häufiger vorkommen – letztlich zu der entgegengesetzten, aber wiederum dissoziierten Störung der Verarbeitung von Gefahrensignalen führt.

Für das junge Forschungsgebiet der *social imaging genomics* sind diese Befunde insofern ermutigend, als sie erste Erfolge einer genetischen Analyse und

Zergliederung sozial relevanter neuraler Funktionskreise darstellen und weitere Charkterisierungen des *social brain*, beispielsweise durch die Analyse weiterer neurohumoraler und neurochemischer genetischer Mechanismen, erhoffen lassen.

Literatur

Adolphs R (2003) Cognitive neuroscience of human social behaviour. Nature Rev Neurosci 4(3): 165–178

Adolphs R, Tranel D, Damasio H, Damasio A (1994) Impaired recognition of emotion in facial expressions following bilateral damage to the human amygdala. Nature 372(6507): 669–672

Amaral DG (2003) The amygdala, social behavior, and danger detection. Ann NY Acad Sci 1000: 337–347

Bellugi U, Sabo H, Vaid J (1988) Dissociation between language and cognitive functions in Williams syndrome. In: Bishop DVM, Mogford-Bevan K (eds) Language development in exceptional circumstances. Churchill Livingstone, Edinburgh, pp 177–189

Bellugi U, Adolphs R, Cassady C, Chiles M (1999) Towards the neural basis for hypersociability in a genetic syndrome. Neuroreport 10(8): 1653–1657

Dilger S, Straube T, Mentzel HJ et al (2003) Brain activation to phobia-related pictures in spider phobic humans: an event-related functional magnetic resonance imaging study. Neurosci Lett 348(1): 29–32

Drabant EM, Hariri AR, Meyer-Lindenberg A et al (2006) Catechol-O-methyltransferase Val158Met genotype and neural mechanisms of emotional arousal and regulation. Arch Gen Psychiatry, in press

Dunbar R (2003) Psychology. Evolution of the social brain. Science 302(5648): 1160–1161

Dykens EM (2003) Anxiety, fears, and phobias in persons with Williams syndrome. Dev Neuropsychol 23(1–2): 291–316

Fletcher PC, Happe F, Frith U, Baker SC, Dolan RJ, Frackowiak RS, Frith CD (1995) Other minds in the brain: a functional imaging study of »theory of mind" in story comprehension. Cognition 57(2): 109–128

Ghashghaei HT, Barbas H (2002) Pathways for emotion: interactions of prefrontal and anterior temporal pathways in the amygdala of the rhesus monkey. Neuroscience 115(4): 1261–1279

Glabus MF, Horwitz B, Holt JL et al (2003) Interindividual differences in functional interactions among prefrontal, parietal and parahippocampal regions during working memory. Cerebr Cortex 13(12): 1352–1361

Hariri AR, Tessitore A, Mattay VS, Fera F, Weinberger DR (2002) The amygdala response to emotional stimuli: a comparison of faces and scenes. NeuroImage 17(1): 317–323

Hariri AR, Mattay VS, Tessitore A, Fera F, Weinberger DR (2003) Neocortical modulation of the amygdala response to fearful stimuli. Biol Psychiatry 53(6): 494–501

Hillier LW, Fulton RS, Fulton LA et al (2003) The DNA sequence of human chromosome 7. Nature 424(6945): 157–164

Klein-Tasman BP, Mervis CB (2003) Distinctive personality characteristics of 8-, 9-, and 10-year-olds with Williams syndrome. Dev Neuropsychol 23(1–2): 269–290

Kringelbach ML, Rolls ET (2004) The functional neuroanatomy of the human orbitofrontal cortex: evidence from neuroimaging and neuropsychology. Prog Neurobiol 72(5): 341–372

Mervis CB, Klein-Tasman BP (2000) Williams syndrome: cognition, personality, and adaptive behavior. Ment Retard Dev Disabil Res Rev 6(2): 148–158

Meyer-Lindenberg A, Kohn P, Mervis CB, Kippenhan JS, Olsen RK, Morris CA, Berman KF (2004) Neural basis of genetically determined visuospatial construction deficit in Williams syndrome. Neuron 43(5): 623–631

Meyer-Lindenberg A, Hariri AR, Munoz KE, Mervis CB, Mattay VS, Morris CA, Berman KF (2005a) Neural correlates of genetically abnormal social cognition in Williams syndrome. Nature Neurosci 8(8): 991–993

Meyer-Lindenberg A, Mervis CB, Sarpal D et al (2005b) Functional, structural, and metabolic abnormalities of the hippocampal formation in Williams syndrome. J Clin Invest 115(7): 1888–1895

Meyer-Lindenberg A, Mervis CB, Berman KF (2006) Neural mechanisms in Williams syndrome: a unique window to genetic influences on cognition and behavior. Nature Rev Neurosci April 7: 380–393

Pezawas L, Meyer-Lindenberg A, Drabant EM et al (2005) 5-HTTLPR polymorphism impacts human cingulate-amygdala interactions: a genetic susceptibility mechanism for depression. Nature Neurosci 8: 828–834

Prather MD, Lavenex P, Mauldin-Jourdain ML, Mason WA, Capitanio JP, Mendoza SP, Amaral DG (2001) Increased social fear and decreased fear of objects in monkeys with neonatal amygdala lesions. Neuroscience 106(4): 653–658

Rolls ET, Hornak J, Wade D, McGrath J (1994) Emotion-related learning in patients with social and emotional changes associated with frontal lobe damage. J Neurol Neurosurg Psychiatry 57(12): 1518–1524

Scourfield J, Martin N, Lewis G, McGuffin P (1999) Heritability of social cognitive skills in children and adolescents. Br J Psychiatry 175: 559–564

Silk JB, Alberts SC, Altmann J (2003) Social bonds of female baboons enhance infant survival. Science 302(5648): 1231–1234

Singer T, Seymour B, O'Doherty J, Kaube H, Dolan RJ, Frith CD (2004) Empathy for pain involves the affective but not sensory components of pain. Science 303(5661): 1157–1162

Stein MB, Goldin PR, Sareen J, Zorrilla LT, Brown GG (2002) Increased amygdala activation to angry and contemptuous faces in generalized social phobia. Arch Gen Psychiatry 59(11): 1027–1034

Stone VE, Baron-Cohen S, Knight RT (1998) Frontal lobe contributions to theory of mind. J Cogn Neurosci 10(5): 640–656

Tager-Flusberg H, Sullivan K (2000) A componential view of theory of mind: evidence from Williams syndrome. Cognition 76(1): 59–90

Tost H, Meyer-Lindenberg A, Ruf M, Demirakca T, Grimm O, Henn FA, Ende G (2005) One decade of functional imaging in schizophrenia research. Von der Abbildung einfacher Informationsverarbeitungsprozesse zur molekulargenetisch orientierten Bildgebung. Radiologe 45(2): 113–123

Zhou WX, Sornette D, Hill RA, Dunbar RI (2005) Discrete hierarchical organization of social group sizes. Proc Biol Sci 272(1561): 439–444

Gefördert mit Mitteln des NIMH/IRP. Die in diesem Beitrag geäußerten Ansichten sind die des Verfassers und nicht notwendigerweise die des NIH/NIMH oder der Regierung der USA.

Theory of Mind und Kommunikation: Zwei Seiten derselben Medaille?

Evelyn C. Ferstl

7.1   Einführung

Sich in andere hineinzuversetzen, ihre Gefühle, ihr Denken und Wissen einzubeziehen, zu erkennen, dass die Handlungen anderer Menschen durch ihre mentalen und emotionalen Zustände bedingt sind – das gelingt mühelos, wenn man in Austausch bleibt, miteinander spricht und kommuniziert. Und in der Tat scheinen Menschen, deren Kommunikationsfähigkeiten interaktiv und sozial ausgerichtet sind, auch bessere ToM-Fähigkeiten zu besitzen (Baron-Cohen 2004).

Wie dieser beobachtete Zusammenhang ursächlich einzuordnen ist, wird in der Philosophie, der Entwicklungspsychologie und den Neurowissenschaften untersucht und kontrovers diskutiert. Sind Kommunikation und Sprache Voraussetzung für die Ausbildung oder Ausübung von ToM-Fähigkeiten? Oder muss jeder Kommunikation eine Theorie des Geistes der Gesprächspartnerin vorausgehen? Sind beide Funktionen Ausprägungen einer dritten, allgemeineren Fähigkeit? Oder lassen sie sich etwa überhaupt nicht trennen?

Eine einfache Antwort auf diese Fragen ist schon deshalb unmöglich, weil ja beide Begriffe – so wie sie hier verwendet werden – keine unitären Module bezeichnen, sondern eine Vielzahl von Teilprozessen vereinen. Sprachverstehen und Sprachproduktion erfordern die Verarbeitung von Phonologie, Syntax und Semantik, aber auch das Einbeziehen des Kontexts und des vorherigen Wissens über den gerade diskutierten Sachverhalt. Genauso umspannt der Begriff ToM eine Reihe von sehr unterschiedlichen Teilfunktionen wie gemeinsame Aufmerksamkeit (*joint attention*), Intentionsattribution, Empathie, die Attribution von Emotion und natürlich die kognitive Repräsentation von mentalen Zuständen anderer, wie sie für das Verstehen von falschen Überzeugungen (*false belief*) und Irreführung (*deception*) nötig ist (▶ Kap. 5).

Die Vielfalt der unter dieser Fragestellung wichtigen Teilbereiche werden in diesem Kapitel sortiert und eingeordnet (s. Baron-Cohen et al. 1993, 2000; www.interdisciplines.org/coevolution). Im ersten Teil dieses Kapitels wird die empirische Evidenz zum Zusammenhang zwischen ToM und Sprache zusammengefasst, im zweiten Teil werden relevante neurowissenschaftliche Erkenntnisse vor-

gestellt. Schließlich folgt ein Abschnitt über theoretische Lösungsvorschläge für das Problem.«

7.2   Sprache und ToM

Kommunikation ohne ToM – das scheint unmöglich. Denn das Ziel ist ja gerade, herauszufinden, was der Gesprächspartner wirklich denkt, und ob die sprachlichen Äußerungen diesen mentalen Zustand widerspiegeln (s. Exkurs). Umgekehrt werden ToM-Fähigkeiten v. a. in komplexen sozialen Situationen eingesetzt, für die Sprache an vielen Stellen wesentlich oder hilfreich ist.

Um dies zu illustrieren, werden hier die Geschwister Charlotte, Jonathan und Benedikt vorgestellt, die sich gerade in einer klassischen False-belief-Szene befinden: Benedikt, der Älteste, hat einen Ball aus der Kiste genommen und im Schrank versteckt. Jonathan hat es beobachtet, Charlotte aber nicht. Nun möchte Benedikt wissen, ob Jonathan schon ausreichende ToM-Fähigkeiten ausgebildet hat, um Charlottes *mental state* ableiten zu können. Alle drei Geschwister nutzen Sprachproduktion und -rezeption, sie hat aber für die soziale Interaktion unterschiedliche Funktionen.

7.2.1   Charlotte: Ausdruck mentaler Zustände

Kommunikative Äußerungen sind ein Symptom für den mentalen Zustand einer Person. Wenn also Charlotte sagt, sie denke, der Ball sei in der Kiste, kann Jonathan – falls er zusätzlich etwas über den realen Zustand der Welt und die Vorgeschichte weiß –, schließen, dass Charlotte einer Täuschung aufsitzt. Aber auch ihr knappes »da!« kombiniert mit einem Blick zur Kiste ließe den gleichen Schluss zu. Wenn sie den Ball vergeblich in der Kiste sucht, geben verbale Gefühlsäußerungen, wie z. B. der Ausdruck von Ärger oder Enttäuschung, einen weiteren Hinweis auf Charlottes vorherigen mentalen Zustand. Jonathan benötigt ausreichende Sprachverständnisfähigkeiten, um diese Hinweise nutzen zu können.

Exkurs

Das Kommunikationsquadrat

Derzeit boomen populärwissenschaftliche Gesprächsführungskurse und Kommunikations-ratgeber. Venus und Mars – Frauen und Männer auf fremden Planeten –, sie sprechen aneinander vorbei, obwohl sie doch im selben Sprachmilieu aufgewachsen sind. Nicht einfach nur miteinander zu sprechen, sondern einander **verstehen** lernen, ist die Herausforderung. Die Aufgabe ist, zwischen den Zeilen zu lesen, um herauszufinden, was der Gesprächspartner denkt, welche Botschaft er ver-mittelt will, und warum er gerade diese spezielle Ausdrucksform wählt. Erfolgreiche Kommunika-tion erfordert also gerade das Verständnis dessen, was ungesagt bleibt.

Friedemann Schulz-von Thun (1981) illustriert mit seinem Kommunikationsquadrat, dass jede auch noch so einfache Äußerung ein ganzes Paket von Botschaften enthält (◗ Abb. 7.1): Genauso wich-tig wie die **Sachebene**, also die Informationsver-mittlung, sind die **Selbstoffenbarung**, der **Appell** und die **Beziehungsebene**. Der Ausspruch

Es ist kalt hier drin!

stellt auf der Sachebene erst einmal fest, dass die Temperatur niedrig ist. Die Selbstoffenbarung

besteht in der Mitteilung, dass sich die Sprecherin unwohl fühlt, weil sie friert. Auf der Appellseite handelt es sich natürlich um die Aufforderung, das Fenster zu schließen oder die Heizung anzustellen. Und schließlich kann auf der Beziehungsseite, je nach Vorgeschichte oder Tonfall, z. B. der Wunsch nach Fürsorge oder ein Vorwurf ausgedrückt sein. Ohne ToM-Fähigkeiten würde die Zuhörerin den Ausspruch nur auf der Sachebene verstehen, wodurch er wohl ohne Konsequenzen bliebe. Ohne Empathie, die Attribution von Intentiona-lität, die Trennung von Selbst und anderem und das Einbeziehen des Wissensstands der Beteiligten könnte die Kommunikation nicht auf allen vier Seiten gelingen.

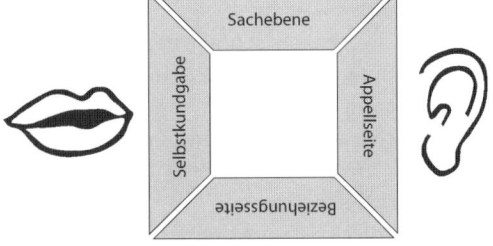

◗ **Abb. 7.1.** Die vier Seiten der Kommunikation. (Nach Schulz-von Thun 1981)

7.2.2 Jonathan: Verbalisierung von ToM

Sprache dient als Werkzeug, um komplexe kogni-tive Gedankengänge zu strukturieren und damit erst zu durchdringen. Warum sucht Charlotte den Ball in der Kiste? Durch die sprachliche Enkodie-rung – oder die Nacherzählung – dieser komple-xen Situation kann sich Jonathan die inferierten Intentionen oder Motivationen für Gedächtnis, Lernen und weitere Kommunikation verfügbar machen. Auch impizites Lernen durch Beobach-tung wiederkehrender sozialer Muster wird durch die explizite Verbalisierung und Kategorisierung erleichtert und verstärkt. Diese Verbalisierung, oder auch **Narrativierung** (Bruner u. Feldman 1993; Malle 2002), setzt jedoch differenzierte Ausdrucks-

mittel voraus, die der Komplexität und dem Inhalt der Situation gerecht werden. Jonathan braucht also ausreichende Sprachproduktionsfähigkeiten, um von verbaler Enkodierung und Strukturierung profitieren zu können.

7.2.3 Benedikt: Sprache als Testinstrument

Wenn Benedikt zuhört, wie sich Jonathan die Situa-tion selber erklärt, weiß er sofort, ob und wie Jona-than über Charlottes mentalen Zustand reflektiert. In der Regel ist es aber nötig, explizit nachzufragen oder – falls Benedikt ein Psychologe ist – Tests zu konstruieren, um ToM-Fähigkeiten zu evaluie-ren. In der klassischen False-belief-Aufgabe fragt Benedikt Jonathan, wo Charlotte den Ball vermutet. Eigentlich intakte ToM-Fähigkeiten könnten hier durch ein Missverstehen der Frage oder durch Probleme beim Formulieren der Antwort verdeckt werden. Sogar vermeintlich nichtverbale Tests erfordern oft fortgeschrittene sprachliche Fähigkeiten. Um etwa aus den Adjektiven **irritiert**, **nachdenklich**, **ungeduldig** und **bestürzt** dasjenige herauszusuchen, das einen emotionalen Gesichtsausdruck auf einem Foto am besten beschreibt (s. Baron-Cohen 2004; Baron-Cohen et al. 2001), werden sehr feine semantische Unterscheidungen benötigt. Um ToM-Tests zu bestehen, muss Jonathan also sowohl produktive als auch rezeptive Sprachleistungen einbringen.

> ❶ Bei der Diskussion des Zusammenhangs zwischen Sprache und ToM sollten drei Bereiche unterschieden werden:
> 1. Sprachverstehen ist nötig, um aus den Äußerungen anderer deren mentalen Zustand zu erschließen.
> 2. Sprachproduktion ist nötig, um komplexe Situationen zu verbalisieren und sie dadurch erst zu durchdringen.
> Und schließlich darf nicht vergessen werden, dass viele ToM-Tests sprachliche Fähigkeiten voraussetzen.

7.3   Empirische Befunde

Welche empirischen Hinweise können nun die Frage nach dem Zusammenhang zwischen Sprache und ToM beleuchten? Die Evidenz kommt aus drei Forschungsrichtungen (zur hierbei ebenfalls hoch relevanten Frage nach ToM-Fähigkeiten von Tieren ▶ Kap. 2 und 30).

3. In der Entwicklungspsychologie wird durch korrelative Studien bei Kindern die zeitliche Taktung der verschiedenen Stufen untersucht.
4. Der zweite Ansatz evaluiert bei Personen spezieller Populationen, wie sich ein Defizit in einem Bereich auf die Fähigkeiten im anderen auswirkt. Diese Richtung repräsentieren vor allem die zahlreichen Untersuchungen sprachlicher Fähigkeiten von autistischen Personen, für die ein ToM-Defizit angenommen wird (Baron-Cohen et al. 1985).

5. Schließlich kann die neuronale Bildgebung Aufschluss über die Überlappung der beiden Domänen geben (▶ Kap. 7.4).

Die folgende Zusammenfassung von empirischen Befunden aus der Entwicklungspsychologie, Autismusforschung und Neuropsychologie ist nochmals unterteilt: Nacheinander werden die Wort-, die Satz- und die Textebene betrachtet.

7.3.1   Wortebene: Lexikosemantische Prozesse

Völlig unumstritten ist, dass das Erlernen von Wortbedeutungen ohne ToM nicht möglich oder zumindest erheblich erschwert ist. Die Verknüpfung zwischen einem Objekt und dem dazugehörigen verbalen Symbol erfordert die *joint attention* (gemeinsame Aufmerksamkeit). Wenn also der Vater auf einen Ball schaut, muss das Baby diesen Blick als intentionalen Akt interpretieren, um das gleichzeitig gesprochene Wort **Ball** nicht etwa der daneben liegenden Puppe zuzuordnen. Die Aufmerksamkeit kann auch verbal, etwa durch Funktionswörter wie **dies** oder **dort drüben** gelenkt werden. Sprachlernen erfordert somit die Fähigkeit, die Intentionen anderer zu inferieren. Auch andere Teilaspekte von ToM können das Erlernen von Wortbedeutungen beeinflussen. So wurde gezeigt, dass vierjährige Kinder eine gute Antenne dafür haben, von wem sie etwas lernen möchten. Wird ein zögerlicher Gesprächspartner für unwissend gehalten, vermeiden diese Kinder, neue Wörter von ihm zu übernehmen (Slade u. Ruffman 2005).

> ❶ Ausgeprägte ToM-Fähigkeiten – insbesondere Empathie, Erkennen von Intentionen und das Bewusstsein für den Wissensstand des Gesprächspartners – erhöhen die Effizienz des Spracherwerbs.

Umgekehrt öffnet die Wortwahl ein Fenster in die ToM der Sprecherin. Die relative Häufigkeit von Personalpronomina (z. B. **ich**, **Dir**, **Euer**) der ersten und dritten Person gibt z. B. Aufschluss über eine erfolgreiche Abgrenzung von Selbst und anderen. Auch der Wahrheitsgehalt des Gesagten lässt sich an diesen Häufigkeiten ablesen: Lügner gebrauchen weniger selbstreferenzielle Wörter, um sich dadurch vom erfundenen Inhalt zu distanzieren (Pennebaker et al. 2003).

Der explizite Ausdruck einer Repräsentation von mentalen Zuständen benötigt v. a. psychologische Verben wie z. B. **glauben, wünschen, ahnen, meinen,** oder **wissen.** Interessanterweise werden diese Verben jedoch zu unterschiedlichen Zeitpunkten erworben. Kinder benutzen viel früher Ausdrücke, die mit Wünschen und Bedürfnissen zu tun haben, als Wörter über kognitive Inhalte wie z. B. **glauben** und **wissen** (Malle 2002). In einem Langzeitvergleich der Sprachentwicklung von autistischen und nichtautistischen, entwicklungsgestörten Kindern (Tager-Flusberg 1993) bestätigte sich der Zusammenhang zwischen Wortwahl und ToM-Defizit. Bei der Kontrollgruppe stieg der Prozentsatz der psychologischen Wörter stark an, nicht jedoch bei den autistischen Kindern. Dieser Unterschied war wieder vor allem auf kognitiv-mentale Wörter zurückzuführen.

7.3.2 Satzebene: Syntaktische Verarbeitung

Viele der psychologischen Verben, die im vorstehenden Abschnitt eingeführt wurden, erfordern oder ermöglichen **Komplementsätze,** z. B.

Ich glaube, dass …

Dies sind Nebensätze, deren Inhalt – also in diesem Beispiel das, was geglaubt wird – wieder ein Satz oder eine Proposition ist. Für komplexe Gedankengänge sind diese Konstruktionen besonders geeignet. Einerseits können Komplementsätze rekursiv eingebettet werden

Ich weiß, dass Du denkst, dass ich glaube, dass dieser Satz schwierig ist.

und andererseits auch erfundene, falsche oder gar paradoxe Inhalte ausdrücken, z. B.

Die Fee glaubt, dass der Mann im Mond eigentlich ein Tiger ist.

De Villiers (2000) schlägt vor, dass Kinder False-belief-Aufgaben erst dann wirklich verstehen können, wenn ihre syntaktischen Fähigkeiten Komplementkonstruktionen erlauben. Und tatsächlich wird der für False-belief-Aufgaben beschriebene Entwicklungsschub (▶ Kap. 5) auch für Sprache beobachtet. Korrelative Untersuchungen zeigen einen deutlichen Zusammenhang zwischen False-belief-Performanz und syntaktischer Reifung (Astington u. Jenkins 1999). In einer Langzeitstudie von Vorschulkindern konnten Slade und Ruffman (2005) jedoch zeigen, dass nicht nur Syntax-, sondern auch Semantikfähigkeiten einen Beitrag zur ToM-Entwicklung leisten. Darüber hinaus bestätigten diese Autoren einen Einfluss von früheren ToM-Fähigkeiten auf spätere Sprachfähigkeiten und postulieren eine bidirektionale Beziehung zwischen den beiden Bereichen.

Sowohl für autistische als auch für Kinder mit Sprachentwicklungsstörungen wurden Korrelationen zwischen komplexer Syntax und ToM berichtet (de Villiers 2000). Eine wichtige Gruppe, um die Auswirkungen eines Syntaxdefizits auf die ToM-Entwicklung zu untersuchen, sind **taubstumme** Kinder. Diejenigen, deren Eltern Zeichensprache beherrschen, haben eine relativ normale Sprachentwicklung. Kinder, die erst in der Schule an Zeichensprache herangeführt werden, erwerben komplexe Syntax jedoch stark verzögert. Trotz guter kommunikativer Leistungen haben diese Kinder bis ins Jugendalter hinein Schwierigkeiten mit ToM-Tests (Siegal et al. 2001; de Villiers 2000).

Siegal et al. (2001) untersuchten **agrammatische Aphasiker,** also Patienten, die als Folge eines Schlaganfalls ein Syntaxdefizit erworben hatten. Im Gegensatz zu den taubstummen oder sprachentwicklungsgestörten Kindern waren ihre ToM-Fähigkeiten jedoch intakt. Eine Erklärung für diese unterschiedlichen Befunde liegt im Alter der Probanden. Die Aphasien wurden erst im Erwachsenenalter erworben.

❶ Es könnte sein, dass Syntax zwar notwendig für die Ausbildung von ToM-Fähigkeiten ist, nicht jedoch zur Verbalisierung bei der Ausübung von ToM-Aufgaben benötigt wird.

7.3.3 Textebene: Diskursproduktion und Textverstehen

Die Nutzung von Sprache in einem kommunikativen Kontext geht über die Wort- und Satzebene hinaus. Erst durch die **Interpretation** einer Äußerung in ihrer situativen Besonderheit kann echte Kommunikation entstehen, die nicht immer auf die Inhalts- oder Sachebene beschränkt bleibt (s. Exkurs). Dazu müssen Vorwissen, Kontextinformation, nichtverbale Hinweise und die soziale Situation berücksichtigt werden.

❗ **Textverstehen und Diskursproduktion erfordern eine Reihe von domänenübergreifenden kognitiven Prozessen, wie z. B. Gedächtnis, Aufmerksamkeit oder Strukturierung.**

Loveland und Tunali (1993) beschreiben die Diskursproduktion von autistischen Personen als inkohärent, inhaltlich unsortiert oder unvollständig. Die Inhalte werden als manchmal bizarr oder irrelevant erlebt. Das Vorwissen der Gesprächspartner wird nicht ausreichend berücksichtigt, oder die globale Kohärenz wird durch Abschweifungen oder abrupte Themenwechsel verletzt. Inkohärenter Diskurs kann sogar den Schweregrad der Autismusdiagnose vorhersagen (Hale u. Tager-Flusberg, 2005).

Einen Schritt weiter gehen Bruner und Feldman (1993) mit der These, autistischen Kindern fehle nicht nur die Fähigkeit, sondern vor allem die Lust oder der Antrieb zum eigenständigen Erzählen. Normale Kinder fangen schon mit zwei bis drei Jahren an, sich und anderen die Welt durch Verbalisierung verständlich zu machen. Bei Autisten sei diese **Narrativierung** selten zu beobachten. Später drückt sich dieser Entwicklungsunterschied darin aus, dass Autisten weniger Kohäsionsmittel verwenden (z. B. Konjunktionen wie **weil**, **danach**, **aber**), um eine Erzählung zu strukturieren. Nacherzählungen von Bildergeschichten gleichen dann eher einer Beschreibung der kontinuierlichen Abfolge, sie enthalten aber keine Betonung wesentlicher oder überraschender Inhalte, die die Geschichte für den Zuhörer interessant machen könnten.

Ähnliche Probleme mit Kohärenz und globaler Struktur bei der Diskursproduktion wurden häufig bei Patienten mit erworbener Hirnschädigung beschrieben und mit dem Begriff **nichtaphasische Kommunikationsstörung** bezeichnet (Ferstl u. Guthke 1998; Ferstl et al. 2002; Glindemann u. von Cramon 1995). Am häufigsten davon betroffen sind Patienten nach Schädel-Hirn-Trauma, Frontalhirnläsionen oder ausgedehnten rechtshirnigen Infarkten.

Zum Textverstehen autistischer Personen gibt es nur wenige Studien. Beobachtet wird, dass diese Personen stärker auf die wörtliche Formulierung achten, aber weniger die übergeordnete Bedeutung eines Textes inferieren. Dies ist sowohl für lokale Inferenzen der Fall, bei denen z. B. der Satzzusammenhang genutzt werden muss, um ein zweideutiges Wort richtig zu interpretieren, oder bei globalen Inferenzen, in denen die zielgerichtete Integration der im Text genannten Inhalte mit Hintergrundwissen und Kontextinformation nötig ist (Jolliffe u. Baron-Cohen 1999, 2000; Wahlberg u. Magliano 2004). Diese Schwierigkeiten ähneln ebenfalls denen von Patienten mit nichtaphasischer Kommunikationsstörung (Ferstl et al. 2002).

Umgekehrt haben einige wenige Studien Hinweise darauf erbracht, dass hirngeschädigte Patienten, deren Läsionen eine nichtaphasische Kommunikationsstörung wahrscheinlich machen, auch mit ToM-Aufgaben Schwierigkeiten haben. Schädel-Hirn-Traumatiker, Patienten mit Frontalhirnläsionen und Patienten mit rechtshirnigen Infarkten wurden dazu untersucht (Martin u. McDonald 2003; Channon u. Crawford 2000; Brownell et al. 2000). Eine spezifische Analyse des Zusammenhangs zwischen nichtaphasischen Kommunikationsstörungen und ToM-Performanz wurde in diesen Studien jedoch nicht berichtet.

❗ **Die empirischen Studien scheinen unterschiedliche Antworten für die linguistischen Teilbereiche zu ergeben. Für den Erwerb von Wortbedeutungen und die Nutzung von lexikalischen Informationen scheint ToM eine Voraussetzung zu sein. Andererseits gibt es – zwar kontrovers diskutierte, aber deutliche – Hinweise darauf, dass die Verfügbarkeit komplexer Syntax die Entwicklung von ToM-Fähigkeiten der höheren Ebene begünstigt. Schließlich kann aus den korrelativen Zusammenhängen zwischen ToM-**

Fähigkeiten und Textverstehen bzw. Diskursproduktion noch keine kausale Richtung abgeleitet werden.

7.4 Sprache, ToM und funktionelle Bildgebung

Eine weitere Möglichkeit, bei gesunden, erwachsenen Menschen den Zusammenhang von Sprache und ToM zu untersuchen, ist durch bildgebende Verfahren eröffnet worden. Mittels funktioneller Magnetresonanztomographie (fMRT) oder Positronenemissionstomographie (PET) können aus dem zerebralen Blutfluss indirekte Rückschlüsse auf die neuronale Aktivierung gezogen werden (Schwarz et al. 1997). Eine Überlappung von Kommunikations- und ToM-Prozessen würde somit eine Überlappung der dabei aktivierten Hirnareale bedingen.

7.4.1 Die funktionelle Neuroanatomie von ToM

Mit einer Reihe von verbalen und nichtverbalen Aufgaben wurden verschiedene Teilaspekte von ToM untersucht, wie z. B. Intentionsattribution, *false belief* oder das Erkennen von emotionalen Gesichtsausdrücken. Aus den Ergebnissen kristallisierten sich drei aktive Areale heraus (◘ Abb. 7.2; Frith u. Frith 2003; Gallagher u. Frith 2003):
1. dmPFC (dorsaler frontomedianer Kortex),
2. aTL (anteriorer Temporallappen)
3. TPJ (*temporoparietal junction*, temporoparietaler Übergang).

dmPFC. Fletcher et al. (1995) zeigten erstmals, dass der dorsale frontomediane Kortex (dmPFC),

also der mediane Anteil des superioren frontalen Gyrus, spezifisch für ToM-Prozesse zu sein scheint. Sie verglichen Aktivierungsmuster für Geschichten mit oder ohne False-belief-Komponente. Während in dieser Studie das Areal dorsal lag, im Brodmann-Areal 8 (BA 8), liegen die Foci in anderen Experimenten weiter ventral (BA 9/10) und reichen manchmal in den zingulären Kortex hinein (für eine funktionelle Zuordnung verschiedener Anteile des dmPFC s. Northoff u. Bermpohl 2004). Daher wird auch der Begriff anteriorer parazingulärer Kortex verwendet. Wie Gallagher und Frith (2003) postulieren, nimmt der dmPFC die Repräsentation von mentalen Zuständen vor, die nicht dem aktuellen Stand der Welt entsprechen. Der dmPFC »entkoppelt« also von der realen Welt. Ob diese funktionelle Attribution auch erklären könnte, warum der dmPFC auch an selbstreferenziellen, emotionalen oder evaluativen Prozessen beteiligt ist?

aTL. Ein weiteres Areal, das häufig bei ToM-Aufgaben aktiviert wird, ist der anteriore Temporallappen (aTL). Die meist bilateralen Aktivierungen liegen am vorderen Ende des superioren temporalen Sulcus und reichen oft in den Temporalpol hinein. Der aTL steht in Verbindung mit semantischer Verarbeitung und mit dem Abruf von episodischen und autobiographischen Gedächtnisinhalten. Erleichtert wird dieser Abruf durch standardisierte Repräsentationen, wie Schemata und Skripte, die das episodische Gedächtnis strukturieren und die Vorhersage von wahrscheinlichen, üblichen Abläufen ermöglichen. Gallagher und Frith (2003) definieren die Rolle des aTL als die Nutzung eigener Erfahrungen und kulturell definierter Skripte während der ToM-Bildung. In Anlehnung an Bruner und Feldman (1993) könnte den aTL also auch eine Rolle für die Narrativierung zugewiesen werden.

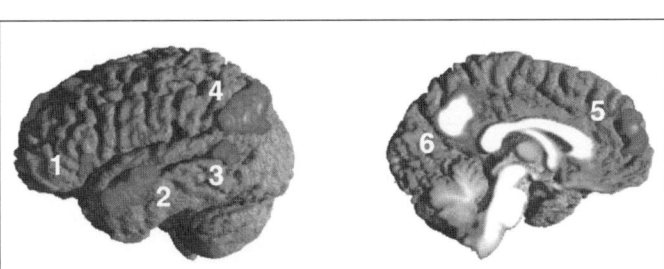

◘ **Abb. 7.2.** Typisches Aktivierungsmuster für Sprachverstehen im Kontext, aber auch für ToM-Aufgaben. *1* inferiorer frontaler Gyrus, *2* anteriorer Temporallappen (aTL), *3* superiorer temporaler Sulcus, *4* temporoparietaler Übergang (TPJ), *5* frontomedianer Kortex (dmPFC), *6* posteriorer zingulärer Kortex/Präkuneus. (Nach Ferstl u. von Cramon 2002, 2005; s. auch Farbtafel am Buchende)

TPJ. Die dritte ToM-Region ist der posteriore superiore temporale Sulcus am Übergang zum inferioren Parietallappen, TPJ (*temporoparietal junction*; Saxe u. Kanwisher 2003). Oft stärker rechtsseitig aktiviert, ist TPJ an der Beobachtung von zielgerichteten Bewegungen und Handlungen von Lebewesen beteiligt. Die Funktion dieser Region ist also allgemeiner die beobachtungsbasierte Intentionsattribution und die sich daraus ergebende Vorhersage von künftigen Handlungen. Während Gallagher und Frith (2003) betonen, nur die dmPFC-Aktivierung sei spezifisch für ToM, wurde kürzlich die Rolle von TPJ stärker in den Vordergrund gerückt (Saxe u. Kanwisher 2003). Und in der Tat zeigen Einzelfallstudien, dass ToM-Fähigkeiten durch TPJ-Läsionen spezifisch eingeschränkt werden (Samson et al. 2004), nicht aber durch dmPFC-Läsionen (Bird et al. 2004).

7.4.2 Die funktionelle Neuroanatomie von Kommunikation

Werden die Ergebnisse der neuronalen Bildgebung über Kommunikation und Sprache betrachtet, so scheinen völlig andere Areale wichtig zu sein. Die wohl bekannten frontalen und posterioren Sprachzentren der linken Hemisphäre – das Broca- und das Wernicke-Areal – überlappen nicht oder nur unwesentlich mit dem ToM-Netzwerk (Bookheimer 2002; Gernsbacher u. Kaschak 2003). Allerdings sieht das Bild ganz anders aus, wenn Studien über Sprache im Kontext betrachtet werden, bei denen die Interpretation des Gehörten oder Gelesenen wichtig wird. Auch beim Verstehen von zusammenhängenden Texten werden mediane, anterior temporale und temporoparietale Regionen aktiviert (Ferstl 2006; Ferstl u. von Cramon 2005; Gernsbacher u. Kaschak 2003; Mar 2004). Der **dmPFC** hat dabei vor allem für die **Kohärenzbildung** eine wichtige Funktion. Wenn aufeinanderfolgende Sätze durch eine Brückeninferenz verbunden werden müssen, ist dieses Hirnareal beteiligt (Ferstl u. von Cramon 2001). Die dazu verwendete Kohärenzaufgabe illustriert ❏ Tab. 7.1.

Die Überlappung der Netzwerke sagt noch nichts über die Art der Beziehung zwischen den beiden Bereichen aus. Eine Ursache dafür könnte sein, dass die ToM- und Sprachaufgaben miteinander konfundiert sind. Viele Autoren benutzen verbales Material in Studien über ToM-Prozesse, achten aber nicht darauf, die kognitiven und linguistischen Anforderungen exakt zu beschreiben. Eine genaue Analyse der Inferenz-Anforderungen zeigt z. B. für die Materialien von Saxe und Kanwisher (2003), dass Fragen zu Kontrolltexten anhand einer einzelnen Detailinformation beantwortet werden können, während die ToM-Geschichten die globale Integration von Informationen über den gesamten Textkontext erfordern.

Aber auch nichtverbale Aufgaben, wie z. B. das Betrachten von Zeichentrickfilmen, in denen kleine und große Dreiecke miteinander interagieren (Castelli et al. 2000), löst unmittelbar die Tendenz aus, das Gesehene zu verbalisieren, wie z. B. mit folgendem Satz:

❏ **Tab. 7.1.** Satzbeispiele für die Kohärenzaufgabe (Ferstl u. von Cramon 2002). Die Versuchspersonen sollten nach dem Lesen der Satzpaare angeben, ob die Sätze für sie einen inhaltlich plausiblen Zusammenhang hatten

Kohärent	Nicht kohärent
Ein Lastwagen donnert um die Ecke. Die Gläser klirren im Schrank.	Das Licht war die ganze Nacht an. Die Gläser klirren im Schrank.
Das Licht war die ganze Nacht an. Das Auto springt nicht an.	Ein Lastwagen donnert um die Ecke. Das Auto springt nicht an.
Maria geht zum Vorsingen. Ihre Hände sind ganz feucht.	Laura hatte gestern Geburtstag. Ihre Hände sind ganz feucht.
Laura hatte gestern Geburtstag. Gespannt macht sie den Briefkasten auf.	Maria geht zum Vorsingen. Gespannt macht sie den Briefkasten auf.

Die Mutti versucht, ihr Kleines aus dem Haus zu schubsen.

Streng genommen kann bei keiner Aufgabe davon ausgegangen werden, dass verbale Enkodierung ausbleibt.

Umgekehrt könnte die Schlussfolgerung voreilig sein, dass Sprachverständisaufgaben per se ähnliche Areale wie ToM aktivieren. Einige dazu zitierte Studien wurden explizit entworfen, um ToM-Fragestellungen zu untersuchen (Fletcher et al. 1995), und fast jede Geschichte erzählt über die Intentionen, Motivationen oder Gefühle von Personen – wodurch wiederum ToM-Inferenzen begünstigt werden. Daher wurde eine fMRT-Studie durchgeführt mit dem Ziel, ToM und Sprachverstehen im Kontext zu dissoziieren (Ferstl u. von Cramon 2002; s. Box).

> **❶ Ergebnisse von fMRT-Studien bestätigen die Überlappung der an ToM und Sprachverstehen beteiligten Netzwerke.**

Box

fMRT-Studie zur Dissoziation von ToM und Sprachverstehen

Inferenzprozesse beim Textverstehen, also das Ergänzen von impliziter Information, aktivieren frontomediane Hirnareale (dmPFC), die auch bei ToM-Aufgaben beteiligt sind (Ferstl u. von Cramon 2001). Eine Erklärung für diese Überlappung könnte sein, dass die Kohärenzaufgabe (s. 7.4.2) gar nicht im engeren Sinne Textverstehen untersuchte. Versuchspersonen erkennen den inhaltlichen Zusammenhang zwischen zwei Sätzen ja auch daran, dass sie den mentalen und emotionalen Zustand der handelnden Personen nachvollziehen können. Um diese Hypothese eines gleichlaufenden ToM-Prozeses auszuschließen, wurde eine entsprechende fMRT-Studie durchgeführt (Ferstl u. von Cramon 2002). In ❏ Tab. 7.1 sind Beispiele für Satzpaare gezeigt, die für die Kohärenzaufgabe verwendet wurden. Einige davon erzählen von Personen und ihren Handlungen oder Gefühlen. Andere Satzpaare hingegen haben unbelebte Gegenstände zum Thema. In der hier beschriebenen Studie wurden diese Sätze separiert. Nur für die Personengeschichten ist ein ToM-Prozess wahrscheinlich, nicht aber für die Sätze zu unbelebten Dingen. Um diesen Effekt zu verstärken, wurden die Versuchspersonen im ersten Teil des Experimentes instruiert, Satzpaare zu unbelebten Inhalten auf ihren logischen Zusammenhang zu überprüfen. Während des zweiten Teils des Experiments, in dem nur personenbezogene Satzpaare präsentiert wurden, sollten die Versuchspersonen eine Empathieaufgabe bearbeiten – also entscheiden, ob sie sich in die Gefühle und Motivationen der Versuchspersonen hineinversetzen und ihre Handlungen nachvollziehen können.

Die Idee war, ToM-Prozesse im ersten Teil zu minimieren und im zweiten Teil zu verstärken, mit folgenden Vorhersagen: Wenn erfolgreiche Kohärenzbildung für die dmPFC-Aktivierung wesentlich ist, sollte sie in beiden Teilen des Experimentes auftreten – aber so wie in der ersten Studie nur für kohärente, nicht aber für inkohärente Satzpaare. Wenn andererseits ToM-Prozesse ursächlich sind, sollte der dmPFC sowohl in kohärenten als auch in nichtkohärenten Durchgängen im zweiten Teil beteiligt sein, nicht aber im ersten.

Die Ergebnisse waren eindeutig: Im ersten Teil des Experimentes wurde trotz minimalem ToM-Anteil der Kohärenzeffekt repliziert – nur kohärente Durchgänge lösten dmPFC-Aktivierung aus. Im zweiten Teil, unter der expliziten ToM-Instruktion, war eine dmPFC-Beteiligung in beiden Bedingungen zu beobachten. Weder ToM noch Kohärenzbildung sind also notwendig, um den dmPFC zu aktivieren, beide sind jedoch hinreichend. Daraus folgte der Schluss, die Funktion des dmPFC könne am besten durch einen dritten, übergeordneten Prozess erklärt werden, der sowohl ToM als auch Kohärenzbildung beinhaltet (Ferstl u. von Cramon 2002).

7.5   Lösungsvorschläge

Kann nun die Frage nach dem Zusammenhang zwischen Sprache und ToM abschließend beantwortet werden? Basierend auf den Befunden, dass *joint attention* für den frühkindlichen Erwerb von Wortbedeutungen nötig ist, umgekehrt aber komplexe propositionale Sprache ToM-Prozesse der höheren Ordnung befördert, postuliert Malle (2002) unterschiedliche **Entwicklungsphasen**. Während in der ersten Zeit des Spracherwerbs ToM als Voraussetzung für die Sprachentwicklung gesehen wird, nimmt Malle an, dass sich komplexe ToM-Fähigkeiten, v. a. die der zweiten und dritten Stufe, erst durch die Verfügbarkeit von komplexer, propositionaler Sprache ausbilden. Ganz ähnlich wird das Problem durch eine **Einschränkung der Definition von ToM** gelöst: Unterschieden wird zwischen eigentlicher ToM und deren Vorstufen, zwischen kognitiven mentalen Zuständen und emotional-intentionalen, oder zwischen *mind reading* und *behavior reading* (z. B. Interpretation von Blickrichtung). Aber auch wenn die Fragestellung fokussiert wird auf den Zusammenhang zwischen Syntax und *false belief*, bleibt zu erklären, wieso die Bildgebung keine syntaxrelevanten Areale als Teil des ToM-Netzwerkes identifiziert.

Eher in Einklang mit den Befunden über die funktionelle Neuroanatomie stehen Theorien, die sich mit **pragmatischen Sprachfunktionen im Kontext** befassen. Bruner und Feldmann (1993) geben dabei der Sprache, oder genauer der Narrativierung, eine wesentliche Rolle für die Entwicklung von ToM-Fähigkeiten. Genau umgekehrt stellt sich der Zusammenhang in der Relevanztheorie von Sperber und Wilson (1995) dar (Happé 1993). Pragmatik, also die Lehre von kontextueller Sprachinterpretation, befasst sich in dieser Sichtweise nicht mit der Dekodierung sprachlich ausgedrückter Inhalte. Das Wesen der Sprachinterpretation sei vielmehr die Anwendung von ToM oder eines spezielleren Untermoduls von ToM (Sperber u. Wilson 2002), um die Intention des Sprechers oder der Autorin zu erschließen, um also die Relevanz des Gesagten zu erkennen. ToM ist damit eine Voraussetzung für sprachlich-kommunikatives Verhalten.

Die enge Verknüpfung könnte auch durch einen Prozess erklärt werden, der sowohl ToM als auch Sprachfunktionen beinhaltet bzw. bedingt. Ein oft geprüfter Kandidat dafür sind die **Exekutivfunktionen**, also Arbeitsgedächtnis, Problemlöse- und Planungsprozesse, die sich ebenfalls etwa zeitgleich mit ToM und komplexer Sprache entwickeln. Neben inzwischen üblicher sorgfältiger Kontrolle der kognitiven Anforderungen von ToM-Tests macht die funktionelle Neuroanatomie auch diese Erklärung unwahrscheinlich. Eine Fülle von Daten zeigt, dass Exekutivfunktionsaufgaben vor allem im dorsolateralen präfrontalen Kortex realisiert werden (Derrfuss et al. 2004), der nicht im ToM-Netzwerk enthalten ist.

Ein weiterer Kandidat ist die *central coherence* (**zentrale Kohärenz**; Frith 1989). Autistische Menschen verarbeiten die Reize in ihrer Umwelt oft fragmentarisch und einzelheitlich, Details werden nicht zu einem globalen Ganzen integriert. Kommunikationsdefizite entstehen daraus, dass einzelne Äußerungen unverbunden bleiben, ohne in eine kohärente Geschichte verwoben zu werden – dies erinnert an das Konzept der fehlenden Narrativierung (Bruner u. Feldman, 1993) und erklärt unmittelbar die Überlappung zwischen Kohärenz- und ToM-Prozessen (Ferstl u. von Cramon 2001, 2002). Andererseits erfasst dieser Ansatz soziale Auffälligkeiten und ToM-Defizite dadurch, dass die Einzelreize aus der Umwelt nicht zu einem Persönlichkeits- oder Intentionszusammenhang integriert werden (Frith 1989).

Auch die Ergebnisse der eigenen Studie hatten einen übergeordneten Prozess für die dmPFC-Funktion nahe gelegt, der **sowohl ToM als auch evaluative Prozesse und Kohärenzbildung** beinhaltet (Zysset et al. 2002). In Anlehnung an philosophische Überlegungen war dieser Prozess als die kontinuierliche Interaktion zwischen Innen- und Außenwelt beschrieben worden (Ferstl u. von Cramon 2002). Dieses Konzept war vor allem durch die Pathologie frontomedianer Läsionen motiviert, die eine Reduzierung des Antriebs und insbesondere des Sprachantriebs mit einschließen kann (Marin 1991). Die erwarteten Auffälligkeiten in der Kommunikation bestehen dann u. a. in der Vernachlässigung von Integration, Kohärenzbildung, und selbstinitiierter Narrativierung (Bruner u. Feldman 1993). Auch alternative Vorschläge für die Funktionalität dieses Areals (Gallagher u. Frith 2003; Northoff u. Bermpohl 2004; Ramnani u. Owen 2004) haben gemeinsam, dass die dmPFC-Funktion als ein domänenunabhängiger, übergeordneter Prozess konzeptualisiert wird, der sowohl ToM als auch Kommunikation beinhalten kann.

Fazit

Eine Fülle von empirischen Studien zeigt eindeutig, dass Kommunikation und ToM eng verknüpft sind. Eine spezifischere Antwort der Frage nach Henne und Ei ist jedoch auch nach diesem Abriss der Forschung nicht möglich. Dies liegt v. a. an den so unterschiedlichen Konzeptionen der beiden Bereiche. Außerdem müssen vielfältige methodische und konzeptuelle Klippen umschifft werden, um eine Beeinflussung des einen Bereichs durch den anderen auszuschließen. Zusätzlich zu den Studien aus der Entwicklungspsychologie und der Autismusforschung hat die neuronale Bildgebung neue Evidenz bereitgestellt. Die Befunde zur funktionellen Neuroanatomie von ToM-Prozessen zeigen eindeutig, dass die drei wichtigsten Areale nicht wesentlich mit den für Syntax zuständigen Bereichen überlappen. Die inzwischen oft replizierten Befunde zur funktionellen Neuroanatomie desTextverstehens zeigen jedoch eine eindeutige Überlappung mit dem ToM-Netzwerk. Um die Beziehung zwischen ToM und Kommunikation zu beschreiben, eignen sich demnach am besten Theorien, die kontextuelle und pragmatische Sprachfunktionen beinhalten.

Literatur

Astington JW, Jenkins JM (1999) A longitudinal study of the relation between language and theory-of-mind development. Dev Psychol 35: 1311-1320

Baron-Cohen S (2004) Vom ersten Tag an anders: Das weibliche und das männliche Gehirn. Walter, Düsseldorf

Baron-Cohen S, Leslie AM, Frith U (1985) Does the autistic child have a »theory of mind«? Cognition 21: 37–46

Baron-Cohen S, Tager-Flusberg H, Cohen DJ (eds) (1993) Understanding other minds: perspectives from autism. Oxford University Press, Oxford

Baron-Cohen S, Tager-Flusberg H, Cohen DJ (eds) (2000) Understanding other minds: perspectives from developmental cognitive neuroscience. Oxford University Press, Oxford

Baron-Cohen S, Wheelwright S, Hill J (2001) The »reading the mind in the eyes« test, revised verson: a study with normal adults, and adults with Asperger syndrome or high functioning autism. J Child Psychol Psychiatry 42: 241-252

Bird CM, Castelli F, Malik O, Frith U, Husain M (2004) The impact of extensive medial frontal lobe damage on »Theory of Mind« and cognition. Brain 127: 914-928

Bookheimer S (2002) Functional MRI of language: new approaches to understanding the cortical organization of semantic processing. Ann Rev Neurosci 25: 151-188

Brownell HH, Griffin R, Winner E, Friedman O, Happé F (2000) Cerebral lateralization and theory of mind. Baron-Cohen S, Tager-Flusberg H, Cohen DJ (eds) Understanding other minds: perspectives from developmental cognitive neuroscience. Oxford University Press, Oxford, pp 306-333

Bruner J, Feldman C (1993) Theories of mind and the problem of autism. Baron-Cohen S, Tager-Flusberg H, Cohen DJ (eds), Understanding other minds: perspectives from autism. Oxford University Press, Oxford

Castelli F, Happé F, Frith U, Frith C (2000) Movement and mind: a functional imaging study of perception and interpretation of complex intentional movement patterns. Neurolmage 12: 314-325

Channon S, Crawford S (2000) The effects of anterior lesions on performance on a story comprehension test: left anterior impairment on a theory of mind-type task. Neuropsychologia 38: 1006-1017

Derrfuss J, Brass M, Cramon v DY (2004) Cognitive control in the posterior frontolateral cortex: evidence from common activations in task coordination, interference control, and working memory. Neurolmage 23: 604-612

De Villiers J (2000) Language and theory of mind: what are the developmental relationships? Baron-Cohen S, Tager-Flusberg H, Cohen DJ (eds) Understanding other minds: perspectives from developmental cognitive neuroscience. Oxford University Press, Oxford, pp 203-221

Ferstl EC (2006) The functional neuroanatomy of text comprehension: what's the story so far? In: Schmalhofer F, Perfetti C (eds) Higher level language processes in the brain: inference and comprehension processes. Lawrence Erlbaum, Mahwah, NJ, in press

Ferstl EC, Cramon v DY (2001) The role of coherence and cohesion in text comprehension: an event-related fMRI study. Cogn Brain Res 11: 325-340

Ferstl EC, Cramon v DY (2002) What does the fronto-median cortex contribute to language processing: coherence or Theory of Mind? Neurolmage 17: 1599-1612

Ferstl EC, Cramon v DY (2005) Sprachverstehen im Kontext: Bildgebende Studien zu Kohärenzbildung und Pragmatik. Sprache – Stimme – Gehör 29(3): 130-138

Ferstl EC, Guthke T (1998) Diskursanalyse als Hilfsmittel zur klinischen Evaluation von nicht-aphasischen Sprachstörungen. In: Ohlendorf IM, Widdig W, Malin JP (Hrsg) Bonn-Bochumer Beiträge zur Neuropsychologie und Neurolinguistik BBB, Bd 5: Arbeiten mit Texten in der Aphasietherapie. Hochschul-Verlag, Freiburg, S 113-143

Ferstl EC, Guthke T, Cramon v DY (2002) Text comprehension after brain injury: left prefrontal lesions affect inference processes. Neuropsychology 16: 292-308

Fletcher PC, Happé F, Frith U, Baker SC, Dolan RJ, Frackowiak RSJ, Frith CD (1995) Other minds in the brain: a functional imaging study of »theory of mind« in story comprehension. Cognition 57: 109-128

Frith U (1989) Autism. Explaining the enigma. Blackwell, Oxford

Frith U, Frith CD (2003) Development and neurophysiology of mentalizing. Phil Trans R Soc London B 358: 459-473

Gallagher HL, Frith CD (2003) Functional imaging of »theory of mind«. Trends Cogn Sci 7: 77-83

Gernsbacher MA, Kaschak MP (2003) Neuroimaging studies of language production and comprehension. Ann Rev Psychol 54: 16.1-16.24

Glindemann R, Cramon v DY (1995) Kommunikationsstörungen bei Patienten mit Frontalhirnläsionen. Sprache – Stimme – Gehör 19: 1-7

Hale CM, Tager-Flusberg H (2005) Brief report: the relationship between discourse deficits and autism symptomatology. J Autism Dev Dis 35: 519-524

Happé F (1993) Communicative competence and theory of mind in autism: a test of relevance theory. Cognition 48: 101-119

Jolliffe T, Baron-Cohen S (1999) A test of central coherence theory: linguistic processing in high-functioning adults with autism or Asperger syndrome: is local coherence impaired? Cognition 71: 149-185

Jolliffe T, Baron-Cohen S (2000) Linguistic processing in high-functioning adults with autism of Asperger's syndrome. Is global coherence impaired? Psychol Med 30: 1169-1187

Loveland K, Tunali B (1993) Narrative language in autism and the theory of mind hypothesis: a wider perspective. Baron-Cohen S, Tager-Flusberg H, Cohen DJ (eds) Understanding other minds: perspectives from autism. Oxford University Press, Oxford

Malle BF (2002) The relation between language and theory of mind in development and evolution. In: Givon T, Malle BF (eds) The evolution of language out of pre-language. Amsterdam: Benjamins, pp 265-284

Mar RA (2004) The neuropsychology of narrative: story comprehension, story production and their interrelation. Neuropsychologia 42: 1414-1434

Marin RW (1991) Apathy: a neuropsychiatric syndrome. J Neuropsychiatry Clin Neurosci 3: 243-254

Martin I, McDonald S (2003) Weak coherence, no theory of mind, or executive dysfunction? Solving the puzzle of pragmatic language disorders. Brain Language 85: 451-466

Northoff G, Bermpohl F (2004) Cortical midline structures and the self. Trends Cogn Sci 8: 102-107

Pennebaker JW, Mehl MR, Niederhoffer KG (2003) Psychological aspects of natural language use: our words, our selves. Ann Rev Psychol 54: 547-577

Ramnani N, Owen AM (2004) Anterior prefrontal cortex: insights into function from anatomy and neuroimaging. Nature Rev Neurosci 5: 184-194

Samson D, Apperly IA, Chiavarino C, Humphreys GW (2004) Left temporoparietal junction is necessary for representing somone else's belief. Nature Neurosci 7: 499-500

Saxe R, Kanwisher N (2003) People thinking about thinking people. The role of the temporo-parietal junction in «theory of mind». NeuroImage 19: 1835-1842

Schulz-von Thun F (1981) Miteinander reden 1: Störungen und Klärungen. Rowohlt Taschenbuch, Reinbek

Schwarz A, Kischka U, Rihs F (1997) Funktionelle bildgebende Verfahren. In: Kischka U, Wallesch C-W, Wolf G (Hrsg) Methoden der Hirnforschung: Eine Einführung. Spektrum Akademischer Verlag, Heidelberg, S 295-318

Siegal M, Varley R, Want, SC (2001) Mind over grammar: reasoning in aphasia and development. Trends Cogn Sci 5: 296-301

Slade L, Ruffman T (2005) How langauge does (and does not) relate to theory of mind: a longitudinal study of syntax, semantics, working memory and false belief. Br J Dev Psychol 23: 117-141

Sperber D, Wilson D (1995) Relevance: communication and cognition, 2nd edn. Blackwell, Oxford

Sperber D, Wilson D (2002) Pragmatics, modularity and mind reading. Mind Language 17: 3-23

Tager-Flusberg H (1993) What language reveals about the understanding of minds in children with autism. In: Baron-Cohen S, Tager-Flusberg H, Cohen DJ (eds) Understanding other minds: perspectives from autism. Oxford University Press, Oxford

Wahlberg T, Magliano JP (2004) The ability of high function individuals with autism to comprehend written discourse. Discourse Proc 38: 119-144

Zysset S, Huber O, Ferstl EC, Cramon v DY (2002) The anterior dmPFC and evaluative judgment: an fMRI study. NeuroImage 15: 983-991

Computer, künstliche Intelligenz und Theory of Mind: Modelle des Menschlichen?

Klaus Mainzer

8.1   Einführung

Computer bestimmen längst unser Leben, ohne dass wir uns dessen häufig bewusst sind. Entsprechende Computerprogramme sind in unserer Umwelt verborgen. Sie steuern unsere Flugzeuge, entscheiden über Zugverbindungen, überwachen und verändern Therapien in Krankenhäusern, stellen Diagnosen in Arztpraxen, werten komplexe Datenmuster für den Wetterdienst aus, verarbeiten riesige Mengen von Wissen in Dokumenten und Texten, präsentieren es multimedial, lernen und schlagen Problemlösungen vor. In den schwingenden Roboterarmen der Automobilproduktion wird die Macht der Computer schließlich für jedermann sichtbar.

Künstliche Intelligenz (KI) ist kein spekulatives Projekt oder Sciencefiction, sondern längst technische Realität. Ob wir diese Programme als »intelligent« bezeichnen, ist ihnen und den Informatikern und Ingenieuren, die sie entwickelt haben, allerdings egal. Jedenfalls würden wir nicht zögern, Menschen, die solche Leistungen vollbringen, intelligent zu nennen. Ferner ist KI heute längst dabei, körperliche und emotionale Funktionen nach evolutionären Modellen der Selbstorganisation zu modellieren. In immer älter werdenden Gesellschaften mit explodierenden Sozialhaushalten wird Hightech mit freundlichen und belastbaren Robotern eine preiswertere Zukunftsperspektive als menschliche Fürsorge.

Liefert uns KI aber auch Modelle des Menschlichen, unseres emotionalen und sozialen Vermögens, sich in andere Menschen hineinzuversetzen, oder schaffen KI und Robotik am Ende bestenfalls intelligente, aber »seelenlose« Zombies? Die ToM wird damit zu einer weiteren Nagelprobe für die KI-Forschung.

8.2   Klassische KI: Kognition, Wissen und formale Repräsentation

Was können KI und Informatik bereits gut? Das klassische Software-Engineering verwendet Standards der Logik und Wissensrepräsentation, die tiefe Wurzeln in der Philosophie haben (Mainzer 1995).

Am Anfang steht **Aristoteles** mit seinem prägenden Konzept der Logik und Ontologie, mit dem das Wissen über diese Welt erfasst werden sollte. Syllogismen sind erste formale Repräsentationen für logische Schlüsse. Ontologien ordnen Kategorien von Dingen, die existieren oder in entsprechenden Wissensdomänen existieren können. Ähnlich wie heute in einer Datenbank werden sie durch die Angabe z. B. quantitativer oder qualitativer Eigenschaften, örtlicher und zeitlicher Angaben, Relationen oder Konditionen charakterisiert. So ergeben sich übersichtliche Wissensrepräsentationen, die mit den allgemeinsten Begriffen beginnen und zu immer spezielleren Begriffen absteigen. Eigenschaften der allgemeineren Begriffe werden auf die untergeordneten Begriffe übertragen. Im Ontological-Engineering der Informatik finden wir diese zentrale Technik der Vererbung in den objektorientierten Programmiersprachen, zu denen z. B. die weltweite Internet-Sprache Java gehört.

Leibniz ist Ende des 17. Jahrhunderts von diesen Traditionen tief beeinflusst. In seiner *mathesis universalis* entwirft er eine universale formale Sprache (*lingua universalis*), um Wissen durch Kalküle zu repräsentieren. Mit einer *ars iudicandi* sollte jedes Problem nach numerischer Kodierung wie eine Rechenaufgabe durch einen Algorithmus entscheidbar sein. Eine *ars inveniendi* sollte Auffindungsalgorithmen für Problemlösungen zur Verfügung stellen. Im Zeitalter der Mechanik wird Beherrschung von Wissen auf mechanisches Rechnen zurückgeführt.

Kant fasst Kategorien als konstruktive Schemata zur Repräsentation von Wissen auf. Modern gesprochen sind sie die Tools, die wir vor (a priori) jeder konkreten Wissensrepräsentation voraussetzen müssen. Die Einsicht, dass wir unsere Wissensontologien selber entwerfen und bauen, der Grundgedanke des modernen Konstruktivismus, wird von Kant erstmals formuliert.

In der Tradition von **Brentano** und **Husserl** gewinnen aristotelische Wissensontologien erneut große Aktualität. Als typisch für das menschliche Bewusstsein wird der intentionale Akt betont, mit dem wir unsere Aufmerksamkeit auf Erkenntnisobjekte richten. Nur so wird Verstehen möglich, das nicht auf symbolische Repräsentation der Außenwelt reduzierbar ist.

❶ Intentionalität gilt als grundlegendes Unterscheidungsmerkmal des menschlichen Bewusstseins von maschineller Wissensrepräsentation und spielt in der KI-Debatte eine zentrale Rolle.

Typisch für die klassische KI war der **Turing-Test**, wonach das Verhalten eines Computers dann als »intelligent« bezeichnet wurde, wenn es von einer entsprechenden menschlichen Leistung nicht zu unterscheiden war. Dass Computer heute schneller und genauer rechnen und besser Schach spielen, kann tatsächlich kaum noch bestritten werden. Menschen irren aber auch, täuschen, sind ungenau und geben ungefähre Antworten. Das ist nicht nur ein Mangel, sondern zeichnet sie manchmal sogar aus, um sich in unklaren Situationen zurechtzufinden. Jedenfalls müssten diese Reaktionen auch von einer Maschine realisiert werden können.

Was ein Computer ist, hängt nach Turing keineswegs von technischen Standards ab, sondern lässt sich ein für alle Mal logisch-mathematisch durch eine **Turing-Maschine**, den Prototyp eines Computerprogramms mit formalen Programmbefehlen, definieren. Jedes berechenbare Verfahren (Algorithmus) kann durch eine Turing-Maschine realisiert werden (**Churchsche These**). Jedes Turing-Programm lässt sich durch eine universelle Turing-Maschine simulieren. Technisch wird eine universelle Turing-Maschine durch jeden Laptop oder PC annähernd realisiert, da auf diesen Maschinen viele Programme laufen können (*general purpose computer*).

Auf diesem Hintergrund formulierte Turing seine berühmte **KI-These**. Grundlegend ist dabei sein erkenntnistheoretischer Funktionalismus, wonach das menschliche Gehirn der Hardware eines Computers entspricht und der Geist der Software eines Programms. Falls der menschliche Geist, so argumentiert Turing, berechenbar ist, dann kann er nach der Churchschen These durch ein Programm repräsentiert werden, das auf einer universellen Turing-Maschine, also einem hinreichend leistungsstarken Vielzweckcomputer, berechenbar sei. Die klassische KI glaubte nun, dass der menschliche Geist im Sinne des Funktionalismus eines Tages berechenbar ist. Grenzen der Entscheid- und Beweisbarkeit würden nur im Rahmen der Gödelschen Unvollständigkeitssätze

auftreten. Danach gibt es zwar prinzipiell keinen Computer, der alle logisch-mathematischen Wahrheiten beweisen könnte, aber jeder Formalismus ist erweiterbar, um immer reichhaltigere Klassen von Wahrheiten zu erfassen (Mainzer 2003b).

Als sich 1956 führende Computerwissenschaftler, Mathematiker, Psychologen, Linguisten und Philosophen zur **Dartmouth-Konferenz über Maschinenintelligenz** trafen, waren sie von Turings Vision einer denkenden Maschine überzeugt. Abgegrenztes und überschaubares Spezialwissen menschlicher Experten wie z. B. von Ingenieuren und Ärzten sollte für den tagtäglichen Gebrauch zur Verfügung gestellt werden. Dabei wurden häufig aus der Philosophie und Logik wohlbekannte Schlussverfahren, Methoden und Heuristiken implementiert. Marvin Minsky führte Schemata (Frames) zur Wissensrepräsentation ein, die an Kants Schemata der Kategorien erinnern. Wissensontologien werden zu Schlüsselkonzepten der Modellbildung in der Informatik. Clark Glymour stellte daher damals mit Recht fest, dass Künstliche Intelligenz nichts anderes sei als Philosophie auf der Maschine.

Wie soll aber die spezielle Wissensbasis eines Expertensystems mit dem allgemeinen Hintergrundwissen und den unausgesprochenen Erfahrungen und Daumenregeln verbunden werden, die Entscheidungen eines menschlichen Experten beeinflussen (Dreyfus 1989)? In dem ehrgeizigen Computerprogramm **CYC** (abgeleitet vom englischen *encyclopedia*) wurde seit 1984 versucht, das menschliche Alltagswissen wenigstens annähernd in einem wissensbasierten System zu erfassen. Dazu wurden umfangreiche Wissensontologien entwickelt, die im World Wide Web Hintergrundwissen zur Verfügung stellen sollten. Intuitives Alltagswissen, z. B. über das richtige Gefühl für Gas und Kupplung beim Autofahren oder die richtige Ballbehandlung beim Fußball (»Ballgefühl«), lässt sich aber durch formale Regeln nicht programmieren.

Eine weitere Grenze der klassischen KI zeigte sich bei dem Versuch, natürlichsprachige Kommunikation mit regelbasierten Computerprogrammen zu simulieren. 1965 stellte Joseph Weizenbaum das Programm **ELIZA** (in Anspielung auf »My Fair Lady«) vor, in dem der Dialog zwischen einem Psychiater und einer Patientin simuliert wurde. Obwohl Weizenbaum selber sein Programm nicht als intelligent bezeichnete, sorgte es in der Öffentlichkeit für Aufsehen. Grund waren die verblüffenden Fragen und Antworten des Systems, die geradezu Verständnis und Empathie für die Situation einer Patientin zu suggerieren schienen. Tatsächlich handelt es sich um nichts anderes als das Ableiten von syntaktischen Symbollisten in der Programmiersprache **LISP** (steht für *list processing*): Die Programmregeln sind so gewählt, dass sie umgangssprachlichen Unterhaltungsgewohnheiten entsprechen. Auf bestimmte Schlüsselworte und Satzmuster können passende Umstellungen und Einsetzungen vorgenommen werden: Von ToM also keine Spur!

Der amerikanische Philosoph John Searle kritisierte daher, dass Computer prinzipiell nur zu maschinell-symbolischer Symbolverarbeitung fähig seien. Das Verstehen von Bedeutungen setze aber die Intentionalität des menschlichen Gehirns voraus. Stoßen Computermodelle damit an unüberwindliche Grenzen?

8.3 Neue KI: Kognition, Körperlichkeit und mentale Selbstorganisation

Symbolische Repräsentationen sind nicht universell, sondern hängen von sich ändernden Situationen ab. In der Informatik ist die **Situations- und Kontextabhängigkeit** von Wissensrepräsentationen ein zentrales Thema. So benötigt ein Roboter eine symbolische Repräsentation der Außenwelt, die ständig angepasst werden muss (*updating*), wenn die Position des Roboters sich ändert.

Wie kann der Roboter aber unvollständiges Wissen vermeiden? Wie kann er zwischen Realität und seiner Perspektive einer Situation unterscheiden? Menschen benötigen zu ihrer Orientierung weitgehend keine symbolische Repräsentation und kein symbolisches *updating* von Situationen. Sie interagieren körperlich mit ihrer Umwelt. Rationales Handeln in plötzlichen Situationsänderungen wie z. B. im Straßenverkehr hängen nicht von internen Repräsentationen und logischen Schlussfolgerungen ab, sondern von blitzschnellen körperlichen Signalen und Interaktionen. Rationale Gedanken

mit interner symbolischer Repräsentation garantieren kein rationales Handeln.

Wir unterscheiden daher zwischen **formalem** und **körperlichem** Handeln. Schach ist ein formales Spiel mit vollständiger symbolischer Darstellung, präzisen Spielstellungen und formalen Operationen. Demgegenüber ist Fußball ein nichtformales Spiel mit Fähigkeiten, die von körperlichen Interaktionen ohne vollständige Repräsentation von Situationen und Operationen abhängen. Situationen sind nie exakt identisch – wie im wirklichen Leben. Intentionale (d. h. ziel- und absichtsgeleitete) menschliche Fähigkeiten benötigen nach Maurice Merleau-Ponty (1974) keine internen Repräsentationen bzw. symbolischen Beschreibungen im Kopf, sondern verkörperlichen sich in einer optimalen »Gestalt«. Eine solche Gestalt ist z. B. der vollendete Sprung eines Sportlers, der so exakt nie reproduzierbar ist. Er ist Ausdruck körperlicher Intentionalität: Der Körper hat seine eigene Kreativität.

Wie lässt sich aber diese körperliche Kreativität erfassen, die sich offenbar in der Evolution entwickelt hat? Neben der symbolischen Wissensrepräsentation gab es bereits in der Zeit der klassischen KI den Versuch, sich an den Erfolgsrezepten von Natur und Evolution zu orientieren, die ohne symbolische Wissensrepräsentation auskommen. Eine sich selbst reproduzierende Maschine wurde lange Zeit als unmöglich aufgefasst, bis John von Neumann Ende der 50-er Jahre mathematisch das Gegenteil bewies (von Neumann 1966). Von Neumanns Beweis zeigte, dass nicht die Art der materiellen Bausteine für die Selbstreproduktion grundlegend ist, sondern eine Organisationsstruktur, die eine vollständige Beschreibung von sich selbst enthält und diese Information zur Schaffung neuer Kopien (Klone) verwendet. Das war die Geburtsstunde der Forschungsrichtung des »**Künstlichen Lebens**« (*artificial life*).

Wesentliche Aspekte der Evolution lassen sich bereits mit einfachen zellulären Automaten und **genetischen Algorithmen** darstellen. An genetischen Algorithmen ist bemerkenswert, dass sie aufgrund von Zufallsmechanismen Neues schaffen, selektieren und optimieren. Damit wird eine Schranke aufgehoben, die traditionell als prinzipielle Grenze eines programmgesteuerten Computers verstanden wurde. Nach einem berühmten Einwand der Lady

Lovelace (Ada Byron) könne nämlich ein Computer nie etwas Neues schaffen, also kreativ sein, da alles vorher im Detail programmiert werden müsse.

Allerdings ist ein genetischer Algorithmus zur Schaffung von Neuem vorgegeben. Aber das trifft auch auf die Gesetze der biologischen Evolution zu. Woher stammt der genetische Algorithmus der Evolution? In einer präbiotischen Evolutionsphase entwickelten sich der genetische Kode und die DNA-Programmierung vor der Evolution der Arten, die dieses Programm voraussetzt. Aber auch in der präbiotischen Phase lag ein Prozess zugrunde, der von einigen Biologen als Trial-and-Error-, von anderen als Optimierungsverfahren beschrieben wird. Jedenfalls handelt es sich um einen Algorithmus, der selber einen Algorithmus unter vorgegebenen oder sich verändernden Randbedingungen entwickelte.

Solche **evolutionären Algorithmen** werden bereits in der Technik eingesetzt, um optimale Computerprogramme für Problemlösungen, wie z. B. die optimale Bewegung eines Roboterarms oder einen optimalen Prozessablauf, zu finden. Das Programm wird also vom Programmierer nicht explizit geschrieben, sondern im evolutionären Prozess erzeugt. Wie in der Natur besteht jedoch keine Garantie auf Erfolg. In diesem Fall werden die Organismen durch Computerprogramme dargestellt. Operationen eines evolutionären Algorithmus optimieren Generationen von Computerprogrammen, unter denen sich ein erfolgreiches Exemplar befindet.

Im Prinzip lassen sich zelluläre Automaten und genetische Algorithmen auf einem herkömmlichen Computer simulieren. Das gilt auch für die Lernalgorithmen des Gehirns. Der Architektur des Gehirns besser angepasst sind **Modelle neuronaler Netze**. Wie bei zellulären Automaten handelt es sich um komplexe Systeme von Nervenzellen (Neurone), die untereinander wechselwirken. Neurone erhalten Inputsignale von anderen mit ihnen über Synapsen verbundenen Neuronen. Inputsignale werden im Gehirn durch Botenstoffe (Neurotransmitter) ausgelöst, die in den Synapsen unterschiedlich stark ausgeschüttet werden. Im Modell neuronaler Netze werden Inputsignale daher durch numerische Werte unterschiedlich gewichtet. Wenn die Summe der gewichteten Inputsignale den Schwellenwert eines Neurons überschreitet, dann feuert das Neuron selber ein Signal, das wiederum als Input eines anderen Neurons dienen kann. Wie bei zellulären Automaten verändern die Zellen nach lokalen Regeln ihre binären Mikrozustände (»Feuern« oder »Nichtfeuern«) und erzeugen makroskopische Verschaltungsmuster (Mainzer 1997).

❗ Die Verschaltungsmuster in neuronalen Netzen sind die neuronale Grundlage aller motorischen, perzeptiven und kognitiven Leistungen des Gehirns: Ein einzelnes Neuron denkt und fühlt also nicht. Das ist vielmehr die kollektive Leistung eines neuronalen Clusters von verschalteten und korrelierten Zellen.

Allerdings bildet der Kode aus feuernden und nichtfeuernden Neuronen im Gehirn nur die Maschinen- bzw. Gehirnsprache menschlicher Kognition. Damit daraus ein Gefühl, ein Gedanke oder eine Vorstellung wird, bedarf es einer **neuronalen Selbstorganisation**. Nach dem Stand der Kognitions- und Gehirnforschung gehen wir von komplex sich verschaltenden und interagierenden Arealen und Zellclustern des Gehirns aus, die motorische, kognitive und emotionale Zustände erzeugen. Bewusstsein bezeichnet keine isolierte Substanz, sondern eine Vielzahl von graduell unterschiedlichen kognitiven Zuständen des Gehirns, die von einfachen Wachzuständen und Aufmerksamkeitsgraden über Gedächtnis, Planung und Entscheidung bis zum Selbstbewusstsein reichen. Unterschiedliche Bewusstseinsgrade treten zusammen mit motorischen, sensorischen und kognitiven Zuständen auf, sodass wir z. B. von visuellem Bewusstsein oder bewusstem Nachdenken sprechen.

Typisch ist dabei die **Selbstwahrnehmung** (*self-awareness*) körperlicher, emotionaler und kognitiver Zustände. Das Gehirn kartographiert und repräsentiert nicht nur die Außenwelt durch Wahrnehmung und die topographische Körperoberfläche durch Selbstwahrnehmung (somatosensorische Karten), sondern auch die neurobiologischen Korrelate mentaler Prozesse.

So werden Emotionen neurobiologisch zunächst innerhalb komplexer Netzwerke generiert und prozessiert. Aus thalamoamygdalärer Vernetzung sind emotionale Stimuli bekannt, die eine diffuse und unselektive, aber auch oft nicht bewusst wahrgenommene Veränderung körperlicher Zustände induzieren. Bewusst wahrgenommen werden sie erst, wenn zusätzlich präfrontal-kortikale Areale mit eingeschaltet werden.

> ❶ **Mentalisierung geschieht neurobiologisch durch Verschaltungen von mehreren Gehirnarealen mit neuronalen Clustern, die sich wiederum in komplexen Clustern verschalten können. So kommt es zu Schaltmustern von Schaltmustern von Schaltmustern bis zu hoch komplexen Gehirnzuständen wie dem Selbstbewusstsein, das z. B. das Langzeitgedächtnis mit unserer Lebensgeschichte und Ich-Identität berücksichtigt. Solche Verschaltungsmuster sind aber im Prinzip durch interagierende neuronale Netze zu modellieren.**

Lernalgorithmen neuronaler Netze können nicht nur Muster wiedererkennen, sondern durch Vergleich von Ähnlichkeiten selbstständig neue Zusammenhänge entdecken. Lernalgorithmen erlauben es, sich auf immer neue Situationen einer sich ständig verändernden Umwelt einzustellen, die unmöglich in einem Programm deklarativ mit Regeln in symbolischer Sprache berücksichtigt werden können. Regelbasierte Programme sind zwar starr und unflexibel, aber genau und in jedem Detail kontrollierbar. Diese Form von Hard Computing eignet sich besonders zur Programmierung von Rechenverfahren und der Simulation logischen Denkens, Planens und Entscheidens. Demgegenüber strebt Soft Computing die Simulation des flexiblen und fehlertoleranten Reagierens, Bewegens und Wahrnehmens an, das vor allem mit motorischen und sensorischen Leistungen des Gehirns verbunden ist und als »präintelligent« bezeichnet wird.

In der **Robotik** ist heute die Simulation der flexiblen Bewegungsabläufe von Organismen oder gar des Körperbewusstseins wie bei Menschen eine große Herausforderung. Gehen ist eine komplexe körperliche Selbstorganisation, weitgehend ohne bewusste Zentralsteuerung. Ähnlich bewegen sich Laufroboter einen leichten Abhang hinunter, nur angetrieben durch Gravitation, Trägheit und Stöße, also körperliche Interaktion ohne Programmsteuerung. Komplexe Bewegungsmuster werden in der Natur nicht zentral gesteuert und berechnet, sondern organisieren sich dezentral mit rückgekoppelten neuronalen Netzen. Bewegungswissen wird in unbekanntem Gelände gelernt und prozedural in den Gewichten der Netze gespeichert.

Aber nicht nur »niedrige« motorische Intelligenz, sondern auch »höhere« Formen der Kognition wie z. B. **Denken und Begreifen** entstehen bei körperlicher Interaktion mit der Umgebung durch sensorisch-motorische Koordination weitgehend ohne bewusste sprachliche Repräsentationen. Ein Kleinkind, das noch keine Sprache beherrscht, lernt, Objekte zu kategorisieren und Begriffe zu bilden, indem es Dinge berührt, ergreift, manipuliert, fühlt, schmeckt, belauscht – und nicht durch symbolische Beschreibungen. Kategorien (z. B. Puppe, Baustein, Ball) hängen von den gelernten Prototypen ab, sind daher *fuzzy* und ändern sich durch andere Erfahrungen im Lauf des Lebens.

Entwicklungspsychologisch entstehen nicht nur kognitive Repräsentationen und Kategorisierungen der Außenwelt durch körperliche Interaktion. Auch soziale und emotionale Entwicklungen werden damit erklärbar. So gibt die empathische Reaktion einer Mutter dem Kleinkind ein Feedback über den eigenen emotionalen Zustand. Das Kind wird sich damit nicht nur seiner eigenen Emotionen bewusst, sondern korreliert sie auch zu anderen Personen. Ein neurobiologisches Repräsentationsmodell für Emotionen entsteht, das auf andere Personen übertragbar ist: Ein Kind lernt, Mitleid mit anderen Menschen zu empfinden. Damit werden **Mentalisierungsvorgänge** erklärbar, wie sie die ToM beschreibt (Förstl 2005, S. 115). Sie trifft den Kern menschlicher Sozialität und sittlichen Verhaltens.

> ❶ **Geist (englisch: *mind*) ist keine, wie der cartesische Dualismus glaubte, losgelöste Substanz, die dem Körper (englisch: *body*) gegenübersteht und, wie die klassische KI glaubte, durch symbolische Wissensrepräsentation erfassbar ist.**

Die kognitiven Fähigkeiten des Menschen sind wesentlich durch seinen Organismus geprägt, der in der Evolution entstand. Man spricht daher in der Kognitionsforschung von *embodied mind* (»verkörperlichter Geist«). Die Prinzipien von *embodied mind* werden mittlerweile auch in der Robotik angewendet. In *embodied robotics* werden Roboter mit sensorischer, motorischer und neuronaler Ausstattung untersucht, die im Laufe von Experimenten Erfahrungen sammeln, Verhaltensmuster und kognitive Fähigkeiten ausbilden.

Ein Roboter mit visuellen, haptischen und motorischen Systemen wie Kamera, Greifern und Rädern soll etwa verschiedene Objekte sammeln und zu einem Depot bringen. Dazu muss er vorher die gewünschten Objekte mit unterschiedlich gemusterten Oberflächen unterscheiden und kategorisieren lernen. Sensorische Netzwerke empfangen Inputs von Sensoren. Die sensorischen Netzwerke sind mit Aufmerksamkeits- und Eigenschaftskarten von entsprechenden Netzwerken verbunden, die zusammen mit den ausführenden Organen (Effektoren) eine sensorisch-motorische Rückkopplungsschleife bilden. Eine Karte mit übergeordneten Zielen und Absichten des Roboters moduliert die selbstorganisiert ablaufenden Interaktionen der einzelnen Module in den visuellen, haptischen und motorischen Systemen (Pfeifer u. Scheier 1999).

Körpersprache wie Mimik und Erkennen von Gesichtsausdrücken wird bei Robotern ebenfalls durch Mustererkennung neuronaler Netze möglich. So wird auch **nonverbale Kommunikation** technisch realisierbar. Im *affective computing* simulieren neuronale Netze die Veränderung von Gefühlszuständen (Picard 1997). Regelbasierte Darstellungen fassen Emotionen als Reaktionen auf unterschiedliche Situationen und Bedingungen auf. Alle Reaktionen und Situationen müssen dazu allerdings im Programm berücksichtigt sein. Konnektionistische Modelle von Emotionen berücksichtigen die zeitliche Dynamik emotionaler Interaktionen. Man nimmt nach Antonio Damasio prototypische Grundzustände von Emotionen wie z. B. Angst, Freude, Trauer, Enttäuschung oder Ekel an, die wie Neurone als sich verstärkende oder hemmende Einheiten wirken. Emotionen entstehen so als Zustände in einem Netz. Zusammen mit hormonellen, physiologischen und kognitiven Einflüssen bestimmen die wechselwirkenden Prototypen die Intensität eines emotionalen Zustands in Abhängigkeit von früheren Zuständen. Damit wird im Prinzip, wenn auch stark vereinfacht, eine neu-

ronale Dynamik moduliert, die sich bei uns Menschen im **limbischen System** abspielt.

❗ **Das limbische System ist mit allen sensorischen und motorischen Systemen des menschlichen Organismus vernetzt, sodass sich nichts abspielt, was nicht auch emotional unterfüttert ist. Emotionen dominieren den Menschen, sodass mit Recht von seiner emotionalen Intelligenz gesprochen wird.**

Neuronale Netze, Lernalgorithmen und evolutionäre Algorithmen werden als wesentliche Technik des Soft Computing verstanden, die sich bei der Simulation präintelligenter und prozeduraler Aufgaben ohne symbolische Regelrepräsentation bewährt haben. Aber auch die **Fuzzylogik** ist ein Beispiel für fehlertolerante Informationsverarbeitung durch Menschen und wird daher dem Soft Computing zugeordnet (Mainzer 1999).

Bis in die 90-er Jahre galten neuronale Netze und zelluläre Automaten nur als Modelle, die letztlich auf die Simulation mit konventionellen Computern angewiesen sind. Die technische Revolution in der Entwicklung von Mikroprozessoren und Sensoren macht es möglich, sie zu bauen. Offenbar arbeiten menschliche und tierische Gehirne nicht nur auf der digitalen Basis feuernder und nichtfeuernder Neurone, sondern auch aufgrund analoger Signalverarbeitung von Sensorzellen. Wahrnehmungsorgane nehmen kontinuierliche Tast-, Wärme-, Schall- oder Lichtreize wahr, die technisch analoger Signalverarbeitung mit Sensoren entsprechen. **Analoge zelluläre Computer** verbinden analoge und digitale Informationsverarbeitung. Auf Chipgröße miniaturisiert (z. B. CNN, *cellular neural networks*) erreichen sie heute bereits die Leistung von Supercomputern. Wenn wir berücksichtigen, dass Chips überall in unserer Umwelt verteilt sind (und sein werden), ahnen wir die zentrale Rolle, die analoge zelluläre Computer sich anschicken, in unserer Lebenswelt einzunehmen.

Damit zeichnen sich Szenarien ab, die bisher nur aus Sciencefiction bekannt waren – wie z. B. Cyborgs (*cybernetic organisms*) als die Vision von Gehirnen mit implantierten Chips für Direktanschluss an Computer. Technisch vorstellbar sind neuronale Netze, die gemessene Datenmuster von z. B. EEG-Signalen erkennen, die mit kognitions- und Bewusstseinszuständen verbunden sind. So könnten durch Vorstellungen im Gehirn über zwischengeschaltete neuronale Netze Aktivitäten in der Außenwelt telematisch (kabellos) ausgelöst werden. Denkbar wird aber auch das Abscannen von neuronalen Aktivitätsmustern und Downloaden eines kompletten Gehirns in einem Supercomputer. Turings Vision einer universellen Turing-Maschine zur Simulation des menschlichen Gehirns wäre technische Wirklichkeit.

Damit stellt sich die Frage, ob **Gedanken, Gefühle und Wille** berechenbar sind. Traditionell werden Willensentscheidungen mit Bewusstsein verbunden. So geht die Rechtsprechung davon aus, dass Verantwortung für Handlungen nur bei bewusster Willensentscheidung vorliegt. Tatsächlich liegen allen unseren Handlungen aber, wie wir erst seit einigen Jahren aus der Gehirnforschung wissen, unbewusste Impulse zugrunde (Freeman 2004). Mit einem winzigen Zeitintervall lassen sich vor jeder motorischen und kognitiven Aktion im limbischen System Aktionspotenziale messen, mit denen Handlungen ausgelöst werden. Die bewusste Entscheidung erscheint nur noch wie eine nachträgliche Registratur einer Handlung durch den Verstand, die längst entschieden ist und bereits abläuft. Einige haben daraus geschlossen, dass Gehirn sei ein determiniertes System und die Willensfreiheit als metaphysisches Relikt zu verabschieden. Wie das Beispiel der Rechtsprechung zeigt, hätte diese Interpretation weit reichende Folgen für Kultur und Gesellschaft.

Hier sollten wir vorsichtig sein. Die Experimente bestätigen zunächst nur, dass alle unsere Handlungen bewusst oder unbewusst absichtsgeleitet (intentional) sind. Die zugrunde liegenden Intentionen sind, wie die Libet-Experimente (Libet 1985) gezeigt haben, im Gehirn tatsächlich messbar. Dieses Bereitschaftspotenzial gibt quasi die Initialzündung und bereitet den Organismus auf alle physiologischen, motorischen und sensorischen Prozesse vor, die an einer Handlung beteiligt sind. Damit ist keineswegs ausgeschlossen, dass wir uns bewusst auch anders entscheiden können.

Menschen haben im Lauf ihrer Evolution und Geschichte Regeln des sittlichen Zusammenlebens entwickelt, an denen sie sich orientieren sollen. Die Einsicht in diese Regeln nennen wir traditionell »Vernunft«. Die Fähigkeit zu dieser Einsicht wird neurobiologisch durch entsprechende neokortikale Areale möglich, mit denen wir bewusst Einspruch gegen unsere ursprünglichen Neigungen erheben können, die im Bereitschaftspotenzial vorbereitet werden. Entscheidungsfreiheit und die damit verbundene Verantwortung ist ein soziales Konstrukt, das aber durchaus über entsprechende neurobiologische Korrelate verfügt. So setzt Verantwortung voraus, dass sich jemand in seine Mitmenschen hineinversetzen kann, also **Empathiefähigkeit** entwickelt.

❗ ToM untersucht die neurobiologischen und neuropsychologischen Voraussetzungen sittlichen Verhaltens. Die Experimente unterstreichen nur noch einmal, dass alle unsere Handlungen im limbischen System vorbereitet werden. Menschen müssen daher über ihre Emotionen und Motivationen erreicht werden und nicht alleine – wie willenlose Computer – durch Computerprogramme. Andererseits sind sie neurobiologisch zu sittlichem und verantwortungsvollem Handeln fähig. Der traditionelle Konflikt von Vernunft und Neigung hat also seine neurobiologischen Korrelate, wird aber neurobiologisch nicht aufgehoben oder entschieden.

Vom Standpunkt der Gehirnforschung entsprechen Gedanken, Gefühle und Willensentscheidungen komplexen Verschaltungsmustern von Neuronen, die den Musterbildungen zellulärer Automaten durchaus vergleichbar sind. In beiden Fällen sind die lokalen Verschaltungsregeln der Zellen eindeutig definiert, sehr einfach und wohlbekannt. Aus der mathematischen Theorie zellulärer Automaten wissen wir aber, dass dennoch komplexe Musterbildungen unberechenbar und unentscheidbar werden können. In solchen Fällen müssen wir buchstäblich abwarten, wie sich das System entwickelt, ob es stoppt oder sich weiterentwickelt. Als **Turings Stopp-Problem** ist dieses Phänomen aus der Theorie der Berechenbarkeit wohl bekannt.

Davon zu unterscheiden sind deterministische Systeme der Physik, die bereits bei Wechselwirkungen von mehr als zwei Körpern (**Poincarés Mehrkörperproblem**) zu langfristig chaotischen und nicht mehr voraussagbaren Entwicklungen führen. In diesem Fall ist die zukünftige Entwicklung (im Unterschied zu Turings Stopp-Problem) zwar im Prinzip mathematisch eindeutig entscheidbar, aber wegen der exponenziell divergierenden Entwicklungsmöglichkeiten aufgrund kleinster Abweichungen von Anfangszuständen praktisch nicht möglich. In beiden Fällen entwickeln jedenfalls komplexe Systeme eine nicht kontrollierbare Eigendynamik (Mainzer 2004a).

Obwohl jedes Neuron nach definiten Regeln (z. B. Hebbsche Regeln) verschaltet ist, könnten ebenso neuronale Verschaltungsmuster eine komplexe Eigendynamik entwickeln, die nicht in allen Details praktisch oder prinzipiell voraussagbar ist. Hinzu kommt, dass das Gehirn mit ständigem Rauschen verbunden ist und daher mathematisch besser einem stochastischen System als einem zellulären Automaten entspricht. Selbst wenn das Gehirn also als technisches System gebaut werden könnte, müssten wir mit einer Eigendynamik rechnen, wie wir sie auch von Menschen kennen. Das Gehirn wird ohne Zweifel einmal durch ein geeignetes komplexes System mit all seiner Eigendynamik und seinen chaotischen Zuständen als Computermodell (*computational brain*) darstellbar sein. Ein komplexes System wie z. B. das Klima mit seiner Eigendynamik und seinen chaotischen Zuständen ist heute bereits computergestützt im digitalen Modell darstellbar. Damit sind solche Systeme mit allen ihren Turbulenzen aber längst nicht berechenbar (*computable*) und in allen Details kontrollierbar.

Wie frei allerdings unser Wille in einer konkreten Situation tatsächlich war, bleibt dann noch einmal eine andere Frage, die durch detaillierte Forschungen der Neurobiologie, Psychologie und Sozialwissenschaften näher untersucht werden müsste. Diese Ergebnisse müssten auch in unserem Rechtssystem berücksichtigt werden. Damit stellt sich abschließend die Frage, was ein technisches System mit der Eigendynamik eines menschlichen Gehirns überhaupt bringen soll. In absehbarer Zukunft sind Vorstufen denkbar, in denen menschlich wirkende **Roboter für soziale Aufgaben** eingesetzt werden. Freundlich wirkende Roboter-Empfangsdamen auf der Expo 2005 in Japan geben davon einen ersten Eindruck: Sie geben Auskunft in mehreren Sprachen und beherrschen einige höflich wirkende Gesten, die allerdings noch vorprogrammiert sind. Mimikroboter wie Kisme vom MIT verfügen über bewegliche Augen, Brauen und Gesichtszüge, um verschiedene Emotionen zu signalisieren. Sie werden bereits in Therapien für autistische Kinder eingesetzt. Die japanische Robotikindustrie sieht einen realen Markt in der Altenfürsorge ihrer dramatisch überalternden Gesellschaft, in der die Arbeitskraft junger Menschen knapp und teuer wird.

Fazit

Autonome und sich selbst organisierende emotionale Systeme werden zwar nach heutigem technischem Stand noch lange auf sich warten lassen, sind aber theoretisch und technisch nicht auszuschließen. *Affective computing* ist weltweit ein zentrales Forschungsthema von Informatik und Robotik. Eines Tages wird es m. E. emotionale Roboter geben, und die Gesellschaft wird sich nicht mehr vorstellen können, wie sie ohne sie funktionieren konnte. Roboter müssen menschlicher werden, damit man leichter mit ihnen kommunizieren kann. Schließlich sollen sie unsere Helfer und Partner werden. Wie weit sollten wir aber bei ihrer Entwicklung gehen? Sollten wir damit leben, dass solche Systeme eine eigene Selbstidentität und Intentionalität entwickeln und damit »Personen« würden? Sie wären dann keine »seelenlosen« Zombies, sondern würden sich nach Gesetzen der Evolution entwickeln. Sie hätten ihre eigene Intimität, die aber u.U. nicht die unsrige wäre. Wir können nur darüber spekulieren, was wäre, wenn ihre neuronalen Netze keine Empathie im Sinne von ToM entwickeln würden. Das können wir auch einfacher, menschlicher und heute bereits haben, indem wir unsere Kinder fördern, besser ausbilden und ihnen eine gute Zukunft eröffnen. Steven Spielbergs Sciencefiction-Film »AI – Artificial Intelligence« zeigt uns die Zukunft einer High-Tech-Roboterzivilisation, in der Menschen hochbetagt als körperliche und seelische Krüppel enden. Empathie empfinden in diesem Film nur die Roboter – mit sich und den verbliebenen Menschen, die – wie es in einem Kriterienkatalog von ToM heißt – unter »emotionaler Verflachung« und »Vergröberung des Sozialverhaltens« leiden.

8.4   KI, ToM und menschliche Person

Die Evolution hat unter verschiedenen Lebensbedingungen auf dieser Erde unterschiedliche Formen intelligenter Organismen hervorgebracht. Grundlagen sind Biochemie und Nervensysteme wachsender Komplexität, die selbstständige Anpassung, Lernen und Veränderung der Umwelt erlauben. In der Technik wurden Computer mit wachsender Rechenleistung entwickelt. Auf unterschiedlicher technischer Grundlage vollbringen sie mit verschiedenen Methoden Leistungen, die wir bei Menschen und Tieren präintelligent oder intelligent nennen würden.

Tatsächlich sind Menschen und die uns bekannten Tierformen selbst nur Beispiele intelligenter Systeme, die sich auf dieser Erde mehr oder weniger zufällig unter verschiedenen Nebenbedingungen entwickelt haben. Die Gesetze der Evolution haben und hätten auch andere Formen zugelassen. Von Hominiden, anderen Primaten und ihrer Entwicklung von ToM wird in diesem Buch berichtet. Die Beschränkung intelligenter Systeme z. B. auf uns Menschen auf dieser Erde wäre daher so, als würden wir wie zur Zeit des Aristoteles die Erde in den Mittelpunkt stellen und die Gesetze der Physik darauf reduzieren. Die kopernikanische Wende neuzeitlicher Wissenschaft bestand darin, dass Gesetze für Systeme gefunden wurden, die unter geeigneten Nebenbedingungen überall im Universum gelten.

In der KI-Forschung geht es daher um die Gesetze intelligenter Systeme, die sich unter unterschiedlichen Bedingungen und Voraussetzungen technisch realisieren lassen (Mainzer 2003a). Die traditionelle KI-Forschung war demgegenüber auf den Menschen fixiert, an dessen Intelligenz die Leistungen von Computern gemessen werden sollten. Das wäre aber so, als hätte sich die Technik bei der Bewegung auf die Simulation des Laufens auf Beinen, beim Flug auf das Flügelschlagen der Vögel oder beim Sprechen auf die Vorgänge im Kehlkopf des Menschen beschränkt. Der Erfolg in der Technik setzte erst dann ein, als für diese Beispiele die Gesetze der Mechanik, Aerodynamik, Elektrodynamik und Akustik erkannt waren und die Entwicklung von z. B. Automobilen, Flugzeugen oder Stimmensynthezisern mit teilweise völlig anderen Lösungen der Probleme einsetzte, als sie die faktische Evolution auf diesem Planeten gefunden hat (Mainzer 2004b).

Wir haben zwar bis heute keine abschließende **Theorie intelligenter Systeme**, sondern nur Beispiele und bestenfalls Teiltheorien von biologischen, neuronalen und kognitiven Systemen, Computern, Populationen und Gesellschaften mit mehr oder weniger intelligenten Eigenschaften. Das ist aber keineswegs eine Ausnahme zeitgenössischer Wissenschaft. Auch in der Physik besitzen wir noch keine abschließende vereinigte Theorie (*unified theory*) aller physikalischen Kräfte, sondern kennen nur mehr oder weniger genau einige Eigenschaften, die eine solche Theorie haben würde. Dennoch arbeiten Hochenergiephysiker, Kosmologen und Materialforscher mit Teilen dieser unfertigen Theorie äußerst erfolgreich. Diese Situation entspricht dem Stand der interdisziplinären Erforschung und Entwicklung der KI und Kognitionsforschung. Wir wissen, dass Intelligenz etwas mit Lernfähigkeit, Anpassung, Abstraktionsvermögen und schöpferischem Denken zu tun hat, aber auch mit präintelligenten Fähigkeiten des Körpers und sozialer Interaktion. Diese Fähigkeiten sind eng mit den jeweiligen Organismen verbunden. Wir sprechen daher auch von *embodied mind* und *embodied robotics*. Um alle diese Facetten in einem Ansatz zusammenzufassen, bedarf es der fachübergreifenden Zusammenarbeit von Computer-, Natur-, Sozial- und Geisteswissenschaften. Wir werden KI als Dienstleistung benötigen, damit eine immer komplexer werdende Welt uns nicht aus dem Ruder läuft.

Ebenso gibt es bis heute keine einheitliche **Theorie der Emotionalität**. Wir kennen aber einzelne Komponenten aus biologischer, psychologischer und sozialer Sicht. Gemeint sind z. B. neurobiologische Korrelate des Gehirns, physiologische Abläufe des Körpers, selbsteingeschätzte individuelle und subjektive Gefühlszustände, Mimik und Verhaltensweisen, die auf verschiedenen Beobachtungs- und Beschreibungsebenen gemessen und korreliert werden müssen. Dennoch wird mit dieser unfertigen Theorie in der Psychotherapie gearbeitet: So funktioniert Wissenschaft – in der Physik und KI ebenso wie in der Psychologie und

Neurobiologie. Die ToM sucht nach den gemeinsamen Gesetzen der sozialen Mentalisierung, d. h. des selbstreflexiven Umgangs mit der emotionalen Selbstwahrnehmung und der Wahrnehmung von Partnern. Auf dieser neurobiologischen und neuropsychologischen Grundlage werden Sozialität und sittliches Verhalten erklärbar. Denkbar werden aber auch Anwendungen für die soziale Interaktion und Kommunikation mit technischen Systemen, die unsere Helfer und Partner werden sollen.

Fazit

Der Mensch steht zwar nicht im Zentrum des Universums und der Evolution, aber seiner Geschichte und Kultur. Wenn wir von menschlicher Person sprechen, dann meinen wir diese Geschichtlichkeit, Selbstidentität, Intentionalität und Einbettung in eine soziale und kulturelle Identität. Für KI, Kognitionsforschung und Informatik heißt das, den Menschen als Selbstzweck zu achten und zum Maßstab der Technik zu machen. Das ist ein Postulat der praktischen Vernunft, das sich in der Evolution und Geschichte der Menschheit entwickelt und bewährt hat. Im Prinzip sind zwar technische Systeme denkbar, die ebenfalls eine Eigendynamik mit eigener Selbstidentität entwickeln. Sie hätten aber eine eigene Identität und Intimität, die nicht die unsrige wäre. Warum sollten wir eine solche Entwicklung einleiten? KI-, Bio- und Kommunikationstechnologie sind als Dienstleistung am Menschen zu entwickeln, um in der Tradition der Medizin heilen und helfen zu können.

Das ist eine andere Vision als der Sciencefiction-Traum, der sich technischer Eigendynamik mit steigender Rechenkapazität und Hoffnung auf ewiges Glück, Gesundheit und Unsterblichkeit überlassen will. Dazu bedarf es aber sittlicher Normen und Regulativen der Vernunft. Wir sollten uns nicht der Eigendynamik und dem Zufallsspiel der Evolution überlassen und den Status quo unserer unzulänglichen Natur akzeptieren. Zur Würde des Menschen gehört die Möglichkeit, in seine Zukunft eingreifen zu können. Es sollte daher in unserer Hand liegen zu entscheiden, wer wir sind, was wir bleiben und was wir an Computern und künstlicher Intelligenz neben uns brauchen und dulden wollen.

Literatur

Dreyfus HL (1989) Was Computer nicht können. Die Grenzen künstlicher Intelligenz. Athenäum, Frankfurt

Förstl H (2005) Frontalhirn. Funktionen und Erkrankungen, 2. Aufl. Springer, Berlin Heidelberg New York

Freeman WJ (2004) How and why brains create meaning from sensory information. Int J Bifurcation Chaos 14: 515-530

Libet B (1985) Unconscious cerebral initiative and the role of conscious will in voluntary action. Behav Brain Sci 8: 529–566

Mainzer K (1995) Computer – Neue Flügel des Geistes? 2. Aufl. de Gruyter, Berlin

Mainzer K (1997) Gehirn, Computer, Komplexität. Springer, Berlin Heidelberg New York

Mainzer K (1999) Computernetze und virtuelle Realität. Leben in der Wissensgesellschaft. Springer, Berlin Heidelberg New York

Mainzer K (2003a) KI – Künstliche Intelligenz. Grundlagen intelligenter Systeme. Wissenschaftliche Buchgesellschaft, Darmstadt

Mainzer K (2003b) Computerphilosophie. Junius-Verlag, Hamburg

Mainzer K (2004a) Thinking in complexity. The computational dynamics of matter, mind, and mankind, 4th edn. Springer, New York

Mainzer K (2004b) Im Zeitalter der denkenden Maschinen. MIT Technology Review (Dt. Ausgabe) Nr. 2 Februar: 100-104

Merleau-Ponty M (1974) Phänomenologie der Wahrnehmung. Suhrkamp, Frankfurt am Main

Neumann J v (1966) Theory of self-reproducing automata. University of Illinois Press, Urbana, IL

Pfeifer R, Scheier C (1999) Understanding intelligence. MIT Press, Cambridge, MA

Picard R (1997) Affective computing. MIT Press, Cambridge, MA

Selbst, Gehirn und Umwelt – konzeptuelle und empirische Befunde zum selbstbezogenen Processing

Georg Northoff

9.1   Konzepte des Selbst

Die Frage nach dem Selbst ist eines der virulentes-ten Probleme in der Philosophie, der Psychologie und seit kurzem auch in den Neurowissenschaften. Im europäischen Sprachraum postulierte Kant ein sog. **transzendentales Selbst**, das er als abstrak-tes und in dieser Form nicht erlebbares Konzept charakterisierte und welches allen Erlebnissen von uns selber, dem sog. empirischen Selbst, und der Umwelt zugrunde liegt. Das transzendentale Selbst ist somit eine notwendige Voraussetzung für das empirische Selbst und unsere Erkenntnis der Umwelt.

Von amerikanischer Seite hat W. James unter-schieden zwischen

- einem physikalischen Selbst,
- einem mentalen Selbst und
- einem spirituellen bzw. geistigen Selbst.

Diese Unterscheidungen scheinen in den gegen-wärtigen Konzepten des Selbst, wie sie vor allem in den Neurowissenschaften diskutiert werden, wie-der zu erscheinen. Damasio (1999) und Panksepp (1998, 2003) sprechen von einem so genannten **Proto-Selbst** in der sensorischen und motorischen Domäne, welches der Beschreibung des physika-lischen Selbst von James sehr nahe kommt. Wei-terhin schlagen andere Autoren wie z. B. Gallagher (2000) ein sog. **minimales Selbst** vor bzw. ein core **oder mentales Selbst** (Damasio 1999), welche mehr oder weniger mit dem Konzept des mentalen Selbst von James korrespondieren. Das von James postu-lierte Konzept des spirituellen oder geistigen Selbst scheint dem von Damasio vorgeschlagenen **auto-biographischen** Selbst oder Gallaghers **narrativem** Selbst sehr ähnlich zu sein.

Die oben dargestellten Konzepte des Selbst dif-ferieren im Hinblick auf die Inhalte und die ihnen zugrunde liegenden verschiedenen **Domänen**. Das Proto-Selbst setzt die Domänen des Körpers vor-aus, wohingegen das autobiographische Selbst die Domänen des Gedächtnisses und der Erinnerung impliziert. Andere Konzepte des Selbst, wie das **emotionale** Selbst, das **räumliche** Selbst, das **faziale** bzw. Gesichts-Selbst, das **verbale** oder interpretie-rende Selbst und das **soziale** Selbst setzen ebenfalls die entsprechenden Domänen voraus. Es bleibt

allerdings unklar, was diesen verschiedenen Kon-zepten des Selbst gemeinsam ist, und was es uns erlaubt, in allen diesen Fällen von einem Selbst zu sprechen.

Aus empirischer Sicht muss hier möglicher-weise ein gemeinsamer basaler psychologischer Prozess angenommen werden, der den verschie-denen Konzepten des Selbst und dessen schein-barer Manifestation in verschiedenen Domänen zugrunde liegt. An die Stelle eines inhaltlich bzw. domänenbezogenen Konzepts des Selbst rückt dann ein **prozessuales** Konzept des Selbst, welches nicht mehr durch bestimmte Inhalte bzw. Domä-nen definiert wird, sondern durch einen spezi-fischen Prozess.

Wie aber könnte ein solcher basaler Prozess des Selbst aussehen? Wie kann er charakterisiert werden? Und liegen hierfür empirische Evidenzen vor? Basierend auf eigenen und anderen Arbeiten wird im Folgenden vorgeschlagen, dass ein solcher gemeinsamer zugrunde liegender Prozess das sog. **selbstbezogene Processing** (SBP) sein könnte. Das Ziel des Beitrags ist, das SBP in konzeptueller und empirischer Hinsicht näher zu beleuchten. Daher erfolgt in einem ersten Schritt eine Definition des Konzepts des SBP. Dabei wird das Konzept des SBP durch die Herstellung einer Beziehung zwi-schen Organismus und Umweltstimuli definiert, d. h. durch eine Relation. In einem zweiten Schritt werden empirische Evidenzen für das SBP ange-führt. Empirisch liegen starke Evidenzen dafür vor, dass das SBP mit neuronaler Aktivität in v. a. den medialen Regionen des Kortex des Gehirns zusam-menhängt, den so genannten kortikalen Mid-line-Strukturen (KMS). Abschließend werden die Implikationen des SBP für das Konzept des Selbst diskutiert.

9.2   Konzept des SBP

Es stellt sich die Frage, wodurch der Organismus in der Lage ist, sich einerseits auf die Umwelt zu beziehen und andererseits die Umwelt auf sich zu beziehen. Hier wählt der Organismus bestimmte Stimuli von der Umwelt aus und bezieht sie auf sich selber. Wodurch kann der Organismus Stimuli der Umwelt, auf die er sich beziehen will, von solchen, auf die er sich nicht beziehen will, unterscheiden? Es kann hier von selbstbezogenem Processing ausgegangen werden, welches im Englischen auch als *self-related processing* bezeichnet wird (Northoff et al. 2006; Northoff u. Bermpohl 2004). In der englischen Übersetzung kommt der Begriff *related* besser zum Ausdruck, denn er beschreibt die Relation zwischen Organismus und Umwelt, die durch diese Art des Processing hergestellt wird. Das SBP zeichnet sich durch vier Charakteristika aus (s. Übersicht).

Da ein solches Konzept der Repräsentation nicht mit der hier vertretenen Form des SBP kompatibel ist, ist es nicht mit der Verknüpfung von SBP und Umwelt mittels der sensomotorischen Funktionen vereinbar (s. Northoff 2004). (Mit dem SBP auf rein kognitiver Ebene wäre es kompatibel, nicht aber, wie hier vertreten, mit dem SBP auf affektiv-präreflexiver Ebene.) Der direkte Kontakt zwischen Organismus und Umwelt mittels des SBP ersetzt somit den indirekten Kontakt zur Umwelt in dem Modell der Repräsentation.

9.3 Empirische Evidenz für das SBP

Die Bedeutung des Konzepts des SBP als zentrales Moment für die Konstitution der Organismus-Umwelt-Relation wurde oben herausgestellt. Wenn ein solcher relationaler Ansatz empirisch plausibel und kompatibel sein soll, sollten empirische Evidenzen für das SBP vorliegen, d. h., bestimmte physiologische bzw. neuronale Prozesse im Organismus und seinem Gehirn sollten in Verknüpfung mit dem SBP gebracht werden können. Im Folgenden werden solche empirischen Evidenzen aus den Neurowissenschaften für das SBP kurz geschildert. Es wird der Frage nachgegangen, welche Prädiktionen für empirische Hypothesen sich aus der oben dargestellten Konzeptualisierung des SBP ergeben und inwieweit diese durch empirische Daten untermauert werden können.

Charakteristika des SBP

1. Das SBP ist genuin relational, d. h., es stellt eine Beziehung zwischen Organismus und Umwelt her in Form von bestimmten Stimuli, auf die sich der Organismus beziehen kann.

2. Das SBP spiegelt sich in einer Erfahrung bzw. dem Erleben des Selbstbezugs von Stimuli wieder – dieses Erleben muss auf einer phänomenalen Ebene angesiedelt werden, im Unterschied zu einer kognitiven Ebene. Es ist ein basales subjektives Erleben eines Bezugs zu bestimmten Gegebenheiten oder Nischen der Umwelt, welche hierdurch eine bestimmte Bedeutung für den jeweiligen Organismus gewinnen.

3. Das SBP kann als eine Manifestation einer selektiv-adaptiven Kopplung zwischen Organismus und Umwelt angesehen werden. Es stellt einen episodischen Kontakt mit der Umwelt her, wodurch sich Organismus und Umwelt hinsichtlich eines bestimmten Stimulus wechselseitig modulieren und determinieren. Das SBP ist selektiv, da es nur bestimmte Stimuli als selbstbezogen auswählt und andere eher vernachlässigt, die nicht selbstbezogen sind. Das SBP ist adaptiv, da es einerseits den Organismus an den Stimulus der Umwelt anpasst und andererseits die Umwelt bzw. die Stimuli an den Organismus.

4. Eine solche selektiv-adaptive Kopplung ersetzt durch die Verknüpfung von SBP und sensomotorischen Funktionen das Modell der Repräsentation der Umwelt im Organismus bzw. in seinem Gehirn. Das v. a. in der analytischen Philosophie des Geistes häufig diskutierte Modell der Repräsentation setzt lediglich eine indirekte Beziehung zwischen Organismus und Umwelt voraus, da letztere nur repräsentiert wird. Es besteht keine direkte Kopplung zwischen Organismus und Umwelt; stattdessen wird die Umwelt im Organismus reproduziert in Form von Repräsentationen. Der Organismus koppelt sich nicht mehr zur Umwelt, sondern repräsentiert die Umwelt in seinen Kognitionen.

9.3.1 Funktionelle Einheit

Das SBP sollte sich über alle sensorischen Modalitäten und Domänen erstrecken und aufgrund dessen möglicherweise in einer eigenen funktionellen Einheit im Gehirn prozessiert werden. Dabei sollte diese eigene funktionelle Einheit einerseits einen engen Bezug zu den verschiedenen sensorischen Modalitäten und Domänen aufweisen und andererseits getrennt und eigenständig von ihnen sein,

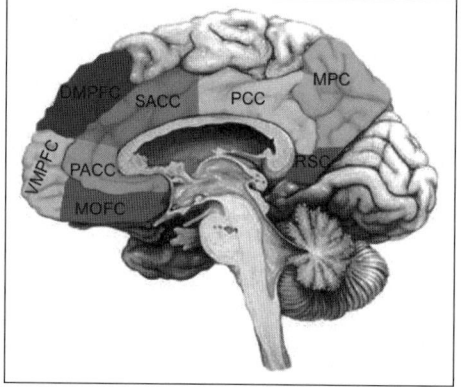

Abb. 9.1. Neuroanatomie der KMS. MOFC medialer orbitofrontaler Kortex, VMPFC ventromedialer präfrontaler Kortex, DMPFC dorsomedialer präfrontaler Kortex, PACC prägenualer anteriorer zingulärer Kortex, SACC supragenualer anteriorer zingulärer Kortex, PCC posteriorer zingulärer Kortex, MPC medial parietaler Kortex, RSC retrosplenialer Kortex. (s. auch Farbtafel am Buchende)

sodass eine Vermischung zwischen basaler Sensorik und Selbstbezug ausgeschlossen ist.

Hierfür liegen in der Tat empirische Evidenzen vor. Das SBP kann möglicherweise mit der neuronalen Aktivität in einer bestimmten Funktionseinheit im Gehirn, den sog. **kortikalen Midline-Strukturen** (KMS), die die medialen Regionen der Hirnrinde umfassen (■ Abb. 9.1), in Zusammenhang gebracht werden. Bei der Zusammenfassung allrer bisherigen bildgebenden Studien zum SBP in einer Metaanalyse zeigte sich eine Konzentration der entsprechenden SBP-Aktivierungen in verschiedenen sensorischen Domänen und Modalitäten in den Medialregionen des Gehirns, den KMS (■ Abb. 9.2). Interessanterweise weisen diese Regionen auch enge bilaterale Verknüpfungen sowohl mit den externen als auch mit den internen Sinnessystemen auf (Northoff u. Bermpohl 2004; Northoff et al. 2006).

9.3.2 Modellierung von Unterschieden

Das SBP müsste eine Modulierung von feinen Unterschieden im Grad des Selbstbezugs und somit des Bezugs zwischen Umwelt und Organismus erlauben. In empirischer Hinsicht würde man hier somit vermuten, dass eine lineare bzw. parametrische Abhängigkeit zwischen dem Grad

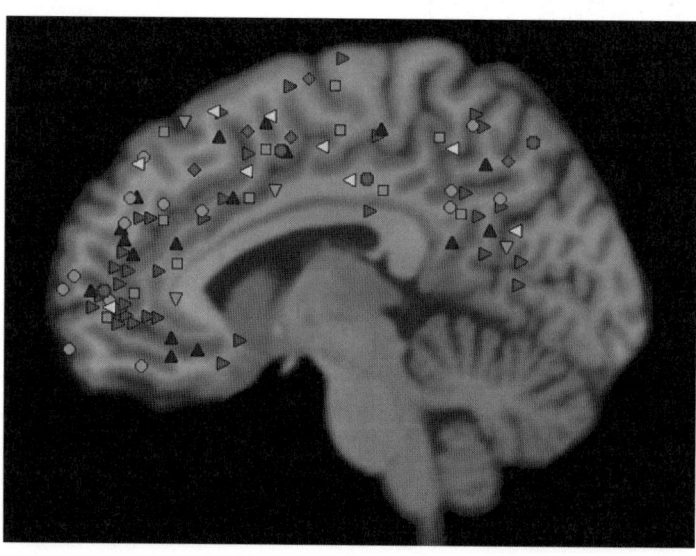

Abb. 9.2. Studien zum Selbstbezug in den verschiedenen Domänen. (s. auch Farbtafel am Buchende)
△ Emotionale Domäne: Selbst > Nicht-Selbst,
▽ Gesichtsdomäne: Selbst > Nicht-Selbst,
□ Erinnerungsdomäne: Selbst > Nicht-Selbst,
◇ motorische Domäne: Selbst > Nicht-Selbst,
◁ soziale Domäne: Selbst > Nicht-Selbst,
○ soziale Domäne: Selbst > Nicht-Selbst,
✚ räumliche Domäne: Selbst > Nicht-Selbst,
▷ verbale Domäne: Selbst > Nicht-Selbst

des Selbstbezugs einerseits und der Intensität der neuronalen Aktivität andererseits besteht.

Dies konnte in einer Studie der eigenen Arbeitsgruppe aufgezeigt werden: Gesunde Probanden mussten emotionale Bilder hinsichtlich ihres Selbstbezugs auf einer visuellen Analogskala zwischen 0 und 10 evaluieren. Die Werte wurden mit der in der funktionellen Kernspintomographie gemessenen neuronalen Aktivität während der Präsentation derselben Bilder korreliert. Dabei zeigte sich eine lineare bzw. parametrische Abhängigkeit der neuronalen Aktivität von dem Grad des Selbstbezugs in genau den oben beschriebenen Regionen, den KMS. Je stärker der Selbstbezug zu den präsentierten emotionalen Bildern war, desto stärker und höher war auch die neuronale Aktivität, die in den KMS beobachtet werden konnte (◘ Abb. 9.3).

9.3.3 Verknüpfung von SBP und Sensomotorik

Zwischen SBP und sensomotorischen Funktionen sollte eine Verknüpfung vorliegen, da ansonsten das SBP isoliert von der Umwelt bliebe. Wäre dies der Fall, so sollten auch motorische Regionen, die an der Konstitution des eigenen Körpers beteiligt sind, einen Selbstbezug aufweisen. Dieses zeigte sich in der oben zitierten Untersuchung (► Kap. 9.3.2). Neben den KMS zeigten auch der **prämotorische** Kortex und der **bilaterale parietale** Kortex eine parametrische bzw. lineare Abhängigkeit vom Grad des Selbstbezugs (◘ Abb. 9.3).

Der prämotorische Kortex ist in die Generierung und Entwicklung von komplexen Handlungen involviert, der bilaterale parietale Kortex stellt eine wichtige Region in der Konstitution der Körperschemata dar. Die Tatsache, dass die neuro-

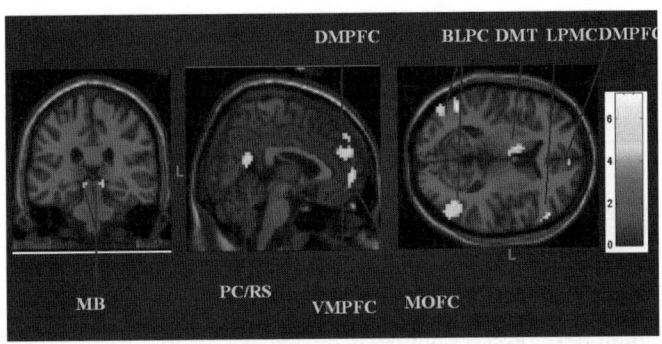

a

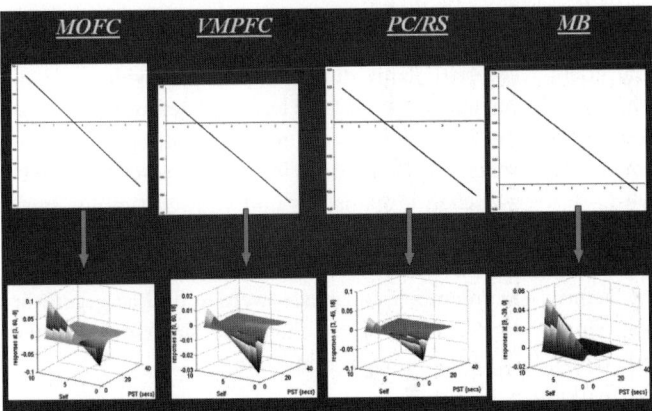

b

◘ **Abb. 9.3 a,b.** Parametrische Abhängigkeit des Selbstbezugs von der neuronalen Aktivität in medialen kortikalen Regionen. **a** Parametrische Regression für Selbstbezug, **b** Regressionskurven und Plots für Selbstbezug als eine Funktion der Signalaktivität im fMRT. *MOFC* medialer orbitofrontaler Kortex, *VMPFC* ventromedialer präfrontaler Kortex, *DMPFC* dorsomedialer präfrontaler Kortex, *PC/RS* posteriorer zingulärer Kortex/Retrosplenium, *MB* Mittelhirn (*midbrain*), *BLPC* bilateraler parietaler Kortex, *DMT* dorsomedialer Thalamus, *LPMC* lateraler prämotorischer Kortex nale Aktivität in diesen beiden Regionen ebenfalls eine parametrische Abhängigkeit vom Grad des Selbstbezugs zeigte, indiziert die enge Verknüpfung zwischen SBP einerseits und Sensomotorik andererseits.

9.3.4 Affektive Komponente

Wenn die Relation des Organismus zur Umwelt in phänomenaler Art und Weise erlebt wird, sollte die affektive bzw. emotionale Komponente eine zentrale Rolle im Selbstbezug spielen. Die emotionale und affektive Komponente sollte umso stärker sein, je stärker der Selbstbezug ist. Der enge Zusammenhang zwischen Emotionen bzw. affektivem Erleben und Selbstbezug konnte werden. Emotionale Bilder wiesen einen stärkeren Selbstbezug auf als nichtemotionale Bilder. Interessanterweise zeigen die Regionen, die beim SBP involviert sind, auch einen Anstieg ihrer neuronalen Aktivität bei emotionalen Stimuli.

9.4 Implikationen des SBP für das Konzept des Selbst

❶ Der Verfasser postuliert, dass das SBP Nukleus bzw. *core* unseres Selbst ist.

Das SBP erlaubt es dem Organismus, eine Beziehung zu bestimmten Ereignissen bzw. Stimuli der Umwelt zu etablieren. Dadurch wird nicht nur eine Relation zwischen Organismus und Umwelt hergestellt, sondern die Stimuli selber verändern ihr Format in der Form, dass sie phänomenal erlebt werden können. Das SBP ist daher möglicherweise die Basis dessen, was als mentales oder *core* Selbst (Damasio 1999), Erfahrungsselbst, präreflektives Selbst oder minimales Selbst bezeichnet wird.

Das Selbst kann somit nicht mehr als isolierte Entität mit separaten Inhalten angesehen werden. Anstelle einer solchen inhaltlich bezogenen Definition muss das Selbst eher prozessual bzw. im Sinne eines Prozesses, des SBP, definiert werden. Das SBP liegt dem Selbst als notwendige empirische Bedingung zugrunde, wodurch das Selbst selber als das

phänomenale Erleben der Organismus-Umwelt-Relation definiert werden kann – phänomenales Erleben, Organismus-Umwelt-Relation und Selbst sind dieser Definition zufolge untrennbar miteinander verknüpft. Das SBP stellt somit die Basis für die Manifestation des Selbst in den verschiedenen Domänen dar, da die entsprechenden Inhalte ohne das SBP gar nicht auf den Organismus bezogen werden könnten. Das SBP ist z. B. mit dem kognitiven Processing verknüpft, wodurch sich das Selbst in der kognitiven Domäne mit den entsprechenden Inhalten manifestieren kann:

- So wird z. B. das von Damasio postulierte erweiterte oder autobiographische Selbst möglicherweise die Verknüpfung von selbstbezogenen Stimuli mit der Domäne des Gedächtnisses und der Erinnerung darstellen.
- Das narrative Selbst oder das dialogische Selbst wird möglicherweise eine Realisierung des SBP in der verbalen Domäne darstellen.
- Ähnlich werden das emotionale Selbst und das räumliche Selbst entsprechende Verknüpfungen des SBP mit der emotionalen bzw. räumlichen Domäne darstellen.

Das SBP muss somit als notwendige Voraussetzung für die Manifestation des Selbst in verschiedenen Domänen angesehen werden. Analog zu Kant ist dass SBP daher als transzendental zu betrachten bzw. als transzendentales Selbst; der Unterschied zu Kant ist jedoch, dass das SBP empirisch fundiert ist und die Beziehung zur Umwelt herstellt, wohingegen Kants transzendentales Selbst ausschließlich logisch fundiert ist und die Erkenntnis der Umwelt ermöglicht.

Das SBP ist nicht nur ein abstraktes Konzept, sondern kann durch empirische Evidenz untermauert werden. Dabei legen die Befunde nahe, dass die KMS hierbei eine zentrale Rolle spielen. Dabei scheinen sie in die Herstellung einer Beziehung zwischen Organismus und Umweltstimulus sowie für die Verknüpfung dieser Beziehung mit einem Gefühl bzw. einer Emotion zentral zu sein. Dieses kann empirisch getestet werden und ist gegenwärtig Gegenstand verschiedener Untersuchungen in der funktionellen Bildgebung.

9.5 Bedeutung des Zusammenhangs zwischen Selbst bzw. SBP und KMS für die Psychiatrie

Depressive Patienten leiden im Extremzustand darunter, dass sie ihr eigenes Selbst nicht mehr fühlen bzw. erleben und ihm keine Emotionen mehr zuordnen können, wodurch sie dann auch die Beziehung zur Umwelt nicht mehr erleben – sie fühlen sich isoliert und abgetrennt von ihrem Kontext. Interessanterweise zeigen depressive Patienten genau in den KMS starke Veränderungen bei emotionaler Stimulation (Northoff et al. 2006).

Leider liegen gegenwärtig keine Studien zur funktionellen Bildgebung des Selbst bei diesen Patienten vor, wodurch die Hypothese eines abnormen Zusammenhangs zwischen KMS und Selbst untermauert werden könnte. Dieses Beispiel deutet aber zumindest an, dass wir durch eine bessere Kenntnis des Zusammenhangs zwischen Selbst und KMS auch die komplexen Veränderungen im Erleben des eigenen Selbst und korrespondierend auch der Umwelt bei psychiatrischen Patienten verstehen können und somit ultimativ möglicherweise auch in der Lage sein werden, diese gezielt psycho- oder pharmakotherapeutisch zu beeinflussen.

Fazit

Das SBP könnte mit der neuronalen Aktivität in den medialen Regionen unseres Gehirns, den so genannten kortikalen Midline-Strukturen, zusammenhängen. Dieses hat nicht nur profunde Implikationen für das Konzept des Selbst und eine zukünftige Neurowissenschaft des SBP, sondern auch für psychiatrische Erkrankungen, z. B. die Depression und die Schizophrenie, wo Störungen des Selbst und der Organismus-Umwelt-Beziehung vom Patienten erlebt werden.

Literatur

Damasio AR (1999) The feeling of what happens: body and emotion in the making of consciousness. Harcourt Brace, New York

Gallagher II (2000) Philosophical conceptions of the self: implications for cognitive science. Trends Cogn Sci 4(1): 14–21

Northoff G (2004) Philosophy of the brain. The brain problem. John Benjamins, Amsterdam

Northoff G, Bermpohl F (2004) Cortical midline structures and the self. Trends Cogn Sci 8(3): 102–107

Northoff G, Heinzel A et al (2004) Reciprocal modulation and attenuation in the prefrontal cortex: an fMRI study on emotional-cognitive interaction. Hum Brain Mapping 21(3): 202–212

Panksepp J (1998) Affective neuroscience: the foundations of human and animal emotions. Oxford University Press, New York

Panksepp J (1998) The periconscious substrates of consciousness: affective states and the evolutionary origins of the self. J Consc Stud 5(5–6): 566–582

Panksepp J (2003) At the interface of the affective, behavioral, and cognitive neurosciences: decoding the emotional feelings of the brain. Brain Cogn 52(1): 4–14

Menschliches Selbstbewusstsein und die Fähigkeit zur Zuschreibung von Einstellungen

Albert Newen und Kai Vogeley

10

10.1 Begriffsbestimmungen und Leitfragen

Um Missverständnisse zu vermeiden, soll zunächst Selbstbewusstsein im **umgangssprachlichen** Sinne abgegrenzt werden. Im Alltag sprechen wir einer Person Selbstbewusstsein zu, wenn wir ein besonders sicheres und couragiertes Auftreten charakterisieren möchten. Dagegen ist mit Selbstbewusstsein im **philosophischen** Sinne die Fähigkeit und der Zustand, ein Bewusstsein von seinen eigenen Zuständen (Eigenschaften oder Prozessen) zu haben, gemeint. Es geht im Folgenden ausschließlich um Selbstbewusstsein im philosophischen Sinne, und dabei insbesondere um ein Bewusstsein von den eigenen mentalen Zuständen. Prinzipiell soll aber hier ein Bewusstsein von eigenen physischen Zuständen, z. B. eigenen Körperzuständen, einbezogen werden; denn eine Person, die ein Bewusstsein davon hat, dass sie ihre Beine über Kreuz geschlagen hat oder dass sie eine schwarze Hose trägt, kann dieses nur haben, wenn sie über eine für Selbstbewusstsein charakteristische Fähigkeit zur **Selbstbezugnahme** verfügt, die wir im Fall von sprachlichen Repräsentationen mit der Verwendung des Wortes »ich« ausdrücken.

Mit Selbstbewusstsein im philosophischen Sinne sind zwei zentrale **Leitfragen** verbunden, nämlich eine epistemische und eine ontologische Frage:

Die epistemische Frage: Haben wir einen privilegierten Zugang zu unseren mentalen Zuständen, sodass nur wir selbst zuverlässig wissen, welche mentalen Zustände wir haben (Newen u. Vosgerau 2005)?

Die ontologische Frage: Gibt es ein Selbst als eine ontologisch eigenständige Entität, oder können wir das Phänomen des Selbstbewusstseins ohne die Annahme eines realen Selbst (als ontologisch eigenständige Entität) erklären?

Eine Entität soll als ontologisch nicht eigenständig bzw. entbehrlich gelten, wenn die Basis für ihre Realisierung vollständig naturalistisch beschreibbar ist. Ontologisch eigenständig bzw. unentbehrlich in diesem Sinne sind z. B. gemäß Descartes die

Res cogitans und gemäß Kant das **transzendentale Ich**. Bei der Beantwortung der Frage, welchen Status das Selbst hat, wird zugleich die Grundlage für die Behandlung der Frage geschaffen, wie sich die Begriffe »Selbst« und »Person« zueinander verhalten. Hier vertreten die Autoren die Position, dass die beiden Begriffe dasselbe bezeichnen, nämlich den Menschen als biologisches Lebewesen mit spezifischen kognitiven Fähigkeiten und einer individuellen Lebensgeschichte. Während mit der Rede von einem **Selbst** betont wird, dass der Mensch über ein Selbstbewusstsein als ein Bewusstsein von eigenen Zuständen (als den eigenen) verfügt, wird mit der Rede von einer **Person** die rechtliche Dimension von Pflichten und Rechten eines Menschen thematisiert.

Damit einher geht die **Frage nach der personalen Identität**: Was sind die Kriterien dafür, dass wir ein und dieselbe Person sind und über die Zeit hinweg bleiben?

Der nachstehende Beitrag behandelt nur die ontologische Frage; es wird für eine naturalistische Position argumentiert und versucht, diese unter Einbeziehung experimenteller Ergebnisse der kognitiven Neurowissenschaften als fruchtbar auszuweisen. Es werden durchaus wichtige Überlegungen aus sprachphilosophischen und phänomenologischen Untersuchungen (Frank 1994; Perry 1979; Tugenthat 1979) zum Selbstbewusstsein übernommen, wobei diese jedoch wesentlich neu in einen kognitionswissenschaftlichen Kontext gestellt werden (Newen u. Vogeley 2000).

10.2 Die sprachlichen Ausdrucksformen: Wesentlich indexikalische Selbstzuschreibungen

Im ersten Schritt wird nun voll ausgeprägtes menschliches Selbstbewusstsein beim gesunden Erwachsenen in den Blick genommen und als ein Merkmal die unmittelbare Selbstbezugnahme herausgearbeitet. Es kann davon ausgegangen werden, dass **reflexives Selbstbewusstsein** vorliegt, wenn jemand einen Ich-Gedanken fasst, und dass ein Ich-Gedanke adäquat durch eine Ich-Äußerung zum Ausdruck gebracht werden kann. Die sprachphilosophischen Merkmale von Ich-Äußerungen geben uns einen Hinweis auf die unmittelbare Selbstbezugnahme, die mit menschlichem Selbstbewusstsein verbunden ist.

Wird reflexives Selbstbewusstsein als Kenntnis des Gedankens aufgefasst, der mit einer Äußerung des Satzes »Ich bin hungrig« ausgedrückt wird, so besteht eine grundlegende Frage darin, wie der Inhalt dieser Ich-Äußerung adäquat zu charakterisieren ist. Dabei lässt sich die nahe liegende Antwort nicht halten, der Inhalt könne durch die bezeichnete Person und die Eigenschaft, hungrig zu sein, vollständig angegeben werden. Dies wird deutlich beim Vergleich der Ich-Äußerung mit anderen Äußerungen über dieselbe Person:

a) Ich bin hungrig. (Geäußert von John Perry)
b) Perry ist hungrig.
c) Der Autor von »The Essential Indexicals" ist hungrig. (Die Kennzeichnung ist attributiv verwendet.)
d) Er ist hungrig. (Begleitet von einer Zeigegeste auf ein Bild von Perry)

Obwohl die von (a) bis (d) ausgedrückten Gedanken alle von derselben Person und derselben faktischen Eigenschaft sprechen, sind die Gedanken verschieden, weil jemand zugleich den von (a) ausgedrückten Ich-Gedanken für wahr und die von (b) bis (d) ausgedrückten Gedanken für falsch halten kann. Diese Aussage stützt sich auf Freges Bedingung für Gedankenverschiedenheit (s. Box).

Bedingung für Gedankenverschiedenheit (Frege 1918/1966)
Die von den Sätzen s1 und s2 ausgedrückten Gedanken G1 und G2 sind verschieden, wenn ein kompetenter Sprecher zugleich den Gedanken G1 für wahr und den Gedanken G2 für falsch halten kann.

Angenommen, der Philosoph John Perry läge nach einem schweren Unfall im Krankenhaus und würde nach längerem Koma an einem Ausfall seines autobiographischen Gedächtnisses leiden, so könnte Folgendes eintreten:

Er kommt zu Bewusstsein und denkt, er selbst sei hungrig. Da er jedoch seinen Namen und seine Schriften vergessen hat, würde er zugleich die Äußerungen (b) und (c) für falsch halten. Es lässt sich sogar vorstellen, dass in seinem Zimmer ein Spiegel so angebracht ist, dass er – da er sogar sein verändertes äußeres Erscheinungsbild in den ersten Augenblicken nicht wiedererkennt – glaubt, es wäre noch eine zweite Person im Zimmer, von der er nichts bezüglich ihres Hungers weiß. Perry könnte in einer solchen Konstellation sogar die Äußerung (d) für falsch halten, obwohl sie faktisch eine Äußerung über ihn selbst ist.

Diese – zugegeben sehr zugespitzten – Beispiele machen deutlich, dass mit Ich-Gedanken eine besondere Weise der Selbstbezugnahme verbunden ist. Ich-Gedanken schließen nämlich eine **unmittelbare** Selbstbezugnahme ein, die ohne eine zusätzliche Identifikation der eigenen Person auskommt, sei es eine Identifikation mittels des Eigennamens (b), durch charakteristische Eigenschaften wie eine Autorenschaft (c) oder sogar mittels einer Zeigegeste (Newen 1997).

Wenn ich einen Ich-Gedanken fasse, dann ist dies ein Gedanke von mir, und zwar unabhängig davon, ob ich mich durch eine Kennzeichnung, einen Namen oder eine demonstrative Geste identifiziere. Wenn die Möglichkeit zur Identifikation des Subjekts bei Ich-Gedanken normalerweise konstitutiv wäre, so würde damit auch die Möglichkeit der Fehlidentifikation einhergehen. Da eine Fehlidentifikation des Subjekts eines Ich-Gedankens nur in Ausnahmefällen auftritt, ist bei Ich-Gedanken auch keine Identifikation im Spiel. Shoemaker (1963) hält dies sogar prinzipiell für unmöglich und spricht diesbezüglich von der Irrtumsimmunität bezüglich Fehlidentifizierungen des Subjekts (*immunity to error through misidentification*).

Bei Ich-Gedanken der Form »Ich F« kann man sich klarerweise über die Eigenschaft F täuschen, die man sich zuschreibt, nicht aber darüber, dass es ein Gedanke über einen selbst ist. Bei der Diskussion der ToM-Paradigmen werden die Autoren darauf hinweisen, dass in Fällen von Schizophrenie die Behauptung etwas differenziert werden muss: Es sind dann eine identifikationsfreie und eine identifizierende Zugangsweise zu den eigenen Gedanken zu unterscheiden.

Auch wenn für eine erste Charakteristik von voll ausgeprägtem Selbstbewusstsein nur sprachliche Äußerungen in den Blick genommen wurden, so soll keineswegs eine **Sprachabhängigkeit von Ich-Gedanken** als Voraussetzung angenommen werden, zumal Sprachvermögen eine sehr komplexe kognitive Fähigkeit darstellt. Damit würden alle nichtsprachbegabten Wesen von der Fähigkeit, Selbstbewusstsein zu haben, von vornherein ausgeschlossen. In den sprachphilosophischen Untersuchungen zum Selbstbewusstsein mangelt es zudem an einer theoretischen Erklärung für die Entwicklung des Selbstbewusstseins. Dies führt gemäß Bermúdez zum Paradox des Selbstbewusstseins (s. Box).

Box

Paradox des Selbstbewusstseins (Bermúdez 1998, 2000)
Die Fähigkeit, Ich-Gedanken zu fassen, ist eine Bedingung für eine angemessene Verwendung von Ich-Äußerungen, und deshalb kann die Fähigkeit, Ich-Gedanken zu fassen, nicht mit Hilfe der Fähigkeit, Ich-Äußerungen machen zu können, erklärt werden.

Um einen Zirkelschluss zu vermeiden, müssen wir annehmen, dass es auch **vorsprachliche Formen der Selbstbezugnahme** gibt, die es uns ermöglichen, Ich-Gedanken (bzw. deren Vorstufen) zu erfassen und so eine korrekte sprachliche Repräsentation von Ich-Gedanken zu erlernen. Solche basalen, sprachunabhängigen Repräsentationsformen von Ich-Gedanken näher zu bestimmen und zu erläutern, wie sich das komplexe sprachbasierte Selbstbewusstsein aus den einfachen sprachunabhängigen Formen entwickelt, ist essenziell, um menschliches Selbstbewusstsein umfassend zu verstehen. Daher werden u. a. auch entwicklungspsychologische Betrachtungen ganz wesentlich in die neueren philosophischen Theoriebildungen mit einbezogen.

Ein weiteres zentrales Element für die Ausbildung von Selbstbewusstsein ist das Miteinfließen von Emotionen in Ergänzung zu den kognitiven Fähigkeiten. Die Untersuchung ihrer Beteiligung

an der Ausbildung von Selbstbewusstsein wurde bisher nicht oder in nicht ausreichendem Maße berücksichtigt.

Es wird hier vorausgesetzt, dass eine Naturalisierung von Selbstbewusstsein möglich ist. Die Argumente dafür wurden an anderen Stellen entwickelt (Newen 2003, 2006). Das Folgende konzentriert sich daher auf die Frage, welches empirische Modell zur Beschreibung von Selbstbewusstsein mit dem Fokus auf die ontologische Frage, nämlich ob es ein Selbst gibt und wie es zu beschreiben ist, am besten geeignet ist. Die epistemische Frage ist ausführlich behandelt in Newen und Vosgerau (2005).

10.3 Empirische Theorien des Selbst und des Selbstbewusstseins

10.3.1 Selbstbewusstseinstheorien aus entwicklungspsychologischer Sicht

Die ersten empirischen Modelle zur Beschreibung von Selbstbewusstsein sind mit Hilfe von entwicklungspsychologischen Konzepten erarbeitet worden. Wegweisend war dabei die Studie von Ulric Neisser (1988), der eine Theorie von fünf wesentlich verschiedenen Selbsten vertrat, denen jeweils unterschiedliche Aspekte der Selbsterfahrung entsprechen (s. Übersicht).

Dabei sind das ökologische und das interpersonale Selbst einerseits vom konzeptuellen, erinnerten und privaten Selbst andererseits unterschieden, da erstere sich auf direkte Wahrnehmung stützen, während letztere auf begrifflicher Reflexion des Ich beruhen. Die kognitiven Fähigkeiten, die als Kriterien zur Unterscheidung der verschiedenen Selbste herangezogen werden, sind die folgenden:

Für das **ökologische** und das **interpersonale** Selbst sind dies sensorische Modalitäten (allen voran die visuelle Wahrnehmung, die vestibuläre und die somatische Eigenwahrnehmung oder Propriozeption sowie die taktile und akustische Wahrnehmung). Diese erlauben eine Identifizierung des ökologischen Selbst mit dem biologischen Organis-

> **Formen des Selbst nach Neisser (1988)**
>
> 1. Das **ökologische** Selbst *(ecological self)* ist die Person, betrachtet als ein aktiv handelndes Individuum in ihrer unmittelbaren Umgebung.
> 2. Das **zwischenmenschliche** Selbst *(interpersonal self)* ist die Person insofern, als sie in unmittelbaren Interaktionen mit anderen Personen stehend betrachtet wird.
> 3. Das **konzeptuelle** Selbst *(conceptual self)* ist die Person insofern, als sie bestimmte (gesellschaftliche) Rollen mit entsprechenden Erwartungen einnimmt.
> 4. Das **erinnerte** Selbst *(remembered self)* ist die Person insofern, als sie ein Selbstbild hat, das über einen längeren Zeitraum andauert, d. h. eine Person mit eigener Lebensgeschichte.
> 5. Das **private** Selbst *(private self)* ist die Person insofern, als sie bestimmte Erlebnisse ihrer Geisteswelt als ihre ureigenen, privaten Erlebnisse einordnet und ein Selbstbild darauf stützt.

mus und ermöglichen eine koordinierte Interaktion, welche das interpersonale Selbst auszeichnet.

Das **konzeptuelle Selbst** setzt die Fähigkeit voraus, Personen gemäß ihren sozialen Rollen einordnen zu können. Die Zuordnung der eigenen sozialen Rollen konstituiert das konzeptuelle Selbst.

Das **erinnerte Selbst** bedarf eines Gedächtnisses, um Informationen über die Vergangenheit zu speichern und für das gegenwärtige Selbst verfügbar zu machen. Dabei wird das Selbst zum Objekt der eigenen Reflexion.

Das **private Selbst** ist ein Personenmodell von sich selbst. Es entsteht ebenfalls durch eine begriffliche Fähigkeit, nämlich diejenige, Selbst- und Fremdzuschreibungen von Wünschen, Überzeugungen und anderen Einstellungen klar unterscheiden zu können. In der Psychologie hat sich für die Fähigkeit der Fremdzuschreibung von Einstellungen der Begriff ToM eingebürgert (Premack u. Woodruff 1978; Baron-Cohen 1997). Damit ist die Fähigkeit erfasst, durch Fremdzuschreibungen ein Personenmodell von anderen Personen zu entwerfen, während mit der Selbstzuschreibung gerade das private Selbst als ein Personenmodell von sich selbst entsteht.

Diese Systematisierung in fünf Formen des Selbst stützt sich bei Neisser auf die Bedingung, dass es sich jeweils um eine Modalität der Selbsterfahrung handelt, wenn die kognitive Fähigkeit, die ein

Selbst ausmacht, distinkt realisiert wird, in besonderer Weise zur sozialen Entwicklung der Person beiträgt und ontogenetisch auf den zuvor ausgewiesenen Fähigkeiten aufbaut.

Obwohl die Klassifikation von Neisser wegweisend war, weil sie die entwicklungspsychologische Perspektive überhaupt erst in die Theorie des Selbstbewusstseins eingebracht hat, so hat sie doch gravierende Mängel:

1. Die Formen des Selbst sind nicht klar genug abgegrenzt. Es ist unklar, ob die Fähigkeit der Selbst- und Fremdzuschreibung von sozialen Rollen (konzeptuelles Selbst) klar von der Selbst- und Fremdzuschreibung von Einstellungen wie Wünschen, Überzeugungen etc. (privates Selbst) getrennt werden kann, wie es bei Neisser vorausgesetzt wird.
2. Die ontogenetische Entwicklungssequenz der kognitiven Fähigkeiten, die ein Selbst konstituieren, ist nicht plausibel: Das konzeptuelle Selbst als eine begriffliche Selbsteinordnung in Bezug auf die eigenen sozialen Rollen setzt wesentlich eine Gedächtnisfähigkeit voraus, während es bei Neisser so erscheint, als ginge das konzeptuelle Selbst dem erinnerten Selbst in der Ontogenese voraus.
3. Es bleibt unklar, warum genau diese Unterscheidungen getroffen und nicht noch weitere **Selbste** der Systematisierung hinzugefügt werden: Emotionen erfüllen die gerade dargestellte Neissersche Bedingung, dass sie distinkt realisiert sind und in besonderer Weise zur sozialen Entwicklung beitragen, weshalb es auch

ein »**emotionales Selbst**« in einer frühen Entwicklungsstufe geben müsste.

Das Problem dieser Systematisierung von Selbsten
besteht in der Gleichsetzung von intuitiv verschiedenen Aspekten der Selbsterfahrung mit elementaren Formen des Selbstbewusstseins bzw. von
Selbsten. Dies ist jedoch allein kein adäquates Kriterium zur Unterscheidung essenzieller Dimensionen des Selbst und resultiert in zu großer Vielfalt.
Die Systematisierung der Selbste ist schließlich aus
zwei weiteren Gründen inakzeptabel:

1. Es wird, indem die Selbste eher als Aspekte
   eines einheitlichen Trägers dieser Eigenschaften verstanden werden, ein weiteres
   Selbst, nämlich ebendieses einheitliche Trä-
   ger-Selbst, in der Analyse schon vorausgesetzt
   (Čuplinskas 2000; Newen 2000).
2. Neisser liefert eine subjektivistische Theorie des Selbst, die das Selbst vornehmlich
   als Konstrukt des Denkens und der direkten
   Wahrnehmung definiert und von diesen Prozessen unabhängige und ihnen vorgelager-
   te, objektiv gegebene Zustände, wie z.B. dem
   Subjekt nicht zugängliche Dispositionen, nicht
   berücksichtigt.

Insgesamt beruht nach Neisser die Unterscheidung
der fünf Selbste auf der Annahme, der Mensch habe
fünf unterschiedliche Zugänge zu bewusster Information über sich selbst. Es gelingt Neisser jedoch
weder zu zeigen, inwiefern die gewählten Selbste
grundlegende sind, und dass es sich um klar unter-
scheidbare Aspekte der Selbsterfahrung handelt,
noch aufzufangen, dass es auch objektive, dem Individuum nicht zugängliche Kriterien des Selbst gibt.
Ohne eine objektive Dimension des Selbst kann
man dem Alien-Limb-Syndrom nicht Rechnung
tragen (s. Exkurs: Das Alien-Limb-Syndrom).

José Luis Bermúdez (1998) setzt in seiner Untersuchung des Selbstbewusstseins anhand kognitiver
Kapazitäten am bereits kurz skizzierten Paradox
des Selbstbewusstseins an. Er argumentiert für die
Unterscheidung zwischen

— Formen voll ausgebildeten Selbstbewusstseins,
   welches mit der korrekten Verwendung von
   Ersten-Person-Singular-Pronomina einhergeht
   und

Exkurs

Das Alien-Limb-Syndrom
Ein Alien-Limb-Syndrom liegt dann vor,
wenn jemand beispielsweise seinen linken
Arm als nicht mehr zu seinem Körper zugehörig erlebt. Der linke Arm steht nicht mehr
unter seiner Handlungskontrolle und wird
als Fremdkörper empfunden. Da jedoch der
Arm Teil der biologischen Einheit Mensch ist
und der Mensch trotz dieser Erkrankung in
vielen Alltagskontexten als Handlungseinheit
bewertet wird, ist es erforderlich, einerseits
den Menschen als biologisches, objektives
Selbst von dem ungewöhnlichen Selbstkonstrukt zu unterscheiden, in das der linke Arm
nicht eingeschlossen ist. Bemerkenswert ist
dieser Fall, weil hier ein Selbstkonstrukt so
grundlegend verankert ist, dass auch im phänomenalen Erleben der linke Arm nicht mehr
zum Selbst als Konstrukt der vorbegrifflichen
Selbstzuschreibung gehört.

— einfachen, nichtbegrifflichen Formen des
   Bewusstseins, die keine sprachlichen und
   begrifflichen Anteile haben.

Die Zirkularität des Paradox des Selbstbewusstseins wird so durchbrochen, indem das Selbstbewusstsein, das für die sprachliche Beherrschung
der Ersten-Person-Singular-Pronomina vorausgesetzt wird, eben dieses einfache, begrifflich nicht
voll ausgebildete Selbstbewusstsein ist. Die Fähigkeit zu menschlichem Selbstbewusstsein setzt keine
sprachlichen Kompetenzen voraus, und somit können die wesentlichen Eigenschaften von Selbstbewusstsein nicht vollständig über die Analyse
begrifflicher Fähigkeiten erfasst werden. Bermúdez
beschreibt eine Stufung von vier einfachen **nichtbegrifflichen Selbstbewusstseinsformen**, die er anhand
wachsender kognitiver Komplexität unterscheidet
(s. Übersicht).

Merkmale der Selbstbewusstseinsformen nach Bermúdez (1998)

1. Sinneserfahrung und eine feste Perspektive analog zu Neissers ökologischem Selbst
2. Körperliche Eigenwahrnehmung (somatische Informationssysteme: Propriozeption)
3. Diachrone Selbst-Welt-Differenzierung bedingt durch eine nichtbegriffliche Perspektivität
4. Ein psychologisches nichtbegriffliches Selbst, das mittels sozialer Interaktion entsteht und das die Kategorie psychologischer sowie nichtpsychologischer Objekte unterscheiden kann

Diese Stufungen nichtbegrifflichen Selbstbewusstseins ermöglichen nach Bermúdez eine logische und ontogenetische Erklärung des Übergangs vom nichtbegrifflichen bis zum begrifflich voll ausgebildeten Selbstbewusstsein.

Bermúdez' Analyse des Selbstbewusstseins hebt folglich das *thought-language principle* auf, dem gemäß das Fassen von Gedanken notwendig an das Sprachvermögen gekoppelt ist. Das Selbstbewusstsein wird entsprechend unabhängig von sprachlicher und begrifflicher Kompetenz charakterisiert. Seine ontogenetischen Stufen des Selbstbewusstseins und die Kategorisierung der kognitiven Fähigkeiten, anhand derer der Übergang zu den jeweiligen Stufen vorbegrifflichen Bewusstseins erfolgt, folgen jedoch lediglich dem Prinzip der Entwicklung von einfachen zu komplexeren Fähigkeiten, ohne dass deutlich wird, warum genau diese Kompetenzen und nicht andere herausgegriffen wurden.

Es besteht bei den gegenwärtigen Modellen, Formen des Selbst zu unterscheiden, jeweils die Gefahr, dass unsystematisch solche Fähigkeiten herausgegriffen werden, die rein intuitiv plausibel sind. Doch es ist klar, dass wir kein »schwimmendes Selbst« und kein »tanzendes Selbst« abgrenzen möchten. Also benötigen wir dringend klare Kriterien zur Auszeichnungen von Formen des Selbst.

Um diesen Mangel eines grundlegenden Prinzips bei allen bisherigen Modellen zu beheben, werden alternativ fünf **Bewusstseinsstufen** vorgeschlagen, die aus **entwicklungspsychologischer** Sicht mit klar von einander unterscheidbaren kognitiven Kompetenzen operationalisierbar sind. Wir unterscheiden

- Zustandsbewusstsein,
- Objektbewusstsein,
- Situations- bzw. Ereignisbewusstsein,
- Bewusstsein von propositionalen Einstellungen und schließlich
- das iterative Bewusstsein von propositionalen Einstellungen.

Analog zu den Bewusstseinsstufen wird dann eine Theorie des Selbstbewusstseins mit fünf Arten des Selbstbewusstseins und fünf Aspekten der Selbstmodellierung und des Selbst aufgestellt (Newen 2000; Newen u. Vogeley 2003; s. Übersicht).

Die Arten des Selbstbewusstseins nach Newen und Vogeley

1. Phänomenales Selbstbewusstsein
2. Objektorientiertes Selbstbewusstsein
3. Situationsorientiertes Selbstbewusstsein
4. Metarepräsentationales Selbstbewusstsein
5. Iterativ metarepräsentationales Selbstbewusstsein

Die kognitiven Kompetenzen sind in mehrfacher Hinsicht als Indikator **wesentlicher** Entwicklungsstufen ausgewiesen (Newen 2000):

- Zusammen mit diesen Kompetenzen entstehen für den sich entwickelnden Menschen jeweils wesentlich neue Handlungsmöglichkeiten.
- Wenn die zugrunde liegenden Repräsentationen hinsichtlich ihrer linguistischen Komplexität charakterisiert werden – ohne damit anzunehmen, Sprachkompetenz sei eine Voraussetzung für das Verfügen über diese Repräsentation –, dann zeigen sich hier wiederum wesentliche Repräsentationsstufen in systematisch zunehmender Komplexität.

Werden diese Formen des Selbstbewusstseins unterschieden, so kann jeweils das Selbst als objektiver Träger der Eigenschaft, Selbstbewusstsein zu haben, ausgewiesen werden. Außerdem lässt sich davon dann noch das Selbstkonstrukt (Metzinger spricht vom Selbstmodell; Metzinger 1993, 2003) unterscheiden. Das **Selbstkonstrukt** ist der Bewusstseinsinhalt, den man auf der Basis der jeweiligen kognitiven Kompetenz als sich selbst zugehörig erfasst. Im nachstehenden Abschnitt wird dafür argumentiert, dass das Selbst nicht als Bewusstseinsinhalt aufgefasst werden kann (▶ Kap. 10.3.2). Da zudem manche Störungen in Selbsterfahrungen nur adäquat beschrieben werden können, wenn man ein objektives Selbst von einem Selbstkonstrukt unterscheidet, sind beide Elemente unverzichtbar für das Verständnis des Selbstbewusstseins. Es lässt sich in folgender Weise differenzieren (◘ Tab. 10.1).

Die Vorteile dieser Kategorisierung sind die klare Unterscheidbarkeit, die Operationalisierbarkeit und die Begründung der Relevanz der Bewusstseinsstufen sowie die darauf beruhende Differenzierung der Selbstbewusstseinsstufen.

Entscheidend ist dabei die Stufe des **metarepräsentationalen Selbstbewusstseins**, die bei allen entwicklungspsychologischen Stufenmodellen eine zentrale Rolle spielt. Diese Stufe ist dadurch charakterisiert, dass die Kinder den Unterschied zwischen den eigenen Wünschen und Überzeugungen und denjenigen der anderen Personen machen können, d.h., sie entwickeln durch Selbstzuschreibungen von Wünschen, Überzeugungen, Hoffnungen, Gefühlen, etc. ein Personenmodell von sich selbst und durch Fremdzuschreibungen ein abweichendes Personenmodell, z. B. das eines Gesprächspartners. Diese Fähigkeit, Personenmodelle anderer zu entwerfen, wird auch als so genannte **ToM-Fähigkeit** bezeichnet. Die Ausbildung derselben fällt interessanterweise mit dem Entstehen eines autobiographischen Langzeitgedächtnisses ab dem dritten Lebensjahr zusammen.

◘ **Tab. 10.1.** Formen des Selbst

Bewusstseinsformen gemäß kognitiven Kompetenzen und ihre charakteristische Entstehungszeit	Korrespondierende Formen des Selbstbewusstseins	Aspekte des Selbst und der Selbstmodellierung
Zustandsbewusstsein, z. B. es ist warm, kalt, angenehm, unangenehm (spätestens mit der Geburt)	Phänomenales Selbstbewusstsein	Das **Selbst** als Träger von und das **Selbstkonstrukt** als Einheit von selbstbezüglichen Zuständen zu einem Zeitpunkt
Objektbewusstsein, z. B. Suchverhalten bei versteckten Objekten (zwischen dem 5. und 12. Lebensmonat)	Objektorientiertes Selbstbewusstsein	Das **Selbst** als Träger von und das **Selbstkonstrukt** als Einheit von selbstbezüglichen, zeitlich »stabilen« Eigenschaften
Bewusstsein von komplexen Sachverhalten/ Ereignissen, z. B. Tierparkbesuch (zwischen dem 1. und 2. Lebensjahr)	Situationsorientiertes Selbstbewusstsein	Das **Selbst** als Träger von und das **Selbstkonstrukt** als Einheit von selbstbezüglichen Rollen in komplexen Situationen
Bewusstsein von propositionalen Einstellungen, z. B. »Maria glaubt, dass P.« (zwischen dem 2. und 4. Lebensjahr)	Metarepräsentationales Selbstbewusstsein	Das **Selbst** als Träger eines und das **Selbstkonstrukt** als Einheit gemäß eines selbstbezüglichen Personenmodells
Iteratives Bewusstsein von propositionalen Einstellungen, z. B. »Peter glaubt, dass Maria glaubt, dass P.« (zwischen dem 7. und 9. Lebensjahr)	Iterativ metarepräsentationales Selbstbewusstsein	Das **Selbst** als Träger eines und das **Selbstkonstrukt** als Einheit gemäß eines intersubjektiv reflektierten Personenmodells

(Nach Newen 2000; Newen u. Vogeley 2003)

Diese Leistung ist bei Personen, die an Autismus oder Schizophrenie erkrankt sind, häufig stark eingeschränkt (Vogeley 2001). Daher hat Frith als erster die Hypothese formuliert, die positiven Symptome der Schizophrenie (Gedankeneingebung, Kontrollwahn etc.) seien wesentlich auf das Fehlen bzw. die Störung der ToM-Fähigkeit zurückzuführen. Die Autoren vertreten sogar eine Erweiterung dieser Sichtweise, auch wenn dies hier nicht entwickelt werden kann: Schizophrenie kann demgemäß wesentlich als Erkrankung des menschlichen Selbstbewusstseins verstanden werden.

In diesem Beitrag sollen nun zwei Fragen in den Blick genommen werden:

- Was ist die Natur des Selbst?
- Welche neurowissenschaftlichen Evidenzen unterstützen diese Theoriebildung?

10.3.2 Die Natur des Selbst

Die Rede von einem Selbst ist sprachlich zunächst einmal zu entmystifizieren. Wenn diese Rede sinnvoll ist, dann ist das Selbst identisch mit dem Ich. Das Selbst bzw. das Ich ist der Träger des Selbstbewusstseins, d. h. es ist diejenige Entität, die über Selbstbewusstsein verfügt. Welche Entität ist das? Während Descartes behauptete, das Ich sei eine **geistige Substanz**, die von der körperlichen strikt getrennt ist, versuchte Kant, das **transzendentale Ich** als eine Bedingung der Möglichkeit von Erfahrung auszuweisen. In beiden Fällen wird das Selbst bzw. das Ich als eine von der empirischen Welt strikt getrennte Entität aufgefasst, die sich prinzipiell einer empirischen Untersuchung entzieht, aber auch einer solchen nicht bedarf.

Dem entgegen setzen die Autoren hier ein **naturalistisches** Paradigma voraus, das das Ich als eine natürliche Entität betrachtet, die in das kausale Naturgeschehen eingebettet ist. Die Probleme der traditionellen Positionen werden an anderer Stelle ausführlich diskutiert (s. Newen 2006). Hier sollen nur kurz verschiedene Varianten von naturalistischen Positionen in den Blick genommen werden und gegen diese die Kernthese verteidigt, dass das Ich nichts anderes bezeichnet als den Menschen als biologisches Wesen, das über die Fähigkeit verfügt, selbstbezügliche Repräsentationen zu bilden.

Das Ich macht sich ein Selbstbild, und zwar je nach kognitivem Grundvermögen ein Selbstkonstrukt von seinen eigenen Gefühlen, Fähigkeiten, Einstellungen etc. Das **objektive** Selbst als biologisches bzw. kognitives System einerseits und das **Selbstkonstrukt** als ein kognitiver Inhalt andererseits sind somit klar zu unterscheiden.

Diese These lässt sich gut verdeutlichen, indem sie von zwei zentralen Theorien der gegenwärtigen Philosophie (s. Box) abgegrenzt wird:

1. der These von Thomas Metzinger (1993, 2003), das Selbst bzw. das Ich sei nichts anderes als das Selbstmodell,
2. der im Rahmen seiner Überlegungen zur Willensfreiheit vorgetragenen Theorie von Wolfgang Prinz (2004, 2005), das Selbst sei – wie der freie Wille – ein soziales Konstrukt.

Box

Thomas Metzinger (1993, 2003)
These: Das Selbst bzw. das Ich ist nichts anderes als das Selbstmodell.
Das Selbstmodell wird durch den Bewusstseinsinhalt konstituiert, den ein Mensch erlebt, wobei der Bewusstseinsinhalt letztlich vollständig ein Produkt des menschlichen Gehirns ist. Das Ich ist gemäß Metzinger identisch mit dem Inhalt des Bewusstseins, den ein Mensch zu einem Zeitpunkt hat.

Als Vertreter einer naturalistischen Position übernehmen die Autoren die Annahme von Metzinger (s. Box), dass die Inhalte des Bewusstseins vom Gehirn produziert werden und dass geistige Zustände letztlich besonders komplexe Naturzustände sind. Aber damit ist man keineswegs auf die These festgelegt, dass das Ich nichts anderes ist als ein Bewusstseinsinhalt, wie es Metzinger behauptet. Vielmehr ist diese Überlegung unplausibel, wie an der Semantik des Wortes »ich« deutlich wird:

- entweder man behauptet konsequent, dass das Wort »ich« stets einen Bewusstseinsinhalt bezeichnet – wozu Metzinger neigt –, dann wird die Standardverwendung in Sätzen wie »Ich bin hungrig« nicht mehr adäquat erfassbar;

oder man nimmt an, dass das Wort »ich« zwei Bedeutungen hat, nämlich zum einen den Menschen als biologisches Wesen bezeichnet und zum anderen eingeschränkt auf Bewusstseinsinhalte referiert.

Diese Strategie birgt jedoch auch Schwierigkeiten, weil man etwa bei Sätzen wie »Ich denke, dass ich hungrig bin« beide Bedeutungen verwenden müsste, wobei das erste Vorkommen von »ich« einen Bewusstseinsinhalt bezeichnen und das zweite auf einen Menschen verweisen würde. Dies hätte die Konsequenz, dass prinzipiell keine Identität zwischen beiden bestehen könnte. Dagegen soll ein reflexiver Gedanke wie der obige jedoch gerade darin bestehen, dass sich das denkfähige Objekt auf sich selbst bezieht (Newen 2003; Mechsner u. Newen 2003).

| **Box** | |

Wolfgang Prinz (2004, 2005)
These: Das Selbst ist – wie der freie Wille – ein soziales Konstrukt.
Prinz stimmt mit Metzinger in der generellen Einordnung des Selbst als Konstrukt überein, während er noch die soziale Dimension des Selbst als Definitionsmerkmal hinzufügt. Ein Selbst bzw. ein Ich hat sich nur entwickelt, weil die Mitglieder einer Gemeinschaft eine gemeinsame Fiktion etabliert und stabilisiert haben.

Überzeugend an den Überlegungen von Prinz (s. Box) ist, dass sich ein Ich beim Menschen de facto nur herausbildet, weil er als handlungsfähiges Wesen in einer systematischen Interaktion mit der Umwelt steht. Dazu gehören dann als ein Spezialfall die Interaktionen mit anderen Personen. Gemäß Prinz entsteht ein Selbst nur dann, wenn eine Interaktion zwischen mehreren Personen stattfindet, weil zur Konstitution des Selbst auch das Sich-Spiegeln im anderen gehört. Zweifellos ist gerade das Sich-Spiegeln im anderen eine wichtige Facette beim Entstehen eines reifen autobiographischen Selbstbilds, das sich eines metarepräsentationalen Selbstbewusstseins bedient.

Jedoch ist es völlig unplausibel, dies schon auf der Ebene des phänomenalen oder objektorientierten Selbstbewusstseins zu fordern. Bei diesen basalen Formen des Selbstbewusstseins genügt zunächst eine systematische Selbst-Umwelt-Interaktion, damit eine adäquate Repräsentation der Selbst-Umwelt-Differenz entstehen kann. Außerdem ergibt sich die folgende, nicht haltbare Konsequenz: Wenn man die gemeinsame soziale Gepflogenheit, ein Ich zu konstruieren, aufgegeben würde, so müsste auch jedes Ich restlos verschwinden. Das ist eine abwegige Konsequenz; denn eine Repräsentation einer Selbst-Umwelt-Differenz, die ein kognitives System einmal etabliert hat, ist weitgehend unabhängig von den Gepflogenheiten einer Gesellschaft weiterhin verfügbar. Hier wird also nicht hinreichend unterschieden zwischen den Erwerbsbedingungen und den Konstitutionsbedingungen einer differenzierten Repräsentation von Selbst und Umwelt.

Den Unterschied kann man sich an einfachen Beispielen verdeutlichen. Der sprachliche Ausdruck »rot" bezeichnet den Begriff **rot**. Für den Erwerb des Begriffs **rot** ist eine bestimmte phänomenale Erfahrung, nämlich die Wahrnehmung roter Gegenstände, charakteristisch. Wenn ein Mensch auf diese Weise den Begriff **rot** erworben hat und dann erblindet, so kann er diese charakteristischen Erfahrungen nicht mehr machen. Trotzdem verfügt er weiter über den Begriff **rot**. Die phänomenalen Erfahrungen gehören daher nicht zu den notwendigen Konstitutionsbedingungen für das Verfügen über den Begriff **rot**.

In analoger Weise müssen wir auch zwischen den **Erwerbsbedingungen** und den **Konstitutionsbedingungen** für das Selbstbewusstsein unterscheiden. Die systematische Interaktion eines Systems mit der Umwelt ist zweifelsohne eine Erwerbs- und Konstitutionsbedingung einer differenzierten Repräsentation von Selbst und Umwelt. Das gilt jedoch nicht für die sozialen Gepflogenheiten, die eine gemeinsame Fiktion ermöglichen. Da Menschen (fast) immer im Sozialverband aufwachsen, ist die Interaktion zwischen Personen zwar auch eine Erwerbsbedingung, die zumindest für komplexere Formen von Selbstbewusstsein unerlässlich ist. Dagegen ist es aber abwegig zu behaupten, die soziale Interaktion gehöre zu den Konstitutionsbedingungen von Selbstbewusstsein; denn warum sollte die Ich-Umwelt-Differenz, deren Repräsentation ein Mensch aufgebaut hat, von der Modifikation von Konventionen im Umgang mit Ich-Zuschreibungen beeinflusst werden? Die Intuition, die dagegen steht, ist folgende: Wenn ein Mensch eine stabile Repräsentation einer Ich-Umwelt-Differenz aufgebaut hat, dann ist dies eine mentale Disposition, die unabhängig von den Gepflogenheiten der Gesellschaft (auch wenn diese die Konventionen im Umgang mit Ich-Zuschreibungen betreffen) bestehen bleibt. Da diese mentale Disposition die Funktion hat, die Mensch-Umwelt-Interaktion zu ermöglichen, ist sie auch nur von dieser abhängig, nicht aber von einer Mensch-Mensch-Interaktion.

Ein konkreter Fall (s. Beispiel) soll nun dreierlei zeigen,

1. dass phänomenales Selbstbewusstsein von einer systematischen Selbst-Umwelt-Interaktion abhängig ist,
2. dass man ein metarepräsentationales Selbstbewusstsein, das einmal aufgebaut ist, bewahren kann, auch wenn das phänomenale Selbstbewusstsein verlorengeht, und
3. dass somit für das metarepräsentationale Selbstbewusstsein die Fähigkeit der Selbstzuschreibung von Einstellungen konstitutiv ist, während (s. 1.) für das phänomenale Selbstbewusstsein nur die systematische Selbst-Umwelt-Interaktion konstitutiv ist.

Beispiel

Der Fall Ian Waterman

Sogar die System-Umwelt-Interaktion kann zumindest partiell gestört sein, ohne dass dies zum Verlust eines einmal etablierten Ich-Begriffs führt. Jonathan Cole (1991) beschreibt den Patienten Ian Waterman, der aufgrund einer Erkrankung als Erwachsener seine Eigenwahrnehmung (Körperempfindungen etc.) unwiderruflich verloren hatte. Damit fehlte ihm ein phänomenales Selbstbewusstsein. Die Folge war, dass er seine Bewegungen nicht mehr kontrollieren, ja nicht einmal aufstehen konnte. Auf der Basis von visueller Wahrnehmung seines eigenen Körpers konnte er ein gewisses Maß an Handlungskontrolle wiedererlernen, aber sobald er sich im Dunkeln befand und nichts sehen konnte, fiel er um, weil er keine Information mehr über seine Stellung im Raum hatte (Beleg für Punkt 1).

Trotzdem konnte er Ich-Gedanken fassen, normal überlegen und seine Aufmerksamkeit steuern. Der Verlust des phänomenalen Selbstbewusstseins hatte somit gravierende Auswirkungen für die Handlungskontrolle, aber nicht für das Haben von Ich-Gedanken. Obwohl der Patient sein phänomenales Selbstbewusstsein verloren hatte (es zumindest stark eingeschränkt war), verfügte er die ganze Zeit über ein metarepräsentationales Selbstbewusstsein in Form von Ich-Gedanken (Beleg für Punkt 2). Auch wenn metarepräsentationales Selbstbewusstsein nur mit Hilfe einer zunächst vorhandenen phänomenalen Selbstbezugnahme erworben werden kann, so kann letztere nicht zu den Konstitutionsbedingungen eines metarepräsentationalen Selbstbewusstseins gerechnet werden. Denn Ian Waterman hat ja letzteres, indem er sich selbst Gedanken zuschreiben kann, obwohl er nicht mehr über die phänomenale Selbstbezugnahme verfügt. Für das metarepräsentationale Selbstbewusstsein ist somit nur die Selbstzuschreibung von Einstellungen wesentlich (Beleg für Punkt 3).

Damit ist die Selbstzuschreibung von Einstellungen nochmals in besonderer Weise als konstitutiv für alle komplexen Formen menschlichen Selbstbewusstseins hervorgehoben worden. Nun stellt sich die Frage, ob diese theoretische Konzeption auch durch empirische Evidenzen untermauert werden kann. Konkreter lautet die Frage, ob sich ein neuronales Korrelat der Fähigkeit, Selbstzuschreibungen zu machen, aufzeigen lässt.

10.4 Der theoretische Rahmen für eine Analyse von Selbstbewusstsein

Die Arbeitshypothese lautet, dass zu den zentralen Teilphänomenen des menschlichen Selbstbewusstseins die folgenden Aspekte gehören (s. Vogeley 2000; Metzinger 2003):

1. Die Perspektivität der Erfahrungen: Unsere Wahrnehmungen erleben wir perspektivisch und empfinden unser Selbst als das Zentrum der Perspektive. Diese Perspektive ist die eines Subjekts und prinzipiell von den Perspektiven anderer Subjekte verschieden.
2. Die Meinigkeit/Zu-mir-Gehörigkeit der Erfahrungen: Die Erfahrungen, die ich mache,

sind prinzipiell für niemand anderen zugänglich. Meine Wahrnehmungen, Empfindungen, Gefühle und Gedanken kann ich ausdrücken und mitteilen, aber wenn ich das nicht möchte, so bleibt meine gesamte Geisteswelt für alle anderen unzugänglich. Die bewusst erfassten mentalen Zustände werden als meine Zustände repräsentiert.

3. Agentenschaft und das Gefühl der Urheberschaft: Ich vollziehe tatsächlich eine Handlung (Agentenschaft), und ich erlebe mich subjektiv als Urheber meiner Handlungen, als am Steuer meiner Handlungen sitzend (Gefühl der Urheberschaft).

4. Die Einheit der Erfahrungen: Relevant ist hier nur die transtemporale Einheit, die dadurch deutlich wird, dass wir uns normalerweise über die Zeit hinweg als eine Person mit einer durchgängigen Biographie verstehen. Grundlegendere Formen der Integration von Informationen sind nicht charakteristisch für Selbstbewusstsein: Wir erleben die unterschiedlichen Wahrnehmungen (akustische, visuelle, taktile etc.) zu einem gegebenen Zeitpunkt alle als unsere eigenen Wahrnehmungen (synchrone Einheit des Bewusstseins oder Augenblicksbewusstsein). Darüber hinaus besitzen wir auch ein Bewusstsein davon, dass verschiedene Erfahrungen zu verschiedenen Zeitpunkten als unsere Erfahrungen aufgefasst werden (diachrone Einheit des Bewusstseins oder zusammenhängender Bewusstseinsstrom). Auch wenn die Einheit der Erfahrungen bei Kant das wichtigste Merkmal des Selbstbewusstseins war, weil im Kantischen Bild das transzendentale Ich jede Einheit der unverbundenen Sinnesdaten erst herstellen muss, so ist es heute aus systematischer Sicht unplausibel, die Einheit der Erfahrungen als ein spezifisches Merkmal des Selbstbewusstseins auszuweisen; denn auch jede Wahrnehmung von Objekten der Außenwelt ist gewöhnlich auf eine Integration von visuellen, auditiven, taktilen u. a. Informationen angewiesen. Die Einheit der Erfahrung ist daher vielmehr ein allgemeines Merkmal menschlichen Bewusstseins, nicht aber des menschlichen Selbstbewusstseins.

Bei der Suche nach den empirischen Grundlagen haben sich die Autoren im ersten Schritt ihrer Forschungen auf die Perspektivität konzentriert und dies auch auf die Agentschaft ausgeweitet. Die Perspektivität wird jedoch in einem allgemeinen Sinn aufgefasst, also als das Phänomen, dass eine Erste- und eine Dritte-Personen-Perspektive zu unterscheiden sind – und zwar nicht nur im Bereich der Wahrnehmungen, sondern auch im Bereich der kognitiven Einstellungen. Im Bereich der kognitiven Einstellungen geht es dabei gerade um die Fähigkeit, Selbstzuschreibungen von Wünschen und Überzeugungen von Fremdzuschreibungen derselben zu unterscheiden, also um die ToM-Kompetenz.

10.5 ToM aus der Sicht der Hirnforschung

Die moderne Hirnforschung setzt einen **Naturalismus**, mindestens im methodologischen Sinn, in der Philosophie des Geistes voraus. Dieser besagt als Minimalkonsens von (physikalistischem) Funktionalismus, Identitätstheorien und Supervenienztheorien, dass Vorkommnisse mentaler Phänomene durch Vorkommnisse neuronaler Phänomene konstituiert werden (bzw. miteinander identisch sind). Im Folgenden wird aus pragmatischen Gründen ein physikalischer Funktionalismus als Beispiel für eine naturalistische Grundhaltung vorausgesetzt, zumal dies in der neueren Literatur des Geistes die vorrangig eingenommene Position ist.

Gemäß dem physikalistischen Funktionalismus werden mentale Phänomene durch physische Phänomene realisiert, und sie werden als funktionale Zustände individuiert. Beim Menschen werden mentale Zustände durch Hirnzustände realisiert. Auch das menschliche Selbstbewusstsein und seine Eigenschaften lassen sich entsprechend dieses physikalistischen Funktionalismus als Vorgänge im Gehirn begreifen. Die philosophische Untersuchung der mentalen Prozesse kann dementsprechend von funktionell bildgebenden Verfahren zur Erforschung der Funktionsweise des Gehirns viele Anregungen erhalten. Dabei geht man davon aus, dass mentale Merkmale von Selbstbewusstsein, die in ein und derselben Hirnregion oder in neuronal sehr eng verbundenen oder sogar überlappenden oder deckungsgleichen Hirnregionen realisiert werden, nicht nur als neuronales, sondern auch als **mentales Modul** aufgefasst werden dürfen, weil bestimmten Regionen bestimmte funktionale Rollen zugeordnet werden.

Im Zentrum der gemeinsamen empirischen Untersuchungen stand dabei die Frage, ob es ein neuronales Korrelat menschlichen Selbstbewusstseins überhaupt gibt und ob es unabhängig von der Komplexität der involvierten Repräsentationen ist. Dabei ist theoretisch im ersten Schritt zwischen **Egozentrizität** und **Allozentrizität** zu unterscheiden:

— Allozentrizität meint die Perspektivenlosigkeit, z. B. die objektive Beschreibung der Welt aus der »Perspektive eines allwissenden Gottes« oder der im Prinzip von allen Perspektiven abstrahierenden, objektiven Naturwissenschaften.

— Egozentrizität dagegen liegt vor, wenn ein kognitives System die Welt wesentlich aus einer bestimmten Perspektive erfährt oder beschreibt.

Die empirischen Forschungen zu Selbstbewusstsein konzentrieren sich gegenwärtig darauf, innerhalb der Egozentrizität die Besonderheit der eigenen Perspektive (Erste-Person-Perspektive, 1PP) im Unterschied zu der Perspektive anderer Subjekte (Dritte-Person-Perspektive, 3PP) herauszufinden. Zu Selbstbewusstsein gehört natürlich ganz wesentlich die Fähigkeit, überhaupt eine Perspektive zu haben: Diese ist jedoch wahrscheinlich direkt mit der Fähigkeit, bewusste Wahrnehmungen, Erlebnisse machen zu können, verbunden. Wir konzentrieren uns hier auf die Unterscheidung von Erster- und Dritter-Person-Perspektive, weil menschliches Selbstbewusstsein charakteristischerweise nicht irgendeine Perspektive verlangt, sondern die **Erste-Person-Perspektive**.

Die eingeführten fünf Klassifikationsstufen des Selbstbewusstseins (▶ Kap. 10.3.1), die auf jeweils neuen kognitiven Stufen beruhen und eigene repräsentationale Fähigkeiten mit systematisch komplexer werdenden Merkmalen aufweisen, wurden anhand von Experimenten untersucht, die die 1PP operationalisieren. Ziel der Experimentreihe ist es, die 1PP mit der 3PP als Kontrastbedingung systematisch über alle analysierten Selbstbewusstseinsstufen zu vergleichen (s. Box).

Box

Experimente zum systematischen Vergleich der 1PP mit der 3PP

Perspektivwechsel bei der Raumkognition. Eine einfache, auf die Operationalisierung der Objektebene (Ebene 2 nach Newen 2000; Newen u. Vogeley 2003; . Tab. 10.1) gerichtete Untersuchung beschäftigte sich mit dem Perspektivwechsel in der Domäne der Raumkognition (Vogeley et al. 2004). Im Einzelnen wurden einfache virtuelle Raumszenen präsentiert, in denen eine virtuelle Person (»Avatar«) und ein bis drei Objekte sichtbar waren. Die Testpersonen wurden gebeten, die Anzahl der Objekte anzugeben, so wie sie von der eigenen Perspektive (1PP) oder der des Avatar zu sehen waren (3PP). Beide Operationen sind egozentrische Prozesse, da die Objekte in Relation zu einem personalen Agenten lokalisiert werden müssen, nämlich entweder in Bezug zur Testperson selbst oder in Bezug zum virtuellen Charakter. In einer fMRT-Studie (funktionelle Magnetresonanz-tomographie), die an elf Probanden durchgeführt wurde, ließen sich differenzielle Aktivierungen im medial präfrontalen, posterior zingulären und bilateral temporoparietalen Kortex während 1PP (im Kontrast zu 3PP) und rechtsbetont im medialen oberen parietalen Kortex unter 3PP (im Kontrast zu 1PP) zeigen (Vogeley et al. 2004).

Perspektivnahme im Raum. Eine Vielzahl von Untersuchungen ist auf dieses Phänomen gerichtet. Wie Studien zur Navigation im Raum nahe legen, scheint hier insbesondere der temporoparietale Kortex wesentlich zu sein, was in Studien zu egozentrischen Raumkognitionsaufgaben bestätigt werden konnte (Maguire et al. 1998; Maguire 1999). Eine weitere Schlüsselkompetenz, die mit der eigenen Verortung im Raum in engem Zusammenhang steht, ist mit der Fähigkeit verknüpft, auf ein intaktes Körperschema bzw. eine intakte Körperrepräsentation zuzugreifen. ▼

Box

Es ist hypothetisch formuliert worden, dass die Einnahme von 1PP buchstäblich ein räumliches Modell unseres eigenen Körpers erzeuge, um welchen herum der Erfahrungsraum dann zentriert würde (Berlucchi u. Agliotti 1997). Eine weitere Informationsquelle über relevante Körperzustände liefert das Gleichgewichtsorgan, dessen Informationen zentral im vestibulären Kortex verarbeitet werden (Fink et al. 2003).

Neuronale Korrelate von Agentenschaft. Diese wurden bereits in verschiedenen Untersuchungen erforscht (Carter et al. 2001; Ruby u. Decety 2001; Farrer u. Frith 2002; Frith 2002). In einer eigenen Studie (David et al. 2006) mittels fMRT wurde in einem zweifaktoriellen Design u.a. die Frage nach den neuronalen Korrelaten von Agentenschaft untersucht. Testpersonen nahmen dabei an einer einfachen Ballspielsituation teil. In einer aktiven Bedingung (ACT) »warfen« sie den Ball selbst zu einem Mitspieler mittels Tastendruck, während sie in der passiven Bedingung (PAS) die Richtung eines Ballflugs, der spontan stattfand, mittels Tastendruck beurteilen sollten. Beide Aufgaben waren von zwei verschiedenen Positionen im Raum zu bearbeiten, einmal aus einer 1PP, das andere Mal aus einer 3PP. Dabei zeigte sich eine starke Überlappung der Hirnregionen mit erhöhter neuronaler Aktivität

- bei ACT und 1PP in anterior medial präfrontalen Regionen sowie
- bei PAS und 3PP in dorsolateral präfrontalen, posterior parietalen und temporookzipitalen Hirnregionen.

Somit lässt sich eine enge Beziehung von Zuständen der Agentenschaft und erstpersonalen oder selbstreferenziellen kognitiven Zuständen feststellen (David et al. 2006). Diese Aktivierung **kortikaler Mittellinienstrukturen** (KMS) steht in gutem Einklang mit der Literatur, die ähnliche Aktivitätsverteilungen auch während des Bewusstwerdens einer Handlung (Frith 2002), während Monitoring und Fehlerkorrektur (Carter et al. 2001) berichten.

Neben diesen KMS scheint auch der inferior parietal gelegene Kortex an der Selbst-Fremd-Unterscheidung von Handlungen beteiligt zu sein. Offensichtlich wird aber diese Hirnregion nur dann aktiviert, wenn eine aktive Prüfung erfolgen muss..

Selbst-Fremd-Unterscheidung. Ruby und Decety (2001) führten ein Experiment durch, in dem sich Probanden eine Handlung vorstellen sollten, die entweder von ihnen selbst oder von anderen durchgeführt wurde. Hier ließ sich Folgendes zeigen:

- Posterior parietal gelegene Areale werden aktiviert, wenn eine Selbst-Fremd-Unterscheidung von Bewegungen geleistet werden muss.
- Aktivierung in inferior parietal gelegenen Kortexarealen wurde von Farrer und Frith (2002) aufgezeigt, wenn es zur Attribuierung von Agentenschaft an andere kam.
- Die Inselregion wurde aktiviert, wenn eigene Handlungen durchgeführt wurden.

Diese Ergebnisse wurden so gedeutet, dass die anteriore Insula eine Integrationsleistung erbringt, in der alle multimodalen Informationen zusammengeführt werden, die für eigene Handlungen benötigt werden. Dagegen soll der inferior parietale Kortex Bewegungsmuster in einem allozentrischen Format kodieren, wobei diese Information sowohl für eigene als auch für fremde Bewegungen als Referenzrahmen genutzt werden könnte (Farrer u. Frith 2002; Jackson u. Decety 2004).

Propositionales Selbstbewusstsein. Zur Untersuchung des propositionalen Selbstbewusstseins wurden in Anlehnung an vorhergehende ToM-Studien (Fletcher et al. 1995; Gallagher u. Frith 2003) den Probanden kurze Geschichten präsentiert, bei denen einmal eine Fremdzuschreibung einer Überzeugung und das andere Mal eine Selbstzuschreibung einer Überzeugung erforderlich war.

▼

Eine Reihe von funktionell bildgebenden Studien haben die hierfür relevanten Hirnregionen darstellen können, die im Wesentlichen die anterior medial präfrontal gelegenen Regionen umfassen, was in zahlreichen empirischen Studien nachgewiesen wurde (Fletcher et al. 1995; Gallagher et al. 2003; Vogeley et al. 2001; Schilbach et al. 2006). In einer eigenen Studie konnten die früheren Ergebnisse repliziert werden. Zusätzlich konnte erstmals eine differenzielle Hirnaktivierung in solchen Fällen gezeigt werden, in denen die Versuchspersonen sich selbst (und nicht nur anderen Personen) mentale Zustände zuschreiben. Die Leistung, 1PP einzunehmen im Rahmen eines solchen ToM-Kontexts, führt zu differenziellen Aktivierungen in medial gelegenen Hirnregionen des oberen medialen Parietallappens und des rechtsseitigen temporoparietalen Übergangsbereichs (Vogeley et al. 2001).

Im Wesentlichen wurde insgesamt folgendes Ergebnis erzielt: Bei der 1PP sind der medial präfrontal und parietal gelegene Kortex sowie der inferiore parietale Kortex bzw. der temporoparietale Übergangsbereich aktiviert. Dieses Verteilungsbild von erhöhter neuronaler Aktivierung zeigt sich interessanterweise sowohl im Fall von sprachlicher Selbstzuschreibung als auch im Fall einer räumlichen 1PP, sodass die Annahme nahe liegt, es gebe eine neuronale Signatur, welche die 1PP generell indiziert (◘ Abb. 10.1).

Eine Anreicherung und Deutungsmöglichkeit der Aktivitätsverteilungen, wie sie typischerweise bei den oben exemplarisch beschriebenen subjektiven oder intersubjektiven Prozessen erscheinen, bietet das aktuelle Konzept des so genannten **Hirnruhezustands** (*default mode of the brain*) an. Der amerikanische Neurologe Marc Raichle und seine Mitarbeiter untersuchten systematisch Hirnaktivitätsverteilungen, wie sie in den aus methodologischen Gründen zwingend erforderlichen Ruhebedingungen zu erheben sind. In derartigen Ruhebedingungen wird von den Probanden typischerweise keinerlei systematische kognitive Leistung gefordert. Die neuronalen Korrelate dieser »Ruhesituationen«, die kognitiv nicht weiter spezifiziert und nicht einsehbar sind, dienen den spezifischen Zielleistungsbedingungen als Vergleich und bilden eine Art virtuelle Null-Linie. Da diese Zustände aber keine wirklichen »Ruhezustände« sind und die Probanden jeden beliebigen kognitiven Zustand einnehmen können, sind diese Ruhesituationen natürlich kognitiv »verrauscht«. Da es aber keine bessere Vergleichsbedingung gibt, weil die

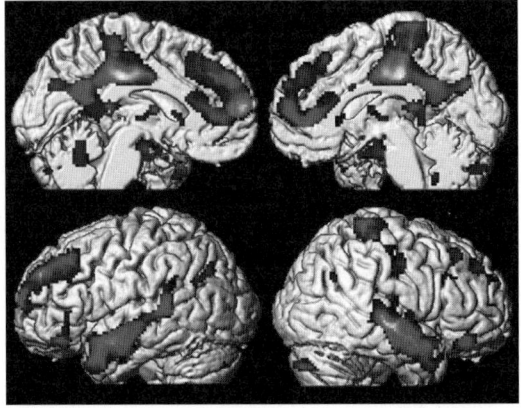

◘ **Abb. 10.1.** Statistisch signifikante Unterschiede im BOLD-Kontrast, die typischerweise bei selbstreferenziellen Prozessen als neuronales Korrelat erscheinen und die als Maß für die regional unterschiedlichen Aktivierungen genommen werden können; gruppenstatistische Darstellung der Aktivierungen, die über die Gruppe der beteiligten Probanden hinweg signifikant wurden. Der Datensatz entstammt der Untersuchung von Vogeley et al. (2004). Die Hirnaktivierungen sind auf einen anatomischen Datensatz projiziert, der die linke und die rechte Hirnhemisphäre (*linke und rechte Bildspalte*) von der medialen und lateralen Ansicht zeigt (*obere und untere Bildzeile*; s. auch Farbtafel am Buchende)

Methode der fMRT immer nur relative Signaldifferenzen bereitstellen kann, war die nähere Untersuchung dieser Ruhezustände aus methodischen Gründen durchaus geboten.

Als bemerkenswertes Ergebnis wurde in Gruppen von Datensätzen verschiedener Einzeluntersuchungen immer ein konstantes, wiederkehrendes Verteilungsmuster gefunden, das dem Verteilungsmuster entspricht, das weitgehend deckungsgleich auch bei (inter)subjektiven Leistungen gesehen wird. Ruhezustände korrelieren mit einem Aktivierungsmuster, das

- den anterioren medialen frontalen Kortex,
- den medialen parietalen Kortex und
- den superior temporal gelegenen Kortex bzw. temporoparietalen Übergangskortex beidseits

umfasst (Gusnard et al. 2001; Raichle et al. 2001). Subjektive und intersubjektive Prozesse sind also mit Hirnaktivitätsmustern korreliert, wie sie auch in Ruhesituationen auftreten, in denen die Probanden keinen spezifischen kognitiven Aufgaben eines Experimentators folgen und in denen sie vielmehr völlig »auf sich gerichtet sind«. Immer dann, wenn eine (im Vergleich zum Ruhezustand) aufwändige kognitive Leistung abverlangt wird, wird neuronale Aktivierung »ausgelenkt« oder »verschoben« hin zu spezifischen Hirnregionen, in denen diese gerade geforderten kognitiven Leistungen implementiert sind. Als Folge davon zeigen medial frontale und temporoparietale Regionen entsprechend eine relative »Deaktivierung« (Raichle et al. 2001). Die charakteristische neuronale Signatur scheint daher die neuronale Grundlage der für Selbstbewusstsein typischen unmittelbaren Selbstbezugnahme zu sein, wobei diese nur durch eine Repräsentation einer Selbst-Welt-Unterscheidung möglich wird. Von den neuronalen Korrelaten der **spezifischen** Ausprägungen der unmittelbaren Selbstbezugnahme auf unterschiedlichen kognitiven Ebenen wird in der neuronalen Signatur abstrahiert.

Damasio (1999) bestätigt mit den Ergebnissen seiner Forschung ebenfalls die konstitutive Rolle dieser Hirnregionen für das Selbstbewusstsein. Die Ergebnisse zum Selbstbewusstsein gewinnt er jedoch, anders als die Autoren, entscheidend über seine **neuropsychologischen** Patientenstudien. Das vollständige oder das partielle Ausbleiben von Selbstbewusstsein und die dadurch folgende behaviorale Einschränkung korreliert er mit den physischen Veränderungen des Gehirns und den Veränderungen der Hirnaktivität der Patienten und ermittelt darüber die das Selbstbewusstsein konstituierenden Regionen. Damasio argumentiert für drei Stufen des Bewusstseins, die jeweils mit drei unterschiedlichen Ausprägungen des Selbst korrespondieren (s. Übersicht).

> **Die Bewusstseinsstufen nach Damasio (1999)**
>
> 1. Auf der untersten Stufe befindet sich das Proto-Selbst, welches die internen Körperzustände des Organismus repräsentiert und der homöostatischen Regulierung dient. Diese Regulierungsinstanz kann als innerer Referenzpunkt verstanden werden, der jedem Organismus zukommt, aber als Vorläufer eines elaborierteren bewussten Selbst noch unbewusst ist.
>
> 2. Darauf aufbauend entsteht das Kernbewusstsein, welches ein bewusstes Kern-Selbst konstituiert. Es ermöglicht dem Organismus eine Repräsentation seiner selbst als Objekt in Raum und Zeit mit Hilfe eines sich ständig erneuernden Bewusstseinsinhaltes.
>
> 3. Die komplexeste Bewusstseinsform ist mit dem so genannten erweiterten Bewusstsein (*extended consciousness*) und dem dadurch konstituierten autobiographischen Selbst erreicht. Das autobiographische Selbst zeichnet sich durch ein stabiles Selbstkonzept, durch Erinnerung an die Vergangenheit und durch die Antizipation zukünftiger Ereignisse aus. Es konstituiert die Identität einer Person mit physischen, mentalen und sozialen Aspekten.

Der Übergang vom unbewussten zum bewussten Zustand sowie von einer zur nächsthöheren Bewusstseinsstufe beginnt bei Damasio mit der Unterscheidung von Organismus und Umwelt. Diese Unterscheidung basiert auf der getrennten Repräsentation eigener Körperzustände und der Umweltzustände, welche ebenfalls intern repräsentiert werden. Die physiologischen Grundregulationsmechanismen und darunter insbesondere die komplexeren Emotionen sind wesentlich an dieser Abbildung beteiligt. Komplexe Bewusstseinsstufen werden – soweit wie wir es bisher verstehen – material nur auf der Basis eines ausgebildeten Nervensystems und funktional nur mit Hilfe eines Langzeitgedächtnisses möglich. Folglich kann diese neurobiologische Entwicklungstheorie sowohl **evolutionär** als auch **ontogenetisch** verstanden werden.

Damasios Theorie des Selbstbewusstseins bietet einfache, konzeptionell klar voneinander abgrenzbare Stufen des Selbstbewusstseins an, für welche er mit Evidenzen seiner Patientenstudien argumentiert und die er hypothetisch mit Hirnaktivitätsverteilungen identifiziert. Gleichzeitig ist es das erste System, das **sowohl Kognition als auch Emotion** berücksichtigt.

Das autobiographische Selbst bei Damasio entspricht dem metarepräsentationalen Selbst in der Theoriebildung der Autoren, sodass hier zwei Unterschiede bleiben: Damasio beschränkt sich auf eine grobkörnigere Differenzierung, und er bezieht Emotionen wesentlich in seine Theorie des Selbstbewusstseins mit ein. Dies kann als eine Herausforderung für die Weiterentwicklung der Theorien des Selbstbewusstseins festgehalten werden: Welche Rolle spielen Emotionen überhaupt für die Entstehung von Selbstbewusstsein, und in welcher Weise gehören sie zu den Konstitutionsbedingungen von Selbstbewusstsein? Auch hier liegt die Vermutung mit Blick auf die obige Argumentation nahe, dass Emotionen zwar wesentlich zu den Erwerbsbedingungen, nicht aber zu den Konstitutionsbedingungen von metarepräsentationalem Selbstbewusstsein gehören. Die systematische Integration von Emotionen in die Theorie des Selbstbewusstseins ist eine der offenen Fragen dieses Forschungsfeldes, die nicht zuletzt durch Damasios Theoriebildung aufgeworfen worden sind.

Diesbezüglich soll mit einer groben Skizze geschlossen werden: Zu menschlichem Selbstbewusstsein gehören neben der klar aufgezeigten kognitiven Dimension auch die emotionale und die soziale Dimension des Menschen. Selbstbewusstsein tritt natürlich fast immer in einer Verflechtung dieser verschiedenen Dimensionen auf. Nichtsdestotrotz können die Dimensionen theoretisch unabhängig voneinander betrachtet und empirisch untersucht werden. So wie hier eine graduelle Entwicklung der kognitiven Aspekte menschlichen Selbstbewusstseins aufgezeigt wurde, so kann das Bild prinzipiell durch eine graduelle Entwicklung von sozialer und emotionaler Kompetenz des Menschen ergänzt werden. Vermutlich sind die Entwicklungsstufen sehr eng mit den kognitiven Fähigkeiten gekoppelt, so wie Emotion und Kognition viel enger miteinander verbunden sind, als üblicherweise angenommen (Damasio 1999).

Literatur

Baron-Cohen S (1997) Mindblindness. An essay on autsim and Theory of Mind. MIT Press, Cambridge, MA

Berlucchi G, Aglioti S (1997) The body in the brain: neural bases of corporeal awareness. Trends Neurosci 20: 560-564

Bermúdez JL (1998) The paradox of self-consciousness. MIT Press, Cambridge, MA

Bermúdez JL (2000) Nichtbegriffliche Selbsterfahrung und das Paradox des Selbstbewusstseins. In: Newen A, Vogeley K (Hrsg) Selbst und Gehirn. Menschliches Selbstbewusstsein und seine neurobiologischen Grundlagen, mentis, Paderborn, 79-100

Carter CS, MacDonald AW, Ross LL, Stenger VA (2001) Anterior cingulate cortex activity and impaired self-monitoring of performance in patients with schizophrenia: an event-related fMRI study. Am J Psychiatry 158: 1423-1428

Cole J (1991) Pride and a daily marathon. Duckworth, London

Cuplinskas R (2000) Dimensionen des Selbst und deren biologische Grundlagen. In: Newen A, Vogeley K (eds) Selbst und Gehirn. Menschliches Selbstbewusstsein und seine neurobiologischen Grundlagen, mentis, Paderborn, 123-150

Damasio AR (1999) The feeling of what happens: body and emotion in the making of consciousness. Harcourt Brace, New York

Damasio AR (2003) Looking for Spinoza: joy, sorrow and the feeling brain. Harcourt, New York

David N, Bewernick B, Newen A, Lux S, Fink GR, Shah NJ, Vogeley K (2006) The self-other distinction in social cognition – perspective-taking and agency in a virtual ball-tossing game. J Cogn Neurosci 18(6): 898–910

Farrer C, Frith CD (2002) Experiencing oneself vs. another person as being the cause of an action: the neural correlates of the experience of agency. NeuroImage 15: 596-603

Fink GR, Marshall JC, Weiss PH et al (2003) Performing allocentric visuospatial judgements with induced distortion of the egocentric reference frame: an fMRI study with clinical implications. NeuroImage 20: 1505-1517

Fletcher P, Happé F, Frith U, Baker SC, Dolan RJ, Frackowiak RS, Frith CD (1995) Other minds in the brain: a functional imaging study of »theory of mind" in story comprehension. Cognition 57: 109-128

Frank M (Hrsg) (1994) Analytische Theorien des Selbstbewusstseins. Suhrkamp, Frankfurt

Frege G (1966) Der Gedanke. In: Frege G (Hrsg) Logische Untersuchungen. Vandenhoek & Ruprecht, Göttingen (Original 1918)

Frith CD (2002) Attention to action and awareness of other minds. Consc Cogn 11: 481-487

Gallagher HL, Frith CD (2003) Functional imaging of »theory of mind". Trends Cogn Sci 7: 77-83

Griffiths AP (ed) (1994) Philosophy, psychology and psychiatry. Cambridge University Press, Cambridge

Gusnard DA, Akbudak E, Shulman GL, Raichle ME (2001) Medial prefrontal cortex and self-referential mental activity: relation to a default mode of brain function. Proc Natl Acad Sci USA 98: 4529-4264

Jackson PL, Decety J (2004) Motor cognition: a new paradigm to study self–other interactions. Curr Opin Neurobiol 14: 259-263

Maguire EA, Burgess N, Donnett JG, Frackowiak RS, Frith CD, O´Keefe J (1998) Knowing where and getting there: a human navigation network. Science 280: 921-924

Maguire EA (1999) Human spatial navigation: cognitive maps, sexual dimorphism, and neural substrates. Curr Opin Neurobiol 9: 171-177

Mechsner F, Newen A (2003) Review of Thomas Metzinger: being no one. Science 302(5642): 61

Metzinger T (1993) Subjekt und Selbstmodell. mentis, Paderborn

Metzinger T (2003) Being no one. MIT Press, Cambridge, MA

Nagel T (1986) The view from nowhere. Oxford University Press, New York

Neisser U (1988) Five kinds of self-knowledge. Philos Psychol 1: 37-59

Neisser U (ed) (1993) The perceived self. Cambridge University Press, Cambridge

Newen A (1997) The logic of indexical thoughts and the metaphysics of the »self". In: Künne W, Newen A, Anduschus M (eds) Direct reference, indexicality and propositional attitudes. CSLI-Publications, Stanford, CA, pp 105-132

Newen A (2000) Selbst und Selbstbewusstsein aus philosophischer und kognitionswissenschaftlicher Perspektive. In: Newen A, Vogeley K (Hrsg) Selbst und Gehirn. Menschliches Selbstbewusstsein und seine neurobiologischen Grundlagen. mentis, Paderborn, S 17-53

Newen A (2003) Ist eine kognitive Selbstbezugnahme naturalisierbar? In: Haas-Spohn U (Hrsg) Intentionalität zwischen Subjektivität und Weltbezug. mentis, Paderborn, S 461-475

Newen A (2005) Selbstwissen im Lichte von Alltagsintuitionen, Gedankenexperimenten und neurowissenschaftlichen Erkenntnissen. In: Engels E-M, Hildt E (Hrsg) Neurowissenschaften und Menschenbild – wissenschaftstheoretische und ethische Aspekte. mentis, Paderborn, S 151-170

Newen A (2006) Theorien des Selbstbewusstseins. Ihr neuzeitlicher Ursprung und die Entwicklung in Philosophie und Kognitionswissenschaft. mentis, Paderborn, im Druck

Newen A, Vogeley K (Hrsg) (2000) Selbst und Gehirn. Menschliches Selbstbewusstsein und seine neurobiologischen Grundlagen. mentis, Paderborn

Newen A, Vogeley K (2003) Self-representation: the neural signature of self-consciousness. Consc Cogn 12: 529-543

Newen A, Vosgerau G (Hrsg) (2005) Den eigenen Geist kennen. Selbstwissen, privilegierter Zugang und die Autorität der ersten Person. mentis, Paderborn

Perner J (1991) Understanding the representational mind. MIT Press, Cambridge, MA

Perner J, Wimmer H (1985) »John thinks that Mary thinks that …«: attribution of second-order beliefs by 5- to 10-year-old children. J Exp Child Psychol 39: 437-471

Perry J (1979) The problem of the essential indexical. Nous 13: 3-21

Premack D, Woodruff G (1978) Does the chimpanzee have a theory of mind? Behav Brain Sci 4: 515-526

Prinz W (2004) Kritik des freien Willens. Bemerkungen über eine soziale Institution. Psychol Rdsch 55(4): 198-206

Prinz W (2005) Construing selves from others. In: Hurley S, Chater N (eds) Imitation, human development, and culture (Perspectives on imitation: from neuroscience to social science), Vol. 2. MIT Press, Cambridge, MA, pp 180-182

Raichle ME, MacLeod AM, Snyder AZ, Powers WJ, Gusnard DA, Shulman GL (2001) A default mode of brain function. Proc Natl Acad Sci USA 98: 676-682

Ruby P, Decety J (2001) Effect of subjective perspective taking during simulation of action: a PET investigation of agency. Nature Neurosci 4: 546-550

Schilbach L, Ritzl A, Krämer NC, Newen A, Zilles K, Fink GR, Vogeley K (2006) Being with virtual others: neural correlates of social interaction. Neuropsychologia 44(5): 718–730

Shallice T (1988) From neuropsychology to mental structure. Cambridge University Press, Cambridge

Shoemaker S (1963) Self-knowledge and self-identity. Cornell University Press, Ithaca, NY

Tugendhat E (1979) Selbstbewusstsein und Selbstbestimmung. Sprachanalytische Interpretationen. Suhrkamp, Frankfurt/M

Vogeley K (2000) Selbstkonstrukt und präfrontaler Cortex. In: Newen A, Vogeley K (Hrsg) Selbst und Gehirn. mentis, Paderborn

Vogeley K (2001) Psychopathologie des Selbstkonstrukts. In: Roth G, Pauen M (Hrsg) Neuro- und Kognitionswissenschaften: Eine Einführung in philosophische und empirische Probleme. Fink/UTB, Paderborn

Vogeley K, Fink G (2003) Neural correlates of the first-person-perspective. Trends Cogn Sci 7: 38-42

Vogeley K, Bussfeld P, Newen A et al (2001) Mind reading: neural mechanisms of theory of mind and self-perspective. Neuroimage 14: 170-181

Vogeley K, May M, Ritzl A, Falkai P, Zilles K, Fink GR (2004) Neural correlates of first-person-perspective as one constituent of human self-consciousness. J Cogn Neurosci 16: 817-827

Wimmer H, Perner J (1983) Beliefs about beliefs: representation and constraining function of wrong beliefs in young children's understanding of deception. Cognition 13: 103-128

Psychosomatische Aspekte der Theory of Mind

Harald Gündel

11.1 Einführung

Patienten mit schweren Somatisierungsstörungen bzw. echten organischen Erkrankungen und gleichzeitig bestehenden gravierenden psychosozialen Konflikten sind oft ungeliebte Kinder der psychosomatischen Medizin. Anders als manche Patienten mit primär psychischer Beschwerdesymptomatik, wie im klinischen Vordergrund stehender Angst oder Depression, verspricht diese Patientengruppe meist keine schnellen, eindrucksvollen Therapieerfolge. Stattdessen ist schon die Motivationsphase zur Aufnahme bzw. Akzeptanz einer psychotherapeutischen Behandlung nicht selten mühsam und von ständig fluktuierender Ambivalenz und der Abwehr bedrückender Gefühle geprägt.

Immer wieder kommt der Psychosomatiker in diesem Kontext auch speziell in Kontakt mit einer Untergruppe von psychosomatischen Patienten im engeren und engsten Sinne, d. h. mit in psychosozialen Belastungssituationen primär bzw. ausschließlich körperlich reagierenden Patienten, bei denen der Zugang zum eigenen unmittelbaren emotionalen Erleben und Spüren verstellt erscheint oder immer wieder abbricht.

An dieser Stelle können gerade strukturierte, psychoedukativ oder psychodynamisch orientierte Motivationsgruppen eine wichtige, initial oft aber nur bescheidene Rolle als Einstiegshilfe in eine eigentlich indizierte weiterführende Psychotherapie für diese Patienten spielen (Gündel 2001). Nicht selten gelingt es gerade bei komplexen somatischen Krankheitsbedingungen und chronischem Verlauf im Rahmen einer anschließenden stationären psychotherapeutischen Behandlung dann aber doch, den betreffenden Patienten einen allmählichen Zugang zu oft jahre- bzw. jahrzehntelang verdrängten bzw. somatisierten Affekten zu ermöglichen und so einen in der Regel jahrelangen, durch ambulante Psychotherapie unterstützten Entwicklungs- und Nachreifungsprozess in Gang zu setzen.

Zugang zu jahre- bzw. jahrzehntelang verdrängten Affekten heißt dabei nichts anderes, als die betreffenden Patienten in einen inneren Kontakt mit nicht bewusst wahrgenommenen bzw. verdrängten Anteilen ihres Selbst, ihrer eigenen Person zu bringen – mit anderen Worten, in bewussten Kontakt zu eigenen konflikthaften, unangenehmen, bedrückenden, in der Regel früheren Traumatisierungen entsprungenen Gefühlen. Die betroffenen psychosomatischen Patienten sollen somit erstmals oder erneut – aber besser als zur Zeit der Traumatisierung – in die Lage versetzt werden, wichtige zuvor möglicherweise nur somatisch erlebbare Gefühle reflexiv aus einer partiellen Beobachterperspektive bewusst wahrnehmen und nach und nach als Leitlinie für das weitere eigene Verhalten benutzen zu können.

Diese selbstreflexive Position ist aus der Perspektive der ToM beschreibbar als eine Fähigkeit zur Mentalisierung nicht nur im kognitiven, sondern eben auch und gerade im emotionalen Bereich. Gleichzeitig bezieht sich Mentalisierung definitionsgemäß nicht nur auf die Wahrnehmung kognitiver und emotionaler Inhalte bei anderen Menschen, sondern genauso auf die Wahrnehmung entsprechender Inhalte bei der eigenen Person:

> *The mentalizing region of the MPFC* [medialer Präfrontalkortex] *is engaged when we attend to* **our own mental states** *as well as to the mental states of others.* (Frith u. Frith 2003)

Die Fähigkeit zur emotionalen Mentalisierung entsteht im Lauf der Kindheit innerhalb einer engen, empathischen und sicheren Beziehung (▶ Kap. 11.4; Gergely u. Watson 1996).

Im Folgenden sollen zunächst einige neurobiologische Grundlagen selbstreflexiven emotionalen Empfindens (*mentalizing*) nachgezeichnet werden. Anschließend werden Bezüge zu wichtigen psychosomatischen Phänomenen wie der Alexithymie hergestellt.

11.2 Das Konzept der stufenweise differenzierten *emotional awareness*

Es gibt bis heute keine einheitliche Theorie der Emotionalität. Emotionen bestehen jedoch aus ganz verschiedenen Bausteinen, wie z. B.
- einer biologischen (physiologisch),
- einer psychologischen (z. B. individuelle subjektive Erfahrung) und

■ einer sozialen (z. B. Mimik, Verhaltensinduk-
tion) Komponente.

Merkwürdigerweise zeigen sich zwischen diesen
einzelnen Ebenen, z. B. zwischen selbsteinge-
schätztem Gefühlszustand (Fragebogen) und physiologischen Parametern, oft nur mäßige Übereinstimmungen.

Lane und Schwartz (1987) betrachten die
Fähigkeit eines Menschen, die eigenen Gefühle
wahrzunehmen und zu verbalisieren (*emotional
awareness*), als eine emotional-kognitive Fähigkeit,
die, ähnlich wie die von Piaget (1937) stufenweise
definierten sensorisch-kognitiven Fähigkeiten,
innerhalb eines prinzipiell möglichen Entwicklungsprozesses individuell sehr unterschiedliche
»Reifegrade« erreichen kann. Lane und Schwartz
definierten – analog zu Piaget – fünf unterschiedliche Stufen dieser emotionalen Differenziertheit
(*levels of emotional awareness*) (s. Übersicht).

**Stufen der individuellen Differenzierung
emotionaler Wahrnehmungsfähigkeit
(nach Lane u. Schwartz 1987)**
■ Level I: Mehr oder weniger reine
Reflexantwort
(affektive Stimuli lösen lediglich autonom-
vegetative bzw. endokrine Reaktionen
aus)
■ Level II: Tendenz zur Aktion wird wahrgenommen
(keine bewusste Wahrnehmung von
Gefühlen)
■ Level III: Prinzipielle Fähigkeit zur psychischen Erfahrung im engeren Sinne
(einzelne Gefühle können global wahrgenommen werden, aber keine gleichzeitige
differenzierte Wahrnehmung unterschiedlicher eigener Gefühle)
■ Level IV: Mischung eigener unterschiedlicher Gefühle
(Gefühlsambivalenz)
■ Level V: Fähigkeit, auch beim Gegenüber eine differenzierte, vom eigenen
Empfinden verschiedene Gefühlslage zu
erschließen

Nach dieser Theorie lösen affektive Stimuli auf
Level I bei der wahrnehmenden Person lediglich autonom-vegetative oder endokrine Reaktionen ohne wesentliche Innenwahrnehmung aus
(**Reflexantwort**). Auf **Level II** werden Affekte als **Tendenz zur Aktion** ohne bewusste Wahrnehmung von
Gefühlen erfahren.

Ab **Level III** beginnt **selbstreflexives emotionales
Erleben** (Mentalisieren): Der Affekt kann neben
der somatischen auch zur psychischen Erfahrung
werden, wobei einzelne Gefühle in einer globalen
Qualität die gleichzeitige Wahrnehmung anderer
Gefühle ausschließen. Auf **Level IV** wird bereits
eine Mischung unterschiedlicher Gefühle, also
Gefühlsambivalenz, erfahrbar. Auf **Level V** entsteht
die Fähigkeit, auch beim Gegenüber eine differenzierte, von den eigenen Gefühlen verschiedene innere Lage durch **Einfühlung** zu erschließen
(Subic-Wrana et al. 2002).

Auf den Ausprägungsstufen I und II dieses
emotionalen Entwicklungsprozesses können
Gefühle entweder gar nicht oder nur als diffuse
Veränderung des körperlichen Zustands wahrgenommen werden; sie bleiben also auf einer **impliziten** oder unbewussten Ebene. Dieser Modus der
Wahrnehmung und des Umgangs mit Gefühlen ist
nicht selten bei den psychosomatischen Patienten
im engeren Sinne (s. oben) zu beobachten. Auf den
höheren Differenzierungsstufen ist hingegen eine
bewusste und immer differenziertere, selbstreflexive Wahrnehmung eigener und fremder Gefühle
möglich, d. h., hier ist im Gegensatz zu rein soma-
tischem, unreflektiertem Erleben von Gefühlen
eine **Mentalisierung** möglich.

11.3 Neurobiologische Kernkorrelate unbewusster d. h. undifferenzierter Entwicklungsstufen der Emotionalität

11.3.1 Level 1 und 2 nach Lane u. Schwartz

Neurobiologisch werden Emotionen immer innerhalb komplexer Netzwerke generiert und prozessiert. Allerdings lassen sich nach dem heutigen

Wissensstand doch einzelne Komponenten dieser Netzwerke unterschiedlichen Stufen des *emotional processing* zuordnen (Lane u. Garfield 2005)

❶ **Ein Kernbestandteil impliziter, also unbewusst ablaufender emotionaler Reaktionen auf äußere Stimuli sind die Mandelkerne (Nuclei amygdalae). Auch andere Strukturen des subkortikalen limbischen Systems (z. B. Hippokampus, Parahippokampus) sowie Hypophyse und Hypothalamus sind nach heutigem Wissen an der Entstehung physiologischer, als somatisch erlebter Korrelate impliziter Emotionalität beteiligt.**

Eine Reihe von Studien zeigt, dass eine Aktivierung der **Mandelkerne** auf emotionale Stimuli auch ohne bewusste emotionale Wahrnehmung erfolgen kann. LeDoux hat eine zugehörige thalamoamygdaläre Vernetzung beschrieben, innerhalb der externe emotionale Stimuli eine diffuse und unselektive, aber auch oft nicht bewusst wahrgenommene Veränderung körperlicher Zustände induzieren können (1996). Eine Aktivierung der Mandelkerne korreliert nach übereinstimmenden Studienergebnissen stark mit der vegetativ-autonomen Funktionslage, insbesondere mit einem erhöhten sympathikotonen Arousal (natürlicherweise bei Angstreaktionen erhöht) (Critchley et al. 2001). LeDoux vertritt dabei die Auffassung, dass solche diffusen, über die Mandelkerne ausgelösten emotionalen Erregungszustände dann bewusst wahrgenommen werden können, wenn eine Einbeziehung von präfrontal-kortikalen Arealen erfolgt (neokortikal-amygdaläres Netzwerk, s. unten).

Im Bereich der **Insel** (rechts mehr als links) fließen – in topographischen Repräsentationen geordnet – alle Informationen über unterschiedlichste, so genannte interozeptive somatische Vorgänge zusammen. Dazu gehören z. B. Informationen über viszerale Vorgänge sowie optische, akustische, sensorische und Geruchs- bzw. Geschmackseindrücke. Nach heutigem Wissen ist die Insel – zusammen mit Anteilen des somatosensorischen Kortex (Damasio 2003) – an der Entstehung und Aufrechterhaltung von emotionalen Basis- oder Hintergrundzuständen (also einer Art emotionalem Grundgefühl), die am Rande der bewussten Wahrnehmung liegen (Damasios *background emotions*), beteiligt, aber

auch bei der Entstehung unmittelbarer negativer Gefühle bei der unmittelbaren sensorischen Wahrnehmung entsprechender affektauslösender Stimuli (hier: Bilder) (Ochsner et al. 2002).

11.3.2 Level 3–5 nach Lane u. Schwartz

❶ **Es wird zunehmend deutlich, dass besonders Teile des präfrontalen Kortex (PFC) und des (paralimbischen) anterioren zingulären Kortex (ACC) eine zentrale Rolle bei der bewussten (expliziten) Wahrnehmung und Modulation von Gefühlen spielen.**

Die Aufgaben einzelner präfrontaler Areale innerhalb der Generierung und Steuerung von Emotionen sind sehr unterschiedlich (Lane u. Garfield 2005) Prinzipiell erfolgt die Evaluation verschiedenster Stimuli auf ihre individuelle emotionale Bedeutung zum einen automatisch, vegetativ-autonom und unbewusst (implizit) durch die Mandelkerne (▸ Kap. 11.3.1), zum anderen bewusst (explizit) bei vermutlich stärkerer Beteiligung u. a. durch den medialen orbitofrontalen Kortex (**MOFC**).

Die orbitalen präfrontalen Regionen erhalten sensorische Zuflüsse verschiedenster Sinnesmodalitäten, u. a. visueller, olfaktorischer, akustischer, somatosensorischer und geschmacklicher Natur. Damit im Einklang sind sie an der Erkennung bzw. der Analyse des emotionalen Gehaltes und des Belohnungswertes (*reward value*) eines Stimulus beteiligt, z. B. bei der Gesichts- oder Spracherkennung (Hornak et al. 2003). Der MOFC ist dabei v. a. für die komplexe und variable Einschätzung eines emotionalen Stimulus im Hinblick auf einen sich verändernden sozialen bzw. motivationalen Gesamtzusammenhang und eine adäquate emotionale Reaktion zuständig (Bechara et al. 2000; Ochsner et al. 2002).

Die kognitive Beeinflussung emotionaler Wahrnehmungen und Reaktionen geht demgegenüber nach heutigem Wissensstand besonders vom lateralen präfrontalen Kortex (**LPFC**) aus: Gerade zielgerichtetes Verhalten mit der dann zeitweise notwendigen Unterdrückung in diesem Sinne »störender« emotionaler Empfindungen werden durch den LPFC gesteuert (Ochsner et al. 2002).

Übereinstimmend mit diesen Annahmen konnten Ochsner et al. in einer fMRT-Studie (funktionelle Kernspintomographie) zeigen, dass die bewusste und effektive kognitive Neu- bzw. Umbewertung einer emotional hoch aversiven Situation (ausgelöst durch das Betrachten von negative Emotionen auslösenden Bildern) mit einer Aktivitätszunahme von LPFC (Kurzzeitgedächtnis, kognitive Kontrollfunktion) und MPFC (Selbstmonitoring) und einer Verminderung der Aktivität in Amygdalae und MOFC verbunden ist (Ochsner et al. 2002).

Die umfangreichen **neuroanatomischen Verbindungen** zwischen den Mandelkernen, die die unmittelbaren, oft nicht bewusst wahrgenommenen (impliziten) physiologischen und verhaltensmäßigen Komponenten von emotionalen Reaktionen auf diesbezügliche äußere Stimuli generieren, und dem präfrontalen Kortex mit seinen übergeordneten Steuerungsfunktionen stellen dabei die Grundlage bei der Integration emotionaler, kognitiver und vegetativ-autonomer Prozesse dar (Ochsner et al. 2002; Hariri et al. 2003). Insbesondere bestehen überwiegend direkte anatomische Verbindungen zwischen den Mandelkernen und den orbitofrontalen Kortizes. Allerdings können auch ventrale und dorsale Anteile des Frontalhirns – entweder über reziproke Verbindungen zum orbitalen präfrontalen Kortex (OFC) oder über thalamische bzw. striatale Regelkreise – mit den Mandelkernen kommunizieren.

Im Hinblick auf komplexere kognitiv-behaviorale Anpassungs- und Integrationsaufgaben kommt dem LPFC gegenüber dem OFC die führende Rolle zu (Hariri et al. 2003). Daher hängt die komplexe Modulation kognitiv-emotionaler sowie vegetativ-autonomer Integrationsvorgänge und Anpassungsleistungen vermutlich von der Interaktion der Mandelkerne mit den mehr lateralen PFC-Anteilen zusammen: Die direkten, aus höher gelegenen präfrontalen Schichten stammenden Projektionen zu den Mandelkernen enden überwiegend an **inhibitorischen** amygdalären Interneuronen, während amygdaläre Projektionen in den tiefen Zellschichten des präfrontalen Kortex münden. Daher haben die Mandelkerne direkten Einfluss auf den präfrontalen Output, wohingegen die (besonders rechtsseitigen) präfrontalen Kor-

tizes die unmittelbare Reaktion der Mandelkerne (und damit die vegetativ-autonome Funktionslage) auf äußere emotionale Stimuli durch die inhibitorischen Regelkreise modulieren – d. h. auch dämpfen – können (Beauregard et al. 2001; Hariri et al. 2003).

Für den modulierenden, dämpfenden Einfluss selbstreflexiver sowohl kognitiver als auch emotionaler selbstreflexibler Fähigkeiten (Mentalisierung) über dadurch angestoßene präfrontale inhibitorische Einflüsse auf die Funktionslage der Mandelkerne gibt es zunehmend experimentelle Belege.

Im Hinblick auf die Modulation sympathischer Aktivierung durch kognitive Reflexion konnten Hariri et al. (2000) zeigen, dass das rein sensorische, auf der Wahrnehmungsebene verbleibende Betrachten von Ärger bzw. Angst ausdrückenden Gesichtsausdrücken eine starke bilaterale Aktivierung der Mandelkerne auslöst. Allein die Instruktion, diese emotionalen Stimuli zu benennen (*labeling*; kognitive Funktion), führte zu einer Aktivierung des rechtsseitigen ventralen PFC und zu einer gleichzeitig verminderten Aktivierung der Mandelkerne, die ihrerseits mit einer verminderten sympathischen Funktionslage (gemessen anhand der Hautleitfähigkeit) einherging.

In einer fMRT-Folgestudie wurden elf gesunden Probanden natürliche und künstliche angst- bzw. furchtauslösende Stimuli gezeigt (s. Box). Diese Pilotstudie legt nahe, dass Menschen ihre emotionalen Reaktionen und die damit verbundenen Auswirkungen auf somatische, insbesondere vegetativ-autonome Regelkreise durch die **bewusste, selbstreflexive** (in diesem Experiment eher kognitive) Wahrnehmung dieser Emotionen und den (kognitiven) Vergleich mit aus der Vergangenheit stammenden Erfahrungswerten entscheidend beeinflussen können.

Besonders die **orbitalen** (BA 10, 11, 12, 25) und **medialen** (BA 8, 9, 10) Anteile des PFC spielen bei selbstreflexiven, mentalisierenden Vorgängen eine entscheidende Rolle (Hornak et al. 2003, Frith u. Frith 2003; Gallagher u. Frith 2003). Mediale und orbitale Regionen des PFC weisen intensive neuroanatomische Verbindungen auf, insbesondere über den ventromedialen Anteil des PFC. Dennoch lassen gerade der intrinsische Aufbau und die unterschiedlichen neuroanatomischen Verbindungen

Box

fMRT-Studie mit angst- bzw. furchtauslösenden Stimuli (Hariri et al. 2003)
Als angst- bzw. furchtauslösende Stimuli dienten u. a. ein auf den Betrachter gerichteter Pistolenlauf (künstlicher Stimulus) oder z. B. das Bild eines Schlangenkopfes (natürlicher Stimulus).
In der ersten experimentellen Bedingung mussten die Probanden das angstauslösende Bild mit zwei anderen angstauslösenden Bildern (z. B. ebenfalls auf den Betrachter gerichtete Pistolenläufe) vergleichen und die zwei identischen Bilder auf der unmittelbaren Wahrnehmungsebene einander zuordnen (**Match-Kondition**; keine kognitive, sondern eine sensorische Leistung).
In der zweiten experimentellen Bedingung mussten die Probanden entscheiden, welches von zwei Wörtern (*natural* vs. *artificial*) den Inhalt des Bildes am besten beschrieb (**Label-Kondition**; kognitive Leistung).
Als sensomotorische **Kontrollbedingung** wurde den Probanden eine emotional neutrale ovale Figur gezeigt, die einem von weiter unten abgebildeten Ovalen zugeordnet werden musste.
Die rein sensorische Testaufgabe (*match*) führte zu einer starken beidseitigen Aktivierung der Mandelkerne und einer erhöhten sympathisch-autonomen Aktivität (gemessen anhand bestimmter Hautleitfähigkeit während des Scannens). Demgegenüber zeigte sich bei der kognitiven Evaluation dieser Stimuli
- eine bilaterale, rechtsseitig betonte Aktivierung des ventralen PFC (Brodmann-Areale BA 44/45 und 47),
- eine Verminderung der bilateralen Amygdalaaktivierung sowie
- eine verminderte sympathikotone Funktionslage (Hautleitfähigkeit).

Ebenso zeigte sich während der kognitiven Teilaufgabe (*label*) ein erhöhter Blutfluss im rechten ACC (BA 32).

der beiden präfrontalen Areale (Öngür u. Price 2000) eine unterschiedliche Rolle innerhalb der Emotionsverarbeitung vermuten:

Die orbitalen Regionen erhalten z. B. sensorische Zuflüsse verschiedenster Sinnesmodalitäten und sind an der Erkennung bzw. der Analyse des emotionalen Gehaltes und des Belohnungswertes (*reward value*) eines Stimulus, z. B. bei der Gesichts- oder Spracherkennung, beteiligt (s. oben; Hornak et al. 2003). Demgegenüber zeigten dorsomediale präfrontale Areale eine Aktivierung während der bewussten, kognitiven Wahrnehmung des eigenen emotionalen Empfindens (Gusnard et al. 2001).

> ❶ Die aktuellen Studien geben wichtige Hinweise darauf, dass die Fähigkeit der Mentalisierung, d. h. des selbstreflektiven Umgangs mit den eigenen emotionalen und kognitiven Wahrnehmungen, zu einem wesentlichen Anteil in ventromedial-präfrontalen, parazingulären Arealen (außerdem bilateral innerhalb der oberen temporalen Sulci sowie der temporalen Pole) erfolgt (Gallagher u. Frith 2003).

Entscheidende weitere Aufschlüsse über den differenziellen Anteil präfrontaler Areale an der Emotionsverarbeitung kommen aus einer Studie, in der 35 Patienten mit Zustand nach neurochirurgischer Exzision unterschiedlicher Anteile des präfrontalen Kortex aufwändig testpsychologisch sowie durch Selbst- und Fremdeinschätzung hinsichtlich der Veränderung emotionaler Funktionen seit der neurochirurgischen Operation untersucht wurden (Hornak et al. 2003). Im Einzelnen wurde die Wahrnehmungsfähigkeit für nichtverbale, emotional getönte Laute (*non-verbal vocal emotional sounds*) und für emotionale Gesichtsausdrücke getestet und ferner die subjektive Wahrnehmung einer eventuellen Veränderung der eigenen Emotionalität sowie des Sozialverhaltens erfragt (Fremdrating durch enge Freunde oder Verwandte).

Dabei zeigte sich, dass bei einer subjektiv wahrgenommenen (selbstreflexiven) Veränderung der eigenen Emotionalität, aber auch bei einer Veränderung der fremdeingeschätzten Emotionalität, besonders der (einseitige) **rostral-ventrale Anteil des ACC** sowie der **mediale präfrontale Kortex** betroffen waren (◘ Abb. 11.1).

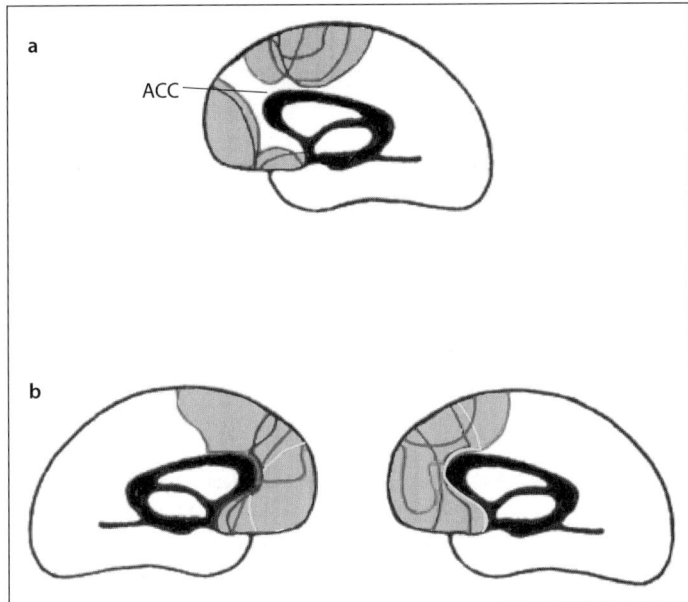

Abb. 11.1. Lokalisation präfrontaler Läsionen bei subjektiver Veränderung der eigenen Emotionalität. **a** Geringere Veränderungen der eigenen Emotionalität (Score 0–2) gingen mit Läsionen der *farblich hervorgehobenen* präfrontalen Hirnregionen einher. Nicht betroffen bei diesen Läsionen war der rostrale Anteil des ACC (der nach Bush so genannte affektive Anteil) sowie der unmittelbar ventral davon gelegene, unilaterale mediale präfrontale Kortex (ca. BA 9). **b** Massivere Veränderungen der eigenen Emotionalität (Score 2,5–5,5) gingen in jedem Fall mit Läsionen in genau diesem Bereich (rostraler ACC und BA 9) einher. Diese Läsionen sind sowohl bei linkshemisphärischer (n = 5) als auch bei rechtshemisphärischer (n = 5) Lokalisation für jede Lateralität. (s. auch Farbtafel am Buchende)

Unterschiede bezüglich der Lateralität werden dabei nicht beobachtet. Inhaltlich berichteten die von einer neurochirurgischen Operation Betroffenen überwiegend über eine Zunahme von Frequenz und Intensität ihres Gefühlserlebens nach der einseitigen Entfernung eines medial-präfrontalen Areals, sowohl bei positiven als auch bei negativen Emotionen.

Patienten mit einseitigen bzw. beidseitigen Läsionen im Bereich des orbitofrontalen Kortex waren – in Übereinstimmung mit bisherigen Erkenntnissen zum OFC – erheblich in der Erkennung der nichtverbalen, vokalen emotionalen Töne beeinträchtigt. Patienten mit Zustand nach bilateraler operativer OFC-Schädigung waren in allen getesteten emotionalen Qualitäten eingeschränkt, wohingegen Patienten mit Schädigung des dorsolateralen orbitofrontalen Kortex in den einzelnen Tests kaum Beeinträchtigungen aufwiesen.

Daraus folgt, dass der OFC eine wichtige Rolle in der Emotionsverarbeitung, besonders beim Erkennen des emotionalen Gehaltes bestimmter Stimuli spielt, die aber gegenüber der Rolle medialer präfrontaler Areale und des ventralrostralen Anteils des ACC innerhalb des *emotional processing* nachrangig erscheint.

❶ Auch die Studienergebnisse (Hornak et al. 2003) sprechen dafür, dass (insbesondere ventromediale) präfrontale Areale eine entscheidende Rolle während der bewussten Gefühlswahrnehmung spielen und unverzichtbar für selbstreflektierendes emotionales Erleben (*reflective awareness*, emotionales Mentalisieren) sind. Gerade die letztgenannte Fähigkeit ist – zumindest als entwicklungsfähiger Kern – eine unverzichtbare Voraussetzung für die Wirksamkeit psychodynamischer und psychoanalytischer Therapieverfahren.

Besonders der **anteriore zinguläre Kortex** (ACC; Abb. 11.2) spielt offensichtlich eine weitere wichtige Rolle bei der Fähigkeit selbstreflexiven emotionalen kognitiven und emotionalen Empfindens und wurde schon früh als ein überhaupt wichtiger Baustein der zentralnervösen Affektwahrnehmung beschrieben. Dem ACC kommt generell eine wichtige Rolle bei der Steuerung der bewussten Aufmerksamkeit bezüglich kognitiver und affektiver Vorgänge, bei der Schmerzwahrnehmung, aber auch bei der Prozessierung von vegetativ-autonomen und motorischen Funktionen zu (Bush et al. 2000).

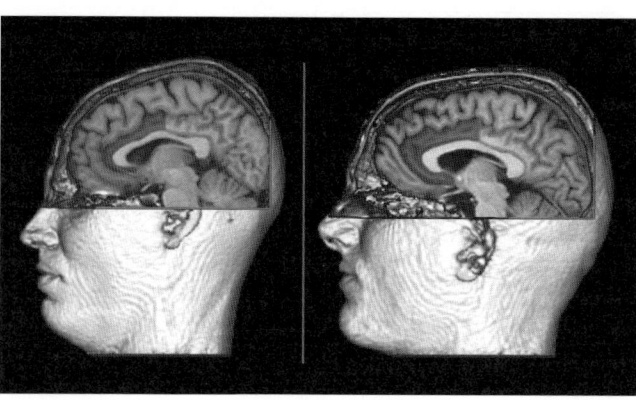

◻ Abb. 11.2. Lage des anterioren zingulären Kortex (*rot*). (Mod. nach Gündel et al. 2004; s. auch Farbtafel am Buchende)

Tatsächlich verbindet insbesondere der ACC mit seinen Projektionsbahnen innerhalb des rostralen limbischen Systems und zu den (supplementär)motorischen Rindenarealen emotionale und kognitive Systeme und hat dabei u. a. die Funktion, die **bewusste Wahrnehmung** verschiedenster Phänomene (emotional, kognitiv, Schmerz etc.) zu ermöglichen.

Klinische Läsionsstudien und testpsychologische Untersuchungen haben übereinstimmend ergeben, dass der ACC neuroanatomisch in mindestens zwei funktionelle Untereinheiten mit unterschiedlichen Funktionen eingeteilt werden kann:

- einen ventral-rostralen Anteil (BA 24a–c und BA 32, ventrale Areale 25 und 33) als essenzieller Bestandteil emotionaler Wahrnehmung und
- einen dorsalen Anteil (BA 24b′–c′ und BA 32′), in dem mehr kognitive Leistungen, u. a. die Steuerung der bewussten Aufmerksamkeit, prozessiert werden (Bush et al. 2000).

Beide Anteile des ACC scheinen eine wichtige, aber unterschiedliche Rolle in der Wahrnehmung und Verarbeitung von Emotionen zu spielen: Während der dorsale Anteil des ACC das direkte, unmittelbare Gefühlserleben ermöglichen soll, scheint der rostral-ventrale Anteil des ACC zusammen mit dem parazingulären medialen präfrontalen Kortex eine herausgehobene Rolle bei der reflektierten, bewussten Wahrnehmung emotionaler Inhalte (also der Fähigkeit zu mentalisieren) zu spielen (*knowing how one is feeling*, Lane 2000; psychoana-

lytische Terminologie: Fähigkeit zur Ich-Spaltung). Außerdem weist der subgenuale ACC intensive neuroanatomische Efferenzen zu vegetativ-autonomen ZNS-Steuerarealen, insbesondere dem Hypothalamus, auf (Hornak et al. 2003; Öngür u. Price 2000).

❶ Die dichte anatomische Verbindung zwischen rostral-ventralem und dorsalem ACC könnte die neuroanatomische Verbindung zwischen der unmittelbaren Gefühlswahrnehmung und der Fähigkeit zur sprachlichen Repräsentation dieser Wahrnehmung und deren weiterer reflektierender Verarbeitung (z. B. im Rahmen einer Psychotherapie) sein (Lane 2000). Allerdings verbleiben diese Hypothesen zur differenziellen Funktion unterschiedlicher umschriebener ACC-Regionen innerhalb des *emotional processing* angesichts z. T. widersprüchlicher Studienergebnisse noch spekulativ.

11.4 Alexithymie und Fähigkeit zur Mentalisierung (ToM)

Aus psychoanalytisch-psychosomatischer Sicht wird neben anderen Hypothesen speziell die **ungenügende bewusste Wahrnehmung von (eigenen) Emotionen**, also die ungenügend ausgeprägte Fähigkeit zu selbstreflexivem emotionalen Erleben in konflikthaften Lebenssituationen, als ein prädisponierender Faktor für die Manifestation somatischer Symptombildungen angesehen. Seit Jahrzehnten wird dieses Phänomen von verschiedenen Autoren mit unterschiedlichen Begriffen beschrieben: Die einzelnen Bezeichnungen

- infantile Persönlichkeit (Ruesch 1948),
- *pensée opératoire* (Marty u. de M'Uzan) oder
- Alexithymie (Sifneos 1972)

deuten in die gleiche, von verschiedenen Untersuchern als eine Art **emotionales Analphabetentum** bezeichnete Persönlichkeitsstruktur.

In der Zusammenschau der relevanten Literatur werden zwei unterschiedliche Entstehungsmodelle des ätiologischen Spektrums der Alexithymie diskutiert: Zum einen die Annahme eines **intrapsychischen Abwehrvorgangs** nach zuvor schon entwickelter hoher Sensibilität für affektive Empfindungen. Ein davon betroffenes Kind – so die These – stabilisiert sein emotionales Befinden in chronisch-konflikthaften oder traumatisierenden Lebensbezügen durch Verleugnung seiner emotionalen Empfindungen und Wünsche. Häufig ist jedoch auch ein persistierendes **Defizit der innerpsychischen Entwicklung** – so die Gegenthese – anzunehmen. In diesem letztgenannten Sinn wird die Entstehung der Alexithymie weniger durch eine konflikthafte (neurotische) Dynamik als durch die Folgen einer unzureichenden Ausdifferenzierung bzw. Förderung affektiver Ausdrucksmodi in der Kindheit charakterisiert (Krystal 1979).

Übereinstimmend wird in beiden Varianten eine schon früh defiziente Mutter-Kind-Beziehung als wichtiger Faktor für die Entwicklung einer Alexithymie angesehen: Wenn das Verbalisieren von Affekten eine lebenswichtige (frühe) Beziehung bedrohen würde, kann die Entwicklung der zunehmenden "Verwörterung" emotionaler Inhalte bzw. der Symbolisierung innerer Zustände mit Hilfe von Worten gestoppt werden. Stattdessen persistieren körperliche Spannungszustände und Missempfindungen, wie sie typischerweise in der Säuglings- und Kleinkindzeit vorkommen (McDougall 1974; Stolorow u. Atwood 1991). Oft können die davon betroffenen Menschen ihre eigenen emotionalen Empfindungen nicht adäquat wahrnehmen und dementsprechend handeln. Dadurch besitzen sie aber auch nur wenig Einfühlungsvermögen für andere und neigen dazu, unbewusst andere (im vorliegenden Fall den Interviewer) die Gefühle von Einsamkeit, Hoffnungslosigkeit und Leere spüren

zu lassen, die sie selbst zuvor am eigenen Leib erlebt und durch die Entwicklung alexithymer Züge in ihrer bewussten Wahrnehmung abgewehrt haben (McDougall 2000; Streeck-Fischer u. van der Kolk 2000; Gündel 2005).

Auf der Grundlage der **sozialen Biofeedback-Theorie** (Gergely u. Watson 1996) postuliert Fonagy (2001), dass den frühen affektiven Interaktionserfahrungen und daraus resultierenden Bindungstypen (sicher vs. unsicher, ablehnend, verstrickt) eine entscheidende Moderatorenfunktion in der Interaktion zwischen Umwelteinflüssen und körperlichen Abläufen (z. B. selektiver Genexpression) zukommt. Sichere Bindung – so die Theorie – kann über die Ausbildung eines adäquaten inneren Repräsentanzensystems (s. unten) zu guter affektiver Wahrnehmungs- und Reflexionsfähigkeit führen und modulierend und regulativ auf psychophysiologische (vegetative, motorische etc.) und sogar genetische Prozesse einwirken.

Die Fähigkeit zur selbstreflexiven emotionalen Wahrnehmungsfähigkeit (*emotional awareness*) lässt sich neuroanatomisch (s. oben) – zumindest schwerpunktmäßig – im Übergangbereich des rostralen anterioren zingulären Kortex (ACC) zum ventromedialen präfrontalen Kortex (VMPFC) lokalisieren, in Überlappung zur so genannten Mentalizing-Region (BA 9/32). Es existieren immer mehr experimentell fassbare Hinweise, dass das bewusste Erleben bzw. Durchleben einer bedrückenden emotionalen Erfahrung über die dann verstärkte Aktivierung von vom präfrontalen Kortex zu subkortikalen Regionen ausstrahlenden inhibitorischen Bahnen zu einer Erhöhung (meist protektiver) parasympathischer Aktivierung und zu einer Inhibition sympathischer Aktivität (Dauerstress) führt (Lane u. Garfield 2005).

Diese neueren neurobiologischen Befunde sprechen dafür, dass gerade die im Zuge der evolutionären Entwicklung nur bei Menschen und wenigen Primatenarten aktivierbare autoprotektive Fähigkeit zur Selbstberuhigung eines vegetativen Dauer-Arousal in einer chronischen Belastungssituation durch (emotionale) Mentalisierung bei so genannten psychosomatischen Risikopatienten fehlen könnte. Zepf beschrieb eine solche Persönlichkeitskonstellation aus einer klassischen psychosomatisch-psychoanalytischen Perspektive als **phy-**

siologischen Infantilismus und nahm damit auf der rein klinischen Ebene die heute neurobiologisch sich abzeichnenden Zusammenhänge vorweg:

> Indem Spannungszustände nicht differenziert und spezifisch in Sprache eingebracht werden können, der eigene Körper also nicht als zureichend interpretiertes Ensemble von Bedürfnissen vorliegt, bleibt die somatische Seite des Subjekts außerhalb der psychischen Repräsentanz des Selbst. Damit ... sind dem Subjekt die Objekte wie auch der eigene Körper gleichermaßen entfremdet. (Zepf 1981)

Es geht ihm also mit anderen Worten darum, ob Körpersymptome nur als konkretes, scheinbar somatisches **Zeichen** oder auch als **Symbol** für einen intrapsychischen Konflikt (also mentalisiert) vom Betroffenen wahrgenommen und interpretiert werden können. Die damit verbundene Fähigkeit zur Symbolbildung, also zur Mentalisierung, wird auch als *essential act of the mind* angesehen

> ... *designated as the capacity to form mental representations in contrast to the capacity which man shares with animals.* (Beres 1965)

Die Folgen einer psychosozialen Dauerbelastung können somit bei fehlender Fähigkeit zur inneren Symbolbildung bzw. Mentalisierung – salopp gesprochen – eher vertikal, d.h. primär subkortikal in Sinne einer primär somatischen Störung (über erhöhte sympathisch-vegetative Aktivierung, verstärkte Ausschüttung von Stresshormonen, verstärkte Ausschüttung pathogener Interleukine etc.) wirksam werden, weil die Fähigkeit zur zentralnervös vermittelten psychophysiologischen Inhibition (Abpufferung, *buffer zone*; Greco 2001) der chronischen körperlichen Stressreaktion durch bewusste Wahrnehmung (Mentalisierung) und Verbalisation des chronisch-konflikthaften emotionalen Geschehens nicht möglich ist.

Dies hängt nach heutigem Erkenntnisstand unmittelbar mit der mangelhaften Verfügbarkeit wenigstens einer frühen Halt gebenden und innere Repräsentanzen stiftenden Beziehung zusammen

(Gündel et al. 2002; Gündel 2005): Je nach der Beschaffenheit eines ggf. im Laufe der Kindheit entwickelten inneren Repräsentanzensystems können dann lebenslang eigene oder fremde emotionale Impulse mit Hilfe dieses **reflektierenden Zwischenraums** besser wahrgenommen, toleriert (abgefedert) und interpretiert werden. Bei ungenügender Ausbildung dieses emotionalen symbolischen Zwischenraums kann ein Mensch die eigentliche Bedeutung seiner (primär körperlichen) Signale jedoch kaum erkennen und interpretiert sie z. B. im Sinne einer körperlichen Störung. Zudem lernen Kinder, die mit chronischen oder repetitiven seelischen Traumata aufgewachsen sind, eine Wiederholung dieser Traumata permanent zu fürchten. Hierbei handelt es sich aller Wahrscheinlichkeit nach um eine Leistung des impliziten, mehr unbewussten Gedächtnisanteils (semantische Emotionalität). Die daraus resultierende ständige übermäßige Orientierung an der Außenwelt (Erkennen von eventuell Gefahr ankündigenden Signalen) bewirkt natürlich auch, dass für die Entwicklung eines symbolischen sekundären Repräsentationssystems kein oder zu wenig Raum bleibt und körperliche Symptome nur als bloße Zeichen, aber nicht als Symbole für emotional schwierige Konflikte verstanden werden können. Eine negative Wahrnehmung der ersten Bezugsperson kann damit nicht nur zu einem gestörten Bindungsverhalten, sondern auch zu einer Unterdrückung der Fähigkeit zur Mentalisierung führen.

❶ **Die allmähliche Nachreifung bzw. die Wiederherstellung der mit der Fähigkeit zur Mentalisierung verbundenen *buffer zone* ist ein essenzielles Ziel psychosomatisch-psychotherapeutischer Behandlungen.**

Im Verlauf längerer ambulanter oder stationärer Psychotherapien und langsam wachsender Fähigkeit zu selbstreflexivem emotionalem Erleben werden bei diesen Patienten nicht selten tiefe und frühe unerfüllte Gefühle der Sehnsucht nach nahen Objektbeziehungen spürbar. Die fluktuierend auftretenden körperlichen Symptome (besonders oft ein körperlicher Schmerz, aber auch dystone, motorische Störungen, aufflackernde Entzündungsreaktionen bzw. autoimmunologische Prozesse) können dabei – auf heutigem Wissensstand noch etwas spekulativ gesprochen – entweder Ausdruck einer primär subkortikalen, somatischen Affektverarbeitung sein und eventuell im Einzelfall auch – obwohl die diesbezüglichen neurobiologischen Grundlagen noch im Dunkeln liegen – die Funktion haben, die bewusste und schmerzhafte Wahrnehmung dieser Gefühle zu verhindern (u. a. beim Beispiel Schmerz über den bekannten Antagonismus im dorsalen Anteil des ACC; Gündel et al. 2002). In der mit der bewussten Wahrnehmung dieser Abwehrmechanismen verbundenen Therapiephase erweist sich das Angebot einer intensiven körperorientierten Einzeltherapie oft als sehr hilfreich.

In den psychotherapeutischen Einzelgesprächen geht es immer wieder um geduldige Versuche, zusammen mit den betroffenen Patienten den massiven Widerstand zur bewussten Wahrnehmung der bedrückenden emotionalen Konflikte zu verstehen. (»Wofür könnte es gut sein, dass Ihre Schmerzen jetzt noch stärker werden … – … dass Sie sich jetzt nur noch Sorgen um eine übersehene körperliche Ursache ihrer Beschwerden, aber nicht über einen eventuell seelischen Schmerz machen?«)

Letztlich geht es m. E. darum, in den psychodynamisch orientierten Einzel- und Gruppengesprächen immer wieder Situationen zu schaffen, in denen – ähnlich wie in einer Traumatherapie – umschriebene, portionierte bedrückende und die Integrität des Selbstbildes potenziell erschütternde Gefühle bewusster wahrgenommen werden können; dies alles auf dem Hintergrund der quasi unerschütterlichen therapeutischen Grundhaltung, dass

1. ein derart dramatischer Sprung vom seelischen zum körperlichen Symptom auf den verschiedensten neurobiologischen Ebenen tatsächlich möglich ist (was von vielen Patienten immer wieder bezweifelt wird) und

2. die zunehmend bewusste, aber auch existenziell schmerzhafte, kaum auszuhaltende und das bisherige Leben in Frage stellende Wahrnehmung der zugrunde liegenden tiefen negativen Gefühle (verbunden mit der sich mühsam, aber oft stetig entwickelnden Fähigkeit zur Mentalisierung) tatsächlich eine neurobiologisch fundierte heilsame Wirkung auf die

gestörten körperlichen Funktionen und damit auch auf die seelische Gesundheit hat.

Bateman u. Fonagy (2003, 2004) beschreiben spezifische Techniken, mit denen im Rahmen psychoanalytisch orientierter Therapien (Beispiel von Borderline-Patienten) die Fähigkeit zur Mentalisierung gerade emotionaler Inhalte gefördert werden kann. Dabei liegt der Fokus der Psychotherapie ganz überwiegend im **Hier und Jetzt**, die Vergangenheit wird nur herangezogen, um das aktuelle Geschehen besonders innerhalb der therapeutischen Beziehung besser zu verstehen: Welche Gefühle und Gedanken sowohl beim Patienten als auch beim Therapeuten können erklären, was gerade innerhalb der Psychotherapie passiert? Was ist erst kürzlich innerhalb der therapeutischen Beziehung geschehen, was diesen aktuellen Zustand erklären könnte?

Auf diese Weise können äußere Ereignisse auf spezifische, oft machtvolle emotionale oder (gerade bei psychosomatischen Patienten im engeren Sinne) somatische Reaktionen des Patienten bezogen werden, die sonst für diesen unerklärlich bleiben. Ziel dieser (im übrigen ohnehin schon vielerorts praktizierten) therapeutischen Technik ist es, dass der Patient selbst seine eigenen Gefühle Schritt für Schritt immer besser bewusst wahrnehmen und reflektieren lernt und auch den zwischenmenschlichen Kontext besser versteht, in dem diese Gefühle (die vormals möglicherweise nur als somatische Irritationen wahrgenommen wurden) entstehen. Nur so kann er nach und nach diese lange Zeit unerklärlichen oder irritierenden Empfindungen als seine eigenen erkennen, bewusst akzeptieren und als Leitlinie zukünftigen Verhaltens nutzen.

Fazit

Psychotherapie – gerade auch mit emotional schwer erreichbaren, wenig selbstreflexiven, emotional wenig mentalisierenden Patienten ist oft mühsam, erfordert Geduld und die innere Bereitschaft, auch mit kleinen Erfolgen der Behandlung zufrieden zu sein. Stationäre Psychotherapie ist gerade bei diesen Patienten in der Regel nur im Rahmen eines längeren, ambulant fortzusetzenden Behandlungsplans sinnvoll. Es gibt – wie bei vielen primär somatischen Erkrankungen – eine kleinere Untergruppe von Patienten, denen wir psychotherapeutisch nicht helfen bzw. die wir psychotherapeutisch nicht erreichen können. Oft spielt gerade bei diesen Patienten eine bedrückende soziale Realität eine wichtige Rolle, der mit psychotherapeutischen Methoden nur unzureichend entgegengewirkt werden kann. Unbedingt sollte im Sinne einer Differenzialindikation die ganze Palette psychotherapeutischer Verfahren je nach Einzelfall zum Einsatz kommen. Obwohl auch in unseren psychotherapeutischen Gesprächen immer wieder von körperlichen und seelischen Ursachen der im Vordergrund stehenden körperlichen Störung die Rede ist und wir unsere Patienten von diesbezüglich möglichen Wechselwirkungen überzeugen möchten, zeigt die aktuelle neurobiologische Wissenschaft immer mehr, wie unsinnig eine solche künstliche Trennung ist. Es häufen sich die empirischen Belege dafür, dass Somatisierungsstörungen eine klare und eindrucksvolle biologische Grundlage haben, d. h., dass gegenüber gesunden Normalpersonen z. B. bei Patienten mit chronischen Schmerzen auch massive Veränderungen auf immunologischer Ebene (Watkins u. Mayer 2005) bestehen und Aufbau und Dichte der schmerzverarbeitenden Nervenzellen und -bahnen in der Körperperipherie (z. B. Gliazellen im Rückenmark) und im ZNS im Sinne einer massiven Schmerzsensitivierung verändert sind. Auf verschiedensten Ebenen (immunologisch, neuronal, neurochemisch?) kommt es zu diesen in aktuellen Untersuchungen nachweisbaren Veränderungen (Eisenberger et al. 2004; Watkins u. Mayer 2005). Zum heutigen Zeitpunkt ist es nicht bekannt, wie veränderbar solche einmal eingetretenen (neuro)biologischen Veränderungen – zumal unter Psychotherapie – sind. Diese Frage ist sicher gerade auch im Einzelfall extrem schwer zu beantworten, da hier verschiedenste Faktoren wie z. B. körperlicher Gesamtzustand, Krankheitsdauer und -schwere, soziale Unterstützung, Situation am Arbeitsplatz, Fähigkeit zur Mentalisierung sich selbst gegenüber und in engen Beziehungen, aber auch primär konstitutionelle Faktoren (Genpolymorphismen im Sinne einer individuellen Organvulnerabilität) und viele andere Einflussgrößen eine wichtige Rolle spielen. Manche Patienten mit primär psychosomatischen/somatoformen Störungen sind daher auch in dem Sinne schwer erreichbar, als dass auch im Rahmen eines guten psychotherapeutischen Prozesses die zur körperlichen Störung führenden physiologischen Veränderungen eine unterschiedliche und schwer vorhersagbare Änderungslatenz aufweisen. Dies sollte m. E. unseren Patienten bekannt sein.

Nichtsdestoweniger zeigt aber sowohl die über Generationen gesammelte als auch die eigene klinische Erfahrung mit längeren psychotherapeutischen Behandlungen gerade innerhalb dieser Patientengruppe, dass eine Nachreifung der Fähigkeit zur Mentalisierung und eine damit einhergehende Veränderung gerade auch einer eventuell bestehenden somatischen Störung prinzipiell möglich ist und in einer gar nicht so kleinen, psychotherapeutisch motivierbaren Untergruppe auch erreicht werden kann.

Literatur

Bateman AW, Fonagy P (2003) The development of an attachment-based treatment program for borderline personality disorder. Bull Menninger Clin 67(3): 187–211

Bateman AW, Fonagy P (2004) Mentalization-based treatment of BPD. J Personal Disord 18(1): 36–51

Beauregard M, Levesque J, Bourgouin P (2001) Neural correlates of conscious self-regulation of emotion. J Neurosci 21(18): RC165

Bechara A, Damasio H, Damasio AR (2000) Emotion, decision making and the orbitofrontal cortex. Cerebr Cortex 10(3): 295–307

Beres D (1965) Symbol and object. Bull Menninger Clin 29: 3–23

Bush G, Luu P, Posner MI (2000) Cognitive and emotional influences in anterior cingulate cortex. Trends Cogn Sci 4: 215–222

Critchley HD, Mathias CJ, Dolan RJ (2001) Neuroanatomical basis for first- and second-order representations of bodily states. Nature Neurosci 4: 207–212

Eisenberger NI, Lieberman MD (2004) Why rejection hurts: a common neural alarm system for physical and social pain. Trends Cogn Sci 8(7): 294–300

Damasio AR (2003) Looking for Spinoza: joy, sorrow, and the feeling brain. Harcourt, Orlando, FL

Frith U, Frith CD (2003) Development and neurophysiology of mentalizing. Phil Trans R Soc London B Biol Sci 358(1431): 459–473

Fonagy P (2001) The human genome and the representational world: the role of early mother-infant interaction in creating an interpersonal interpretive mechanism. Bull Menninger Clin 65: 427–448

Gallagher HL, Frith CD (2003) Functional imaging of »theory of mind". Trends Cogn Sci 7(2): 77–83

Gergely G, Watson JS (1996) The social biofeedback theory of parental affect-mirroring: the development of emotional self-awareness and self-control in infancy. Int J Psychoanal 77: 1181–1212

Greco M (2001) Inconspicuous anomalies: alexithymia and ethical relations to the self. Health 5(4): 471–492

Gündel H (2001) Psychoedukative Schmerzbewältigungspro-gramme zur Förderung der weiteren Psychotherapieak-zeptanz. In: Kapfhammer HP, Gündel H (Hrsg) Psychothe-rapie der Somatisierungsstörungen. Thieme, Stuttgart

Gündel H (2005) Unerreichbar oder schwer erreichbar – ei-nige typische Schwierigkeiten in der Behandlung von Patienten mit schweren Somatisierungsstörungen und psychosomatischen Erkrankungen im engeren Sinne. Per-sönlichkeitsstörungen: 9: 167–177

Gündel H, Greiner A, Ceballos-Baumann AO, von Rad M (2002) Aktuelles zu psychodynamischen und neurobiologischen Einflussfaktoren in der Genese der Alexithymie. Psycho-som Psychother Med Psychol 52: 479–486

Gündel H, Lopez-Sala A, Ceballos-Baumann AO et al. (2004) Alexithymia correlates with the size of the right anterior cingulate Psychosom Med 66: 132–140

Gusnard DA, Akbudak E, Shulman GL, Raichle ME (2001) Medial prefrontal cortex and self-referential mental activity: rela-tion to a default mode of brain function. Proc Natl Acad Sci USA 98(7): 4259–4264

Hariri AR, Bookheimer SY, Mazziotta JC (2000) Modulating emotional responses: effects of a neocortical network on the limbic system. Neuroreport 11(1): 43–48

Hariri AR, Mattay VS, Tessitore A, Fera F, Weinberger DR (2003) Neocortical modulation of the amygdala response to fear-ful stimuli. Biol Psychiatry 53(6): 494–501

Hornak J, Bramham J, Rolls ET et al (2003) Changes in emotion after circumscribed surgical lesions of the orbitofrontal and cingulate cortices. Brain 126: 1691–1712

Krystal H (1979) Alexithymia and psychotherapy. Am J Psycho-ther 33: 17–31

Lane RD, Schwartz GE (1987) Levels of emotional awareness: a cognitive-developmental theory and its application to psychopathology. Am J Psychiatry 144(2): 133–143

Lane RD (2000) Neural correlates of conscious emotional expe-rience. In: Lane RD, Nadel L (eds) Cognitive neuroscience of emotion. Oxford University Press, New York, p 359

Lane RD, Garfield D (2005) Becoming aware of feelings: inte-gration of cognitive-developmental, neuroscientific and psychoanalytic perspectives. Neuropsychoanalysis 7: 5–30

LeDoux JE (1006) The emotional brain: the mysterious under-pinnings of emotional life. Simon & Schuster, New York

Marty P, de M'Uzan M (1963) La »pensée opératoire« Rev Franc Psychoanal 27: 345–356

McDougall J (1974) The psychosoma and psychoanalytic pro-cess. Int Rev Psychoanal 1: 437–459

McDougall J (2000) Theater des Körpers. Ein psychoanaly-tischer Ansatz für die psychosomatische Erkrankung. Ver-lag Internationale Psychoanalyse, Stuttgart

Ochsner KN, Bunge SA, Gross JJ, Gabrieli JD (2002) Rethinking feelings: an FMRI study of the cognitive regulation of emotion. J Cogn Neurosi 14(8): 1215–1229

Öngür D, Price JL (2000) The organization of networks within the orbital and medial prefrontal cortex of rats, monkeys and humans. Cerebr Cortex 10(3): 206–219

Piaget J (1937) La construction du réel. Delachaux et Niestlé, Neuchâtel

Ruesch J (1948) The infantile personality. Psychosom Med 10: 134–144

Sifneos PE (1972) Short-term psychotherapy and emotional crisis. Harvard University Press, Cambridge, MA

Streeck-Fischer A, van der Kolk BA (2000) Down will come baby, cradle and all: diagnostic and therapeutic implica-tions of chronic trauma on child development. Aust N Z J Psychiatry 34: 903–918

Stolorow RD, Atwood GE (1991) The mind and the body. Psy-choanal Dial 1: 181–195

Subic-Wrana C, Bruder S, Thomas W, Gaus E, Merkle W, Kohle K (2002) Distribution of alexithymia as a personality-trait in psychosomatically ill in-patients – measured with TAS 20 and LEAS. Psychother Psychosom Med Psychol 52(11): 454–460

Watkins LR, Maier SF (2005) Immune regulation of central ner-vous system functions: from sickness responses to patho-logical pain. J Intern Med 257(2): 139–155

Zepf S (1981) Psychosomatische Medizin auf dem Weg zur Wis-senschaft. Campus, Frankfurt

Künstlerische Selbstzweifel

Gunna Wendt

12.1 »Mit dem Ruhm ist auch die Angst gekommen«

Der künstlerische Arbeitsprozess ist charakterisiert durch ein extremes Spannungsverhältnis zwischen Anspruch und Realisierung, sowohl beim Künstler als Darsteller (Schauspieler, Sänger, Musiker, Tänzer, Performer) als auch beim Künstler als Schöpfer (Schriftsteller, Komponist, Maler, Bildhauer). Nicht alle haben es so stark empfunden wie Maria Callas, die befürchtete:

> Niemals werde ich so gut sein, wie es sich jetzt – ungesungen – in meinem Kopf darstellt. (2002)

Im ersten Fall – Künstler als Darsteller – bedeutet der kontinuierliche Kontakt zum Publikum Stress- und Orientierungsmoment zugleich und bildet damit ein Regulativ für die Selbsteinschätzung.

Über seinen legendären Auftritt am 28. August 1999 in Slane Castle, Dublin, der dafür sorgte, dass die anschließende Tour durch Großbritannien innerhalb von sechs Stunden ausverkauft war, sagte der Entertainer Robbie Williams in einem Interview:

> Die ganze Show ist ein einziger riesiger Filmriss für mich. Ich weiß bloß noch, dass ich mich auf dem Weg zur Bühne vor Lampenfieber kaum auf den Beinen halten konnte, aber ab dem Moment, als ich dann tatsächlich vor Publikum gestanden habe, ist alles weg gewesen. (2000)

Williams wusste natürlich, dass das Slane-Castle-Konzert schon lange vorher ausverkauft war und er vor 80.000 Zuschauern auftreten würde. Außerdem wurde es weltweit live übertragen; der Erwartungsdruck war also enorm.

Fast jeder Sänger, Schauspieler, Entertainer etc. kennt das Phänomen Lampenfieber vor seinem Auftritt. Die amerikanische Kultband »The Band« hat diesem Phänomen einen ihrer bekanntesten Song gewidmet, »Stage Fright«. Darin heißt es:

> *Now if he says that he´s afraid,*
> *Take him at his word.*
> *And for the price that the poor boy has paid,*
> *He gets to sing just like a bird.*

Die Angst ist real und heftig, auch wenn sie, wie Robbie Williams sagt, verschwindet, sobald die Show beginnt. Sie taucht im Zwischenraum von Erwartung und Aktion auf, und zwar jedes Mal wieder aufs Neue:

> *See the man with the stage fright*
> *Just standin´ up there to give it all his might.*
> *And he got caught in the spot light,*
> *But when we get to the end*
> *He wants to start all over again.*

Nahezu alle darstellenden Künstler berichten, dass das Lampenfieber nicht etwa mit zunehmender Auftrittserfahrung verschwindet – im Gegenteil, in den meisten Fällen verstärkt es sich mit den Jahren, sogar bei wachsendem Publikumserfolg. Für die Operndiva Maria Callas bestand sogar eine paradoxe Verbindung zwischen Beifall und Lampenfieber. Zum ersten Mal verspürte sie es, als sie den ersten öffentlichen Applaus erhielt und gerade dabei war, ein bisher ungekanntes Gefühl von Stärke und Macht zu genießen. Daneben nahm sie plötzlich ein eigenartiges Unbehagen wahr, das ihr zunächst fremd war und das sich von diesem Moment an immer wieder einstellen sollte. Es kroch sie meistens in der Mitte eines Liedes, in einer schwierigen Gesangspassage, an. Niemand bemerkte, dass ihre Kehle trocken wurde und sie fürchtete, keinen Ton mehr herauszubringen. Äußerlich wirkte sie ruhig und beherrscht. Sie sang einfach weiter und übertönte damit die bohrenden Fragen: Was würde sein, wenn der Applaus einmal abnehmen würde? Was, wenn er ganz ausbliebe? (Wendt 2006)

In einem Interview zog sie das Fazit:

> Mit dem Ruhm ist auch die Angst gekommen. Es ist der Beifall, der mich einschüchtert.

Damit beschrieb sie ein Dilemma, aus dem es so gut wie keinen Ausweg gab, denn die Bestätigung ihrer Leistung – Applaus, Lob, Gefeiertwerden – war Ursprung und Bestandteil des Zweifels. Den Schülerinnen und Schülern ihrer Meisterklasse in der New Yorker Juilliard School gestand sie:

> Mein größtes Problem ist, dass ich eine schreckliche Pessimistin bin. Ich denke oft, dass es mir unmöglich ist, gut zu sein, daher versuche ich stets, besser zu werden. (2000)

Die Angst, zu versagen, wird also im besten Fall zum Motor für die künstlerische Höchstleistung. Dabei steht im Hintergrund der eigene Zweifel, den man nur durch außerordentliche Leistungen aus dem Weg räumen kann. Das sind die künstlerischen Highlights und Glücksmomente auf der Bühne, die jedoch nicht nachhaltig wirken, sondern immer wieder aufs Neue hergestellt werden müssen.

Den Zustand, den der immer wiederkehrende Druck auslöst, charakterisiert der Schauspieler Otto Sander als permanente Nervenüberreizung. In einem Interview (Dermutz 1996) sagte er:

> Es gibt doch den Traum, den jeder Schauspieler hat, ich habe ihn oft: Der Vorhang geht auf, und du weißt gar nichts, kannst nicht den Text. Ich wache schweißnass auf. Ich weiß nicht, wie man damit fertig wird. – Durch. – Angriff nach vorne. Das ist, wie wenn man ein Kind ins Wasser schmeißt, das noch nicht schwimmen kann. Um zu überleben, bewegt es sich, hält den Kopf aus dem Wasser, damit es nicht absäuft. Ab und zu gibt es ein Stück Holz, an dem man sich festhalten kann. Es ist natürlich fürchterlich. Und Angst darf auf der Bühne nicht sein. Die Überwindung von Angst ist für mich das Hauptproblem.

Auf der Bühne muss man sich seiner Ausdrucksmittel sicher sein. Daher ist der Arbeitsalltag eines so genannten reproduzierenden Künstlers geprägt vom Erlernen und Erhalten seines künstlerischen Handwerks. Regelmäßiges Üben und Proben ist obligatorisch. Er muss sich selbst – hier besteht eine Analogie zum Leistungssport-

ler – durch Lebensweise und Training körperlich und psychisch in einem Zustand (er)halten, der es ihm ermöglicht, bei seinem Auftritt, also innerhalb eines ganz bestimmten Zeitraums, ein Höchstmaß an Konzentration und Leistung zu erbringen. In dieser Zielsetzung unterstützt ihn die Probenarbeit im Vorfeld der Aufführung.

Otto Sander hat mit unterschiedlichen Regisseuren gearbeitet und kennt das Spektrum der Regieformen von der analytischen bis zur assoziativen. Der Regisseur Robert Wilson schuf beispielsweise für sein Ensemble einen Raum, in dem sich jeder auf seine eigene Weise entfalten konnte. Er gab den Schauspielern bei den Proben zu »Death, Destruction & Detroit« keine klaren Anweisungen, sondern Empfehlungen wie:

> Don´t act. Don´t perform, just be. (Lass alles weg, steh nur da, und sag den Text.)

Otto Sander empfand diese Methode als entspannend:

> Das ist wie ein Tranquilizer, man wird nach einer Zeit ruhig.

So vielfältig wie die Regieformen sind die Bewältigungsstrategien des Zweifels. Die Münchner Komikerin Liesl Karlstadt hatte nicht so sehr unter ihrem eigenen, sondern vor allem unter dem extremen Lampenfieber ihres Partners Karl Valentin zu leiden (Wendt 1998): Vor jeder Vorstellung lief ein bestimmtes Ritual ab, in dem sie die Rolle der Betreuerin, Beraterin und Souffleuse einnahm. In ihrer Schilderung heißt es:

> Er hat die 27 Jahre, wo wir zusammen gearbeitet haben, jeden Tag, bevor der Vorhang aufgegangen ist, bei jedem Stück, was wir schon hundert- und zweihundertmal gespielt haben, gesagt: »Gelt, wissen tu ich gar nix. Du sagst mir jedes Wort ein.« Sag ich: »Ja, das mach ich.« Und das hab ich auch 27 Jahre lang gemacht. Ohne, dass man es im Publikum gemerkt hat.

Und Valentin selbst wusste:

Wenn ich nicht meine brave Liesl hätt', die auf alles eingeht, was sie noch nicht weiß, könnte jeden Tag das größte Malheur auf der Bühne passieren. Außerdem habe ich noch einen lieblichen Angstkomplex.

Liesl Karlstadt hatte jeden Abend ein halbstündiges Pflege- und Therapieprogramm mit ihrem Partner zu absolvieren, bevor die Vorstellung überhaupt beginnen konnte. Karl Valentin steigerte sich meistens sogar noch in hypochondrische Zustände hinein, die darin gipfelten, dass er verkündete, er werde den Auftritt nicht überleben.

Es war eine ungeheure Energieleistung, die Liesl Karlstadt täglich vollbringen musste. Selbstständig, unbemerkt und unsichtbar. Ein dramatisches Ritual, das auch in der Wiederholung nicht an Wirksamkeit einbüßte, ähnlich wie Fetische, Glücksbringer und Maskottchen, die gerade bei darstellenden Künstlern eine existenzielle Wertschätzung genießen.

Maria Callas trat niemals ohne ihre Schatulle mit dem Bildnis der heiligen Familie auf. Als sie einmal vor einem Auftritt entdeckte, dass sie ihren Talisman zu Hause vergessen hatte, organisierte sie dafür einen Kurier, der ihn per Flugzeug abholte. Außerdem besaß sie ein spezielles Kleid, das sie bei konzertanten Aufführungen trug, wenn sie beim Publikum oder bei den Medien im Vorfeld schon Ablehnung zu verspüren glaubte. Sie nannte es ihr »Kampfkleid«.

Robbie Williams pflegt andere Waffen einzusetzen:

Wenn ich auf die Bühne gehe, dann habe ich ein großes Schutzschild. Das Lächeln, die große Show, das ist alles nur Schutz.

12.2 »Mein ganzer Körper warnt mich vor jedem Wort«

Im zweiten Fall – Künstler als Schöpfer – vollzieht sich der künstlerische Arbeitsprozess im Wesentlichen unter Ausschluss der Öffentlichkeit. Er findet in der Einsamkeit des Schreibzimmers, Studios, Ateliers statt. Erst ganz zum Schluss, wenn das

Werk (Buch, Musikstück, Bild, Skulptur) vollendet ist, wird es dem Publikum vorgestellt, zu dem der Kontakt in der Regel jedoch ein indirekter bleibt. Das veröffentlichte Werk wird von der Kritik kommentiert, analysiert, kritisiert, im besten Fall gefeiert, im schlimmsten Fall verrissen. Dem Zeitpunkt der Publikation und Rezeption sind allerdings viele Stunden, Tage, Wochen, Monate oder sogar Jahre vorausgegangen, in denen der Künstler sich allein der Entstehung seines Werks gewidmet hat. Er musste parallel zu seiner eigentlichen Arbeit – Schreiben, Komponieren, Malen – sowohl sein eigener Motivationstrainer als auch sein erster Kritiker sein. Im Zuge dieses Entstehungsprozesses hat er so gut wie alle Höhen und Tiefen der Selbsteinschätzung durchlebt. Die Künstlerbriefe und Tagebücher sind voll von diesen Wechselbädern. Das Spektrum der Selbsteinschätzung reicht von Größenwahn und Allmachtsfantasien bis zu tiefstem Selbstzweifel und Selbstvernichtung.

Franz Kafka (1937/1999) betrachtete das Schreiben als seinen persönlichen Kampf mit Gott. Er war sich einerseits sicher, dass dieser sein Schreiben verhindern wollte, andererseits verspürte er in sich ein Muss, eine innere Notwendigkeit dazu. Da er pessimistisch war, fürchtete er, dass Gott aus diesem Kampf als Sieger hervorgehen würde. Trotzdem gab er nicht auf. Er schrieb an Max Brod:

Mein ganzer Körper warnt mich vor jedem Wort, jedes Wort, ehe es sich von mir niederschreiben lässt, schaut sich zuerst nach allen Seiten um; die Sätze zerbrechen mir förmlich, ich sehe ihr Inneres und muss dann aber rasch aufhören.

Die Versagensängste führen bei Schriftstellern nicht selten zu temporären Schreibblockaden und im Extremfall zu einer Schreibhemmung, die lange andauern kann. Denn auch im Fall des Künstlers als Schöpfer besteht ein Spannungsverhältnis zwischen Anspruch und Realisierung, das sich sogar oftmals sehr anschaulich im Entstehungsprozess präsentiert: Zu beinahe jedem vollendeten Werk gibt es Skizzen und Entwürfe – von deren unsichtbaren Vorstufen, die nur im Kopf des Künstlers existieren, ganz zu schweigen.

Innerhalb der Arbeit des Schriftstellers spielt die ToM eine wesentliche Rolle: als Thema und als Methode. Der Autor erschafft mit ihrer Hilfe fiktive Personen – ihr spezifisches Innenleben, ihre Gefühle, ihre Überzeugungen – und treibt die Handlung seines Werks voran – angelehnt an die Realität und/oder frei imaginiert. Zwangsläufig hat der Schriftsteller seine Fähigkeit zur ToM auf einem hohen Abstraktionslevel entwickeln müssen.

Die ToM ist seit langem auch Thema innerhalb der Kunst, vor allem im Science-Fiction-Genre, sowohl in der Literatur als auch im Film. In Stanley Kubricks filmischem Werk – von »2001 – Odyssee im Weltraum« bis hin zu dem von ihm geplanten und schließlich von Steven Spielberg realisierten »A.I. – Artificial Intelligence« – geht es um das Fehlen dieser menschlichen Fähigkeit beim Roboter oder Androiden. Dadurch werden diese »Wesen« unterscheidbar von ihrem Antipoden, dem Menschen, auch wenn sie ihm sonst durch subtile Programmierung immer ähnlicher werden. Nebenbei bemerkt: Die wissenschaftliche Artificial-intelligence-Forschung geht sogar von der Annahme aus, dass der Mensch im Grunde genommen eine Informationsverarbeitungsmaschine ist und es daher möglich sein muss, künstliche Wesen herzustellen, die nicht nur wie Menschen funktionieren, sondern der messbaren Perfektion näher sind als ihre natürlichen Vorbilder.

Das hat fundamentale Folgen für das Menschenbild und erzeugt Fragen wie

- Was ist das Wesentliche des Menschseins?
- Welche Rolle spielen dabei Erfahrung, Intuition Verantwortung, Ethik, Moral?
- Welche Eigenschaften der menschlichen Intelligenz sind überhaupt »computable«? (Weizenbaum 2001).

Zurück zur künstlerischen Arbeits- und Existenzform: Mit der öffentlichen Kritik tritt dem Künstler eine Instanz von Außen entgegen, die bis zur Publikation seines Werks nur in seinem Inneren vorhanden war. Zu seinem eigenen Anspruch und den eigenen Qualitätskriterien gesellen sich nun andere. Heute bewegt sich die Kunstkritik zwischen elitärem Insiderzirkel und populärem Medienspektakel. Sie ist längst eine selbstständige Sparte mit eigenen Vermarktungsgesetzen geworden – voyeu-

ristisch und gänzlich abhängig vom Kunstwerk, ohne das sie gar nicht existent wäre. Die öffentliche Kritik setzt am Fehlen objektiver Qualitätskriterien an und damit am Selbstzweifel des Künstlers, an seiner Verletzlichkeit und Irritierbarkeit. Im negativsten Fall tobt sie sich daran aus und kann sich des Publikumsinteresses sicher sein.

Jüngstes Beispiel sind die perfiden Angriffe auf die letzte Nobelpreisträgerin für Literatur, Elfriede Jelinek, die vor allem auch in der so genannten seriösen Presse zu finden waren. Da sich große Teile der Kunstkritik den Gesetzen von Angebot und Nachfrage opportunistisch unterwerfen, ist die Bereitschaft zum Verreißen hoch. Der Kritikerpapst Marcel Reich-Ranicki gab unumwunden zu, dass sich sein Buch mit Verrissen wesentlich besser verkauft habe als das mit Lobreden. Der Künstler sieht sich einmal mehr vor einem Dilemma, denn einerseits schreibt/malt/komponiert er natürlich für ein Publikum, ohne jedoch andererseits dessen Beurteilungskriterien annehmen zu wollen, da sie zum Teil auf Moden und medialer Beeinflussung beruhen. Ein Widerspruch, der sich permanent vergrößert, seit das Wettbewerbsdenken Einzug gehalten hat in den Kulturbetrieb.

Wem aber – außerhalb der eigenen inneren Beurteilungsdistanz – ist noch zu trauen? Der österreichische Dichter Thomas Bernhard fürchtete sich am meisten vor Anerkennung und ließ den Protagonisten seines Werks »Wittgensteins Neffe« (1982) sagen:

Ich habe Preisverleihungen immer als die größte Erniedrigung, die sich denken lässt, empfunden, nicht als Erhöhung.

Die aktuellen Reaktionen auf die Nobelpreisträgerin Elfriede Jelinek scheinen ihm Recht zu geben.

Aber die Künstler suchen natürlich immer auch einen Ausweg aus ihren Selbstzweifeln und sind einfallsreich in der Wahl ihrer Bewältigungsstrategien. Eine besteht im Arbeitsrausch: Kaum ist ein Werk beendet, wird mit dem nächsten begonnen, das nun sofort im Mittelpunkt des Denkens liegt. Der Maler Vincent van Gogh, der Filmemacher Rainer Werner Fassbinder, all diejenigen, die in unvorstellbar kurzer Zeit ein Riesenwerk geschaffen haben, sind auf diese Weise vorgegangen. Im Nachlass des Schriftstellers Gert Hofmann befand sich beispielweise ein Zettel mit der Notiz:

> Manuskript heute morgen zum Hanser-Verlag gebracht, am Nachmittag mit dem neuen Roman begonnen.

Nicht nur Indiz für einen Arbeitsrausch, sondern auch ein Widerstandsakt. Der Autor will sich nicht zum bloßen Objekt der Beurteilung machen lassen, sondern tritt die Flucht nach vorn an und startet in ein neues künstlerisches Abenteuer.

Noch eine andere Offensivstrategie im Umgang mit der Reaktion auf sein Werk hat der Schriftsteller Helmut Krausser verfolgt: Bei der Feierstunde zur Verleihung des Münchner Tukan-Preises für seinen Roman »Melodien« (1993) las er nicht etwa aus seinem preisgekrönten Buch, sondern aus den von ihm dazu gesammelten konträren Kritiken und machte die Rezeption damit selbst zum Medienspektakel.

Box

Epilog: Impressionen zur ToM aus der Geschichte des Films

Es ist noch gar nicht so lange her, dass der Film ohne Worte auskommen musste und die Kinobesitzer Stummfilmkommentatoren engagierten. Damit wurde der Beruf des Kinoerzählers ins Leben gerufen. Er half den Zuschauern bei der Entschlüsselung der stummen Bewegungsbilder auf der Leinwand, indem er ihnen die Beweggründe der Akteure aus ihrer Mimik und Gestik heraus erklärte und führte somit die praktische Anwendung der ToM öffentlich vor. Gert Hofmann hat in seinem Roman »Der Kinoerzähler« (1990) eine eindrucksvolle Darstellung der Ausübung dieser Fähigkeit geschaffen. Wenn er das Gesicht Asta Nielsens in Großaufnahme sah, fragte sich der Kinoerzähler:

> Sag ich´s ihnen hier, dass sie ihn liebt, oder sag ich´s ihnen später?

Und er wusste:

> Denn das ist kein Zuckerschlecken hier bei den Banausen, aber ich schaff´s, ich schaff´s!

In seiner Kino-Theorie benennt der französische Philosoph Gilles Deleuze (1989) zwei Modalitäten des Affektbilds, das »intensive« und das »reflexive« Gesicht. Das intensive Gesicht zeichnet sich durch bewegtes Mienenspiel und extreme mimische Ausdrucksbewegungen aus. Es beabsichtigt, ein möglichst großes Potenzial an Gefühlsäußerung auszudrücken. Demgegenüber sammelt sich das reflexive Gesicht um einen feststehenden Gedanken herum und vermeidet eine dynamische Mimik, was sowohl hohe Anforderungen an das Einfühlungsvermögen der Betrachter als auch an die expressiven Fähigkeiten der Leinwandakteure stellt.

In diesem Zusammenhang sei auf den Filmtheoretiker Béla Balazs hingewiesen, der in seinem Werk »Der sichtbare Mensch« (1924/2001) Jahr 1924 besonders die erotische Ausdruckskraft des Stummfilmstars Asta Nielsen bewunderte – heute würde man die Diva wahrscheinlich eine Inkarnation des »reflexiven Gesichts« nennen:

> Der besondere künstlerische Wert der Asta Nielsenschen Erotik besteht aber darin, dass er durchwegs vergeistigt ist. Die Augen sind es hier vor allem, nicht das Fleisch. [...] Sie kann obszöne Entblößung schauen, und sie kann lächeln, dass es von der Polizei als Pornographie beschlagnahmt werden müsste.

Literatur

Balazs B (1924/2001) Der sichtbare Mensch oder die Kultur des Films. Suhrkamp, Frankfurt

Bernhard T (1982) Wittgensteins Neffe. Suhrkamp, Frankfurt

Callas M (Ardoin J) (Hrsg) (2002) Meine Meisterklasse. Henschel, Berlin

Deleuze G (1989) Das Bewegungs-Bild – Kino 1. Suhrkamp, Frankfurt

Dermutz K (1996) Gespräch mit dem Schauspieler Otto Sander: Man sollte sich zur Schüchternheit bekennen – Da Capo! DIE ZEIT, Hamburg

Hofmann G (1990) Der Kinoerzähler. Hanser, München

Kafka F (1937/1999) Gesammelte Werke. Fischer, Frankfurt

Krausser H (1993) Melodien. List, Frankfurt

Wendt G (1998) Liesl Karlstadt. Piper, München

Wendt G (2006) Meine Stimme verstörte die Leute ⊠ Diva assoluta Maria Callas. Knaus. München

Weizenbaum J (Wendt G, Klug F, Hrsg) (2001) Computermacht und Gesellschaft – Freie Reden. Suhrkamp, Frankfurt

Robbie Williams Starportrait (2000) EMI Music Germany

Der inszenierte Blick – wahrnehmungspsychologische Strategien in der zeitgenössischen Kunst

Ulrike Gehring

13.1   Zur Räumlichkeit des Bildes

Als Monet 1899 mit seinen Seerosenbildern die letzte und gewichtigste Phase seines Schaffens einleitet, revolutioniert er die Malerei auf zweierlei Weise. Zum einen löst er den dargestellten Gegenstand bis zur Unkenntlichkeit im Farbspektrum auf, zum anderen konditioniert er die Wahrnehmung der großformatigen Gemälde durch eine eigens für sie entworfene Raumarchitektur. Was in der Architektur seit dem Barock längst üblich war, hält nun Einzug in die Malerei: **der inszenierte Blick auf das Bild.** Die Entschiedenheit Monets als moderner Künstler erklärt sich deshalb sowohl über die freie Setzung der Farbe als auch das panoramatische Format seiner Werke in einem räumlich inszenierten Kontext.

Welche Bedeutung Monet der Präsentation seiner Bilder beimisst, wird in seiner Schilderung gegenüber dem französischen Kunstkritiker Roger Marx deutlich. Ihm berichtet er 1909 von seinem Vorhaben, in einem kreisförmigen Raum nur ein einziges Gemälde auszustellen:

Ich [Monet] war versucht, das Thema der Seerosen für die Ausstattung eines Salons zu nehmen; über alle Wände hinweg hätte dieses eine Thema die Flächen überzogen und die Illusion eines endlosen Ganzen geschaffen, eines Wassers ohne Horizont und Ufer. (Wildenstein 1999; zitiert aus Schmid 1999)

Von diesem Tag an dauert es noch sechs Jahre, bis Monet seine Pläne realisiert und ein 12 × 23 m großes Oberlichtatelier neben seinem Wohnhaus in Giverny bauen kann, in dem er die *Panneaux* kreisförmig anordnet (**◧** Abb. 13.1). Als Ausstellungsraum für die *Nymphéas* plant er schließlich eine Rotunde, in der nur die Seerosen gezeigt werden sollten. Als das Projekt aus Kostengründen scheitert, stimmt Monet nur unwillig zu, die Leinwände in der zum Louvre gehörenden Orangerie in den Tuilleriengärten zu präsentieren, wo die ovalen Räume deutlich kleiner waren (**◧** Abb. 13.2).

Was an dieser Rauminstallation aber bis heute besticht, ist die panoramatische Aussicht auf jene blühende Seelandschaft, die trotz ihres großen Formats keine Fernsicht zulässt, sondern das Motiv unmittelbar an das Auge des Betrachters heranrückt. Statt auf eine Übersichtslandschaft zu blicken, fokussiert man die Teilansichten eines Teiches, auf dem weiße und rosafarbene Seerosen von Algen und Seegras umwuchert werden. Das Motiv wird dabei so weit herangezoomt, bis der Horizont aus dem Bild schwindet und der Himmel nur mehr als blauer Farbreflex auf dem Wasser sichtbar ist. Das Eintauchen in ein grenzenloses Bildkontinuum, das sich vor dem Betrachter aufbaut und ihn allseitig umgibt, vermittelt die Illusion eines endlosen

◧ Abb. 13.1. Claude Monet in seinem Atelier in Giverny vor dem Polyptychon »Drei Weiden«, 1921. (Foto: ehemalige Sammlung Jean-Pierre Hjoschedé; aus Wildenstein 1999, S. 423, mit freundlicher Genehmigung der Wildenstein Institute, Paris)

◘ Abb. 13.2. Claude Monet. *Nymphéas* (Seerosen), 1914–1918, Musée National de l'Orangerie, Paris. (Aus Wildenstein 1999, S. 454; mit freundlicher Genehmigung der Wildenstein-Institute, Paris; s. auch Farbtafel am Buchende)

Ganzen und erklärt den Vorgang der Bildrezeption zum konstitutiven Teil des Werks selbst.

Auch deshalb wird Monet später zur Leitfigur der amerikanischen Farbfeldmaler, die seine Forderungen in den 1950-er Jahren radikalisieren, indem sie den absoluten Einsatz von Farbe, die Vermeidung jeglicher Raumillusion und die Betonung alles Flächigen in überdimensional großen Bildtafeln fordern. Maler wie Mark Rothko und Barnett Newman liefern darüber hinaus präzise Anleitungen, wie ihre Bilder präsentiert werden sollen (◘ Abb. 13.3).

◘ Abb. 13.3. Mark Rothko: *The Rothko Chapel Paintings*, 1969, Houston. (Aus Nodelman 1997; © Foto: Douglas M. Parker, Los Angeles; © Kate Rothko-Prizel & Christopher Rothko/VG Bild-Kunst, Bonn 2006; s. auch Farbtafel am Buchende)

Während Newman den Betrachter anhält, bis auf 25 cm an die Bilder heranzutreten, damit die Farbwirkung das Gesichtsfeld vollständig ausfüllt, versucht Rothko das Betrachter-Werk-Verhältnis zu intensivieren, indem er seine *colorfields* auf engem Raum bei geringer Lichtstärke ausstellt. Auch er weist an, den Betrachterraum so weit abzudunkeln, dass die Substanzhaftigkeit des Farblichts erfahrbar wird. Nur so kann die Aufmerksamkeit vom musealen Umfeld auf das innerbildliche Geschehen gelenkt werden. 1961 erklärt er in einem Brief an die Kuratoren des *Museum of Modern Art* in New York, dass die Wände des Ausstellungsraumes nicht weiß gestrichen, sondern mit Umbra und Rot abgetönt werden müssten. Nur so könne man verhindern, dass die Wände, gegen die Bilder ankämpfen und die Prädominanz von Rot ins Grünliche umschlägt. Die Beleuchtung darf nicht zu stark sein, da die Bilder über ein eigenes *inner light* verfügen:

> Ist es im Raum zu hell, erscheint die Farbe verwaschen und führt zu einer Verzerrung ihrer Bedeutung. (Ausstellungskatalog London 1987)

Außerdem solle das Raumlicht stets indirekt oder aus großer Distanz auf den maximal 15 cm über dem Boden beginnenden Bildträger fallen. Nur so könne garantiert werden, dass die Lichtverhältnisse des Ausstellungsraumes denen des

Produktionsraumes entsprechen, wo Rothko sein Atelierfenster durch einen Fallschirm abgehängt hatte, um die einfallende Lichtmenge zu regulieren (Breslin 1995, S. 562).

Rothkos Vorgaben beruhen also auf der empirischen Erfahrung, wonach das Farblicht unter dämmrigen Lichtverhältnissen seine größte substanzielle Wirkung entfaltet (Breslin 1995, S. 574). Auch wenn die Anweisungen heute aus museumstechnischen Gründen nur selten berücksichtigt werden, sind sie unter wahrnehmungsphysiologischen Gesichtspunkten bedeutsam. Je dunkler ein Raum ist, desto stärker verlagert sich der Sehprozess vom farborientierten Zapfensehen auf das lichtempfindliche Stäbchensehen. Da es im Gegensatz zu den drei Zapfentypen mit ihren unterschiedlichen Wellenlängenoptima nur eine Sorte Stäbchen gibt, nimmt die Farbwahrnehmung proportional zur Lichtdimmung ab, Kontraste werden schwächer empfunden und das Auge reagiert sensibler auf Lichtreize. Die Aufmerksamkeit des Betrachters wird so von der Farb- auf die Lichtwahrnehmung gelenkt, wodurch die Leuchtkraft des Gemäldes zunimmt. Erst wenn der Betrachterraum so weit abgedunkelt wird, dass in ihm

die Unbestimmtheit des raumillusionistischen Bildes und die Unbestimmtheit des Realraumes selbst fluktuieren (Imdahl 1971),

entsteht die beabsichtigte Ausgewogenheit zwischen dem koordinatenlosen Imaginationsraum im Bild und dem in seinen Abmessungen ebenfalls verschleierten, weil abgedunkelten Betrachterraum.

Die Erkenntnis, dass auch Rothko über eine gezielte Rauminszenierung die Bildwahrnehmung zu beeinflussen versucht, fand in der Forschung bislang wenig Beachtung (Ausstellungskatalog Basel 2001), obwohl sich seine Sonderstellung unter den Abstrakten Expressionisten gerade über diesen rezeptionsästhetischen Ansatz des Werkes erklärt. Einerseits distanziert er sich damit von *colorfield painters* wie Barnett Newman oder Ad Reinhardt, die keiner Environment-Situation bedürfen, andererseits leitet er den Übergang vom gemalten Bildlicht zum inszenierten Raumlicht ein. Bilden Farbe und Leinwand bei Rothko noch den lichtgenerierenden Apparat, dann deutet ihr Erscheinen bereits auf die faktische Trennung von Apparat und lichtgenerierendem Bild hin. Während Licht und Raum bei Rothko noch pikturalen Ursprungs sind, arbeitet der kalifornische Lichtkünstler James Turrell mit elektrischem Licht und einer realen Tiefe, jenseits des bildgleichen Rechtecks (◘ Abb. 13.4).

◘ **Abb. 13.4.** James Turrell: *Twilight Arch, Waiting for the Arrival of Color* (1991), Wolfram- und Fluoreszenzlicht, Museum für Moderne Kunst, Frankfurt am Main. (Mit freundlicher Genehmigung von James Turrell; s. auch Farbtafel am Buchende)

Beim Betreten von Turrells Installationen wird der Besucher mit einer Reihe von Wahrnehmungsereignissen konfrontiert, die jeder konventionellen Kunstbetrachtung widersprechen. Um zu dem Kunstwerk zu gelangen, muss dieser zunächst einen schwarzen, lichtlosen Gang durchqueren, dessen Wände mit schallisolierendem Schaumstoff ausgekleidet sind. Der schmale Korridor folgt einem rechten Winkel, sodass kein Tageslicht ins Innere vordringt. Da sich die Augen nur langsam an die auferlegte Dunkelheit gewöhnen, tastet man sich unsicher voran, bis nach einigen Metern ein halbdunkler Raum erreicht ist, dessen kahle, weiße Wände von insgesamt vier zu den Seiten hin abgedrehten Glühlampen angestrahlt werden. Nur langsam hellt sich das Dämmerlicht optisch auf, und man erahnt die tatsächliche Größe des Raumes. Mit zunehmender Zeit erweist sich das adaptionsbedingte Dunkel schließlich als progredierende Helligkeit und damit als ein Lichtwert.

Zeitgleich zur optischen Aufhellung des Raumes materialisiert sich an der gegenüberliegenden Wand ein blaues Farbfeld, dessen Konturen sich bald zu einem klar umrissenen Rechteck formieren. Die makellose, samtige Fläche nimmt die Gestalt einer straff gespannten Leinwand an, deren Oberfläche mit einem fluoreszierenden Farbfilm überzogen scheint. Je intensiver das in seiner physischen Beschaffenheit weiterhin rätselhafte Feld anvisiert wird, umso mehr verliert es an Festigkeit. Dem sichtbaren Erweichen der Materie wirkt der Betrachter durch angestrengtes Fokussieren vergeblich entgegen. Der Grad an Unspezifität ändert sich auch bei nahem Herantreten nicht, da die Farbe an keine Oberfläche mehr gebunden ist, sondern als chromatischer Sinneseindruck wirkt. Die Augen allein sind nicht in der Lage, das optische Gegenüber zu identifizieren, weshalb man versucht, die taktilen Qualitäten des Farbfeldes zu ertasten und seine Hände nach ihm ausstreckt. Indem diese widerstandslos in den Lichtnebel eintauchen, geben sie die räumliche Faktizität des Bildes preis. Die monochrome Fläche erweist sich als querrechteckige Öffnung, durch die der Betrachter auf einen blau erleuchteten Raum, den *sensing space*, blickt (◻ Abb. 13.5).

Erst wenn der Besucher unmittelbar vor dem fensterartigen Durchbruch steht und die rahmende Architektur aus seinem Gesichtsfeld schwindet, verwandelt sich das gestaltlose Licht in einen Hohlraum, der sich alsbald im substanzvollen Nebel auflöst. Der Betrachter beschreibt ihn als dimensionslosen Farbraum, angesichts dessen das gegenstandsorientierte Schauen in ein tagtraumähnliches Sehen abgleitet. Turrells romantische Forderung nach einem physischen Erleben von Kunst scheint in diesem Augenblick eingelöst. Theoretisch gelangt der Wahrnehmungsprozess hier an sein logisches Ende. Tatsächlich schließt sich der Kreislauf aber erst, wenn der Betrachter sich beim Verlassen des Raumes noch einmal umsieht und neuerlich meint, auf ein monochromes Gemälde zu schauen, das jetzt nicht weniger überzeugend erscheint als beim ersten Anblick. Obwohl der Besucher um die Räumlichkeit des Bildes weiß, kann er diese nicht mehr sehen. Die Installation tritt folglich als etwas in Erscheinung, das sie in Wirklichkeit nicht ist. Wie aber kann etwas anders erscheinen als es ist, wenn es zugleich auch als das erscheint, was es ist?

13.2 Ganzfelder in Kunst und Wissenschaft

Grundsätzlich stellt eine einfarbige Fläche in der Kunst eine ähnliche Ausnahmeerscheinung dar wie ein homogenes Sehbild in der alltäglichen Wahrnehmung des Menschen. Normalerweise, unter nichtexperimentellen Bedingungen, ist das sich dem gesunden Auge bietende Gesichtsfeld strukturiert, mehrfarbig und inhomogen. Die menschliche Wahrnehmung ist auf eine Pluralität von Sinneseindrücken konditioniert, die das Gehirn sinnvoll zu ordnen und nach möglichen Gestaltprinzipien zu strukturieren versucht (Singer 1990). Auf homogene Stimulationen reagiert der Betrachter irritiert, da alle für den Wahrnehmungsprozess notwendigen Beziehungs- und Unterscheidungskriterien wie Kontraste in Farbe, Helligkeit, Textur, Richtung, Geschwindigkeit und Tiefe fehlen (Hubel 1989).

Die ersten umfassenden Versuche zur Rezeption einfarbiger Flächen gehen auf Wolfgang Metzger zurück, der 1930 Experimente zum so genannten **Ganzfeld** durchführte (◻ Abb. 13.6). Als Ganz-

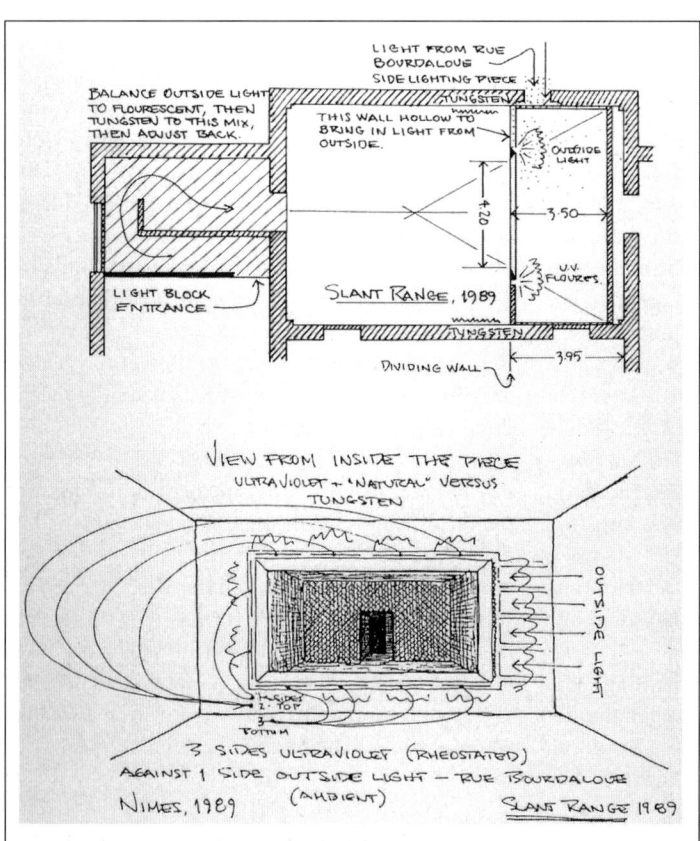

13

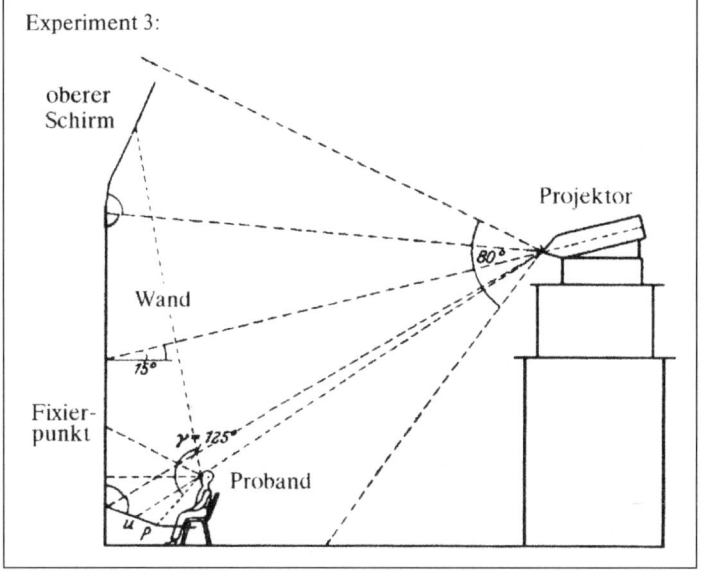

feld bezeichnet er ein homogenes Sehfeld, dessen Grenzen außerhalb des Gesichtsfeldes liegen und von dem keine abweichenden strukturellen Reize außer Licht und Farbe ausgehen. Metzgers Prototyp besteht dabei aus einer senkrechten, weißen Wand, an deren Rändern konkav gekrümmte Wandschirme von gleicher Farbe in den Raum hineinragen. Die Lichtintensität des Projektors darf dabei nicht zu stark sein, damit die Übergänge zwischen Wand und Seitenschirmen nicht als Konturen im peripheren Sehfeld sichtbar werden.

Die Auswertung von Metzgers Ergebnissen zeigt, dass die Versuchsteilnehmer bereits nach kurzer Expositionsdauer glauben, in einem dimensions- und strukturlosen Lichtnebel zu schwimmen, der sich in unbestimmter Entfernung verdichtet (Metzger 1930). Veränderungen der Beleuchtungsstärke nehmen sie nicht als Helligkeitsvarianz wahr, sondern als Erweiterung bzw. Verengung des Raumes. Metzger führt dies 1930 zu der revolutionären Behauptung, dass

> die Wahrnehmung einer Oberfläche, und zwar auch einer völlig homogenen Oberfläche, das Bestehen objektiver Inhomogenitäten irgendwelcher Art voraussetzt (…). Danach wäre die Wahrnehmung einer völlig homogenen Fläche von der Ausdehnung des Gesichtsfeldes unmöglich. In dem Augenblick, in dem die letzte Inhomogenität wegfällt, wird es gleichgültig, von welcher Natur die Lichtquelle ist. (Metzger 1930)

Bieten sich dem Auge keine ausreichenden Strukturen, dann geht die objekt- und ereignisorientierte Wahrnehmung in ein phänomenorientiertes Schauen über. Diese in der Folge vielfach bestätigte Hypothese über die Notwendigkeit visueller Differenzen findet in der Gestalttheorie ihre Entsprechung, die besagt, dass eine differenzierte Wahrnehmung nur möglich ist, wenn sich dem Auge Kontraste bieten (Koffka 1935). Fehlen die Gestaltreize, kommt es zu gravierenden Irritationen und Fehlleistungen innerhalb der visuellen Reizverarbeitung. Für die Kunst ist Metzgers Beobachtung nicht unerheblich, beweist sie doch,

dass die Wahrnehmung monochromer Flächen nicht die einfachste Form visueller Reizverarbeitung darstellt; einfarbige Bilder lösen komplexere Kognitionsvorgänge aus als gegenständliche Bilder, die zwangsläufig über verschiedene Kontraste verfügen.

Damit zeichnen sich drei Konsequenzen ab, die nicht nur für Rothkos oder Turrells Farbfelder, sondern auch für alle anderen großformatigen Monochromien gelten.

1. Diese Kunstwerke sind in ihrer Faktizität nicht mehr abgeschlossen, sondern vollenden sich erst mit der Bereitschaft des Betrachters, sich über einen längeren Zeitraum mit dem langsamen Erscheinen von Licht und Farbe auseinanderzusetzen.
2. Die Arbeiten bedürfen eines spezifischen architektonischen Rahmens, innerhalb dessen sie ihre Wirkung entfalten.
3. Die in die Kunst übertragenen Ganzfelder führen wegen ihrer »Unwahrnehmbarkeit« zum prozessualen Scheitern des Betrachters am Bild.

Welche körperlichen Reaktionen damit einhergehen, wird dem Betrachter insbesondere in Turrells *Gaswork* bewusst (◨ Abb. 13.7).

Bei dem 1991 entwickelten Installationstyp wird der Museumsbesucher mit einer von außen gesteuerten und damit fremdkontrollierten Laborsituation konfrontiert. Die Arbeit besteht aus einem stählernen Globus, der von einem – auf Stützen ruhenden – Metallring getragen wird. Der Korpus der Kugel misst 3,5 m im Durchmesser, die auf ihn zuführende Pritsche 7,5 m. Die technisch anmutende Konstruktion besteht in ihren tragenden Teilen aus Stahl, die Rundarchitektur aus lackiertem Fiberglas.

Um dem Rezipienten eine entsprechende Ganzfeld-Erfahrung zu ermöglichen, wählt Turrell drastische Maßnahmen. Zunächst muss der Proband seine Schuhe ausziehen, eine kleine Treppe emporsteigen und sich auf die Bahre legen, bevor er horizontal in den *tank* eingefahren wird. Assoziationen an einen Computertomographen im medizinischen Umfeld liegen schon wegen der weißen Kleidung der Assistenten nahe, welche die Teilnehmer anschnallen und in das Ganzfeld hineinbewe-

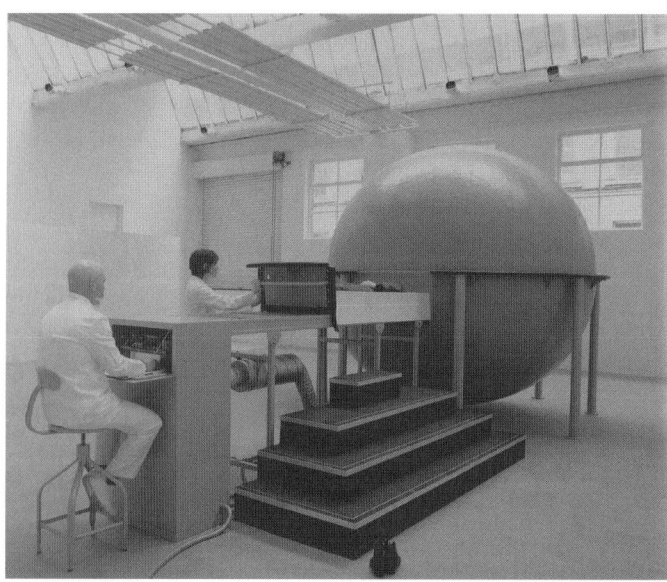

◘ Abb. 13.7. James Turrell: *Gaswork* (1993), Glasfaser, Stahl, Neonlicht, 351 x 351 x 751 cm. (Aus Ausstellungskatalog Wien 1999, S. 146; mit freundlicher Genehmigung von James Turrell)

gen. Unfähig, sich zu bewegen, nimmt der Betrachter während der folgenden 15 Minuten eine stationäre Position ein, aus der heraus er keinen Einfluss mehr auf den Perzeptionsverlauf nehmen kann.

In ihrem Inneren ist die Kugel mit bleiweißer Farbe gestrichen. Im unteren Drittel laufen entlang der Rundwand – für den Betrachter unsichtbar – drei Neonkreise in Rot, Blau und Grün. Das farbige Licht, das in seiner Intensität und Helligkeit von außen reguliert wird, materialisiert sich im *ganzfeld dome* zu einer dichten, nebelähnlichen Substanz. Sobald das hochfrequente Stroboskoplicht zugeschaltet wird, gerät der Proband in einen Stresszustand, den er aufgrund seiner liegenden Position und der Bandagen kaum auszugleichen vermag. Wirken dunkle, zum Schwarz tendierende Töne bedrohlich und eng, verheißen helle Lichtfarben eine optische Weitung in dem ansonsten licht- und luftarmen Raum. Auch die gefühlten Temperaturunterschiede, die sich mit jedem Farbton einstellen, scheinen deutlich wahrnehmbar. Dem kühlen Blau oder Grün steht das vermeintlich warme Rot gegenüber. Suggeriert ein sonniges Gelb noch den Eindruck von Wärme, ruft seine zitronengelbe Variante eher das Gefühl von Kälte hervor. Darüber hinaus lässt sich beobachten, dass Spektralfarben instinktiv mit Körperoberflächen von Gegenständen gleicher Farbe assoziiert werden, eine psychologische Tatsache, die das Wahr-

nehmungsergebnis nachhaltig beeinflusst. Beinahe zwangsläufig ordnet man Farben unterschiedliche haptische Qualitäten zu, die mit ihrem faktischen Erscheinen offensichtlich nichts gemein haben. Während Schwarz sich dicht vor die Augen legt und samtig weich erscheint, wirkt ein mit Weiß aufgehelltes Blau metallisch hart und kalt. Die sich einstellende Synästhesie basiert auf alltäglichen Erfahrungswerten, auf die man bei jeder zu interpretierenden Wahrnehmungsleistung unbewusst zurückgreift.

Das Experiment droht zu eskalieren, wenn die Lichtfarben dunkler werden und der Betrachter sich der hermetischen Abriegelung seines Körpers bewusst wird. Beides führt zu klaustrophobischen Zuständen, die sich in die Folge unangenehmer Grenzerfahrungen einreihen: begonnen hatten diese mit der pseudoklinischen Atmosphäre, der Abgeschlossenheit in der Rundarchitektur und den physischen Reaktionen auf die jeweiligen Farb- und Lichtzustände. Konnte der Besucher vor den Lichtbildern Turrells seine Position zum Kunstwerk noch selbst bestimmen, dann wird ihm diese hier zentimetergenau vorgegeben. Das Maß an inszenierter Betrachterlenkung erreicht damit einen Grad, der über die konventionelle Kunsterfahrung weit hinausgeht.

13.3   Gestaltetes Licht

Ein wahrnehmungsbedingtes Scheitern ganz anderer Art stellt sich vor Turrells geometrischen Licht-Körpern ein, bei denen zwei lichtstarke Xenonprojektoren trapezförmige Lichtfelder auf die Wand werfen ( Abb. 13.8). Aus der Ferne verdichten sich die aneinander grenzenden Flächen zu einem dreidimensionalen, aus sich selbst heraus leuchtenden Quader. Der schattenlose weiße Würfel konstituiert sich dabei aus dem reflektierten Licht der bleiweißen Wände. Seine Gestalt erhält er von zwei Lochschablonen aus Aluminium, die – wie ein Diapositiv – in die gegenüberliegenden Projektoren eingelegt sind und durch deren trapezförmige Öffnung das Licht hindurchprojiziert wird (Adcock 1990). Die Schablonen sind dabei auf den Neigungswinkel des Apparates und die Raumgröße abgestimmt.

Bewegt der Besucher sich auf den Lichtwürfel zu, dann stellt er fest, dass sich weder dessen Seitenflächen noch deren perspektivische Verkürzungen ändern. Auch bestätigt sich die Tiefenwirkung nicht; stattdessen zerfällt der Lichtkörper in zwei helle, einander überlappende Trapezflächen. Anders als der berühmte »Neckerwürfel« (Kebeck 1997), der zwei unterschiedliche, in ihrer Bedeutung aber gleichwertige Perspektiven zu erkennen gibt (Phänomen der Multistabilität), verweigert Turrells Lichtwürfel eine vergleichbare Sehalternative. Seine Projektion erscheint aus der Ferne als Würfel, aus der Nähe ausschließlich als Fläche. Eine veränderte Sichtweise ist allein durch die Bewegung des Betrachters im Raum herbeizuführen.

Wie aber kommt es, dass ein und dieselbe Reizgrundlage, nämlich die Überblendung zweier Trapezformen, zu solch unterschiedlichen Wahrnehmungsergebnissen führt? Nach den Gestaltgesetzen organisiert sich die menschliche Wahrnehmung, indem sie das Gesehene nach Wahrscheinlichkeiten strukturiert und versucht, möglichst einfache Zusammenhänge im Wahrnehmungsfeld herzustellen. Da die perspektivische Ausrichtung der Quaderkanten hier den architektonischen Gegebenheiten entspricht und eine kontrastreiche Figur-Grund-Relation erkennbar ist, spricht zunächst nichts gegen die dreidimensionale Wahrnehmung des Licht-Bildes.

Auch nimmt man nach dem »Gesetz der Geschlossenheit« eine Form, die in geschlossene und offene Teilverläufe zerfallen kann, bevorzugt als zusammenhängenden Komplex wahr. Als drittes Indiz wirkt die Tatsache, dass die dem Betrachter am nächsten liegende Kante am hellsten ist. Dass es sich dabei um die schlichte Überblendung zweier Einzelformen handelt, kann der Betrachter aus der Ferne nicht erkennen. Anders als in der illusionistischen Malerei, die, wie ein Zaubertrick, der einmal

Abb. 13.8. James Turrell: Afrum-Proto (1967), Quartzhalogen-Installation. (Aus Ausstellungskatalog Wien 1999, S. 60; mit freundlicher Genehmigung von James Turrell; s. auch Farbtafel am Buchende)

erklärt und verstanden, seine magische Wirkung verliert, begründet sich der Reiz von Turrells Licht-Projektionen in der Ambiguität des Faktischen und Nichtfaktischen.

13.4 Wissenschaft und Kunst

Neben Turrell erobert in den frühen 70-er Jahren ein zweiter Naturwissenschaftler die amerikanische Kunstszene: Bruce Nauman. Auch er hatte Mathematik und Psychologie studiert, bevor er sich ganz der Kunst widmete. Dass Nauman in ähnlicher Weise an der Inszenierung kognitiver Strategien interessiert ist wie Turrell, belegen dessen frühe Wahrnehmungsräume, die bar jeder praktischen Funktion sind. Ihre Aufgabe ist allein die Veranschaulichung einer nur auf diesem Wege zu vermittelnden ästhetischen Erfahrung.

Darum ging es auch Graf Panza di Biuomo, jenem Sammler aus Varese (Italien), der Naumans *Green Light Corridor* in den 70-er Jahren für seine private Villa aus dem 18. Jahrhundert erwarb. Betrat man den historischen Installationsraum, erkannte man im Dunkeln zunächst nur eine grün hinterleuchtete Plattenarchitektur (■ Abb. 13.9). Erst wenn man dicht davor stand, blickte man auf zwei hintereinander angeordnete Holzwände, die in ihrer parallelen Formation einen langen, schmalen Gang bildeten. Die Höhe des zu beiden Seiten und nach oben offenen Korridors betrug 305 cm, seine Länge 1210 cm. Der Abstand zwischen beiden Wandmodulen maß 30,5 cm. Das grüne Licht kam von paarweise angeordneten Fluoreszenzröhren, die über dem Kopf des Betrachters am oberen Ende der Holzplatten angebracht waren.

Der ästhetische Widerspruch aus minimalistischem Formenvokabular und historischem Präsentationsort verlor seinen Reiz, sobald man dem hellen Schein des grünen Lichts folgte und sich in den Korridor hineinbegab. Die Wände des Gangs standen so dicht beieinander, dass ein Hindurchgehen nur schwer möglich war. Auch das gleißende Licht schien in seiner artifiziellen Farbigkeit eher abweisend und bedrohlich denn reizvoll schön. Wollte man den Korridor dennoch durchschreiten, musste man sich seitlich, Schritt für Schritt, hindurchbewegen. Der Betrachter tauchte in das

■ Abb. 13.9. Bruce Nauman: *Green Light Corridor*, Holz, Fluoreszenzlicht, Solomon R. Guggenheim Museum, Panza Collection.(Foto: Giorgio Colombo, Mailand; © VG Bild-Kunst, Bonn 2006; s. auch Farbtafel am Buchende)

grüne Lichtbad ein und seine Kleidung färbte sich ebenso wie seine Haut in fahlem Grau. Die Intensität des Farblichts war dort so groß, dass die Augen nach kurzer Zeit zu brennen begannen und man sich nach einem Entkommen aus der klaustrophobischen Enge sehnte. Hatte er schließlich das Ende erreicht, erwartete den Betrachter eine neuerliche Überraschung: der einst dunkle Umraum erschien nun, als Folge des komplementärfarbenen Nachbildes, in einem vibrierenden Magenta.

Zu dieser optischen Irritation stellte sich in Varese ein zuvor nicht wahrgenommener akustischer Reiz ein, wenn man plötzlich die Vogelstimmen hörte, die durch das offene Fenster im Vorraum drangen. Der Grund, warum man diese erst jetzt wahrnahm, lag nicht in der schallisolierenden Wirkung der Holzplatten, sondern in der einseitigen Reizüberflutung des Rezipienten. Sobald nämlich ein unvermindert starker Reiz auf ein Sinnesorgan wirkt, verringert sich darüber die

Sensitivität der übrigen. Die sensorische Überlagerung war während des Aufenthaltes in Naumans Lichtkorridor folglich so profund, daß man leise akustische Reize von außerhalb nicht mehr hörte. Konstruiert Nauman also einen Korridor, den man aufgrund seiner Enge nur zögerlich verlassen kann, dann wählt er für seine Kunst eine architektonische Präsentationsform, die den Blick insofern inszeniert, als sie den Betrachterstandpunkt vorgibt und die Länge des Perzeptionsablaufes bestimmt. Sein Ziel ist, dem Betrachter die Abhängigkeit von dessen Sinneswahrnehmung und instruierenden Größen wie Farbe, Licht und Raum vor Augen zu führen. Anders als beim traditionellen Tafelbild, das sich über die Betrachtung und den daraus resultierenden Erkenntnisprozess erschließt, verlangen Naumans Installationen die psychophysische Beteiligung des Rezipienten.

13.5 Monets Erbe in einem Rund aus Licht und Farbe

Schlägt man den Bogen von Monet über Rothko, Turrell und Nauman bis in die Gegenwart, dann reiht sich vor allem der dänische Künstler Olafur Eliasson in die fiktive Genealogie ein. Auch er begreift seine Kunstwerke als Wahrnehmungsmodelle, die einer spezifischen Rezeptionsanordnung bedürfen (Ausstellungskatalog Karlsruhe 2000).

Vergleichbar dem Rundraum Monets ist die panoramatische Architektur Eliassons, die in ihrem Innerem ein durchgängiges Farbfeld zu erkennen gibt (◘ Abb. 13.10). Die im Durchmesser 8 m große und 3 m hohe Rotunde ist mit einer milchig weißen Rückprojektionsfolie ausgekleidet, hinter der eine unsichtbare Matrix aus roten, grünen und blauen Leuchtstoffröhren montiert ist. Die Abfolge der langsam wechselnden Spektralfarben erfolgt zufällig und wird über ein Computerprogramm gesteuert. Bevor sich eine neue Farbe einreguliert, taucht der Betrachter für 30 Sekunden in ein monochromes Raumkontinuum ein, das ihn losgelöst von jeder Gegenständlichkeit allseitig umgibt (Ausstellungskatalog Wolfsburg 2004).

Zwei Aspekte wirken dabei irritierend:
- der langsam fortschreitende Farbwechsel, der keine Systematik oder Zielgerichtetheit erkennen lässt und

◘ **Abb. 13.10.** Olafur Eliasson: *360° room for all colours* (2002), Projektionsfolie, Leuchtstoffröhren, Steuerung, Holz, Edelstahl, Höhe: 320 cm, Durchmesser: 815 cm, Privatsammlung, Courtesy Tanya Bonakdar Gallery, New York. photo: courtesy neugerriemschneider, Berlin and Tanya Bonakdar gallery, New York. (s. auch Farbtafel am Buchende)

— das veränderte Betrachter-Werk-Verhältnis, das nicht mehr von einer frontparallelen Bildwahrnehmung ausgeht, sondern den Besucher zentral im Kunstwerk verortet.

So findet der eingangs beschriebene Ganzfeld-Gedanke bei Eliasson seine architektonische Entsprechung. Im Unterschied zu Turrells Farbfeldern, die noch von der Faszination psychophysischer Wahrnehmungsprozesse durchdrungen sind, entlarvt Eliasson dieselben ihrer Begrenztheit. Verbirgt der Kalifornier die Fluoreszenzröhren hinter der passepartoutgleichen Rahmung, um den ästhetisch makellosen Schein zu wahren, gewährt Eliasson dem Betrachter seitlich Einblick in den Konstruktionsaufbau der Rotunde. Die technische Transparenz und das Wissen um ihre Nachvollziehbarkeit lassen Eliassons Werke nicht mehr auf Überwältigung, sondern auf Aufklärung abzielen.

13.6   Grenzphänomene

In der zeitgenössischen Kunst kommt der Wirkung eines Kunstwerks auf den Betrachter zunehmend große Bedeutung zu. Der Verzicht auf eindeutig dechiffrierbare Inhalte und die bewusste Inszenierung vorhersagbarer Sinneseindrücke führen nicht selten dazu, dass Kunst- und Selbstwahrnehmung zusammenfallen. Will man dieser impliziten Betrachterfunktion gerecht werden, dann bedarf es zur kunstgeschichtlichen Beurteilung ergänzender wahrnehmungspsychologischer Erklärungsmodelle. Erst die Kombination beider Verfahren ermöglicht die Einordnung von Artefakten, deren phänomenologisches Erscheinen die Intention des Künstlers begründet. Die vorgestellten Beispiele haben gezeigt, wie der Rezipient sich durch eine gezielte Betrachterlenkung seiner selbst als wahrnehmendes Subjekt bewusst wird.

So unterschiedlich die jeweiligen Arbeiten in ihrer medialen und konzeptionellen Umsetzung sind, gemeinsam ist ihnen, dass sie die Grenzen der traditionellen Bildwahrnehmung auf der Grundlage kognitiver Strategien ausloten. Die Farbfelder wirken wie Gemälde oder Skulpturen, obgleich sie die architektonischen Voraussetzungen eines Experiments darstellen, dessen Ziel es ist, die

Malerei als Gattung der Bildenden Kunst zu überwinden, ohne sich ihrer zu entledigen. Gerade die Licht-Bilder bedürfen spezieller funktionaler und räumlicher Voraussetzungen, vor allem aber der Elektrizität, um existieren zu können. Dies wird besonders deutlich, wenn in den Ausstellungsräumen die Lichter ausgeschaltet werden und von den Kunstwerken nicht mehr übrigbleibt als weiße Wände und gläserne Röhren. Mit dem Verlöschen des Lichts verlieren die Arbeiten nicht nur ihre künstlerische Existenz, sondern der Betrachter verliert auch die Möglichkeit, sich vor ihnen seiner selbst als wahrnehmendes Subjekt zu vergewissern. Auf die Frage, worum es in dieser Kunst also geht, ist zu antworten: um Licht und Wahrnehmung. Die Artefakte stellen nichts dar außer sich selbst, einen Zustand aus Licht und Farbe. Sie sind frei von aller Gegenständlichkeit und thematisieren nicht das, was wir vor Augen haben, sondern das, was Sehen voraussetzt, nämlich unsere Wahrnehmung.

Literatur

Ausstellungskatalog Basel (1987) Kartographie des Raumes, Eine topologische Übersicht des Werkes von James Turrell, Kunsthalle Basel

Ausstellungskatalog Basel (2001) Mark Rothko. Eine vertiefte Beziehung zwischen Bild und Betrachter, Fondation Beyeler, Basel/Riehen

Ausstellungskatalog Karlsruhe (2000) Olafur Eliasson, Surroundings Surrounded, Essays on Space and Science, Zentrum für Kunst und Medientechnologie, Karlsruhe

Ausstellungskatalog London (1987) Mark Rothko. Suggestions from Mr. Mark Rothko regarding the installation of his paintings, Reprint 1996, London

Ausstellungskatalog Wien (1999) James Turrell, The Other Horizon, Museum für Angewandte Kunst, S. 146

Ausstellungskatalog Wolfsburg (2004) Olafur Eliasson. Your lighthouse. Arbeiten mit Licht, 1991–2004, Kunstmuseum Wolfsburg

Adcock C (1990) James Turrell, the art of light and space. University of California Press, Los Angeles, CA

Breslin JEB (1995) Mark Rothko, Eine Biographie. Ritter, Klagenfurt, S 562ff

Hubel D (1989) Auge und Gehirn, Neurobiologie des Sehens. Spektrum Akademischer Verlag, Heidelberg

Imdahl M (1971) Who's afraid of red, yellow and blue III. In: Gesammelte Schriften, Bd I. Suhrkamp, Frankfurt/Main, p 266

Kebeck G (1997) Wahrnehmung, Theorien, Methoden und Forschungsergebnisse der Wahrnehmungspsychologie. Juventa, Weinheim

Koffka K (1935) Principles of Gestalt Psychology. Harcourt, New York, pp 110ff

Metzger W (1930) Optische Untersuchungen am Ganzfeld. Zur Phänomenologie des homogenen Ganzfeldes. In: Psychologische Forschung, Zeitschrift für Psychologie und ihre Grenzwissenschaften (Berlin), Bd 13: 6–54

Nodelman S (1997) The Rothko Chapel Paintings, Origins, Structure, Meaning. University of Texas Press, Austin; TX

Schmid G (1999) Illusionsräume. Konstruktionen und Vermittlungsstrategien, Kap. II 23, Dissertation, Hochschule der Künste, Berlin

Singer W (1990) Gehirn und Kognition, Spektrum der Wissenschaft: Verständliche Forschung, Heidelberg, S 134–146

Wildenstein D (1999) Monet oder der Triumph des Impressionismus, Benedikt Taschen, Köln

Identifikation und ihre Störungen

Hans Förstl

14.1   Einleitung: Identität und Identifikation

Jaspers (1913) zerlegte das Ich-Bewusstsein oder die Ich-Identität als Wissen des Individuums um seine eigene Identität in folgende Komponenten:

1. Aktivitätsbewusstsein, Tätigkeitsgefühl,
2. Einfachheit (»ich bin einer im gleichen Augenblick«),
3. Kontinuität des Selbstempfindens und
4. ich im Gegensatz zum anderen.

In anderen Worten: Das Selbsterleben entsteht aus der wahrgenommenen Autorschaft (1), Egozentrizität (2), Kontinuität (3) und Konfrontation (4) mit anderen. Für den Betrachter besteht die personale Identität eines anderen in dessen konstanter Erscheinung und situativ konsistenter und daher vorhersehbarer Reaktionsweise. Davon bin »ich« von vornherein abgegrenzt und meiner selbst im gesunden Zustand sicher.

Diese selbstverständliche Identität repräsentiert eine wesentliche Voraussetzung für die zügige Bewältigung alltäglicher Probleme, deren Bearbeitung durch eine wiederholte und ausführliche Reflexion existenzieller Grundlagen behindert würde. Diese Selbst-Verständlichkeit ist mein fester Punkt im Weltall, und auf dieser Basis erledigt das Gehirn seine Arbeit in wogenden neuronalen Mehrheitsentscheidungen ohne allzu viele Turbulenzen.

Durch den menschlichen Hang zur Nachdenklichkeit, zur Rumination bestimmter Themen, die für den eigenen Erfolg durch die Anpassung unseres Verhaltens bedeutsam erscheinen, beschäftigen wir uns dennoch immer wieder mit dem Vergleich von Selbst und anderen. Wir lernen am vorbildlichen Modell der anderen, an deren Erfolgen und Misserfolgen. Dadurch bleibt uns erspart, viele Erfahrungen selbst machen zu müssen.

Unter bestimmten Bedingungen verändern sich die scheinbar selbstverständlichen Voraussetzungen unseres Erlebens und können in allen von Jaspers aufgeführten Phasen gestört werden. Bei vielen Erkrankungen bezieht sich eine gesteigerte Skepsis scheinbar auf die anderen, auf die Umgebung, und nicht zunächst auf das Selbst, das erst beim weiteren Fortschreiten der Störung für den Patienten spür-

bar in Mitleidenschaft gezogen wird. Die souveräne Einschätzung der Handlungen von anderen, die intakte ToM, bildet anscheinend eine wesentliche Grundlage unseres eigenen Wohlbefindens.

Das vertraute Gegenüber von anderen und Selbst wird besonders eindrucksvoll bei den wahnhaften Missidentifikationen erschüttert, die im Anschluss dargestellt werden. Sie sind gefährlich. Der Verlust der eigenen Selbstverständlichkeit und die veränderte Vertrautheit mit anderen wirken bedrohlich und kann heftige Reaktionen auslösen, mit denen sich der Betroffene gegen diese vermeintlichen Scharaden zur Wehr setzt.

14.2   Wahnhafte Missidentifikation: frühe Berichte

Meist werden als Erstbeschreiber typischer wahnhafter Missidentifikationen Capgras und Reboul-Lachaux (1923) genannt. Arnold Pick (1903a) hatte aber bereits 20 Jahre früher entsprechende Patienten geschildert:

> … Eine genaue Analyse einschlägiger Beobachtungen ergiebt zuweilen, dass keinerlei Störung der sinnlichen Perception sich nachweisen lässt, namentlich auch keine Illusion, sondern einfach das Fehlen der Bekanntheitsqualität es ist, welches solche Kranke z. B. zu der Äusserung veranlasst, die Personen ihrer Umgebung, selbst die nächsten Angehörigen seien nicht dieselben, vielmehr verändert; zuweilen lässt sich dabei sogar eine Dissociation der Bekanntheitsqualität nachweisen; so gab z. B. ein solcher Kranker, der behauptet hatte, die Frau bei der er wohnte, wäre nicht seine Mutter, später, nach einigen Tagen des Anstaltsaufenthaltes, an, er sei noch immer nicht sicher, ob die ihn besuchende Mutter diese wirklich sei; deren Stimme sei wohl dieselbe, aber bezüglich ihres sonstigen Aussehens, an dem er aber eine Veränderung nicht angeben könne, komme sie ihm fremd vor.

Um das Gegenstück zu der eben besprochenen Erscheinung könnte es sich in dem von O. Rosenbach (Erlenmeyer's Central-blatt, 1886, Nr. 7) beschriebenen Fall handeln, wo ein 40jähr. geistesgesunder Mann anfallsweise nach angestrengter Arbeit, in einem Zustand mangelnder Aufmerksamkeit, auf der Strasse in fast allen Begegnenden Bekannte sieht, was sich erst nach genauerem Besinnen corrigirt.

Der erstgenannte Patient zeigt ein so genanntes Capgras-, der zweite ein Fregoli-Phänomen. Courbon und Fail (1927) verwiesen in ihrer Studie über die Verkennung fremder Personen als Bekannte auf den Schauspieler Fregoli, der sich perfekt in seine Rollen verwandeln konnte. Ähnliche Störungen hatte Kahlbaum (1866) als Illusionen erklärt. Pick (1903a) schloss sich dieser Meinung nicht an, sondern betonte die Bedeutung des Bekanntheitsgefühls, das zur Erinnerungsgewissheit führe. Bekanntheitsgefühl ist ein Synonym für »Vertrautheit«, als Ergebnis des Vertrauens, das in fortgesetzten sozialen Interaktionen entwickelt wird. Pick (1903b) fügte die Beschreibung einer reduplikativen Paramnesie für Orte hinzu; ein Patient hatte behauptet, es gebe zwei genau gleich aussehende Kliniken, denen zwei Professoren gleichen Namens als Direktoren vorstünden etc. Die Vertauschung von Personen – der Erste schlüpft in die Gestalt des Zweiten, der Zweite in die des Ersten – nannten Courbon und Tusques (1932) »Intermetamorphose«.

14.3 Wahnhafte Missidentifikation: Systematik

Nach Arnold Picks Kriterium eines gesteigerten oder verminderten/fehlenden Bekanntheitsgefühls lassen sich die wahnhaften Missidentifikationen wie folgt einteilen (◘ Tab. 14.1).

14.3.1 Ort, Zeit, Situation

Bei der **reduplikativen Paramnesie** des Ortes akzeptieren die Patienten meist eine äußerliche, formale Ähnlichkeit oder sogar Gleichheit von Ort, Zeit oder Situation, fühlen jedoch keine ausreichende Bekanntheit, Vertrautheit damit. So gebe es z. B. ein ähnliches Gebäude, aber einige marginale Abweichungen oder Details verrieten die falsche Identität. Diese formalen Differenzen werden zur Erklärung der fremdartigen Anmutung gesucht, gefunden und erklärt. Weshalb sollte ein derartiges Lügengebäude errichtet werden, ein Potemkinsches Dorf? – Am ehesten mit heimtückischer Absicht.

Bei dem *jamais connu*, noch nie gekannt oder gesehen (*vu*), gehört (*entendu*) etc. ist die Vertrautheit, das Bekanntheitsgefühl abhanden gekommen. Diese Phänomene treten im Zusammenhang mit epileptischen Anfällen und nach Schädel-Hirn-Traumata auf. Der häufigsten Form einer Hypoidentifikation des Ortes begegnet man bei dementen Patienten, die ihre eigene Wohnstätte – Haus, Wohnung oder Heim – nicht erkennen, obwohl sie mitunter viele Jahre dort verbracht haben. Diese Verkennung ist leicht mit Defiziten des Neugedächtnisses zu erklären, die v. a. die jüngeren Teile seiner Biographie betreffen und bei wachsendem Misstrauen, Angst und Erregung auch Anteile des älteren Gedächtnisses – zumindest passager – beeinträchtigen. Beruhigt sich die Lage, können Erinnerung und Akzeptanz teilweise wiederkehren.

Die ausgeprägte Hyperidentifikation von Ort/Zeit/Situation wird je nach Modalität und Ausdehnung als als *déjà connu*, *déjà vu*, *déjà entendu* etc. bezeichnet. Sie kann momentan aufblitzen und zu einer leichten Irritation führen, die bei erhaltener innerer Distanz in erster Linie von Amüsiertheit und Interesse geprägt ist (»mir ist, als hätte ich das schon einmal geträumt«), oder sie kann längere

◘ **Tab. 14.1.** Beispiele eines veränderten Bekanntheitsgefühls mit Hypo- und Hyperidentifikation von Ort/Zeit/Situation, von anderen Personen oder der eigenen Person

Bekanntheitsgefühl/Vertrautheit	Hypoidentifikation	Hyperidentifikation
Ort/Zeit/Situation	*Jamais connu*	*Déjà connu*
Andere Personen	Capgras	Fregoli
Selbst	Spiegelzeichen	Selbstklone

Zeit anhalten. Dabei ist es schwer, zu entscheiden, ob die kürzer dauernden Erlebnisse als Ausdruck eines epileptischen Anfalls anzusehen sind oder als Wiedererkennen einer bereits erdachten und erträumten, plausiblen und signifikanten Konstellation oder als tatsächliche Wiederholung eines zwischenzeitlich vergessenen, jetzt aber wiedererkannten Erlebnisses.

14.3.2 Andere Personen

Das **Capgras-Phänomen** ist die meistzitierte, klassische wahnhafte Missidentifikation. Eine andere, meist nahe stehende, subjektiv bedeutungsvolle Person wird nicht mehr als echt akzeptiert, stattdessen habe jemand anderer deren Rolle übernommen. Charakteristisch sind diese Störungen im mittleren Stadium einer Alzheimer-Demenz, in dem die Patienten mitgealterte Angehörige nicht mehr erkennen, sondern sich weiter auf die im Altgedächtnis abgespeicherten Bilder stützen. Auch hier tragen Defizite des formalen Erkennens zum fehlenden Bekanntheitsgefühl bei. Das Befremden, die mangelnde Vertrautheit kann sich aber auch im Kontext anderer Erkrankungen ohne schwer wiegende formal-kognitive Defizite entwickeln.

Das gesteigerte Bekanntheitsgefühl (**Fregoli-Phänomen**) kann sich bei oberflächlicher Ähnlichkeit der fälschlich identifizierten Person einstellen, aber auch bei einem vollkommenen Fehlen gemeinsamer äußerer Merkmale. Die Patienten insistieren, dass es sich um einen Bekannten oder eine andere bestimmte Person handle. Das Leugnen der derart Verkannten nützt im Allgemeinen nichts. Nicht immer sprechen die Patienten ihre Überzeugung aus, und mitunter tragen sie den anhaltenden Verdacht lange mit sich herum und halten eine doppelte Buchführung aufrecht. Die personalen Hyperidentifikationen reichen von einem abstrakten **Anwesenheitsgefühl** bis zur Beseelung unbelebter Objekte. Nahezu alle Menschen verspüren in der Zeit nach dem Verlust einer nahe stehenden Person ein Gefühl der Anwesenheit, das bis zur konkreteren Illusion reicht, sie sitze noch in ihrem Lieblingssessel, mache die gleichen Geräusche und rauche dieselbe Pfeife, ganz wie immer. ToM reicht sogar über den Tod eines anderen hinaus. Ande-

rerseits werden – besonders bei emotionaler Isolation – sogar unbelebte Objekte vom Teddybären bis zur Kaffeekanne beseelt (**Animation**). Dabei wird deutlich, dass in unserer Entwicklung vom Kleinkind bis zur altersassoziierten Demenz die ToM ein triftiges, zeitweise geschäftig überdecktes Grundbedürfnis darstellt, das sogar vor Ersatzobjekten nicht Halt macht. Während das Spiel mit Puppen etc. zunächst der Einübung sozialer Fertigkeiten diente und die Kapazität der ToM beim Erwachsenen im Alltag oft gesättigt wird – durch konkrete Personen, Simulationen in unserer Vorstellungswelt und durch die Pseudo-Sozialkontakte der Medien – laufen diese viel geübten Routinen in der Isolation ins Leere und evozieren imaginäre Sozialkontakte.

Die **Intermetamorphose** kann als Kombination von Capgras- und Fregoli-Phänomen aufgefasst werden, bei der zwei Personen ihr Aussehen beziehungsweise ihre Identität tauschen (was auf das Gleiche hinausläuft).

14.3.3 Selbst

Die Hypoidentifikation des Selbst kann sowohl durch kognitive Schwierigkeiten bei der Selbsterkennung ausgelöst werden als auch durch affektive Veränderungen der Selbstwahrnehmung. Typisch wiederum ist das **Spiegelzeichen** bei der Demenz, wobei der Patient nicht mehr in der Lage ist, sein eigenes Aussehen im Spiegel und die gespiegelten Handlungen als selbstinitiiert zu erkennen – entsprechend die Reaktion auf den seltsamen Unbekannten, der nicht weicht, sondern grimassiert, gestikuliert, schreit und droht.

Im Gegensatz zu dieser kognitiv bedingten Verkennung kann ein Patient mit affektiver oder schizophrener Erkrankung das Gefühl entwickeln, er sei bereits weitgehend oder gänzlich abgestorben (**Cotard-Symptom**; Cotard 1880, 1882). Hinweise auf Descartes und sein Argument sind genauso schal und belanglos wie viele andere philosophische Schlaumeiereien und theologische Tröstungsversuche.

Bei der gesteigerten Selbstwahrnehmung kann es sich um subjektive **Doppelgänger** (*subjective doubles*; Selbstklonierung) handeln oder um einen

Perspektivwechsel, bei dem der Betroffene von außen auf sich blickt, sich selbst sieht (**Heautoskopie**). Die Ursachen heautoskopischer Erlebnisse sind vielfältig und reichen von der Schizophrenie bis zu physischen Extrembelastungen. In der Literatur scheinen sie häufiger aufzutreten als in der nervenärztlichen Praxis (Hildenbrock 1986).

Die radikale Gegenposition zum psychopathologischen Cotard-Symptom oder zum philosophischen »ich bin niemand« findet sich im »ich bin viele« der so genannten **multiplen Persönlichkeit** (»Multiple«). Hierbei handelt es sich um die Ego-Variante des Capgras-Symptoms, bei dem unterschiedliche Identitäten scheinbar in einem Körper zu Hause sind – allerdings nur, wenn Psychoanalytiker großes Interesse an diesem Phänomen zeigen!

Meist – soweit man danach fragt! – werden diese Symptome im Kontext anderer Erkrankungen entdeckt. Sie treten aber auch als monothematische Wahnformen oder als Halluzinationen auf, je nachdem, ob die gedankliche Beschäftigung damit oder die Wahrnehmungstäuschung im Vordergrund steht.

14.4 Varianten der Missidentifikationen

Bei der **transienten globalen Amnesie**, während der ein Patient akut nicht mehr imstande ist, seinen Erlebnisspeicher (episodisches Gedächtnis) zu aktualisieren und sich damit zu Ort, Zeit und Situation zu orientieren, entwickelt sich eine irritierte, staunige Stimmungslage, ähnlich einem Stunden anhaltenden *jamais connu*.

Die Hyperidentifikation kann sich auf die Handlung und die Schauspieler eines Fernsehfilms beziehen, die nun im Zimmer des Patienten agieren (**Fernsehzeichen**, *TV-sign*). Dies kann in Abhängigkeit vom Sujet des Films zu amourösen oder aggressiven Komplikationen führen.

Imaginäre Gäste (*phantom boarders*) bedürfen keines televisionären Hintergrundes, sondern können sich auch durch Geräusche, Gerüche, verlegte Gegenstände oder andere verdächtige Indizien verraten. Zum **Charles-Bonnet-Symptom** – also lebhaften, szenischen optischen Halluzinationen – können Visus- und Konzentrationsstörungen ebenso beitragen wie soziale Isolation. Typisch ist das Auftreten nach einer Augenoperation in abgedunkelter, fremder Umgebung während des Aufwachens (Dunkelzimmer-Delir). Bei chronischer, auch selbstgewählter sozialer Deprivation und beginnenden kognitiven Defiziten im Senium stellen sich die zunächst ungebetenen Gäste beim Nachlassen der Aufmerksamkeit und leichtem Dösen am Spätnachmittag ein. Sie können nicht sprechen, kommen aber manchmal durch die Wand und verschwinden auf dem gleichen Wege, wenn man erschrickt und sie energisch verscheucht. Stellen sie sich regelmäßig zur gleichen Stunde ein, weicht der Widerstand der Gastgeber, selbst wenn sich die Gäste als wenig kommunikativ erweisen. Sie gewinnen einen gewissen Unterhaltungswert und werden akzeptiert, auch wenn sie sich – wie gelegentlich berichtet – unbekleidet an den Tisch setzen. Vereinzelt wird der Tisch auch gedeckt oder sogar eine warme Mahlzeit angeboten (**Dinner-for-one-Phänomen**).

Halluzinosen, die das Selbst betreffen, sind meist epileptisch, vaskulär oder durch Drogen induziert. Bei dem **Alice-im-Wunderland-Symptom** (Carroll 1865) unterliegt der Patient einer verzerrten optischen Wahrnehmung mit Makro- und Mikropsie, die zu einer entsprechend veränderten Selbstwahrnehmung führt. Nach Jonathan Swift (1726/1735), Gullivers Reisen, wurden diese veränderten Größenwahrnehmungen von Selbst und Umfeld auch als Lilliput- und Brobdingnag-Halluzinationen bezeichnet. Lewis Carroll und Jonathan Swift litten vermutlich unter Migräne und anderen Erkrankungen, beschrieben also in ihren Werken vermutlich eigene Wahrnehmungserfahrungen.

Weitere derzeit diskutierte Varianten der somatischen Identitätsstörungen beziehen sich auf das eigene Geschlecht vom äußeren Anschein bis zur biologischen Ausstattung (Transvestitismus, Transsexualität) und vermeintlich überflüssige Körperteile (**Apotemnophilie**, Amputationsneurose, *body identity disorder*; Braam et al. 2006).

Emotionale Verkennungen wie Minderwertigkeitsgefühl oder Größenideen finden sich bei Störungen der Persönlichkeit oder bei affektiven Erkrankungen. Sonderformen sind der erotische Wahn (**Clerambault-Symptom**), bei dem sich die

Patienten in reale Personen verlieben und irrtümlich annehmen, diese Zuneigung werde erwidert. Sie schließen dies aus vermeintlichen diskreten Zeichen. Dieser Liebe kann lange Zeit im Stillen gefrönt werden. Beim krankhaften Nachstellen (**Stalking**) nehmen die Patienten Zurückweisungen durch die geliebte Person meist nicht ernst und setzen die Kontaktversuche fort.

In anderen Kapiteln (22,25) wird ausführlich auf die Veränderung von Ich-Grenzen und Urheberschaft bei der Schizophrenie eingegangen, die zu einer schwer wiegenden Veränderung von Identität und Identifikation führen.

14.5 Funktionelle Neuroanatomie

Während Pick (1903a,b) die Störung des Bekanntheitsgefühls, der Vertrautheit, zur Erklärung der Missidentifikation in den Vordergrund stellte, vermuteten Ellis und Young (1990) ein wesentliches und spezifisches neuropsychologisches Defizit im Bereich des Gesichtererkennens. Diese sozial bedeutsame Funktion ist im Bereich des **Gyrus fusiformis** verankert. Nach isolierten bilateralen oder rechtsseitigen Läsionen des Gyrus fusiformis sind die Patienten nicht mehr imstande, Gesichter zu erkennen (Prosopagnosie; Bodamer 1947). Bei einem Teil der Bevölkerung liegt eine genetisch vermittelte »Prosophypognosie« vor. Bei der chronischen Schizophrenie ist der Gyrus fusiformis verschmächtigt (Onitsuka et al. 2003).

Dem Gyrus fusiformis vorgeschaltet sind die **parietookzipitalen Assoziationsareale** (Onitsuka et al. 2003). Die Informationen im Gyrus fusiformis werden verglichen mit den Daten im visuellen Langzeitspeicher des **anterioren inferioren Temporallappens** (Sakai u. Miyashita 1993). Dieser Vergleich wird von zwei weiteren Regionen unterstützt, nämlich dem **limbischen System** – und zwar insbesondere dem Gyrus parahippocampalis zum Wiederaufnehmen der Gedächtnisspur – und dem **Präfrontalkortex** zur Auswahl und Steuerung des Prozesses (Hudson u. Grace 2000). Dabei scheinen der rechten Hemisphäre vor allem globale, intuitive, »emotionale« Aufgaben zuzukommen, während die linke eine kritischere, »rationale« Detailanalyse vollzieht. Nach einer unilateralen Schädigung der

linken inferioren Temporookzipitalregion wurde eine Beeinträchtigung des Gesichtserkennens bei gleichzeitig gesteigerter (falscher) Vertrautheit beschrieben (Vuilleumier et al. 2003). Eine veränderte Gesichtwahrnehmung kann möglicherweise nicht nur bei einer aktuellen Konfrontation, sondern auch aus der Erinnerung zu einer Missidentifikation mit wahnhaftem Überbau beitragen (Dietl et al. 2003).

Bei wenigen Patienten mit wahnhaften Missidentifikationen ist jedoch eine schwer wiegende Agnosie in einem spezialisierten Bereich nachzuweisen. Generell gilt, dass wir uns Gesichter nur wenig minutiöser merken können als andere Details unserer Umwelt, aber sehr wohl fähig sind, rasch Muster zu erinnern, erkennen und zuzuordnen. Damit spielen neben rezeptiven Fähigkeiten auch aktive Bewertungsprozesse eine frühe und mit entscheidende Rolle. Hierzu gehören einerseits Gestimmtheit und Interesse, ferner die Fähigkeit, Zusammenhänge herzustellen und Interpretationen zu entwickeln, ebenso wie die kritische Prüfung dieser Bewertungen.

Für die Mehrzahl der Patienten erscheint ein anderer Faktor weit wichtiger als spezifische rezeptive Defizite, nämlich eine Störung des Gedächtnisses. Ein intaktes episodisches Gedächtnis bildet die Voraussetzung nicht nur des »autonoetischen Bewusstseins« (Gardiner 2001), sondern ganz allgemein der Orientierung v. a. auch im sozialen Umfeld.

Bei neurodegenerativen Erkrankungen besteht ein Zusammenhang zwischen dem Auftreten der Missidentifikationen und dem Ausmaß der morphologischen Hirnveränderungen (Joseph et al. 1999). Während bei Patienten im leichten Stadium einer Demenz nur selten wahnhafte Missidentifikationen nachzuweisen sind, steigt deren Häufigkeit im mittleren Stadium an, um dann bei fortgeschrittener Demenz wieder abzunehmen, also in einer Phase, in der differenzierte psychopathologische Phänomene nicht mehr entwickelt und artikuliert werden können (Förstl et al. 1994; Marantz u. Verghese 2002). Nach Schädel-Hirn-Traumata erweisen sich Missidentifikationen mit der Rückbildung mnestischer Störungen als reversibel (Pisani et al. 2000). Art und Intensität der Reaktion auf diese

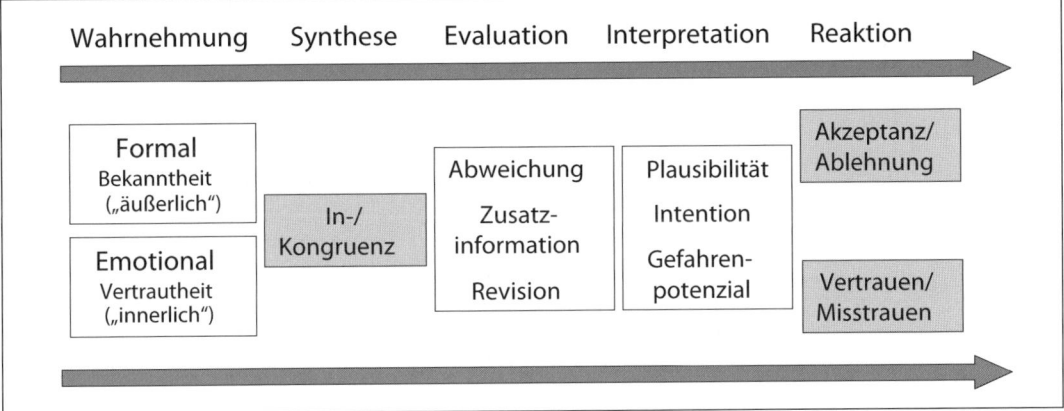

Abb. 14.1. Kognitiv-emotionale Dissonanz/Inkongruenz

Fehlinterpretationen werden durch Alkohol und andere Substanzen mit bestimmt (Aziz et al. 2005).

Wesentliche Verarbeitungsschritte bei der Entwicklung kognitiv-emotionaler Kongruenz beziehungsweise einer Dissonanz zwischen »äußerlicher«, formaler Bekanntheit und »innerlicher«, inhaltlicher Vertrautheit sind in ◘ Abb. 14.1 zusammengefasst. Defizite entweder der kognitiven Detailwahrnehmung in der dominanten Hemisphäre oder der emotionalen Wahrnehmungsprozesse der nichtdominanten Hemisphäre allein reichen für die Entstehung einer wahnhaften Missidentifikation nicht aus. Eine kritische Evaluation kongruenter oder dissonanter Information kann – in Abhängigkeit vom Grad der Abweichung – zum Abrufen zusätzlicher Information aus Umgebung oder Erinnerung führen und zur eventuellen Revision der Syntheseleistung – sofern diese Fähigkeit zur Selbstkritik vorhanden ist. Auch bei mangelnder Plausibilität kann die festgestellte Inkongruenz mangels verfügbarer Ressourcen unbearbeitet ad acta gelegt werden. Freie Valenzen zur ToM können jedoch auch aufgewandt werden, um Intention und Gefahrenpotenzial der wahrgenommenen kognitiv-emotionalen Dissonanz aufzudecken. Zu welchen Reaktionen Ablehnung und Misstrauen letztlich führen, hängt auch von Stimmungslage und Selbstkontrolle ab.

14.6 Ursachen der Identitätsstörungen

Wie im vorangegangenen Abschnitt geschildert, können Störungen in mehreren Phasen zwischen Wahrnehmung und Reaktion zu wahnhaften Missidentifikationen beitragen. Die Wahrnehmung kann sowohl durch globale zerebrale Funktionsstörungen mit grundlegenden neuropsychologischen Defiziten bedingt werden (z. B. Vigilanzminderung, Verwirrtheit, …) als auch durch spezifische Läsionen (z. B. Infarkte, Tumoren, …) und Defizite, vor allem im Bereich der nichtdominanten Hemisphäre (◘ Tab. 14.2). Relevante Hirnareale können nicht allein durch ausgeprägte strukturelle Veränderungen (z. B. Neurodegeneration, …) verändert werden, sondern bei schweren psychischen Erkrankungen (z. B. Schizophrenie, dissoziative Störungen, …) funktionell beeinträchtigt sein. Diese Erkrankungen und/oder die objektiven Lebensumstände lassen häufig kein soziales Korrektiv für eine in die Irre laufende ToM zu.

In den letzten Jahren wurde die Bedeutung der wahnhaften Missidentifikationen v. a. als häufige und belastende Komplikationen der Demenzen wiederentdeckt (Förstl et al. 1991a,b). Dabei leiden die Angehörigen häufig stark unter den Verkennungen, zum einen durch die mangelnde Anerkennung ihrer Leistungen für die Patienten, zum anderen durch die Aggressivität, mit der sich die Patienten gegen die vermeintlich fremden Eindringlinge zur Wehr setzen können. Capgras-,

◘ Tab. 14.2. Beispiele biologischer Ursachen wahnhafter Missidentifikationen nach kasuistischen Berichten (erweitert nach Förstl et al. 1991a,b; Rentrop et al. 2002)

Zerebral	Alzheimer-Demenz, Demenz mit Lewy-Körperchen/ Demenz bei Morbus Parkinson, andere neurodegenerative Erkrankungen; Hirninfarkte und Blutungsfolgen; Schädel-Hirn-Trauma, Normaldruckhydrozephalus; Epilepsie v. a bei parietookzipitalen Narben; andere Raumforderungen; Alkoholismus und dessen zerebrale Folgekrankheiten; zentrale Sehstörungen; …
Endokrinologisch	Erkrankungen von Schilddrüse und Nebenschilddrüse, Diabetes mellitus, Hypoglykämie
Kardiovaskulär	Myokardinfarkte, Hypertonus, Anämie
Infektiös	Tuberkulose, Pneumonie, AIDS, Neurozystizerkose
Andere	Fehlernährung, z. B. Folsäuremangel, hepatische Enzephalopathie, Klinefelter-Syndrom (47 XXY)
Drogen, Medikamente	Amphetamine, Kokain, Digoxin, Phenytoin, Disulfiram, Metrizamid (z. B. nach Myelographie), anticholinerge Antidepressiva wie Amitriptylin, Ketamin, Dimethyltryptamin, Harmin, Harmalin, Bufotenin (Krötengift, *doing the toad*)

Fernseh- und Spiegelzeichen sind typisch für das mittlere Stadium einer Alzheimer-Demenz. Ausgeformte, szenische Halluzinationen (Charles-Bonnet-Symptom) finden sich meist bei einer Demenz mit Lewy-Körperchen mit einem cholinergen und dopaminergen Defizit. Grund dafür ist eine mangelnde laterale Inhibition beziehungsweise Reizfilterung in den primären und sekundären visuellen Assoziationsarealen durch das cholinerge Defizit (Förstl 2006). Die Entwicklung einer Halluzinose kann besonders durch die energische Substitution mit dopaminergen Parkinsonmedikamenten angestoßen werden.

Durch eine Reihe von Drogen, vor allem die Halluzinogene, können dissoziative und Depersonalisationserlebnisse hervorgerufen werden (Mahew 2005). Cannabis führt zusätzlich zu einem veränderten Zeiterleben mit Lethargie und gehobener Stimmung. LSD kann außerdem visuelle Halluzinationen auslösen. Meskalin verursacht Verzerrungen von Zeit und Raum bis zu Out-of-body-Erfahrungen, intensiviert die Wahrnehmungen bis zur Synästhesie und zu eidetischen Bildern. Das

»Empathogen« Ecstasy scheint die Grenze zwischen Selbst und anderen aufzulösen. Phencyclidin (PCP) und Ketamin führen über Relaxation, Wärmeempfinden, Anästhesie zu Trance, Delir, eventuell Agitation und Koma. Zahlreiche andere Substanzen beeinflussen die gewohnten Wahrnehmungen und Handlungseinstellungen im Umgang mit anderen. Weitere Drogen und organische Ursachen sind in ◘ Tab. 14.2 aufgelistet.

14.7 Dissoziative Störungen (Konversionsstörungen)

Nach der ICD-10 (1991) findet sich bei den dissoziativen Störungen kein ausreichender Hinweis auf eine körperliche Erkrankung, welche die aufgetretenen Störungen erklären könnte. Es bestehe jedoch ein überzeugender zeitlicher Zusammenhang mit belastenden Ereignissen, Problemen und Bedürfnissen. Die folgenden Konversionsstörungen werden unterschieden (s. Übersicht).

Konversionsstörungen

- **Psychogene Amnesie** mit untypischem Muster gestörter Erinnerung; die Defizite folgen nicht den neuropsychologischen Gesetzmäßigkeiten, sondern betreffen vor allem biographisch relevante und problematische Details
- **Fugue** mit Flucht aus dem gewohnten Umfeld, wobei für die Reise meist eine Amnesie besteht und die Motive der Reise nicht klar angegeben werden können
- **Stupor** mit ausgeprägter Aspontaneität bei intakten neurologischen Reaktionen
- **Bewegungsstörungen** mit Verlust der aktiven Beweglichkeit bei Funktionen, die normalerweise der willkürlichen Kontrolle unterliegen, oder mit beeinträchtigter Koordination wie etwa Gang- und Standstörung
- **Sensibilitätsstörungen** mit untypischer, keinen neurologischen Regeln entsprechender Verteilung
- **Krampfanfälle** mit häufig dramatischer Ausgestaltung, untypischer Symptomatik und eigenartigem Verlauf
- **Ganser-Phänomen** mit charakteristischem scharfem Vorbeiantworten und -reagieren, wobei die Fragen und Aufforderungen offensichtlich verstanden wurden

- **Identitätsstörung** (»multiple Persönlichkeit«) mit im Allgemeinen psychoanalytisch induzierten multiplen Selbsts bei suggestiblen Persönlichkeiten, die häufig bereits früheren Traumatisierungen unterworfen worden waren
- **Besessenheitszustände** mit meist religiös induzierter Überzeugung, von anderen (Personen, Geistern, Teufel, Gott, …) beherrscht zu werden
- **Trance** mit Auflösung der personalen Identität und Fokussierung auf Umgebungsreize bei gleichzeitiger Einschränkung auf ein sehr kleines Verhaltensrepertoire; häufig im Vorfeld einer schizophrenen Psychose oder infolge eines Substanzmissbrauchs
- **Depersonalisationsstörung** (DSM IV 1994), ein persistierendes oder wiederholtes, subjektiv belastendes Gefühl der Ablösung vom eigenen Selbst, das wie von außen betrachtet wird; die Einzelteile erscheinen als nicht mehr »Ich-zugehörig«, und sogar das Selbst wird nicht mehr als authentisch erlebt; das Verhalten der Betroffenen kann dabei weitgehend unauffällig wirken

Bei Ganser-Syndrom, dissoziativer Identitätsstörung, Besessenheit, Trance und Depersonalisation liegt eine zentrale, bei den anderen dissoziativen Störungen eine zumindest marginale Störung der Selbst-Identität vor.

Bei Meditation – als absichtlich herbeigeführtem dissoziativem Zustand – kommt es, in Abhängigkeit von der Technik, zu einer intensivierten Wahrnehmung mit Aktivitätssteigerung in sensorischen Arealen und Hippokampus und auch zu einer Aktivitätsminderung im dorsolateralen Präfrontalkortex und anderen Arealen, die mit exekutiven Funktionen zu tun haben. Dabei kann die D2-Rezeptorbindung im ventralen Striatum ansteigen (Kjaer et al. 2002)

Fazit

Wahnhafte Missidentifikationen treten im Zusammenhang mit zahlreichen neuropsychiatrischen Störungen auf. Zugrunde liegt eine Diskrepanz zwischen »äußerlicher« Bekanntheit und »innerlicher« Vertrautheit. Diese kognitiv-emotionale Dissonanz kann nach erfolgloser Fehleranalyse und unter ungünstigen kognitiven oder sozialen Voraussetzungen zu einer wahnhaften Ausgestaltung führen. Neben psychischen und somatischen Erkrankungen erweisen sich Alter und soziale Isolation als wesentliche Risikofaktoren für diese Störungen.

Missidentifikationen illustrieren die Bedeutung eines zentralen Konstrukts der ToM, nämlich die personale Identifikation, die Zuerkennung einer (nahezu) konstanten Persönlichkeit. Darin gehen die bekannte Biographie einer Person ein sowie Annahmen über

Charaktereigenschaften, die im Alltag nicht offenbar werden, aber in wichtigen Situationen zum Tragen kommen können. Die Identifikation erlaubt subjektiv als einigermaßen zuverlässig empfundene Annahmen und Vorhersagen über Absichten und Verhalten eines Menschen.

Ergeben sich Zweifel an der Identität von Ort/Zeit/Situation, anderen Personen oder seiner selbst, reißt die feste Verankerung im sozialen Koordinatensystem.

Literatur

Aziz MA, Razik GN, Donn JE (2005) Dangerousness and management of delusional misidentification syndrome. Psychopathology 38: 97–102

Bodamer J (1947) Die Prosopagnosie (die Agnosie des Physiognomieerkennens). Arch Psychiatr Nervenkrankh 179: 6–54

Braam AW, Visser S, Cath DC, Hoogendijk WJ (2006) Investigation of the syndrome of apotemnophilia and course of a cognitive-behavioural therapy. Psychopathology 39: 32–37

Capgras J, Reboul-Lachaux J (1923) L'illusion des »sosies« dans un délire systématisé. Bull Soc Méd Ment 11: 6–16

Carroll L (1865) Alice in wonderland (ursprünglich: Alice's adventures under ground)

Cotard J (1880) Du délire hypochondriaque dans une forme grave de la mélancolie anxieuse. Annales médico-psychologiques, Paris 4: 168–174

Cotard J (1882) Du délire des négations. Archives de Neurologie, Paris 4: 152–282

Courbon P, Fail G (1927) Syndrome d'illusion de Fregoli et schizophrénie. Bull Soc Clin Méd Ment 15: 121–124

Courbon P, Tusques (1932) Illusions d'intermétamorphose et de charme. Ann Médico-Psychol 14: 401–406

Dietl T, Herr A, Brunner H, Friess E (2003) Capgras syndrome – out of sight, out of mind? Acta Psychiatr Scand 108: 460–462

DSM IV (1994) Diagnostic and Statistical Manual, 4th Revision. American Psychiatric Association, Washington, DC

Ellis HD, Young AW (1990) Accounting for delusional misidentifications. Br J Psychiatry 157: 239–248

Förstl H (2006) Kognitive Störungen: Koma, Delir, Demenz. In: Förstl H, Hautzinger M, Roth G (Hrsg) Neurobiologie psychischer Störungen. Springer, Berlin Heidelberg New York, S 221–296

Förstl H, Almeida OP, Owen A, Burns A, Howard R (1991a) Psychiatric, neurological and medical aspects of misidentification syndromes – a review of 260 cases. Psychol Med 21: 905–910

Förstl H, Almeida O, Iacoponi E (1991b) Capgras delusion in the elderly: the evidence for a possible organic origin. Int J Geriatr Psychiatry 6: 845–852

Förstl H, Besthorn C, Burns A, Geiger-Kabisch C, Levy R, Sattel A (1994) Delusional misidentification in Alzheimer's disease:

a summary of clinical and biological aspects. Psychopathology 27: 194–199

Gardiner JM (2001) Episodic memory and autonoetic consciousness: a first person approach. Phil Transact R Soc, London B 356: 1351–1361

Hesse H (1927) Der Steppenwolf. G. Fischer, Berlin

Hildenbrock A (1986) Das andere Ich. Künstlicher Mensch und Doppelgänger in der deutsch- und englischsprachigen Literatur. Stauffenberg Colloquium, Tübingen

Hudson AJ, Grace GM (2000) Misidentification syndromes related to face specific area in the fusiform gyrus. J Neurol Neurosurg Psychiatry 69: 645–648

ICD-10 (1991) Internationale Klassifikation psychischer Störungen, 10. Revision. Huber, Bern

Jaspers K (1913) Allgemeine Psychopathologie. Springer, Berlin

Joseph AB, O'Leary DH, Kurland R, Ellis HD (1999) Bilateral anterior cortical atrophy and subcortical atrophy in reduplicative paramnesia: a case-control study of computed tomography in 10 patients. Can J Psychiatry 44: 685–689

Kahlbaum KL (1866) Die Sinnesdelirien – C: die Illusion. Allg Z Psychiatr 23: 56–78

Kjaer TW, Bertelsen C, Piccini P, Brooks D, Alving J, Lou HC (2002) Increased dopamine tone during meditation-induced change of consciousness. Cogn Brain Res 13: 255–259

Mahew RJ (2005) Psychoactive drugs and the self. In: Feinberg TE, Keenan JP (eds) The lost self. Oxford University Press, Oxford, pp 220–238

Marantz AG, Verghese J (2002) Capgras syndrome in dementia with Lewy-bodies. J Geriatr Psychiatr Neurol 15: 239–241

Onitsuka T, Shenton ME, Kasai K et al (2003) Fusiform gyrus volume reduction and facial recognition in chronic schizophrenia. Arch Gen Psychiatry 60: 349–355

Pick A (1903a) Zur Pathologie des Bekanntheitsgefühls (Bekanntheitsqualität). Neurol Cbl 22: 2–7

Pick A (1903b) On reduplicative paramnesia. Brain 26: 260–267

Pisani A, Marra C, Silveri MC (2000) Anatomical and psychological mechanism of reduplicative paramnesia. Neurol Sci 21: 324–328

Rentrop M, Theml T, Förstl H (2002) Wahnhafte Misidentifikation – Klinik, Vorkommen und neuropsychologische Modelle. Fortschr Neurol Psychiatr 70: 313–320

Sakai K, Miyashita Y (1993) Memory and imagery in the temporal lobe. Curr Opin Neurobiol 3: 166–170

Swift J (1726/1735) Gulliver's Travels

Vuilleumier P, Mohr C, Valenza N, Wetzel C, Landis T (2003) Hyperfamiliarity for unknown faces after left lateral temporo-occipital venous infarction: a double dissociation with prosopagnosia. Brain 126: 889–907

14

Spiritualität und Religiosität – Sinnfragen als Thema der Medizinpsychologie

Arnulf Möller

15.1 Einleitung

Religiosität und Spiritualität werden als verwandte Begriffe eingeführt, die aufgrund unterschiedlicher definitorischer Gewichtung von Glaube und Verhaltenspraxis und entsprechend unterschiedlichen Operationalisierungsversuchen keine kohärente Forschungstradition begründen konnten. Religiosität oder Spiritualität als eine Individuen möglicherweise zukommende Eigenschaft ist dabei in einen gesellschaftlichen Wandel einbezogen. Diese gesellschaftliche Veränderung lässt einerseits eine Diversifizierung von Werten deutlich werden, die dem Bereich subjektiver Beliebigkeit zugeschrieben werden; andererseits ist ein Erstarken religiöser Bewegungen erkennbar, die auf verschiedenen Wegen die »postmoderne« westeuropäische Gesellschaft erreicht und das Thema quasi tagespolitisch aktualisiert.

Spiritualität wird in dieser Arbeit als weiter gefasster Begriff verstanden, der nicht an die Vorstellung einer Gottesexistenz gebunden ist. Der Begriff soll den Bezug auf eine Seinstranszendenz bezeichnen, die in ihren Annahmen nicht weiter reduzierbar ist (auf kein anderes Wertesystem zurückzuführen). Vor allem die Religiosität wie auch der Spiritualität eigene Fähigkeit der »Sinnstiftung« ergibt nahe liegende Bezüge zu Konzepten der Resilienz bzw. der Salutogenese. Einzelne medizinpsychologische Anwendungsbereiche werden exemplarisch besprochen. Religiosität, aber auch Spiritualität eröffnen damit die Orientierung des Individuums in einem über das Soziale erweiterten Raum, können also als Weiterungen der ToM aufgefasst werden.

15.2 Überlegungen zur Beziehung von Religiosität und Spiritualität

Will man als psychologischer Wissenschaftler in Deutschland empirisch-religionspsychologische Forschungsarbeiten durchführen oder initiieren, so sieht man sich heute angesichts der besonderen Entwicklung der deutschsprachigen Religionspsychologie leicht einigen Missverständnissen ausgesetzt: Wendet man sich an die psychologische Fachöffentlichkeit, muss man sich mit den Problemen einer fehlenden Forschungstradition und -infrastruktur auseinandersetzen. Darüber hinaus muss man auch befürchten, von den Fachkollegen voreilig als Vertreter einer Religionsapologetik missverstanden oder in die Nähe der methodischen Traditionen der theologischen Religionspsychologie oder der Psychoanalyse gerückt zu werden. In jedem dieser Fälle läuft man Gefahr, seine wissenschaftliche Reputation in Frage gestellt zu sehen. Wendet man sich hingegen an Theologen oder Religionswissenschaftler, so wird man, um nicht in den Verdacht einer unreflektierten Religionskritik oder eines psychologischen Reduktionismus zu geraten, sein Wissenschaftsverständnis gesondert begründen und erläutern müssen. (Moosbrugger 1998, S. 159)

Das Thema steht unter mehrfachem Legitimationszwang. Einmal kann angesichts der Diversifizierung von Weltanschauungen in der modernen Gesellschaft gefragt werden, ob Religiosität denn nicht ein Phänomen vergangener Epochen sei, obsolet für Anliegen moderner Forschung.

Diesem Argument muss zum einen durch den Hinweis begegnet werden, dass – mit signifikanten Ost-West-Differenzen in Deutschland – immer noch ein signifikanter Anteil der Bevölkerung formell Mitglied einer der großen Konfessionen ist. Hier eröffnen sich aber auch schon erste Probleme einer definitorischen Eingrenzung von Religiosität – die Mitgliedschaft in einer Konfession muss nicht zwangsläufig Indikator eines »Glaubens« sein; umgekehrt kann ein religiöser Glaube auch jenseits traditioneller kirchlicher Organisationsformen existieren. In der Gegenwart scheint es, dass als Folge der Migrationsbewegungen das Problem mit neuen Akzenten erscheint: Zweifellos muss der Umstand, dass etwa drei Millionen Muslime in Deutschland leben, bei der Betrachtung der Bedeutung von Religiosität eingeschlossen werden. Im Gewand des so genannten Fundamentalismus begegnet uns eine Religiosität, die zudem die in europäisch aufklärerischer Tradition entstandene Abgrenzung von

Staat und Glaube hinterfragt. Die Folgen dieser gesellschaftlichen Prozesse sind gegenwärtig noch nicht absehbar, sie betreffen **auch** die Bedeutung von Religion in westeuropäischen Gegenwartsgesellschaften. So kann auch heute noch mit Grom (1992, S. 11) festgestellt werden, dass

> … Humanwissenschaften, die das Verhalten und Erleben von Menschen erforschen wollen, sich denn auch mit seiner Religiosität befassen müssen.

Zum zweiten hat die zumindest im deutschsprachigen Raum relativ spärliche Forschungstradition nicht die Möglichkeit, auf eine stringente Definition ihrer zentralen Begrifflichkeiten zurückgreifen zu können. Jede Auseinandersetzung mit dem Thema muss deklarieren, um was es ihr geht – die verwendeten Begriffe müssen einer Operationalisierung zugänglich sein und somit empirische Forschung erst möglich werden lassen. Auch sollten die thematisierten Phänomene nicht in einem hypothesenungesteuerten, quasi beliebigen Zusammenhang mit irgendwelchen klinischen Erscheinungsbildern studiert werden, sondern in einen klinisch-psychologisch etablierten theoretischen Bezugsrahmen eingebettet und theoretisch fundiert werden. Erst vor diesem Hintergrund kann dann von einer wissenschaftstauglichen, »seriösen« Verwendung dieser Begriffe gesprochen werden. Gegenwärtig begegnen dem Leser noch erhebliche Unsicherheiten – so wird etwa der Rat gegeben, Autoren sollten sich zum besseren Verständnis ihrer religionspsychologisch-wissenschaftlichen Arbeit erst selbst in ihrer Beziehung zum Thema positionieren (Klein 2003). Umgekehrt würde etwa von keinem Sozialpsychologen oder Soziologen verlangt, sich in der wissenschaftlichen Abhandlung eines Gegenwartsproblems selbst zu »positionieren«.

Der Begriff **Religiosität** wird im Folgenden auf Individuen bezogen; Religiosität wird also nicht als Merkmal von Gruppen oder Organisationen verstanden, die so zu charakterisieren sind. In Anlehnung an Utsch (1998) wird unter Religiosität ein »persönlicher Glaubensvollzug« verstanden, der Begriff wird also von der danach keineswegs zwingenden Zugehörigkeit zu einer bestimmten Organisationsform (Kirche) oder einer bestimmten Verhaltenspraxis wie Kirchenbesuche usw. gelöst. Religiosität wird also als **Einstellung** verstanden, der die Annahme einer Gottesexistenz zugrunde liegt. Der Begriff der **Spiritualität** wird in dieser Darstellung deutlich weiter verstanden, nicht an das Vorhandensein einer religiösen Einstellung gebunden. Nach einer von Wenninger (2000) im Lexikon der Psychologie gegebenen Definition wäre Spiritualität eine

> … vom Glauben getragene geistige Orientierung und Lebensform, die im Gegensatz zu vorherrschenden materialistisch-mechanistischen Weltsicht steht.

An anderem Ort ist zu lesen:

> Durch seinen Fokus auf das Subjekt und die individuelle Ausgestaltung einer inneren, möglicherweise [Hervorhebung durch den Autor] auch religiösen Grundeinstellung beschreibt der Gegenstandsbereich der Spiritualität ein zutreffendes Forschungsgebiet. (Utsch 1998, S. 91)

Einfacher ausgedrückt: Spiritualität kann auch dann angenommen werden, wenn Religiosität nicht vorhanden ist. Wir verstehen Spiritualität als persönliche sinnstiftende Grundeinstellung, die immer durch das Merkmal der Transzendenz gekennzeichnet ist. So kann als Beispiel für spirituelle Konzepte jenseits einer Gottesidee die Vorstellung von Reinkarnation dienen. Spirituelles Denken bezieht die Sinneswirklichkeit unter Einschluss der eigenen Existenz auf eine **sinnstiftende Dimension, die wenigstens für das eigene Denken abschließend ist**, also nicht aufgehend in nochmals breiter gefassten Seinskonzepten (Möller u. Reimann 2003). Im amerikanischen Schrifttum wird dafür zuweilen der Begriff des »Heiligen« im Sinne einer »endgültigen Wahrheit« gebraucht; diesen Begriff halten wir wegen seiner Besetzung der Wortbedeutung durch die Religion für ungeeignet (König et al. 2001). Aus methodologischer Sicht lassen sich Religiosität und Spiritualität als psychologische Konstrukte mit mehreren Dimensionen verstehen, auf die über angemessen operationalisierte Indikatoren geschlossen wird (Miller u. Thoresen 2003).

15.3 Zur medizinpsychologischen Bedeutung der Sinnhaftigkeit – das Salutogenesekonzept

In der älteren Psychiatrie begegnet uns die Auffassung, psychische Erkrankungen seien quasi vorgefundene Entitäten, die es nur mit angemessenen Methoden nach Erscheinungsbild und Verlauf zu beschreiben gelte. So weist etwa Emil Kraepelin in seinem Lehrbuch der Psychiatrie darauf hin, dass es dem Fach um die Beschreibung »des Wesens der Geistesstörungen« (1903) gehe. Der naturwissenschaftliche Forscher findet also eine »natürlich« vorgegebene Krankheit vor; er kann deren »Wesen« erkennen und in eine Nosologie überführen, die dann eine prinzipiell Unveränderliche wäre, wie der statische Begriff des »Wesens« annehmen lässt.

Ein von der Medizin her kommender Ansatz – ganz gleich, ob an der Erfassung pragmatisch definierter Störungskategorien oder an Krankheitsentitäten orientiert – wird von dem klinischen Erscheinungsbild einer Krankheit ausgehen und über die Beschreibung hinausgehend versuchen, die zur Krankheit führenden Variablen zu benennen. Dabei wird es sich psychiatrisch-psychologisch sowohl um Merkmale der Person als auch um von außen kommende Belastungsmomente handeln, wie dies etwa im Stress-Vulnerabilitäts-Konzept angenommen wird. Risikofaktoren sind die statistisch-epidemiologisch bei Erkrankten gehäuft vorzufindenden Faktoren, denen ein bestimmter Stellenwert für die Ätiologie zuzuschreiben ist. Mit dem Begriff der Vulnerabilität wird als quasi endogener Faktor die unterschiedliche »Anfälligkeit« gegenüber solchen Belastungsmomenten erklärt.

Das salutogenetische Konzept sieht Krankheit und Gesundheit als Punkte eines **Kontinuums**, bei dem nur die Pole relativ eindeutig zu bezeichnen sind. Die jeweilige Positionierung auf dieser beide Pole verbindenden Linie ist eine hochgradig veränderliche; abhängig von inneren wie äußeren Faktoren sind rasche Positionswechsel möglich. Das Salutogenesemodell nach Antonovsky (1979) soll hier nicht in vollem Umfang vorgestellt, sondern nur im Hinblick auf die vorgegebene Thematik selektiv besprochen werden. Ausgehend von Studien an Personen nach Extrembelastungen (Kon-

zentrationslagerhaft) ging Antonovsky u. a. davon aus, dass dem *sense of coherence* (SOC) eine protektive Bedeutung zukommt; das Vorhandensein dieses Merkmals geht also mit einer erhöhten »Widerständigkeit« gegenüber krankmachenden Einflüssen einher (s. Übersicht: Merkmale einer Person im Zusammenhang mit gesundheitsförderndem Verhalten). Im Einzelnen beschreibt Antonovsky dieses Kohärenzgefühl als

> *... a global orientation that expresses the extent to which one has a pervasive, enduring though dynamic, feeling of confidence that one's internal and external environments are predictable and there is a high probability that things will work out as can reasonablly be expected.* (Antonovsky 1979, S. 10)

Als Komponenten dieser »Lebensorientierung« sieht Antonovsky

- die Verstehbarkeit (*comprehensibility*). Der Begriff soll zum Ausdruck bringen, dass der Mensch seine Umwelt kognitiv als geordnet, strukturiert und konsistent erlebt.
- die Handhabbarkeit (*manageability*). Dieser Aspekt beschreibt die Zuschreibung an Möglichkeiten, gegebenen Anforderungen Kraft eigener Ressourcen gerecht zu werden. Plastisch gibt Antonovsky selbst folgende Charakterisierung (deutsche Übersetzung durch Franke 1997, S. 35):

> Wer ein hohes Maß an Handhabbarkeit erlebt, wird sich nicht durch Ereignisse in die Opferrolle gedrängt oder vom Leben ungerecht behandelt fühlen. Bedauerliche Dinge geschehen nun einmal im Leben, aber wenn sie dann auftreten, wird man mit ihnen umgehen können und nicht endlos trauern.

- das Erleben von Sinnhaftigkeit (*meaningfulness*). Dieser Aspekt wird als motivationale dritte Komponente gesehen, der eine besondere Bedeutung zugeschrieben wird. Das Leben wird als bedeutsam erlebt, sie werden als Wert gesehen und wirken auf eigenes Denken und Handeln zurück. Diese Sinngebung – um einen weiteren Brückenschlag zu klinisch-psychologisch eingeführten Begriffen einzubringen – wäre dem Begriff der Hoffnungslosigkeit gegenüberzustellen.

> **Merkmale einer Person im Zusammenhang mit gesundheitsförderndem Verhalten**
>
> 1. Generalisierte Handlungserwartung im Sinne der allgemeinen Überzeugung, aus eigener Kraft Einfluss nehmen zu können, also im Gegensatz zu einer resignativ-fatalistischen Lebensperspektive
> 2. Generalisierte Ergebniserwartung, Annahme einer positiven Entwicklung als allgemeine Erwartungshaltung: »Es wird gut«
> 3. Konstruktives Coping, Veränderungen werden angenommen und lösungsbezogene Ressourcen aktiviert
> 4. Überzeugung der Sinnhaftigkeit (Bedeutsamkeit) des Lebens

Die Bedeutung dieses salutogenetischen Konzeptes für den eingeführten Spiritualitätsbegriff ist offenkundig: Der »spirituelle Mensch« hat selbstverständlich Sinnbezüge, er wird im Rahmen dieser spirituellen Sicht im Allgemeinen die Welt auch eher als geordnet erleben, wenngleich nicht notwendig als Resultat seiner Weltsicht auch besser handhabbar. Dieses gesundheitspsychologisch eingeführte und breit rezipierte Salutogenesemodell (Übersicht: Schüffel et al. 1997) ist in jedem Fall geeignet, als theoretischer Bezugspunkt für die Einführung des Spiritualitätsbegriffs zu dienen. Der Nachweis solcher Zusammenhänge ist empirisch zu führen.

15.4 Anwendungsbereiche

Die Auswertung von Studien, die den Zusammenhang zwischen Religiosität und/oder Spiritualität und bestimmten gesundheits- und krankheitspsychologischen Variablen untersuchen, ist kritisch zu lesen. Von naiven Trugschlüssen, die aufgrund korrelativer Zusammenhänge bestimmte Kausalmodelle von Religiosität in ihrer Auswirkung auf die Mortalität konstruieren, ist Abstand zu nehmen; sie sind wissenschaftlich unbrauchbar. So kann postuliert werden, dass der »religiöse Mensch« einen anderen, gesundheitspsychologisch vorteilhafteren »Lebensstil« auch jenseits seiner Glaubenshaltung praktiziert – beispielsweise bestimmen Noxen wie Alkohol in geringerem Umfang zuspricht. Auch ist in Betracht zu ziehen, dass dieser »religiöse Mensch« ein anderes soziales Kontaktverhalten pflegen mag, sich häufig in Gruppen anderer (religiöser) Menschen befindet und an gemeinsamen Aktivitäten teilhat, was mit der Glaubenshaltung in einem nur mehr mittelbaren Zusammenhang steht und trotzdem geeignet ist, auf Aspekte der psychischen und physischen Gesundheit Einfluss zu nehmen. Empirische Studien über solche Zusammenhänge müssen also eine Vielzahl anderer Variablen einbeziehen.

Es ist bemerkenswert, dass religiöse Einstellungen und Lebenszufriedenheit (*existential well-being*) offenbar nicht in einem engen Zusammenhang stehen (Möller u. Reimann 2004). *Existential well-being* wurde hier im Sinne einer optimistischen Sichtweise des Lebens mit Attributionen von »Sinn« und »Bedeutung« verstanden. Auch ergeben sich Hinweise auf die Häufigkeit einer im engeren Sinne religiösen Einstellung in einem v. a. nach dem Aspekt der Bildung selegierten (studentischen) Untersuchungskollektiv. Eine religiöse, auf eine Gottesexistenz bezogene Einstellung wurde von etwa 22% der Befragten angegeben; dies ist also zwar keine vorherrschende Meinung, anderseits im Sinne der oben geführten Diskussion aber auch nicht Ausdruck insignifikanter und vernachlässigenswerter Minderheiteneinstellung.

Powell et al. (2003) bewerteten die Ergebnisse von Studien zu verschiedenen Parametern wie

- Mortalität,
- Morbidität,
- Beeinträchtigung,
- Genesung

unter Anlegung strenger methodischer Kriterien

- Güte der verwendeten Messinstrumente,
- Kontrolle bekannter protektiver Faktoren wie z. B. soziale Unterstützung, gesunde Lebensführung, keine Depression,

- Kontrolle konfundierender Variablen wie z. B. Alter, Geschlecht, Ethnizität, Bildung, Behinderung, Gesundheitszustand zu Beginn der Studie,
- Kontrolle der Auswirkungen multipler statistischer Tests

nach dem Grad der Überzeugungskraft (*level-of-evidence approach*).

Die Autoren kamen zu dem Schluss, dass auch nach Berücksichtigung anderer bekannter Risikofaktoren Religiosität einen unabhängigen **protektiven Faktor** bei der Vorhersage der allgemeinen Mortalität darstellt. In mehreren methodisch hochwertigen Längsschnittstudien konnte bei repräsentativ ausgewählten gesunden Personen, die regelmäßig Gottesdienste oder andere religiöse Veranstaltungen besuchten, ein geringeres relatives Mortalitätsrisiko gefunden werden als bei nichtreligiösen Personen, wobei die Beziehung bei Frauen stärker ausgeprägt war als bei Männern. Nach Kontrolle von soziodemographischen und gesundheitsbezogenen Einflussgrößen betrug das relative Risiko im Mittel 70% und nach Berücksichtigung von Risikofaktoren durchschnittlich 75% (McCullough et al. 2000; Thoresen u. Harris 2002). McCullough et al. (2000) berechneten in einer Metaanalyse mit 29 Studien eine mittlere Effektstärke von 0,10 für den Zusammenhang zwischen Religiosität und Mortalität. Dieser Wert liegt damit in der gleichen Größenordnung wie die Effektstärken für den Zusammenhang zwischen Depression, sozialer Unterstützung oder exzessivem Alkoholkonsum und Mortalität.

Im Gegensatz zu den Befunden zur allgemeinen Mortalität erwies sich Religiosität aber bislang nicht als unabhängiger protektiver Faktor für einen günstigeren Verlauf oder die Mortalität von speziellen Krankheiten, wie z. B. Krebserkrankungen, sowie für das Auftreten von Behinderungen im Alltag älterer Menschen. Ebenso wenig konnte bisher überzeugend gezeigt werden, dass Religiosität zu einer schnelleren Erholung von akuten Krankheiten beiträgt. Zwar wurde wiederholt eine Beziehung zwischen Religiosität und kardiovaskulären Erkrankungen gefunden, jedoch wurde sie in starkem Ausmaß durch die Variable »gesunder Lebensstil« mediiert, sodass Religiosität für diese Krankheiten nicht als unabhängiger protektiver Faktor angesehen werden kann (Powell et al. 2003).

Patienten, mit der Diagnose Krebs stellen sich die Sinnfrage mit zwei unterschiedlichen Vorzeichen:

- Zum einen wird die Frage nach dem »Warum« thematisiert, die als Kausalattribution eher retrospektiv gerichtet ist. Wichtig daran anzumerken ist, dass es sich als wenig günstig für den Behandlungserfolg erwiesen hat, in dieser Frage »stecken« zu bleiben. Anders sieht es bei Patienten aus, die die Ursachen für die Erkrankung vor allem im persönlichen Bereich sehen, da über solche Bereiche eher Kontrolle ausgeübt werden kann, diese also auch als veränderbar angesehen werden. Diesen Patienten scheint es eher zu gelingen, aus der Frage nach dem »Warum« in einen aktiven Bewältigungsprozess zu gelangen.
- Der zweite Aspekt der Sinnfrage ist der des »Wozu«. Zweifellos ergibt sich nach Erfahrungen aus der Palliativmedizin eine ähnliche Situation bei Patienten mit anderen zum Tode führenden Erkrankungen (Chibnall et al. 2002). Einige Psychotherapieverfahren haben diese »Sinnfrage« therapeutisch konzeptualisiert.

Fazit

In einer nach Max Weber (1913) »postmythologisch entzauberten Welt« stehen dem Einzelnen sinnstiftende Glaubenssysteme kaum mehr zur Verfügung bzw. müssen sie mit einer teilweise kurzen Lebensdauer – siehe New-Age-Bewegung – neu geschaffen werden. Auch ihre säkularen Substitute haben sich über die Zeit als wenig tragfähig erwiesen, wenn man etwa Ideologien wie den Marxismus in diesem Zusammenhang der Sinnstiftung in einer sonst ungeordnet erscheinenden Welt sehen will. In rhetorischer Zuspitzung kann gesagt werden: Die Weltsicht (*belief system*) ist zu einer persönlichen Beliebigkeit verkommen und in diesem Status entwertet. Religiöse und spirituelle Konzepte mögen geeignet sein, einen Zustand subjektiver Kontingenz – Lebensereignisse können in einem bestimmten Begründungs- und Erklärungszusammenhang gesehen werden – zu schaffen; das Erleben von »Sinnhaftigkeit« findet sich als zentrales Element des Salutogenesemodells wieder und schafft einen theoretischen Bezugsrahmen empirischer Forschung, die derzeit noch in ihren Anfängen steckt. Insbesondere muss gesehen werden, dass die Ausdrucksformen religiösen und spirituellen Denkens einem Wandel unterliegen und ein Fragen nach Gebet und Kirchenbesuch methodisch sicher zu kurz greift, um diese komplexen Konstrukte angemessen abzubilden.

Eine differenzierte wissenschaftliche Auseinandersetzung mit dem Thema wird nicht nur der Frage nachzugehen haben, welche Bedeutung einer religiösen oder spirituellen Orientierung in einem medizinpsychologischen Kontext zuzuschreiben ist; es wird auch die bisher kaum thematisierte Frage zu untersuchen sein, welche Merkmale von Persönlichkeit, Gesundheit und Sozialverhalten einer pointiert **antitheistischen** Orientierung zukommen. Insgesamt handelt es sich um ein Thema, das es in seiner Bedeutung erst zu erkennen gilt – es ist erstaunlich, dass die mit verschiedensten Facetten von State- und Trait-Merkmalen beschäftigte Psychologie die wissenschaftliche Auseinandersetzung mit diesen Phänomenen bisher weitgehend ignoriert hat. In jedem Fall zwingt der migrationsbedingte Zuwachs anderer Einflüsse – zum Zwecke dieses Beitrages auf religiöse reduziert – dazu, diese von manchen als obsolet erachtete Frage neu zu stellen. Eine auf das Individuum reduzierte Perspektive wird dem Problem nicht gerecht; aus der Religion abgeleitete Annahmen des Wissens um ein »wahres Sein« jenseits des hedonistisch-libertinistischen Prinzips erweisen sich als Rechtfertigung für eine andere Sittlichkeit, die sich zum Zwecke ihrer Geltung auch der Gewalt bedient. Damit ist der Bereich medizinischer Psychologie überschritten und der einer politischen Psychologie betreten.

Klein C (2003) Rahmenbedingungen einer empirisch-psychologischen Erfassung subjektiver Religiosität. Diplomarbeit an der Fakultät für Biowissenschaften, Pharmazie und Psychologie der Universität Leipzig

Koenig HG, McCullough ME, Larson DB (2001) Definitions. In: Koenig HG, McCullough ME, Larson DB (eds) Handbook of religion and health. Oxford University Press, Oxford, pp 17-23

Kraepelin E (1903) Psychiatrie. Ein Lehrbuch für Studierende und Ärzte. Bd I: Allgemeine Psychiatrie, 7. Aufl. Barth, Leipzig

McCullough ME, Hoyt WT, Larson DB, Koenig HG, Thoresen C (2000) Religious involvement and mortality: a meta-analytic review. Health Psychol 19: 211-222

Miller WR, Thoresen CE (2003) Spirituality, religion and health: an emerging research field. Am Psychologist 58: 24–35

Moosbrugger H (1998) Religionspsychologischer Standort Deutschland. Eine Betrachtung aus dem Blickwinkel der wissenschaftlichen Psychologie. In: Henning C, Nester E (Hrsg) Religion und Religiosität zwischen Theologie und Psychologie. Peter Lang, Frankfurt/Main

Möller A, Reimann S (2003) Spiritualität und Befindlichkeit. Fortschr Neurol Psychiatrie 71: 609-616

Möller A, Reimann S (2004) Religiöse Einstellung und Zukunftssicht in einer studentischen Untersuchungsgruppe. Psychother Psychosom Med Psychol 54: 383-386

Powell LH, Shahabi L, Thoresen CE (2003) Religion and spirituality: linkages to physical health. Am Psychologist 58: 36-52

Schüffel W et al (Hrsg) (1997) Handbuch zur Salutogenese. Ullstein, Wiesbaden

Thoresen CE, Harris AH (2002) Spirituality and health: what's the evidence and what's needed? Annu Behav Med 24: 3-13

Utsch M (1998) Religionspsychologie: Voraussetzungen, Grundlagen, Forschungsüberblick. Kohlhammer, Stuttgart

Weber M (1913) Über einige Kategorien der verstehenden Soziologie. Logos 4(3): 253-294

Wenninger G (Hrsg) (2000) Lexikon der Psychologie. Spektrum, Heidelberg

Literatur

Antonovsky A (1979) Health, stress and coping: New perspectives on mental and physical well-being. Jossey-Bass, San Francisco

Chibnall JT, Videem SD, Duckro PN, Miller DK (2002) Psychosocial-spiritual correlates pof death distress in patients with life-threatening medical conditions. Palltiat Med 16: 331-338

Franke A (1997) A. Antonovsky - Salutogenese: Zur Entmystifizierung der Gesundheit. Deutsche erweiterte Herausgabe. Deutsche Gesellschaft für Verhaltenstherapie, Tübingen

Grom B (1992) Religionspsychologie. Vandenhoeck & Ruprecht, Göttingen

Über objektive und subjektive Willensfreiheit

Gerhard Roth

16.1 Willensfreiheit und ToM

Bei der Mehrzahl meiner Handlungen fühle ich mich frei. Dies drückt sich in dem Gefühl aus, dass die Entscheidung darüber, was ich tue und lasse, nur **von mir** abhängt und von niemandem sonst; ich bestimme **mein Tun selbst**, ich tue, was **ich will** – natürlich immer im Rahmen bestimmter Möglichkeiten. Im Grunde setzt dieses Gefühl lediglich die Abwesenheit von äußerem oder innerem Zwang voraus. Diese prinzipielle Willensfreiheit im Sinne von Selbstbestimmung bei Abwesenheit von äußerem und innerem Zwang unterstelle ich auch meinen Mitmenschen, und diese Unterstellung – wie gerechtfertigt oder ungerechtfertigt sie auch sein mag – ist eine wichtige Grundlage unseres gesellschaftlichen Zusammenlebens einschließlich unserer Rechtsordnung, speziell des Strafrechts und des Vertragsrechts. Wir gehen intuitiv davon aus, dass unsere Mitmenschen ähnlich denken, fühlen und entscheiden wie wir, und dass sie – genauso wie wir – für ihr Tun verantwortlich sind.

Diese Intuition hat ihre Wurzeln in der allgemeinen Fähigkeit, uns in die Gedanken- und Gefühlswelt der Mitmenschen hineinzufinden (ToM). Diese Fähigkeit ist uns teils angeboren, teils müssen wir sie frühkindlich trainieren, insbesondere in der Interaktion mit der primären Bezugsperson (meist der Mutter). »Verpassen« wir dieses frühkindliche Training, dann besteht die Gefahr, zum Autisten oder zum Soziopathen zu werden.

16.2 Das Für und Wider der Willensfreiheit

Über die Frage, ob der Mensch bei seinen Handlungen frei sei, wird gestritten, seit es Philosophie gibt. Die Mehrzahl der Philosophen vertrat und vertritt wohl auch heute noch die Meinung, der Mensch sei willensfrei, aber die verschiedenen Autoren meinen mit dem Begriff der Willensfreiheit zum Teil sehr verschiedene Dinge. Die für die neuere Geistesgeschichte und auch für die moderne Schuld- und Strafrechtstheorie bedeutendste Definition der Willensfreiheit geht im Wesentlichen auf Immanuel Kant zurück und umfasst drei Prinzipien (s. Übersicht: Prinzipien der Willensfreiheit nach Kant; Walter 1998).

> **Prinzipien der Willensfreiheit nach Kant**
> - Willensfreiheit beinhaltet die Fähigkeit des Menschen, eine Kausalkette durch sich selbst zu beginnen; unser Handeln (insbesondere das sittlich-moralische) unterliegt damit nicht den Kausalgesetzen und der durchgängigen Determiniertheit allen Naturgeschehens – dies nennt man in der Moderne mentale Verursachung des Handelns.
> - Wir könnten unter identischen sonstigen Bedingungen auch anders handeln, wenn wir nur wollten – dies nennt man Alternativismus.
> - Wir sind für unser willensfreies Tun verantwortlich und können deshalb dafür zur Rechenschaft gezogen werden.

Diese Auffassung, im Folgenden der »starke« oder **alternativistische** Begriff von Willensfreiheit genannt, ist von zahlreichen Philosophen und der Philosophie nahe stehenden Fachwissenschaftlern (Psychologen, Hirnforschern, Juristen usw.) kritisiert worden. Die Haupteinwände lauten:

1. Es gibt keinerlei plausible Argumente dafür, dass ein »freier« Wille etwas bewirken könnte, ohne selbst bedingt zu sein und sich damit außerhalb des sonstigen allgemeinen Wirkungszusammenhangs zu stellen. Dies gilt sowohl für eine psychologische Sichtweise, nach der alles menschliche Handeln von Motiven bzw. von einem Konflikt der Motive bestimmt wird, als auch für eine naturwissenschaftlich-neurobiologische Sichtweise, nach der alle Vorgänge in unserem Gehirn – und zwar auch diejenigen, die unser Handeln bestimmen – offensichtlich deterministisch ablaufen. Der Hinweis auf quantenphysikalisch-indeterministische Prozesse ist hierbei nicht hilfreich, denn
   - zum einen ist es ganz unklar, ob und inwieweit solche Prozesse bei den neuronalen

Prozessen, die der Willensbildung zugrunde liegen, überhaupt beteiligt sind, und

– zum anderen würde man dadurch die Willensfreiheit auf molekularer oder gar submolekularer Ebene ansiedeln und nicht auf der Ebene des bewussten Ich, was dem klassischen Begriff der Willensfreiheit eklatant widerspräche.

2. Der alternativistische Begriff der Willensfreiheit ist in sich logisch-begrifflich widersprüchlich. Anders handeln können unter ansonsten identischen psychologisch-physiologischen Bedingungen bedeutete ein motivloses Handeln, denn es könnten der wollenden und handelnden Person keinerlei Beweggründe für ihre »alternative« Entscheidung unterstellt werden, die nicht wieder kausal wirkende Motive wären. Es wäre daher keine Zuschreibung der Handlung möglich, und diese würde genau der Grundannahme des »starken« Willensfreiheitsbegriffs widersprechen, dass das wollende Ich Verursacher seiner Handlungen ist. Man kann dies das Autorschaftsdilemma nennen (Pauen 2004).

3. Menschen können auf eine Vielzahl von Weisen (Hypnose, Suggestion, unterschwellige Wahrnehmungsreize, Bewegungsillusionen oder direkte Hirnstimulation) dazu gebracht werden, Handlungen »auf Kommando« auszuführen, von denen sie nachher behaupten, sie hätten sie gewollt, und umgekehrt können Menschen Willenshandlungen ausführen, die sie als »aufgezwungen« erleben (Wegner 2002).

4. Schuld- und Verantwortungsgefühl sind Ergebnisse privater oder sozialer Konditionierung: Wir können uns für Dinge verantwortlich bzw. schuldig fühlen (bzw. dazu gebracht werden), die wir objektiv nie getan haben, und umgekehrt verwerfliche Dinge aus der Perspektive einer privaten oder öffentlichen Moral tun, ohne eine Spur von Verantwortung und Reue zu spüren.

Diese und viele andere Gründe führen zu der Ansicht, dass es einen freien Willen im alternativistischen Sinne nicht gibt. Jede Entscheidung wird aufgrund des Abwägens oder unbewussten »Kampfes« zwischen Motiven getroffen, und dies gilt aus rein psychologischer wie aus neurobiologischer Sicht. Deshalb trachtet man auf philosophischer Seite seit langem danach, Willensfreiheit in einem »schwachen« Sinn zu definieren, und zwar meist dahingehend, dass eine Person dann »willensfrei« ist, wenn sie in einer Weise handelt, die ihren persönlichen Präferenzen entspricht – mit anderen Worten: wenn sie dem, was sie tut, aus vollem Herzen zustimmen kann. Dabei mag es um eine emotionale, in unserer Persönlichkeit wurzelnde Zustimmung gehen oder um das Resultat eines rationalen Abwägens (Bieri 2001; Pauen 2004).

Ein solcher schwacher Begriff von Willensfreiheit wird von seinen Vertretern als vereinbar mit der Annahme eines durchgängigen Determinismus allen Geschehens, also auch des menschlichen Denkens, Wollens und Handelns, angesehen. Deshalb wird dieser Standpunkt **kompatibilistisch** genannt, weil er kompatibel ist mit der Annahme eines universalen Determinismus zumindest der makroskopischen Welt, während der zuerst genannte Standpunkt auch **inkompatibilistisch** genannt wird.

Einer solchen kompatibilistischen Definition kann im Prinzip zugestimmt werden, denn sie entspricht der Alltagserfahrung von willensfreiem Handeln (s. unten). Sie ist aber – und das ist das Problem – nicht ohne weiteres verträglich mit dem Schuldbegriff des deutschen (und kontinentaleuropäischen) Strafrechts, das nach herrschender Lehre neben der so genannten General- und Spezialprävention (d. h. Abschreckung und Besserung) auf dem Prinzip des Alternativismus beruht: Dem Straftäter wird vorgeworfen, er wusste, dass er Unrecht begeht, und man unterstellt, dass er in der Lage war, aufgrund dieses Wissens anders zu handeln, als er es tatsächlich getan hat. Man unterstellt dies auch trotz aller genetischen Bedingtheiten, frühkindlichen Erfahrungen und sonstigen Motivationslagen (Wessels u. Beulke 2002). Dies aber ist fragwürdig, denn es würde die logische Annahme verletzten, dass er, um ein starkes Motiv **für** die Ausführung der Straftat zu entkräften, ein noch stärkeres Motiv **gegen** sie benötigt (z. B. das Gewahrwerden der möglichen Konsequenzen der Straftat).

Allerdings ist die Situation in Wirklichkeit noch heikler, denn es wird dem Straftäter lediglich unterstellt, dass er dies **im Prinzip** hätte tun können, sofern er dem Augenschein oder der Meinung von Gutachtern nach zurechnungs- und schuldfähig ist. Ob er zum Zeitpunkt der Tat **wirklich** anders hätte handeln können, kann im Nachhinein niemand nachweisen (und eigentlich auch während der Tat nicht) (Schreiber u. Rosenau 2005). Dies stellt ein seit langem in der Strafrechtstheorie ungelöstes Problem dar. Deshalb tendieren inzwischen viele Theoretiker dahin, im Schuldbegriff des Strafrechts – wie seinerseits Kant im Begriff der Willensfreiheit insgesamt – eine rein regulatorische Idee zu sehen.

Ob man jedoch jemanden aufgrund einer rein regulatorischen Idee zu lebenslänglicher Haft verurteilen kann, ist eine schwierige ethische Frage. Es ist davon auszugehen, dass in der Strafrechtstheorie in den kommenden Jahren viel in Bewegung geraten wird, insbesondere angesichts der dramatisch sich anhäufenden Erkenntnisse über die Faktoren, die Personen zu Straftätern machen, und zwar vornehmlich im Zusammenhang mit schweren Gewalt- und Sexualdelikten.

16.3 Warum wir uns frei fühlen, obwohl wir es im strengen Sinne gar nicht sind

In unserem Selbstempfinden und im Alltag spielen die genannten theoretischen Probleme meist keine oder keine große Rolle. Wir verspüren nämlich bei den meisten Dingen, die wir tun, die **Gewissheit**, dass wir sie frei tun. Die Frage ist nun, worin das Gefühl, willens- bzw. handlungsfrei zu sein, eigentlich besteht, und worauf dieses Gefühl beruht.

16.3.1 Individueller Wille als Handlungsursache

Der erste und wohl wichtigste Grund dafür, dass wir uns frei fühlen, ist die Tatsache, dass wir nicht äußerem oder innerem Zwang unterliegen und uns entsprechend selbst als alleinigen Verursacher unserer Handlungen **erleben**, und zwar in Form unseres individuellen Willens. Folgen wir beim Handeln diesem Willen und tun damit sprichwörtlich das, **was wir wollen**, so fühlen wir uns frei. Zu

tun (bzw. tun zu können), was man will – so hat bereits David Hume in seinem Werk »An Inquiry Concerning Human Understanding« festgestellt (Hume 1748/1973) –, ist die unmittelbare Grundlage des Willens- und Handlungsfreiheitsgefühls. Was wir aber dabei nicht erleben und auch nicht erleben können, sind die vielen Faktoren, die unseren Willen bedingen (Roth 2003). Diese kommen als unbewusste Antriebe und Motive aus den verschiedenen »Schichten« unseres limbischen Systems und sind teils genetisch bedingt oder wurden in der Zeit vor, während und in den ersten drei Jahren nach der Geburt erworben, d. h. zu einer Zeit, in der unser erinnerungsfähiges Gedächtnis noch nicht voll ausgebildet war. Weiterhin bestimmen unser Wollen und Entscheiden solche Inhalte (Erlebnisse, Erfahrungen, Assoziationen) unseres Gedächtnisses, die einmal bewusst waren und jetzt ins Un- bzw. Vorbewusste abgesunken sind. Und schließlich sind es so genannte subliminale Wahrnehmungen, die die Schwelle zum Bewusstsein nicht überschreiten und uns dennoch beeinflussen. Hierzu gehören vornehmlich unbewusste oder zumindest nicht aufmerksam erfahrene Wahrnehmungen emotionaler Signale wie Gestik, Mimik, Körperhaltung, Tönung der Stimme und Geruchssignale (Pheromone), die alle sehr schnell und effektiv vom limbischen System verarbeitet werden und uns in unseren sozialen Verhaltensweisen leiten, ohne dass wir davon etwas mitbekommen. Wir hängen in dieser Weise an den Fäden des Unbewussten, aber diese Fäden sind unsichtbar, und deshalb erleben wir ihre Macht nicht unmittelbar. Wir erleben nur, dass unsere Wünsche, Pläne und Absichten »von uns« kommen, und dies so zu formulieren ist ja nur dann falsch, wenn wir unser Ich – was wir allerdings in der Regel tun – unzulässig auf das bewusste Ich beschränken.

16.3.2 Der scheinbar direkte Weg vom Wollen zum Tun

Ein zweiter wichtiger Faktor, der dazu führt, dass wir uns frei fühlen, ist das Gefühl, unser Wollen würde unser Handeln **direkt** bedingen. Wir erleben seit unserer Kindheit, dass wir etwas **tun wollen** und es dann auch in all er Regel **tun**: Dem Wollen folgt ein Tun. Aus diesem zeitlichen Nacheinander – auch hierauf hat bereits David Hume hingewiesen – folgern wir fälschlicherweise, das Wollen sei die **Ursache** für das Tun. Wir übersehen dabei aber gleich mehrere Dinge:

- Zwischen dem Wollen und dem Tun finden sehr komplizierte Prozesse der Umsetzung von Willensvorstellungen in neuromuskuläre Aktionen statt, die wir überhaupt nicht bewusst erleben und erst recht nicht bewusst steuern können.
- Einem Wollen folgt nicht automatisch eine bestimmte Bewegung – manchmal unterlassen wir eine intendierte Bewegung, ohne dass uns dies auffällt.
- Wir tun viele Dinge, ohne dass wir sie explizit wollen müssen. Dies gilt für alle mehr oder weniger automatisierten Abläufe, die unseren Alltag bestimmen, wie Gehen, ein Auto durch den Verkehr fahren, die Lippen und die Hände beim Sprechen bewegen, mit den Augen die Umgebung absuchen usw.
- Unser Unbewusstes schreibt unser Wollen oft danach um, was wir tatsächlich getan haben. Käufer haben vor, eine bestimmte Sache zu kaufen, werden dann von irgendwelchen unbewussten Reizen dazu gebracht, eine andere Sache zu kaufen, und behaupten anschließend, sie hätten genau das gekauft, was sie ursprünglich geplant hatten (Wegner 2002). Dies ist der Zwang zur Konsistenz von Absicht und Handlung.

16.3.3 Die subjektive Unbestimmtheit künftiger Handlungen

Ein dritter Faktor, der das Gefühl der Willens- und Handlungsfreiheit bestimmt, ist die Tatsache, dass uns im gegenwärtigen Augenblick noch nicht festgelegt erscheint, was wir **in Zukunft** tun werden. Ich sitze jetzt an meinem Schreibtisch, und niemand kann mit Sicherheit sagen – auch ich nicht –, was ich heute Abend tun werde bzw. was mit mir geschehen wird. Dies wiederum hat mehrere Ursachen: Als Hirnforscher nehme ich zwar bis zum Beweis des Gegenteils an, dass alles in meinem Gehirn deterministisch abläuft, aber dieses Gesche-

hen ist auch für den genialsten Mathematiker mit den schnellsten Computern nicht genau berechenbar, weil er zum einen die Anfangs- und Randbedingungen nicht präzise kennen kann (sobald er anfängt zu messen, verändern sie sich) und weil zum anderen die Interaktionen zwischen den vielen Hirnzentren und zwischen Gehirn und Umwelt jedes berechenbare Maß übersteigen. Zudem würde der Versuch, dies zu berechnen, nichts helfen, denn unser Gehirn interagiert über unseren Körper und seine Sinnesorgane mit der Umwelt, und in dieser Umwelt kann sehr viel passieren, was jetzt noch gar nicht in Rechnung gestellt werden kann. Ich müsste daher die gesamte Welt berechnen, um dies zu wissen, und dies ist aus fundamentalen, z. T. aus logischen Gründen unmöglich (d. h. ich würde immer hinter der Welt her rechnen).

Aus alledem folgern wir mehr oder weniger intuitiv, dass uns die Zukunft offen steht. Dabei fühle ich mich, allerdings in gewissen Grenzen, umso freier, je mehr **denkbare Verhaltensoptionen** ich habe. Bin ich sehr hungrig und habe nur eine Speise zur Auswahl, die ich vielleicht nicht einmal besonders mag, dann esse ich sie wider-willig, d. h. gegen meinen »Willen«. Wirklich frei fühle ich mich dagegen, wenn ich eine gewisse Auswahl habe. Wenn allerdings die Auswahl zu groß ist, dann kann dies zur Qual der Wahl werden, und ich fühle mich paradoxerweise nicht mehr ganz frei.

❶ Sich frei fühlen heißt, aus subjektiver Sicht realisierbare Verhaltensoptionen zu haben, die aber auch nicht zu zahlreich sein dürfen. Dabei ist es irrelevant, ob diese Optionen tatsächlich bestehen und ob ich sie alle wirklich will. Es genügt, sich realistisch vorstellen zu können, man könnte auch anders handeln. Dieses Bewusstsein realistischer Verhaltensoptionen wird deutlich erlebt und unterscheidet sich von einem physiologischen oder neurotischen Zwang. Wenn ich todmüde bin, weiß ich, dass ich nichts anderes tun kann, als mich bald schlafen legen, und wenn ich unter einem Waschzwang leide, dann weiß ich, dass ich mir in wenigen Minuten wieder die Hände waschen muss – egal, was ich dagegen zu tun versuche.

16.3.4 Neuronale Mechanismen der Selbstzuschreibungen von Handlungen

Dieser vierte Faktor ist insofern wichtig, als wir uns Handlungen und Bewegungen auch dann zuschreiben, wenn wir sie gar nicht bewusst intendiert haben. Ich greife ungeschickt nach einem wertvollen Gegenstand, den mir der Gastgeber zum Anschauen gibt, und der Gegenstand gleitet mir aus der Hand und geht zu Bruch. Betroffen sage ich: Das wollte ich nicht, das tut mir leid! Wenn ich aber gefragt werde, wer das Unheil angerichtet hat, dann sage ich selbstverständlich »ich!«, und ich werde für den Schaden aufkommen (bzw. meine Versicherung). Ich hätte eben konzentrierter oder geschickter sein müssen! Anders sieht es aus, wenn im Hause des Gastgebers gerade ein lauter Knall ertönt, während ich nach dem Gegenstand greife. Ich zucke zusammen, und der Gegenstand fällt hin. Dann brauche ich mich nicht zu entschuldigen, und mein Gastgeber wird nicht berechtigterweise Schadenersatz von mir verlangen können, denn es entspricht der Lebenserfahrung, dass solche Schreckreaktionen unwillkürlich und daher nicht vermeidbar sind.

Es gibt also Bewegungen und Handlungen, bei denen wir mehr oder weniger **automatisch** das Gefühl haben, dass wir die Urheber sind, und andere, bei denen wir dieses Gefühl **nicht** haben. Zu letzteren Bewegungen gehören alle **Reflexe** wie Niesen, Husten, Schlucken, Schreck-, Abwehr- und Ausgleichsbewegungen, und wir sagen: »Entschuldigung, aber dafür konnte ich nichts – es passierte mir einfach!« Sie werden von Hirnzentren, meist im Hirnstamm oder sogar im Rückenmark, ausgelöst, die nicht unserer aktuellen willentlichen Kontrolle unterliegen und die wir nicht oder nur sehr schwer ändern können.

Bei **Automatismen**, d. h. Bewegungen, die einmal willkürlich kontrollierbar waren, aber jetzt hochgradig eingeschliffen sind, ist dies schon anders. Ich nehme mir zum Beispiel ausdrücklich vor, irgendetwas an Routine **nicht** zu tun, z. B. heute den üblichen Weg zur Arbeit **nicht** zu fahren, und wenn ich in Gedanken bin, dann tue ich es vielleicht trotzdem. Hier weiß ich, dass **ich** es war, und ich fühle mich dafür irgendwie auch verant-

wortlich. Im Gehirn werden solche Automatismen überwiegend von den so genannten Basalganglien (Striatum, Nucleus accumbens, Substantia nigra, Nucleus subthalamicus) gesteuert. Aus heutiger Sicht sind sie eine Art Handlungsgedächtnis, in dem alle Bewegungen abgespeichert sind, die wir einmal erfolgreich durchgeführt haben. Je mehr wir bestimmte Bewegungen üben, desto besser verschalten sich »exekutive« Nervennetze in den Basalganglien und desto glatter gehen sie uns von der Hand, ohne dass wir noch darüber nachdenken oder sie explizit wollen müssen (Roth 2003; Roth u. Dicke 2005).

Handlungen, die wir **willentlich steuern** können, benötigen dagegen immer die Aktivität ausgedehnter Bereiche der bewusstseinsfähigen Großhirnrinde (◘ Abb. 16.1 und 16.2). Hierzu gehören der motorische Kortex (MC), der für die detaillierte Muskelansteuerung zuständig ist, sowie der dorsolaterale prämotorische Kortex (PMC) und der mediale supplementärmotorische und prä-supplementärmotorische Kortex (SMA, prä-SMA), die mit dem globaleren Handlungsablauf zu tun haben. SMA und prä-SMA müssen aktiv sein, wenn man das Gefühl hat, dass die Bewegung **gewollt** ist, und sie sind auch aktiv, wenn man sich Bewegungen nur vorstellt. Die prämotorischen und supplementärmotorischen Areale wirken auf den motorischen Kortex ein, der dann über die so genannte Pyramidenbahn und motorische Rückenmarkszentren die Bewegung in Gang setzt.

Angesteuert werden PMC, SMA und prä-SMA durch den parietalen und den präfrontalen Kortex, die beide mit **bewusster** Handlungsplanung und -vorbereitung zu tun haben. Sie schicken bestimmte Erregungen, die wir als Zustände des Wollens erleben, zu SMA und prä-SMA, zu PMC und motorischem Kortex. Allerdings sind diese Areale **nicht** (auch nicht zusammen) in der Lage, über die Pyramidenbahn und Schaltstellen im verlängerten Mark und Rückenmark eine bestimmte Bewegung auszulösen. Vielmehr müssen auch die bereits genannten **Basalganglien** an diesem Aktivierungsprozess mitwirken (◘ Abb. 16.3). Die Basalganglien sind entsprechend nicht nur an Automatismen, sondern auch am Starten und an der Ausführung **willentlicher** Handlungen beteiligt – wahrscheinlich, weil alle von der Großhirn-

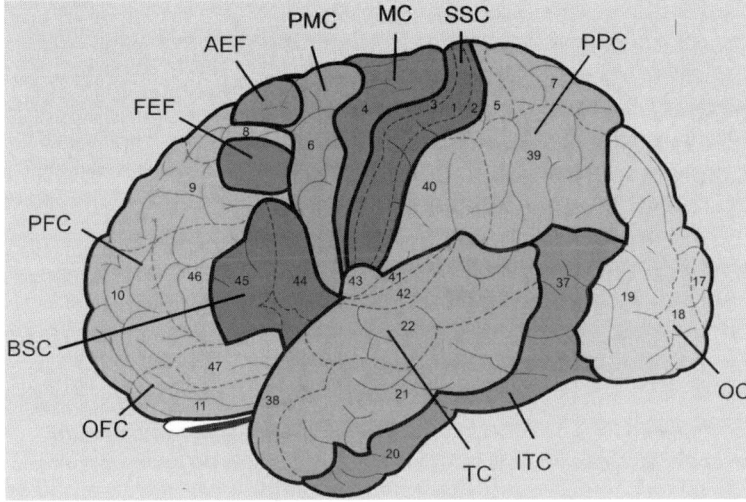

☐ **Abb. 16.1.** Anatomisch-funktionelle Gliederung der seitlichen Hirnrinde. Die *Ziffern* geben die übliche Einteilung in zytoarchitektonische Felder nach K. Brodmann an. *AEF* vorderes Augenfeld, *BSC* Brocasches Sprachzentrum, *FEF* frontales Augenfeld, *ITC* inferotemporaler Kortex, *MC* motorischer Kortex, *OC* okzipitaler Kortex (Hinterhauptslappen), *OFC* orbitofrontaler Kortex, *PFC* präfrontaler Kortex (Stirnlappen), *PMC* dorsolateraler prämotorischer Kortex, *PPC* posteriorer parietaler Kortex, *SSC* somatosensorischer Kortex, *TC* temporaler Kortex (Schläfenlappen). (Mod. nach Nieuwenhuys et al. 1991; s. auch Farbtafel am Buchende)

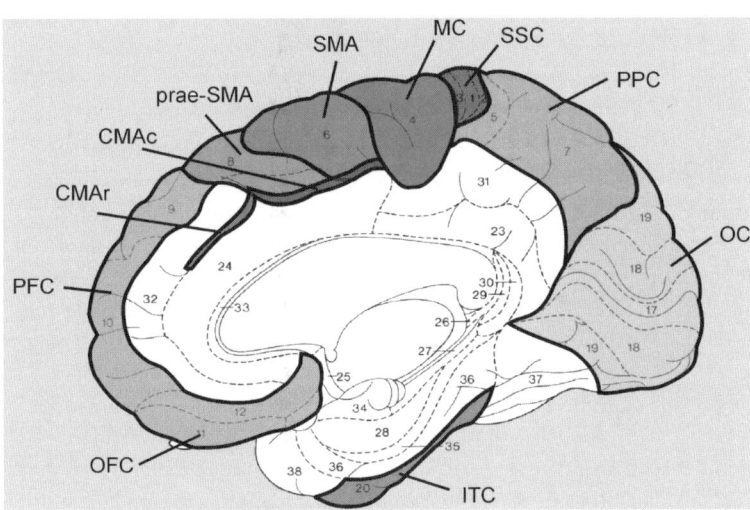

☐ **Abb. 16.2.** natomisch-funktionelle Gliederung der zur Mittellinie gelegenen Hirnrinde. *CMAc* kaudales zinguläres motorisches Areal, *CMAr* rostrales zinguläres motorisches Areal, *prae-SMA* prä-supplementärmotorisches Areal, *SMA* supplementärmotorisches Areal; ☐ Abb. 16.1 für weitere Abkürzungen. (Mod. nach Nieuwenhuys et al. 1991; (s. auch Farbtafel am Buchende)

rinde bewusst gewollten Handlungen mit dem unbewussten Handlungsgedächtnis in den Basalganglien abgestimmt werden müssen. In der Regel setzen sich nämlich auch die bewusst gewollten Handlungen aus Teilbewegungen zusammen, die bereits eingeübt sind.

Es wird inzwischen angenommen, dass in PMC und MC zusammen mit der Erstellung von »Kommandos« an die Muskeln, die für die Ausführung bestimmter Willkürhandlungen notwendig sind, ein **Modell** derjenigen Rückmeldungen von der Haut, den Muskeln, Sehnen und Gelenken erstellt wird, die **zu erwarten** sind, wenn die Bewe-

gung wie geplant ausgeführt wird (Jeannerod 1997, 2003; Blakemore et al. 2002; Lau et al. 2004). Wir empfinden also eine Bewegung als von uns verursacht – und zwar unabhängig davon, ob wir sie bewusst gewollt haben oder automatisiert ausgeführt –, wenn alles so abläuft, wie vorgesehen: Ich will, dass meine Hand sich zur Kaffeetasse bewegt; sie tut dies, und deshalb ist dies **meine**, weil von mir verursachte Handlung.

Gibt es hierbei jedoch stärkere Abweichungen aufgrund von Defekten im Gehirn oder im Bewegungsapparat, so tritt das **Gefühl der Fremdheit** der Bewegung auf bis hin zur Leugnung der Autorschaft

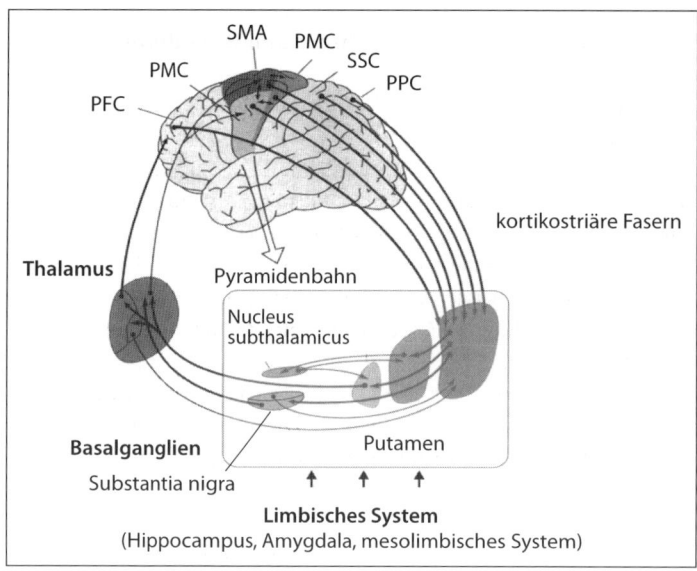

Abb. 16.3. Steuerung der Willkürmotorik. Nervenbahnen (kortikostriäre Fasern) ziehen von verschiedenen Teilen der Großhirnrinde (PFC, MC, PMC, SMC, SSC, PPC) zu den Basalganglien, von dort zum Thalamus und schließlich zurück zum PFC, MC, PMC und SMC. Vom MC und PMC aus zieht die Pyramidenbahn zu Motorzentren im Rückenmark, die unsere Muskeln steuern. Bewusst (im Stirnhirn) geplante Handlungen gelangen über die Pyramidenbahn nur dann zur Ausführung, wenn sie vorher die »Schleife« zwischen Kortex, Basalganglien und Thalamus durchlaufen haben und hierbei die unbewusst arbeitenden Basalganglien der beabsichtigten Handlung »zugestimmt« haben. Die Basalganglien ihrerseits werden von Zentren des limbischen Systems kontrolliert, in denen die individuelle Lebenserfahrung gespeichert ist; Abkürzungen wie in **Abb. 16.1.** (Mod. nach Roth 2003)

für die entsprechende Bewegung. Experten nehmen bei Schizophrenen eine derartige zerebrale Störung der Selbststeuerung als Ursache für die Leugnung der Autorschaft von Gedanken, Handlungen oder der »Meinigkeit« von Körperteilen oder gar des ganzen Körpers an. Diese Patienten hören »fremde Stimmen«, sie berichten davon, dass sie »fremde« Gedanken denken oder »aufgezwungene« Handlungen ausführen, oder sie glauben, im »falschen Körper« zu stecken (Frith 1987).

Man kann die ganze Angelegenheit auch an sich selbst überprüfen und z. B. durch Lokalanästhesie die Rückmeldungen von den peripheren Sinnesorganen etwa der eigenen Hand unterbrechen. Ich kann dann durchaus meine Hand noch bewegen, aber sie scheint irgendwie nicht **meine** Hand zu sein. Zu der Idee, dass eine fremde Gewalt meine Hand führt, ist es dann nicht mehr weit. Allerdings kann etwa nach einer dauerhaften Verletzung der sensorischen Afferenzen das Gefühl der Kontrolle zurückkehren, denn nach einigem Training genügt es, dass ich **sehe**, dass meine Hand das ausführt, was ich wollte: Die visuelle Kontrolle kann die somatosensorische Kontrolle zumindest teilweise ersetzen.

🛈 Wir sehen also, dass das Ausführen einer Willenshandlung die genaue Koordination vieler bewusst und unbewusst arbeitender Gehirnzentren verlangt (vom Kleinhirn und seiner Beteiligung war hier nicht die Rede). Die Sache ist aber noch komplizierter. Großhirnrinde und Basalganglien können nicht einfach festlegen, dass eine bestimmte Bewegung ausgeführt wird, sondern diese motorischen Kommandos müssen sorgfältig auf den gegenwärtigen Zustand unseres muskuloskeletalen Systems abgestimmt sein und glatt in diesen Zustand eingreifen können. Ebenso muss das muskuloskeletale System darüber informiert werden, was an Aktivierung und Deaktivierung der Muskeln, Sehnen und Bänder zu erwarten ist, wenn die Bewegung ausgeführt wird.

16.3.5 Erwerb des Konzepts von Handlungsfreiheit in der frühen Kindheit

Das Kleinkind lernt in der Interaktion mit der Mutter, dass es ein Ich gibt, das etwas »will« und es dann auch tut. Die Mutter sagt: »**Ich** will jetzt das und das tun«, und sie tut es; sie sagt auch: »Das hast **du** gut gemacht«. Dieses Ich wird damit zur **Ursache** von Handlungen. Ohne den Erwerb dieses Ich-Konzepts ist eine normale psychische Entwicklung des Kindes nicht möglich (Pauen 2000). Wie eingangs bereits erwähnt, unterstellt das Kind in seinen weiteren sozialen Interaktionen den Mitmenschen mehr oder weniger intuitiv, dass sie auch über ein solches Ich verfügen, das etwas will, und dass dieses wollende Ich die Ursache der Handlungen ist. Dies ist eine Hauptkomponente der ToM, nämlich der Unterstellung, dass die anderen Menschen ebenfalls von Wünschen, Plänen und Absichten geleitet werden. In diesem Sinne ist die subjektiv empfundene und den Mitmenschen unterstellte Willensfreiheit ein wichtiges soziales Konstrukt.

Fazit

Es ist nützlich, die theoretische Frage, ob wir Menschen **tatsächlich** willensfrei sind, von der Frage zu trennen, unter welchen Umständen wir uns frei fühlen. Die erste Frage ist vornehmlich für Theologen und Philosophen interessant und für Strafrechtler essenziell. Der Autor hat in diesem Zusammenhang festgestellt, dass es weder einen in sich logisch konsistenten Begriff der Willensfreiheit im starken, alternativistischen Sinne gibt noch irgendwelche empirisch-experimentellen Beweise für diese Willensfreiheit. Dies aber spielt in unserem täglichen Leben keine wesentliche Rolle. Hier kommt es vornehmlich darauf an, dass Menschen sich **frei fühlen**. Dieses Gefühl beruht auf vielerlei Voraussetzungen, von rein neurobiologischen bis hin zu rein gesellschaftlichen. Während in manchen Gesellschaften, etwa der US-amerikanischen, das Gefühl individueller Freiheit von großer Bedeutung ist, finden Menschen in anderen Gesellschaften nichts dabei, wenn nahezu alles, was sie tun, durch Rituale vorgeschrieben ist. In der kontinentaleuropäischen Gesellschaft fühlen Menschen sich dann frei, wenn sie zumindest in bestimmten, von subjektiven Motiven definierten Bereichen ihres Lebens tun können, was sie wollen. Das zu tun, was man explizit und am besten nach reiflicher Überlegung will, ist die Hauptgrundlage für das Gefühl der Willensfreiheit. Hinzu kommt zumindest für westliche Gesellschaften das Gefühl, dass die individuelle Zukunft nicht bereits völlig festgelegt ist – dass Menschen subjektiv bestimmte »Verhaltensoptionen« haben. Dabei mag die Realisierung einer dieser Verhaltensoptionen durchaus determistisch geschehen in dem Sinne, dass ein Motiv unter mehreren anderen den »Wettkampf« gewonnen hat. Subjektive Willensfreiheit ist daher völlig vereinbar mit der Nichtexistenz objektiver Willensfreiheit. Dies hat wichtige gesellschaftlich-politische Konsequenzen: Wir alle haben die Aufgabe, in unserer Gesellschaft Verhältnisse zu schaffen bzw. aufrechtzuerhalten, in denen die Individuen das Erlebnis der Abwesenheit äußeren Zwangs und die reale Vorstellung der Existenz konkreter Verhaltensoptionen haben können. Mit anderen Worten: Ich fühle mich nicht frei, wenn mir der Staat vorschreibt, ob ich studieren darf oder nicht bzw. welchen Beruf ich ergreifen kann, oder wenn ich am Sonntag nicht – in gewissen Grenzen sozialen Zusammenlebens – das tun kann, was ich will, sondern zu einem offiziell angeordneten »Aufmarsch« gehen muss. Staat und Gesellschaft müssen entsprechend dafür sorgen, dass Menschen konkrete Verhaltensoptionen und damit Wahlmöglichkeiten haben. Wofür sie sich dann tatsächlich entscheiden, ist von ihren Motiven bestimmt, die nur zum großen Teil unbewusst sind und aktuell willentlich nicht zu verändern. Dass damit die Probleme des strafrechtlichen Schuldbegriffs nicht gelöst sind, steht auf einem anderen Blatt.

Literatur

Bieri P (2001) Das Handwerk der Freiheit. Über die Entdeckung des eigenen Willens. Hanser, München

Blakemore S-J, Wolpert DM, Frith CD (2002) Abnormalities in the awareness of action. Trends Cogn Sci 6: 237–242

Frith CD (1987) The positive and negative symptoms of schizophrenia reflect impairments in the perception and initiation of action. Psychol Med 17: 631–648

Hume D (1748/1973) An enquiry concerning human understanding (dt. Untersuchung über den menschlichen Verstand, Nachdruck 1973). F. Meiner, Hamburg

Jeannerod M (1997) The cognitive neuroscience of action. Oxford University Press, Oxford

Jeannerod M (2003) Self-generated actions. In: Maasen S, Prinz W, Roth G (eds) Voluntary action. Oxford University Press, New York, pp 153–164

Lau HC, Rogers RD, Haggard P, Passingham RE (2004) Attention to intention. Science 303: 1208–1210

Nieuwenhuys R, Voogd J, van Huijzen C (1991) Das Zentralnervensystem des Menschen. Springer, Berlin Heidelberg New York

Pauen S (2000) Wie werden Kinder selbst-bewußt? Frühkindliche Entwicklung von Vorstellungen über die eigene Person. In: Vogeley K, Newen A (Hrsg) Selbst und Gehirn:

Menschliches Selbstbewußtsein und seine neurobiologischen Grundlagen. mentis, Paderborn

Pauen M (2004) Illusion Freiheit? Möglichkeiten und unmögliche Konsequenzen der Hirnforschung. S. Fischer, Frankfurt

Roth G (2003) Fühlen, Denken, Handeln. Wie das Gehirn unser Verhalten steuert. Suhrkamp, Frankfurt

Roth G, Dicke U (2006) Funktionelle Neuroanatomie des limbischen Systems. In: Förstl H, Hautzinger M, Roth G (Hrsg) Neurobiologie psychischer Störungen. Springer, Berlin Heidelberg New York, S 1–74

Roxin C (1997) Strafrecht Allgemeiner Teil. Band I: Grundlagen Aufbau der Verbrechenslehre, 3. Aufl. Beck, München

Schreiber H-L, Rosenau H (2005) Rechtliche Grundlagen der psychiatrischen Begutachtung. In: Foerster K (Hrsg) Psychiatrische Begutachtung, 4. Aufl. Elsevier-Urban & Fischer, München, S 53–123

Walter H (1998) Neurophilosophie der Willensfreiheit. mentis, Paderborn

Wegner D (2002) The illusion of conscious will. Bradford Books, MIT Press, Cambridge, MA

Wessels J, Beulke W (2002) Strafrecht, Allgemeiner Teil, 32. Aufl. C. F. Müller, Heidelberg

16

II

Störungen

Der Verlust des Mitgefühls in der Psychiatrie des Nationalsozialismus: Ideengeschichtlicher Hintergrund

Juliane C. Wilmanns und Gerrit Hohendorf

In den Jahren 1939 bis 1945 wurden allein in Deutschland und Österreich über 200.000 psychisch kranke und geistig behinderte Menschen unter dem Deckmantel der so genannten »Euthanasie«, durch Gas, Medikamente und Verhungernlassen ermordet (Faulstich 2000; Klee 1983, 1985; Aly 1989; Burleigh 1994; Friedlander 1995). Allein der zentral organisierten Meldebogenaktion »T4« fielen in den Jahren 1940 und 1941 70.000 Anstaltspatienten zum Opfer (Hohendorf et al. 2002; ◐ Abb. 17.1). Bereits 1939 hatten die verschiedenen Formen der nationalsozialistischen »Euthanasie« mit der Tötung behinderter Neugeborener begonnen. Hieraus entwickelte sich die als »Reichsausschußverfahren« bekannt gewordene systematische Erfassung behinderter Kinder, die in einem speziellen Begutachtungssystem auf ihren »Lebenswert« hin selektiert wurden. Zwischen 1939 und 1945 sind weit über 5000 Kinder in so genannten Kinderfachabteilungen ermordet worden (Benzenhöfer 2000, S. 20f; Topp 2004, S. 21). Diese Kinderfachabteilungen sind zum größten Teil bestehenden Heil- und Pflegeanstalten angegliedert worden, in Einzelfällen wurden sie auch in Kinderkliniken eingerichtet.

Dieser Beitrag geht den ideengeschichtlichen Wurzeln der »Vernichtung lebensunwerten Lebens« (Binding u. Hoche 1920) nach und analysiert die tödliche Relevanz der Diskurse um Rassenhygiene und »Euthanasie«.

17.1 Charles Darwin: Kampf ums Dasein und Selektion als Entwicklungsprinzip

Es hat alles klein und scheinbar unbedeutend, jedoch auf hohem wissenschaftlichem Niveau angefangen, und zwar mit den Beobachtungen, Untersuchungen und Beweisen von Charles Darwin. Charles Robert Darwin (1809–1882) hatte seine beiden Hauptwerke »On the Origin of Species by Means of Natural Selection: Or the Preservation of Favoured Races in the Natural Struggle for Life« (1859) und »The Descent of Man and Selection in Relation to Sex« (1871) der naturwissenschaftlich interessierten Welt zur Kenntnis gegeben. Er legt darin ausreichende Beweise für seine Abstam-

mungslehre der Lebewesen von den einfachsten Formen des Lebens bis hin zum Menschen vor und erläutert mit Hilfe des Begriffs *struggle for life* den Entwicklungsmechanismus der Deszendenz, d. h. der Art und Weise, wie sich spätere Lebensformen aus früheren entwickeln. Seine in zeittypischer Weise als **Darwinismus** etikettierte Lehre wirkte auf die Zeitgenossen weniger durch seine Deszendenztheorie, die immerhin die biblische Schöpfungsgeschichte aus dem Bereich des Historischen in den Bereich des Symbolischen verwies und damit eine ganz wesentliche Veränderung des Weltbildes bewirkte, als vielmehr durch seine **Selektionslehre**. Mit seiner Selektionslehre erklärte Darwin bezogen auf den »Kampf ums Dasein« das Überleben der am besten angepassten Arten oder zweckmäßigsten Organismen durch natürliche Zuchtwahl, derzufolge alle weniger zweckmäßigen oder weniger angepassten Arten zugrunde gehen.

Im *struggle for life* erweisen sich einzelne Individuen aufgrund zufälliger Variationen in den Merkmalen ihrer Rasse oder Art, die immer von neuem auftreten, als besser angepasst gegenüber jenen Individuen, die diese Variationen nicht besitzen. Darwin verwendete den Begriff »Variationen« neben »Variabilitäten« und »Varietäten«. Der heute in der Genetik gebräuchliche Begriff »Mutation« wurde erst von dem Botaniker Hugo de Vries (1848-1935) in seinem Werk »Arten und Varietäten und ihre Entstehung durch Mutation« (1906) eingeführt. Durch die bessere Anpassung ergeben sich für diese Lebewesen Vorteile beim Kampf um die prinzipiell begrenzten Nahrungsvorräte. Die angepassten Lebewesen gelangen aufgrund ihrer körperlichen Überlegenheit vermehrt zur Fortpflanzung, während die anderen eher zugrunde gehen und weniger Nachkommen zeugen. Durch Kumulation solcher vorteilhafter Variationen entsteht dann allmählich eine neue Spezies:

> So geht aus dem Kampf der Natur, aus Hunger und Tod unmittelbar die Lösung des höchsten Problems hervor, das wir zu fassen vermögen, die Erzeugung immer höherer und vollkommener Tiere. Das ist wahrlich eine großartige Aussicht ... (Darwin 1859, S. 565)

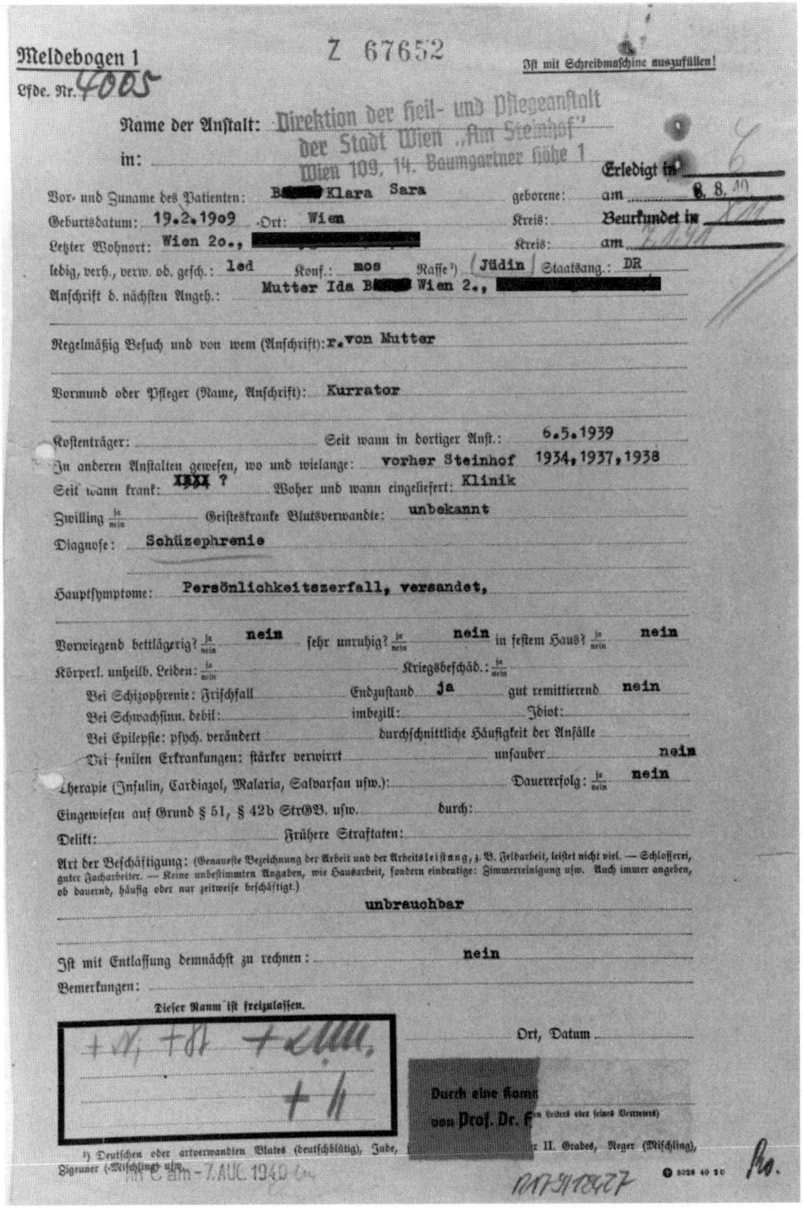

○ Abb. 17.1. Der hier erstmals abgebildete Meldebogen ist der einzige bisher aufgefundene mit den Bearbeitungsvermerken der Gutachter und der T4-Zentrale. Er betrifft die jüdische Patientin Klara B. aus Wien, die zuletzt am 6.5.1939 in die Wiener Heil- und Pflegeanstalt »Am Steinhof« eingewiesen worden war. Der Meldebogen wurde im Juni 1940 »Durch eine Kommission unter der Leitung von Prof. Dr. Heyde aufgenommen« (*abgerissener roter Aufkleber*). Die Begutachtung des Meldebogens erfolgte mit *roten Plus-Zeichen* für Tötung durch Prof. Dr. Nitsche, Dr. Steinmeyer, Dr. Mennecke und den Obergutachter Prof. Heyde (*schwarz umrandetes Feld mit Paraphen*). Die Nummer Z 67652 ist die Registriernummer der »Euthanasie«-Zentrale, die an jeden gemeldeten Patienten vergeben wurde. Der Stempel *oben rechts* verschleiert die Tötung in der Gasmordanstalt Schloß Hartheim bei Linz in Oberösterreich unter dem Vermerk »erledigt in C am 8.8.40.« Die Beurkundung des Todes erfolgte jedoch erst am 7.1.1941 mit dem Zeichen X 11, ein Kennzeichen, das für jüdische Patienten verwendet wurde. Für die Zeit von der Tötung bis zur Beurkundung des Todes wurden Pflegekosten geltend gemacht (Hinz-Wessels et al. 2005, S. 92–95). Für den Hinweis auf dieses Dokument danken wir Herrn Prof. Dr. Wolfgang Neugebauer, Dokumentationsarchiv des Österreichischen Widerstandes Wien. (Bundesarchiv Berlin R 179/18427, publiziert mit freundlicher Genehmigung des Bundesarchivs; s. auch Farbtafel am Buchende)

Dieser Auffassung verlieh Darwin 12 Jahre später eine neue Dimension, als er in seinem Werk »The Descent of Man« (1871) darlegte, dass sich der Mensch, ebenso wie alle lebenden Kreaturen, durch den Auswahlprozess der Natur aus früheren, einfacheren Formen entwickelt habe.

17.1.1 Evolutionslehre und Fortschrittsgedanke

Der Darwinismus fiel unmittelbar auf fruchtbaren Boden. Darwins Buch »On the Origin of Species …« stieß sofort auf sehr großes Interesse. Noch am Publikationstag, dem 24.11.1859, war die Auflage von 1250 Exemplaren bereits vergriffen, und auch der Nachdruck von 3000 Exemplaren blieb nur wenige Tage in den Regalen. Wie auch der Liberalismus als politische Strömung im Europa des 19. Jahrhunderts war die Lehre Darwins prinzipiell fortschrittsorientiert und konnte sich zwanglos in die rasante Entwicklung der Naturwissenschaften und die damit verbundene Säkularisierungstendenz einordnen. In der Tat profitierte Darwin von der allgemeinen Entwicklung der Naturwissenschaften, deren empirisches Vorgehen auch für ihn maßgebend gewesen war. Zugleich stand auch er letztlich in der Tradition einer über einen Zeitraum von einem Jahrhundert zurückreichenden Evolutionsforschung, die in ihren Anfängen noch stark von dem traditionellen, philosophisch und theologisch begründeten Menschen- und Weltbild abhängig gewesen war, das nun wesentlich modifiziert werden musste.

Viele von Darwins Zeitgenossen waren geradezu besessen von einem evolutionären Optimismus, der sich durch die Anwendung darwinistischer Prinzipien auf die Theorie der Gesellschaft noch erhöhte. So wurde die Auslesetheorie zusehends zu einem zentralen Beschreibungsmodell sozialen und politischen Handelns.

Der Sozialphilosoph Herbert Spencer (1820–1903) hatte parallel zu den Forschungen Darwins eine **organismische Theorie der menschlichen Gesellschaft** entwickelt, welche die Gesellschaft als Spiegelbild des menschlichen Körpers darstellt mit den intellektuellen Berufen als Nervenzentrum, den Arbeitern und Bauern als nährende Organe und den Kaufleuten, Bankiers und Spediteuren als Gefäßsystem. Auch Spencers Gesellschaftstheorie war von dem Glauben an ein Fortschreiten der Gesellschaftsorganisation von den primitiven über die militanten, auf Befehl und Gehorsam beruhenden Gesellschaften bis hin zur zivilisierten Industriegesellschaft geprägt. Auf dieser höchsten Stufe, auf der der Staat sich immer mehr zurückziehe und sich auf den Schutz vor Gewaltanwendung und die Sicherung des Vertragsrechts beschränke, gelte das freie Spiel der Natur im Existenzkampf der Individuen und der Staaten untereinander. Das Überleben des Fähigsten garantiere den gesellschaftlichen Fortschritt. Moralische Kategorien wie Nächstenliebe und staatliche Fürsorge für Arme und Schwache werden in den Bereich des Privaten und des Familienlebens verbannt. Die Familie ist für Spencer beschützender Hort für Junge und Schwache, während die Gesellschaft strikt nach dem Kampf- und Ausleseprinzip organisiert werde und nur den Stärksten und Tüchtigsten belohne. Mit seinem Begriff des *struggle for survival* kommt Spencer (1876–1896), dem frühkapitalistischen Liberalismus verpflichtet, dem Darwinschen *struggle for life* sehr nahe, dessen Evolutionslehre er in seine bioorganismische Theorie der menschlichen Gesellschaft integrierte (Koch 1973, S. 38–49).

In Deutschland kann der bedeutende Zoologe Ernst Haeckel (1834–1919) als der einflussreichste Vertreter der neuen Lehre des Darwinismus gelten. Er übertrug – beispielhaft für den Sozialdarwinismus – die aus der Evolutionslehre gewonnenen Erkenntnisse auf die Entwicklung der menschlichen Gesellschaft und der Zivilisation. So führte er 1863 auf der Versammlung Deutscher Naturforscher und Ärzte aus:

> Dasselbe Gesetz des Fortschritts finden wir … in der historischen Entwicklung des Menschengeschlechts überall wirksam … . Denn auch in den bürgerlichen und geselligen Verhältnissen sind es wieder dieselben Prinzipien, der Kampf um das Dasein und die natürliche Züchtung, welche die Völker unwiderstehlich vorwärts treiben und stufenweise zu höherer Kultur emporheben. (Haeckel 1863, S. 27f)

Für Haeckel wurden die darwinistische Evolutionslehre und damit die Naturwissenschaften zum Zentrum aller Wissenschaften vom Menschen und der Gesellschaft. Im Sinne einer **monistischen Naturphilosophie** postulierte er die universale Gültigkeit der Naturgesetze sowohl im Hinblick auf den Menschen als auch auf die Gesellschaft. Seine populär orientierten Werke »Natürliche Schöpfungsgeschichte« (1868) und »Welträtsel« (1908) richteten sich gemeinverständlich an die breitere Öffentlichkeit und erreichten Dutzende von Auflagen. Er begründete den auf eine einheitliche Natur- und Weltdeutung ausgerichteten Monistenbund, der uns später im Rahmen der Debatte um die »Euthanasie« noch beschäftigen wird. Dabei war Haeckel bis zum Ersten Weltkrieg davon überzeugt, dass die natürliche Entwicklungsgeschichte unaufhaltsam fortschreiten werde. Er gehört zur **ersten Generation der Sozialdarwinisten**, die primär den Entwicklungsaspekt der Darwinschen Lehre rezipierten und an den Fortschritt auch der menschlichen Kulturentwicklung glaubten. Gleichwohl bewertete er neben der natürlichen Züchtung durch Auslese auch die künstliche, vom Menschen bewirkte Züchtung positiv. In diesem Zusammenhang pries er, den historischen Kontext ausblendend, die Kindstötungen im antiken Sparta als Musterbeispiel künstlicher Züchtung:

> Alle schwächlichen, kränklichen oder mit irgendeinem körperlichen Gebrechen behafteten Kinder wurden getötet. Nur die vollkommen gesunden und kräftigen Kinder durften am Leben bleiben, und sie allein gelangten später zur Fortpflanzung. Dadurch wurde die spartanische Rasse nicht allein beständig in auserlesener Kraft und Tüchtigkeit erhalten, sondern mit jeder Generation wurde ihre körperliche Vollkommenheit gesteigert. (Haeckel 1924, S. 177)

Dieser allumfassenden Übertragung der Lehre Darwins auf den Menschen setzte der deutsche Biologe Oskar Hertwig (1849–1922) in seinem Buch »Das Werden der Organismen. Eine Widerlegung von Darwins Zufallstheorie« (1916) eine treffende Kritik entgegen:

> Die Auslegung der Lehre Darwins, die mit ihren Unbestimmtheiten so vieldeutig ist, gestattete auch eine sehr vielseitige Verwendung auf anderen Gebieten des wirtschaftlichen, des sozialen und des politischen Lebens. Aus ihr konnte jeder, wie aus einem delphischen Orakelspruch, je nachdem es ihm erwünscht war, seine Nutzanwendung auf soziale, politische, hygienische, medizinische und andere Fragen ziehen und sich zur Bekräftigung auf die Wissenschaft der darwinistisch geprägten Biologie mit ihren unabänderlichen Naturgesetzen berufen. (Hertwig 1916, S. 710)

Der Sozialdarwinismus reduziert die menschliche Gesellschaft auf einen Teil der Natur und sieht sie als den Naturgesetzen unterworfen an. Wesentlicher Teil dieser Naturgesetzmäßigkeit ist der Begriff *struggle for life*, der in der deutschen Übersetzung verschärft zum Ausdruck kommt als »Kampf ums Dasein«. Dieser garantiere – zusammen mit der noch von Darwin anerkannten Auffassung des Botanikers Jean Baptiste Lamarck (1744–1829) von der Vererbung **erworbener** Eigenschaften – den kontinuierlichen Fortschritt der Menschheit. In diesen vortrefflichen Mechanismus einzugreifen, wäre für den strikten Sozialdarwinismus schlichtweg eine Manipulation des natürlichen, gesetzmäßigen Ablaufs. Konsequent weitergedacht, müsse deshalb eine Gesellschaft alles unterlassen, was einen Eingriff in diese natürliche Entwicklung verursachen könne. Denn die Folge eines solchen Eingriffs wäre eine Regression der menschlichen und gesellschaftlichen Fortentwicklung.

17.1.2 Degenerationslehre und Kulturpessimismus

Gerade diese Regression der gesellschaftlichen Entwicklung befürchteten die **Sozialdarwinisten der zweiten Generation**. Beeinflusst durch den Kulturpessimismus des Fin de Siècle und durch die drohende Verelendung großer Bevölkerungsteile im Prozess der Industrialisierung sahen sie die Gefahren gerade in den staatlichen Maßnahmen der Armenfürsorge und der Sozialgesetzgebung sowie in den therapeutischen Fortschritten der Medizin. Diese Maßnahmen würden den natürlichen Selektionsmechanismus außer Kraft setzen, das Überleben und die Fortpflanzung minderwertiger Bevölkerungsteile ermöglichen und so zu einer zunehmenden Entartung der Kulturvölker beitragen. Alle Anstrengungen der Fürsorge, der Medizin und Volksbildung würden sich insofern nicht positiv, sondern negativ auswirken, und dies umso mehr, als sich die Erkenntnis durchsetzte, dass **erworbene** Eigenschaften **nicht** im Sinne Lamarcks vererbt werden – eine Prämisse, die noch für Darwin Gültigkeit hatte. Für die biologische Bewertung der Bevölkerung und ihrer Teile wurde zunehmend ihre genetische Konstitution als entscheidend angesehen, da diese sich auch durch soziale Fürsorge und eine am Individuum ansetzende medizinische Therapeutik nicht abändern ließe. Diese pessimistische Perspektive im Hinblick auf die Kulturentwicklung fand ihr naturwissenschaftliches Spiegelbild in den neuen Erkenntnissen der **Vererbungslehre**:

Am Beispiel der unter Wasser lebenden Olme hatte der Zoologe August Weismann (1834–1914) 1886 gezeigt, dass sich höherentwickelte Organe oder Eigenschaften – hier das Auge – zurückentwickeln können, wenn der Selektionsfaktor – hier die Notwendigkeit hoher Sehschärfe zur Nahrungsbeschaffung – wegfällt. Aufgrund der Panmixie bei der Fortpflanzung werde dann die hohe Qualität der Sehschärfe des Auges zu einer mittleren Qualität absinken. Dementsprechend gebe es bei Wegfall von Selektionsfaktoren in der Natur auch eine Rückentwicklung differenziert ausgebildeter Organe und Fähigkeiten. Noch entscheidender war jedoch die **Keimplasmatheorie** von Weismann (1892), mit der er die strikte Trennung der Geschlechtszellen und der übrigen, als somatisch bezeichneten Körperzellen begründete und somit einen Einfluss von Veränderungen der somatischen Struktur des Organismus auf sein Erbgut ausschloss (Weingart et al. 1988, S. 79–87).

Einen weiteren Anstoß erhielt die kulturpessimistische Sichtweise der gesellschaftlichen Entwicklung aus der Psychiatrie. Der französische Psychiater Benedikt Augustin Morel (1809–1873) prägte 1857 den Begriff der **Entartung** als krankhafte Abweichung von einem ursprünglichen menschlichen Typus, während Valentin Magnan (1835–1916) von einem Idealtypus ausging. Entscheidend für beide Konzeptionen ist der Gedanke, einmal aufgetretene Entartungen, die sich sowohl in körperlichen Stigmata als auch in psychischen Erkrankungen zeigen könnten, würden vererbt und im Erbgang unaufhaltsam bis zum Untergang der Art fortschreiten. Verbunden mit den kontraselektorischen Faktoren des Zivilisationsprozesses, d. h. der Aufhebung der natürlichen Auslese, befürchtete man nun eine Zunahme der Entartungserscheinungen in den Kulturvölkern. Gefördert würde die Entartung zudem durch die Erbsubstanz schädigende Substanzen, so genannte »Keimgifte«, wie Alkohol oder Syphilis.

Dabei ist gerade der Psychopathiebegriff eng mit dem Degenerationsbegriff verbunden; verstand man doch unter **Psychopathie** oder psychopathischer Minderwertigkeit Abweichungen von der geistigen Beschaffenheit des als normaler Typus gewerteten Menschen. Unbeständigkeit oder Abgestumpftheit, Neigung zu Exzessen, gesteigertes Triebleben oder das Hervortreten besonderer, namentlich künstlerischer Anlagen, fanden Eingang in die soziale Bewertung abweichenden menschlichen Verhaltens als Zeichen letztlich erblich begründeter Minderwertigkeit. Dies wird besonders deutlich in der grundlegenden Arbeit des Psychiaters Julius Ludwig August Koch (1841–1908) über »Die psychopathischen Minderwertigkeiten« (1891). Aber auch der spätere Versuch des Psychiaters Kurt Schneider (1887–1967), der in seiner Arbeit über »Die psychopathischen Persönlichkeiten« (1923) die soziale Devianz als sekundär definiert im Hinblick auf eine zunächst wertfrei festzustellende Abweichung von der Norm, änderte nichts an dem sozial wertenden Charakter des Begriffs der Psychopathie.

Wie sehr die zeitgenössische Psychiatrie von der Gedankenwelt des Sozialdarwinismus geprägt war, zeigt ein Blick in das Lehrbuch des bedeutendsten deutschen Psychiaters um die Jahrhundertwende, Emil Kraepelin (1856–1926), der in der 7. Auflage seines Lehrbuchs der Psychiatrie unter den »Ursachen des Irreseins« auch auf die allgemeinen Lebensverhältnisse seiner Zeit eingeht:

17

Die vollständige Umgestaltung des Arbeitsbetriebes durch Dampf und Elektrizität, die Vernichtung des Handwerks, die Entwicklung des Fabrikwesens, der ins Ungeahnte gesteigerte wirtschaftliche und geistige Verkehr stellen heute Anforderungen an die Leistungsfähigkeit des Einzelnen, die weit über das früher Gewohnte hinausgehen. Alle diese Wandlungen sind mit so unerhörter Schnelligkeit vor sich gegangen, dass wohl nur die **anpassungsfähigsten Naturen** denselben völlig haben folgen können. Wir leben in einer Übergangszeit, in welcher sich der **Kampf ums Dasein** naturgemäss ganz besonders heftig und aufreibend gestaltet. Das ist, wie ich meine, der Hauptgrund, warum die Anzahl derer so unheimlich zunimmt, die den allzu rasch gesteigerten **Anforderungen unseres heutigen Lebens** nicht genügen und in dem friedlichen Ringen kampfunfähig werden. Ein neues, heranwachsendes Geschlecht wird in diesen **Kampf** von vornherein mit frischer Kraft und besseren Waffen eintreten und sich damit auch den veränderten Lebensbedingungen anpassen lernen. … Das hastige Leben unserer Zeit ist gleichzeitig auch reicher geworden; die Not hat auch die Hilfsbereitschaft vermehrt. … Ja, in gewissem Sinne können wir sogar sagen, dass gerade die stärker erwachende Menschenliebe einen nicht unwesentlichen Anteil an der Zunahme der Geistesstörungen hat, indem sie eine grosse Anzahl von geistigen Krüppeln pflegt und erhält, **die ohne sie unrettbar frühem Untergange anheimfallen würden.** Eine kräftige Triebfeder erhält diese Fürsorge allerdings durch den Umstand, dass die besonderen Lebensverhältnisse der grossen Städte heute die häusliche Pflege vieler Geisteskranker unmöglich machen, die sonst vielleicht der Anstalt noch gar nicht bedürfen würden. (Kraepelin 1903, S. 110f, Hervorhebungen durch die Verfasser)

Ebenso wie Kraepelin die Metapher des »Kampfes ums Dasein« auf die Brüche und Verwerfungen des Industrialisierungsprozesses überträgt, weist er konsequenterweise auch auf die kontraselektorischen Effekte der Irrenfürsorge hin. Somit erweist er sich ganz als Kind seiner Zeit (Roelcke 1997; Weber 2004).

Bedingt durch die Übertragung der psychiatrischen Degenerationslehre auf gesellschaftliche Verhältnisse und die Widerlegung der Vererbung erworbener Eigenschaften durch Weismann schlug der evolutionäre Optimismus der frühen Sozialdarwinisten in die pessimistische und allein an der Darwinschen Selektionstheorie orientierten Sichtweise der **späteren Sozialdarwinisten** um:

> Eine Akzentverschiebung in dieser Richtung erfolgte, als im Zeitalter der industriellen Revolution, des Imperialismus und der Nationalitätenkämpfe in Ostmitteleuropa mit dem Vertrauen auf die natürliche Harmonie und die automatische Aufwärtsbewegung des gesellschaftlichen Gesamtprozesses auch die liberale Doktrin die Vorherrschaft einbüßte. … Was eben noch als freie Konkurrenz der Individuen um den Preis des Tüchtigsten und sittlich Besten hatte verstanden werden können, wird nun im wortwörtlichen Sinne als »Kampf ums Dasein« aufgefasst – als perennierendes Ringen um Selbstbehauptung durch Machtsteigerung, und zwar nicht mehr primär zwischen Individuen sondern zwischen Kollektiven: sozialen Interessengruppen, Völkern und Rassen. (Zmarzlik 1963, S. 250)

Das Prinzip der **natürlichen Auslese** sollte gegen die kontraselektorischen Faktoren der modernen Medizin und ihrer therapeutischen Erfolge sowie die Armen- und Sozialfürsorge wieder in Geltung gebracht werden. Ein eindrucksvolles Beispiel für diese Position ist Alexander Tille (1866–1912), der von 1890–1900 Dozent für deutsche Sprache und Literatur in Glasgow und nach seiner Rückkehr nach Deutschland höherer Funktionär bei industriellen Interessenverbänden war. Er machte sich während seines Aufenthaltes in Glasgow Gedanken darüber, wie man die natürliche Auslese auch beim Menschen wieder einsetzen könne. Man müsse, meinte er, den Menschen auf die alleinige Nutzung seiner natürlichen Anlagen zurückführen und dürfe ihm deshalb die soziale Fürsorge christlicher Prägung nicht angedeihen lassen. Das Elendsviertel in Ostlondon, wo die Sterblichkeit anderthalbmal so hoch war wie in anderen Teilen der Stadt, sei deswegen tatsächlich eine »Nationalheilanstalt«:

> In dieser Atmosphäre von Straßendunkel, Kot und Ungeziefer, Alkohol und halbnackten Weibern und Kindern ... in Frost, Hunger und Not geht alles zu Grunde, was in den Strudel gezogen wird, und mit einer Präzision, die Staunen erregt. ... Mit unerbittlicher Strenge scheidet die Natur die zum Tier und unter das Tier herabgesunkenen Menschen aus den Reihen der anderen aus. Mit unerbittlicher Strenge sucht sie unter solchen Verhältnissen, wo es sich schon um ein bedeutendes Mehr an Kraft handeln muß, wenn man sich im Daseinssumpf behaupten will, die Sünden der Väter an den Kindern heim bis ins dritte Glied – dem vierten spart sie die Existenz. (Tille 1893, S. 272f)

Gerade die hohe Kindersterblichkeit sei für die »natürliche Auslese« nützlich. Der Arzt Wilhelm Schallmayer (1857–1919) gewann mit seiner Abhandlung »Vererbung und Auslese im Lebenslauf der Völker« (1903) unter 60 Einsendungen das Preisausschreiben, das der Industrielle Friedrich Alfred Krupp (1854–1902) im Jahre 1900 initiierte und das die folgende Frage zum Thema hatte:

»Was lernen wir aus den Prinzipien der Deszendenztheorie in Beziehung auf die innenpolitische Entwicklung und Gesetzgebung der Staaten?«

Mit diesem ersten programmatischen Lehrbuch der Rassenhygiene in Deutschland schließt sich der Kreis, der ausgehend von der Rezeption der Darwinschen Theorie der Evolution durch Selektion hin zur Forderung einer staatlichen Beeinflussung des Fortpflanzungsverhaltens von Teilen der Bevölkerung führte. Dabei wurden im Sinne der positiven Eugenik die einen als höher- und die anderen im Sinne der negativen Eugenik als minderwertig angesehen.

❶ Der Sozialdarwinismus in der zweiten Hälfte des 19. Jahrhunderts ist gekennzeichnet durch die Übertragung naturgesetzlicher Erkenntnisse auf die Probleme, Konflikte und Umbrüche einer sich im Prozess der Industrialisierung befindlichen kapitalistischen Gesellschaft. Dabei steht der befürchteten Entartung der Kulturvölker, die durch den medizinischen Fortschritt und die Sozialfürsorge für Arme, Kranke und Erwerbsunfähige unterstützt würde und die angeblich die für die Arterhaltung notwendige Selektion im »Kampf ums Dasein« außer Kraft setze, die Utopie einer staatlichen Kontrolle des Fortpflanzungsverhaltens der Bevölkerung im Sinne der künstlichen Zuchtwahl gegenüber. Diese staatliche Kontrolle allein könne den Entartungsprozess aufhalten. Dadurch wurde die im Darwinismus implizit enthaltene Ungleichbewertung menschlichen Lebens festgeschrieben: Die Menschen werden also nicht nur nach körperlicher Kraft und Schwäche, nach geistiger Begabung oder Minderbegabung, nach Widerstandsfähigkeit und Krankheitsanfälligkeit bewertet, sondern auch nach ihrer erblichen Konstitution und damit nach ihrem Fortpflanzungswert für zukünftige Generationen. Diese Ungleichbewertung der Menschen nach naturwissenschaftlich begründeten Maßstäben wiederum korrespondiert mit den zeitgenössischen biorganistischen Sozialtheorien, die den Wert des Individuums nur im Hinblick auf den staatlichen oder völkischen Organismus als Ganzen ermessen.

17.2 Die Entwicklung der Rassenhygiene in Deutschland zwischen Wissenschaft und Politik

Das Werk des französischen Grafen Joseph Arthur Comte de Gobineau (1816–1882) mit dem Titel »Essai sur l'inégalité des races humaines«, das in den Jahren 1853–1856 in Frankreich erschien, aber in Deutschland erst durch seine von dem Anthropologen und Rassenforscher Ludwig Schemann (1852–1938) in den Jahren 1897/1898 besorgten deutschen Übersetzung Verbreitung erlangte, kann als Grundlegung des modernen Rassismus gelten. Weniger naturwissenschaftlich als kulturhistorisch-spekulativ interpretierte Gobineau die Völkergeschichte als Rassengeschichte, pries die Überlegenheit der weißen Rasse mit ihrem arischen Kern und dem heldenhaften Germanentum über die gelbe und die schwarze Rasse und warnte vor den Gefahren der Rassenmischung. In Deutschland wurden Gobineaus Vorstellungen v. a. von den Rassenanthropologen aufgenommen und zu einer wissenschaftlich fundierten **Rassenkunde** ausgebaut. Neben Otto Ammon (1842–1916) und Ludwig Woltmann (1871–1907) ist hier insbesondere Hans Friedrich Karl Günther (1891–1968) zu erwähnen, der mit seiner Rassenkunde des deutschen Volkes (1922) wesentlich zur Legitimation der rassistischen Grundlage des nationalsozialistischen Staates und seiner Politik beigetragen hat. 1935 wurde Günther als Professor an die Berliner Universität berufen.

Der Rassenanthropologie und der Rassenhygiene gemeinsam ist die Prämisse für die These von der Ungleichheit der Menschen. Während die Rassenanthropologen diese Ungleichheit durch Körperbaumerkmale und eine entsprechende Charakterartung zu beweisen suchten und dabei von einem statischen Rassenbegriff ausgingen, war das Bestreben der Rassenhygieniker auf die Rasse als Fortpflanzungsgemeinschaft ausgerichtet, deren Erbanlagen vor Entartung zu bewahren seien. Dass für dieses Bestreben in Deutschland nicht der international gebräuchliche Begriff Eugenik Verwendung fand, sondern mit dem Begriff Rassenhygiene ein wertender Bezug zu rassistischen Ungleichheitsvorstellungen hergestellt wurde, ist für die besondere Entwicklung hier nach der Jahrhundertwende kennzeichnend (Roelcke 2002b).

Der Begriff **Eugenik** geht auf den britischen Anthropologen und Erbforscher Francis Galton (1822–1911), einen Vetter Darwins, zurück, der in den 1860-er Jahren in England Forschungen zur Vererbung geistiger Fähigkeiten unternahm und 1883 den Begriff *eugenics* prägte. Ausgangspunkt war die Beobachtung, dass sich höhere soziale Schichten mit besseren Begabungen in geringerem Maß fortpflanzen als niedrigere soziale Schichten mit geringeren Begabungen (◘ Abb. 17.2). Diese differenzielle Fruchtbarkeit erfordere Maßnahmen, um die Qualität der erblichen Eigenschaften eines Volkes zu verbessern. Damit wurden staatliche Maßnahmen zur Lenkung des Fortpflanzungsverhaltens begründet. Gleichwohl ist die englische Variante der Eugenik in Deutschland kaum rezipiert worden. Als erste explizit rassenhygienische Schrift in Deutschland kann die 1891 erschienene Broschüre des bereits erwähnten Wilhelm Schallmayer mit dem Titel »Über die drohende Entartung der Kulturvölker« gelten. 1895 veröffentlichte der Arzt Alfred Ploetz (1860–1940) seine rassenhygienische Utopie mit dem Titel »Die Tüchtigkeit unsrer Rasse und der Schutz der Schwachen«; er hat übrigens im gleichen Jahr den Terminus »**Rassenhygiene**« geprägt. Im »idealen Rassenprozess« sollten alle Jugendlichen einer Bewertung ihrer geistigen und moralischen Fähigkeiten unterzogen werden, um die Zahl der von ihnen zu zeugenden Kinder festzulegen. Gleichzeitig sollten zu junge und zu alte Frauen und Männer von der Zeugung von Kindern ausgeschlossen werden. Die Forderung, dass Kinder, die von biologisch alten Eltern erzeugt würden, abgetrieben oder ausgesetzt werden sollten, erhob schon Platon in seinem Entwurf eines idealen Staates (Wilmanns 2000, S. 213). Diese Reglementierung des Fortpflanzungsverhaltens wurde in der rassenhygienischen Utopie von Ploetz ergänzt durch die Notwendigkeit der Auslese und, wenn nötig, der »Ausmerzung« von Neugeborenen:

> Stellt es sich trotzdem heraus, dass das Neugeborene ein schwächliches oder missgestaltetes Kind ist, so wird ihm von dem Aezte-Collegium [sic!], das über den Bürgerbrief der Gesellschaft entscheidet, ein sanfter Tod bereitet, sagen wir durch eine kleine Dosis Morphium. Die Eltern, erzogen in strenger Achtung vor dem Wohl der Rasse, überlassen sich nicht lange rebellischen Gefühlen, sondern versuchen frisch und fröhlich ein zweites Mal, wenn ihnen dies nach ihrem Zeugnis über Fortpflanzungsbefähigung erlaubt ist. (Ploetz 1895, S. 144)

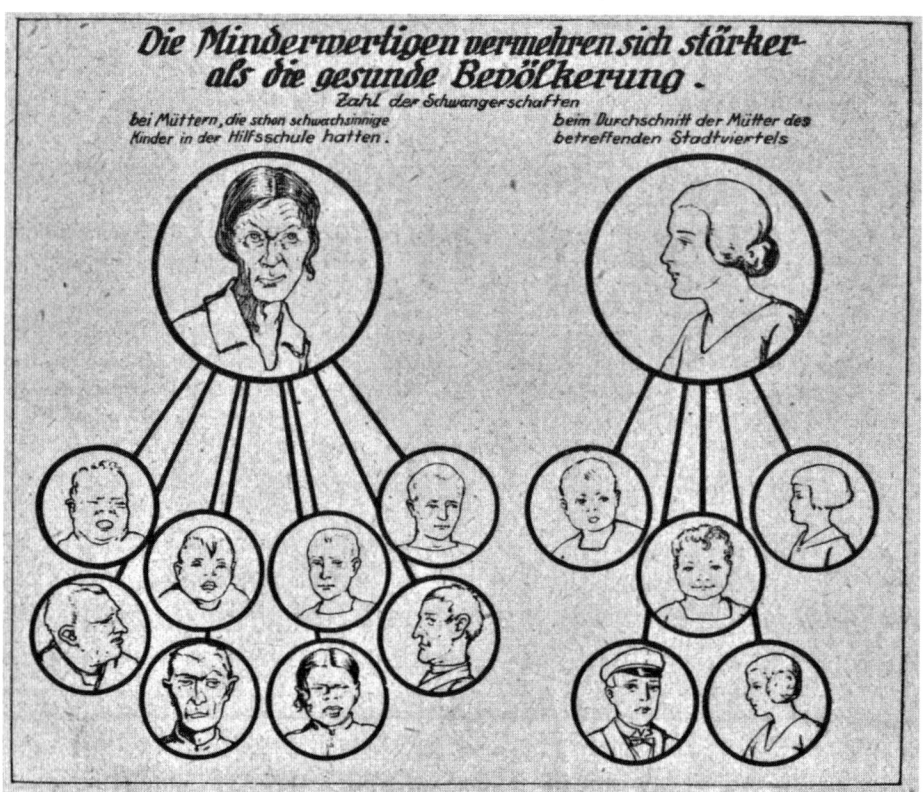

☉ Abb. 17.2. Ausstellungstafel des Deutschen Hygienemuseums Dresden. (Nach Cassel, abgedruckt in Dirksen 1926, S. 16)

Wir werden noch sehen, wie die hier beschriebene »**Euthanasie**« behinderter Neugeborener zu einem zentralen rassenhygienischen Forschungsprogramm im Nationalsozialismus führen wird. Dabei war sich Ploetz des Widerspruchs durchaus bewusst, in dem seine rassenhygienische Utopie zu den Moralvorstellungen der Gesellschaft des Wilhelminischen Deutschland stand. Von daher formulierte er seine rassenhygienische Programmatik in Form einer Utopie, die genügend Raum für das aus taktischer Sicht tatsächlich Durchsetzbare ließ. Die Programmatik der Rassenhygiene, die sich die Vervollkommnung des Typus der Rasse zum Ziel gesetzt hat, forderte

1. die Förderung der zahlenmäßigen Fortpflanzung höherwertiger Bevölkerungsteile im Sinne der positiven Eugenik,
2. die »scharfe Ausjätung des schlechteren Teils der Convarianten« im Sinne der negativen Eugenik und

3. die Vermeidung der »Contraselektion«, d. h. die Abschaffung aller besonderen Schutzmaßnahmen für Kranke und Schwache.

In der weiteren Ausformung rassenhygienischer Forderungen spielten als Mittel der negativen Eugenik, d. h. der Ausschaltung von der Fortpflanzung, neben Eheverboten v.a. die Asylierung und Sterilisierung der als erblich minderwertig angesehenen Bevölkerungsteile eine bedeutsame Rolle. Der von den Maßnahmen dieser negativen Eugenik betroffene Personenkreis blieb diffus und tendierte zur Ausweitung. Er umfasste »Geisteskranke, Idioten, Epileptiker, Alkoholiker, Blinde, Taubstumme, Krüppel und Invalide«, aber auch Hilfsschüler, Fürsorgezöglinge, Tuberkulöse und Empfänger von Armenunterstützung. So forderte der Rassenhygieniker Fritz Lenz (1887–1976) unter Berufung auf den sozialdemokratischen Sozialhygieniker Alfred Grotjahn (1869–1931), dass etwa ein Drittel der deutschen Bevölkerung als erbuntüchtig zu sterilisieren sei (Lenz 1921, S. 273).

Im Vergleich dazu hatte der Topos der »Euthanasie«, d. h. hier der Tötung aus rassenhygienischen Motiven, im Forderungskatalog der Rassenhygieniker auch im Hinblick auf die moralische Befindlichkeit der Bevölkerung eher eine untergeordnete Bedeutung. So argumentierte der Rassenhygieniker Fritz Lenz in den 20-er Jahren, dass es sich bei der Frage der »Euthanasie« »vorzugsweise um eine Frage der Humanität« handele:

> Selbst die altspartanische Aussetzung mißratener Kinder ist noch ungleich humaner als die gegenwärtig im Namen des »Mitleids« geübte Aufzucht auch der unglücklichsten Geschöpfe. (Lenz 1921, S. 306)

Allerdings würde durch die Freigabe der »Euthanasie«

> … die Achtung vor dem individuellen Leben, die eine wesentliche Grundlage der sozialen Ordnung ist, eine bedenkliche Einbuße erfahren. (Lenz 1921, S. 307)

1904 gründete Ploetz die wichtigste rassenhygienische Zeitschrift, das »Archiv für Rassen- und Gesellschaftsbiologie«; 1905 wurde die Berliner Gesellschaft für Rassenhygiene mit 31 Mitgliedern gegründet, unter ihnen der Schriftsteller Gerhart Hauptmann (1862–1946). 1910 folgte der Zusammenschluss zur Deutschen Gesellschaft für Rassenhygiene, deren Hauptziel der Ausbau der wissenschaftlichen Grundlegung der Rassenhygiene war. Zunächst arbeitete die Gesellschaft hinter verschlossenen Türen, sie trat jedoch in den 20-er Jahren immer mehr an die Öffentlichkeit. 1931 hatte die Gesellschaft 1085 Mitglieder. Eine Breitenwirkung erfuhr die Rassenhygiene durch den auf Initiative des Reichsbundes der Standesbeamten 1925 gegründeten Deutschen Bund für Volksaufartung und Erbkunde. Die **wissenschaftliche Institutionalisierung der Rassenhygiene** fand ihren Niederschlag in der Besetzung des ersten Lehrstuhls für Rassenhygiene an der Münchner Universität im Jahre 1923 mit Fritz Lenz, der zusammen mit dem Pflanzenzüchter und Genetiker Erwin Baur (1875–1933) und dem Rassenforscher Eugen Fischer (1874–1967) das erste Lehrbuch »Grundriß der menschlichen Erb-

lichkeitslehre und Rassenhygiene« (1921) herausgegeben hatte. 1927 folgte die Gründung des Kaiser-Wilhelm-Instituts für Anthropologie, menschliche Erblehre und Eugenik in Berlin-Dahlem (Schmuhl 2005). Die Abteilung für Eugenik wurde von dem Jesuitenpater Hermann Muckermann (1877–1962) geleitet. Neben der wissenschaftlichen Institutionalisierung der Rassenhygiene war es ein erklärtes Ziel der Rassenhygieniker, beratend auf sozial- und gesundheitspolitische Gremien einzuwirken. So wurde beim Preußischen Ministerium für Volkswohlfahrt ein Beirat für Rassenhygiene eingerichtet, und auch beim Preußischen Landesgesundheitsrat entstand ein Ausschuss für Rassenhygiene.

Gerade diese politikberatende Tätigkeit ist verantwortlich gewesen für die Implementierung der **rassenhygienischen Sterilisierung**, die bereits vor der Machtübernahme 1933 durch die Nationalsozialisten weitgehend abgeschlossen war. In diesem Zusammenhang hatte sich in den 20-er Jahren unter anderen der Zwickauer Medizinalrat Gustav Boeters (1869–1942) mit einem Gesetzentwurf hervorgetan. Dabei hatte er bereits vor 1933 rassenhygienische Sterilisierungen ohne gesetzliche Grundlage durchgeführt. Die rassenhygienische Sterilisierung wurde heftig diskutiert und von Ärzten, Ärztekammern, Verwaltungsfachleuten und Vertretern der evangelischen Kirche unterstützt. Der Centralausschuß für die Innere Mission der Deutschen Evangelischen Kirche hatte bereits im Januar 1931 eine Fachkonferenz für Eugenik einberufen und die Berücksichtigung erbpflegerischer Gesichtspunkte bei der Verteilung kirchlicher Fürsorgeleistungen empfohlen. Auch die rassenhygienisch indizierte Sterilisierung wurde von der Inneren Mission befürwortet, wobei auf die freiwillige Zustimmung der Betroffenen bei der Durchführung Wert gelegt wurde. Gleichwohl wurde das Gesetz zur Verhütung erbkranken Nachwuchses, das auch die zwangsweise Sterilisierung vorsah, in weiten Kreisen der evangelischen Kirche begrüßt. Hingegen lehnte die katholische Kirche aufgrund der päpstlichen Enzyklika *Casti Conubii* die rassenhygienische Sterilisierung grundsätzlich ab, zeigte sich in ihrem Widerstand gegen die Durchführung des Gesetzes jedoch so flexibel, dass auch katholische Ordensschwestern unter bestimmten

Umständen an Sterilisierungen mitwirken konnten (Schmuhl 1987, S. 305–311; Nowak 1977, S. 91ff).

Das am 1. Juli 1933 verkündete **Gesetz zur Verhütung erbkranken Nachwuchses** beruhte weitgehend auf Vorarbeiten des Ausschusses für Bevölkerungswesen und Eugenik des Preußischen Landesgesundheitsrates – mit dem entscheidenden Unterschied, dass das nationalsozialistische Gesetz die Sterilisierung der Betroffenen auf Beschluss der Erbgesundheitsgerichte auch dann vorsah, wenn die Betroffenen sich weigerten. Zwischen 1939 und 1945 sind etwa 400.000 Menschen der Zwangssterilisierung zum Opfer gefallen.

17.2.1 Rassenhygiene und psychiatrische Genetik

Innerhalb der Psychiatrie war es an erster Stelle der Schweizer Ernst Rüdin (1874–1952), der zusammen mit seinem Schüler Hans Luxenburger (1894–1976) für eine rassenhygienische Ausrichtung sorgte. Rüdin war übrigens mit einer Schwester von Alfred Ploetz verheiratet. Ausgehend von der angenommenen Gefahr der Entartung des deutschen Volkes hielt er es für notwendig, die erbbiologischen Grundlagen für entsprechende rassenhygienische Gegenmaßnahmen zu entwickeln. Mit seiner Arbeit über die Vererbung der Dementia praecox aus dem Jahr 1916 setzte er entscheidende methodische Standards für die **psychiatrische Erbforschung**, die auch international anerkannt wurden. Mithilfe statistischer Analysen entwickelte er die empirische Erbprognose, mit der die Wahrscheinlichkeit des Auftretens von psychiatrischen Krankheiten bei den Nachkommen von Erkrankten im Vergleich zur Allgemeinbevölkerung vorhergesagt werden konnte. Rüdin wurde 1917 Leiter der Genealogisch-Demographischen Abteilung der Deutschen Forschungsanstalt für Psychiatrie in München. Für sein ehrgeiziges Programm der erbmäßigen Durchforschung der deutschen Bevölkerung im Hinblick auf psychiatrische Krankheiten erhielt er für die damalige Zeit beispiellos hohe Fördergelder sowohl von der Rockefeller Foundation als auch von der Notgemeinschaft für die Deutsche Wissenschaft. Dabei verstand er seine psychiatrische Erbforschung keineswegs wertfrei, sondern hat

sich schon in den 20-er und dann verstärkt in den 30-er Jahren auf gesundheits- und sozialpolitisches Handeln ausgerichtet. So verwundert es nicht, dass er vorbehaltlos, ja begeistert für das Gesetz zur Verhütung erbkranken Nachwuchses eintrat und dessen offiziellen Kommentar mitverfasste.

Leitmotiv seiner wissenschaftlichen Forschungen und seiner politischen Einflussnahme war der Rassebegriff, der für ihn paradigmatisch für die Erbgesundheit eines Volkes stand (Roelcke 2002a, S. 26). Auch wenn für die meisten psychiatrischen Krankheiten, die im Gesetz zur Verhütung erbkranken Nachwuchses genannt waren, keine endgültig gesicherten empirischen Ergebnisse über den Erbgang und den Grad der Erblichkeit vorlagen, war Rüdin doch davon überzeugt, dass sich ihre Erblichkeit wissenschaftlich erweisen werde. Gleichzeitig trat er für eine Ausweitung der Sterilisierung auf die delinquenten und »sozial minderwertigen« Psychopathieformen ein, die »für die Gemeinschaft eine dauernde Gefahr oder in anderer Beziehung **Ballast-Existenzen**« darstellen würden (Roelcke 2002a, S. 44). Mit dem Begriff der »Ballastexistenzen« nahm Rüdin ein ökonomisches Motiv in seine rassenhygienische Argumentation auf, das auch in der Diskussion um die »Euthanasie« eine zentrale Rolle gespielt hat.

17.3 Die Debatten um die Euthanasie seit Ende des 19. Jahrhunderts

Die Auseinandersetzung um die Euthanasie, was übersetzt »der gute Tod« heißt, verstanden als Erlösung von einem als unerträglich empfundenen Leidenszustand mit (ärztlicher) Hilfe, begann in der zweiten Hälfte des 19. Jahrhunderts nicht etwa in der Medizin selbst, sondern in Literatur und Philosophie. Schriftsteller wie Paul Heyse oder Theodor Storm thematisierten in Erzählungen und Dramen bereits in den 80-er Jahren des 19. Jahrhunderts die Tötung auf Verlangen bei unheilbaren Erkrankungen (Linder u. Ort 2000).

> Auf eine stolze Art sterben, wenn es nicht mehr möglich ist, auf eine stolze Art zu leben. (Nietzsche 1889, S. 102)

Das forderte Friedrich Nietzsche 1889 in seiner Schrift »Götzen-Dämmerung« und nimmt damit Bezug auf ein zentrales Argument im Diskurs um die Euthanasie, nämlich das Recht eines jeden Menschen auf einen würdevollen Tod (s. auch Jost 1895, S. 37). Diese auf die individuelle Selbstbestimmung des Menschen zugeschnittene Forderung geriet bereits in Nietzsches Text zu einer Forderung, welche die individuelle Dimension übersteigt:

> Der Kranke ist ein Parasit der Gesellschaft. In einem gewissen Zustande ist es unanständig, noch länger zu leben. Das Fortvegetiren in feiger Abhängigkeit von Ärzten und Praktiken, nachdem der Sinn vom Leben, das **Recht** zum Leben verloren gegangen ist, sollte bei der Gesellschaft eine tiefe Verachtung nach sich ziehn. (Nietzsche 1889, S. 101f)

Und Nietzsche zieht aus seiner unbarmherzigen Einstellung Konsequenzen im Sinne einer »Moral für Ärzte«:

> Die Ärzte wiederum hätten die Vermittler dieser Verachtung zu sein … . Eine neue Verantwortlichkeit schaffen, die des Arztes, für alle Fälle, wo das höchste Interesse des Lebens, des **aufsteigenden** Lebens, das rücksichtsloseste Nieder- und Beiseite-Drängen des entartenden Lebens verlangt … . (Nietzsche 1889, S. 102, Hervorhebungen im Original)

Das Jahr 1895 stellt eine Zäsur für das Verständnis des Begriffs der Euthanasie dar: War er bis dahin als Kunst des Sterbens ohne Bezug zu einer absichtlichen Lebensverkürzung verstanden worden, findet sich in der Schrift von Adolf Jost »Das Recht auf den Tod« (1895) zum ersten Mal die Forderung nach der Freigabe der Tötung unheilbar kranker Menschen **auf deren Verlangen** hin explizit ausgesprochen. Auch wenn nach Jost die Tötung letztlich durch Mitleid motiviert sein sollte, so setzt sie doch eine Bestimmung des Individualwertes des Lebens voraus. Damit ist der entscheidende Schritt von der Wertschätzung des einzelnen menschlichen Lebens

als etwas Einmaligem hin zur Wertung seines Nutzens für das Kollektiv vollzogen worden.

1913 wurde in der Zeitschrift »Das monistische Jahrhundert«, die das Publikationsorgan des von Ernst Haeckel begründeten Monistenbundes war, der Gesetzesvorschlag des an einer Lungenkrankheit leidenden Roland Gerkan veröffentlicht, der sich leidenschaftlich für die Freigabe der Tötung auf Verlangen bei unheilbar kranken Menschen einsetzte:

> Es ist psychologisch leicht zu erklären, daß gesunde und rüstige Menschen der Euthanasie-Frage ursprünglich nur lau und gleichgültig gegenüberstehen. Erst wenn sie einen nahestehenden Menschen hoffnungslos leiden sehen oder gar selber in die Lage kommen, sich den Tod als Erlöser ersehnen zu müssen, – erst durch solche Erfahrung und Gefühlsbetonung offenbart sich das Problem in seiner ganzen Wucht, seiner erschütternden Lebendigkeit und Tragik. Auch ich kannte den Begriff der Euthanasie seit meiner Gymnasialzeit und habe stets gerne zugegeben, daß diese Wohltat erstrebenswert sei, doch erst als zunehmende Schwäche und Atemnot mich vor bald drei Jahren endgültig auf das Krankenbett niederzwangen, begann ich intensiv unter dem Gedanken zu leiden, daß Gesetz und Sitte die Euthanasie verpönen. Je mehr ich selber nach ihr zu schmachten begann, desto intensiver wurde auch der Drang, etwas für meine Schicksalsgefährten zu tun und einen Versuch zu machen, Mitleid und Pflichtbewußtsein der Welt aufzurütteln. … nebenan in der Apotheke ist für wenige Pfennige das Mittel zu haben, das mir Ruhe und Erlösung schaffen könnte. Doch nein, das ist nichts für mich: ich bin doch kein Haustier! ich bin ein Mensch und muß ausharren bis zuletzt, weil das so üblich ist. (Gerkan 1913, S. 172f)

Was hier aus einem individuellen Schicksal heraus geradezu anrührend dargestellt wird, erheischt Mitleid: Der lebensüberdrüssige, unheilbar kranke Mensch wird von einer überkommenen Rechtsordnung daran gehindert, von seinem Leiden erlöst zu werden. Grausamer als ein Tier lasse die Gesellschaft ihn leiden. Doch die Worte, die Gerkan unmittelbar anschließend formulierte, dekouvrieren den Zeitgeist, der entscheidend dazu beigetragen haben muss, warum er sich die Beendigung seines Lebens wünschte:

> Zu all dem gesellt sich noch das peinigende Bewußtsein, daß ich meinen Angehörigen schwer zur Last falle. Wenn auch die Opfer an Zeit, Arbeitskraft und Geld mir gern und mit liebevoller Hingebung gebracht worden – ein schändlicher Schmarotzer bleibe ich darum doch. Welch eine herzzerreißende und dabei doch groteske Energievergeudung, wenn man Aufwand und Erfolg gegeneinander abwägt! (Gerkan 1913, S. 172)

Nur der arbeitsfähige und gesunde Mensch genießt in dieser Argumentation ein uneingeschränktes Lebensrecht. Schwäche, Krankheit, Verlust der Arbeitskraft und Abhängigkeit von der Zuwendung anderer gelten als Faktoren, die die Wertbestimmung des menschlichen Lebens negativ werden lassen. Dem auf diese Weise negativ bewerteten menschlichen Leben gilt allein das Gefühl des Mitleids der Umgebung mit entsprechend tödlichen Konsequenzen. Dabei impliziert das Mitleidsmotiv kein solidarisches Einfühlen in die Situation schwer leidender Menschen, sondern oszilliert zwischen Betroffenheit und Verachtung. Die Unerträglichkeit der Leidenszustände führt zu dem Wunsch, diese zu beseitigen, auch um Preis der Tötung der Betroffenen – und darin liegt die Perversion.

Bereits 1913 wies der Bielefelder Richter Alfred Bozi auf die Gefahr der Ausweitung des »Euthanasie«-Postulats hin:

> Würde der Gerkansche Vorschlag verwirklicht werden, so würde die nächste Frage sein, warum denn die Wohltat, die dem Kranken auf dessen ausdrückliches Verlangen zuteil wird, dem versagt werden soll, der dieses Verlangen zu äußern nicht einmal mehr imstande ist. Von diesem Gesichtspunkte würde mit Recht auf die unheilbar Geistes-

kranken verwiesen werden, die, ohne eigenes Lebensbewußtsein und ohne Gewinn für die Allgemeinheit in den Irrenanstalten ihr Dasein fristen. (Bozi 1913, S. 579)

Was vor dem Ersten Weltkrieg noch als Diskussion innerhalb eines weltanschaulich gebundenen Zirkels erscheint, sollte nach dem Krieg eine wesentlich breitere Öffentlichkeit erreichen. Denn der Erste Weltkrieg hatte den Mythos entstehen lassen, es seien die besten des Volkes auf den Schlachtfeldern geopfert worden, während man in der Heimat ein Heer von Geisteskranken in den Anstalten künstlich am Leben erhalten habe. Auch wenn das Gegenteil der Fall war und Tausende von Anstaltspatienten den Hungertod gestorben waren (Faulstich 1998, S. 55–68), so diente dieser Topos doch ganz wesentlich der Radikalisierung der Debatte, die 1920 ihren Höhepunkt fand in der Veröffentlichung der Schrift des angesehenen Strafrechtslehrers Karl Binding (1841–1920) und des Psychiaters Alfred Hoche (1865–1943) mit dem Titel »Die Freigabe der Vernichtung lebensunwerten Lebens. Ihr Maß und ihre Form« (◘ Abb. 17.3). Hier findet sich die für die weitere Entwicklung des »Euthanasie«-Diskurses entscheidende argumentative **Verknüpfung zwischen vorausgesetztem individuellem Sterbewunsch und dem gesellschaftlichen Nutzwert** menschlichen Lebens. Auch Binding geht in seinem Beitrag von der Frage der Freigabe der Tötung auf Verlangen bei unheilbar Kranken aus und kommt zu dem Schluss:

> Daß es lebende Menschen gibt, deren Tod für sie eine Erlösung und zugleich für die Gesellschaft und den Staat insbesondere eine Befreiung von einer Last ist, deren Tragung außer dem einen, ein Vorbild größter Selbstlosigkeit zu sein, nicht den kleinsten Nutzen stiftet, läßt sich in keiner Weise bezweifeln. (Binding u. Hoche 1920, S. 28)

In diesem Zusammenhang verweist Binding neben den »zufolge Krankheit oder Verwundung unrettbar Verlorenen« und den durch Unfall bewusstlos Gewordenen insbesondere auf die Gruppe der »unheilbar Blödsinnigen«:

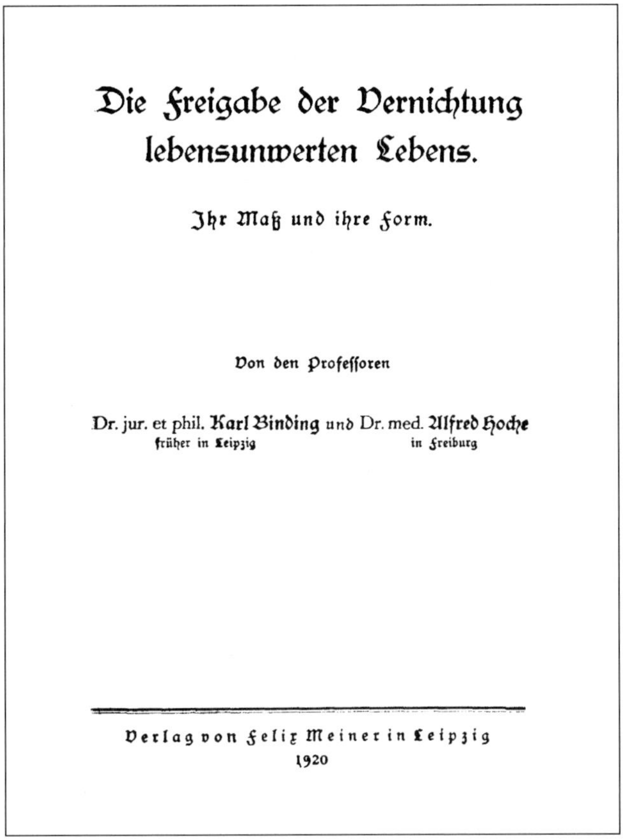

Abb. 17.3. Titelseite der Schrift von Binding und Hoche (1920)

Die freigabe der Vernichtung lebensunwerten Lebens.

Ihr Maß und ihre form.

Von den Professoren

Dr. jur. et phil. Karl Binding und Dr. med. Alfred Hoche
früher in Leipzig   in Freiburg

Verlag von felix Meiner in Leipzig
1920

Sie haben weder den Willen zu leben, noch zu sterben. So gibt es ihrerseits keine beachtliche Einwilligung in die Tötung, andererseits stößt diese auf keinen Lebenswillen, der gebrochen werden müßte. Ihr Leben ist absolut zwecklos, aber sie empfinden es nicht als unerträglich. Für ihre Angehörigen wie für die Gesellschaft bilden sie eine furchtbar schwere Belastung. Ihr Tod reißt nicht die geringste Lücke – außer vielleicht im Gefühl der Mutter oder der treuen Pflegerin. Da sie großer Pflege bedürfen, geben sie Anlaß, **daß ein Menschenberuf entsteht, der darin aufgeht, absolut lebensunwertes Leben für Jahre und Jahrzehnte zu fristen.** ... Wieder finde ich weder vom rechtlichen, noch vom sozialen, noch vom sittlichen, noch vom religiösen Standpunkt aus schlechterdings keinen Grund, die Tötung dieser Menschen, die das furchtbare Gegenbild echter Menschen bilden und fast in Jedem Entsetzen erwecken, der ihnen begegnet, freizugeben – natürlich nicht an Jedermann! In Zeiten höherer Sittlichkeit – der unseren ist aller Heroismus verloren gegangen – würde man diese armen Menschen wohl amtlich von sich selbst erlösen. Wer aber schwänge sich heute in unserer Entnervtheit zum Bekenntnis dieser Notwendigkeit, also solcher Berechtigung auf? (Binding u. Hoche 1920, S. 31f, Hervorhebungen im Original)

Der Psychiater Hoche definiert in seinen »Ärztlichen Bemerkungen« für die zu erlösenden Menschengruppen die Kategorie der »**geistig Toten**«, »deren Existenz am schwersten auf der Allgemeinheit lastet«. Ihnen fehle ein Selbstbewusstsein, das »einen subjektiven Anspruch auf Leben« begründen würde, sie seien Fremdkörper in der menschlichen Gesellschaft, zu keiner produktiven Leistung fähig. Er rechnet vor, wie viel Kapital dem Nationalvermögen durch die Pflege der »geistig Toten« entzogen würde (Binding u. Hoche 1920, S. 53–58). Diese Kategorisierung psychisch kranker und geistig behinderter Menschen als »geistig tote Ballastexistenzen« und ihr hier zunächst nur diskursiv vollzogener Ausschluss aus der menschlichen Gesellschaft sollten den fatalen Weg zur Rechtfertigung der Krankentötungen im Nationalsozialismus entscheidend bahnen.

Die Schrift von Binding und Hoche löste in der Weimarer Republik zwar ein zwiespältiges Echo aus, aber neben ablehnenden Stellungnahmen fanden sich auch konkrete Gesetzesvorschläge zur Legalisierung der Tötung auf Verlangen. Bedeutsam für die Einstellung der Bevölkerung zur »Euthanasie« behinderter Kinder wurde die Studie von Ewald Meltzer (1869–1940), Direktor des Katharinenhofes,

einer Einrichtung für geistig behinderte Kinder in Sachsen: Er befragte 200 Eltern »blödsinniger Kinder«, ob sie in die Erlösung ihrer Kinder einwilligen würden; unnter denen, die sich äußerten antworteten 119 mit »ja« und 43 mit »nein«. In der deutschen Psychiatrie selber gab es eine erschreckend geringe Auseinandersetzung mit den Thesen von Binding und Hoche (Meyer 1988).

1932 leistete der spätere Ordinarius für Psychiatrie in Jena Berthold Kihn (1895–1964) den Forderungen von Binding und Hoche Vorschub und nannte unter den rassenhygienisch begründeten Maßnahmen zur »Ausschaltung der Minderwertigen aus der Gesellschaft« auch die »**Vernichtung lebensunwerten Lebens**«. Die schwere wirtschaftliche Krise verbiete unnötige Ausgaben der öffentlichen Hand und erfordere ein radikaleres Vorgehen gegen die Minderwertigen (◗ Abb. 17.4). Dabei stellt Kihn die Frage,

◗ **Abb. 17.4.** Propagandatafel aus Neues Volk (1936)

17

… ob der Staat Existenzen mit fortschleppt, die eigentlich nie etwas anderes getan haben als gegessen, geschrien, Wäsche zerissen und das Bett beschmutzt. (Kihn 1932, S. 394)

Vereinzelte Stellungnahmen zur »Euthanasie«-Frage finden sich quer durch alle politischen und weltanschaulichen Lager, wobei tendenziell eher die »Erlösung« behinderter Neugeborener und Kinder als die Tötung erwachsener Anstaltspatienten in Erwägung gezogen wurde. Allerdings bestand ein weitgehender Konsens darüber, dass die

für die Pflege und Förderung der geistig Minderwertigen aufzuwendenden Kosten auf dasjenige Maß herabgesenkt werden, das auch von einem völlig ausgesogenen und verarmten Volke noch getragen werden kann. (Zit. nach Schwartz 1998, S. 633)

17.4 Von der »Euthanasie«-Debatte zur tödlichen Ausgrenzung: Zwangssterilisation und »Euthanasie« im Nationalsozialismus

Nach der Machtübernahme durch die Nationalsozialisten wurde der Vernichtungskampf gegenüber den als minderwertig definierten Menschengruppen mehr oder weniger offen auf drei Ebenen geführt, ohne dass es jedoch zu einer offiziellen Stellungnahme zur Freigabe der »Euthanasie« gekommen wäre:

— Zum einen wurden die rassenhygienischen Zielsetzungen mit breiter Unterstützung von Seiten der Ärzteschaft, des Justizapparates und der evangelischen Kirche in Form der Zwangssterilisation angeblich erbkranker Menschen in die Tat umgesetzt. In der evangelischen Kirche wurde die seelsorgerliche Begleitung und die Mitwirkung an der Zwangssterilisierung als von den »Erbkranken« zu erbringendes Opfer legitimiert.
— Gleichzeitig wurde eine massive rassenhygienische Propaganda mit Ausstellungen, Filmen und Lehrgängen sowie in Zeitschriften, Zei-

tungen, aber auch in den Schulen betrieben. Diese Propaganda richtete sich auch gegen die Anstaltspatienten und stellte die Sinnhaftigkeit der Pflege von Geisteskranken in Frage (◘ Abb. 17.5).

— Zugleich verschlechterte sich, bedingt durch die rigorosen Sparmaßnahmen, die Situation der Anstaltspatienten zusehends. Pflegepersonal und ärztliche Versorgung wurden ebenso reduziert wie der Verköstigungssatz und die räumliche Ausstattung der Anstalten. Es kam zu einer Triage der Versorgungsleistungen entsprechend den Heilungschancen und dem gesellschaftlichen Nutzwert der Kranken (Siemen 1987, S. 131–166).

So formulierte der Hannoversche Landesrat Andreae auf einer Sitzung des Deutschen Gemeindetages:

Schließlich bleibt aber noch ein kleiner Rest von Kranken, die gänzlich unheilbar, gemeinschafts- und arbeitsunfähig sind, mit denen nichts anzufangen ist und die nur gefüttert und bewahrt werden können. … Insbesondere kann ich in der Unterhaltung der vollidiotischen Kinder keine nationalsozialistische Aufgabe mehr erkennen. Daraus folgt, dass die Fürsorge für diese Personen in einfachster Weise zu erfolgen hat. (Protokoll der Sitzung des deutschen Gemeindetages vom 9.–10. Oktober 1936, Bundesarchiv Berlin R36/1845)

Wie sich diese Kombination aus massiver rassenhygienischer Propaganda und rigorosen Sparmaßnahmen auf die Versorgung der Patienten in den Anstalten ausgewirkt hat, lässt sich u. a. daran ablesen, dass Anzahl und Qualität der Einträge in den Krankengeschichten seit Anfang der 30-er Jahre deutlich abnehmen. Da die Anstalten zunehmend überbelegt wurden, gleichzeitig aber der Personalschlüssel bei Ärzten und Pflegern reduziert wurde, war wesentlich weniger Zeit vorhanden, sich mit den einzelnen Patienten näher zu beschäftigen. Gleichzeitig finden sich in einzelnen Fällen sprachliche Todesurteile, die auf die Kriterien des »geistigen Todes« im Sinne von Hoche zurückgrei-

Dieser Pfleger, ein gesunder kraftvoller
Mensch, ist nur dazu da, um diesen einen
gemeingefährlichen Irren zu betreuen.
Müssen wir uns dieses Bildes nicht
schämen?!

17

fen. So lautet eine Eintragung vom August 1938 in der Krankengeschichte der 32-jährigen Adelheid B., die sich seit 1927 in der Heil- und Pflegeanstalt Wiesloch unter der Diagnose »angeborener Schwachsinn« befand:

> Weiterhin entsetzlich schwierig u. störend. Lebensunwertes Leben!

Im Juni 1939 lautet der nächste Eintrag:

> Nichts Neues. Hat alle paar Wochen irgendeine Verletzung oder Eiterung. Übersteht aber jedes Malheur. – Tierischer als ein Tier.

Ziemlich genau ein Jahr später, am 25. Juni 1940 vermerkt der letzte Eintrag:

> Wird heute unverändert in eine außerbadische Anstalt abtransportiert. (Bundesarchiv Berlin, R 179/24496)

Hinter diesem unpersönlich-bürokratischen Vermerk verbirgt sich der letzte Weg der Adelheid B., der Weg in die Gasmordanstalt Grafeneck auf der Schwäbischen Alb, in der sie vermutlich noch an demselben Tag getötet wurde.

Ein anderer Eintrag in der Krankengeschichte der 47-jährigen unter der Diagnose Schizophrenie verwahrten Helene N., ebenfalls aus der Heil- und Pflegeanstalt Wiesloch, lautet im Juni 1939:

> Weiter so. Geistig tot. Das Krankenblatt sollte abgeschlossen werden, da sich auch in Zukunft nichts ändern wird. Der einzige Eintrag, der sich noch lohnt, ist die Notiz des Sterbedatums. (Bundesarchiv Berlin, R 179/24884)

Diese Extrembeispiele ärztlicher Urteile zeigen, wie weit das »Euthanasie«-Postulat bereits in die Köpfe einzelner Anstaltspsychiater hineindiffundiert war. Von hier aus war es nur ein kleiner Schritt, die Patienten bedenkenlos der Gemeinnützigen Krankentransportgesellschaft zu überlassen, die für den Transport in die Gasmordanstalten zuständig war. Die – wie oben dargelegt – seit Hoche und Binding (1920) geprägten Begriffe des »geistigen Todes« und des »lebensunwerten Lebens« hatten also einen entscheidenden Anteil an der im Vorfeld der physischen Vernichtung vollzogenen **Dehumanisierung** der Opfer. Sie dienten insbesondere dazu, das Mitgefühl mit den betroffenen Menschen als eine mögliche Hemmung des tödlichen Selektionsprozesses auszuschalten.

Die **Ausschaltung des Mitgefühls** war eine wesentliche Voraussetzung für die aktive Teilnahme am nationalsozialistischen »Euthanasie«-Programm. Dies verdeutlicht ein Brief des Kinderarztes F. Hölzel an den Direktor der Heil- und Pflegeanstalt Eglfing-Haar, Hermann Pfannmüller (1886–1961) vom August 1940. Hölzel begründet hier seine Ablehnung der Übernahme einer auf die Selektion und Ermordung von behinderten Kindern spezialisierten Kinderfachabteilung:

> Denn die neuen Maßnahmen [gemeint ist die »Euthanasie«] sind so überzeugend, daß ich glaubte, persönliche Bedenken zurücktreten lassen zu müssen. Aber es ist ein Anderes, staatliche Maßnahmen mit voller Überzeugung zu bejahen, ein Anderes, sie **selbst** in letzter Konsequenz durchzuführen. ... So lebhaft ich in vielen Fällen den Wunsch hätte, den natürlichen Ablauf verbessern zu können, so sehr widersteht es mir, dies als eine systematische Aufgabe

> nach kalter Überlegung und nach wissenschaftlich-sachlichen Richtlinien – nicht aus ärztlicher Gefühlsnötigung den Kranken gegenüber auszuführen. ... Und so kommt es, daß ich zwar bei der **Begutachtung** volle Objektivität zu wahren glaube, mich aber doch als ärztlicher Betreuer den Kindern irgendwie gefühlsmäßig verbunden fühle, und ich glaube, daß dieser Gefühlskontakt vom Gesichtspunkte des nationalsozialistischen Arztes kein Mangel ist. Aber es hindert mich, die neue Aufgabe mit den bisherigen zu vereinigen. (Klee 1985, S. 246f, Hervorhebung im Original)

Das Mitgefühl mit den ihm anvertrauten Menschen hinderte Hölzel an einer dauerhaften aktiven Teilnahme am Selektions- und Tötungsvorgang, auch wenn er angibt, die »Euthanasie«-Maßnahmen von einem übergeordneten Standpunkt aus für gerechtfertigt zu halten. Doch blieb dieses Bekenntnis zum Mitgefühl mit den Patienten, die nach objektiven, als wissenschaftlich angesehenen Kriterien selektiert werden sollten, eine seltene Ausnahme. Es war gerade die wissenschaftlich erscheinende Legitimation des Selektionsprozesses, die viele, auch hochrangige Psychiater zur direkten oder indirekten Beteiligung an den »Euthanasie«-Maßnahmen verleitete. Hinzu kam die Vorstellung, an der »Erlösung« nicht nur der einzelnen, betroffenen Menschen, sondern auch an der Sanierung des gesamten Volkskörpers mitzuwirken. Dabei sollten die durch die »Vernichtung lebensunwerten Lebens« eingesparten Mittel auch für aktive Therapie der heilbaren Patientengruppen eingesetzt werden. Gerade dieses Zusammenwirken von Heilen und Vernichten hat im Nationalsozialismus eine besondere Faszination ausgeübt (Schmuhl 1991).

Der »Euthanasie«-Debatte hatte jedoch nicht nur die Haltung und das Verhalten von Ärzten und Verwaltungsbeamten beeinflusst, auch manche Angehörige insbesondere von behinderten Kindern standen dem in der offiziellen Propaganda nur verschleiert vermittelten »Erlösungsgedanken« offen gegenüber. So finden sich im Zusammenhang mit der **Kindereuthanasie** neben Protesten und Rettungsversuchen der Eltern eben manche zustimmenden Reaktionen. Einige Eltern haben in

Briefen an die Ärzte in den Kinderfachabteilungen ihren Erlösungswunsch mehr oder weniger offen zum Ausdruck gebracht (Lutz 2001). So schrieb der Vater des zweijährigen Heinz an den Leiter der Anstalt Eichberg:

> Es ist fürwahr für uns eine schwere Aufgabe, ein Kind noch lebend zu wissen, u. keine Rettung mehr in Aussicht. Was Ihm noch bleibt vom Leben, das ist sein Leiden, ein Leiden womöglich ohne Ende. … So haben wir nur noch eine Bitte an Sie, wenn schon keine Rettung u. Besserung, oder mit der Zeit eine Heilung vorhanden ist; so lasst den kleinen, lieben Jungen nicht mehr allzulange sein schweres Leiden ertragen. (Hessisches Hauptstaatsarchiv Wiesbaden, Abt. 430/1, Nr. 11074; vgl. Hohendorf et al. 1999, S. 228f)

Gerade die letztgenannten Beispiele zeigen, dass die »Euthanasie«-Debatte, die unter anderen politischen Bedingungen und ohne Bezug zum Nationalsozialismus begonnen worden war, eine mittelbar tödliche Fernwirkung entwickeln konnte. Die Schrift von Binding und Hoche mit den prägenden Begriffen des »lebensunwerten Lebens«, der »Ballastexistenzen« in den Heil- und Pflegeanstalten und der fehlenden Existenzberechtigung der »geistig Toten« hat für die ärztliche und bürokratische Funktionselite, die die Massentötungen plante und durchführte, wahrscheinlich aber auch für die unmittelbaren Exekutoren der Vergasungen, die entscheidenden Begründungsmuster geliefert, ihr Handeln zu rechtfertigen. Sie ist sicherlich auch für den geringen Widerstand verantwortlich, der von Seiten der Anstaltspsychiater dem Abtransport ihrer Patienten entgegengesetzt wurde.

Erschütternderweise hat im Nationalsozialismus das Argument der Ersetzbarkeit von geistig behinderten Kindern durch ein gesundes Kind eine große Rolle für die Rechtfertigung der »Kindereuthanasie« gespielt. So heißt es in einem Brief des Heidelberger Kinderarztes Prof. Duken an den Vater des zweijährigen, geistig behinderten Klaus:

> Heute morgen habe ich die Nachricht von Herrn Prof. Schneider erhalten, dass am Freitag Ihr Kind in eine andere Anstalt verlegt wird. … Ich möchte Ihnen in diesem Augenblick raten, Ihrer Gattin zunächst gar nichts zu sagen, damit sie dann einfach eines Tages vor der festen Tatsache steht. … Ich benutze diese Gelegenheit und ganz besonders auch Ihrer Gattin, von allen Herzen alles Gute für die Zukunft zu wünschen. Möchte der Kummer sich bald verziehen und dann der **Raum für neues Werden** frei werden! (Brief Prof. Duken an den Vater vom 22. 7. 1942, Universitätsarchiv Heidelberg, Krankenaktenbestand Kinderklinik, Prot. Nr. 1196/1942, Hervorhebung durch die Verfasser; vgl. Hohendorf u. Rotzoll 2004, S. 139f)

Klaus starb wenige Tage nach seiner Aufnahme in die Kinderfachabteilung Eichberg am 7.8.1942.

Die Frage, ob die Eltern nach der Tötung ihres geistig behinderten Kindes zur Zeugung weiterer Kinder angehalten werden sollten, war auch und gerade unter Kriegsbedingungen von entscheidender rassenhygienischer und bevölkerungspolitischer Bedeutung. Sie wurde Inhalt eines Forschungsprojekts an der Heidelberger Psychiatrischen Klinik unter Carl Schneider (1891–1946), das die Kanzlei des Führers als zentrale Steuerungsinstanz der »Euthanasie«-Maßnahmen finanzierte. C. Schneider untersuchte ab 1942 etwa 54 geistig behinderte Kinder in seiner Klinik, um die erblichen und exogenen Ursachen der verschiedenen Schwachsinnsformen zu erforschen. 21 von ihnen sind in der Landesheilanstalt Eichberg ermordet worden, um die Gehirne in Heidelberg untersuchen und die klinischen Befunde mit dem pathologisch-anatomischen Hirnbefund korrelieren zu können. Dabei war die Feststellung einer erblichen bzw. exogenen Ursache des Schwachsinns von entscheidender Bedeutung für die eugenische Beratung der Eltern, in dem Sinne, dass diese bei Ausschluss einer Erbkrankheit zu weiterer Zeugung angehalten werden sollten (Hohendorf et al. 1996). Dementsprechend wurden die Heidelberger Forschungen von Rüdin aus rassenhygienischer Sicht unterstützt. So schrieb Rüdin im Oktober 1942 an den Reichsgesundheitsführer:

Rassenhygienisch von hervorragender Wichtigkeit, weil bedeutsam als Grundlage zu einer humanen und sicheren Gegenwirkung gegen kontraselektorische Vorgänge jeder Art in unserem deutschen Volkskörper wäre die Erforschung der Frage, **welche Kinder (Kleinkinder) können, als Kinder schon, klinisch und erbbiologisch** (sippenmässig) **so einwandfrei als minderwertig eliminationswürdig charakterisiert werden, daß sie mit voller Überzeugung und Beweiskraft den Eltern bez. gesetzlichen Vertretern sowohl im eigenen Interesse als auch in demjenigen des deutschen Volkes** zur Euthanasie empfohlen werden können? (Max-Planck-Institut für Psychiatrie, München, Historisches Archiv, GDA 129, Brief Rüdin an Dr. Schütz, Hervorhebungen im Original)

Somit schließt sich der Kreis von der »Neugeboreneneuthanasie« in der rassenhygienischen Utopie von Alfred Ploetz zu der als wissenschaftlich begriffenen Legitimation der Praxis der »Kindereuthanasie« im Nationalsozialismus.

Fazit

Fragen wir abschließend nach den ideengeschichtlichen Voraussetzungen und den Bedingungen, die die »Vernichtung lebensunwerten Lebens« im Nationalsozialismus ermöglichten, lassen sich die Wurzeln des Verlusts des Mitgefühls gegenüber kranken und in ihrer Teilhabe am gesellschaftlichen Leben eingeschränkten Menschen bis zu den sozialdarwinistischen Gesellschaftsutopien des ausgehenden 19. Jahrhunderts verfolgen. Unter dem Topos der Verherrlichung überindividueller Sozialstrukturen wie Rasse, Volk und Gemeinschaft wurden Menschen, die in diesem Gefüge störten bzw. als nicht voll leistungsfähig bewertet wurden, als Gefahr für den Fortbestand der Gesellschaft angesehen. Deshalb wurden unterschiedliche Strategien zu ihrer Eliminierung entwickelt. Die Rassenhygiene setzte auf die Ausschaltung von der Fortpflanzung, die »Euthanasie«-Debatte stellte ihre Lebensberechtigung unter dem Aspekt der von der Gesellschaft angeblich nicht mehr zu tragenden ökonomischen Lasten in Frage.
Beide Diskurse konvergierten in einer massiven Entwertung von Menschengruppen, die als rassisch bzw.

erbbiologisch minderwertig etikettiert wurden oder deren fehlende produktive Leistung für die Gemeinschaft zum Diktum des »Lebensunwertes« führte. Berührungspunkte gab es insbesondere bei der »Kinder- und Neugeboreneuthanasie«, die sowohl vom rassenhygienischen Standpunkt sinnvoll erschienen als auch vom »Erlösungsgedanken« her gerechtfertigt werden sollte. In ethischer Hinsicht berief man sich auf Notwendigkeit der Überwindung der als kontraselektorisch angesehen traditionellen ethischen Prinzipien der Fürsorge, der Nächstenliebe und der Barmherzigkeit. Dabei nahm man Bezug auf eine höhere, letztlich biologisch begründete Sittlichkeit. Es war v. a. die Brutalisierung der Sprache im Sinne eines wörtlich verstandenen »Kampfes ums Dasein«, die die betroffenen Menschengruppen zunächst sprachlich aus der Gesellschaft ausschloss, um sie dann unter den nochmals radikalisierten Bedingungen des Zweiten Weltkrieges der Vernichtung preiszugeben. Die anhand von sprachlichen Todesurteilen illustrierte Abtötung des Mitgefühls (▶ Abschn. 17.4) war eine wesentliche Voraussetzung dafür, dass sich so viele Menschen, Psychiater und andere Berufsgruppen, mit oder ohne Skrupel an den Krankenmordaktionen im Nationalsozialismus beteiligten.
So fasst Hans-Walter Schmuhl seine Analyse der aggressiven Potenziale, die dem rassenhygienischen Diskurs innewohnen, wie folgt zusammen:

> Die Sprache ist verräterisch, sie offenbart eine gleichsam überschießende Radikalität, die unter bestimmten Umständen in der Realität eingeholt werden kann. (Schmuhl 1997, S. 761)

Und er beruft sich auf Oskar Hertwig, der bereits 1918 schrieb:
Man glaube doch nicht, daß die menschliche Gesellschaft ein halbes Jahrhundert lang Redewendungen wie unerbittlicher Kampf ums Dasein, Auslese des Passenden, des Nützlichen, des Zweckmäßigen, Vervollkommnung durch Zuchtwahl usw. in ihrer Übertragung auf die verschiedensten Gebiete wie tägliches Brot gebrauchen kann, ohne in der ganzen Richtung der Ideenbildung tiefer und nachhaltiger beeinflußt zu werden. (Hertwig 1918, S. 2)

Literatur

Aly G (Hrsg) (1989) Aktion T4 1939–1945. Die »Euthanasie«-Zentrale in der Tiergartenstraße 4 (Stätten der Geschichte Berlins 26), 2. Aufl. Edition Hentrich, Berlin

Becker PE (1988) Zur Geschichte der Rassenhygiene. Wege ins Dritte Reich. Thieme, Stuttgart

Becker PE (1990) Sozialdarwinismus, Rassismus, Antisemitismus und Völkischer Gedanke. Wege ins Dritte Reich Teil II. Thieme, Stuttgart

Benzenhöfer U (2000) »Kinderfachabteilungen« und »NS-Kindereuthanasie« (Studien zur Geschichte der Medizin im Nationalsozialismus 1). GWAB-Verlag, Wetzlar

Binding K, Hoche A (1920) Die Freigabe der Vernichtung lebensunwerten Lebens. Ihr Maß und ihre Form. Meiner, Leipzig

Bozi A (1913) Euthanasie und Recht. Das Monistische Jahrhundert 7(2): 576–580

Burleigh M (1994) Death and deliverance. »Euthanasia« in Germany cf. 1900–1945. – Dt. Übersetzung: Tod und Erlösung. Euthanasie in Deutschland. Pendo, Zürich München (2002)

Darwin C (1859) On the origin of species by means of natural selection: or the preservation of favored races in the natural struggle for life. – Zit. nach der dt. Übersetzung: Über die Entstehung der Arten durch die natürliche Zuchtwahl oder die Erhaltung der begünstigten Rassen im Kampf ums Dasein. Wissenschaftliche Buchgesellschaft, Darmstadt (1988)

Darwin C (1871) The descent of man and selection in relation to sex. Vol I, II. John Murray, London

Dirksen E (1926) Asoziale Familien. Zeitschrift für Volksaufartung und Erbkunde, Bd 1: 11–17

Faulstich H (1998) Hungersterben in der Psychiatrie. Mit einer Topographie der NS-Psychiatrie. Lambertus, Freiburg

Faulstich H (2000) Die Zahl der »Euthanasie«-Opfer. In: Frewer A, Eickhoff C (Hrsg) »Euthanasie« und die aktuelle Sterbehilfe-Debatte. Campus, Frankfurt/M, S 218–234

Friedlander H (1995) The origins of Nazi genocide. From euthanasia to the final solution. – Dt. Übersetzung: Der Weg zum NS-Genozid. Von der Euthanasie zur Endlösung. Berlin Verlag, Berlin (1997)

Gerkan R (1913) Euthanasie. Das Monistische Jahrhundert 7(2) : 169–173

Gobineau A de (1853–1856) Essai sur l'inégalité des races humaines. Firmin-Didot, Paris

Günther HFK (1922) Rassenkunde des deutschen Volkes. Fritz Lehmann, München

Haeckel E (1863) Über die Entwicklungstheorie Darwins. In : Haeckel E (1924, Hrsg H Schmidt) Gemeinverständliche Werke Bd 5, Kröner Verlag-Henschel Verlag, Leipzig Berlin, S 3–32

Haeckel E (1908) Die Welträtsel. Gemeinverständliche Studien über monistische Philosophie. Alfred Kröner, Leipzig

Haeckel E (1924) Natürliche Schöpfungsgeschichte. Erster Teil. In: Schmidt H (Hrsg) Gemeinverständliche Werke Bd 1. Kröner Verlag-Henschel Verlag, Leipzig Berlin

Hertwig O (1916) Das Werden der Organismen. Eine Widerlegung von Darwins Zufallstheorie. Fischer, Jena

Hertwig O (1918) Zur Abwehr des ethischen, des sozialen und des politischen Darwinismus. Fischer, Jena

Hinz-Wessels A, Fuchs P, Hohendorf G, Rotzoll M (2005) Zur bürokratischen Abwicklung eines Massenmords. Die »Euthanasie«-Aktion im Spiegel neuer Dokumente. Vierteljahrshefte für Zeitgeschichte 53: 79–107

Hohendorf G, Rotzoll M (2004) »Kindereuthanasie« in Heidelberg. In: Beddies T, Hübener K (Hrsg) Kinder in der NS-Psychiatrie (Schriftenreihe zur Medizin-Geschichte des Landes Brandenburg 10). be.bra, Berlin, S 125–148

Hohendorf G, Roelcke V, Rotzoll M (1996) Innovation und Vernichtung. Psychiatrische Forschung und »Euthanasie« an der Heidelberger Psychiatrischen Klinik 1939–1945. Nervenarzt 67: 935–946

Hohendorf G, Weibel-Shah S, Roelcke V, Rotzoll M (1999) Die »Kinderfachabteilung« der Landesheilanstalt Eichberg 1941 bis 1945 und ihre Beziehungen zur Forschungsabteilung der Psychiatrischen Universitätsklinik Heidelberg unter Carl Schneider. In: Vanja C, Haas S, Deutschle G, Eirund W, Sandner P (Hrsg) Wissen und Irren. Psychiatriegeschichte aus zwei Jahrhunderten – Eberbach und Eichberg (Historische Schriftenreihe des Landeswohlfahrtsverbandes Hessen, Quellen und Studien 6). Eigenverlag des LWV Hessen, Kassel, S 221–243

Hohendorf G, Rotzoll M, Richter P, Eckart W, Mundt C (2002) Die Opfer der nationalsozialistischen »Euthanasie-Aktion T4«. Erste Ergebnisse eines Projektes zur Erschließung von Krankenakten getöteter Patienten im Bundesarchiv Berlin. Nervenarzt 73: 1065–1074

Jost A (1895) Das Recht auf den Tod. Dieterich, Göttingen

Kihn B (1932) Die Ausschaltung der Minderwertigen aus der Gesellschaft. Allgemeine Zeitschrift für Psychiatrie und gerichtliche Medizin 98: 387–404

Klee E (1983) »Euthanasie« im NS-Staat. Die »Vernichtung lebensunwerten Lebens«. Fischer, Frankfurt/M

Klee E (Hrsg) (1985) Dokumente zur »Euthanasie«. Fischer Taschenbuch, Frankfurt/M

Koch HJW (1973) Der Sozialdarwinismus. Seine Genese und sein Einfluß auf das imperialistische Denken. Beck, München

Koch JLA (1891) Die psychopathischen Minderwertigkeiten. Maier, Ravensburg

Kraepelin E (1903) Psychiatrie – Ein Lehrbuch für Studierende und Ärzte Bd 1, 7. Aufl. Johann Ambrosius Barth, Leipzig

Lenz F (1921) Menschliche Auslese und Rassenhygiene (Eugenik) (Baur E, Fischer E, Lenz F: Menschliche Erblichkeitslehre Bd 2), 3. Aufl. Lehmannns, München (1931)

Linder J, Ort C-M (2000) »Recht auf den Tod« – »Pflicht zum Sterben«. Diskurse über Tötung auf Verlangen, Sterbehilfe und »Euthanasie« in Literatur, Recht und Medizin des 19. und 20. Jahrhunderts. In: Barsch A, Hejl PM (Hrsg) Menschenbilder. Zur Pluralisierung der Vorstellung von der menschlichen Natur (1850–1914). Suhrkamp, Frankfurt/M, S 260–319

Lutz P (2001) NS-Gesellschaft und »Euthanasie«: die Reaktionen der Eltern ermordeter Kinder. In: Mundt C, Hohendorf G, Rotzoll M (Hrsg) Psychiatrische Forschung und NS-»Euthanasie«. Beiträge zu einer Gedenkveranstaltung an der Psychiatrischen Universitätsklinik Heidelberg. Wunderhorn, Heidelberg, S 97–113

Meyer JE (1988) »Die Freigabe der Vernichtung lebensunwerten Lebens« von Binding und Hoche im Spiegel der deutschen Psychiatrie vor 1933. Nervenarzt 59: 85–91

Neues Volk – Monatszeitschrift des Rassenpolitischen Amts der NSDAP (1933) Jg. 1, Heft 5, S 16

Neues Volk – Monatszeitschrift des Rassenpolitischen Amts der NSDAP (1936) Jg. 4, Heft 3, S 38

Nowak K (1977) »Euthanasie« und Sterilisierung im Dritten Reich. Die Konfrontation der evangelischen und katholischen Kirche mit dem »Gesetz zur Verhütung erbkranken Nachwuchses« und der »Euthanasie«-Aktion (Arbeiten zur Geschichte des Kirchenkampfes, Ergänzungsreihe 12). Vandenhoeck & Ruprecht, Göttingen (1978)

Nietzsche F (1889) Götzen-Dämmerung oder Wie man mit dem Hammer philosophiert, C. G. Naumann, Leipzig

Ploetz A (1895) Die Tüchtigkeit unsrer Rasse und der Schutz der Schwachen: Ein Versuch über Rassenhygiene und ihr Verhältnis zu den humanen Idealen, besonders zum Socialismus. S. Fischer, Berlin

Roelcke V (1997) Biologizing social facts. An early 20th century debate on Kraepelin's concepts of culture, neurastenia and degeneration. Culture Med Psychiatry 21: 383–403

Roelcke V (2000) Psychiatrische Wissenschaft im Kontext nationalsozialistischer Politik und »Euthanasie«. Zur Rolle von Ernst Rüdin und der deutschen Forschungsanstalt für Psychiatrie/Kaiser-Wilhelm-Institut. In: Kaufmann D (Hrsg) (2000): Geschichte der Kaiser-Wilhelm-Gesellschaft im Nationalsozialismus – Bestandaufnahme und Perspektiven der Forschung Bd. 1/1. Wallstein, Göttingen, S 112–150

Roelcke V (2002a) Programm und Praxis der psychiatrischen Genetik an der Deutschen Forschungsanstalt für Psychiatrie unter Ernst Rüdin: Zum Verhältnis von Wissenschaft, Politik und Rasse-Begriff vor und nach 1933. Medizinhistor J 37: 21–55

Roelcke V (2002b) Zeitgeist und Erbgesundheitsgesetzgebung im Europa der 1930er Jahre. Eugenik, Genetik und Politik im historischen Kontext. Nervenarzt 73: 1019–1030

Schallmeyer W (1891) Über die drohende Entartung der Kulturvölker. 2. Aufl. Heuser, Berlin Neuwied (1911)

Schallmeyer W (1903) Vererbung und Auslese im Lebenslauf der Völker. Gustav Fischer, Jena (1904)

Schmuhl H-W (1987) Rassenhygiene, Nationalsozialismus, Euthanasie. Von der Verhütung zur Vernichtung ‚lebensunwerten Lebens‘, 1890–1945 (Kritische Studien zur Geschichtswissenschaft 75), 2. Aufl. Vandenhoeck & Ruprecht, Göttingen (1992)

Schmuhl H-W (1991) Reformpsychiatrie und Massenmord. In: Prinz M, Zitelmann R (Hrsg) Nationalsozialismus und Modernisierung, 2. Aufl. Wissenschaftliche Buchgesellschaft, Darmstadt (1994), S 239–266

Schmuhl H-W (1997) Eugenik und »Euthanasie« – Zwei Paar Schuhe? Eine Antwort auf Michael Schwartz. Westf Forsch 47: 758–762

Schmuhl H-W (2005) Grenzüberschreitungen. Das Kaiser-Wilhelm-Institut für Anthropologie, menschliche Erblehre und Eugenik 1927–1945. Geschichte der Kaiser-Wilhelm-Gesellschaft im Nationalsozialismus, Bd. 9. Göttingen, Wallstein

Schwartz M (1998) »Euthanasie«-Debatten in Deutschland (1895–1945). Vierteljahrshefte für Zeitgeschichte 46: 617–665

Siemen H-L (1987) Menschen blieben auf der Strecke … . Psychiatrie zwischen Reform und Nationalsozialismus. Jakob van Hoddis, Gütersloh

Spencer H (1876–1896) The principles of sociology. Williams and Nordgate, London

Topp S (2004) Der »Reichsausschuß zur wissenschaftlichen Erfassung erb- und anlagebedingter schwerer Leiden«. Zur Organisation der Ermordung minderjähriger Kranker im Nationalsozialismus 1939–1945. In: Beddies T, Hübener K (Hrsg) (2004): Kinder in der NS-Psychiatrie (Schriftenreihe zur Medizin-Geschichte des Landes Brandenburg 10). be.bra, Berlin, S 17–54

Tille A (1893) Ostlondon als Nationalheilanstalt. Zukunft 5: 268–273

de Vries H (1906) Arten und Varietäten und ihre Entstehung durch Mutation. Borntraeger, Berlin

Weber MM (2004) Lebensstil und ätiologisches Konzept: Rassenhygienische Tendenzen bei Emil Kraepelin. In: Brüne M, Payk T (Hrsg) Sozialdarwinismus, Genetik und »Euthanasie«. Menschenbilder in der Psychiatrie. Wissenschaftliche Verlagsgesellschaft, Stuttgart, S 71–91

Weindling P (1989) Health, race and German politics between national unification and Nazism 1870–1945. Cambridge University Press, Cambridge

Weingart P, Kroll J, Bayertz K (1988) Rasse, Blut und Gene. Geschichte der Eugenik und Rassenhygiene in Deutschland. Suhrkamp, Frankfurt/M

Weismann A (1892) Das Keimplasma. Eine Theorie der Vererbung, Gustav Fischer, Jena

Wilmanns JC (2000) Ethische Normen im Arzt-Patienten-Verhältnis auf der Grundlage des Hippokratischen Eides. In: Knoepffler N, Haniel A (Hrsg) Menschenwürde und medizinethische Konfliktfälle. Hirzel, Stuttgart, S 203–220

Zmarzlik H-G (1963) Der Sozialdarwinismus in Deutschland als geschichtliches Problem. Vierteljahrshefte für Zeitgeschichte 11: 246–273

Danksagung

Die in der Arbeit zitierten Krankengeschichten von Opfern der »Aktion T4« wurden im Rahmen des DFG-Projekts HO 2208/2-(1–3) »Wissenschaftliche Erschließung und Auswertung des Krankenaktenbestandes der nationalsozialistischen ‚Euthanasie‘-Aktion T4« (Antragsteller Gerrit Hohendorf, Christoph Mundt und Wolfgang U. Eckart, Klinik für Allgemeine Psychiatrie und Medizinhistorisches Institut der Universität Heidelberg) unter Mitarbeit von Petra Fuchs und Maike Rotzoll (Bearbeiterinnen), Paul Richter, Annette Hinz-Wessels, Martin Roebel, Christine Hoffmann, Babette Reicherdt, Philipp Rauh, Stephanie Schmitt, Sascha Topp und Nadin

Zierau ausgewertet. Eine zusätzliche Förderung erfolgte durch die Boehringer-Ingelheim-Stiftung und die Medizinische Fakultät der Universität Heidelberg. Ein besonderer Dank gilt der freundlichen Unterstützung durch das Bundesarchiv Berlin, namentlich Herrn Archivoberrat Matthias Meissner.

Für die Erschließung der Rüdin-Korrespondenz im Historischen Archiv des Max-Planck-Instituts für Psychiatrie danken wir Herrn Prof. Dr. Volker Roelcke, Gießen.

17

Handlungsmotivation der NS-Euthanasieärzte

Michael von Cranach

18.1 Einführung

Zwischen 1939 und 1945 sind im damaligen deutschen Reichsgebiet ca. 180.000 psychisch erkrankte Menschen von Ärzten getötet worden. Die Zahl der in diesem Zeitraum getöteten psychisch Kranken in den besetzten Ländern Europas, insbesondere in den östlichen Ländern, ist nicht einmal ungefähr bekannt, aber wahrscheinlich wesentlich höher. Über das, was damals in Deutschland geschah, wissen wir zwischenzeitlich viel, über die Tötungsmaschinerie, über die Täter und Opfer, über die administrativen Abläufe. Die dokumentarische und historische Aufarbeitung dieser Ereignisse war nicht nur mühsam und schwierig, was in der Natur der Sache selbst liegt, sondern über einen längeren Zeitraum unterbrochen durch Verdrängung und Verleugnung. Die Alliierten, insbesondere die Amerikaner, haben sich in der unmittelbaren Nachkriegszeit intensiv mit der Dokumentation des Geschehens befasst und damit die Beweislage geschaffen für die Nürnberger Ärzteprozesse, die auch zur Verurteilung einiger Hauptverantwortlicher des Euthanasieprogramms führten. Die juristische Bewertung der in den Nürnberger Ärzteprozessen verhandelten ärztlichen Untaten ist zu einem Grundstein unserer heutigen Medizinethik geworden. Danach schien jedoch das Interesse an der weiteren Aufarbeitung zum Erliegen zu kommen. Durch den beginnenden kalten Krieg und die Wandlung des mittlerweile zweigeteilten Deutschlands verloren die Alliierten die Motivation, dieses Geschehen weiter zu beleuchten. Die deutsche Justiz zeigte immer weniger Interesse, die lokalen Täter zu verfolgen. Die Verbreitung der eindrucksvollen Dokumentation der Nürnberger Ärzteprozesse von Mitscherlich und Mielke (1995) im Auftrag der hessischen Ärztekammer wurde aktiv behindert und war erst später einem größeren Publikum zugänglich, Gerhard Schmidt (1983) fand jahrelang keinen Verleger für sein Buch.

Die Veröffentlichungen bis zur Mitte der 70-er Jahre waren äußerst spärlich und nicht selten geprägt durch eine apologetische oder gar verharmlosende Darstellung. Doch danach änderte sich die Situation. Die Veröffentlichung des Journalisten Ernst Klee (1983) »Euthanasie im NS-Staat« offenbarte ein neues wachsendes Interesse von Seiten

der Bevölkerung an der Aufarbeitung auch dieses Themas der Nazi-Vergangenheit. Die beginnende Psychiatriereform führte viele junge Psychiater aus den Universitäten in die psychiatrischen Anstalten, um diese umzugestalten. Konfrontiert mit Strukturen, die das damalige Grauen ermöglicht hatten, erkannten sie, dass die Psychiatriereform nur in Gang gesetzt werden konnte, wenn diese Vergangenheit bearbeitet würde. So sind mittlerweile eine Vielzahl von lokalen Dokumentationen entstanden, die – auch wenn sie nicht immer wissenschaftlich-methodischen Standards der historischen Forschung genügen – einen wertvollen Beitrag geliefert haben, um sichtbar zu machen, was damals geschah. Gleichzeitig sollte diese Aufarbeitungsarbeit die Opfer würdigen und durch eine klare und auch emotionale Verurteilung dieser von der Psychiatrie begangenen unmenschlichen Taten eine deutliche Zäsur herbeiführen.

Zeitgleich begann auch seitens der Historiker und insbesondere der Medizinhistoriker eine intensive wissenschaftliche Bearbeitung des Themas. Hinzu kommt, dass zwischenzeitlich viele neue Quellen zur Verfügung stehen, die es heute ermöglichen, ein umfassenderes Bild der damaligen Ereignisse zu zeichnen, obwohl es immer noch graue Bereiche gibt (die Rolle der Industrie in den psychiatrischen Kliniken, das Schicksal der Ostarbeiter in der Psychiatrie). Wir wissen also mit großer Genauigkeit und Zuverlässigkeit, was passiert ist. Wir wissen auch recht genau, wie es dazu kam, kennen die administrativen Anordnungen und Abläufe, die dazu führten, dass Psychiater ihre Patienten töteten. Am schwierigsten zu beantworten ist die Frage, die sich sicherlich jeder Arzt, der sich mit dieser Thematik beschäftigt hat, gestellt haben wird: Wie hätte ich in der damaligen Situation gehandelt? Die Biographien der Täter, sowohl der Organisatoren wie der Vollstrecker vor Ort, machen deutlich, dass es sich in der Regel nicht um Sonderlinge oder Menschen mit einer abnormen Persönlichkeit handelte, die unter den damaligen Verhältnissen eine berufliche Karriere machten, sondern vielmehr um gebildete, kluge Ärzte, von denen einige auch in der Zeit davor sozusagen zur Elite, zu den Fortschrittlichen innerhalb der Psychiatrie gehörten (Pötzl 1995). Wie konnte es sein, dass diese Menschen, um es mit Mitscherlichs Worten zu sagen, Untaten begangen »von so ungezügelter und zugleich bürokratisch-sachlich organisierter Lieblosigkeit, Bosheit und Mordgier, dass niemand ohne tiefste Scham darüber zu lesen vermag«?

Eine Reihe von bedingenden oder bahnenden Faktoren sind diskutiert worden in dem Versuch, zu erklären bzw. zu verstehen, wie es kommen konnte, dass unsere Väter oder Großväter auf diese Weise handelten. Im Folgenden sollen in kritischer Weise bisherige Erklärungsversuche diskutiert und ergänzt werden. Aussagen der Täter und Beteiligten, vorwiegend aus der Heil- und Pflegeanstalt Kaufbeuren/Irsee, sollen dabei die Gedanken verdeutlichen. Die zitierten Äußerungen finden sich, wenn nicht anders vermerkt, in von Cranach und Siemen (1999).

Bevor jedoch auf die einzelnen Erklärungsansätze eingegangen wird, muss kurz der konkrete Ablauf der Taten geschildert werden. Die Rekonstruktion der Tat ist wie bei jedem Verbrechen Hilfsmittel zur Beurteilung des Täters.

18.2 Der konkrete Tatablauf

Als am 26.08.1940 der erste Transport im Rahmen der T4-Aktion mit 75 Patienten die Heil- und Pflegeanstalt Kaufbeuren verließ, wussten wohl weder die Mehrheit der Mitarbeiter noch die Patienten, dass diese in Grafeneck getötet werden sollten. Valentin Faltlhauser, der Direktor der Anstalt, wusste es sicherlich, er war als T4-Gutachter in die Organisation und Durchführung der Aktion eingebunden. Bei seiner Vernehmung im Jahr 1948, im Rahmen des gegen ihn angestrebten Prozesses, gab Dr. Faltlhauser jedoch folgende Erklärung ab:

Es ist möglich, dass ich bei den letzten Transporten positiv gewusst habe, dass die Kranken zur Vergasung gebracht würden. Im Übrigen war ich für mich der Auffassung, dass diese von höherer Stelle angeordneten Maßnahmen rechtens seien.

Die Mitarbeiter haben sich eindeutig geäußert. Ein Augenzeugenbericht einer Ordensschwester aus Irsee:

Also auf den Listen waren die Namen und jeder Name hat eine Nummer. Und wir haben dann jeden Kranken, der auf der Liste stand, so einen Leukoplaststreifen auf den Rücken geklebt und darauf die Nummer und den Namen geschrieben. Uns hat man gesagt, diese Leute kommen in Wohltätigkeitsanstalten, zur Caritas oder so. Damit's billiger wird. Ja, dann haben wir sie ganz schön angezogen, die schönsten Kleider und Wäsche haben wir mitgegeben, die schönsten Sachen, damit sie einen guten Eindruck machen. Ein paar Wochen später, als man schon wieder Kranke abtransportierte, kamen Kisten zu uns, da waren die ganzen Sachen der Kranken drin, Kleider und Wäsche, und das hat alles nach Gas gestunken. Richtig gestunken hat's. Und die Kleider waren alle verkehrt herum, die Nähte nach außen. Da hat man ganz sicher den Patienten, wenn sie tot am Boden lagen, einfach die Kleider runtergezogen und in die Kiste geworfen. Da wussten wir dann, dass sie vergast werden; wir nahmen es zumindestens an.

Der Anstaltspfarrer ist Augenzeuge eines Abtransports:

Am 05.09.1940 wurden in zwei Autos 75 Männer transportiert. Ein Mann sagte vor dem Einsteigen dem Inspektor Frick: »Meint ihr, wir sind so dumm? Wir wissen schon, dass es jetzt in's Leichenauto geht« – dann bekam er gleich eine Spritze.

Eine Ordensschwester berichtet:

Manche Kranken ahnten ihr Schicksal voraus. So sagte einmal eine Kranke, die verlegt wurde: »So, jetzt weiß ich, was mir bevorsteht.« Dieselbe Kranke wünschte sich vor ihrem Wegtransport noch einen Pfannkuchen zum Abschied und ließ sich dann noch eine Beichte abnehmen. Als dies vor sich ging, fing sie bitterlich zu weinen an.

Im November 1942 wurde in der Heil- und Pflegeanstalt Kaufbeuren die Hungerkost (»E-Kost«) eingeführt.

Der Anstaltspfarrer berichtet:

Wie sehr die Kranken unter der Hungerkost litten! Das Leid der Kranken war entsetzlich und ich gewann die Überzeugung, dass den E-Kost-Empfängern ein gewaltsamer Tod diktiert wurde. Der Anblick der ausgemergelten, weiß-gelblichen Gestalten auf den Stationen war kaum zu ertragen. Die Kranken waren zum Teil nicht mehr imstande, sich von ihrem Platz zu erheben und bei Besuchen auf den Stationen konnte man sich des Bettelns um Brot kaum erwehren.

Ein Pfleger berichtet:

Zwischenhinein gab es auch für E-Köstler wieder viel zu essen, so dass wir Pfleger uns sagten, dass die Kranken bei richtiger Einteilung durchschnittlich ein besseres Essen bekommen könnten. Die E-Köstler müssen also einerseits schwer Hunger leiden, bekamen aber andererseits plötzlich wieder den Magen überfüllt, so dass sie notwendig nicht nur infolge der völlig unzureichenden E-Kost, sondern darüber hinaus auch noch infolge des Kostgegensatzes an der Gesundheit Schaden nehmen mussten.

Der Krankenhausseelsorger über den Verwaltungsleiter:

Die zynische Veranlagung des Frick möchte ich zum Beispiel daran illustrieren, dass Frick den E-Köstlern, die monatelang kein Fleisch bekamen, ausgerechnet am Aschermittwoch und Karfreitag Fleisch verabreichen ließ.

Ab Januar 1944 wurden in Kaufbeuren Patienten unmittelbar durch Gabe von Barbituraten und Morphium–Scopolamin getötet. Dr. Faltlhauser hatte eigens bei der Tiergartenstraße 4 in Berlin erfahrenes Personal angefordert. Zwei Stationen wurden diesen neuen Mitarbeitern unterstellt und

Patienten aus anderen Stationen dorthin verlegt, um getötet zu werden. Allein auf der Station von Schwester Pauline Kneisler kamen 254 Patienten ums Leben. Dr. Pfannmüller, Direktor der Heil- und Pflegeanstalt Eglfing-Haar, berichtet von verschiedenen Gesprächen mit Faltlhauser, worin man sich einigte, dass auf diesen Stationen nur solche Geisteskranke in Frage kämen,

… bei denen eine Besserung nicht mehr möglich war, also völlig versackte Schizophrene, schwere Fälle von Idiotie und vollkommene defekt Geheilte, aussichtslose organische Psychosen. Es waren also die Fälle, die als aussichtslos auf den Siechenpflegeabteilungen lagen, sich selbst in keiner Weise mehr versorgen konnten und dauernd fremder, fachkundiger Pflege in einer geschlossenen Anstalt bedurften. Wir Psychiater nennen diese Kranken Asoziale.

In einer eigens eingerichteten Kinderfachabteilung wurden ab Dezember 1941 209 Kinder getötet, darunter auch Ernst Lossa. Der Vater von Ernst Lossa war wegen seiner jehnischen Herkunft in das Konzentrationslager Dachau gekommen, seine drei Kinder in ein Waisenhaus. Dort fällt Ernst wegen seines schwierigen Verhaltens auf und wird zwölfjährig in Kinderfachabteilung nach Kaufbeuren verlegt.

Ein Pfleger sagt nach dem Krieg über ihn aus:

Lossa, der von den unnatürlichen Sterbefällen Bescheid wusste, der auch gesehen haben dürfte, dass Kranke besondere Spritzen oder Tabletten bekamen, war für die Wegräumung offensichtlich ausersehen. Er selbst ahnte auch, dass er bald sterben müsse. Lossa war wegen seines Wesens trotz der diebischen Veranlagung bei allen Pflegern sehr beliebt. Am 08.08.1944 am Nachmittag schenkte er mir im Garten der Anstalt ein Bild von sich, mit der Aufschrift »zum Andenken«. Ich fragte ihn, warum er mir das Bild schenkt, er meinte, ich lebe doch nicht mehr lange und erklärte mir, er möchte aber doch sterben, so lange ich noch da wäre, weil Lossa dann wüsste, dass er schön eingesargt würde. In der genannten Woche hatte Heichele Nachtwache. Als ich in der Früh des 09.08. in das Krankenzimmer kam, fiel mir auf, dass Lossa nicht in seinem Bett im Krankenzimmer lag. Ich fand ihn dann im Kinderzimmer und erschrak, als ich ihn ansah, sein Gesicht war blau-rot gefärbt, er hatte Schaum vor dem Mund, um den Mund und den Hals war er augenscheinlich wie gepudert, er röchelte schwer. Als ich ihn ansprach, reagierte er nicht mehr und im Laufe des Tages, etwa gegen 4.00 Uhr nachmittags ist er ohne das Bewusstsein zu erlangen gestorben. In seinem Hemdkragen fand ich 2 Tabletten ohne Aufschrift, unter seinem Bett eine leere Ampulle, am Nacken des Toten eine blau-rote Stelle, etwa in Faustgröße.

In Kaufbeuren werden auch mit Patienten Menschenversuche durchgeführt. An Kindern der Kinderfachabteilung wird eine neue TBC-Impfung erprobt, ein Großteil der Kinder entwickelt große Abszesse, manche sterben. Der Versuchsleiter, Dr. med. habil Hensel, schreibt an den Klinikdirektor, nachdem er von den Abszessen erfahren hat:

Für die Schnelle, wenn auch etwas unangenehme Mitteilung über das Auftreten der Abszesse bei den 4 Kindern, meinen besten Dank. Es ist mir sehr peinlich, dass sie durch diese Vaccination noch besondere Arbeit haben.

Am 17.04.1945 besetzten amerikanische Truppen Kaufbeuren. Doch erst am 02.07.1945, also zweieinhalb Monate später, nachdem sie erfahren hatten, dass es im Krankenhaus nicht mit rechten Dingen zugehe, besuchen zwei Offiziere und ein Fotograf das Krankenhaus. Als sie auf dem Weg einen zwölfjährigen Buben fragen, was dies für ein Gebäude sei, antwortet dieser: »Das ist wo sie's umbringen.« (von Cranach 2006)
Ein kurzer Auszug aus ihrem Bericht:

Als wir verlangten, den stellvertretenden Direktor zu sehen, wurden wir beiläufig informiert, dass der sich in der Nacht davor erhängt habe. Keiner schien emotional betroffen über sein Ende. So war die gefühllose Haltung der Ärzte und des Krankenpflegepersonals gegenüber gewalttätigem Tod. Wir fanden in einem nicht gekühlten Leichenraum stinkende Körper von Männern und Frauen, die in den letzten 3 Tagen gestorben waren. Sie wogen zwischen 26 und 33 kg. Die Stationsschwester der Kinderabteilung, Schwester Wörle, gab zu, »mindestens 211 Jugendliche« vergiftet oder getötet zu haben, wofür sie einen Zuschlag von 35 Reichsmark monatlich bekam. Das letzte Kind wurde von Wörle am 29.05.1945, also 33 Tage nachdem amerikanische Truppen Kaufbeuren besetzt haben, getötet. Die Haltung des einen Arztes (des einbeinigen Dr. O.) gegenüber weiblichen Patienten auf einer Station ist besonders erwähnenswert. Als sie in militärischer Haltung bei seinem Erscheinen aufstanden, stieß er sie zur Seite, um sich den Weg frei zu machen. Als die Berichterstatter dem Doktor einen Stoß gaben und in einer freundlichen Art die Patienten aufforderten, sich hinzusetzen und ihn nicht zu beachten, waren sie alle gesund genug, um laut zu lachen und ihre Statusänderung zu begrüßen.

Liest man die nach Kriegsende von den Tätern abgegebenen Rechtfertigungen, so fällt es schwer, Schutzbehauptungen und Wahrheit voneinander zu trennen. Es gibt jedoch eine bisher wenig beachtete Quelle, die eindeutige und ungefälschte Hinweise auf die Haltung der Ärzte gegenüber ihren Patienten zeigt: Die vielen noch vorhandenen Krankengeschichten der getöteten Patienten. Bei der Durchsicht dieser Krankenblätter ist in der Regel erkennbar, wann die innere Entscheidung getroffen wurde, den Patienten nicht mehr zu behandeln, sondern zu töten. Bis zu diesem Zeitpunkt wird der Patient in der damals üblichen psychiatrischen Fachsprache beschrieben, die Verlaufseintragungen lassen ein therapeutisches Bemühen erkennen, und gelegentlich finden sich auch empathische, mitfühlende Eintragungen. Doch plötzlich ändert sich die Sprache, der Patient wird bewertet, entwertet, ja manchmal sogar hasserfüllt beschrieben. Aus »zurückgezogen« oder »apathisch« wird jetzt »faul« oder

»zu nichts zu gebrauchen«. Er wird nicht mehr als Patient gesehen, sondern als beseitigungswürdige, feindliche »Hülse«, der man sämtliche Attribute der Person aberkennt. Die letzten Eintragungen in der Krankengeschichte des bereits erwähnten Buben, Ernst Lossa, machen dies deutlich:

10.06.1943: Lebhafter, verschlagener Bursche, voll von kleinen Tücken und Bosheiten, wirkt arrogant und frech, wenn er irgendwo die Oberhand zu gewinnen versucht. Neigt zu Unzufriedenheit und Auflehnung. Er bedarf entschiedener Behandlung, hält Gutmütigkeit für Schwäche.

25.07.1943: Leicht erregbar, macht dem Stationspfleger kleine Hilfsarbeiten, nicht beständig, wechselt zwischen lebhaftem, unstetem Wesen und mürrischer Verstimmung, nimmt weg, was er sieht, lauert auf kleine Schwächen seiner Umgebung, schwierig zu behandeln.

09.12.1943: Ein seit kurzer Zeit unternommener Arbeitsversuch schlug gründlich fehl. L. stahl, was er konnte, war vor allem auf Schlüssel aus, gelangte in die Apfelkammer, verteilte Äpfel an Mitkranke, lügenhaft, diebisch, brutal. Kann bei seinen offenkundig asozialen Neigungen nicht mehr zu Hausarbeiten mitgenommen werden.

08.07.1944: Neuerlicher Arbeitsversuch scheiterte, L. begann zu stehlen, versteckte sich, machte Schwierigkeiten, trieb Unfug.

09.08.1944: Exitus.

Offensichtlich mussten die Ärzte ihre Patienten entwerten und hassen, um sie töten zu können. Wie konnten Menschen so handeln?

18.3 Eugenik – Rassenhygiene – Ökonomie – Biopolitik

Der **Sozialdarwinismus** und die auf ihm fußende **eugenische Bewegung** Anfang des vorigen Jahr-

hunderts wird als eine der Hauptwurzeln der Nazi-Euthanasie angesehen. Die Vorstellung, dass die Evolution der Menschheit zu immer Höherem und Gesünderem durch die Pflege und Betreuung »erbkranker Menschen« gestört oder sogar verhindert werde, war damals international weit verbreitet, und viele der Täter haben, sich nach 1945 verteidigend, auf sie berufen. Faltlhauser gab 1945 den amerikanischen Behörden eine Rechtfertigung seines Handelns ab:

Darüber hinaus hatte ich an der Berechtigung des Erlasses und seiner sittlichen Grundlagen umso weniger gezweifelt, als die Frage der Euthanasie keine nationalsozialistische Idee war. Sie hat schon immer die Menschheit beschäftigt und vor allem auch in den letzten Jahrzehnten. Ich erinnere an das Buch »Vernichtung lebensunwerten Lebens«, in dem der bekannte Jurist Binding und der bekannte Psychiater Hoche vom juristischen und ärztlichen Standpunkt die Berechtigung der Euthanasie bejahen. Der berühmte französische gelehrte Pasteur hat 5 von Tollwut befallene Kinder im Verein mit dem Chirurgen Tillaux nach Ausbruch der Erkrankung euthanasiert, nachdem er erkannt hatte, dass er nicht helfen könne und dass die Kranken ein langsames qualvolles Ende nehmen würden. 1936 wurde die Frage der Euthanasie im englischen Parlament behandelt. Die Veranlassung dazu war die Eingabe eines sehr bekannten englischen Arztes, der von zahlreichen Laien in dieser Frage unterstützt wurde. Uns wurde immer wieder gesagt, dass auch in anderen Ländern die Euthanasie Geisteskranker durchgeführt wird. Ich weiß auf das Bestimmteste, dass man in Amerika die Frage zumindest diskutiert.

Tatsache ist, dass in keinem anderen Land auch nur annähernd Vergleichbares geschah und dass es deutliche Unterschiede zwischen der damals weltweit verbreiteten Eugenik und der deutschen Variante, der »**erbbiologisch begründeten Rassenhygiene**« gab (neueste Gesamtdarstellung: Weikart 2004). Die internationale Eugenik beschäftigte sich schwerpunktmäßig mit eugenischen Präventivmaßnahmen, mit Fragen der Sterilisation und Fortpflanzungskontrolle »erbkranker Menschen«. Namhafte deutsche Eugeniker beschäftigten sich schon früh über das hinaus mit der grundsätzlichen Ungleichheit von Menschen, mit dem Begriff des Minderwertigen und des Lebensunwerten, und äußerten sich – offen oder verdeckt – zu der Frage der Euthanasie als therapeutischer Maßnahme zur Gesundung des »Volkskörpers«.

Auf einen Unterschied zwischen der weltweiten Eugenikbewegung und der deutschen Rassenhygiene ist meines Wissens noch nicht hingewiesen worden: die Sprache. Während in der angelsächsischen Literatur von *eradication* (Entwurzelung) von Krankheiten als zentralem Ziel der Eugenik gesprochen wird, so benutzen deutsche Eugeniker dafür den Begriff »**Ausmerzung**«. Etymologisch stammt dieser Begriff aus der Schäfersprache: die Vorgehensweise des Schäfers, der im März nach der Überwinterung und vor Beginn der großen Wanderung seiner Herde die schwachen Schafe tötet, die die Wanderung nicht durchstehen würden. Der Begriff beinhaltet bereits das Töten von Schwachen. Von der Ausmerzung von Krankheiten zur Ausmerzung von Individuen ist es nur ein kleiner Schritt. Das 1920 erschienene Buch von Hoche und Binding (»Die Freigabe zur Vernichtung lebensunwerten Lebens«), plädiert erstmals offen und schonungslos und in einer extrem entwertenden Sprache für die Tötung psychisch Kranker. Als »Menschenhülsen« oder »Ballastexistenzen« wird ihnen der Personenstatus aberkannt, womit ihrer Tötung rechtlich und menschlich nichts mehr im Wege stehe. Als utilitaristisches Argument für die Tötung stellen sie nicht die eugenische Krankheitsprävention in den Vordergrund, sondern hauptsächlich ökonomische Aspekte.

Diese Argumentation wird in der Folgezeit immer wieder auftreten, als Rechtfertigung für die Täter sowie in den propagandistischen Bemühungen um die Zustimmung der Bevölkerung. 1931 schrieb Herrmann Simon, der ärztliche Direktor der Heil- und Pflegeanstalt Gütersloh und bis vor wenigen Jahren noch von allen verehrter Begründer der psychiatrischen Arbeitstherapie, Folgendes:

Der Einzelne ist für die Gemeinschaft das wert, was er für sie leistet und zwar über seinen eigenen unmittelbaren Unterhalt hinaus. Gleichgültig sind für die Gemeinschaft die zahlreichen, die gerade noch für sich selbst sorgen, der Allgemeinheit aber keinen Nutzen bringen. Ballastexistenzen sind die »Minderwertigen« aller Art, welche die Lasten ihres eigenen Daseins mehr oder weniger der Gemeinschaft überlassen, an den Rechten der Gemeinschaft aber teilnehmen. Die Ausdrücke »Ballastexistenzen« und »Minderwertigkeit« dürfen in diesem Zusammenhang nicht mit einem moralisierenden Beiklang gebraucht werden; sie bezeichnen nur eine objektiv vorhandene, sachliche Bewertung, gewissermaßen im kaufmännischen Sinne als Passivum der Gemeinschaftsbilanz zu buchen, dem ein entsprechendes Aktivum nicht gegenüber steht … Im übrigen sind für die Allgemeinheit minderwertig: Alle die – sei es infolge ungenügender Veranlagung oder fehlerhafter Entwicklung – zu einer vollwertigen Leistung nie gelangt sind oder nie gelangen können: Die Idioten, Schwachsinnigen erheblichen Grades, die Krüppel, die Körperschwachen, die Kränklichen, die Schwächlinge, die immer wieder sofort versagen, sobald eine ernstere Leistung von ihnen verlangt wird … Dann die wirklichen Taugenichtse, Schädlinge, Verbrecher, alle die an der Zahl dauernd zunehmenden Menschen, die sich den Pflichten des Gemeinschaftslebens nicht einfügen wollen oder nicht können … Der Mensch im Krankenhaus, in der Irrenanstalt, im Krüppelheim, im Zuchthaus, im Altersheim kostet mehr, oft viel mehr, als der überwiegenden Mehrheit unseres Volkes in gesunden Tagen zur Verfügung steht … Zusammen über 12 Mio. Minderwertiger oder 1 Fünftel der Bevölkerung. Es wird wieder gestorben werden müssen. Es fragt sich nur, welche Millionen sterben müssen. (Dörner 2002)

Es wird deutlich, dass die Eugenik nur eine Vorstufe in der Handlungsmotivation der Täter war. Aus rein eugenischen Gesichtspunkten wäre ja die Ermordung so vieler kranker Menschen sinnlos gewesen, da es sich ja um Menschen handelte, die entweder sterilisiert waren oder später sterilisiert worden wären, um alte oder um Menschen, die in Anstalten lebten und damit keine Chancen hatten, sich fortzupflanzen. Auch erklärt eine rein eugenische Motivation nicht die Brutalität der Vorgehensweise; die Täter mussten die Patienten entwerten, sie zu Feinden machen, zu Gegnern auch im ökonomischen Konkurrenzkampf. Klaus Dörner (2002) hat immer wieder darauf hingewiesen, dass die Euthanasie psychisch Kranker in der Nazi-Zeit im Kontext der **nationalsozialistischen Lösung der sozialen Frage** zu sehen ist.

Für Giorgio Agamben (2002) spielt die Eugenik als Vorreiterin der Euthanasie – wenn überhaupt – nur eine untergeordnete Rolle. Er schreibt:

> … es bleibt [für die Tötungen] keine andere Erklärung als jene, wonach es – im Horizont der neuen biopolitischen Bestimmung des nationalsozialistischen Staates – um eine Einübung der souveränen Macht in die Entscheidungsgewalt über das nackte Leben ging.

Biopolitik betreiben, wie Agamben Hitlers Politik beschreibt, heißt also entscheiden über den Wert oder den Unwert des nackten Lebens, des Lebens als solches (im Gegensatz zu dem Morden eines »normalen« Diktators, der lediglich seine Feinde, also das »gelebte Leben«, umbringen lässt). Biopolitik bedeutet die absoluteste, die souveränste Machtausübung und endet zwangsläufig in Thanatopolitik. Euthanasie und Holocaust waren demnach für Hitler und seine Anhänger die Bestätigung ihrer souveränen Macht.

18.4 Heilung der Heilbaren und Tötung der Unheilbaren

Es ist Klaus Dörner der immer wieder auf diesen Aspekt der Euthanasie hingewiesen hat (zuletzt 2002) und dafür die Begriffe »tödliches Mitleid« oder »therapeutisches Töten« benutzt.

In der bereits erwähnten Rechtsfertigungsschrift äußert Faltlhauser 1945 folgendes:

> Mein Handeln geschah jedenfalls nicht in der Absicht eines Verbrechens, sondern im Gegenteil von dem Bewusstsein durchdrungen, barmherzig gegen die unglücklichen Geschöpfe zu handeln, in der Absicht, sie von einem Leiden zu befreien, für das es mit den, heute uns bekannten, Mitteln keine Rettung gibt, keine Linderung gibt, also in dem Bewusstsein, als wahrhafter und gewissenhafter Arzt zu handeln.

Faltlhauser gehörte zu den fortschrittlichsten Psychiatern seiner Zeit. Er hatte vor seiner Berufung nach Kaufbeuren mit Kolb in Erlangen die offene Fürsorge aufgebaut und trat mit deutlichem Engagement, ja sogar mit Leidenschaft, für eine neue und humane Psychiatrie ein. Noch 1932 verteidigte er seine Reformbemühungen mit folgenden Worten:

> … Es müsste denn sein, dass die Gemütsmenschen Recht bekommen, die am liebsten alle Kranken totschlügen, nur weil sie für die Gesunden eine nutzlose Last bedeuten, die sich die Kulturauffassung wilder Völkerstämme zu eigen machen, ohne zu bedenken, dass Krankheit, Not und Tod niemals aus der Welt geschafft werden können, die es immer gegeben hat, solange es Menschen gibt, weil es nichts auf dieser Erde gibt, was Anspruch hat, gesund und vollkommen zu bleiben.

Zwischen diesen beiden Aussagen liegen 13 Jahre, in der Zwischenzeit war Faltlhauser zu einem der Aktivisten der Euthanasie geworden, auch persönlich aktiv beteiligt an der Tötung von vielen seiner Patienten. War es sein leidenschaftliches Eintreten für die neuen Behandlungsmethoden in der Psychiatrie, das ihn den Anblick der chronischen Patienten nicht ertragen ließ, sodass er diese hasste und tötete, weil sie ihm seine Grenzen, ja sein Versagen dokumentierten? Denn aus der Schilderung des Ablaufs des Tötens ist deutlich geworden, dass vordergründig Mitleid oder Barmherzigkeit, in welcher Form auch immer in einer derartigen Situation möglich, nicht im Spiel war. Grausam, leidzufügend, voller Mordlust, um Mitscherlichs Begriff noch einmal zu erwähnen, war sein Vorgehen und das seiner Mitarbeiter. Auch das Töten der Ostarbeiter passt nicht in dieses Erklärungsschema, da bei diesen schon nach kurzer therapeutischer Intervention zur Erlangung einer sofortigen Arbeitsfähigkeit alle Bemühungen eingestellt wurden und die Patienten getötet wurden.

Aber vielleicht bestand für Faltlhauser selbst kein Widerspruch zwischen diesen beiden Aussagen. Lifton (1986) hat in seiner Studie über Nazi-Ärzte den psychologischen Mechanismus des *doubling* – der **Entwicklung eines zweiten Selbst** zur Überwindung der extremen Widersprüchlichkeit im Denken und Handeln des Arztes – herausgearbeitet. Er spricht von einem Faustischem Handel, bei dem der Arzt einwilligt in die Tötung von Menschen, um dafür zum inneren Kreis der Theoretiker und Vollstrecker einer noch nie da gewesenen »Menschheitsreform« zu gehören, seinem »Auschwitz-Selbst«. Gleichzeitig jedoch muss er sein früheres Selbst beibehalten, um vor sich selbst ein menschlicher Arzt, Ehepartner, Vater und Mensch zu sein. Liftons Konzept des *doubling* ist nicht als Dissoziation zu verstehen, beide Selbsts wissen von einander, und sie dienen dazu, das eine Selbst durch Transferierung der Gewissens- und Schuldproblematik auf das andere Selbst zu entlasten. Wie spekulativ derartige psychologische Interpretationen auch immer sein mögen, sie helfen, das zunächst Unbegreifliche in einen verständlichen Zusammenhang zu bringen. Lifton hat diesen psychischen Doubling-Mechanismus als psychologischen Anpassungsversuch in Extremsituationen verstanden; die Milgram-Experimente haben dieses Konzept untermauert.

18.5 Verantwortung und Gewissen

Ich bin Staatsbeamter mit 43jähriger Dienstzeit gewesen. Ich bin als Staatsbeamter dazu erzogen gewesen, den jeweiligen Anordnungen und Gesetzen unbedingt Folge zu leisten, also auch dem als Gesetz

zu betrachtenden Erlass betreffs Euthanasie … Ich handelte stets in dem guten Glauben nach den Geboten der Menschlichkeit und in der absoluten Überzeugung, pflichtgemäß in der Durchführung rechtlicher und gesetzlicher Voraussetzungen zu handeln.

Die an sich schon starre Hierarchie, die an deutschen Institutionen in der Vorhitlerzeit herrschte, engte den subjektiven Handlungsspielraum der Menschen ein. Das von Hitler eingeführte Führungsprinzip verschärfte diese Situation. Hitler schrieb in »Mein Kampf« (1925):

Der Grundsatz, der das preußische Heer seiner Zeit zum wundervollsten Instrument des deutschen Volkes machte, hat im übertragenen Sinne dereinst der Grundsatz des Aufbaues unserer ganzen Staatsauffassung zu sein: Autorität jedes Führers nach unten und Verantwortung nach oben. … Der erste Vorsitzende ist verantwortlich für die gesamte Leitung der Bewegung.

Hier wird die Idee der Verantwortung reduziert auf die Verantwortung für die Ausführung einer Anweisung, und die Verantwortung für die Handlung selbst und ihre Folgen wird dem Oberen, letztlich dem Führer übertragen. Auf diese Weise wird das Gewissen ausgeschaltet, und die Allgegenwärtigkeit und »Banalität des Bösen« kann zu Tage treten (Arendt 1963).

18.6 Kumpanei

Der innere Kreis der an den Euthanasie-Aktionen maßgeblich beteiligten Ärzte traf sich regelmäßig (den Mitarbeitern der Aktion T4 stand sogar ein Hotel an einem Salzburger See zur Verfügung), so auch am 30.03.1944 im Parkhotel in Traunstein.

Aus einem Brief Friedrich Menneckes (1987) an seine Frau:

Ich soll dich natürlich von ihm und Faltlhauser besonders herzlich grüßen. Wir haben viel von dir gesprochen. Frau Haus hat dich ganz in ihr Herz geschlossen, sie tönte offiziell sehr mit dir! Und zwar im Kreise von Professor Schneider, Professor Heinze, Steinmeier und Faltlhauser und mir. Ich habe dies angehört mit innerer Freude, ohne dazu Stellung zu nehmen. Die ganze Gesellschaft wurde unter Genüssen mit Wein und Likör sehr aufgekratzt und es dauerte bis 3 Uhr früh. So gegen 1 Uhr verkündete Herr Blanckenburg, dass es ihnen gelungen sei, für jeden Herrn zum Mitnehmen 2 Flaschen Likör bzw. Kirschwasser bereitzustellen. Sehr anständig!! wir um 3 Uhr Schluss machten, herrschte ziemliches Leben im Haus Schoberstein. Draußen hatte es unentwegt neu geschneit und Herr Steinmeier wälzte sich ein paar Mal im Schnee, als er dem guten »Valto Faltlhauser« und mir aus den Armen entglitt und in der »bekannten Art« absackte.

Das Bedürfnis nach Anerkennung, zum »inneren Kreis« zu gehören, der Zugang zu den in Kriegszeiten für den Normalbürger nicht zugänglichen Annehmlichkeiten, dies alles mag auch verführerisch gewirkt haben. Mit den aus ihrer Sicht führenden Psychiatern des Landes in einem Boot zu sitzen, sich privat zu treffen, vermittelte ein Gefühl der Zugehörigkeit und der persönlichen Bedeutung. Das Lesen der in Tagebuchform verfassten Briefe von Friedrich Menecke an seine Frau machen, wie kaum ein anderes Dokument, deutlich, welche zentrale Bedeutung dieses Zugehörigkeitsgefühl für die Täter hatte. Diese Anerkennung war auch mit finanziellen Anreizen verknüpft; sie bekamen zusätzliche monatliche Zuwendungen, und auch die Begutachtung der Fragebögen wurde gut honoriert.

Fazit

Letztlich entzieht es sich dem Verständnis, dass Ärzte auf diese Weise ihre Patienten töteten. Die hier angestellten Überlegungen zum damaligen gesellschaftlichen Diskurs in der Ärzteschaft und des damit einhergehenden Menschenbildes waren sicherlich Wegbereiter. Dabei war es nicht die Eugenik im engeren Sinne, sondern

— der mit ihr verknüpfte und in Deutschland besonders ausgeprägte Gedanke der Ungleichheit der Menschen,
— der Unterscheidung zwischen wertvollem und unwertem Leben,
— der zunehmenden Untermauerung dieses Gedankens mit ökonomischen Argumenten und schließlich
— der Hitlersche Lösungsansatz der sozialen Frage durch Vernichten.

An hierarchische Strukturen gewöhnt, fiel es den Ärzten leicht, sich dem Hitlerschen »Führungsprinzip« unterzuordnen, das sie nur noch verantwortlich für die Durchführung von Befehlen machte und ihnen ermöglichte, die eigentliche Verantwortung dem »Führer« zu überlassen. Die Ärzte wussten, dass sie Unrecht taten und entwickelten psychologische Mechanismen, um mit diesem Widerspruch zu leben, verführt auch von der Größenphantasie, an einem einmaligen, die Zukunft der Menschheit verändernden Projekt teilzunehmen, verführt auch von den inneren und äußeren Annehmlichkeiten, die die Zugehörigkeit zum inneren Kreis der Reformer für sie bereitstellte. Auf diesem Weg blendeten gebildete und engagierte Ärzte schuldhaft den Patienten selbst, den einzelnen Menschen, aus ihrem Blickfeld aus. Sie gaben die Grundvoraussetzung ärztlichen Handelns – die ein- und mitfühlende, verstehende Begegnung mit dem Patienten – auf, um ihn, aus der so gewonnenen Distanz heraus, zu töten.

Literatur

Agamben G (2002) Homo sacer. Suhrkamp, Frankfurt/Main
Arendt H (1963) Eichmann in Jerusalem: a report on the banality of evil. Viking, New York
Cranach M v, HL Siemen (1999) Psychiatrie im Nationalsozialismus. Oldenbourg, München
Cranach M v (2006) Das verspätete Kriegsende in der Anstalt. UVK Verlag, Konstanz, im Druck
Dörner K (2002) Tödliches Mitleid. Zur Sozialen Frage der Unerträglichkeit des Lebens. Paranus, Neumünster
Hitler A 1925 Mein Kampf.
Klee E (1983) »Euthanasie« im NS-Staat. Fischer, Frankfurt/Main
Lifton RJ (1986) The Nazi doctors. Medical killing and the psychology of genocide. Basic Books, New York
Mennecke F (1987) Innenansichten eines medizinischen Täters im Nationalsozialismus Bd 1 und 2. Hamburger Institut für Sozialforschung, Hamburg

18

Mitscherlich A, Mitscherlich F (1995) Mielke: Medizin ohne Menschlichkeit. Fischer Taschenbuch, Frankfurt/Main

Pötzl U (1995) Sozialpsychiatrie, Erbbiologie und Lebensvernichtung. Matthiesen, Husum

Schmidt G (1983) Selektion in der Heilanstalt 1939–1945. Suhrkamp Taschenbuch, Frankfurt/Main

Simon H (1931) Minderwertigkeit und Fürsorge. Manuskript für einen Vortrag für evangelische Akademiker in Gütersloh. Archiv LWL 661/Nachlass Simon

Weikart R (2004) From Darwin to Hitler. Evolutionary ethics, eugenics, and racism in Germany. Palgrave Macmillan, New York

Kriminalität – Theory of Mind außer Kraft?

Herbert Steinböck

19.1 Einleitung

Kriminalität ist, wie die Liebe und andere Passionen, »ein weites Feld«, und die Annäherung an ein solches kann dementsprechend auf mannigfache Weise geschehen. Im Folgenden wird die Frage nach dem **Verhältnis zwischen Kriminalität und ToM** gestellt, und dies aus dem Blickwinkel der forensischen Psychiatrie. Weil das Verhältnis zu sich selbst immer irgendwie mit dem Verhältnis zu den anderen zusammenhängt und weil Letzteres in einer Deliktform, nämlich den **Gewalt- und Sexualstraftaten** (s. Box), eine besonders augenfällige Rolle spielt, wird sich das nachfolgende Kapitel gerade mit diesen auseinandersetzen. Hierzu ist es allerdings erforderlich, sich zunächst einen – zwangsweise lückenhaften – einführenden Überblick über die Gruppe der Sexualstraftäter im Maßregelvollzug zu verschaffen.

> **Box**
>
> Juristisch werden Sexualstraftaten unter dem 13. Kapitel des Strafgesetzbuchs – Straftaten gegen die sexuelle Selbstbestimmung, §§ 174 bis § 184 StGB – subsumiert. Damit ist gesagt, dass Sexualität im Normalfall selbstbestimmt ausgeübt wird und der deliktische Akt in einem Übergriff – genauer: in einem Eingriff des Täters in diesen Ablauf – besteht. Daraus folgt, dass Sexualstraftaten – im Unterschied zu sexueller Aktivität überhaupt – stets eines anderen bedürfen, in dessen selbstbestimmten Umgang mit Geschlecht und Geschlechtlichkeit der Sexualstraftäter eingreift.

19.2 Sexualstraftaten – Kurzüberblick

Die Entwicklung der **Häufigkeit von Sexualstraftaten** (Egg 2004) wird in der Öffentlichkeit durchweg fehleingeschätzt.

So nahm etwa der sexuelle Kindsmissbrauch im Nachkriegsdeutschland nicht zu, sondern ab; waren es im Jahr 1960 noch mehr als 30 Fälle pro 100.000 Einwohner, sank diese Zahl bis zum Jahr 2002 auf 19 Fälle pro 100.000 Einwohner. In ähnlicher Weise nahm die Zahl der Sexualmorde ab: In den 1970-er Jahren gab es in der Bundesrepublik Deutschland jährlich noch über 50 Sexualmorde, 2002 nur noch 31 Fälle.

Ein weiterer Unterschied zur öffentlichen Wahrnehmung besteht in der **relativen Seltenheit** von Sexualstraftaten: Sie machen nur 0,8% aller Straftaten bzw. nur 4,4% aller schweren Gewaltdelikte aus, wenngleich hierbei zu Recht auf die hohe Dunkelziffer in diesem Bereich hingewiesen wird. Zumindest für den Bereich des Sexualmords trifft dies aber wegen der dabei gegebenen hohen Aufklärungsquote sicher nicht zu. Außerdem ist zu bedenken, dass die früher hohe Hemmschwelle gegen eine Anzeige wegen einer Sexualstraftat heute weit niedriger ist.

Die **Geschlechterverteilung** ist eindeutig: 99% der Täter sind Männer, wobei die hauptsächlich betroffene Altersgruppe zwischen 14 und 25 Jahren liegt.

Sexualstraftäter finden sich nur zu ca. 15% in der forensisch-psychiatrischen Klinik (Maßregelvollzug), zu 85% dagegen im Strafvollzug (Rasch u. Konrad 2004). In einer der größten Maßregelvollzugseinrichtungen der Bundesrepublik Deutschland, der Forensik im Bezirkskrankenhaus Haar bei München, sind unter den insgesamt ca. 370 gemäß § 63 bzw. § 64 StGB Untergebrachten 60 Sexualstraftäter, das macht knapp ein Sechstel der Maßregelvollzugspatienten aus. Besonders seit der von allen Fachleuten einhellig kritisierten Reform des Sexualstrafrechts mit Änderung des § 67d StGB zum 01.01.1998 verdreifachte sich die Anzahl der im Maßregelvollzug untergebrachten Sexualstraftäter (Steinböck 1999).

Formale Voraussetzung für die **Unterbringung im Maßregelvollzug** gemäß § 63 StGB ist das Vorliegen einer psychischen Erkrankung, die zu einer Aufhebung oder – häufiger – zu einer erheblichen Verminderung der Schuldfähigkeit – in der Regel: der Steuerungsfähigkeit – zum Tatzeitpunkt führte. Zusätzlich muss eine weiterhin bestehende Gefährlichkeit bejaht werden.

Die psychiatrisch-psychologische Begutachtung von Sexual- und Gewalttätern zur **Gefährlichkeitsprognose** erfolgt im Wesentlichen zu zwei verschiedenen Zeitpunkten:

- vor der Urteilsfindung im erkennenden Verfahren, wobei hier insbesondere zur Frage einer Unterbringung im Maßregelvollzug Stellung zu nehmen ist, und
- nach meist jahrelanger Unterbringung – sei es im Maßregelvollzug, sei es in der Sicherungsverwahrung – oder im Zusammenhang mit der Frage einer eventuellen vorzeitigen Haftentlassung bei zeitiger Freiheitsstrafe (Pfäfflin 2004).

19.3 Erfassung von Risikoveränderungen bei Sexualstraftätern

Die Beantwortung der Frage nach der künftigen Gefährlichkeit (❑ Tab. 19.1) stützt sich im unmittelbaren Anschluss an ein schweres Sexual- oder Gewaltdelikt v. a. auf den Rückgriff auf die bisherige biographische und deliktische Entwicklung sowie den aktuellen Tathergang, d. h. auf die so genannten »aktuarischen« und »historischen« Variablen. Da sie bereits geschehen sind, sind sie prinzipiell nicht mehr veränderbar, also auch keiner therapeutischen Bearbeitung mehr zugängig. Dagegen gewinnt für die Legalprognose im zweiten Kontext, also nach bereits längere Zeit erfolgter Unterbringung und – in den meisten Fällen jedenfalls des Maßregelvollzugs – nach jahrelanger Behandlung, die Frage Bedeutung, welche ungünstigen Prognosefaktoren sich denn im Lauf der Zeit in günstiger Weise geändert haben. In diesem zweiten Prognosekontext geht es also v. a. um die Frage der »dynamischen« Faktoren.

Die Arbeitsgruppe um R. K. Hanson, eine Forschungsabteilung der kanadischen Generalstaats-

anwaltschaft, hat hierzu das *Sex Offender Need Assessment Rating* (**SONAR**) zur Erfassung von Risikoveränderungen bei Sexualstraftätern entwickelt, das im Folgenden kurz vorgestellt (Hanson u. Harris 2000) und in Beziehung zur ToM gesetzt werden soll. Die Skala weist eine hinreichende interne Konsistenz auf und ist in der Lage, zwischen Tätern mit und ohne deliktischem Rückfall zu unterscheiden (r = 0,43; ROC 0,74).

Die dynamischen Risikofaktoren der Skala wurden gewonnen, indem man die Bedingungen analysierte, unter denen rückfällig gewordene Sexualstraftäter ihre erneuten Taten begangen hatten, und sie nicht rückfällig gewordenen Tätern gegenüberstellte.

Die der Skalenkonstruktion zugrunde gelegte Theorie ist die **soziale Lerntheorie** von Bandura (Bandura 1977) in ihrer Adaptation allgemein auf kriminelles Verhalten (Andrews u. Bonta 1998) und speziell auf Sexualdelikte (Johnston u. Ward 1996). Nach diesem Modell wird erwartet, dass rückfällige Sexualtäter an einem devianten Schema oder an solchen habituellen Denk- und Verhaltensmustern festhalten, die ihre Übergriffe fördern. Die Wahrscheinlichkeit, dass ein Täter wieder auf derartige Verhaltensschablonen zurückgreift, ist umso höher,

- je mehr diese eingeschliffen und durch Alltagssituationen triggerbar sind,
- je mehr sie sozial akzeptabel erscheinen und
- je mehr sie mit der Persönlichkeit und den Wertvorstellungen des Täters übereinstimmen.

Obgleich der Tatvorlauf bei jedem Täter individuelle Besonderheiten aufweist, lassen sich doch gewisse Charakteristika anführen, die für Entwicklung und Aufrechterhaltung devianter sexueller Schemata und damit auch erneuter Taten als typisch gelten können. Diese werden im SONAR erfasst, das fünf relativ **stabile** Faktoren und vier **akute** Faktoren umfasst (s. Übersicht).

❑ **Tab. 19.1.** Prognosefaktoren bei Sexualstraftätern

Prognosefaktoren	Relevant für
Statische	Erfassung von Risikoprobanden
Fixierte dynamische	Rückfälle in Sexualdelinquenz
Akute dynamische	Gewalttätige Zwischenfälle

SONAR

Stabile Risikofaktoren:
- Intimitätsmängel,
- negative soziale Einflüsse,
- billigende Einstellung gegenüber sexuellen Übergriffen,
- sexuelle Selbstregulation und
- allgemeine Selbstregulation.

Akute Risikofaktoren:
- Substanzmissbrauch,
- negative Stimmung,
- Ärger und
- Zugang zu bzw. Umgang mit potenziellen Opfern.

Die stabilen Risikofaktoren lassen eine Antwort auf die Frage zu, wer längerfristig zur Risikopopulation zu rechnen ist, während die akuten Faktoren die Frage beantworten, wann diese Probanden als besonders rückfallgefährdet anzusehen sind.

Intimitätsmängel. Sie wurden wiederholt in ihrer Bedeutung für Sexualtäter hervorgehoben (z. B. Marshall 1993). In Bezug auf Täter wird häufig berichtet, in ihren Partnerschaften fände sich ein Mangel an Vertrauen, die Beziehung werde als wenig befriedigend erlebt, die Täter zeigten wenig Einfühlungsvermögen in Frauen und suchten sexuelle Aktivitäten eher in anonymen Beziehungen. Unverheiratete Täter oder solche, die noch nie in einer längerfristigen Beziehung lebten, weisen ein erhöhtes Rückfallrisiko auf; als besonders risikoreich gelten Täter mit Kontaktstörungen (Freund et al. 1997).

Negative soziale Einflüsse. Sie sind für sexuelle wie für die meisten übrigen Straftaten von Bedeutung. So ist ganz allgemein die Anzahl krimineller Freunde einer der stärksten Prädiktoren für Rückfälligkeit in Kriminalität (Gendreau et al. 1996). Ein derartiger Zusammenhang ist auch für Sexualtäter plausibel, weil diese häufig Freunde oder Angehörige haben, welche ebenfalls Sexualtäter sind (Hanson u. Scott 1996). Besonders offensichtlich ist die direkte Unterstützungsfunktion derartiger sozialer Netzwerke für erneute Sexualdelikte im Bereich pädosexuel-

ler Organisationen. In den meisten Fällen sexueller Rückfälligkeit handelt es sich jedoch eher weniger um explizite, sondern um indirekte Einflüsse des sozialen Umfelds, etwa über die Förderung antisozialer Einstellungen, eine Minderung von Verhaltenskontrollen, Missbrauch psychotroper Substanzen und die Nutzung dysfunktionaler Coping-Strategien.

Toleranz gegenüber sexuellen Übergriffen. Einstellungen, die durch eine solche geprägt sind, fördern ebenfalls die spezifische Rückfälligkeit von Sexualstraftätern. Epidemiologische Untersuchungen zeigen konsistent das Ergebnis, dass Männer, die Sexualdelikte begangen haben, »Vergewaltiger-Mythen« (Frauen wollten »hart genommen« werden, hätten an Vergewaltigungen selbst Schuld etc.) teilen und entsprechende Einstellungen verteidigen (Dean u. Malamuth 1997).

Sexuelle Selbstregulation. Probleme mit dieser stellen bei Sexualtätern einen der bezeichnendsten Risikofaktoren dar. Sexualtäter nehmen an sich im Allgemeinen ein starkes sexuelles Begehren wahr und fühlen sich daher berechtigt, ihre sexuellen Impulse auszuleben. In ihrer Suche nach Glück messen sie Sex eine überwertige Bedeutung zu. Ein allgemeiner Trigger für die Begehung von Sexualdelikten scheint eine negative Stimmung oder Stress zu sein. Allerdings geht es dabei weniger um das generelle Ausmaß an Stress; was vielmehr von Bedeutung für das Rückfallrisiko ist, ist der Mechanismus der Regulation von Emotionalität und sexuellen Gefühlen in Stresssituationen. So aktivieren Sexualtäter häufiger als andere Menschen im Anschluss an belastende Ereignisse deviante Sexualphantasien (McKibben et al. 1994). Ein erhöhtes sexuelles Rückfallrisiko bestünde demnach, wenn der Täter einerseits eine negative Affektlage und eine Zunahme sexueller Phantasien zeigt und er andererseits Enttäuschungs- und Frustrationsgefühle hat, sofern er sich nicht in der Lage sieht, umgehend seine sexuellen Bedürfnisse zu befriedigen.

Allgemeine Selbstregulation. Häufig kommen bei Sexualtätern Probleme mit dieser hinzu. Impulsives Verhalten ist bei Sexualtätern sehr verbreitet und äußert sich z. B. in der Neigung zum Nikotin-, Alkohol- und Drogenkonsum, zu Verkehrsdelikten aufgrund zu schnellen Fahrens, zu Schulabbruch und zum Eingehen häufig wechselnder, kurzer Sexualpartnerschaften bereits ab früher Jugend. Derartige Hinweise auf einen impulshaften Lebensstil finden etwa in der *Psychopathy Check List* (PCL-R) von Hare in mehreren Items ihren Niederschlag (Hare 1991).

Wie empirische Untersuchungen zeigen (Hanson u. Harris 1998), korrelieren die vier im SONAR erfassten **akuten Risikofaktoren** (s. Übersicht: SONAR) mit einer erhöhten Rückfälligkeit.

19.4 ToM bei Sexual- und Gewalttätern

Bei der Betrachtung der dargestellten Items des SONAR sowie anderer Checklisten zur Erfassung des Rückfallrisikos von Sexual- und Gewalttätern, etwa des PCL-R, aber auch der Benennung wesentlicher Therapieziele in entsprechenden Behandlungsprogrammen, z. B. im *Sex Offender Treatment Programme* (SOPT; Thiel u. Fuchs 2004), stößt man neben kognitiv-behavioralen und psychodynamischen immer wieder auch auf entwicklungspsychologische Überlegungen, die hier von Bedeutung sind. Insbesondere sind es die Begriffe **Selbstbild** und **Empathie**, deren Gestörtheit angenommen wird. Dies legt die Frage nahe, ob eigentlich Sexual- und Gewalttäter in ihrer Fähigkeit gestört sind, mentale Zustände bei sich und anderen zu verstehen, d. h., ob bei ihnen ein Defizit der ToM vorliegt.

Der Begriff ToM stammt aus der Primatenforschung und bezeichnet ein Konstrukt, das alle Kompetenzen zusammenfasst, die erforderlich sind, um fremdes und eigenes Verhalten und Erleben erkennen, verstehen, erklären, vorhersagen und kommunizieren zu können. Besonders in der Autismusforschung fand das Konzept Aufnahme und führte zu zahlreichen Studien, die zeigten, dass Personen mit Autismus erhebliche Probleme haben, Aufgabenstellungen, die die ToM operationalisieren, zu bewältigen (Bölte u. Poustka 2004).

❶ Im Zusammenhang mit Kriminalität wird das ToM-Konzept vor allem in zwei sich zum Teil überschneidenden Bereichen diskutiert: bei Cluster-B-Persönlichkeitsstörungen und bei Sexualstraftätern.

Keenan und Ward (2000) vermuten, dass bei **pädosexuellen Tätern** vor allem die Bereiche Intimitäts- und Empathiedefizit sowie die tätertypischen kognitiven Verzerrungen darauf zurückzuführen seien, dass ihre Fähigkeit eingeschränkt sei, mentale Zustände bei anderen zu verstehen, und insofern ein Mangel an ToM vorliege.

Ein erwachsener **Vergewaltiger** reagiert nach der Untersuchung von Marshall und Moulden im Vergleich zur Normalbevölkerung mit reduzierter Empathie gegenüber dem Opfer eines ihm unbekannten Sexualtäters wie auch gegenüber dem eigenen Opfer; allerdings weist seine Beziehung zum eigenen Opfer die geringste Empathie auf (Marshall u. Moulden 2001). Andererseits konnte in einer Untersuchung an jugendlichen Sexualdelinquenten gezeigt werden, dass sich die Empathie gegenüber dem eigenen Opfer unter Therapie verbessert, Empathie also durchaus ein therapeutisch veränderbares Konstrukt darstellt (Eckardt u. Hosser 2005).

Persönlichkeitsstörungen werden gemäß DSM-IV in drei Gruppen eingeteilt:

- Cluster A umfasst die Gruppe der »Seltsamen« (paranoide, schizoide und schizotypische Persönlichkeitsstörung),
- Cluster B die »Dramatischen« (antisoziale, Borderline-, histrionische und narzisstische Persönlichkeitsstörung) und
- Cluster C die »Ängstlichen« (vermeidend-selbstunsichere, dependente und zwanghafte Persönlichkeitsstörung).

Die für Gewalt- und Sexualkriminalität wichtigste Gruppe betrifft Cluster B, insbesondere die antisoziale und die Borderline-Persönlichkeitsstörung. Bei beiden Störungsbildern scheinen frontale Dysfunktionen von Bedeutung zu sein. Dies ist im hier behandelten Zusammenhang auch deshalb von Interesse, weil dem orbitofrontalen und ventromedialen System eine wichtige Rolle für die Selbstwahrnehmung und Einschätzung sozialer Situationen zugesprochen wird (Kunert et al. 2002).

Blair unterscheidet in seinem neurokognitiven Modell von **Aggression** zwischen reaktiver und instrumenteller Aggression. Erstere trete im Rahmen erworbener Soziopathie als Folge einer orbitofrontalen Kortexläsion auf, die eine Beeinträchtigung des exekutiven emotionalen Systems zur Folge habe. Dagegen zeige sich instrumentelle Aggression eher bei entwicklungsbedingter Soziopathie und stehe im Zusammenhang mit einer Beeinträchtigung der Fähigkeit, Assoziationen zwischen emotionalen unkonditionierten Stimuli, z. B. Stresssituationen, und konditionierten Stimuli herzustellen. Eine häufig vertretene Annahme zum Empathiedefizit bei Psychopathen geht von einer Störung im System der Modulation von Furcht aus. Allerdings scheint diese Zusammenhangsannahme zu unterstellen, Empathie werde normalerweise in einem furchtinduzierenden autoritären Erziehungsmilieu erzeugt, was jedoch sowohl unseren aktuellen Vorstellungen über adäquate Erziehungs-

stile als auch einschlägigen Untersuchungsbefunden widerspricht (Blair 2001).

Aggression und Gewalt werden meist als Problem behandelt, dessen Erwerb man erklären müsse. Tatsächlich gehören sie aber von Anfang an zum Menschen. Physische Aggression nimmt ab der Geburt kontinuierlich bis zu einem **Gipfel im Alter von zwei Jahren** zu, um sich danach je nach Lebensweg interindividuell unterschiedlich weiterzuentwickeln (Nagin u. Tremblay 2001). Statt also zu fragen, wie Aggression erlernt wurde, sollte man vielleicht fragen, was nicht gelernt wurde, um Aggressionen nach dem zweiten Lebensjahr besser regulieren zu können (Fonagy 2003; s. Box: Studien zur Regulation von Aggression bei Kindern).

Box

Studien zur Regulation von Aggression bei Kindern

In einer Studie an 310 Knaben im Alter zwischen 18 Monaten und sechs Jahren wurde die Fähigkeit der Kinder untersucht, **Ärger** in frustrierenden Situationen zu regulieren. Diejenigen Kinder, deren Mütter sie unterstützten, indem sie die Kinder von der frustrierenden Situation abzulenken und die Aufmerksamkeit auf weniger unangenehme Dinge zu lenken versuchten, vermochten ihren Ärger deutlich besser zu regulieren als die Kinder der Mütter, die selbst ärgerlich und machtförmig reagierten (Gilliom et al 2002).

In einer anderen Untersuchung wurde Kindern im Alter zwischen 18 Monaten und viereinhalb Jahren vorgetäuscht, sie hätten ein wertvolles Spielzeug

kaputtgemacht. Die emotionale Reaktion der Kinder wurde nach Anzeichen von **Schuldgefühlen** kodiert. Negative Bemutterung, insbesondere ein autoritärer Umgang der Mutter mit dem Kind, unterminierte die Entstehung von Schuldgefühlen beim Kind. Als besonders interessanter Befund ergab sich, dass ein autoritärer Umgang der Mutter mit dem 22 Monate alten Kind vorhersagen ließ, dass dieses Kind mit 33 Monaten weniger Schuldgefühle als andere entwickeln werde. Ein eher unterstützender und weniger autoritärer Erziehungsstil der Mutter scheint also das Auftreten von Schuldgefühlen zu fördern, das als einer von verschiedenen selbstbegrenzenden Einflüsse auf Aggression gilt (Kochanska et al. 2002).

---

❶ **Die Ontogenese der Aggression lässt sich als Frage nach dem Verlauf der Mentalisierung formulieren: Eine Neigung zu Gewalt wäre dann das Resultat einer misslungenen Mentalisierung (Fonagy 2003).**

Mentalisierung bezeichnet dabei unsere Fähigkeit, die subjektive Erfahrung anderer Menschen zu verstehen; der Begriff wird hier also analog der ToM benutzt. Dies ermöglicht uns, mit anderen

zusammenzuarbeiten – was allerdings seinen Preis hat: Das natürliche Dominanzstreben gegenüber schwächeren Mitgliedern der Gemeinschaft über Gewaltandrohung wird zu einem Mechanismus, der unsere Adaptation an die (soziale) Umwelt nicht (mehr) fördert, sondern verschlechtert, weshalb es nun gilt, die Drohung mit physischer Gewalt einzugrenzen und zu zügeln (De Waal 2000).

Abgesehen von extremen Milieus bedeutete es seither einen Evolutionsvorteil, die psychische

Verfassung des anderen zu erfassen und zu berücksichtigen. Dennoch erforderten die äußeren Lebensbedingungen, dass die Menschen weiterhin über die Möglichkeiten der Gewaltausübung verfügten. Diese Möglichkeiten sollten aber innerhalb der sozialen Gruppe gehemmt werden. Aus dieser Notwendigkeit heraus entwickelte sich quasi als Trick der Evolution eine Inkompatibilität zwischen Gewaltausübung gegen einen Menschen bei gleichzeitiger Repräsentation von dessen subjektivem mentalem Status. Dies erfolgte über eine Verknüpfung der frühkindlichen Bindung mit Mentalisierungsprozessen.

Wir erlernen das Verstehen unserer eigenen wie auch fremder mentaler Zustände, indem wir die Erfahrung machen, dass unser interner psychischer Zustand durch einen anderen verstanden wurde. Dies erklärt, warum physische Aggression während der frühen Lebensjahre schrittweise aus dem kindlichen Verhaltensrepertoire verschwindet. Physische Aggression, der Wunsch, den anderen durch Vernichtung oder Beschädigung zu kontrollieren, wird – parallel zum Inzest – tabuisiert. Beide Tabus entstehen also über Bindung.

In manchen Individuen erweist sich dieser evolutionäre Mechanismus als nicht effektiv genug. Sie erwerben die Mechanismen der Mentalisierung nur ungenügend, vermögen die mentalen Zustände ihrer Mitmenschen über deren Gesichtsausdruck oder Stimm-Modulation nicht hinreichend gut zu erkennen und daher auch ihre natürliche Gewalt nicht angemessen zu hemmen. Wir bezeichnen solche Menschen meist als **Psychopathen**. Sie mögen nicht die Gelegenheit gehabt haben, über sichere Bindungserfahrungen mentale Zustände zu erlernen, oder ihre frühen Bindungen wurden abrupt unterbrochen oder durch autoritäre und/oder übergriffige Bezugspersonen zerstört (Fonagy 2003).

Während traditionelle Erklärungsmuster gewaltförmiger Konfliktlösung annahmen, dass diese durch Lernprozesse erworben werden, geht der hier vorgestellte Ansatz, wie erwähnt, von der umgekehrten Vorstellung aus, dass aggressionshemmende Mechanismen – Mentalisierung oder ToM – nicht hinreichend erlernt werden konnten. Dies könnte als ontogenetisch-biographische Basis für den **strukturdynamischen Ansatz** Janzariks dienen, dessen Kategorie der Desaktualisierungs-

schwäche hier – in einem Teilbereich – eine Basis zur Erklärung ihrer Genese finden könnte (Janzarik 1988).

Allerdings sollte aus diesen Überlegungen **kein zu einfacher Zusammenhang zwischen ToM und kriminellem Verhalten** geschlussfolgert werden. So wurde darauf hingewiesen, dass nicht nur das Zusammenspiel zwischen sozialen Beziehungen und ToM keineswegs unidirektional ist, also nicht nur einseitig die soziale Interaktion zwischen Mutter und Kind dessen ToM »produziert«; vielmehr scheinen hier komplexe Wechselwirkungen zu bestehen, sodass also auch die jeweils erreichte Entwickeltheit und Beschaffenheit der kindlichen ToM die weitere Interaktionsweise mitformt und umgekehrt.

Darüber hinaus greift wahrscheinlich auch die Dichotomie zu kurz, wonach eine ToM entweder vorhanden oder massiv gestört bzw. nicht (hinreichend) vorhanden sei. Vielmehr scheint es bei der ToM eines Individuums verschiedenste Varianten zu geben, deren Auswirkung auf den Lebensweg wiederum auch vom sozialen Umfeld abhängt. So kann eine entwickelte ToM positive, neutrale oder auch negative Implikationen für die Ausgestaltung der weiteren sozialen Interaktionen haben: Beispielsweise ist sowohl das Auftreten von empathischem Verhalten als auch das, was man als *teasing* bezeichnet – also ein zynisches Reizen des Gegenübers auf der verbalen und der Verhaltensebene, jedoch unterhalb der Schwelle der manifesten physischen Gewaltausübung – auf der Basis einer altersgemäß entwickelten ToM möglich (Hughes u. Leekam 2004). Dies ist deshalb von Interesse, weil *teasing* gelegentlich als Verhaltensweise bei einer Subgruppe sadistischer Täter außerhalb des sexuellen Bereichs im Alltagsverhalten zu beobachten ist.

Ebenso würde man Kriminalität außerhalb physischen Gewalteinsatzes, etwa bei Betrügern, kaum mit einer fehlenden ToM in Verbindung bringen können, obwohl auch bei diesen eine spezifische Form der Empathiearmut auf der Ebene »ihres« Delikts feststellbar ist. Hinzu kommt der Erklärungsbedarf für eines der zentralen Items im PCL-R für die Erfassung psychopathischer Personen, nämlich ein »trickreich sprachgewandter Blender mit oberflächlichem Charme« zu sein (Hare 1991). Wer den andern täuschen und blenden kann, verfügt, so ist anzunehmen, über eine hinreichend elaborierte ToM.

Wenn Psychopathen tatsächlich generell eine Störung der ToM aufwiesen, müssten sie auch in den entsprechenden Tests, die die ToM operationalisieren, versagen. Von vier Untersuchungen fand z. B. nur eine Studie (Widom 1976) Hinweise auf eine verminderte ToM bei Psychopathen, während drei neuere Untersuchungen (Richell et al. 2003; Blair et al. 1996; Widom 1978) dies nicht zu bestätigen vermochten. Wahrscheinlich verfügen Psychopathen insofern nicht über ein generelles ToM-Defizit. Allerdings weisen sie u. a. – neben anderen Besonderheiten wie reduzierter Ruheherzfrequenz, herabgesetzten autonomen Arousal-Reaktionen und verminderten konditionierten Angstreaktionen (Herpertz 2004) – schlechtere Leistungen in der Erkennung von Gesichtern mit ängstlichem und traurigem Affekt auf.

Dieser Befund passt zu Untersuchungsergebnissen mit bildgebenden Verfahren, bei denen psychopathische Probanden ein reduziertes Volumen der Amygdala und während Aufgaben, die das emotionale Gedächtnis prüften, eine reduzierte Aktivierung der Amygdala boten. Wenn also bei Psychopathen eine Amygdalaläsion vorliegt, fragt sich allerdings, weshalb es dann allem Anschein nach in den operationalisierten Tests nicht zu einer nachweisbaren Beeinträchtigung der ToM kommt. Interessanterweise zeigen Untersuchungen an Kindern mit psychopathischen Tendenzen deutlich ausgeprägtere Schwierigkeiten, traurige oder ängstliche Gesichtsausdrücke zu erkennen als erwachsene Psychopathen. Möglicherweise ist die für die ToM relevante Funktion der Amygdala bei Psychopathen zwar früh beeinträchtigt, aber – etwa im Unterschied zum Autismus – nicht völlig aufgehoben und wird dann im weiteren Entwicklungsverlauf durch andere, beispielsweise kortikale Regionen kompensiert. Die ToM wäre also bei erwachsenen psychopathischen Menschen weitgehend intakt, obwohl neuronale Architektur, die dafür normalerweise zuständig ist (Amygdala), nur unzureichend funktioniert, aber hier durch eine andere (z. B. kortikale) ersetzt ist.

Fazit

Kriminalität ist nicht als bloße Außerkraftsetzung der ToM des Täters erklärbar. Der Zusammenhang zwischen ToM und Kriminalität bedarf weiterer Erforschung, verspricht aber bereits jetzt heuristisch interessante Aspekte. Obgleich er seinen Ausgang im neurobiologischen Kontext nahm, weist er, je mehr er sich ausdifferenziert, umso mehr darüber hinaus und auf den sozialen Kontext, in dem sich Kriminalität letztlich bewegt. Aus Langzeituntersuchungen (Rutter et al. 2001) ist bekannt, dass es durchaus möglich ist, Kindern, die sich bislang kontinuierlich in Richtung Gewalt und Verhaltensstörung entwickelten, dennoch eine positive Perspektive zu eröffnen, wenn es gelingt, sie an relativ gesunde Bezugspersonen zu binden und so den Mentalisierungsprozess nachzuholen. Das bedeutet, dass zur Gewaltreduktion in der Gesellschaft – sieht man von deren eigener Veränderungsbedürftigkeit insgesamt ab – vor allem auf Integration bauende Institutionen und Konzepte erforderlich sind, nicht dagegen solche des sozialen Ausschlusses. Vielleicht ist dies eine der wichtigsten Botschaften, die wir aus der Befassung mit dem Zusammenhang zwischen Gewaltkriminalität und der ToM lernen können.

Literatur

Andrews DA, Bonta J (1998) The psychology of criminal conduct, 2nd edn. Anderson, Cincinnati, OH

Bandura A (1977) Social learning theory. General Learning Press, New York

Blair RJR (2001) Neurocognitive models of aggression, the antisocial personality disorders, and psychopathy. J Neurol Neurosurg Psychiatry 71: 727–731

Blair RJ, Sellars C, Strickland I et al (1996) Theory of mind in the psychopath. J Forens Psychiatry 7: 15–25

Bölte S, Poustka F (2004) Tiefgreifende Entwicklungsstörungen. In: Petermann F, Niebank K, Scheithauer H (Hrsg) Entwicklungswissenschaft. Entwicklungspsychologie – Genetik – Neuropsychologie. Springer, Berlin Heidelberg New York

Dean K, Malamuth NM (1997) Characteristics of men who aggress sexually and of men who imagine aggressing: Risk and moderating variables. J Personality Social Psychol 72: 449–455

De Waal FBM (2000) Primates – a natural history of conflict resolution. Science 289: 586–590

Eckardt C, Hosser D (2005) Empathie und Sexualdelinquenz. In: Schläfke D, Häßler F, Fegert JM (Hrsg) Sexualstraftaten. Forensische Begutachtung, Diagnostik und Therapie. Schattauer, Stuttgart, S 219–231

Egg R (2004) Junge Sexualstraftäter: Rückfälligkeit und Gefährlichkeitsprognose; in: Kammeier H, Michalke R (Hrsg) Streben nach Gerechtigkeit. Festschrift für Prof. Dr. Günter

Tondorf zum 70. Geburtstag. Schriftenreihe des Instituts für Konfliktforschung, Heft 26. LIT Verlag, Münster, S 15–28

Fonagy P (2003) Towards a developmental understanding of violence. Br J Psychiatry 183: 190–192

Freund K, Seto MC, Kuban M (1997) Frotteurism and the theory of courtship disorder. In: Laws DR, O'Donohue W (eds) Sexual deviance: theory, assessment and treatment. Guilford, New York, pp 111–130

Gendreau P, Little T, Goggin C (1996) A meta-analysis of the predictors of adult offender recidivism : What works. Criminology 34, 575–607

Gilliom M, Shaw DS, Beck JE et al (2002) Anger regulation in disadvantaged preschool boys: strategies, antecedents, and the development of self-control. Dev Psychol 38: 222–235

Hanson RK, Scott H (1996) Social networks of sexual offenders. Psychol Crime Law 2: 249–258

Hanson RK, Harris AJR (1998) Dynamic predictors of sexual recidivism. Department of the Solicitor General of Canada, Ottawa

Hanson RK, Harris A (2000) The Sex Offender Need Assessment Rating (SONAR): A method for measuring change in risk levels. In: Sinclair LG (ed) Sex Offender Re-Offense Risk Assessment Videotype Training Program. Sinclair Seminars, Madison, WI

Hare RD (1991) Manual for the Hare Psychopathy Checklist–Revised. Multi-Health-Systems, Toronto

Herpertz SC (2004) Dissoziale Persönlichkeitsstörungen – Diagnose, Prognose, Therapie. In: Schöch H, Jehle J-M (Hrsg) Angewandte Kriminologie zwischen Freiheit und Sicherheit. Haftvermeidung – Kriminalprävention – Persönlichkeitsstörungen – Restorative Justice. Forum Verlag Godesberg GmbH, Mönchengladbach

Hughes C, Leekam S (2004) What are the links between theory of mind and social relations? Review, reflections and new directions for studies of typical and atypical development. Social Dev 13(4): 590–619

Janzarik W (1988) Strukturdynamische Grundlagen der Psychiatrie. Enke, Stuttgart

Johnston L, Ward T (1996) Social cognition and sexual offending: a theoretical framework. Sex Abuse 8: 55–80

Keenan T, Ward T (2000) A theory of mind perspective on cognitive, affective, and intimacy deficits in child sexual offenders. Sex Abuse 12: 49–60

Kochanska G, Gross JN, Lin MH et al (2002) Guilt in young children: development, determinants, and relations with a broader system of standards. Child Dev 73: 461–482

Kunert HJ, Herpertz S, Sass H (2002) Frontale Dysfunktionen als ätiologische Faktoren bei der Borderline- und antisozialen Persönlichkeitsstörung? In: Förstl H (Hrsg) Frontalhirn. Funktionen und Erkrankungen. Springer, Berlin Heidelberg New York

Marshall WL (1993) The role of attachment, intimacy, and loneliness in the etiology and maintenance of sexual offending. Sex Marital Ther 8: 109–121

Marshall WL, Moulden H (2001) Hostility toward woman and victim empathy in rapist. Sex Abuse 13: 249–255

McKibben A, Proulx J, Lusignan R (1994) Relationships between conflict, affect and deviant behaviors in rapists and child molesters. Behav Res Ther 32: 571–575

Nagin DS, Tremblay RE (2001) Parental and early childhood predictors of persistent physical aggression in boys from kindergarten to high school. Arch Gen Psychiatry 58: 389–394

Pfäfflin F (2004) Sexualstraftaten. In: Venzlaff U, Foerster K (Hrsg) Psychiatrische Begutachtung. Ein praktisches Handbuch für Ärzte und Juristen, 3. Aufl. Urban & Fischer, München, S 275–302

Rasch W, Konrad N (2004) Forensische Psychiatrie, 3. Aufl. Kohlhammer, Stuttgart

Richell RA, Mitchell DGV, Newman C, Leonhard A, Baron-Cohen S, Blair RJR (2003) Theory of mind and psychopathy: can psychopathic individuals read »the language of the eyes"? Neuropsychologia 41(5): 523–526

Rutter M, Pickles A, Murray R et al (2001) Testing hypotheses on specific environmental causal effects on behavior. Psychol Bull 127: 291–324

Steinböck H (1999) Entwicklungstendenzen der Einweisungspraxis von Sexualstraftätern im Maßregelvollzug des BKH Haar. Sexuologie 6(2): 106–118

Thiel A, Fuchs A (2004) Das Sex-Offender Treatment Programme (SOTP) im Hamburger Strafvollzug. In: Rehn G, Nanninga R, Thiel A (Hrsg) Freiheit und Unfreiheit. Arbeit mit Straftätern innerhalb und außerhalb des Justizvollzuges. Centaurus, Herbolzheim, S 307–323

Widom CS (1976) Interpersonal and personal construct systems in psychopaths. J Consult Clin Psychol 44: 614–623

Widom CS (1978) An empirical classification of female offenders. Crim Just Behav 5: 35–52

Die Erstellung von Täterprofilen: Denken wie der Täter?

Alexander Horn

20.1   Einleitung

Anfang der 90-er Jahre wurde durch den Hollywood-Film »Das Schweigen der Lämmer« der breiten Öffentlichkeit eine neue kriminalistische Methode bekannt: das **Profiling** – die Erstellung von Täterprofilen in Sexual- und Serienmordfällen.

In diesem Film wird dem Publikum die Tätigkeit der Profiler auf der Jagd nach einem sexuell motivierten Serienmörder sehr plastisch dargelegt. Die handelnden FBI-Agenten nehmen zur Klärung des Falls die Unterstützung des verurteilten Serienmörders Hannibal Lector in Anspruch, indem sie anhand von Gefangeneninterviews versuchen, die Handschrift des Täters zu verstehen. Im Rahmen der filmischen Umsetzung entsteht der Eindruck, dass die Profiler in der Lage sein müssen, wie der Täter zu denken. Es stellt sich daher die Frage, wie realistisch diese Darstellung der Tätigkeit der Profiler (Bezeichnung in Deutschland: **polizeiliche Fallanalytiker**) ist; die filmische Umsetzung hat nur sehr wenig mit der tatsächlichen Tätigkeit zu tun.

Die Profiling-Einheiten in Deutschland sind angesiedelt bei den Landespolizeibehörden sowie dem Bundeskriminalamt und tragen den Titel »operative Fallanalyse (OFA)«. Dies spiegelt die Natur der Tätigkeit eines Fallanalytikers exakt wider, da sie im Regelfall operatives Handeln bedeutet, um aktuelle Ermittlungen, zumeist durchgeführt von Sonderkommissionen der regionalen Polizeibehörden, durch Beratung zu unterstützen. Die Grundlage dafür ist die Erstellung einer Fallanalyse.

20.2   Entwicklung der operativen Fallanalyse

Ende der 70-er Jahre veränderte sich in den USA die Phänomenologie der Tötungsdelikte dergestalt, dass eine deutliche Zunahme der Tötungsdelikte ohne Vorbeziehung zwischen Opfer und Täter zu verzeichnen war. Die Konsequenz daraus war eine spürbare Verschlechterung der Aufklärungsquote bei diesen Delikten.

Um die Ursachen dieses Phänomens zu erforschen, wurde bei der *Behavioral Science Unit* des amerikanischen FBI ein Forschungsprojekt gestar-

tet, welches das Verständnis für diese Art von Delikten fördern sollte. Im Rahmen der Forschung wurden u. a. die Fälle von 36 Serienmördern analysiert sowie die verurteilten Täter befragt. Die Ergebnisse dieser Studie wurden in zusammengefasster Form 1988 veröffentlicht (Ressler et al. 1988).

Hierzulande beschäftigte sich das Bundeskriminalamt (BKA) seit Anfang der 90-er Jahre mit der Methodik der Fallanalyse. Das Hauptaugenmerk richtete sich zunächst auf den Bereich der Erpressung sowie auf Fälle des erpresserischen Menschenraubes (Robak 2004).

In Bayern befasste man sich seit dem Fall des Serienmörders Horst David (1995) mit dieser Thematik und startete 1996 ein Pilotprojekt (Robak 2004; Nagel u. Horn 1998). Dies führte im Jahr 2000 zur Schaffung eines neuen Arbeitsbereichs bei der bayerischen Polizei, angesiedelt als Kommissariat 115 beim Polizeipräsidium München.

Inzwischen hat jedes Bundesland sowie das BKA eine OFA-Einheit, und seit 2001 befindet sich die Verbunddatei ViCLAS (*Violent Crime Linkage Analysis System*) zur frühzeitigen Erkennung von Serientaten bzw. -tätern im Bereich von Tötungs- und sexuellen Gewaltdelikten (Robak 2004) flächendeckend im Einsatz.

20.3   Begriffsdefinition »Fallanalyse«

Gemäß den Qualitätsstandards für Fallanalyse in Deutschland (Bundeskriminalamt 2004) handelt es sich bei der Fallanalyse um ein kriminalistisches Werkzeug, welches in Fällen von herausragender Bedeutung, wie z. B. bei Tötungsdelikten mit sexueller Komponente oder Serienmordfällen, auf der Grundlage von objektiven Daten das Fallverständnis vertiefen soll. Das Ziel der Fallanalyse ist hierbei, ermittlungsunterstützende Hinweise und Empfehlungen zu erarbeiten.

❶ **Die Erstellung eines Täterprofils ist dabei lediglich ein Element einer Fallanalyse und bei weitem nicht der wichtigste Teil. Dieser Teil der analytischen Tätigkeit zieht lediglich die größte Aufmerksamkeit auf sich, da es sich dabei um die Beschreibung der Persönlichkeitsmerkmale**

20

und Charaktereigenschaften einer unbekannten Person handelt.

In diesem Zusammenhang wird häufig die Frage gestellt, ob es notwendig sei, wie ein Täter zu denken, um die Beschreibung der Persönlichkeit entwickeln zu können. In erster Linie geht es darum, das Täterhandeln nachvollziehen zu können. Dies kann zum einen auf der intellektuell/kognitiven Ebene, zum anderen auf der emotionalen Ebene geschehen.

Nach Meinung des Verfassers unterliegt die öffentliche Wahrnehmung hier häufig dem Fehlglauben, Fallanalytiker seien in der Lage, das gezeigte Täterverhalten auf emotionaler Ebene nachvollziehen zu können. Diese klischeehafte Vorstellung resultiert nicht zuletzt aus der medialen Umsetzung der Thematik, einem breiten Publikum u. a. in Filmen wie »Das Schweigen der Lämmer« oder »Roter Drache« bekannt gemacht.

Tatsächlich ist es jedoch so, dass im Rahmen von Fallanalysen auf intellektuell/kognitiver Ebene versucht wird, ein vertieftes **Fallverständnis** zu erzielen, das wiederum die Grundlage für jegliche Ableitung zum Motiv der Tat sowie zur wahrscheinlichsten Täterpersönlichkeit ist. Aus diesem Grund stellt eine umfassende **Tathergangsanalyse** das Kernstück einer jeden Fallanalyse dar. Hier erfolgt die gedankliche Rekonstruktion des Tatgeschehens und der Abläufe am Tatort, als Ergebnis der Interaktion zwischen Opfer und Täter.

Die Spuren dieser Interaktion finden sich am Tatort und – sofern es sich bei dem Fall um ein Tötungsdelikt handelt – an der Leiche wieder. Die Aufgabe des Fallanalytikers ist es daher, diese Interaktion möglichst detailliert nachzuvollziehen und im Rahmen der Interpretation des gezeigten Täterverhaltens Rückschlüsse auf Motivlage und Persönlichkeit des Täters zu ziehen.

20.4 Grundlagen der Fallanalyse

Als Grundlage einer Fallanalyse dienen im Wesentlichen die drei Elemente
- Tatort,
- Erkenntnisse hinsichtlich Verletzungsmuster und Todesursache,
- Hintergrundinformationen zum Tatopfer.

Der **Tatort** ist der zentrale Handlungsort, an dem sowohl Täter als auch Opfer ihre Spuren hinterlassen. Im Rahmen der Fallanalyse erfolgt daher eine genaue Aufarbeitung dieser dort vorzufindenden Spuren und die Frage nach deren Entstehung. In akribischer Kleinarbeit gilt es, die einzelnen Elemente der Spurenlage zu einem sinnvollen Ganzen zusammenzufügen und eine Chronologie der Handlungen zu erstellen. Dies geschieht in der Gestalt, dass die Tat in einzelne Phasen wie z. B.
- Annäherung an das Opfer,
- Kontrollgewinnung,
- sexuelle Handlungen und
- Tötung des Opfers

unterteilt wird, die nach und nach abgearbeitet werden. Am Ende der Tathergangsanalyse steht in den meisten Fällen ein relativ gut nachvollziehbarer Handlungsablauf der Tat.

Durch die Interpretation des **Verletzungsbildes** sowie der letztlich **todesursächlichen Handlungen** ist es möglich, einen Einblick in die Dynamik des Handlungsablaufs zwischen Täter und Opfer zu erlangen, also z. B. der Frage nachzugehen, ob es sich um eine bereits geplante Tötung des Opfers handelt oder ob ein eskalierender Handlungsablauf zu einer Steigerung der Gewalt führte, die schließlich tödlich endete. Die Interpretation der Verletzungen ist natürlich in engem Zusammenhang mit der Interpretation des Tatorts und der dort vorzufindenden Spuren zu sehen.

Die dritte Grundlage der Fallanalyse stellen die Informationen zur **Opferpersönlichkeit** dar. Ohne vertieftes Verständnis der relevanten Opferpersönlichkeit ist die Erstellung einer Fallanalyse kaum möglich. In erster Linie geht es dabei um
- die Lebensumstände des Opfers,
- die Gewohnheiten und Routineaktivitäten sowie
- das zu erwartende Konfliktverhalten.

Basierend auf den objektiven Informationen vom Tatort sowie den rechtsmedizinischen Befunden und den Erkenntnissen zum Opferhintergrund ist es möglich, den Tathergang zu rekonstruieren und Ableitungen zum Motiv sowie zum Täter zu generieren. Diese Aussagen sind, aufgrund der Tatsache, dass es sich hierbei um Interpretationen des Täterverhaltens handelt, **Wahrscheinlichkeitsaussagen.**

Da diese Wahrscheinlichkeitsaussagen jedoch u. U. die Richtung der weiteren Ermittlungen beeinflussen werden, ist es notwendig, sie permanent einer kritischen Prüfung zu unterziehen.

Daher erfolgt in Deutschland gemäß den Qualitätsstandards für Fallanalysen (Bundeskriminalamt 2004) der analytische Prozess im **Teamansatz:**

- Zum einen wird dadurch eine größere Hypothesenvielfalt erzielt, vor allem durch Zusammensetzung des Teams aus Fallanalytikern mit unterschiedlichen Erfahrungshintergründen, wie z. B. ehemalige Mordermittler, Ermittler aus dem Bereich der Sexualdelikte sowie ehemalige Beamte der Spurensicherung.
- Zum anderen wirkt die Gruppe als Korrektiv, das die potenzielle Fehlerquote dadurch deutlich reduziert.

❶ Hier liegt ein entscheidender Unterschied zu den häufig in den Filmen und Medien dargestellten Profilern als Einzelkämpfer: Der Teamansatz wird inzwischen auch international als absolut zielführend angesehen.

In diesem Zusammenhang stellt sich die Frage, auf welcher Basis die Fallanalytiker in die Lage versetzt werden, auf intellektuell-kognitiver Ebene das Täterverhalten nachzuvollziehen, also die Frage nach der Ausbildung.

20.5 Ausbildungskonzept zum polizeilichen Fallanalytiker

Die Ausbildung zum polizeilichen Fallanalytiker ist in Deutschland inzwischen standardisiert und wird von einem Lehrteam, bestehend aus erfahrenen Fallanalytikern des Bundes sowie der Länder, begleitet.

Über einen Zeitraum von ungefähr 2–3 Jahren durchläuft der Fallanalytiker vier aufeinander aufbauende Lehrgänge, in denen das relevante Hintergrundwissen aus den folgenden Gebieten vermittelt wird:

- Kriminalistik,
- Kriminologie,
- Psychologie,
- Psychiatrie,
- Rechtsmedizin.

Zwischen den Lehrgängen erfolgt die Betreuung und Fortbildung auf den Dienststellen durch ausgebildete Fallanalytiker. In Vorbereitung des abschließenden Lehrgangs hat der Teilnehmer im Rahmen einer Hausarbeit ein fallanalytisch relevantes Thema wissenschaftlich aufzuarbeiten.

Nach erfolgreicher Teilnahme an den Lehrgängen erfolgt die Zertifizierung zum polizeilichen Fallanalytiker durch das Bundeskriminalamt. Diese Zertifizierung bekommt zunehmend Bedeutung, da Fallanalytiker vermehrt als Sachverständige vor Gericht bestellt werden, um den Tathergang sowie daraus ableitbare Aussagen zu erläutern.

20.6 Einsatzmöglichkeiten der operativen Fallanalyse

Die Erstellung einer Fallanalyse ist dann möglich, wenn im Rahmen der Tatbegehung Verhalten gezeigt wurde, das für die Interpretation geeignet ist. Grundsätzlich ist der Einsatz der OFA in den nachstehenden Kriminalitätsformen denkbar (s. Übersicht).

> **Einsatzbereiche für die operative Fallanalyse**
> - Sexuell motivierte Tötungsdelikte
> - Serienmord
> - Serienvergewaltigung
> - Tötungs- oder Sexualdelikte mit auffälligem Täterverhalten (Einzeltaten)
> - Tötungsdelikte mit unklarer Motivlage
> - Serienbrandstiftungen
> - Anschlagsserien (z. B. Briefbomben)
> - Bedrohungsfälle.

Der Hauptanteil der Fälle (ca. 70%), die durch die OFA Bayern analysiert werden, sind Tötungsdelikte, gefolgt von Sexualdelikten (ca. 20%).

20.7 Ablauf einer Fallanalyse

Die OFA Bayern fungiert als Servicedienststelle für die bayerischen Kriminaldienststellen und wird nur auf Anforderung der örtlich zuständigen

20.9 Nachvollziehen des Täterhandelns vs. Denken wie der Täter

233

20

Ermittlungsdienststelle tätig. Im Regelfall erfolgt zeitnah zum Beginn der polizeilichen Ermittlung die Information der OFA.

Sofern die fallanalytische Unterstützung benötigt wird, erfolgt vor Ort die Erhebung der dafür notwendigen Informationen (Abb. 20.1). Im Regelfall besichtigt das Team nach Abschluss der Spurensicherung den Tatort und wird von den ermittelnden Beamten in die objektiven Informationen des Falls (Tatort, Ergebnisse der Obduktion und Opferhintergrund) eingewiesen. In der nächsten Stufe erfolgt die Auswertung der Fallinformationen. Sofern notwendig, werden Experten konsultiert (z. B. Rechtsmediziner oder Schusswaffensachverständige) und die bestehende Informationslage bewertet.

Es folgt die eigentliche Analyse des Falls, mit Erarbeitung eines schriftlichen Ergebnisses. Die Analyse findet entweder in den Räumlichkeiten der OFA Bayern in München statt. Falls erforderlich, verlegt sich das Analyseteam zur Sonderkommission vor Ort und bleibt während des Analyseprozesses, der ca. 4–5 Tage in Anspruch nimmt, dort.

Das Ergebnis der Fallanalyse wird den Mitgliedern der Sonderkommission im Rahmen eines Vortrags präsentiert, und die daraus folgenden Ermittlungshandlungen werden diskutiert. Sollten sich im Lauf der Ermittlungen neue Erkenntnisse ergeben, kann es notwendig sein, die Analyse zu überarbeiten.

20.8 Ergebnisse einer Fallanalyse

Im Rahmen der Erstellung von Fallanalysen können zu unterschiedlichen Bereichen Aussagen getroffen werden (Abb. 20.2). Aufbauend auf die Rekonstruktion des Tathergangs erfolgt die Bewertung der Tatsituation, also die Erklärung, wie es zum Zusammentreffen eines Täters mit entsprechender Motivation und einem geeigneten und verfügbaren Opfer bei fehlender Sozialkontrolle kam.

Die handlungsleitenden Ziele des Täters sowie Aussagen hinsichtlich der Strukturiertheit des Täterhandelns sowie der Tatvorbereitungshandlungen stellen wesentliche Elemente eines fallanalytischen Ergebnisses dar. Sollten sich fallspezifisch bedeutsame Verhaltensweisen wie z. B. ein Übertöten des Opfers finden, werden diese bewertet und fließen in die Beschreibung der Täterpersönlichkeit ein. Am Ende stehen im Regelfall die Ermittlungsempfehlungen, welche bei der weiteren kriminalpolizeilichen Sachbearbeitung hinsichtlich der Priorisierung von Ermittlungshandlungen behilflich sein sollen.

20.9 Nachvollziehen des Täterhandelns vs. Denken wie der Täter

Denken Fallanalytiker wie die Täter? Aus Sicht des Verfassers ist diese Frage nicht eindeutig mit »ja« oder »nein« zu beantworten. Der polizeiliche Fallanalytiker versucht in erster Linie, basierend auf Fakten und Feststellungen am Tatort sowie am Opfer, das Handeln des Täters nachzuvollziehen. Dies geschieht überwiegend auf einer intellektuell-kognitiven, nicht auf einer emotionalen Ebene. Zweifellos beinhaltet aber nahezu jede Tat Elemente aus dem Alltagsverhalten, wie z. B. das Ansprechen

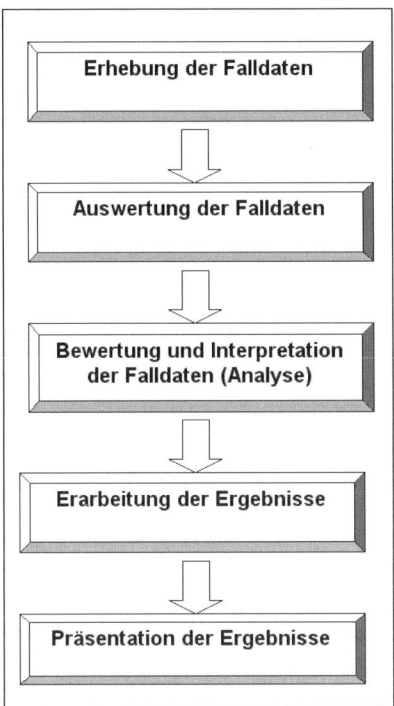

◘ Abb. 20.1. Fünf-Stufen-Modell zum Ablauf einer Fallanalyse

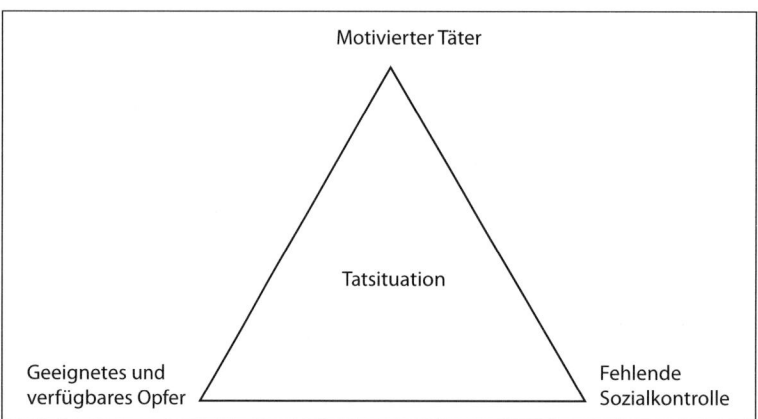

Abb. 20.2. Modell zur Enstehung einer Tatsituation

einer Frau mit dem Ziel einer Kontaktaufnahme, ein gewisses männliches »Jagdverhalten« oder individuelle sexuelle Wünsche und Phantasien, die sowohl emotional als auch kognitiv nachvollziehbar sind.

Differenziert davon zu betrachten sind natürlich alle abweichenden Elemente (Devianzen), die kriminelles oder stark zwanghaftes Handeln indizieren und die nur aufgrund eines soliden Hintergrundwissens in den relevanten Disziplinen mit einer nachvollziehbaren, erklärbaren und dadurch auch erlernbaren Methodik sowie der Erfahrung bei der Analyse von ähnlich gelagerten Delikten als solche erkannt und analytisch aufbereitet werden können.

Auf dieser Basis ist es möglich, ein komplexes Gebilde wie z. B. einen Sexualmord ganzheitlich wahrzunehmen, ohne den Überstrahlungseffekt des »Monsters« diese Fälle zu analysieren und relevante und v. a. für die Ermittlung hilfreiche Rückschlüsse auf Motivlage und Persönlichkeit des unbekannten Täters zu ziehen.

Das Anforderungsprofil für polizeiliche Fallanalytiker (Bundeskriminalamt 2004) macht die Notwendigkeit bestimmter Fähigkeiten, speziell auf dem Gebiet der ganzheitlichen Wahrnehmung, der analytischen Fähigkeiten sowie des wertfreien Erfassens anderer Milieus deutlich.

> ❗ **Im Rahmen von Fallanalysen wird versucht, das Verhalten eines Täters zu rekonstruieren und dadurch nachvollziehbar und erklärbar zu machen; dies ist jedoch weit davon entfernt, in die Gedankenwelt eines Täters einzudringen.**

Literatur

Bundeskriminalamt (2004) Fallanalyse bei der deutschen Polizei. Die Qualitätsstandards der Fallanalyse, das Anforderungsprofil und der Ausbildungsgang für Polizeiliche Fallanalytiker. Wiesbaden, S 11–40

Nagel U, Horn A (1998) ViCLAS – Ein Expertensystem als Ermittlungshilfe. Heidelberg. Kriminalistik 52(1): 54–58

Ressler R, Burges AW, Douglas JE (1988) Sexual homicide. Patterns and motives. New York, pp 1–14

Robak M (2004) Profiling: Täterprofile und Fallanalysen als Unterstützung strafprozessualer Ermittlungen. Polizeiliche Methoden und deren kriminalpolitische Bedeutung (Dissertation). LIT-Verlag, Münster, S 141–146

20

Glaubhaftigkeitsbeurteilung

Prisca Jager

21.1   Einleitung

Ein Forschungszweig der Glaubhaftigkeitsbeurteilung beschäftigt sich mit den physiologischen Begleiterscheinungen von Täuschungen, ein anderer mit dem die Täuschung begleitenden Verhalten. Als ausreichend zuverlässig, sodass die Methode auch regelmäßig in der strafrechtlichen Praxis verwendet wird, gilt die Methode der inhaltsorientierten Glaubhaftigkeitsbeurteilung mithilfe so genannter Glaubhaftigkeitskriterien. Auf diese Methode der Glaubhaftigkeitsbegutachtung wird im Folgenden näher eingegangen. Während verhaltensorientierte und psychophysiologische Methoden dazu dienen sollen, Täuschungsverhalten aufzudecken, beschäftigt sich die inhaltsorientierte Glaubhaftigkeitsbegutachtung mit Merkmalen, welche eine erlebnisbasierte Aussage in Abgrenzung zu einer erlogenen kennzeichnen.

21.2   Die Lüge als Leistung

Im Folgenden wird unter »Lüge« stets der speziellere und unter »Täuschung« der allgemeinere Begriff verstanden. In der psychologischen Forschung herrscht weitgehende Übereinstimmung dahingehend, dass eine Lüge im Kern folgende **Definitionsmerkmale** enthält:

- Sie wird bewusst und absichtlich vorgebracht.
- Es handelt sich um eine Aussage, von der der Aussagende weiß, dass sie nicht zutrifft.
- Die aussagende Person möchte mit dem Vorbringen dieser Aussage erreichen, dass der Zuhörer glaubt, die Aussage treffe so zu.

Im Rahmen der Glaubhaftigkeitsbegutachtung nimmt man mit der »Lügen-Hypothese« an, dass eine Person intentional ein Erlebnis erfindet, das sie nicht gehabt hat, und ihr bewusst ist, dass es sich bei dem Bericht darüber um eine Erfindung handelt.

Aus der Sicht der ToM-Forschung bedarf es elaborierter Repräsentationsleistungen im Sinne der *recursive awareness* (Ceci u. Leichtmann 1992), um erfolgreich lügen zu können (Greuel 2001). Der erfolgreiche Lügner sollte also möglichst hohe Kompetenzen haben,

- sich selbst und anderen Menschen mentale Zustände zuzuschreiben,
- mithilfe dieser Erkenntnisse Verhalten vorauszusagen und
- sein eigenes Verhalten an diese Erkenntnisse anzupassen.

Personen, die keine ausreichenden Fähigkeiten in diesem Bereich aufweisen, geben keine kompetenten Lügner ab. Eine einfache Täuschung, wie fälschliches Abstreiten, stellt bereits einige Anforderungen an die täuschende Person. Leekam (1992) beschreibt drei **Stufen der Täuschung** (s. Box).

Eine ausgereifte Lüge zu produzieren, die auch einer kritischen Prüfung standhält, stellt noch höhere Anforderungen an die täuschende Person. Es kommt eine inhaltliche Komponente hinzu, welche ebenfalls überzeugen muss. Zusammenfassend müssen im Bereich der ToM Kompetenzen vorhanden sein, um Folgendes leisten zu können:

- Es muss eine vom eigenen Wissen abweichende, falsche Darstellung produziert werden.
- Überprüfungsprozesse des Interaktionspartners müssen berücksichtigt werden.
- Solche Überprüfungsprozesse müssen antizipierend unterlaufen werden.

❶ **Einen anderen Menschen erfolgreich anzulügen, stellt eine komplexe Aufgabe dar. Vermeintliche Anzeichen der Täuschung müssen verborgen werden, verräterische Emotionen unterdrückt, und ein Glaubwürdigkeit vermittelndes Verhalten muss gezeigt werden. Dabei sollte bei der lügenden Person ein Wissen darum existieren, welche Verhaltensweisen einen Kommunikationspartner als vertrauenswürdig erscheinen lassen und welche vom Empfänger als verräterisch empfunden werden. Ein solches taktisches Verhalten setzt gute soziale und kommunikative Kompetenzen voraus. Zusätzlich muss der Lügner Wert auf die Inhalte seiner Lüge legen. Narrative Kompetenzen und ein ausreichendes bereichsspezifisches Wissen werden benötigt. Kommt außerdem eine zeitliche Komponente hinzu, muss also die Lüge in unterschiedlichen Kontexten zu verschiedenen Zeitpunkten präsentiert werden, dann braucht die lügende Person ausreichende mnestische**

Kompetenzen, um sich an die Inhalte der vorangegangenen Lüge zu erinnern.

Die Stufen der Täuschung nach Leekam (1992)
Der **Stufe 1** werden Täuschungen zugeordnet, welche ohne Wissen um die Notwendigkeit der Überzeugung der Interaktionsperson zustande kommen. Sie stellen Verhaltensmanipulationen zur Vermeidung negativer Konsequenzen dar. Solche Täuschungen können beispielsweise darauf basieren, dass ein Verhalten zum Erfolg führte und daher wiederholt wird. Dabei handelt es sich zufällig um eine Täuschung. Bei jungen Kindern könnte das fälschliche Verneinen oder Verweisen auf eine andere Person vor einer Strafe bewahrt haben und aus diesem Grund wiederholt werden. Diese Täuschungsmanöver sind meist wenig erfolgreich, weil die täuschende Person die Notwendigkeit der Überzeugung des Gegenübers nicht in Betracht zieht.

Auf **Stufe 2** siedelt Leekam Täuschungen an, welche zu einer Induktion von falschen Überzeugungen beim Gegenüber führen sollen. Auf dieser Stufe wird bereits erfolgreicher gelogen, da die Möglichkeit in Betracht gezogen wird, der Interaktionspartner könnte die Täuschung nicht glauben. Es existiert ein Bewusstsein dafür, dass die Täuschung sachlich überzeugen muss.

Eine Täuschung auf **Stufe 3** erfolgt mit der Fähigkeit, die eigene Glaubwürdigkeit zu manipulieren. Die täuschende Person versucht, den Erfolg der Täuschung in diesem Stadium zu verbessern, indem sie ihr Verhalten so variiert, dass es glaubwürdig erscheint.

Exkurs

Altersgrenzen bei Täuschungsverhalten
Die altesabhängige Fähigkeit zur Täuschung ist den Täuschungsstufen (1–3) nach Leekam zugeordnet (nach Greuel 2001, S. 239).
- 3–4 Jahre: Täuschung durch Manipulation des Verhaltens (1)
- 4 Jahre: Unterscheidung zwischen Irrtum und Lüge, jedoch Neigung zur Übergeneralisierung
- 4–5 Jahre: Unterscheidung zwischen Lüge aus Täuschungsabsicht bzw. Spaß, Täuschung durch Manipulation der Überzeugung des Gegenübers bzgl. des Aussageinhalts, nicht der Aussagemotivation (2)
- 7 Jahre: Täuschung durch Manipulation der Überzeugung des Gegenübers bzgl. Aussageinhalt und Aussagemotivation (3); Einsetzen der Fähigkeit, überzeugend zu lügen

Den Umstand, dass eine erfolgreiche Lüge eine komplexe Leistung darstellt, nutzt man bei der Glaubhaftigkeitsbegutachtung aus. Die aussagepsychologische Exploration wird so gestaltet, dass derjenige, welcher erlebnisbasiert aussagt, optimale Möglichkeiten erhält, sich an das Erlebte zu erinnern und es sprachlich zu präsentieren. Gleichzeitig werden in diesem Setting jedoch an die lügende Person kaum zu leistende Anforderungen gestellt, wenn sie überzeugen möchte.

21.3 Glaubhaftigkeitskriterien

Das Kernstück der Glaubhaftigkeitsbegutachtung stellt die **Inhaltsanalyse** der wörtlich aufgezeichneten Aussage zur Sache anhand so genannter Glaubhaftigkeitskriterien dar. Erlebnisbasierte Aussagen unterscheiden sich, so die zugrunde liegende Annahme, durch das Vorliegen solcher Qualitätskriterien von erfundenen Aussagen. Es sind verschiedene Kriteriologien veröffentlicht worden (Arntzen 1971, 1993; Dettenborn et al. 1984; Littmann u. Szewczyk 1983; Trankell 1971; Undeutsch

1967). In der Praxis findet hauptsächlich die integrative Auflistung von Qualitätsmerkmalen nach Steller und Köhnken (1989) Verwendung, da diese für die meisten empirischen Studien verwendet wurde. Beispielsweise in Greuel et al. (1998) werden die hier aufgelisteten und weitere Merkmale erläutert (s. Übersicht: Glaubhaftigkeitskriterien nach Steller und Köhnken).

Glaubhaftigkeitskriterien nach Steller und Köhnken (1989)

Allgemeine Merkmale
- Logische Konsistenz
- Ungeordnet sprunghafte Darstellung
- Quantitativer Detailreichtum

Spezielle Inhalte
- Raum-zeitliche Verknüpfung
- Interaktionsschilderungen
- Wiedergabe von Gesprächen
- Schilderung von Komplikationen im Handlungsablauf

Inhaltliche Besonderheiten
- Schilderung ausgefallener oder nebensächlicher Einzelheiten
- Phänomengemäße Schilderung unverstandener Handlungselemente
- Indirekt handlungsbezogene Schilderung
- Schilderung eigener psychischer Vorgänge
- Schilderung psychischer Vorgänge des Täters

Motivationsbezogene Inhalte
- Spontane Verbesserung der eigenen Aussage
- Eingeständnis von Erinnerungslücken
- Einwände gegen die Richtigkeit der eigenen Aussage
- Selbstbelastung
- Entlastung des Beschuldigten

Deliktspezifische Inhalte
- Deliktspezifische Aussageelemente

Bei der Glaubhaftigkeitsbegutachtung spielt ein weiteres Merkmal, nämlich die **Konstanz der Angaben** zu unterschiedlichen Aussagezeitpunkten, eine zentrale Rolle. Während es sich bei den auf-geführten Merkmalen (s. oben, s. Übersicht) um aussageimmanente Merkmale handelt, stellt die Konstanz der Angaben ein aussageübergreifendes Merkmal dar.

Diese Glaubhaftigkeitskriterien zielen auf die Grenzen der kognitiven Verarbeitungskapazität und Merkfähigkeit der aussagenden Person. So wird angenommen, dass es einer lügenden Person beispielsweise kaum möglich ist, eine detaillierte, in einen raum-zeitlichen Kontext eingebettete Aussage zu unterschiedlichen Aussagezeitpunkten konstant, unstrukturiert und dennoch konsistent vorzutragen. Weiter wird argumentiert, dass die Aussage eines Lügners bestimmte Merkmale nicht aufweist, weil der Lügner sich selbst nicht in dieser Weise darstellen würde. Diese Argumentation trifft in erster Linie die motivationsbezogenen Merkmale. So nimmt man beispielsweise an, dass sich die falsch aussagende Person eher nicht selbst durch ihre Angaben belasten würde, weil ihr daran gelegen ist, die beschuldigte Person eindeutig als die verantwortliche Person zu belasten. Auch sollte einer falsch aussagenden Person daran gelegen sein, sich selbst nicht durch Einwände gegen die Richtigkeit der eigenen Angaben unglaubhaft zu machen.

Es handelt sich bei den Glaubhaftigkeitskriterien um Merkmale, welche belegen sollen, dass eine Aussage **erlebnisbasiert** ist. Umgekehrt bedeutet das Fehlen solcher Merkmale nicht, dass es sich bei einer Aussage um eine Lüge handelt. Es kommen meist mehrere Erklärungsmöglichkeiten dafür in Frage, warum eine Aussage keine ausreichende Qualität hat. Eine mögliche Erklärung könnte z. B. darin bestehen, dass der zugrunde liegende Sachverhalt zu wenig komplex ist, als dass eine Aussage darüber mit den Methoden der Aussagepsychologie als erlebnisbasiert belegt werden kann. Eine weitere Erklärung könnte sein, dass eine qualitativ schlechte Aussage aus einer mangelnden Aussagemotivation trotz gegebenem Erlebnisbezug resultiert sein könnte. Außerdem stehen neben der Lügen-Annahme meist alternative Annahmen im Hinblick auf eine Falschaussage zu Diskussion. So könnte eine Aussage mit schlechter Qualität einem Kind suggeriert worden sein, so dass es sich der Falschheit seiner Angaben eventuell nicht bewusst wäre. Die Anwendung der Inhaltsanalyse zielt damit auf einen Beleg einer erlebnisfundierten Aussage ab. Kann dieser nicht geleistet werden, kann über den Grund der schlechten Qualität meist nur spekuliert werden.

21.4 Voraussetzungen für die Anwendbarkeit der Inhaltsanalyse

Die Merkmalsaufstellung kann jedoch keineswegs im Sinne eines checklistenartigen Vorgehens Verwendung finden. Die inhaltsorientierte Glaubhaftigkeitsbegutachtung umfasst weit mehr als lediglich die Anwendung der merkmalsgestützten Inhaltsanalyse. Es handelt sich um ein hypothesengeleitetes Verfahren. Dabei wird einerseits die Hypothese aufgestellt, dass der zu beurteilenden Aussage ein tatsächliches Erlebnis der aussagenden Person zugrunde liegt, andererseits wird angenommen, dass es sich bei den Angaben um eine Falschaussage handelt. Die Annahme, es könnte sich um eine Falschaussage handeln, wird fallspezifisch konkretisiert. Die anzuwendenden Methoden richten sich nach den aufgestellten Hypothesen. Entsprechend wichtig ist es, erschöpfende Hypothesen aufzustellen. Gleichzeitig sollen nur solche Annahmen überprüft werden, die auch tatsächlich im vorliegenden Einzelfall relevant erscheinen. Die folgende Aufstellung zeigt eine Auswahl von Falschaussagekategorien (s. Übersicht: Kategorien nichterlebnisbasierter Aussagen). Neben der Unterscheidung anhand der Kategorien »intentionale vs. nichtintentionale Falschaussage« und »fremd- vs. selbstbeeinflusst« auf Seiten der aussagenden Person lässt sich noch zwischen »gänzlich oder teilweise« falschen Aussagen unterscheiden. Die **Aggravationshypothese** hat insbesondere im Hinblick auf Vergewaltigungsvorwürfe Relevanz, aber auch in anderen Bereichen.

Kategorien nichterlebnisbasierter Aussagen
(nach Steller u. Volbert 1999)

Absichtliche Falschaussagen
1. Intentionale Falschaussage
2. Intentionaler Transfer
eines eigenen Erlebens
einer sonstigen Wahrnehmung

Fremdbeeinflussung
3. Intentionale Induktion einer Falschaussage durch einen Dritten, die vom Aussagenden subjektiv als unwahr erkannt, aber übernommen wird (Komplott).
4. Intentionale Induktion einer Falschaussage durch einen Dritten, die vom Aussagenden subjektiv als wahre Aussage übernommen wird.

5. Irrtümliche Induktion einer Falschaussage durch einen Dritten, die vom Aussagenden als subjektiv unwahr erkannt, aber übernommen wird.
6. Irrtümliche Induktion einer Falschaussage durch einen Dritten, die von der aussagenden Person subjektiv als wahre Aussage übernommen wird

Autosuggestion
7. Irrtümlicher Transfer
eines Erlebnisses
einer sonstigen Wahrnehmung auf den Beschuldigten

Für die Hypothesenbildung stehen meist die Anknüpfungstatsachen in Form von Akten oder auch Videoaufzeichnungen von vorherigen Vernehmungen zur Verfügung. Weitere die Diagnostik leitende Hypothesen können sich im Begutachtungsprozess ergeben, z. B. dann, wenn ein Zeuge während der Sexualanamnese von Parallelerlebnissen berichtet, welche bisher nicht bekannt waren. In diesem Fall wäre dann zusätzlich die Hypothese aufzustellen, dass der Zeuge möglicherweise Erfahrungen mit dieser Person auf die aktuell beschuldigte Person überträgt.

> **!** Die Bezeichnung der Merkmalsanalyse als Kernstück der Begutachtung resultiert daraus, dass nur bei guter Qualität, welche anhand der Glaubhaftigkeitskriterien aufgezeigt wird, die Annahme einer Falschaussage zurückgewiesen werden kann. Zugleich ist jedoch zu beachten, welche Hypothesen neben der Lügenannahme im Einzelfall relevant sind und ob diese ebenso durch die gute Qualität der Aussage oder anhand der Betrachtung der Rahmenbedingungen der Aussage zurückgewiesen werden können.

Die aufzustellenden Hypothesen lenken den Blick auf die **Rahmenbedingungen** der Aussage. Die Merkmale selbst sind im Einzelfall in Abhängigkeit von den jeweiligen Rahmenbedingungen zu beurteilen. Mit der Berücksichtigung dieser Rahmenbedingungen wird zudem überprüft, ob die Vorannahmen, welche eine Voraussetzung für die Unterscheidbarkeit einer erlebnisbasierten Aussage von einer Falschaussage mithilfe der Merkmale darstellen, überhaupt gegeben oder ob Besonderheiten zu berücksichtigen sind. Die Rahmenbedingungen sind auf drei Ebenen in die Analyse zu integrieren.

21.4.1 Aussagetüchtigkeit

Die Methoden der Aussagepsychologie lassen sich immer dann anwenden, wenn eine Person Angaben zu einer einigermaßen komplexen Handlung macht, welche sie selbst erlebt haben will. Dabei handelt es sich in der Praxis meist um Angaben vermeintlicher Opferzeugen über Sexualstraftaten. Die Methode lässt sich jedoch z. B. auch bei fraglichen Körperverletzungen oder bei teilnehmender Beobachtung einer fraglichen Straftat anwenden. Bei den aussagenden Personen kann es sich um Erwachsene, Kinder oder Jugendliche handeln. Diese Personen können an einer psychischen Krankheit leiden oder eine Behinderung haben. Voraussetzung für die sinnvolle Anwendung der Inhaltsanalyse anhand der Glaubhaftigkeitsmerkmale ist jedoch, dass die betreffende Person ausreichend aussagetüchtig ist.

Als **aussagetüchtig** kann eine Person dann bezeichnet werden, wenn sie die in Frage stehende Handlung

- ausreichend realitätsgerecht wahrnehmen,
- im Gedächtnis speichern und
- sprachlich verständlich wiedergeben

kann. Wenn eine Person z. B. aufgrund einer Erkrankung oder aufgrund von Drogenkonsum während des Wahrnehmungszeitraums nicht über einen ausreichenden Realitätsbezug verfügte, greift die Methode der Inhaltsanalyse nicht. Nach Greuel et al. (1998) können z. B. Kinder ab einem Alter von etwa vier Jahren aussagetüchtig sein. Ausschlaggebend sind hier jedoch weniger die allgemeinen Ergebnisse der Forschung als vielmehr die individuellen Fähigkeiten des jeweiligen Kindes, die im Einzelfall zu überprüfen sind.

Ist eine Person nicht in der Lage, ausreichend realitätsgerecht wahrzunehmen, Erlebnisse im Gedächtnis zu speichern und sprachlich verständlich wiederzugeben, ist es nicht sinnvoll, die Glaubhaftigkeitskriterien auf die Aussage dieser Person anzuwenden. Die Angaben könnten aufgrund der Defizite im Bereich der Aussagetüchtigkeit falsch sein. Die Annahme, die betreffende Person produziere eine Lüge, stünde dann nicht im Vordergrund, sondern die Frage, ob die Person in der Lage ist, eine gerichtsverwertbare Aussage zu dem in Frage stehenden Komplex zu tätigen.

21.4.2 Aussagezuverlässigkeit

Die Gültigkeit der Annahme, dass die Glaubhaftigkeitskriterien prinzipiell zwischen erlebnisfundierten und erfundenen Aussagen unterscheiden, ist durch mehrere Laborexperimente belegt (Steller u. Volbert 1999). Allerdings besteht Unsicherheit über die Anwendbarkeit der Methode, sobald es sich bei der Annahme einer Falschaussage nicht um die »Lügenannahme« handelt.

Der Begriff **Suggestion** hat für die aussagepsychologische Begutachtung Bedeutung, da es, wie empirische Untersuchungen zeigen, offenbar möglich ist, Gedächtnisinhalte über gesamte Ereignisse, die tatsächlich nicht stattgefunden haben, zu evozieren (z. B. Hyman 1995). Es kann zu so genannten **Pseudo- oder Falscherinnerungen** kommen. Die

Notwendigkeit, das jeweilige Suggestionspotenzial bei der Aussageentstehung abzuschätzen, ergibt sich daraus, dass im Falle eines hohen Suggestionspotenzials die Methode der merkmalsorientierten Aussageanalyse möglicherweise nicht mehr greift. Ursache hierfür könnte sein, dass der aussagende Zeuge in solchen Fällen von der Richtigkeit der suggestiv beeinflussten Aussage überzeugt sein und konkrete Pseudoerinnerungen an nicht erlebte Inhalte aufweisen kann, die nach aktuellem Forschungsstand mittels der aussagepsychologischen Methode nicht ausreichend sicher von realen Erinnerungen an selbsterlebte Ereignisse zu unterscheiden sind (Erdmann 2001; s. Box). Insbesondere gilt dann die Grundannahme der aussagepsychologischen Diagnostik nicht mehr. Das heißt, während bei der absichtlichen Konstruktion einer Falschaussage während der Aussage erhebliche kognitive Energie für kreative und Kontrollprozesse aufgewendet werden muss, wodurch sich diese in ihrer Qualität von Erinnerungsberichten unterscheiden, ist dies bei Aussagen, die auf suggestiven Prozessen beruhen, unter Umständen nicht notwendig.

Box

Studie zur Induktion von Pseudoerinnerungen bei Kindern (Erdmann 2001)
Fragestellung. Ergeben sich qualitative Unterschiede zwischen erlebnisbegründeten und suggerierten Aussagen? Inwiefern sind Experten auf dem Gebiet der Glaubhaftigkeitsbegutachtung dazu in der Lage, zwischen erlebnisbegründeten und suggerierten Schilderungen zu differenzieren?

Methode. Die Stichprobe umfasste 67 Kinder im Alter von sechs bis acht Jahren. Diese wurden insgesamt sechs Mal zu jeweils einem tatsächlich erlebten und einem fiktiven Ereignis befragt. Die Ereignisse hatten aversiven Charakter, waren körpernah und gingen mit Eigenbeteiligung und Kontrollverlust einher. Die ersten vier Interviews dienten der Induktion einer möglichst umfangreichen Aussage über ein fiktives Ereignis mithilfe verschiedener suggestiver Techniken. Die Interviewer, welche das fünfte Interview führten, waren über den Wahrheitsstatus der einzelnen Ereignisse nicht informiert. Ihre Aufgabe war es, die Kinder neutral zu jeweils beiden Ereignissen zu befragen,

um anschließend den Erlebnisgehalt der Schilderungen zu beurteilen. Das sechste Interview diente einer teilweisen Aufklärung der Kinder und der Beantwortung der Frage, inwieweit es bei den Kindern zur Herausbildung von Pseudoerinnerungen gekommen war.

Ergebnisse. Es kam im Verlauf wiederholter suggestiver Einflussnahmen zu einer erheblichen Zunahme an Zustimmungen zu den fiktiven Ereignissen. Dabei gewannen die suggerierten Schilderungen im Zeitverlauf derart an Qualität, dass sie sich diesbezüglich bei der neutralen fünften Befragung kaum noch von erlebnisbegründeten Schilderungen unterschieden. Entsprechend zeigten die Experten Schwierigkeiten, zwischen erlebnisbegründeten und suggerierten Schilderungen zu differenzieren. Es ergaben sich zu dem späteren Aussagezeitpunkt kaum noch Unterschiede im Hinblick auf die Glaubhaftigkeitskriterien. Es ergaben sich darüber hinaus Hinweise darauf, dass viele Kinder von dem Realitätsgehalt ihrer Schilderungen auch subjektiv überzeugt waren.

Wenn Zeugen subjektiv vom Realitätsgehalt ihrer Aussage überzeugt sind und damit keine Täuschungsabsicht und -notwendigkeit besteht, bedarf es möglicherweise auch keiner besonderen kognitiven Leistung, von suggerierten Pseudoerinnerungen zu berichten (Greuel 2001). Werden weniger starke suggestive Einflüsse angenommen, ist die Aussage auf so genannte **Eigenständigkeit** hin zu analysieren. Darunter versteht man bei Kindern z. B. spontane Ergänzungen, welche das Merkmal der »phänomenorientierten Schilderung von Unverstandenem« erfüllen. Ferner ist bei suggerierten Aussagen eine höhere Inkonstanz als bei erlebnisbasierten Aussagen zu erwarten (Volbert 2004), da Scheinerinnerungen sich in stärkerem Ausmaß ausweiten und verändern können, während Veränderungen tatsächlicher Erinnerungen durch gedächtnispsychologische Gesetzmäßigkeiten erklärbar sein sollten.

> ❗ **Eine Aussage muss nicht aufgrund des Vorliegens von Suggestionsfaktoren als unzuverlässig eingestuft werden. Im Einzelfall können sich Möglichkeiten ergeben, diese Annahme mit den Mitteln der Aussagepsychologie zurückzuweisen.**

Die Zuverlässigkeit der Aussage kann auch durch andere Rahmenbedingungen in Frage gestellt sein:
- Eine denkbare Konstellation, bei welcher die Zuverlässigkeit nicht mehr ausreichend gegeben sein könnte, wäre die folgende: Eine Person hat eine hohe Täuschungsmotivation, ein umfangreiches Wissen im Bereich der Aussagepsychologie und wurde von fachlich versierten Personen im Hinblick auf eine glaubhafte Aussage gecoacht.
- Eine weitere denkbare Möglichkeit wäre, dass ein Zeuge, dessen Aussage in einem Strafverfahren im Hinblick auf ihre Glaubhaftigkeit überprüft werden soll, in einem anderen Verfahren nachweislich gelogen hat. Die Aussage im anderen Strafverfahren liegt wörtlich protokolliert vor und weist eine Reihe von Glaubhaftigkeitskriterien von hoher Qualität auf. Lässt sich nicht klären, wie diese Qualität ohne einen tatsächlichen Erlebnisbezug zustande gekommen ist, ist die Zuverlässigkeit in diesem Fall nicht mehr gegeben.

Bei Mängeln der Aussagezuverlässigkeit führen nicht Defizite im Bereich der Fähigkeiten der aussagenden Person dazu, dass die Inhaltsanalyse nicht angewendet werden kann, sondern es sind die besonderen Rahmenbedingungen, die zu Einschränkungen führen. Um hierüber Informationen zu erhalten, werden während der Exploration Daten im Hinblick auf folgende Bereiche erhoben:
- die Entstehung und Entwicklung der Aussage,
- die zugrunde liegende motivationale Situation der aussagenden Person sowie

- ihre Leistungsbesonderheiten und
- ihre Besonderheiten im Erleben und Verhalten.

21.4.3 Beurteilung der Qualität der Merkmale

Andere Rahmenbedingungen schränken die Zuverlässigkeit der Aussage nicht ein, müssen jedoch im Hinblick auf die Gewichtung und Bewertung der Merkmale Berücksichtigung finden. Wird z. B. festgestellt, dass ein Zeuge eine Kopie eines Vernehmungsprotokolls besitzt, so muss eventuell die Bedeutsamkeit des Konstanzmerkmals eingeschränkt werden, weil die Person anhand der Kopie ihr Gedächtnis auch im Fall einer Falschaussage »aufgefrischt« haben könnte. Schildert eine Zeugin, welche behauptet, durch eine bestimmte Person vergewaltigt worden zu sein, Parallelerlebnisse von Vergewaltigungen durch andere Personen, so erlangen das Merkmal der raum-zeitlichen Verknüpfung und weitere Merkmale, die auf eine so genannte »Individualverflechtung« (Arntzen 1983) hinweisen, besondere Bedeutsamkeit.

Weiter wird während des Gesprächs mit der aussagenden Person eruiert, ob diese möglicherweise über fachspezifisches Wissen auf dem Gebiet der Aussagepsychologie verfügen könnte. Sollte festgestellt werden, dass sie Wissen, beispielsweise über die Glaubhaftigkeitskriterien hat, erlangen Merkmale, welche schlecht zu simulieren sind (z. B. ungeordnete, sprunghafte Darstellungsweise), Bedeutung. Andere, wie beispielsweise das Zugeben von Erinnerungslücken, verlieren an Bedeutung.

Wird die Annahme aufgestellt, es könnte sich bei den Angaben einer Person lediglich teilweise um eine Falschaussage handeln, werden insbesondere die relevanten Aussageanteile hinsichtlich ihrer Qualität überprüft. So geht es bei einer fraglichen Vergewaltigung insbesondere um die Qualität der Schilderung der Gewalt- und Wehrmomente.

> ❗ **Für die Bewertung der Glaubhaftigkeit ist es von essenzieller Bedeutung, sich im jeweiligen Einzelfall einen möglichst guten Einblick in die Rahmenbedingungen einer Aussage zu verschaffen. Anderenfalls stellen die Qualitäts-**

merkmale im Einzelfall kein hinreichend sicheres diagnostisches Hilfsmittel dar.

21.5 Glaubhaftigkeitsbegut-achtung und ToM

Je größer das Wissen über die Fähigkeiten der aussagenden Person, ihre Motivation und die Bedingungen des Zustandekommens der Aussage ist, umso besser wird einzuschätzen sein, wie die betreffende Person lügen könnte und würde. Erst dann wird der Diagnostiker in die Lage versetzt, zu beurteilen, ob die Person im Einzelfall die anhand der Glaubhaftigkeitskriterien festgestellte Qualität auch im Falle einer vorgebrachten Lüge leisten könnte. Kann der Diagnostiker dies mit ausreichender Sicherheit verneinen und sind sowohl die sachverhaltsbezogene Aussagetüchtigkeit als auch die Zuverlässigkeit der Angaben ausreichend gegeben, kann aus aussagepsychologischer Sicht von einer erlebnisbasierten Aussage gesprochen werden.

❶ **Die Aufgabe der Glaubhaftigkeitsbegutachtung besteht darin, sich besonders gut in die zu begutachtende Person hineinzuversetzen und in diesem Sinne ihre Gedanken zu »lesen«. Indem die kognitive und motivationale Struktur bei der aussagenden Person erhoben wird, wird eine Vorstellung davon generiert, wie gut die betreffende Person lügen könnte.**

Zwei der weiter oben (▶ Kap. 21.3) aufgeführten Merkmale – Schilderung eigenpsychischen Erlebens, Schilderung psychischen Erlebens des Beschuldigten – gelten als Glaubhaftigkeitsmerkmale, weil angenommen wird, dass es die Abstraktions- und Differenzierungsfähigkeit der lügenden Person übersteigen dürfte, Schilderungen psychischer Erlebnisweisen schlüssig in eine Falschaussage einzubauen. Derjenige, welcher erlebnisbasiert aussagt, kann dagegen auf seine Wahrnehmungen und Schlussfolgerungen im Zusammenhang mit dem eigenen psychischen Erleben oder dem Erleben fremdpsychischer Vorgänge zurückgreifen. Dies setzt bereits gewisse Fähigkeiten im Bereich der ToM voraus.

Von einer Person, die allgemein kaum dazu in der Lage ist, Gefühle auszudrücken, wird man unabhängig von der Erlebnisgrundlage der Aussage nicht erwarten, dass sie bei ihren Angaben zu in Frage stehenden Sachverhalten dieses Merkmal produziert. Ab wann die Darstellung von psychischem Erleben innerhalb einer Aussage als ausreichend differenziert gelten kann, um das jeweilige Merkmal zu erfüllen, ist wiederum abhängig von den Rahmenbedingungen der Aussage und insbesondere den Fähigkeiten der aussagenden Person. Bei einigen Zeugen trägt z. B. bereits die Benennung emotionaler Zustände wie

- »es war unangenehm …«
- »es war widerlich …«
- »es war Ekel erregend …«

zur Qualität ihrer Angaben bei. Von anderen Zeugen muss dagegen beispielsweise die differenzierte Schilderung von Affektverläufen wie

- eine Schilderung von anfänglich panischem Wehren gegen einen Angreifer,
- eine Darstellung von schließlicher Aufgabe des Widerstands und Resignation sowie
- eine Schilderung dissoziativer Zustände in der Folge

gefordert werden, um von einem Merkmal von Qualität sprechen zu können.

Explizite Überschneidungssegmente zwischen ToM-Forschung und Glaubhaftigkeitsbegutachtung in der Praxis finden sich auch bei der Begutachtung von Kindern im Vorschulalter. Wenn bei diesen z. B. noch keine Fähigkeiten zur Täuschung angenommen werden können, ist die Prüfung der Aussage des Kindes eher auf andere Hypothesen als die Lügenannahme oder auf die Aussagetüchtigkeit zu richten. In Einzelfällen kann es auch sinnvoll sein, ein Kind beispielsweise einer *deception task* (z. B. eine Versuchsanordnung in Anlehnung an Sodian u. Frith 1992, s. Box) zu unterziehen. Zu prüfen, ob ein Kind in der Lage ist, einfache Täuschungsmechanismen anzuwenden, kann hilfreich bei der Diskussion einer Verdachtsentstehung im Hinblick auf sexuellen Missbrauch sein. Häufig wird hier argumentiert, das Kind offenbare fragliche Handlungen aufgrund eines Geheimhaltungsgebots nicht. Verfügt das Kind jedoch nicht über Täuschungskompetenzen und zeigt es kein Verständnis im Hinblick

21

auf die Bedeutung eines Geheimnisses, kann diese Besorgnis entkräftet werden.

> **Box**
>
> **Deception task (nach Sodian u. Frith 1992)**
> Ein Schatz wird in einer von zwei Schatzkisten versteckt.
> Ein »gemeiner Dieb« in Form einer Handpuppe wird eingeführt, welcher den Schatz stehlen wird, falls das Kind verrät, in welcher Kiste sich der Schatz befindet. Eine »freundliche« Handpuppe wird den Schatz nicht wegnehmen, auch wenn das Kind verrät, wo er ist. Dem Kind werden diese Puppen vorgestellt und ihre Bedeutung erklärt. Wenn das Kind Verständnis für die Erklärung in der Weise zeigt, dass es Fragen zur gegebenen Instruktion richtig verstanden hat, beginnt der eigentliche Versuch.
> Nacheinander wird mithilfe der Handpuppen nach dem Schatz gefragt. Zeigt das Kind dem »Dieb«, in welcher Truhe sich der Schatz befindet, nimmt der Dieb ihn weg. Darauf wird das Szenario wiederholt. Wenn das Kind dem »Dieb« wiederholt verrät, wo sich der Schatz befindet, stellt dies einen Hinweis auf noch unzureichend ausgebildete Täuschungskompetenzen hin.

Auch im Hinblick auf die Generierung von Hypothesen und die Beurteilung der Leistungsbesonderheiten bzw. der Besonderheiten im Erleben und Verhalten von Personen, welche an einer psychischen Störung oder einer kognitiven Einschränkung leiden, kann es hilfreich sein, Erkenntnisse der ToM-Forschung einzubeziehen. Insofern sind neue Erkenntnisse und Paradigmen dieses Forschungszweigs auch hinsichtlich der Praxis der Glaubhaftigkeitsbegutachtung von Nutzen.

Literatur

Arntzen F (1971) Psychologie der Zeugenaussage 1. Aufl. Hogrefe, Göttingen

Arntzen F (1983) Psychologie der Zeugenaussage 2. Aufl. Beck, München

Ceci S J, Leichtman M D (1992) I know that you know that I know that you broke the toy: a brief report of recursive awareness among 3-year-olds. In: Ceci SJ, Leichtman MD, Putnick M (eds) Cognitive and social factors in early deception, Lawrence Erlbaum, Hillsdale

Dettenborn H, Fröhlich HH, Szewczyk H (1984) Forensische Psychologie: Lehrbuch der gerichtlichen Psychologie für Juristen, Kriminalisten, Psychologen, Pädagogen und Mediziner. VEB Deutscher Verlag der Wissenschaften, Berlin

Erdmann K (2001) Induktion von Pseudoerinnerungen bei Kindern. Dissertation, FU Berlin

Greuel L (2001) Wirklichkeit – Erinnerung – Aussage. Psychologie Verlags Union, Weinheim

Greuel L, Offe S, Fabian P, Offe H, Stadler MA (1998) Glaubhaftigkeit der Zeugenaussage. Psychologie Verlags Union, Weinheim

Hopper R, Bell RA (1984) Broadening the deception construct. Qu J Speech 70: 288–302

Hyman IE, Husband TH, Billings JF (1995) False memories of childhood experiences. Appl Cogn Psychol 9: 181–197

Leekam SR (1992) Believing and deceiving: steps to becoming a good liar. In: Ceci SJ, Leichtman MD, Putnick M (eds) Cognitive and social factors in early deception, Lawrence Erlbaum, Hillsdale

Littmann E, Szewczyk H (1983) Zu einigen Kriterien und Ergebnissen forensisch-psychologischer Begutachtung von sexuell missbrauchten Kindern und Jugendlichen. Forensia 4: 55–72

Sodian B, Frith U (1992) Deception and sabotage in autistic, retarded and normal children. J Child Psychol Psychiatry 33: 591–605

Steller M, Köhnken G (1989). Criteria-based statement analysis. In: Raskin C (ed.) Psychological methods in criminal investigation and evidence. Springer, Berlin Heidelberg New York, pp 217–245

Steller M, Volbert R (1999) Forensisch-aussagepsychologische Begutachtung (Glaubwürdigkeitsbegutachtung). Wissenschaftliches Gutachten für den BGH. Praxis der Rechtspsychologie 9: 46–112

Trankell A (1971) Der Realitätsgehalt von Zeugenaussagen. Vandenhoeck & Ruprecht, Göttingen

Volbert R (2004) Beurteilung von Aussagen über Traumata. Huber, Bern

Undeutsch U (1967) Beurteilung der Glaubhaftigkeit von Aussagen. In: Undeutsch U (Hrsg) Handbuch der Psychologie Bd 11: Forensische Psychologie. Hogrefe, Göttingen, S 132–154

Gewaltdelikte jugendlicher Täter: Erscheinungsformen, Ursachen, psychiatrische Begutachtung

Franz Joseph Freisleder

22.1 Einführung

Bezieht man sich auf spektakuläre Berichte in den Medien, so scheinen in Deutschland während der letzten Jahre im Bereich der Jugendkriminalität v. a. Gewaltdelikte in beunruhigender Weise zugenommen zu haben. Auch lokale Statistiken deuten in diese Richtung: Im Raum München etwa wuchs nach Angaben des dortigen Amtsgerichts vom März 2005 die Zahl junger Menschen, die sich strafbar machten, deutlich. 2003 wurden 5350 Jugendliche und Heranwachsende zwischen 14 und 21 Jahren angeklagt, ein Jahr später bereits 5900. Ganz im Vordergrund standen in ihrer Ausführung immer brutaler anmutende Aggressionstaten. Bemerkenswert ist in diesem Zusammenhang ebenso, dass offensichtlich auch Mädchen und strafunmündige Kinder zunehmend als Gewalttäter in Erscheinung treten.

22.2 Jugendgewalt als gesellschaftliches Phänomen

Diesen pessimistischen Daten widersprechen allerdings die Einschätzungen von C. Pfeiffer (2005), dem Leiter des kriminologischen Forschungsinstituts Niedersachsen, der gerade in den letzten Jahren einen leicht rückläufigen Trend bei der Jugendgewalt in Deutschland registriert haben will: Dafür würden eine seit 1991 abnehmende Zahl von polizeilich festgestellten Tötungs- und Raubdelikten bei Jugendlichen und – entsprechend den Daten des Bundesverbandes der Unfallkassen vom Mai 2005 – ein Rückgang tätlicher Auseinandersetzungen von Schülern sprechen. Alarmierende Entwicklungen im Sinne einer entlang ethnischer Grenzen verlaufenden Gewalt werden von Pfeiffer dagegen innerhalb von sozialen Randgruppen und Subkulturen festgestellt, speziell im Umfeld von schlecht eingegliederten Ausländern und neuen Einwanderern wie etwa junge Türken, Russlanddeutsche oder vom Balkan stammende Jugendliche (s. Beispiel: Kaskadenhafte Ausbreitung von Jugendgewalt).

Kaskadenhafte Ausbreitung von Jugendgewalt

Ein aktuelles Beispiel für dieses Phänomen stellen die im Herbst 2005 flächendeckend in Brand gesetzten Autos und Gebäude in Frankreich dar, als sich hauptsächlich bei unterprivilegierten Jugendlichen soziale Unzufriedenheit in einer nur wenig integrationsfähigen Einwanderungsgesellschaft aggressiv entladen hat.

An dieser Stelle sei daran erinnert, dass es in der jüngeren Geschichte immer wieder gesellschaftliche Perioden mit ansteigender Gewaltbereitschaft unter Jugendlichen und Heranwachsenden gegeben hat: beispielsweise die sich bekämpfenden Banden in den deutschen Großstädten der Nachkriegszeit oder die mancherorts in Europa in Gewaltexzessen eskalierenden Studentenrevolten der späten 1960-er Jahre, aus deren fanatischen Ablegern zum Teil auch die politische Terrorismusszene hervorging.

22.3 Aggressives Verhalten zwischen Norm und Störungssymptom

Gewalttätige Reaktionsmuster von Jugendlichen sind aber nicht nur ein gesellschaftliches Phänomen, auf das sich das öffentliche Interesse immer wieder einmal fokussiert. Auch der Kinder- und Jugendpsychiater sieht bei mehr als 50% seiner Patienten ein **aggressiv-impulsives** und/oder **auto-aggressiv-suizidales** Verhalten als Leitsymptom von individuellen Krankheitsbildern. Dabei handelt es sich im Wesentlichen um Störungen, die gelegentlich auch forensische bzw. strafrechtliche Konsequenzen implizieren (s. Übersicht: Kinder- und jugendpsychiatrische Störungen und aggressives Verhalten). Dieses kinder- und jugendpsychiatrische Spektrum zeigt, dass die Differenzialdiagnose aggressiv getönter Störungen »ein weites Feld« darstellt.

Kinder- und jugendpsychiatrische Störungen und aggressives Verhalten

- Aufmerksamkeitsdefizit-/Hyperaktivitätsstörungen (ADHS)
- Impulskontrollstörungen
- Spezielle hirnorganische Störungen
- Expansive Sozialverhaltensstörungen
- Persönlichkeitsentwicklungsstörungen
- Borderline-Syndrome
- Depressiv-suizidale Syndrome
- Akute schizophrene bzw. manische Psychosen
- Alkohol- und Drogenmissbrauch

❗ **Unabdingbar ist allerdings der folgende entwicklungspsychologische Grundsatz: Die Fähigkeit, in altersgerechter und situationsangemessener Form auch einmal aggressiv agieren und reagieren zu können, gehört zum Verhaltensrepertoire eines normal entwickelten Jugendlichen, der in der Lage ist, sich selbst zu behaupten und auch in Bedrängnis seinen Standpunkt verantwortungsvoll zu vertreten. Dieser Aspekt darf gerade im Hinblick auf eine zu rasche Kriminalisierung bzw. Pathologisierung von Aggressivität bei Heranwachsenden nicht vernachlässigt werden.**

Der forensisch tätige Kinder- und Jugendpsychiater muss aus seiner Perspektive insbesondere die aufgeführten Aggressionsdelikte beurteilen (s. Übersicht: Häufige Aggressionsdelikte jugendlicher Straftäter).

Häufige Aggressionsdelikte jugendlicher Straftäter
- Schwere Körperverletzung eines Einzeltäters
- Schwere Körperverletzung eines Gruppentäters
- Tötungsdelikte
- Sexualdelikte (Vergewaltigung, Nötigung, Missbrauch von Kindern)
- Brandstiftung
- Persönlichkeitsentwicklungs- und Sozialverhaltensstörungen

Bei jugendlichen Straftätern, die einzeln oder in der Gruppe eine schwere Körperverletzung begehen, ist gutachterlich häufig abzuklären, ob eine die Schuldfähigkeit möglicherweise tangierende **Persönlichkeits- und Verhaltensstörung** gemäß ICD-10 (Internationale Klasifikation der Krankheiten nach WHO) vorliegt. Einerseits beginnen insbesondere Persönlichkeitsstörungen definitionsgemäß bereits in Kindheit und Adoleszenz, und sie verfestigen sich im Erwachsenenalter. Andererseits erscheint aus entwicklungspsychiatrischer Sicht aufgrund noch nicht länger überschaubarer Lebensläufe eine zu frühe diagnostische Festlegung auf eine Per-

sönlichkeitsstörung oft fragwürdig und problematisch.

Obwohl dem Sachverständigen bei der Untersuchung junger Delinquenten nicht selten gerade solche Wesensakzentuierungen und psychopathologischen Auffälligkeiten imponieren, die die Diagnose einer Persönlichkeitsstörung nahe legen, ist hier jedoch – insbesondere vor dem 16. Lebensjahr – diagnostische Vorsicht und Zurückhaltung geboten. Denn es ist in dieser Entwicklungsphase immer noch mit überraschenden und unvorhersehbaren entwicklungsabhängigen Persönlichkeitsausgestaltungen und Charakterstabilisierungen zu rechnen.

Terminologisch ist deshalb der Begriff **Persönlichkeitsentwicklungsstörung** zu bevorzugen, der sich unter Berücksichtigung einer noch wirksamen Reifungsdynamik prognostisch nicht endgültig festlegt. Klassifikatorisch sinnvoll ist außerdem bei den häufig anzutreffenden dissozialen jugendlichen Straftätern mit entsprechenden Symptomkonstellationen oft die diagnostische Einordnung in die Kategorie einer **Störung des Sozialverhaltens** mit erhaltenen oder fehlenden sozialen Bindungen, eventuell kombiniert mit einer Störung der Emotionen.

22.3.1 Substanzmissbrauch

Alkohol- und Drogenkonsum nehmen in den letzten Jahren im Sozialverhalten von Jugendlichen und sogar Kindern einen immer größeren Stellenwert ein. Bei sinkendem Einstiegsalter tendiert eine bestimmte Gruppe Jugendlicher mit erhöhtem Straffälligkeitsrisiko offensichtlich zunehmend früher auch zu einem polyvalenten Substanzmissbrauch.

Während körperliche Abhängigkeit, etwa bei Alkohol- oder Opioidkonsum, mit typischen Entzugssymptomen zumindest bei jüngeren Jugendlichen nur ausnahmsweise auftritt, sind psychische Missbrauchssymptome wie Antriebsverlust, affektive Abstumpfung oder Enthemmung bis zur Induktion psychotischer Störungen – z. B. bei Cannabinoiden – in einer jugendpsychiatrischen Klinik keine seltenen Erscheinungsbilder.

22

Speziell Gewaltdelikte in Gruppen werden bei jugendlichen Tätern durch Alkoholgenuss angebahnt und weiter konstelliert. Bei der forensischen Beurteilung der Steuerungsfähigkeit eines alkoholisierten jugendlichen Täters mit noch fehlender Toleranzentwicklung – v. a. im Hinblick auf eine numerische Tatzeit-Blutalkoholkonzentration – müssen u. U. bereits geringere Blutalkoholkonzentrationen als bei Erwachsenen schuldmindernd berücksichtigt werden. Entscheidend sind auch bei der Begutachtung solcher Tatsituationen in erster Linie die psychopathologischen Anknüpfungskriterien während des Deliktgeschehens.

22.3.2 Psychosen und Borderline-Störungen

Bei der Unterschuchung emotional ausgeprägt auffälliger jugendlicher Straftäter hat sich der Sachverständige insbesondere bei Gewaltdelikten mit rätselhaftem motivationalem Hintergrund ebenso mit der Frage auseinanderzusetzen, ob sich hinter den kriminellen Handlungen eines vordergründig nur dissozial anmutenden Täters diagnostisch möglicherweise eine präpsychotische Vorpostensymptomatik verbirgt oder ob seine Taten bereits Ausdruck einer floriden Psychose sind.

Zu nennen ist in diesem Kontext darüber hinaus die nicht unproblematische Diagnosestellung einer **Borderline-Störung**, die mittlerweile auch in der Kinder- und Jugendpsychiatrie an Bedeutung gewonnen hat. Mit ihr muss sich der Sachverständige in Jugendstrafverfahren manchmal bei der Begutachtung impulsiver und affektiv instabiler junger Probanden auseinandersetzen. Erforderlich ist dies v.a. dann, wenn – etwa bei gefährlichen Körperverletzungen oder Tötungsdelikten – die motivisch-psychologischen Deliktumstände undurchsichtig erscheinen und die Anamnese des Jugendlichen schon von früher Kindheit an auf häufige und abrupte Beziehungsabbrüche hinweist.

Konträre, nicht mehr miteinander verknüpfbare Beziehungserfahrungen scheinen bereits bei Kindern und Jugendlichen zum Abwehrmechanismus der Spaltung zu prädestinieren. Der plötzliche Wechsel von einer Erfahrungsmöglichkeit in eine andere kann dann – z. B. in einer affektiv

aufgeschaukelten und sozial überfordernden Tatsituation – beim Betroffenen dazu führen, dass sich aggressive Impulse in raptusartigen Handlungen entladen.

❶ Die Diagnose Borderline-Störung allein lässt jedoch noch keinen Rückschluss auf eine forensisch relevante Beeinträchtigung oder gar Aufhebung der Steuerungsfähigkeit zur Tatzeit zu. Entscheidend bleibt auch hier die psychopathologische Analyse im Einzelfall. Wenngleich gerade dieses Störungsbild viele psychodynamische Spekulationen und Erklärungsmodelle eines spezifisches Täterverhaltens anbietet, besagen hier diverse Interpretationsmöglichkeiten wenig über das tatsächliche Ausmaß der Steuerungsfähigkeit eines individuellen Gewalttäters zum Tatzeitpunkt.

22.3.3 Pädosexuelle Aggression

Jugendliche, besonders aber Kinder, sind in erster Linie Opfer von Sexualstraftaten. Heranwachsende mit pädosexuellen Tendenzen treten jedoch ebenso in unterschiedlicher Erscheinung als Täter auf. Dabei kann es sich um kognitiv eingeschränkte, aber auch um normalbegabte, gelegentlich entwicklungsverzögerte, dissoziale und oft sozial gehemmte Jugendliche handeln, die in ihrer Vorgeschichte nicht selten selbst Opfer eines meist länger andauernden sexuellen Missbrauchs geworden sind.

Gerade bei jüngeren Tätern muss der Gutachter beurteilen, ob sich ein Tatgeschehen als noch unreifes Experimentierverhalten erklären lässt, eventuell auch als passageres Phänomen in einer sexuellen Reifungskrise. Manchmal sind derartige Handlungen aber bereits im Jugendalter Ausdruck einer schweren Fehlentwicklung.

Wenn Bereitschaft zu ehrlicher Preisgabe besteht, kann der Gutachter bei einem Probanden mitunter **aggressiv-sadistische** Phantasiebildungen und Tagträumereien mit pädosexuellen Inhalten explorieren. In diesen hat sich der Täter, gelegentlich bereits über Jahre, quasi antizipatorisch mit der Bemächtigung seiner imaginierten Opfer beschäftigt. Derartige Kennzeichen und weitere Tatcharakterisitka wie etwa ein hohes Maß an Egozentrik und Brutalität in der realen Vorgehensweise können bei jungen Tätern Vorboten bzw. erste Hinweise für eine später fixierte aggressiv-sadistische Deviation sein. 60% äußerst gewaltbereiter Sexualstraftäter haben bereits in ihrer Kindheit schwere Tierquälereien begangen (Osterheider 2005).

22.3.4 Brandstiftung

Zu den Aggressionsdelikten im weiteren Sinn müssen auch Brandstiftungen gezählt werden. Ursachen solcher Taten und Beweggründe jugendlicher Brandleger sind vielfältig. Scheinbar motivlose Brandstiftungen von schwer neurotisch gestörten Heranwachsenden können Signalcharakter im Rahmen von Selbstwertkrisen oder in einer subjektiv ausweglos erlebten Lage besitzen. Sie können zur Spannungsabfuhr aggressiver Impulse dienen und im ungünstigen Fall sogar in ein suchtartiges Verhalten münden. Oft steht für den Täter die Faszination von Feuer am Anfang einer derartigen Entwicklung. Geltungsdrang, Rachekomponenten, soziale Isolation und auch Alkoholisierung oder hirnorganische Beeinträchtigungen spielen in diesem Kontext kausal häufig eine Rolle.

22.4 Medieneinflüsse und Dominoeffekte

Statistisch gesehen sind von Kindern und Jugendlichen ausgeführte gravierende Aggressionsdelikte wie v. a. Tötungshandlungen, die nahezu regelmäßig von der Vielzahl der Medien wirkungsvoll aufbereitet werden, in Deutschland nach wie vor eine Rarität. Eine bestimmte Form der dramatisierenden medialen Darstellung leistet damit zum einen ihren Beitrag zu einer zusätzlichen Verunsicherung der Bevölkerung. Zum anderen gibt es Anhaltspunkte dafür, dass die rasche und globalisierte Informationsverbreitung über sensationelle, von jugendlichen Altersgenossen verübte Gewaltverbrechen durch Presse und Fernsehen gerade psychisch labile, geltungssüchtige jugendliche Täter zur Nachahmung anregen kann nach dem Motto: »Wie komme ich ins Fernsehen?«

Dieses neuartige Phänomen ist vergleichbar mit dem in der Kinder- und Jugendpsychiatrie schon lange bekannten **Werther-Effekt**, wonach es als Folge eines in der Öffentlichkeit bekannt gewordenen Selbstmordes zu Imitationssuiziden kommt (s. Beispiel: Spektakuläre Nachahmungsdelikte).

Spektakuläre Nachahmungsdelikte

Einige Monate nach dem auch für amerikanische Verhältnisse beispiellosen Attentat von Littleton/Colorado, bei dem zwei Jugendliche vor ihrem Suizid 14 Mitschüler und ihren Lehrer ermordet hatten, ereignete sich im Herbst 1999 im oberbayerischen Bad Reichenhall eine in dieser Form in Deutschland bis zu diesem Zeitpunkt einmalige Amoktat. Dabei erschoss ein 16-Jähriger mit der Waffe seines Vaters vor seinem Suizid vier Menschen und verletzte weitere Personen.

Auch dieser Vorfall fand in den Medien große Resonanz. In der Folgezeit kam es in verschiedenen Regionen Deutschlands zu von Schülern vollendeten bzw. geplanten Mordanschlägen, die sich in erster Linie gegen Lehrer richteten: So erschoss im Februar 2002 im oberbayerischen Freising ein 22-Jähriger vor seinem Selbstmord zunächst zwei Arbeitskollegen und schließlich den Direktor seiner früheren Berufsschule. Bei seinem Amoklauf im April 2002 tötete der 19-jährige Schüler Robert Steinhäuser in seinem ehemaligen Erfurter Gymnasium erst 16 Menschen und dann sich selbst.

Die Bedeutung der Medien als Vorbild bei der Entstehung von Gewaltkriminalität darf andererseits nicht überschätzt werden. So sind Gewaltdarstellungen in Filmen und deren gewohnheitsmäßiger Konsum in aller Regel nur ein Kofaktor, der sich bei jugendlichen Risikopersonen einem bereits vorhandenen Ursachenbündel für eine erhöhte Aggressionsbereitschaft zusätzlich aufpfropft. Mehr noch als einen potenziellen Nachahmeffekt scheint die häufige Betrachtung von Gewalt- und Horrorvideos bzw. die Beschäftigung mit brutalen Computerspielen (»Killerspiele«) bei instabilen Heranwachsenden **emotionale Abstumpfung** und den **Erwerb aggressiver Reaktionsmuster** zu fördern. Fatal ist auch, dass gefährdete Jugendliche im Zusammenhang mit Actionfilmen, aber auch im Alltag, immer wieder die Erfahrung machen, dass ein egozentrisch-aggressiver Handlungsstil durch-

22

aus positive Konsequenzen haben kann (»Gewalt lohnt sich«).

Wissenschaftler der Michigan State University (Weber 2005) kamen zu ersten vorläufigen Ergebnissen, wonach zwischen virtueller und tatsächlicher Gewalt ein kurzzeitiger, offenbar neurobiologisch vermittelter Kausalzusammenhang bestehen könnte. Mit großer Wahrscheinlichkeit wird nach heutigem Kenntnisstand jedoch nur ein sehr kleiner Kreis von labilisierten und entsprechend prädisponierten Jugendlichen durch den exzessiven Konsum derartiger Computerspiele maßgeblich zu realen Tötungshandlungen angestoßen. Vermutlich ist diese Form der Freizeitbeschäftigung beim Großteil der jugendlichen Konsumenten relativ harmlos und dient allenfalls einer »sportlichen« Spannungsabfuhr im virtuellen Raum.

Dennoch ist aus der Sicht des forensisch tätigen Jugendpsychiaters die im Koalitionsvertrag der neuen Bundesregierung formulierte Absicht zu begrüßen, »Killerspiele« nicht nur für Jugendliche, sondern aus präventiven Gründen generell zu verbieten.

22.5 Multifaktorielle Gewaltgenese

Für die Entstehung von Gewaltdelinquenz bei jungendlichen und heranwachsenden Tätern ist jedoch im Allgemeinen das Zusammenwirken mehrerer Faktoren erforderlich. Genetische und neurohormonelle Einflussgrößen, die für konstitutionelle Vulnerabilitäten wie z. B. Intelligenzmangel, ein hyperkinetisches Syndrom, Defizite im Bereich der Aufmerksamkeit und der kognitiven Verarbeitung bzw. Impulskontrollschwäche prädestinieren können, verschränken sich oft mit ungünstigen Sozialisationserfahrungen, etwa einem aggressiven innerfamiliären Umgangsstil. Derartige Voraussetzungen ebnen einem gefährdeten Jugendlichen wiederum den Weg zu Peergroups, die sich im Hinblick auf Gewaltbereitschaft modellhaft als Verstärker auswirken. Situative Faktoren wie z. B. Kränkungserlebnisse, Beziehungskonflikte mit dem Opfer, die Verfügbarkeit von gefährlichen Waffen, Alkohol und Drogen erhöhen schließlich das Risiko für eine aggressive Handlung (s. Übersicht: Enstehungsbe-

dingungen von Gewaltdelinquenz bei jugendlichen Tätern).

Enstehungsbedingungen von Gewaltdelinquenz bei jugendlichen Tätern

1. Biologisch-genetische Vulnerabilitätsfaktoren
   - Intelligenzmangel
   - Defizite im Bereich der Aufmerksamkeit, der kognitiven Verarbeitung und der Impulskontrolle
   - Reduzierte serotonerge Aktivität (?)
   - ToM-Defizit (?)
2. Ungünstige Sozialisationserfahrungen
   - Lange tradierter aggressiver Umgangsstil in der Familie
   - Anschluss an gewaltbereite Peergroups
3. Situative Faktoren
   - Beziehungskonflikte zum Opfer
   - Subjektive Kränkung/Benachteiligung
   - Verfügbarkeit gefährlicher Waffen
   - Alkoholtoxische Effekte
   - Aktuelle psychiatrische Erkrankung
4. Rolle der Medien als Vorbild
   - »Dominoeffekt« nach reißerischer medialer Darstellung von sensationellen Gewalttaten (z. B. Littleton 1999)
   - Erwerb aggressiver Reaktionsmuster sowie emotionale Abstumpfung durch Konsum von Gewalt- und Horrorvideos und Beschäftigung mit brutalen Computerspielen (Erfurt-Täter, 2002)

22.6 ToM-Defizit als Kausalfaktor?

Im Rahmen einer Analyse der Ursachen und Entstehungsbedingungen von Gewaltdelinquenz junger Täter wird neuerdings von forensischen Psychiatern auch das Konzept der ToM diskutiert, wenngleich auf diesem Gebiet noch keine gesicherten Resultate vorliegen (▶ Kap. 19). Gemeint ist mit diesem Konstrukt in erster Linie die prozesshafte

Entwicklung des intuitiv erworbenen psychologischen Wissens eines Individuums in seiner frühen Kindheit, insbesondere im Alter zwischen dem dritten und dem sechsten Lebensjahr. Entsprechend dem ToM-Konzept ist der Erwerb dieser spezifischen kognitiven Kompetenz, die sich im Jugend- und Erwachsenenalter weiterentwickelt, wichtige Voraussetzung für eine angemessene Erkennung, Interpretation und auch Voraussage des eigenen und fremden Erlebens und Verhaltens im sozialen Zusammenleben (Sodian 2003).

In der Kinder- und Jugendpsychiatrie werden in diesem Kontext bisher Korrelationen zwischen einem primären kognitiven Defizit und typischen psychopathologischen Symptombildungen wie Störungen der sozialen Interaktion und Kommunikation sowie die Etablierung von stereotypen Verhaltensmustern und Sonderinteressen vermutet, wie sie v. a. bei den **autistischen** Syndromen (frühkindlicher Autismus nach Kanner, Asperger-Autismus) auftreten. Darüber hinaus gibt es aber auch Hinweise, dass Mängel bei der individuellen Verfügbarkeit der ToM nicht nur im autistischen Spektrum, sondern auch bei Patienten mit anderen psychischen Erkrankungen wie Schizophrenie, affektive Psychosen oder Aufmerksamkeitsdefizit-/Hyperaktivitätsstörung (ADHS) vorliegen könnten (Bruning et al. 2005).

Gerade die hypothetische Kausalverbindung zwischen einer Beeinträchtigung der ToM und der Entstehung von **ADHS**, der der psychiatrische Sachverständige häufig als einer in der Kindheit durchgemachten oder noch im Erwachsenenalter persistierenden Störung speziell bei Aggressionstätern begegnet, könnte auch forensisch durchaus von Interesse sein. Darüber hinaus sind Egozentrizität, Gefühlskälte, fehlendes Empathievermögen und Einschränkungen im antizipatorischen Denken typische psychische Kennzeichen, die immer wieder bei jugendlichen Gewalt- und Sexualdelinquenten auffallen. Dabei handelt es sich um Persönlichkeitsmerkmale, die zumindest theoretisch mit einem früh angelegten ToM-Defizit zusammenhängen könnten.

❶ **Kritisch muss an dieser Stelle angemerkt werden, dass das Postulat eines, möglicherweise sogar organisch begründbaren ToM-Mangels**
zwar von wissenschaftlichem forensischem Interesse ist, aber – zumindest aus heutiger Sicht – einen Gewalttäter nicht von strafrechtlicher Verantwortung befreien kann.

22.7 Reife- und Schuldfähigkeitsbegutachtung

Bei der psychiatrischen Begutachtung von jugendlichen und heranwachsenden Gewalttätern muss sich der Sachverständige in einem ersten Schritt in Abhängigkeit vom Tatzeitalter mit dem **individuellen Reifegrad** des Täters befassen, wie es in § 3 und § 105 des Jugendgerichtsgesetzes (JGG) festgelegt ist. Nur äußerst selten wird er gemäß § 3 JGG einem 14-, aber noch nicht 18-Jährigen eine noch fehlende strafrechtliche Reife attestieren. Die Befürwortung des § 105 JGG führt bei volljährigen 18- bis 20-jährigen, aber noch als unreif eingeschätzten Angeklagten nicht zur Anwendung des Erwachsenen-, sondern des milderen Jugendstrafrechts.

Diese Verfahrensweise, ursprünglich als Ausnahmeregelung gedacht, wird in Deutschland, v. a. bei den Kapitaldelikten, sehr häufig praktiziert. Gleichwohl gibt es bei dieser nicht unumstrittenen Praxis in der Rechtsprechung erhebliche regionale Unterschiede, die immer wieder Anlass für politische Reformüberlegungen sind.

Im Hinblick auf die Schuldfähigkeitsproblematik orientiert sich der Gutachter in einem zweiten Schritt wie bei erwachsenen Delinquenten an den §§ 20 und 21 des Strafgesetzbuchs bei der Klärung der Frage, ob zur Zeit der Straftat eine forensisch relevante psychiatrische Störung (krankhafte seelische Störung, Schwachsinn, tiefgreifende Bewusstseinsstörung oder schwere andere seelische Abartigkeit) mit erheblichem Einfluss auf Einsichts- und/oder Steuerungsfähigkeit bestanden hat.

Gibt es beim Probanden einen Zusammenhang zwischen seiner Straftat und einer Alkohol- oder Drogensucht (»Hangtäter«) oder sind auf der Grundlage einer erheblich verminderten oder aufgehobenen Schuldfähigkeit krankheitsbedingt auch in Zukunft von ihm erhebliche rechtswidrige Taten zu erwarten, müssen gutachterlich gemäß §§ 63 und 64 StGB die Voraussetzungen eines **Maßregelvollzugs** geprüft werden (Freisleder u. Trott 1997).

22.8 Dissozial-unterkontrollierte und gehemmt-überkontrollierte Aggressionstäter

Zwei **Prägnanztypen** jugendlicher Gewaltdelinquenten begegnet der jugendpsychiatrische Gutachter immer wieder, dem unkontrollierten und dem überkontrollierten Aggressionstäter.

Der unterkontrollierte Typ. Zahlenmäßig im Vordergrund stehen jugendliche Aggressionstäter, deren oft in Gruppen ausgeführtes Deliktverhalten als Teilsymptom einer nicht selten schon im Grundschulalter begonnenen Sozialverhaltensstörung einzuordnen ist. Klassischerweise sind bei diesen Probanden immer wieder defizitäre erzieherische Aufwuchsbedingungen, eine eher niedrige Intelligenz, manchmal diskrete hirnorganische Auffälligkeiten, anamnestische Hinweise auf ADHS und Teilleistungsstörungen wie z. B. Legasthenie oder Sprachentwicklungsstörungen zu eruieren. Überzufällig häufig findet sich auch ein schädlicher Gebrauch v.a. von Alkohol. Dieser Personenkreis besitzt ein hohes Risiko für die Entwicklung einer antisozialen Persönlichkeitsstörung im Erwachsenenalter.

Der überkontrollierte Typ. Ein zweiter, seltener anzutreffender jugendlicher Aggressionstätertyp kommt v.a. für solche aggressiven Handlungen in Frage, die sich für die Umgebung des Täters überraschend ereignen und manchmal zunächst scheinbar unerklärlich sind. Hier handelt es sich auf den ersten Blick oft um wenig auffällige, jedoch gehemmte, sensible und leicht kränkbare Jugendliche, die im Alltag eher zurückgezogen und einzelgängerisch leben und sich manchmal sogar als ängstlich und depressiv erweisen. Vor allem haben sie aber offensichtlich große Probleme damit, in adäquater Weise mit ihren aggressiven Impulsen umzugehen. Im Gleichaltrigenkreis wird solchen Außenseiterpersonen manchmal die Rolle des »Sündenbocks« zugeschrieben. Erlebt ein derartig aggressiv-gehemmter bzw. überkontrollierter Heranwachsender, eventuell in einer affektiv aufgeschaukelten Situation, eine plötzliche Kränkung oder Provokation, kann er zu einer heftigen, unerwarteten aggressiven Entladung – im Extremfall auch zu einem Tötungsdelikt – in der Lage sein. Bei der Gutachtensuntersuchung lassen sich in solchen Fällen nicht nur ausnahmsweise lang anhaltende, ungelöste emotionale Konflikte des Täters feststellen, in die oft auch sein Opfer, möglicherweise als Projektionsobjekt, involviert war.

Im Rahmen der Begutachtung wird der jugendpsychiatrische Sachverständige bei der ersten skizzierten Gruppe der unterkontrollierten dissozialen Aggressionstäter trotz der Attestierung einer Sozialverhaltensstörung im Regelfall keine Anhaltspunkte für eine Einschränkung von Einsichts- und Steuerungsfähigkeit finden können. Oft müssen in diesem Kontext aber gutachterlich zentralnervöstoxische Effekte als Folge einer Alkoholisierung und ihre mögliche Auswirkung auf die Steuerungsfähigkeit hinterfragt werden.

Problematischer ist gelegentlich die Begutachtung eines jugendlichen Gewalttäters, der der Gruppe der Überkontrolliert-Aggressionsgehemmten zuzuordnen ist. Hier kann möglicherweise die Diagnose einer bisher unerkannten psychiatrischen Störung, also einer schweren neurotischen Fehlentwicklung, einer Persönlichkeits(e ntwicklungs)störung oder, in seltenen Ausnahmefällen, einer blanden schizophrenen Psychose im Raum stehen. Täterdiagnose und situative Tatumstände sind dann handlungsleitend bei der gutachterlichen Analyse der Frage, ob Einsichts- bzw. insbesondere Steuerungsfähigkeit in erheblichem Ausmaß eingeschränkt waren (Freisleder 2000).

22.9 Therapeutisch-pädagogische Ansätze

Unabhängig vom Schuldfähigkeitsaspekt muss der jugendpsychiatrische Sachverständige bei Aggressionstätern auch die Entwicklungs- und Legalitätsprognose beurteilen. Aus präventiven Gründen sind erforderlichenfalls therapeutisch-pädagogische Maßnahmen zu diskutieren, die im Rahmen des Jugendgerichtsgesetzes (JGG) veranlasst werden können.

Im Zentrum stehen hier delikt- und persönlichkeitsbezogene **Hilfs- und Behandlungsangebote**, bei denen das (Wieder-)Erlernen von sozial akzeptierten, nichtkriminellen Fähigkeiten und Fertigkeiten zur Bewältigung von kritischen Alltagssituationen angestrebt wird (z. B. kontrollierter Alkoholkonsum, Aggressionsdeeskalierung in Konflikten). Beim verhaltenstherapeutisch ausgerichteten **Antiaggressionstraining** für gewalttätige junge Wiederholungstäter etwa wird auch in Rollenspielgruppen mit Video-Feedback gearbeitet. Letztendlich geht es darum, beim und mit dem Täter durch Psycho- und Sozialtherapie eigene Kompetenzmängel im Bereich der Fremd- und Selbstwahrnehmung bzw. -steuerung zu erkennen und zu verbessern. Nicht ganz abwegig erscheint die Hypothese, dass damit gerade bei noch jungen Gewalt- und Sexualdelinquenten eine individuelle ToM-Entwicklung angestoßen, systematisch aufgebaut und so gewissermaßen eine emotionale Nachreifung unterstützt werden könnte.

Beim schuldfähigen jungen Täter können **therapeutisch-pädagogische Interventionen** im ambulanten Setting erfolgen, Freiwilligkeit und Eigenmotivation erhöhen die Erfolgsaussichten. Auch erlebnispädagogische Programme (z. B. therapeutisches Segelschiff etc.) oder die Platzierung in einer sozialtherapeutischen Wohngemeinschaft können hier indiziert sein. Behandlungsmöglichkeiten innerhalb von Jugendstrafanstalten sind v.a. aus personell-fachlichen Gründen meist begrenzt. Für jugendliche und heranwachsende Delinquenten mit eklatanten sozialen Defiziten wie bereits verfestigter Gewaltbereitschaft oder Störungen der sexuellen Präferenz ist deshalb die Erweiterung des Angebots von so genannten sozialtherapeutischen Abteilungen in Jugendgefängnissen mit speziellen Therapieangeboten zu fordern und anzuregen.

In bestimmten Fällen ist auch eine **psychopharmakologische Behandlung** zu erwägen, etwa eine Methylphenidatmedikation beim Vorliegen einer ADHS. Positive Erfahrungen gibt es auch in Einzelfällen außerhalb ihrer klassischen Indikationsgebiete mit Lithium, Carbamazepin, Betablockern und Serotoninwiederaufnahmehemmern (Nedopil 2000).

Psychisch kranken jungen Aggressionstätern mit zumindest erheblich verminderter Schuldfähigkeit (§§ 20, 21 StGB) und hohem Gefährlichkeitsrisiko muss in Zukunft überall ein adäquater jugendpsychiatrischer Therapierahmen im Maßregelvollzug (§ 63 StGB) zur Verfügung gestellt werden, der in Deutschland leider weitgehend fehlt.

Literatur

Bruning N, Konrad K, Herpertz-Dahlmann B (2005) Bedeutung und Ergebnisse der Theory of Mind-Forschung für den Autismus und andere psychiatrische Erkrankungen. Z Kinder- und Jugendpsychiatrie Psychotherapie 33(2): 77–88

Freisleder FJ (2000) Jugendliche Aggressionstäter. In: Nedopil N (Hrsg) Forensische Psychiatrie. Thieme, Stuttgart, S 216–218

Freisleder FJ, Trott G-E (1997) Das psychiatrische Gutachten im Jugendstrafverfahren. In: Warnke A, Trott G-E, Remschmidt H (Hrsg) Forensische Kinder- und Jugendpsychiatrie. Huber, Bern, S 210–220

Nedopil M (2000) Pharmakologische Behandlung von Aggressionstätern. In: Nedopil N (Hrsg) Forensische Psychiatrie. Thieme, Stuttgart, S 219–220

Osterheider M (2005) Mitteilung in: Mittler D, Das Böse im Menschen. Süddeutsche Zeitung, 18.10.2005: 38

Pfeiffer C (2005) Mitteilung in: Käppner J, Gewalt als Sprache einer Subkultur. Süddeutsche Zeitung, 18.10.2005: 38

Sodian B (2003) Die Entwicklungspsychologie des Denkens. In: Herpertz-Dahlmann B, Resch F, Schulte-Markwort M, Warnke A (Hrsg) Entwicklungspsychiatrie. Schattauer, Stuttgart, S 85–97

Weber R (2005) Mitteilung in: Themen des Tages – Verbot von Killerspielen. Stirn A, Ballern macht nicht brutal. Süddeutsche Zeitung, 17.11.2005: 2

Theory of Mind und Borderline-Persönlichkeitsstörung

Michael Rentrop

23

23.1 Einführung

Ausgehend von den derzeit gültigen diagnostischen Kriterien, den biologischen Faktoren und Risikobedingungen zur Entwicklung einer Borderline-Persönlichkeitsstörung (BPS; s. Exkurs) soll im Folgenden auf die Fähigkeit der Patienten, Gedanken und Gefühle anderer zu erfassen – also die ToM – eingegangen werden.

Exkurs

Borderline-Persönlichkeitsstörung

Die emotional instabile Persönlichkeit vom Borderline-Typ ist mit einer geschätzten Prävalenz von 0,7–1,5% der Bevölkerung (Torgersen et al. 2001; Skodol et al. 2002a,b) ein bedeutendes psychiatrisches Störungsbild. Bei Frauen wird dieses Syndrom dreimal häufiger diagnostiziert als bei Männern. Dabei bleiben die Gründe für diese Geschlechtsverteilung bislang jedoch unklar und stellen am ehesten ein Artefakt in der Stichprobenauswahl dar (Skodol u. Bender 2003). Die Bedeutung der Störung lässt sich indirekt an Untersuchungen zur Inanspruchnahme psychiatrischer Hilfsangebote ablesen. In einer Arbeit von Bender und Mitarbeitern (2001) wurde gezeigt, dass Patienten mit einer Borderline-Persönlichkeitsstörung (BPS) im Vergleich zu depressiven Patienten signifikant häufiger stationäre oder ambulante psychiatrische Behandlung erhalten. Die Gesamtkosten der Borderline-Behandlung wurden für Deutschland auf 3 Milliarden Euro geschätzt, das entspricht 15% der insgesamt für psychische Erkrankungen verwendeten Mittel (Bohus 2002; Jerschke et al. 1998).

23.2 Borderline-Persönlichkeitsstörung: Diagnostische Kriterien und klinische Symptomatik

Das diagnostische und statistische Manual psychischer Störungen (DSM IV) der *American Psychiatric Association* (1994) bietet eine ausführlichere und präzisere Beschreibung diagnostischer Kriterien der BPS als die in Deutschland meist verwendete internationale Klassifikation psychischer Erkrankungen (ICD-10) der *World Health Organization* (WHO 1991). Daher wird im Folgenden stets eine Diagnose nach DSM IV zugrunde gelegt. Nachstehend findet sich eine Zusammenfassung der DSM IV-Kriterien. Um die Diagnose zu begründen, müssen fünf der genannten neun Merkmale erfüllt sein (s. Übersicht). Dieser Algorithmus zur Diagnosefindung bedingt nach einer Arbeit von Clarkin et al. (1993) die Heterogenität der Gruppe der Patienten; insgesamt gibt es rein rechnerisch 151 Merkmalskonstellationen, um die Diagnose einer BPS zu stellen.

Trotz des unbestrittenen Fortschritts, den die Erfassung der BPS in ihren Kernmerkmalen gegenüber früheren Versuchen einer reliablen Diagnostik darstellt, wird in der Literatur die fehlende Dimensionalität der diagnostischen Instrumente kritisch diskutiert. So ist nach derzeitiger Praxis nur eine Zuordnung »vorhanden« vs. »nicht vorhanden« möglich, jedoch keine Einteilung in leicht, mittelgradig oder schwer, wie dies im Alltag durchaus gängig und sinnvoll erscheint. Zudem entspricht die Bewertung der diagnostischen Kriterien offenbar nur unzureichend ihrer Gewichtung in der klinischen Praxis (Shedler u. Westen 2004).

Die Aspekte Leidensdruck und innere Not, die im Erleben der Patienten eine große Rolle spielen, werden in den Klassifikationssystemen nicht ausreichend berücksichtigt (Zittel Conklin u. Westen 2005). Ebenfalls zu wenig gewürdigt wird nach Gunderson und Mitarbeitern (1995) die Tendenz der Patienten, im Falle des Aufkommens starker Emotionen irrational zu reagieren. Letztgenanntes Symptom ist neben dem Kriterium des dichotomen Denkstils, mit Einteilung in vollständig »gute« gegenüber vollständig »schlechten« Objekten, ein

Diagnostische Kriterien nach DSM IV (1994)

Ein tief greifendes Muster von Instabilität in zwischenmenschlichen Beziehungen, im Selbstbild und in den Affekten sowie von deutlicher Impulsivität. Der Beginn liegt im frühen Erwachsenenalter und manifestiert sich in den verschiedenen Lebensbereichen.

1. Verzweifeltes Bemühen, tatsächliches oder vermutetes Verlassenwerden zu vermeiden
2. Ein Muster instabiler, aber intensiver zwischenmenschlicher Beziehungen, das durch einen Wechsel zwischen den Extremen der Idealisierung und Entwertung gekennzeichnet ist
3. Identitätsstörung: ausgeprägte und andauernde Instabilität des Selbstbildes oder der Selbstwahrnehmung
4. Impulsivität in mindestens zwei selbstschädigenden Bereichen (Geldausgaben, Sexualität, Substanzmissbrauch, rücksichtsloses Fahren, »Fressanfälle«)
5. Wiederholte suizidale Handlungen, Selbstmordandeutungen oder -drohungen oder Selbstverletzungsverhalten
6. Affektive Instabilität infolge einer ausgeprägten Reaktivität der Stimmung (z. B. hochgradige episodische Dysphorie, Reizbarkeit oder Angst, wobei diese Stimmungen gewöhnlich einige Stunden und nur selten mehr als einige Tage andauern)
7. Chronische Gefühle von Leere
8. Unangemessene, heftige Wut oder Schwierigkeiten, die Wut zu kontrollieren (z. B. häufige Wutausbrüche, andauernde Wut, wiederholte körperliche Auseinandersetzungen)
9. Vorübergehende, durch Belastungen ausgelöste paranoide Vorstellungen oder schwere dissoziative Symptome

erster Hinweis auf die Relevanz kognitiver Muster für das Störungsbild.

Die Diagnosestellung wird häufig durch die ausgesprochen hohe Rate an psychischer **Komorbidität** erschwert, teilweise erscheint die emotionale Instabilität auch hinter einer anderen psychischen Störung verschleiert. Je nach Untersuchung findet sich in einer Übersichtsarbeit von Skodol et al. (2002a) allein für affektive Störungen ein Anteil zwischen 40% und 60% an Patienten mit BPS, die zusätzlich die Kriterien einer affektiven Erkrankung erfüllen. Das Spektrum psychischer Komorbidität reicht von Essstörungen über Aufmerksamkeits-Hyperaktivitätsstörungen zu Abhängigkeits- und Angst- sowie Zwangserkrankungen. Eine eigene Untersuchung im Rahmen der Wirksamkeitsüberprüfung der übertragungsfokussierten Psychotherapie zeigt, dass bei Anwendung des »Strukturierten Interviews für Achse-II-Störungen nach DSM IV« (SKID II) ein Großteil der Probandinnen die Kriterien für mehr als nur eine Persönlichkeitsstörung erfüllt.

23.2.1 Biologische Befunde

In den letzten Jahren wurden verschiedene zerebrale Systeme im Zusammenhang mit der emotional instabilen Persönlichkeit untersucht.

Bereits ab den 70-er Jahren trat das **serotonerge System** in den Mittelpunkt des Interesses. Zusammenfassend scheint impulsiv-aggressives Verhalten mit einer Reduktion der serotonergen Aktivität einherzugehen. Dabei liegt die Aufgabe des Serotonins in einer Modulation inhibitorischer kortikaler Zentren (präfrontaler orbitaler und medialer Kortex, Gyrus cinguli). Nach dem aktuellen Modell scheint ein Rückgang serotonerger Aktivität mit einer Disinhibition von Aggressivität verbunden zu sein. Hinweise fanden sich zunächst in der Untersuchung von Serotoninmetaboliten im Liquor bei autoaggressiven Patienten und Menschen nach Suizidversuchen sowie indirekt in der Unterdrückung impulsiv-aggressiven Verhaltens durch Substanzen, welche die serotonerge Aktivität steigern (Skodol et al. 2002b). In einer Positronenemissionstomographie-Untersuchung (PET) mit depressiven Patienten und Patienten, die zusätzlich zur Depression eine BPS aufwiesen, konnte ein verändertes Muster relativer regionaler zerebraler Glukoseaufnahme (18-Fluor-Desoxyglukose) nachgewiesen werden. Im Einzelnen war bei elf Patienten mit BPS eine erhöhte regionale Glukoseaufnahme in parietotemporalen Regionen nachweisbar, jedoch eine geringere Glukoseaufnahme im anterioren Gyrus cinguli. In einem zweiten Schritt wurde den Patienten Fenfluramin verabreicht, eine Substanz, die im Tierversuch zu einer Erschöpfung des serotonergen Systems durch Serotoninausschüttung führt (Baumann et al. 1998). Dabei veränderte sich der parietotemporale Befund nicht, der Effekt auf den Gyrus cinguli wurde aufgehoben (Oquendo et al. 2005).

Gleichzeitig wurde postuliert, dass ein gesteigertes exploratives Verhalten, ebenso wie impulsiv-aggressives Verhalten und die bei manchen Patienten auftretenden kurzen produktiv-psychotischen Episoden, mit einer Aktivitätszunahme des **dopaminergen Systems** zusammenhängen. Auch hier haben Liquorbefunde mit erhöhten Dopaminkonzentrationen einen ersten Hinweis auf einen Zusammenhang zwischen Klinik und zugrunde liegender funktioneller zerebraler Störung ergeben. Gleichzeitig zeigen kontrollierte Studien einen positiven Effekt einer neuroleptischen Behandlung für die o. g. Zielsymptomatik bei Patienten mit Borderline-Persönlichkeit. Einschränkend ist anzumerken, dass es bis jetzt nur eine sehr geringe Zahl qualitativ guter Untersuchungen zur Neuroleptikatherapie bei BPS gibt (Grootens u. Verkes 2005)

Affektive Instabilität und die Neigung zur Entwicklung von Angstsymptomen wurde ebenso wie die Tendenz, ein vermehrtes Risiko einzugehen, mit dem **noradrenergen System** in Verbindung gebracht. Nach der bisherigen Vorstellung scheint die Kombination einer erhöhten adrenergen Response mit gleichzeitigem serotonergem Defizit synergistisch zur Symptomentwicklung beizutragen (Skodol et al. 2002b).

Insgesamt ist es jedoch problematisch, den Versuch zu unternehmen, die Transmittersysteme des Gehirns isoliert zu betrachten, da es keine tatsächlich unabhängige Funktion der einzelnen Systeme zu geben scheint. Letztlich macht das Zusammenwirken der verschiedenen genannten Transmittersysteme in unterschiedlicher Gewichtung einerseits die große Komplexität der biologischen Fragestellungen aus, andererseits wird plausibel, dass die Reproduktion von wissenschaftlichen Einzelbefunden nicht immer gelingt.

Einen **elektroenzephalographischen Ansatz** in der Untersuchung biologischer Marker der BPS verfolgen Houston und Mitarbeiter (2005) bei der Untersuchung ereigniskorrelierter P300-Potenziale als Maßstab zur Ermittlung der Entwicklung des Gehirns. In einer Untersuchung an 123 Probandinnen zwischen 14 und 19 Jahren fanden sie eine ausbleibende Abnahme der altersabhängigen visuellen P300-Amplitude. Die Autoren schließen daraus auf eine Störung der Hirnreifung.

Driessen und Mitarbeiter fanden erstmals im Jahr 2000 bei Borderline-Patientinnen in einer Magnetresonanztomographie-Untersuchung (MRI) eine Größendifferenz von Amygdala und Hippokampus im Vergleich zu gesunden Probanden (Driessen et al. 2000). Das Volumen war um 8% bzw. 16% kleiner als bei den Kontrollpatientinnen. Dieser Befund konnte zwischenzeitlich reproduziert werden, z. B. von Schmahl et al. (2003). Als Erklärung für diese Befunde wird die bei den Patientinnen der Untersuchungsgruppe vorhandene schwere Traumatisierung mit Folge einer andauernden Aktivierung der Hypothalamus-Hypophysen-Nebennierenrinden-Achse und konsekutiv erhöhten Kortisolspiegeln vermutet (Schmahl et al. 2003). Die Hippokampusregion gilt u. a. aufgrund der hohen Zahl an Glukokortikoidrezeptoren als besonders vulnerabel für die Auswirkungen dauerhafter Stressbelastung (Gabbard 2005). Inwieweit derartige Befunde bei erfolgreicher Therapie reversibel sind – wie dies im Sinne der Plastizität des Gehirns zu vermuten ist –, konnte bislang bei Patienten mit einer BPS nicht gezeigt werden.

23.2.2 Ursachen der Borderline-Störung

Unabhängig von der therapeutischen Schule ist inzwischen der Beitrag einer biologischen Komponente als Voraussetzung zur Entwicklung einer BPS anerkannt (Linehan 1996; Clarkin et al. 2001a). Die klarste Darstellung findet sich im **biosozialen Ursachenmodell** nach Linehan (1996) und ist in ◘ Abb. 23.1 in modifizierter Form dargestellt.

Linehan geht unter Einbeziehung wissenschaftlicher Arbeiten zu genetischen und physiologischen

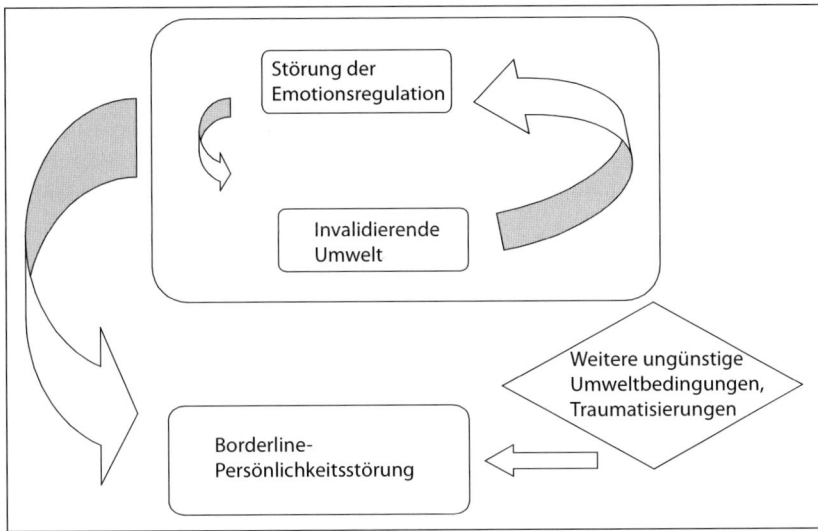

Abb. 23.1. Biosoziales Ursachenmodell der Borderline-Störung. (Mod. nach Linehan 1996; Bohus 2002)

Grundlagen der Persönlichkeitsentstehung davon aus, dass Menschen mit einer späteren Borderline-Persönlichkeit bereits eine Dysfunktion im emotionsregulierenden System mitbringen. Jedoch führt erst die Kombination mit einer »invalidierenden«, d. h. emotionale Äußerungen in Frage stellenden oder ablehnenden Umwelt, in fortgesetzter Interaktion zur Entstehung der Borderline-Problematik. Der entscheidende Entwicklungsschritt, der in einer solchen Konstellation nicht möglich ist, liegt in der Ausbildung eines stabilen Selbstregulationsmechanismus für emotionale Vorgänge. Einer übermäßigen emotionalen Verletzbarkeit steht eine weitgehend fehlende Steuerungsmöglichkeit für Gefühle gegenüber. Die daraus resultierende erhöhte emotionale Erregbarkeit wird als unerträgliche emotionale Intensität wahrgenommen und lang anhaltend erlebt. Damit verbunden ist eine temporäre Einengung der kognitiven Fertigkeiten.

Neben dieser Kombination biologischer Faktoren und Umweltbedingungen zur Entwicklung einer BPS werden in der Literatur weitere psychosoziale Risikofaktoren diskutiert. Im Einzelnen werden

- Gewalterfahrungen,
- sexueller Missbrauch,
- frühe Trennungserlebnisse und
- psychische Erkrankungen im unmittelbaren familiären Umfeld

häufig aufgeführt. Bandelow und Mitarbeiter (2005) haben in einer Untersuchung an Borderline-Pati-

entinnen (n = 66) gegenüber einer Gruppe gesunder Kontrollen (n = 109) diese Risikobedingungen kürzlich noch einmal bestätigt. Die nachstehende Übersicht fasst das Ergebnis dieser Untersuchung zusammen. Im Ursachenmodell in Abb. 23.1 ist versucht worden, den Aspekt dieser psychosozialen Risikofaktoren zu integrieren.

Problematische Entwicklungsbedingungen bei Borderline-Patientinnen (Bandelow et al. 2005)
- Trennungserlebnisse von einem oder beiden Elternteilen
- Aufwachsen in einer Pflegeeinrichtung
- Eheprobleme, Trennung der Eltern
- Eigene, schwere körperliche Erkrankung in der Kindheit
- Körperliche Behinderung
- Körperliche Gewalt durch den Vater
- Sexuelle Belästigung, sexueller Missbrauch
- Ungünstiger elterlicher Erziehungsstil (schwere Strafen, geringe Flexibilität, Ungeduld, Lieblosigkeit)
- Psychische Erkrankungen (Angststörung, Depression, Persönlichkeitsstörung, Alkoholabhängigkeit)
- Frühgeburtlichkeit
- Multiple Traumatisierung

23

23.3 ToM und Borderline-Störung

Ausgehend von der Arbeit von Premack und Woodruff (1978), die erstmals einen Hinweis darauf fanden, dass Schimpansen in der Lage sind, eine Vorstellung über die Gedanken und Gefühle anderer zu entwickeln, fand die ToM Eingang in die psychiatrische Forschung.

Bis jetzt gilt eine umfassende ToM – etwa mit der Erkenntnis, dass jemand einer falschen Annahme folgen kann – weiterhin als einzigartig für den Menschen (Roth u. Dicke 2005). Die Frage, welche Regionen des Gehirns die anatomischen Funktionsträger der Fähigkeit zur ToM sind, hat sich in älteren Arbeiten vorwiegend auf den **medialen präfrontalen Kortex**, den **Gyrus cinguli** und die **Inselregion** konzentriert (Roth u. Dicke 2005). Damit finden sich bereits in den anatomischen Regionen Überschneidungen mit den für die BPS relevanten zerebralen Arealen.

Harris und Mitarbeiter (2005) fanden in einer funktionellen Kernspinuntersuchung (fMRI) eine herausragende Bedeutung des linken medialen präfrontalen Kortex. Die Untersuchung wurde an zwölf Probanden unter Verwendung einer von McArthur 1972 entwickelten Aufgabe zur ToM durchgeführt.

Einschränkend ist jedoch festzuhalten, dass diese Befunde bislang nicht konsistent sind. So beschreiben Saxe und Wexler in einer aktuellen fMRI-Untersuchung, ebenfalls an zwölf Probanden, eine übergeordnete Bedeutung des **rechten temporoparietalen Übergangs**. Das Aktivitätsmuster des medialen präfrontalen Kortex ließ, wie auch die posterioren Regionen des Gyrus cinguli, keine spezifische Beteiligung an der Lösung der ToM-Aufgaben erkennen. Diese Ergebnisse lassen sich nach den Autoren besser mit den neuropsychologischen Defiziten bei Patienten mit definierten Schädigungen des Gehirns in Übereinstimmung bringen. Eine Schädigung des rechten temporoparietalen Übergangs ist mit einer selektiven Einschränkung der ToM verbunden, Schädigungen des medialen präfrontalen Kortex jedoch nicht (Saxe u. Wexler 2005).

Unabhängig von den Ergebnissen bildgebender Untersuchungen zeigt eine Gegenüberstellung der diagnostischen Kernkriterien der Border-line-Persönlichkeit (s. Übersicht in ▶ Kap. 23.2) mit der Definition der ToM, wie nahe liegend die Annahme einer Störung der ToM für Menschen mit einer Borderline-Persönlichkeit ist. Dies gilt insbesondere unter Verwendung eines erweiterten ToM-Begriffs als Vorstellung über die **Gedanken und Gefühle anderer und der eigenen Person**, wie dies von Fonagy (1991) vorgeschlagen wird.

Verlassenwerden

Im Einzelnen weist das »Bemühen, tatsächliches oder **vermutetes** Verlassenwerden zu vermeiden« (**Kriterium 1, DSM IV**) auf eine einseitige Interpretation der Absichten und Gedanken anderer hin und auf die Grundannahme, dass eine abrupte Beendigung einer zwischenmenschlichen Beziehung jederzeit möglich und wahrscheinlich ist. Dahinter scheint sich auch eine unkritische Generalisierung der Realität eines Menschen mit BPS zu verbergen, der seine eigenen instabilen Beziehungsmuster ebenso für sein Gegenüber für gültig hält. Im klinischen Alltag zeigen sich häufig heftige Reaktionen der Patienten nach banalen Auslösern von Seiten des Therapeuten, welche als Ankündigung eines Beziehungsabbruchs oder als Desinteresse verstanden wurden. Der Versuch einer Aufklärung erweist sich besonders dann als schwierig, wenn die Reaktion des Therapeuten den Charakter einer Rechtfertigung bekommt, wie dies auch von Gabbard (2005) in einer Fallbeschreibung betont wurde.

Idealisieren und Entwerten

In der Tendenz, zu »idealisieren und zu entwerten«(**Kriterium 2, DSM IV**), spiegelt sich noch deutlicher die Schwierigkeit von Patienten mit BPS wider, einen anderen mit all seinen Gedanken, Widersprüchen, Wünschen und Gefühlen wahrzunehmen. Idealisierung und Entwertung sind als grobe Vereinfachung einer ToM zu betrachten. Nur ein Aspekt des anderen findet Berücksichtigung und geht unmittelbar in eine subjektive Bewertung ein, die zumindest für kurze Zeit die weitere Beziehungsgestaltung bestimmt. Schnelle Wechsel von Idealisierung zu Entwertung sind die Regel im Umgang mit Patienten, nicht nur in der Schilderung von Alltagskontakten, sondern auch in der Beziehung zum Therapeuten. Emotional ist es für den Therapeuten anstrengend, einer solchen Achterbahnfahrt von Gefühlen und Bewertungen zu folgen; sie hinterlässt häufig genug einen Zustand der Verwirrung und gibt daneben auch einen Einblick in die innere Not der Patienten, welche sich einer chaotischen Welt von Gefühlen ausgesetzt sehen. Überwiegend sind die Patienten in der Wahrnehmung einer Sichtweise derart eingenommen, dass die zuvor wahrgenommene konträre Sicht des anderen für sie nicht mehr nachvollziehbar, oft nicht einmal mehr abrufbar ist.

Instabilität des Selbstbildes

Hinter der ausgeprägten Instabilität des Selbstbildes (**Kriterium 3, DSM IV**) steht am ehesten eine wenig verlässliche und ständig wechselnde Einschätzung der eigenen Gedanken, Wünsche, Bedürfnisse und Gefühle. Ähnlich der Idealisierung und Entwertung zeigen sich hier häufig schnelle Wechsel zwischen großem Selbstbewusstsein gepaart mit scheinbarer Autonomie auf der einen und Selbstabwertungen auf der anderen Seite. Wechselweise wird Therapie von Seiten des Patienten als »Einmischung in das selbstbestimmte Leben« erlebt, welche nicht notwendig erscheint, oder es findet sich eine beinahe absolute Hilfsbedürftigkeit, in der der Patient beschreibt, an den einfachsten Aufgaben ohne Unterstützung von außen zu scheitern.

Bateman und Fonagy (2004) definieren mit einem »Äquivalenz-Modus« und einem »Als-ob-Modus« zwei oszillierende Grundzustände bei Patienten mit Borderline-Persönlichkeit. Während im Äquivalenz-Funktionsmodus innere und äußere Welt als gleich und nicht mehr unterscheidbar erlebt würden, stehe im Als-ob-Funktionsmodus die innere Welt losgelöst von allen Bedingungen der Realität. Folge sei eine schutzlose Überflutung mit Eindrücken und Gefühlen im ersten Zustand und ein kontinuitätsloser, nur scheinbar stabiler, reizarm-isolierter Zustand im zweiten Fall. Nach außen zeigt sich ein wenig nachvollziehbar handelnder Mensch, der wechselweise Gedanken und Gefühle sofort in Handlungen umsetzt oder im Als-ob-Funktionsmodus in einem Gefühl von Leere verharrt. Eine kontinuierliche ToM wird in diesem beständigen Hin und Her unmöglich.

In diesem Zusammenhang bieten Fonagy und Mitarbeiter (2004) auch eine Erklärung für den scheinbaren Widerspruch, der sich aus der klinischen Erfahrung ergibt, dass Patienten häufig ein besonderes Gespür für emotionale Zustände, etwa von Familienmitgliedern oder Therapeuten, besitzen. Aus der ersten, sensiblen Wahrnehmung kann jedoch aufgrund der fehlenden reflexiven Fähigkeiten keine tiefer gehende Einsicht oder Intimität gewonnen werden.

Belastungsabhängige paranoide Symptome

Die Tendenz zur Entwicklung »belastungsabhängiger paranoider Symptome« (**Kriterium 9, DSM IV**) weist ebenfalls auf eine tief greifende Verunsicherung der ToM-Mechanismen hin und stimmt mit den bekannten ToM-Defiziten bei Menschen mit schizophrenen Erkrankungen überein. Dabei ist allerdings einschränkend festzuhalten, dass die Ausprägung der Defizite in der Metakognition bei schizophrenen Patienten eher einen Zusammenhang mit dem Ersterkrankungsalter und der Ausprägung der Negativsymptomatik aufzeigen als mit paranoiden oder produktiven Symptomen (Schenkel et al. 2005)

Einfluss der Bindungstheorie

Unter dem Aspekt des stetigen Bemühens, »nicht verlassen zu werden« (**Kriterium 1, DSM IV**) und der Schwierigkeit, Beziehungen konstant aufrechtzuerhalten (**Kriterium 2, DSM IV**), wurde auch die frühkindliche Bindung bei Patienten mit BPS untersucht. Dabei fanden Patrick und Mitarbeiter (1994) in einer Untersuchung mit dem *Adult Attachment Interview* (AAI) bei einem großen Teil der Patienten ein unsicher-verstricktes Bindungsmuster unter dem stetigen Eindruck früher traumatischer Erfahrungen. Die Ergebnisse wurden von Fonagy et al. (1996) bestätigt.

Dieses Bindungsmuster findet sich allerdings auch bei einer Reihe psychisch gesunder Menschen und reicht damit als Erklärung zur Entwicklung der genannten Aspekte der Borderline-Pathologie nicht aus. Fonagy und Mitarbeiter (2004) vertreten die Ansicht, dass auf dem Boden der unsicheren Bindung bei einem Teil der Betroffenen unter den bekannten psychosozialen Risikofaktoren die Fähigkeit zur Metakognition (ToM) nur unzureichend ausgebildet wird. Unsichere Bindung und fehlende Fähigkeit zur Metakognition zusammen sind nach dieser Ansicht die Quellen der Entstehung der Borderline-Pathologie.

Einen Beleg für den Einfluss psychosozialer Bedingungen auf die Entwicklung der ToM findet sich bei Pears und Fisher (2005). In einer Untersuchung von drei- bis fünfjährigen misshandelten Kindern in Pflegeeinrichtungen konnte gezeigt werden, dass diese im Vergleich zu gleichaltrigen Kindern ohne Vorgeschichte einer Misshandlung, welche in ihrer Ursprungsfamilie aufwuchsen, deutliche Defizite in ihrer Kapazität zu Metakognition und dem Verstehen emotionaler Vorgänge aufwiesen. Die Autoren diskutieren ihr Ergebnis v. a. unter dem Aspekt der Auswirkungen einer Fremdunterbringung von Kindern. Die Frage, inwieweit Behandlungsprogramme derartige Defizite ausgleichen können, bleibt in dieser Untersuchung offen.

23.4 Störungsspezifische psychotherapeutische Behandlungsansätze und ToM

Die dialektisch-behaviorale Therapie nach Linehan (1996) und die übertragungsfokussierte Therapie nach Kernberg (Clarkin et al. 2001a) sind die bislang am besten untersuchten borderlinespezifischen Psychotherapien. Beide Verfahren liegen in manualisierter Form vor und weisen hinsichtlich ihres klar definierten therapeutischen Rahmens sowie der Hierarchie der von Patient und Therapeut anzusprechenden Inhalte weit gehende Übereinstimmungen auf. Primäre Zielsymptomatik ist zunächst Suizidalität, Selbstverletzungen und therapiegefährdendes Verhalten. Beide Therapien setzen auf Seiten des Therapeuten die Bereitschaft zu regelmäßiger Supervision voraus.

23.4.1 Dialektisch-behaviorale Therapie (DBT)

Die DBT ist ein Verfahren, das auf der kognitiven Verhaltenstherapie gründet und zusätzlich Elemente des Zen-Buddhismus in der therapeutischen Arbeit nutzt. DBT umfasst vier Module (s. Übersicht). Erst das Ineinandergreifen der einzelnen Module ergibt eine vollständige Behandlung.

> **Module der dialektisch-behavioralen Therapie (Linehan 1996; Bohus 2002)**
> - Einzeltherapie, mit einer Frequenz von einer Stunde pro Woche
> - Fertigkeitentraining in der Gruppe über ein Jahr
> - Telefoncoaching (Notfalltelefonkontakt zum Therapeuten)
> - Supervision des Therapeuten

Mit dem Stichwort »**dialektisch**« ist gemeint, dass in dieser Therapie ganz bewusst Gegensätze, im Sinne einer Betrachtung jeder Sache von mehreren Seiten, willkommen sind. Gesucht wird eine Balance gegensätzlicher Positionen. Die Behandlung versteht sich in vielfacher Hinsicht als Möglichkeit, neue **Bewältigungsstrategien** (*skills*) zu erarbeiten. Die Symptomatik eines Patienten wird dabei als bislang beste für diesen Menschen zu erreichende Bewältigungsmöglichkeit innerhalb einer subjektiv meist unerträglichen Lebenswirklichkeit verstanden. Großen Raum nimmt die Validierung des Patienten ein; die Aufgabe des Therapeuten liegt am ehesten in der Vermittlung neuer Fertigkeiten und als Begleiter auf einem »neuen Weg« seines Patienten.

Ausgehend von dem biosozialen Ursachenmodell (▶ Kap. 23.2.2) stärkt die konsequente Validierung der Patienten den Umgang mit der eigenen Welt der Gefühle und Gedanken. Die Überschneidung mit der ToM lässt sich besonders deutlich im Modul des Fertigkeitentrainings ablesen (Linehan 1993).

Das **Fertigkeitentraining** ist für eine Patientengruppe von acht Patienten konzipiert und auf eine Dauer von einem Jahr ausgelegt. In dieser Zeit werden einmal pro Woche die drei Themenblöcke
- Stresstoleranz,
- Umgang mit Gefühlen,
- zwischenmenschliche Fertigkeiten

miteinander erarbeitet, jedes Themengebiet wird zweimal durchlaufen. Eine Trainingseinheit umfasst zwei Stunden. Während Stresstoleranz überwiegend Notfallfertigkeiten zur Verhinderung von Selbstverletzung und Suizidalität vermittelt, erfasst der Themenbereich »Umgang mit Gefühlen« die Wahrnehmung und Identifikation einzelner Gefühlszustände. In praktischen Übungen, die jeweils im ersten Teil des Trainings ausgetauscht werden, lernen die Teilnehmer auf einem pragmatischen Weg, eigene Gefühle und Gedanken und anderer zu verstehen. Die jeweils zweite Stunde ist für die gemeinsame Erarbeitung des theoretischen Hintergrundes oder neuer Fertigkeiten reserviert. Der Bereich »zwischenmenschliche Fertigkeiten« zielt auf das Formulieren von Wünschen, Bitten, Kritik und die Stärkung der Selbstachtung. Auch hier werden unangemessen starre Positionen der Patienten durch Training zu einer umfassenderen und flexiblen ToM verändert.

23.4.2 Übertragungsfokussierte Psychotherapie (TFP)

Die TFP wurde von Kernberg und Mitarbeitern als störungsspezifisches Verfahren zur Behandlung von Patienten mit einer Borderline-Persönlichkeitsorganisation entwickelt.

Das **Modell der Borderline-Persönlichkeitsorganisation** geht weit über den klinischen Begriff der BPS hinaus und definiert sich über das Vorliegen von »primitiven Abwehrmechanismen« (Spaltung, projektive Identifikation, omnipotente Kontrolle, Verleugnung, primitive Dissoziation und Entwertung) sowie Identitätsdiffusion, bei erhaltener Fähigkeit zur Realitätskontrolle. Diese Auffassung erleichtert eine dimensionale Bewertung des Schweregrades einer Persönlichkeitsstörung, da – über die o. g. Kriterien hinaus – Intro- vs. Extroversion und die Problemkluster Intimität sowie Vorhandensein und Ausprägung von Aggressivität einbezogen werden (Clarkin et al. 2001a). Um eine Schweregradeinschätzung der Borderline-Pathologie im klinischen Alltag tatsächlich vornehmen zu können, haben Kernberg und Mitarbeiter das strukturelle Interview in der Initialisierung einer Borderline-Therapie vorgeschlagen (Clarkin et al. 2001a). Inzwischen liegt dieses als »Strukturiertes Interview zur Erfassung von Persönlichkeitsorganisation« (STIPO) in Form eines Diagnoseinstruments vor. Es ist eine

dimensionale und kategoriale Klassifikation möglich (Caligor et al. 2004), und in einem Prä-post-Vergleich können Veränderungen nach Abschluss einer Therapie objektiviert werden.

Kernannahme der TFP ist, dass die Patienten unbewusst ihre pathologischen Beziehungserfahrungen in der Therapie reinszenieren. Die ToM erscheint nach diesem Modell verzerrt, immer wieder auf einige wenige, holzschnittartig undifferenzierte Rollenmodelle reduziert. Letztlich verfügen die Patienten nach dieser Vorstellung weder über ein umfassendes und realistisches Bild von sich selbst noch von ihrem Gegenüber (Objekt). Vielmehr nehmen sie ein ständig wechselndes, oszillierendes Muster von Teilidentitäten wahr. Das Modell ist in ◘ Abb. 23.2 graphisch dargestellt.

Über die Kommunikationskanäle der verbalen und nonverbalen Mitteilung des Patienten sowie der Gegenübertragung des Therapeuten werden die aktuell dominanten Rollen durch den Therapeuten identifiziert und angesprochen. Therapeutisch werden die Mittel der **Konfrontation, Klärung und Deutung** (im aktuellen Geschehen, hier und jetzt) eingesetzt. Ein Fallbeispiel soll diese Technik verdeutlichen (s. Beispiel).

Fallbeispiel zur Technik der Konfrontation, Klärung und Deutung in der übertragungsfokussierten Therapie (TFP)

Eine Patientin kommt zum wiederholten Mal zu spät in die Therapiesitzung. Der Therapeut wird sie darauf ansprechen, etwa so:

*Mir fällt auf, dass sie heute erneut 15 Minuten zu spät in die Therapie kommen (**Konfrontation**), dabei haben Sie in der letzten Stunde erst erklärt, wie wichtig und hilfreich die Therapie von Ihnen erlebt wird (**Klärung** der Widersprüche). Kann es sein, dass ein destruktiver Anteil in Ihnen verhindern möchte, dass es Ihnen dauerhaft besser geht, indem Sie unsere gemeinsame Zeit so verkürzen, dass eine sinnvolle Arbeit nicht mehr zustande kommen kann (**Deutung**)?*

Die Therapie ist für eine Zeitdauer von mindestens einem Jahr ausgelegt mit einer Frequenz von zwei Stunden pro Woche. Es liegen sehr viel mehr Erfahrungen im ambulanten Bereich vor, stationäre Behandlungskonzepte mit dieser Technik sind bislang nicht publiziert.

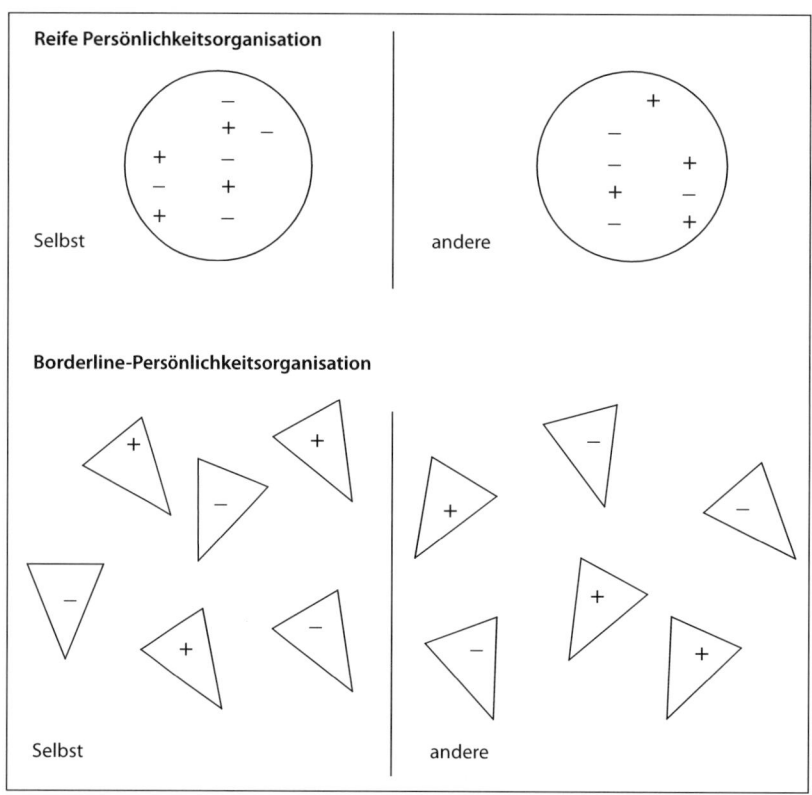

Reife Persönlichkeitsorganisation

Selbst

andere

Borderline-Persönlichkeitsorganisation

Selbst

andere

❏ **Abb. 23.2.** Gegenüberstellung des Erlebens des Selbst und der Objekte nach dem Modell der übertragungsfokussierten Psychotherapie; + positiv erlebte Eigenschaften, – negativ bewertete Eigenschaften. (Nach Clarkin et al. 2001a,b)

Die grundlegende Behandlungstechnik mit Klärung der aktuellen Situation und die anschließende Einordnung in einen Gesamtzusammenhang (Deutung) wird als Modell des Therapeuten zur Metakognition beschrieben (Dammann 2001). Dies erscheint insbesondere dann plausibel, wenn Interventionen sehr plastisch in Worte gefasst werden und dabei direkt der damit verbundene Affekt genannt wird. Nach Dammann ist im Verlauf einer erfolgreichen Therapie bei den Patienten eine Zunahme der ToM-Fähigkeiten zu beobachten.

Dies deckt sich mit den ersten Ergebnissen der Arbeitsgruppe von Kernberg zur randomisierten kontrollierten Untersuchung der TFP in direktem Vergleich zu einer mit DBT und einer mit supportiver Psychotherapie behandelten Patientengruppe. Levy et al. (2004) nutzten zur Messung von *reflective functioning* eine von Fonagy (1998) vorgeschlagene zehnstufige Skala zur speziellen Auswertung des AAI. Dabei erfolgt eine Bewertung der Aussagen im Interview nach den Kriterien der Einfüh-

lung in die Gedanken- und emotionale Welt anderer, sowohl dem im Sinne, ob sich ein Ansatz von Einfühlungsvermögen zeigt, als auch dahingehend, wie komplex und differenziert dies ausgeprägt ist. Ein geringes Maß an *reflective functioning* wird bei einem Wert von –1 bis 3 angenommen, Werte von 6 bis 9 gelten als hoch. Nach einem Jahr Behandlungszeit bestand der Unterschied der Gruppen mit TFP, DBT bzw. supportiver Therapie vor allem in einer signifikanten Zunahme von *reflective functioning* bei den mit TFP behandelten Patientinnen. Mit DBT oder supportiver Therapie behandelte Patientinnen erreichten keine Veränderung in Bezug auf diesen Parameter (Levy et al. 2004).

23.4.3 Mentalization-based treatment (MBT)

Bateman und Fonagy (2004) haben auf Basis ihrer Arbeiten zu Bindungstheorie und ToM eine manualisierte störungsspezifische Psychotherapie für

Patienten mit BPS entwickelt, welche sich fast vollständig auf den Aspekt der ToM konzentriert.

Ausgangspunkt für die Erstellung eines Therapiemanuals im ambulanten Setting waren Erfahrungen an 44 Patientinnen, die über 18 Monate in teilstationärer Klinikbehandlung, in Einzel- und Gruppenpsychotherapie behandelt wurden.

Die **theoretischen Grundannahmen** dieser Therapieform liegen in der Beobachtung einer überwiegend unsicheren oder desorganisierten Bindung bei Menschen mit Borderline-Persönlichkeit. Zu diesem Bindungsstil treten Bezugspersonen hinzu, die nicht angemessen in der Lage sind, kindliche Gefühlszustände zu spiegeln. Ein Vorgang, welcher für das Kleinkind – vor der Entwicklung einer ToM – notwendig ist, um die eigenen Gedanken, Gefühle und Wünsche in eine innere Ordnung zu bringen und von der äußeren Realität unterscheiden zu lernen. Fehlt die Möglichkeit des Spiegelns, bleibt die Entwicklung der ToM aus, sowohl die eigene Gefühls- und Gedankenwelt betreffend als auch die der anderen. Nach Fonagy verharren die Kinder bis in das Erwachsenenleben auf dem Funktionsniveau des Als-ob- und des Äquvalenz-Modus, welche in ▶ Kapitel 23.3 (Instabilität des Selbstbildes) bereits erläutert wurden. Die *theory of mind* ist für Fonagy (1998) letztlich damit vor allem eine *theory of self*.

Das Fehlen eines stabilen Selbstbildes macht einen Teil der Symptomatik der BPS verständlich. Nach Fonagy (1998) werden, aufgrund der fehlenden Kapazität zur Metakognition, unangenehme Affekte nach außen verlagert, um für den Betroffenen erträglich zu sein. Überwiegend geschieht dies über Handlungen, durch die Situationen erzeugt werden, welche dem inneren Affektzustand entsprechen.

In der **Behandlungstechnik** setzen die Autoren auf Seiten der Therapeuten »selbstmentalisierende Fragen« ein, z. B.:

- Warum erzählt mir der Patient jetzt genau das?
- Warum verhält sich der Patient auf diese Weise?
- Was an meinem Verhalten/meinen Interventionen kann den Zustand des Patienten erklären?
- Warum empfinde ich die Situation, wie ich es gerade tue?

In der Gruppenpsychotherapie wird entsprechend mit der Gruppe die Frage diskutiert, warum jemand ein bestimmtes Gefühl erlebt.

Als Instrument der »Deutung« empfehlen Bateman und Fonagy (2004) möglichst einfache, vom gesunden Menschenverstand abgeleitete Interventionen. Sie kritisieren an einem Ansatz, wie er von Kernberg verfolgt wird, dass Patienten mit BPS aufgrund kognitiver Einschränkungen unter Stress gar nicht in der Lage seien, einer komplexen Deutung zu folgen.

Um den **Erfolg der Therapie** messen zu können, haben Fonagy und Mitarbeiter (1998) die *Reflective Functioning Scale* in Verbindung mit dem AAI entwickelt. Dieses Messinstrument ist bereits im ▶ Kapitel 23.4.2 zur Evaluation von Psychotherapie bei Menschen mit BPS vorgestellt worden. Derzeit wird der Einfluss von Psychotherapie auf die Fähigkeit zur ToM mit diesem Instrument auch von Döring und Mitarbeitern in einer randomisierten Vergleichsuntersuchung von TFP mit naturalistischer, nichtstörungsspezifischer Psychotherapie untersucht (Döring, persönliche Mitteilung).

Fazit

Menschen mit einer BPS zeigen deutliche Hinweise auf eine Störung ihrer Fähigkeit, die Gedanken und Gefühle der eigenen Person und anderer zu erfassen. Während oftmals eine hohe Sensitivität für emotionale Vorgänge besteht, führt die reduzierte Möglichkeit der Metakognition zu einem fehlenden tiefer gehenden Einfühlungsvermögen.

Ein erheblicher Teil der relevanten Symptome der BPS kann über die Annahme einer zugrunde liegenden Störung der ToM erklärt werden. Die ToM bildet eine Art kausales Bindeglied so unterschiedlicher Krankheitszeichen wie

- Idealisierung und Entwertung,
- Instabilität im Selbstbild oder
- wechselnde, aber intensive Beziehungen.

Daraus leiteten sich letztlich auch dramatische Zeichen wie Selbstverletzungsdruck und Suizidalität ab. Daher ist es nahe liegend, dass bei näherer Betrachtung die etablierten störungsspezifischen Borderline-Therapien DBT und TFP implizit in erheblichem Umfang auf die Stärkung der Fähigkeit zur ToM eingehen. Die dabei gewählten Ansätze sind ausgesprochen unterschiedlich. Während die DBT einen sehr pragmatischen Weg verfolgt, über Training und Übungen eine Veränderung herbeizuführen, wird in der TFP eine intellektuelle Zugangsweise gewählt.

Beide Therapieformen bieten damit Vorteile, aber auch unübersehbare Schwächen in der Behandlung. Der Aspekt des Trainings, mit der Auflage eigenständig zu üben, wird immer dann scheitern, wenn ein Patient sich allzusehr gedrängt oder gezwungen fühlt, und es nicht gelingt, diese Form des Widerstandes zu bearbeiten. Bei der TFP scheinen Probleme dann aufzutauchen, wenn die Technik aus Konfrontation, Klärung und Deutung zu sehr im Theoretischen verhaftet bleibt. Dies kann bereits für Patienten gelten, die über kein ausreichendes Repertoire an Fertigkeiten zur Symptomsuppression verfügen, aber unter einem hohen Symptomdruck stehen. Erst recht wird die genannte Einschränkung bei unterdurchschnittlicher intellektueller Begabung gelten.

Umgekehrt ist aus der unterschiedlichen Ausrichtung der Therapiemodelle aber auch zu folgern, dass sich DBT und TFP in der Praxis ergänzen.

Nachdem beide Therapieformen ihre Wirksamkeit zeigen konnten (Bohus 2002; Clarkin et al. 2001b), kann daraus auch geschlossen werden, dass der Erwerb einer ausreichenden ToM auf ganz unterschiedlichen therapeutischen Wegen möglich ist. Ohne Verbesserung der ToM als grundlegende entwicklungspsychologische Leistung scheint jedoch eine durchgreifende Besserung einer Borderline-Problematik kaum denkbar zu sein.

Der von Bateman und Fonagy (2004) vorgeschlagene Weg einer unmittelbar und vollständig auf die ToM ausgerichteten Borderline-Therapie (MBT) ist nach Umfang und Lage der Literatur noch nicht genügend geprüft, um endgültig beurteilt zu werden.

Wichtig und nutzbar scheinen STIPO und *Reflexive Functioning Scale*, um in der Diagnostik eine relevantere Auskunft zu geben als der rein deskriptive Befund der DSM IV. Darüber hinaus eignen sich die Instrumente im Verlauf, um ein Therapie-Outcome quantifizieren zu können.

Für die weitere wissenschaftliche Arbeit ist nach Stand der Forschung eine unmittelbare Bezugnahme auf die ToM bei Patienten mit BPS in Psychotherapiestudien zu fordern.

Für eine Verwendung im therapeutischen Alltag erscheinen die bisher entwickelten Instrumente, v. a. das AAI, jedoch nicht praktikabel. Dennoch ist

der Aspekt der ToM in Diagnostik und Verlauf einer Behandlung ohne große Probleme zu integrieren. Hilfreich kann z. B. die von Kernberg bereits für das nichtmanualisierte strukturelle Interview vorgeschlagene Eingangsfrage sein (Clarkin et al. 2001a,b). Bei dieser wird der Patient u. a. aufgefordert, sich selbst und seine wichtigsten Bezugspersonen zu beschreiben, was die jeweiligen Haupteigenschaften seien, welche Merkmale einen Unterschied zu anderen ausmachten. Für den Großteil der Patienten mit BPS stellt diese Frage eine erhebliche Überforderung dar, die Antworten sind meist wenig ausgestaltet, holzschnittartig, oft genug wird eine derartige Frage gar nicht beantwortet. Im Therapieverlauf ist zu erwarten, dass Patienten klarer über eigene übergeordnete Gedanken, Gefühle und persönliche Eigenschaften Auskunft geben können, ebenso auch über die wichtigsten Eigenschaften ihrer Bezugspersonen.

Im Verlauf einer Behandlung bietet sich darüber hinaus an, die Fähigkeit des Einfühlens in die Gedanken und Handlungsmotive anderer in alltäglichen Situationen zu hinterfragen. Dies gilt besonders für Patienten, die sich von ihrer Umgebung häufig provoziert oder missverstanden fühlen. Therapeutisch wirksam kann hier bereits die Vermittlung der Fähigkeit sein, mögliche Motive der Handlungen anderer abzuwägen.

---

❶ Der Aspekt der ToM kann – auch ohne Einsatz aufwändiger Untersuchungsinstrumente – helfen, den Schweregrad und die Besserung einer Borderline-Problematik sicherer einzuschätzen.

Literatur

American Psychiatric Association (1994) Diagnostic and statistical manual of mental disorders (DSM IV) 4th edn, American Psychiatric Press, Washington DC (Dt. Bearbeitung: Saß H, Wittchen HU, Zaudig M (1996) Diagnostisches und statistisches Manual psychischer Störungen DSM IV, Hogrefe, Göttingen)

Bandelow B, Krause J, Wedekind D, Broocks A, Hajak G, Rüther E (2005) Early traumatic life events, parental attitudes, family history, and birth risk factors in patients with borderline personality disorder and healthy controls. Psychiatry Res 134: 169–179

Bateman AW, Fonagy P (2004) Mentalization-based treatment of BPD. J Personal Dis 18: 36–51

Baumann MH, Ayestas MA, Rothman RB (1998) Functional consequences of central serotonin depletion produced by repeated fenfluramine administration in rats. J Neurosci 18(21): 9069–9077

Bender DS, Dolan RT, Skodol AE et al (2001) Treatment utilization by patients with personality disorders. Am J Psychiatry 158: 295–302

Bohus M (2002) Borderline-Störung. Hogrefe, Göttingen

Caligor E, Stern B, Kernberg O, Buchheim A, Doering S, Clarkin J (2004) Strukturiertes Interview zur Erfassung von Persönlichkeitsorganisation (STIPO) – wie verhalten sich Objektbeziehungstheorie und Bindungstheorie zueinander? Persönlichkeitsstörungen 8: 209–216

Clarkin JF, Hull JW, Hurt SW (1993) Factor structure of borderline personality disorder criteria. J Personal Disord 7: 137–143

Clarkin JF, Yeomans FE, Kernberg OF (2001a) Psychotherapie der Borderline Persönlichkeit. Manual zur psychodynamischen Therapie. Schattauer, Stuttgart

Clarkin JF, Foelsch PA, Levy KN, Hull J, Delany JC, Kernberg OF (2001b) Treatment of borderline patients with a psychodynamic approach: a preliminary study of behavioral change. J Person Disord 15: 487–495

Dammann G (2001) Bausteine einer allgemeinen Psychotherapie der Borderline Störung. In : Dammann G, Janssen PL (Hrsg) Psychotherapie der Borderline-Störungen. Thieme, Stuttgart, S 232–257

Driessen M, Herrmann J, Stahl K et al (2000) Magnetic resonance imaging volumes of the hippocampus and the amygdala in women with borderline personality disorder and early traumatization. Arch Gen Psychiatry 57: 1115–1122

Fonagy P (1991) Thinking about thinking: some clinical and theoretical considerations in the treatment of a borderline patient. Int J Psycho-Sanal 72: 639–656

Fonagy P (1998) Attachment and borderline personality disorder. J Am Psychoanal Ass 48: 1129–1146

Fonagy P, Leigh T, Steele M et al (1996) The relation of attachment status, psychiatric classification and response to psychotherapy. J Consult Clin Psychol 64: 22–31

Fonagy P, Target M, Steele H, Steele M (1998) Reflective-functioning manual for application to Adult Attachment Interviews. University College, London

Fonagy P, Target M, Gergely G, Allen JG, Bateman A (2004) Entwicklungspsychologische Wurzeln der Borderline-Persönlichkeitsstörung – Reflective Functioning und Bindung. Persönlichkeitsstörungen 8: 217–229

Gabbard GO (2005) Mind, brain, and personality disorders. Am J Psychiatry 162(4): 648–655

Gunderson JG, Zanarini MC, Kisiel C (1995) Borderline prsonality disorder. In: Livesley WJ (ed) The DSM IV personality disorders. Guilford, New York, pp 141–157

Grootens KP, Verkes RJ (2005) Emerging evidence for the use of atypical antipsychotics in borderline personality disorder. Pharmacopsychiatry 38: 20–23

Harris LT, Todorov A, Fiske ST (2005) Attributions on the brain: neuro-imaging dispositional inferences, beyond theory of mind. NeuroImage 28: 763–769

Houston RJ, Ceballos NA, Hesselbrock VM, Bauer LO (2005) Borderline personality disorder features in adolescent girls: P300 evidence of altered brain maturation. Clin Neurophysiol 116: 1424–1432

Leihener F, Schehr K (2002) Manual zum Skillstraining, Bearbeitung der deutschen Übersetzung. Abteilung für Psychiatrie und Psychotherapie des Klinikums der Universität Freiburg

Levy K, Clarkin JF, Kernberg OF (2004) Das Adult Atachment Interview (AAI) als Veränderungsmaß in der Behandlung von Borderline Patienten. Persönlichkeitsstörungen 8: 244–250

Jerschke S, Meixner K, Richter H, Bohus M (1998) Zur Behandlungsgeschichte und Versorgungssituation von Patientinnen mit Borderline-Persönlichkeitsstörung in der Bundesrepublik Deutschland. Fortschr Neurol Psychiatrie 66: 545–552

Linehan M (1993) Skills training manual for treating borderline personality disorders. Guilford Press, New York

Linehan MM (1996) Dialektisch Behaviorale Therapie der Borderline-Persönlichkeitsstörung. CIP Medien, München

Oquendo MA, Krunic A, Parsey RV et al (2005) Positron emission tomography of regional brain metabolic responses to a serontonergic challenge in major depressive disorder with and without borderline personality disorder. Neuropsychopharmacology 30(6): 1163–1172

Patrick, M, Hobson RP, Castle D, Howard R, Maughan B (1994) Personality disorder and the mental representation of early social experience. Dev Psychpathol 6: 375–388

Pears KC, Fisher PA (2005) Emotion understanding and the theory of mind among maltreated children in foster care: evidence of deficits. Dev Psychopathol 17: 47–65

Premack D, Woodruff G (1978) Does the chimpanzee have a theory of mind? Behav Brain Sci 4: 515–526

Roth G, Dicke U (2005) Evolution of the brain and intelligence. Trends Cogn Sci 9: 250–257

Saxe R, Wexler A (2005) Making sense of another mind: the role of the right temporo-parietal junction. Neuropsychologia 43: 1391–1399

Schenkel LS, Spaulding WD, Silverstein SM (2005) Poor premorbid social functioning and theory of mind deficit in schizophrenia: evidence of reduced context processing? J Psychiatric Res 39: 499–508

Schmahl CG, Vermetten E, Elzinga BM, Bremner JD (2003) Magnetic resonance imaging of hippocampal and amygdala volume in women with childhood abuse and borderline personality disorder. Psychiatry Res Neuroimaging 122: 193–198

Shedler J, Westen D (2004) Refining personality disorder diagnosis: integrating science and practice. Am J Psychiatry 161: 1350–1365

Skodol AE, Bender DS (2003) Why are women diagnosed borderline more than men? Psychiatric Quat 74: 349–360

Skodol AE, Gunderson JG, Pfohl B, Widiger TA, Livesley WJ, Siever LJ (2002a) The borderline diagnosis I: Psychopathology, comorbidity, and personality structure. Biol Psychiatry 51: 936–950

Skodol AE, Siever LJ, Livesley WJ, Gunderson JG, Pfohl B, Widiger TA, (2002b) The borderline diagnosis II: biology, genetics, and clinical course. Biol Psychiatry 51: 951–963

Torgersen S, Kringelen E, Cramer V (2001) The prevalence of personality disorders in a community sample. Arch Gen Psychiatry 58: 590–596

WHO/Weltgesundheitsorganisation (1991) Internationale Klassifikation psychischer Störungen: ICD-10, Kapitel V (F), Dilling H, Mombour W, Schmidt MH (Hrsg). Huber, Bern

Zittel Conklin C, Westen D (2005) Borderline personality disorder in clinical practice. Am J Psychiatry 162: 867–875

Bedeutung der Theory of Mind für die Psychotherapie der Depression

Petra Dykierek, Elisabeth Schramm und Mathias Berger

24.1   Allgemeine Überlegungen

Das Wissen um ToM-Leistungen bei Depressionen ist als begrenzt einzuschätzen, da sich die Forschung bisher auf psychiatrische Krankheitsbilder konzentrierte, die mit erheblichen Störungen der Person-Umwelt-Interaktion einhergehen (wie z. B. schizophrene Erkrankungen, Autismus). In der Literatur finden sich nur wenige Publikationen, die sich mit ToM bei affektiven Störungen befassen – und wenn, dann mit eingeschränkter methodischer Qualität. In Anbetracht der Phänomenologie der Depression ist dies erstaunlich. Das Hauptsymptom einer *major depression* besteht in depressiver Verstimmung und/oder im Verlust von Interesse oder Spaß an nahezu allen Tätigkeiten, die dem Betroffenen sonst Freude bereitet hätten. Hinzu kommt eine Vielzahl von Symptomen auf anderen Ebenen, z. B.

- der affektiven Ebene (Hoffnungslosigkeit),
- der Verhaltensebene (Antriebshemmung),
- der kognitiven Ebene (negatives Denken),
- der physiologischen Ebene (Schlafstörungen, Erschöpfung) und
- der interpersonellen Ebene (sozialer Rückzug).

Depressive sind demnach in ihrem Selbsterleben (körperlich und psychisch), aber auch in ihren Beziehungen zur Umwelt deutlich beeinträchtigt.

Wenn man unter einer ToM alltagspsychologische Konzepte versteht, die wir benützen, um uns selbst und anderen mentale Zustände (was wir wissen, wollen, denken, fühlen) zuzuschreiben, ergibt sich aus der beschriebenen Symptomatik, dass es dadurch zu Beeinträchtigungen der ToM-Fähigkeiten kommt. Entsprechende klinische Beobachtungen sind bei der Konzeptualisierung depressionsspezifischer Therapien wie z. B.

- der Kognitiven Verhaltenstherapie (KVT) (Beck et al. 1979; Beck 1999),
- der Interpersonellen Psychotherapie (IPT) (Klerman et al. 1984) und
- dem *Cognitive Behavioral Analysis System of Psychotherapy* (CBASP) (McCullough 2000)

berücksichtigt worden, auch wenn sich nicht explizit auf eine ToM bezogen wird. Beck spricht von einer »depressiven Denkstörung«, Klerman et al. (1984) heben (gestörte) interpersonelle Beziehungen hervor, und McCullough (2000) postuliert bei chronisch Depressiven präoperatorisches Denken sowie eine Unfähigkeit zur Empathie.

Anzunehmen ist auch, dass das Ausmaß von ToM-Defiziten einen Einfluss auf die Wirksamkeit psychotherapeutischer Maßnahmen und den Behandlungsverlauf hat.

Im Folgenden werden der Stand der Forschung zur ToM bei affektiven Störungen sowie die Konsequenzen für den psychotherapeutischen Prozess skizziert. In diesem Kontext wird neben den etablierten Verfahren IPT und KVT der Therapieansatz CBASP für chronisch Depressive vorgestellt, bei dem ToM-Konzepte eine besondere Berücksichtigung finden.

24.2   ToM und affektive Störungen

24.2.1 Begriffsbestimmung

Die Vielfalt synonym gebrauchter Begriffe, die gleiche oder ähnliche Konstrukte des mentalen Bereichs beschreiben, hat zu einer gewissen Unübersichtlichkeit des Forschungsfeldes beigetragen. Neben der ToM sind Konzepte wie »Metakognition« (Flavell et al. 2002), »Mentalisierung und Selbstreflexion« (Fonagy et al. 2002) sowie die Fähigkeit zur Perspektivenübernahme (Piaget u. Inhelder 1948/1971) zu nennen. Einige Arbeiten zur epistemischen Perspektivenübernahme (d. h. verstehen, was andere wissen bzw. nicht wissen) sind direkte Vorläufer der ToM-Forschung. Nach Steins (1998) ist Perspektivenübernahme ein kognitiver Prozess, der auf die Sichtweise einer anderen Person gerichtet ist, während Empathie ein auf die emotionale Reaktion anderer gerichteter Prozess ist, der die eigene emotionale Reaktion mit einschließt.

> ❶ In diesem Beitrag wird ToM als eine Art »Sammlung« von basalen Konzepten der menschlichen Interaktion inklusive Regeln für deren Anwendung betrachtet. Bestandteile dieser ToM-Schemata können die Fähigkeit zur Empathie, zum Perspektivenwechsel, zur Antizipation, aber auch zur Wahrnehmung und Regulation eigener Gefühle sein.

24.2.2 Stand der Forschung

Obwohl die Operationalisierung von ToM-Fähigkeiten erhebliche methodische Probleme bereitet, hat sich der Einsatz von verbal oder visuell dargebotenen ToM-Tests als gängiges Messverfahren etabliert. Man unterscheidet »First-« und »Second-order-Storys«:

> In a first order story a character has a false belief about the state of the world. In a second order story, one character has a false belief about the belief of others. (Kerr et al. 2003, S. 254)

Um zu überprüfen, ob der Sachverhalt von den Probanden verstanden wurde, werden so genannte Reality- oder Memory-Kontrollfragen eingesetzt (s. Box).

Beispiel (nach Frith u. Corcoran 1996): First-order-Story (*false belief*)

John hat noch fünf Zigaretten in seiner Packung. Er legt sie auf den Tisch und geht aus dem Zimmer. Inzwischen kommt Janet herein, nimmt sich eine von Johns Zigaretten und verlässt den Raum, ohne dass John davon etwas weiß.

ToM-Frage: John kommt zurück. Was denkt er, wie viele Zigaretten er noch hat?

Memory-Kontrollfrage: Wie viele Zigaretten sind wirklich in Johns Packung?

Box

Studien zu First- und Second-order-ToM-Fragen

Kerr et al. (2003). Untersucht wurden 48 Patienten mit bipolarer Störung (15 akut depressiv, 20 akut manisch, 13 in Remission) und eine aus 13 gesunden Personen bestehende Kontrollgruppe. Patienten und Kontrollpersonen wurden sechs Geschichten (nach Frith u. Corcoran 1996) vorgelesen, und im Anschluss wurden ihnen First- und Second-order-ToM- und Memory-Fragen gestellt. Manische Patienten hatten bereits Schwierigkeiten, die Geschichten zu verstehen (sie machten mehr Fehler bei den Kontrollfragen als die anderen Gruppen). Bei den First-order- und Second-order-ToM-Fragen schnitten sowohl manische als auch depressive Patienten schlechter ab als die Kontrollgruppe. Die remittierten Patienten erzielten ähnlich gute Ergebnisse wie die Kontrollgruppe.

Die Autoren schließen daraus, dass ToM-Fähigkeiten bei manischen und akut depressiven Patienten unabhängig von der Gedächtnisfunktion beeinträchtigt sind. Bei der Interpretation der Ergebnisse ist allerdings zu beachten, dass die intellektuelle Leistungsfähigkeit (erfasst mit dem *National Adult Reading Test*) in der Gruppe der manischen Patienten signifikant von der der Kontrollgruppe abwich.

Inoue et al. (2004). In dieser neueren Studie wurden 50 Patienten mit einer remittierten Depression (34 mit einer unipolaren und 16 mit einer bipolaren Erkrankung) und eine gesunde Kontrollgruppe (n = 50) untersucht. Den Patienten wurden Bildgeschichten in falscher Reihenfolge vorgelegt, die sie in die richtige Abfolge bringen mussten. Weiterhin wurden ihnen First- und Second-order-Fragen gestellt.

Signifikante Unterschiede zwischen der Patienten- und der Kontrollgruppe zeigten sich nur bei Second-order-ToM-Fragen. Zusammenhänge zwischen Krankheitsdauer, Alter, Geschlecht, IQ (erfasst mit dem Wechsler-Intelligenztest) und den ToM-Leistungen fanden sich nicht.

Die Autoren vermuten, dass Patienten mit affektiven Störungen auch nach erfolgter Remission weiterhin Probleme in ihren sozialen Beziehungen und der Alltagsbewältigung haben. Als mögliche Ursache wird eine anhaltende Dysfunktion in den Regionen des »sozialen Gehirns« (orbitofrontaler Kortex, superiorer temporaler Gyrus, Amygdala) postuliert. Psychologische Interventionen (wie z. B. KVT) könnten helfen, die gestörten Funktionen wieder zu trainieren.

24

Anzumerken ist, dass in beiden Studien (▶ Box) relativ einfache, vorwiegend aus der Schizophrenieforschung bekannte ToM-Geschichten (wie z. B. Brüne 2001) eingesetzt wurden. In einer Pilotstudie mit chronisch Depressiven (Werden 2005, unveröffentlichte Diplomarbeit, Universität Freiburg; Elikann 2005, unveröffentlichte Diplomarbeit, Universität Freiburg) wurden erstmals komplexere ToM-Geschichten (Vater-und-Sohn-Bildergeschichten, sog. WE.EL-Instrument) überprüft. Die Ergebnisse weisen darauf hin, dass sich chronisch Depressive in der Selbsteinschätzung ihrer empathischen Fähigkeiten nicht von einer gesunden Kontrollgruppe unterscheiden. Deutliche Unterschiede ergaben sich jedoch für die komplexeren ToM-Geschichten, wobei es chronisch Depressiven offenbar schwer fällt, sich in andere Personen und deren Gedankengänge hineinzuversetzen (▶ Beispiel). Interessanterweise zeigten sich keine konsistenten Zusammenhänge zwischen neurophysiologischen Variablen (Aufmerksamkeit, Gedächtnis, Exekutivfunktionen, IQ) und ToM-Leistungen.

Beispiel

Bei folgender Aufgabe (◻ Abb. 26.1) machten Depressive signifikant mehr Fehler.

◻ **Abb. 24.1.** Bildergeschichte »Der verlorene Sohn«. (Aus: e.o. plauen »Vater und Sohn« in Gesamtausgabe Erich Ohser, © Südwestverlag GmbH, Konstanz, 2000)

Der Vater jagt den Sohn aus dem Haus, weil dieser mit dem Ball eine Scheibe kaputt gemacht hat. Später geht der Vater den Sohn suchen, weil er sich große Sorgen macht. Als der Vater zu seinem Haus zurückkommt, zerschießt der Sohn gerade ein zweites Fenster. Der Vater ist nicht wütend, sondern nimmt den Sohn erleichtert in die Arme?

Frage:

a) Was denkt der Sohn, wie der Vater reagieren wird?

b) Warum reagiert der Vater so?

Anhand der Antworten wurde deutlich, dass Depressive den Konflikt ignorierten und auch soziale Interaktionen reduziert darstellen.

❶ **Neuere Studien weisen darauf hin, dass auch Depressive mehr Fehler bei ToM-Aufgaben machen.**

24.2.3 Bedeutung von ToM-Leistungen für die Behandlung von Depressionen

Unklar ist, welche Auswirkungen defizitäre ToM-Fähigkeiten bei Depressiven für die Behandlung und den weiteren Krankheitsverlauf haben und ob möglicherweise lerngeschichtlich (insbesondere in der Kindheit) erworbene ToM-Defizite die Entwicklung und/oder Chronifizierung depressiver Störungen begünstigen können.

Es ist anzunehmen, dass Depressive, deren Fähigkeiten zu Metakognition, Perspektivenübernahme und Selbstreflexion akut oder dispositionell eingeschränkt sind, verstärkt unter interpersonellen und psychosozialen Problemen leiden. Wer »falsche Schlüsse« über seine Umwelt zieht, weniger guten Zugang zu eigenen Gefühlen und Intentionen hat, sich nur sehr schwer in andere Menschen »hineindenken« kann und durch die depressive Symptomatik in seiner Kommunikationsfähigkeit eingeschränkt ist, wird sich mit seinem sozialen Umfeld generell, aber auch mit der Klärung bzw. Lösung psychosozialer Probleme, schwer tun.

Der nachstehende Fall (s. Beispiel) soll das Dilemma verdeutlichen, in dem sich viele Depressive insbesondere mit länger andauernder Symptomatik befinden: Interpretationen zwischenmenschlicher oder psychosozialer Ereignisse erscheinen verzerrt und sind von negativen, rigiden sowie generalisierten Annahmen geprägt. Das Verhalten der Umwelt wird oft als feindselig oder sehr kritisch wahrgenommen, eigene Anteile (wie z. B. klagsame Haltung) werden übersehen. Es kann kein Zusammenhang zwischen einseitigen Schlussfolgerungen (hier: »Jeder arbeitet gegen mich.«) und deren Konsequenzen gezogen werden (hier: Passivität, Mangel an Initiative und Oppositionsgeist).

Herr Z., 53 Jahre, früher erfolgreicher Systemprogrammierer

Der Patient leidet seit ca. zwei Jahren unter depressiven Beschwerden. Er sei freud- und interesselos, fühle sich chronisch erschöpft und leide zunehmend auch noch unter Gedächtnisstörungen. Als Auslöser der depressiven Episode nennt er eine berufliche Konfliktsituation. Man habe ihn nach einem Wechsel in der Firmenleitung systematisch »weggemobbt«. Er sehe in seinem Alter keine Chance für eine berufliche Umorientierung mehr, es hätte »alles keinen Wert, er könne nichts mehr tun«. Sozial habe er sich sehr zurückgezogen, er befürchte, man könnte ihn als Drückeberger bezeichnen. In der Familie gebe es mittlerweile große Spannungen; Ehefrau und Stiefsohn »arbeiteten gegen ihn«. Sie hätten kein Verständnis dafür, dass er infolge seiner Antriebslosigkeit die meiste Zeit im Wohnzimmer herumsitze. Der fast erwachsene Sohn versuche, seine Ehe zu zerstören, die Ehefrau nehme den Sohn auch noch in Schutz. Von Ärzten und Psychotherapeuten sei er total enttäuscht (»Die hätten gut reden, er solle alles etwas positiver sehen.«). Bisher habe weder ein Medikament noch Psychotherapie wirklich geholfen. Im Kontakt zeigt sich Herr Z. mürrisch, vorwurfsvoll und resigniert.

Bei **chronisch** Depressiven scheinen sich ToM-Defizite zu intensivieren, der beobachtbare soziale Rückzug fördert Egozentrismus, zumal Feedback aus der Umwelt nicht mehr angemessen berücksichtigt wird. Der chronisch Depressive fühlt sich aus »der Welt der Gesunden« ausgeschlossen, unverstanden, und er kann sich kaum noch in die Bedürfnisse bzw. das Erleben anderer hineinversetzen (z. B. dass der Partner auf das häufige Klagen entnervt reagieren könnte). Dieses führt zu einer Zuspitzung der psychosozialen Belastungen. Der Leidensdruck für Betroffene und Angehörige nimmt zu.

Die Patientengruppe der chronisch Depressiven ist auch für den Kliniker bzw. Psychotherapeuten eine Herausforderung, da die Patienten sich als andauernd hoffnungslos und insuffizient erleben, wenig Vertrauen in eine Behandlung haben und zu defizitären Bewältigungsstrategien neigen. Aufgrund der lang andauernden Krankenrolle hat sich oftmals eine depressiv geprägte Informationsverarbeitung sowie ein interpersoneller Stil entwickelt, der durch Passivität, Vermeidung und Selbstzentrierung geprägt ist. Wolfersdorf und Heindl (2003) beschreiben die klinischen Merkmale wie folgt:

- episodenüberdauernde Selbstunsicherheit,
- Zögerlichkeit,
- andauernde Zweifel,
- Negativismus,
- Klagsamkeit und
- Rigidität einhergehend mit deutlicher Leistungseinschränkung.

Trotz offensichtlicher psychosozialer Aspekte der Depression war die Behandlung unipolarer Depressionen bis in die 80-er Jahre hinein eine Domäne der Pharmakotherapie. Psychotherapeutische Interventionen wurden als »den Patienten überfordernd« angesehen bzw. bei so genannten »endogenen Depressionen« gar nicht in Erwägung gezogen. Mit dem Wandel der klassifikatorischen Konzepte (Diagnostisches und Statistisches Manual psychischer Störungen: DSM III, APA 1980; Internationale Klassifikation psychischer Störungen: ICD-10, WHO 1991) veränderte sich jedoch die starre Zuordnung zu pharmakologischen oder psychotherapeutischen Konzepten. Die nosologischen Zuordnungen »endogen« vs. »reaktiv« oder »neurotisch«, die unterschiedliche Therapiemaßnahmen implizierten, wurden aufgegeben. Störungsspezifische Psychotherapien wie KVT und IPT wurden entwickelt, die sich mittlerweile als evidenzbasierte Psychotherapieformen in der Depressionsbehandlung durchgesetzt haben.

Während bei der IPT (gestörte) zwischenmenschliche Beziehungen im Behandlungsfokus stehen, sind es bei der KVT dysfunktionale Gedanken und Bewertungen. Zentrale **Therapieinhalte** in beiden Therapieformen sind die Identifikation und die systematische Bearbeitung von ToM-Defiziten (wie z. B. gestörter Zugang zu eigenen Gefühlen, mangelndes Verständnis für die Perspektive des anderen oder für den Zusammenhang zwischen Gedanken und Stimmung, Ziehen falscher Schlüsse aus dem Verhalten anderer etc.).

❗ Sowohl bei der IPT als auch bei der KVT werden ToM-Defizite identifiziert und therapeutisch bearbeitet.

24.3   Psychotherapeutische Verfahren bei Depression

Im Folgenden werden ToM-relevante Aspekte sowohl für die **Modellannahmen** beider Therapieverfahren als auch für die praktische Umsetzung herausgearbeitet. Im Anschluss daran wird CBASP als Depressionstherapie für chronisch Depressive vorgestellt. Dieser Ansatz bezieht sich noch dezidierter auf ToM-assoziierte Merkmalsbereiche. Da das CBASP in Deutschland noch wenig bekannt ist, werden Modellannahmen und Durchführung der Therapie ausführlicher dargestellt.

24.3.1 Interpersonelle Psychotherapie (IPT)

Die IPT wurde in ihrer ursprünglichen Form in den 70-er Jahren in Amerika als ambulante Kurzzeittherapie für unipolar Depressive entwickelt (Klerman et al. 1984, deutsche Version: Schramm 1998). Der theoretische Hintergrund der IPT basiert auf Arbeiten der neoanalytisch orientierten Interpersonellen Schule um Sullivan (1953) und auf Erkenntnissen der Bindungsforschung (Bowlby 1969; Ainsworth et al. 1978). Sullivan formulierte das Theorem, wonach das Selbst eines Menschen ein zwischenmenschliches ist, welches sich im permanenten Dialog mit Bezugspersonen entwickelt. Menschliches Verhalten und Erleben wird als Folge bidirektionaler Beeinflussung von mindestens zwei Personen oder mentalen Repräsentationen gesehen. Abweichendes Verhalten bzw. Psychopathologie entsteht durch gestörte Beziehungen und Kommunikation.

Bowlby vertrat die Ansicht, dass durch gestörtes oder fehlendes Bindungsverhalten zu bedeutsamen Bezugspersonen (i. d. R. die Eltern) in der frühen Kindheit eine Vulnerabilität für problematische Beziehungen oder psychische Störungen geschaffen wird. Spätere Bindungsforscher wie z. B. Fonagy et al. (2002) beschäftigten sich mehr mit der »mentalen Repräsentanzwelt«, welche als ToM-verwandtes Konstrukt bezeichnet werden kann. Die Autoren postulieren einen Zusammenhang zwischen dem Bindungsstil und der Fähigkeit zur Mentalisierung und Selbstreflexion. In einer Studie mit Kindern konnte nachgewiesen werden, dass unsicher gebundene Kinder größere Probleme mit der Lösung von ToM-Aufgaben haben (Fonagy et al., unveröffentlichtes Manuskript, University College London, 1997).

Bei der IPT wird grundsätzlich auf zwischenmenschliche Beziehungen fokussiert und weniger auf intrapsychische Konflikte oder individuelles Verhalten. Art und Qualität vergangener und gegenwärtiger Beziehungen werden herausgearbeitet, Störungen und Konflikte in einen Kontext mit der depressiven Episode gesetzt. Aus den vier vorgeschlagenen und depressionsassoziierten Problembereichen

- zwischenmenschliche Konflikte,
- Rollenwechsel, -übergänge,
- Trauer,
- interpersonelle Defizite/Einsamkeit

werden maximal zwei ausgewählt, die in einem engen Zusammenhang mit der depressiven Indexepisode stehen (z. B. depressive Symptomatik im Rahmen eines Partnerschaftskonflikts). Die Bearbeitung dieser Problembereiche (z. B. Klärung eines Ehekonflikts durch ein besseres Verständnis reziproker Interaktionsmuster und eine Verbesserung der Kommunikation) bildet den Schwerpunkt der Behandlung. Interpersonelles Lernen ist ein bedeutsames Therapieziel. Die aktive, unterstützende, nichtneutrale Therapeutenrolle soll diesen Lernprozess ermöglichen und intensivieren.

1.–3. Sitzung. In den Anfangssitzungen geht es allgemein um die Auseinandersetzung mit der Depression. Der Patient lernt, sein momentanes Denken und Erleben als Symptome einer Erkrankung zu begreifen und nicht als »mangelndes Sichzusammenreißen« oder persönliche Schwäche. In »ToM-Terminologie« ausgedrückt, wird der Patient zu einer adäquateren Bewertung seines momentanen mentalen Zustands ermutigt (s. Beispiel).

Fallbeispiel:
Patient: Ich habe alles falsch gemacht, ich hätte diesen Beruf nicht ergreifen sollen.
Therapeut: Hätten Sie so über ihren Job gedacht, bevor sie depressiv geworden sind?
Patient: Nein, eigentlich nicht, ich war im Großen und Ganzen mit meiner Tätigkeit zufrieden, nur haben sich die Dinge in den letzten Monaten sehr zugespitzt. Ich weiß einfach nicht mehr weiter.
Therapeut: Die negative Art und Weise, wie Sie sich und Ihre beruflichen Fähigkeiten bewerten, ist ein Teil ihrer depressiven Symptomatik. Wir nennen es »depressives Denken« oder auch die »Stimme der Depression«.

4.–12. Sitzung. Der mittlere Teil der Therapie konzentriert sich auf die Bearbeitung der interpersonellen Schwierigkeiten. Das Vorgehen des Therapeuten innerhalb der Problembereiche ist durch das Manual spezifiziert; je nach Art des Problems kommen IPT-spezifische Ziele und Strategien zur Anwendung. Der Patient wird zur Selbstöffnung und zum Abbau von Barrieren ermutigt. Die therapeutische Haltung ist klärungs- und emotionsorientiert, der Therapeut arbeitet aktiv darauf hin, dass dem Patienten wichtige Zusammenhänge seines Erlebens und Verhaltens klarer werden und er sich seinen Beziehungen zu anderen Menschen besser verstehen kann. Beim Problembereich »interpersonelle Konflikte« sollen dysfunktionale Beziehungs- und Interaktionsmuster erkannt und modifiziert werden. So kann z. B. eine Patientin mit ängstlich-vermeidenden Persönlichkeitszügen lernen, ihre Gefühle, Erwartungen und Wünsche besser zu verstehen, im therapeutischen Kontext zu verbalisieren und auch gegenüber dem Ehemann zu formulieren. Dieses ist eine bedeutsame ToM-Leistung, ebenso wie die Fähigkeit, die Befindlichkeit und die Motive ihres Ehemanns zu erschließen. So könnte die Patientin die Erfahrung machen, dass das antizipierte Verhalten des Mannes (»Er wird mich nicht ernst nehmen.«) nicht unbedingt der Realität entsprechen muss. Ebenso kann sie zur Erkenntnis gelangen, dass ein bestimmtes nonverbales Verhalten (z. B. betreten zu Boden schauen) eine kritische Bemerkung des Ehemanns provoziert. Sobald verstanden worden ist, dass eigenes submissives Verhalten eher Dominanz beim Gegenüber hervorruft, kann die Patientin lernen, durch Veränderung ihres Verhaltens (z. B. Blickkontakt halten) das Verhalten des Interaktionspartners zu beeinflussen. ToM-Theoretikern zufolge ist die höchste Entwicklungsstufe dann erreicht, wenn das Verhalten anderer durch Abschätzung der Konsequenzen einer bestimmten Handlung beeinflusst oder zum eigenen Vorteil manipuliert werden kann.

> ❶ Bei der IPT stehen Analyse und Veränderung reziproker Interaktionsmuster im Vordergrund, die im Zusammenhang mit der Depression eine Rolle spielen.

Hypothesengeleitete Fragen (s. Beispiel) sollen die Fähigkeit zu Perspektivenwechsel, Wahrnehmung eigener und anderer Gefühlszustände, Bewusstwerden eigener Intentionen etc. explizit fördern.

Interessant in diesem Kontext sind Studienergebnisse von O'Connor und Hirsch (1999). Die Autoren fanden heraus, dass junge Adoleszente die »mentalen Zustände« ihrer Lehrer präzise beurteilen konnten, wenn sie eine positive Beziehung zu ihnen hatten. Bezogen auf erwachsene Depressive könnte die Verbesserung der partnerschaftlichen Beziehung dazu beitragen, dass die Perspektive des anderen wieder angemessen wahrgenommen werden kann.

Leidet der Patient unter gravierenden interpersonellen (und sehr wahrscheinlichen) ToM-Defiziten, wird der Patient-Therapeut-Beziehung wesentlich mehr Beachtung geschenkt. Sie bietet dem Therapeuten wichtige Informationen über den Beziehungs- und Interaktionsstil des Patienten. Werden in der therapeutischen Beziehung Probleme gelöst, kann es dem Patienten ein Modell liefern, das er beim Aufbau anderer Beziehungen anwenden kann. Verzerrte oder unrealistische Erwartungen an den Therapeuten oder die Therapie sollen thematisiert werden. Ein generelles Therapieziel besteht im Abbau von Einsamkeit und Isolation (Schramm 1998).

Beispielfragen

Therapeut: Was empfinden Sie, wenn Sie nach Hause kommen, und Ihr Sohn »blockiert« mit seiner Freundin das Wohnzimmer?

Patient: Ich fühle mich ausgeschlossen, weder meine Frau noch mein Sohn interessieren sich für mich.
Therapeut: Was bedeutet das für Sie, wenn sich Ihre Frau und Ihr Sohn nicht für Sie interessieren?
Patient: Ich bin nicht wichtig, für niemanden.
Therapeut: Ich verstehe. Ist das ein Gefühl, das Ihnen bekannt vorkommt?

14.–16. Sitzung. In der Schlussphase wird der Abschluss der Behandlung explizit als Trauer- und Abschiedsprozess bearbeitet, die Autonomie des Patienten gestärkt. Der Therapieerfolg wird zusammengefasst, d. h., Verbesserungen der interpersonellen Fertigkeiten erfahren eine besondere Würdigung.

Die Wirksamkeit der IPT in der Depressionsbehandlung wurde in einer Vielzahl von Studien nachgewiesen. Die Beeinflussbarkeit IPT-spezifischer Merkmalsbereiche (z. B. Verbesserung der Kommunikation, verbesserte Emotionskontrolle) ist bislang nicht systematisch untersucht worden. Mit bisher unveröffentlichten Daten der bekannten NIMH-Studie von Elkin et al. (1989) konnten Blatt et al. (2000) allerdings aufzeigen, dass Patienten sowohl nach IPT als auch nach KVT (im Vergleich zu Patienten der Pharmako- und der Plazebogruppe) 18 Monate später verbesserte Fähigkeiten in der Aufnahme und Aufrechterhaltung interpersoneller Beziehungen angaben. Auch das Verständnis auslösender Bedingungsfaktoren der Depression war in den Psychotherapiegruppen erhöht.

24.3.2 Kognitive Verhaltenstherapie (KVT)

Die kognitive Therapie (im deutschsprachigen Raum zumeist als Kognitive Verhaltenstherapie bezeichnet) wurde in den frühen 1960-er Jahren von Aaron T. Beck als gegenwartsorientierte Kurzzeitpsychotherapie für Depressionen entwickelt. Sie war darauf ausgerichtet, bei der Bewältigung der aktuellen Probleme des Patienten zu helfen sowie dysfunktionales Denken und Verhalten zu verändern. Seither wurde sie von Beck und anderen modifiziert und bei unterschiedlichen psychischen Störungen und Zielgruppen anwendbar gemacht. Das zugrunde liegende **kognitive Modell** besagt, dass verzerrtes und dysfunktionales Denken (welches Stimmung und Verhalten des Patienten beeinflusst) ein gemeinsames Merkmal der meisten psychischen Störungen ist (Judith Beck 1999).

Eine Möglichkeit, diese depressive Denkstörung zu verstehen, besteht nach Aaron T. Beck (Beck et al. 1979/1999) darin, dass man zwei Arten der Realitätsorganisation annimmt: eine »primitive« und eine »reife«. Er bezieht sich hierbei auf Piaget und dessen Beschreibungen des kindlichen Denkens (1932/1960). Die Identifizierung dieses »primitiven« Denkens und die anschließende Modifikation bzw. Umwandlung in »reifes« realitätsangepasstes Denken führt i. d. R. zu einer Verbesserung der Stimmung und bildet einen bedeutsamen Fokus der Therapie. Anhaltende Verbesserungen lassen sich durch die Veränderung der grundlegenden dysfunktionalen Annahmen (so genannte Grundannahmen) erreichen. Diese beziehen sich darauf, dass Depressive häufig negative Annahmen über sich, ihre Umwelt und über andere Menschen haben (wie z. B. »Man kann anderen Menschen nicht trauen.«). Sie sind gewöhnlich global, übergeneralisiert und absolut. Es lassen sich Annahmen über Hilflosigkeit (z. B. »Ich bin unfähig.«) sowie mangelnde Liebenswürdigkeit (z. B. »Keiner kümmert sich um mich.«) unterscheiden.

Die therapeutische Arbeit in der KVT besteht darin, diese Gedanken zu erkennen, zu überprüfen (»Gibt es Beweise für die Richtigkeit des Gedankens? Welche Konsequenzen haben Gedanken?«) und zu verändern. Die wichtigsten Strategien für die Änderung kognitiver Muster sind nach Hautzinger (2005):

- Überprüfung und Realitätstestung,
- experimentieren,
- Reattribuierung,
- kognitives Neubenennen,
- Alternativen finden,
- Was ist-wenn-Technik,
- Entkatastrophisieren etc.

Ein Verbatimprotokoll (Beck 1999, S. 268) soll verdeutlichen, dass durch KVT-Interventionen kognitive ToM-Defizite (hier: falsche Schlussfolgerungen) verdeutlicht und modifiziert werden können (s. Box).

Beispiel

KVT-Interventionen bei ToM-Defiziten

Therapeut: Warum wollen Sie Ihr Leben beenden?
Patientin: Ohne R. bin ich nichts. … Ich kann ohne R. nicht glücklich sein. … Aber ich kann unsere Ehe nicht retten.
Therapeut: Wie war Ihre Ehe?
Patientin: Sie war von Anfang an unglücklich. … R. ist mir immer untreu gewesen. … Ich habe ihn in den letzten fünf Jahren kaum gesehen.
Therapeut: Sie sagen, dass Sie ohne R. nicht glücklich sein können. … Sind Sie glücklich gewesen, wenn Sie mit R. zusammen waren?
Patientin: Nein, wir streiten die ganze Zeit, und ich fühle mich noch schlechter.
Therapeut: Sie sagen, dass Sie ohne R. nichts sind. Bevor Sie R. kennenlernten, hatten Sie da das Gefühl, nichts zu sein?
Patientin: Nein, ich hatte das Gefühl, jemand zu sein.
Therapeut: Wenn Sie jemand waren, bevor Sie R. kannten, weshalb brauchen Sie ihn jetzt, um jemand zu sein? … usw.

In diesem Fallbeispiel werden der Patientin die inneren Widersprüche ihres Glaubenssystems aufgezeigt.

> ❶ In der KVT wird der Depressive zur Korrrektur dysfunktionaler Annahmen sowie zu differenziertem »reifem« Denken ermutigt.

Weitere Methoden zur Modifikation von Annahmen sind:

- Andere Personen als Bezugsgröße: Patienten werden dazu ermutigt, über die Annahmen von anderen nachzudenken. Auf diese Weise gewinnen sie oft psychische Distanz zu ihren eigenen Annahmen. Sie bemerken, dass das, was sie in Bezug auf sich selbst für wahr und richtig halten, nicht zu den objektiveren Ansichten passt, die sie über andere Personen haben.
- Rational-emotionales Rollenspiel: Der Therapeut leitet den Patienten dazu an, den emotionalen Teil des Ich zu übernehmen, der stark an die dysfunktionale Annahme glaubt (z. B. eine schlechte Mutter zu sein). Der Therapeut »spielt« den rationalen Teil, danach werden die Rollen getauscht.

- Selbstenthüllung: Angemessene und vorsichtige Selbstenthüllung des Therapeuten kann manchem Patienten helfen, seine Probleme oder Annahmen in einem neuen Licht zu sehen (s. Beispiel).

Beispiel für Selbstenthüllung des Therapeuten

Wissen Sie, S., als ich im College war, hatte ich auch Probleme, die Professoren um Hilfe zu bitten, weil ich gedacht habe, wenn ich dorthin gehe, zeige ich meine Unfähigkeit. Und um ehrlich zu sein, wenn ich es doch getan habe, was nicht oft vorkam, waren die Ergebnisse sehr gemischt. Manche Professoren waren wirklich nett und hilfsbereit. Aber manche waren ganz schön kurz angebunden und haben nur gesagt, ich soll ein Kapitel noch mal lesen oder ähnliches. Aber das Entscheidende ist ja, dass ich nicht unfähig war, nur weil ich einmal eine Sache nicht verstanden hatte. Und wenn die Professoren kurz angebunden waren – also ich glaube, das war eher ein schlechtes Zeichen für sie als für mich. Was meinen Sie dazu? (Beck 1999, S. 168)

Bei allen Techniken wird der Patient zu differenziertem, »reifem« Denken ermutigt (d. h. multidimensional, variabel, relativierend, reversibel; Beck 1999).

Auch die KVT ist als Depressionstherapie empirisch überprüft worden. Wirksamkeitsnachweise für spezifische ToM-Leistungen finden sich bei Whisman et al. (1991). Mit KVT plus Standardprogramm behandelte stationär Depressive zeigten im Gegensatz zu Patienten mit alleinigem Standardprogramm (Pharmakotherapie und »Milieumanagement«) weniger kognitive Verzerrungen nach Behandlungsende. Nach sechs Monaten wiesen die mit KVT behandelten Patienten signifikant weniger dysfunktionale Annahmen auf.

24.3.3 *Cognitive Behavioral Analysis of Psychotherapy* (CBASP)

Theroretische Überlegungen

Der amerikanische Psychologe McCullough hat bei chronisch Depressiven – ähnlich wie Beck – die Tendenz zu stereotypem und dysfunktionalem Denken beobachtet. Auch er bezieht sich in seinen Modellannahmen auf Piaget, dessen Forschungs-

ansatz zur Entwicklung intuitiv-psychologischen Wissens und Verstehens bei Kindern bereits als direkter Vorläufer der ToM-Forschung eingeführt wurde. Bei McCullough erfahren die Piagetschen Erkenntnisse eine umfassendere Würdigung, auch werden sie in einen interpersonellen Kontext gesetzt. Neben dem prälogischen Denken nimmt insbesondere die Egonzentrismushypothese einen zentralen Stellenwert ein. So postuliert McCullough, dass chronisch Depressive zu authentischer interpersonaler Empathie nicht fähig seien und ihre Umwelt systematisch an das eigene Tun (Erleben) assimilieren – zu Lasten von akkomodativen Prozessen (d. h., das eigene Verhalten wird der Umwelt angepasst).

Zur Ätiopathogenese chronifizierter Depressionen werden von McCullough verschiedene Hypothesen formuliert: So vermutet er, die kognitiv-emotionale Entwicklung dieser Patienten würde aufgrund einer Kette negativer Lernerfahrungen, wie seelische oder körperliche Traumatisierung in vulnerablen Phasen, meist in einem frühen Stadium verzögert oder gestört. Dieser Entwicklungsrückstand führe zu einer Unfähigkeit, die negativ-depressiven Annahmen über das Leben und die Umwelt auch bei wiederholt anderen Erfahrungen zu korrigieren. McCullough sieht den Grund für die mangelnde Wirksamkeit von traditioneller KVT und IPT bei chronisch Depressiven darin, dass diese nicht die notwendigen kognitiven Voraussetzungen mitbringen, um im Rahmen üblicher therapeutischer Kommunikation ihre negativen Sichtweisen zu verändern.

McCullough nimmt an, dass chronisch Depressive auf eine frühere Entwicklungsstufe – in der Terminologie Piagets das »präoperatorische« Stadium – zurückfallen oder die höchste Stufe (der formal-logischen Denkoperationen) aufgrund kindlicher Traumatisierung nicht erreicht haben. Im ersten Fall führen nach zunächst normaler Entwicklung nicht bewältigbare emotionale Belastungen zu »paralogischem Denken« und zu einer generellen funktionellen Regression. Längeres Andauern eines depressiven Affekts kann »erwachsenes« operatives Denken unterminieren. Entsprechend diesen Annahmen gibt es zwei Typen von Depressionen:

- Depressionen mit frühem Beginn (vor dem 21. Lebensjahr) und
- Depressionen mit späterem Beginn.

Aufgrund klinischer Beobachtungen werden folgende Ähnlichkeiten zwischen dem chronisch Depressiven und dem präoperatorischen Kind formuliert:

1. Beide zeigen globales und prälogisches Denken.
2. Beide zeigen Denkprozesse, die kaum durch die Denkweise und Logik ihrer Gesprächspartner beeinflusst werden.
3. Beide sind egozentrisch in ihren Sichtweisen ihrer selbst und von anderen.
4. Beide zeigen überwiegend monologisierende verbale Kommunikation
5. Beide zeigen Unfähigkeit zu authentischer interpersonaler Empathie.
6. Beide haben unter Stress wenig affektive Kontrolle.

Zu Beginn der Therapie behandelt der Therapeut nach McCullough also einen Erwachsenen, der sozial, interpersonell und emotional an den Entwicklungsstand eines präoperatorischen Kindes erinnert.

> *The challenge of working with these patients is much more serious (than patients with a major depressive disorder), because the phenomenological problem we face is essentially a structural one. Psychotherapy must begin with an »adult child«, and then help the adult to mature developmentally.* (McCullough 2000, S. 40)

Konzeption einer Psychotherapie: CBASP

Das CBASP vereinbart Ideen der KVT und der IPT, nur ist diese Therapie wesentlich strukturierter und setzt – entsprechend den Modellannahmen – auf einem niedrigeren kognitiven Niveau an. Eine weitere Abgrenzung zu KVT und IPT besteht darin, dass die therapeutische Beziehung systematisch zum Aufbau und Förderung der empathischen Fähigkeiten eingesetzt wird.

Die wichtigsten Merkmale von CBASP lassen sich wie folgt beschreiben:

- Ermutigung Depressiver zu formal-logischem Denken (im Sinne Piagets),
- Abbau der Selbstzentriertheit durch Förderung von Empathie,
- Aufbau von Problemlösekompetenz und -strategien,
- Einsatz negativer Verstärkung zur Verbesserung der Therapiemotivation,
- Verdeutlichung und Lösen der interpersonellen Probleme durch die so genannten Situationsanalysen,
- Gegenüberstellung des Therapeutenverhaltens und des Verhaltens von wichtigen Bezugspersonen des Patienten durch so genannte interpersonelle Diskriminationsübungen (IDÜ).

Da auf die interpersonellen Interaktionen zum Therapeuten fokussiert wird (*disciplined personal involvement*), können Empathie und Perspektivenübernahme direkt im therapeutischen Prozess erfahren werden. Ein Hauptziel besteht darin, dass chronisch Depressive die Konsequenzen ihres Verhaltens erkennen und Lösungsstrategien für ihre psychosozialen Probleme erlernen. Maladaptive Interpretationen (z. B. globalisierend, selbstbeschuldigend, gedankenlesend oder wunschdenkend), die nicht zum Ziel führen, sollen vom Patienten mithilfe der Situationsanalysen selbst erkannt und korrigiert werden. Diese dysfunktionalen Denkmuster repräsentieren ToM-Defizite (z. B. falsche Urteile über die Umwelt oder über die Gedanken eines anderen). Im CASBP-Ansatz werden sie in einen interpersonellen Kontext gesetzt: Die interpersonellen Konsequenzen werden herausgearbeitet (*if this, than that*; wenn/dann), und es wird eine ausführliche Beziehungsanalyse erhoben (*significant other history*), die den Einfluss dieser Bezugspersonen auf das Denken und Verhalten des Patienten klären soll (s. Beispiel).

Beispielfragen:

Wie war es für Sie, in der Anwesenheit dieses Menschen aufzuwachsen?

Wie hat diese Person Ihr weiteres Leben beeinflusst, welchen Stempel hat sie auf Ihnen hinterlassen?

Erzählen Sie mir, in welcher Weise diese Person Sie beeinflusst und dazu beigetragen hat, dass Sie die Art von Person sind, die Sie heute sind.

Mit der Information zur Vorgeschichte lassen sich relevante Übertragungshypothesen ableiten (z. B. »Wenn ich Dr. D. näher komme, wird sie mich ablehnen.«). Diese können dann zur Bearbeitung interpersoneller Problembereiche genutzt werden.

Zu den Haupttechniken bei CBASP gehört die Situationsanalyse (SA). Sie zielt darauf ab, dass der chronisch Depressive erkennt, dass sein Verhalten Konsequenzen hat. Durch die SA sollen irrelevante oder ungenaue Interpretationen zwischenmenschlicher Ereignisse (z. B. »Ich glaube, ich werde nie fähig sein, jemandem wirklich nahe zu kommen.«) auch für den Patienten nachvollziehbarer werden. Zu diesem Zweck füllt der Patient für relevante Ereignisse regelmäßig Situationsanalysen aus. McCullough schildert folgendes Beispiel einer 24-jährigen Chefsekretärin (McCullough 2000, S. 83; s. Box).

Die Situationsanalyse ermöglicht eine detaillierte Analyse eigener Verhaltensmuster, Motive und deren interpersonelle Konsequenzen.

Ein weiterer Therapiebaustein besteht in der Gegenüberstellung des Therapeutenverhaltens und des Verhaltens von wichtigen Bezugspersonen (interpersonelle Diskriminationsübung) auf der Basis der o.g. Übertragungshypothesen. Diese soll es dem Patienten ermöglichen, zwischen den negativen Reaktionen früherer Bezugspersonen und dem jetzigen positiven Verhalten des Patienten zu unterscheiden.

Das Thematisieren der therapeutischen Beziehung soll empathisches Verhalten des Patienten verstärken und feindseliges bzw. aggressives Verhalten abbauen (z. B. »Die Therapie bringt nichts, es wird einem ja sowie nicht geholfen.«; s. Box).

Fallbeispiel: Abbau von Selbstzentriertheit, Förderung von empathischen Verhalten (nach McCullough 2000, S. 189)
Patient: Sie sehen heute müde aus.
Therapeut: Wie kommen Sie darauf?
Patient: Ich sehe es in Ihrem Gesicht, in Ihren Augen. Es scheint, als seien Sie erschöpft.

Therapeut: Sie sehen das richtig, und ich schätze es, dass Sie meine Übermüdung zur Kenntnis nehmen. Es war ein langer Tag. Doch lassen Sie mich Ihnen etwas sagen: Ihre Bemerkung hat mir gerade einen Energieschub gegeben.
Patient: Wie meinen Sie das?
Therapeut: Sie erweitern Ihren Horizont, indem Ihnen meine Gefühle auffallen. Ein phantastischer Wandel bei Ihnen!
Patient: Sie haben Recht. Und mir fallen viele Dinge an anderen Leuten auf, die ich nie zuvor beobachtet habe.

Feindseliges Verhalten (z. B. »Diese Therapie ist die reinste Zeitverschwendung!«) wird als Warnsignal interpretiert. Entweder hat der Patient sich nicht wirklich auf die Therapie eingelassen, oder er ist sich der interpersonellen Konsequenzen seines Verhaltens nicht bewusst. Aufgabe des Therapeuten ist es daher, den Patienten auf sein ungünstiges Kommunikationsverhalten hinzuweisen bzw. auf die Auswirkung auf den Therapeuten. Die Intervention sollte so gewählt werden, dass der Patient emotional mehr involviert und sich der Tragweite seines Verhaltens bewusst wird, z. B. »Warum wollen Sie, dass ich frustriert und ärgerlich auf Sie bin?«

Wirksamkeit

In der kontrollierten Studie von Keller et al. (2000) wurden insgesamt 681 ambulante Patienten mit chronifizierter *major depression* (durchschnittliche Episodendauer: 8,0 Jahre) und Dysthymie (durchschnittliche Dauer: 24,2 Jahre) eingeschlossen. Über 50% des Patientenkollektivs hatten die Diagnose einer zusätzlichen Persönlichkeitsstörung erhalten sowie vorangegangene Behandlungsversuche mit Antidepressiva und Psychotherapie hinter sich. Nach zwölf Wochen Behandlungsdauer ergaben sich für die 519 Patienten, die die Studie abschlossen, folgende Responderquoten:

- Nefazodon (55%),
- CBASP (48%),
- Nefazodon + CBASP (85%).

Diese Ergebnisse sind im Vergleich zu früheren Studien als ermutigend einzuschätzen.

Kritisch anzumerken ist, dass keine Daten darüber vorliegen, inwieweit ToM-assoziierte Merkmalsbereiche wie Empathie oder dysfunktionale Interpretationen beeinflusst werden konnten. In

Vorgabe: Beschreiben Sie das Ereignis – Schritt 1: Janes Situationsbeschreibung

Letzten Mittwoch kam mein Chef (B.) nachmittags auf mich zu und fragte mich, ob ich nach 17 Uhr noch dableiben könne, um ihm dabei zu helfen, eine Arbeit zu Ende zu bringen. Er sagte, das würde ungefähr drei Stunden in Anspruch nehmen. Ich hatte an dem Abend eine Verabredung mit meinem Freund J., an der mir viel lag. Wir wollten uns ein Theaterstück ansehen. Mein Chef bat mich sehr nett darum, und deshalb ließ ich mich breitschlagen, länger zu bleiben. So arbeitete ich bis spät abends und versäumte das Stück.

Vorgabe: Was hat der Vorfall für Sie bedeutet? – Schritt 2: Erhebung kognitiver Interpretationen bei Jane

Jane wurde aufgefordert, jede Interpretation in einen Satz zu fassen, der beschreibt, was das Ereignis für sie bedeutete. Nach mehreren Versuchen schaffte sie es, ihre langen Erklärungen auf drei Sätze zu reduzieren, die zur Interpretationen in der Situationsanalyse wurden:

> Ich kann zu B. nicht »Nein« sagen.
> J. und ich werden nicht ins Theater gehen können.
> B. stand unter Zeitdruck und brauchte meine Hilfe.

Als Nächstes konzentrierte sich der Therapeut auf Janes Verhalten gegenüber ihrem Chef. Er wollte, dass Jane ihm beschrieb, wie sie dagestanden hatte, und welche Gesten sie gemacht hatte. Dann bat er sie zu beschreiben, was genau und wie sie es gesagt hatte. Wie sich herausstellte, hatte sich Jane passiv und jammernd verhalten.

Vorgabe: Was haben Sie in der Situation getan? – Schritt 3: Erhebung der Verhaltensstrategien bei Jane

> Ich jammerte etwas, schaute auf meine Füße und sagte, dass ich eigentlich nicht wollte –

dass ich etwas anderes zu tun hätte. B. war hartnäckig, ich quengelte wieder etwas und sagte: »In Ordnung, ich mach's.« Ich schaute ihm während des ganzen Gesprächs nicht ins Gesicht. Ich hatte zu viel Angst.

Vorgabe: Was kam bei dem Ereignis für Sie heraus? – Schritt 4: Erhebung des tatsächlichen Ergebnisses in verhaltensbezogener Sprache

> Ich arbeitete länger und verpasste das Stück.

Vorgabe: Was wäre Ihrem Wunsch nach das Ergebnis gewesen, das dabei hätte herauskommen sollen? – Schritt 5: Erhebung des erwünschten Ergebnisses in verhaltensbezogener Sprache

> Ich wollte B. absagen und das Stück sehen.

Vorgabe: Haben Sie während der Situation das erreicht, was Sie wollten? – Schritt 6a: Betonung der Konsequenzen (zur Intensivierung des Leidens), indem der Patient gefragt wird, ob er erreicht hat, was er wollte

> Nein, ich habe das Theaterstück verpasst! Ich habe schon wieder versagt, und jetzt ist J. sauer auf mich. Denn ich habe das, was wir vorhatten, vermasselt (fängt an zu weinen). Ich bekomme nie das, was ich will. So ging es mir schon immer. Ich kenne nichts anderes.

Vorgabe: Warum haben Sie hier nicht das bekommen, was Sie wollten? – Schritt 6b: Wiederholte Betonung der Konsequenzen, um zu untersuchen, wie genau der Patient die Gründe dafür kennt, warum er das angestrebte Ergebnis nicht erreicht hat

> Weil ich niemals »Nein« sagen kann. Schon in meiner Schulzeit schlief ich mit jedem Kerl, der das wollte, weil ich einfach nicht den Mut aufbringen kann, »Nein« zu sagen. Ich hasse mich. Ich bin schwach und zu nichts nütze.

Anbetracht der weit reichenden Aussagen (»chronisch Depressive befinden sich auf der Entwicklungsstufe eine präoperatorischen Kindes«) ist eine Überprüfung entsprechender Paradigmen (z. B. Perspektivenübernahme, Empathie, prälogisches Denken) wünschenswert. Auch ist zu überprüfen, ob von einem generellen oder von einem eher bereichsspezifischen ToM-Defizit (z. B. in konflikthaft erlebten Beziehungen oder in spezifischen psychosozialen Kontexten) auszugehen ist.

> ❶ CBASP setzt am defizitären ToM-Status chronisch Depressiver an. Diese Therapie fokussiert sowohl auf eigene mentale Zustände als auch auf die von anderen Menschen. Durch die proaktive Bearbeitung der Übertragungsbeziehung wird eine neue Dimension interpersonellen Lernens ermöglicht.

Fazit

ToM-Leistungen bei affektiven Störungen erweisen sich als relevante und durch Psychotherapie beeinflussbare Faktoren. Allerdings ist die Anwendung von Messinstrumenten zu Erfassung von ToM-Defiziten aus der Entwicklungspsychologie und der Schizophrenieforschung in Frage zu stellen. Trotz erheblicher methodischer Probleme weisen bisherige Studien, klinische Beobachtungen und theoretische Überlegungen darauf hin, dass ToM-Defizite bei Depressionen eine Rolle spielen und dass dies Implikationen für den psychotherapeutischen Prozess haben muss. Bei der Analyse gegenwärtiger depressionsspezifischer Psychotherapien im Hinblick auf die ToM finden sich sowohl in den Modellannahmen als auch in der praktischen Umsetzung Konzepte bzw. Annahmen, die als »Vorläufer« oder als »untergeordnete Konstrukte« einer allgemeinen ToM-Forschung bezeichnet werden können.

Die KVT fokussiert primär auf intrapsychische Prozesse, was der absichtlichen Konzentration auf das Individuum und seiner Realitätskonstruktion zuzuschreiben ist. Die Umwandlung von »primitivem« in »reifes« Denken ist ein bedeutsames Therapieziel. Beck geht in Anlehnung an Piaget von einem Komplex dysfunktionaler Schemata aus, der sich zu einem frühen Zeitpunkt gebildet hat und bei Ausbruch einer Depression neu aktiviert wird.

Bei der IPT stellen dagegen – ausgehend vom Sullivanschen Theorem, dass das Selbst eines Menschen ein zwischenmenschliches sei – interpersonelle Beziehungen den Therapiefokus dar. Ein wichtiges Ziel besteht in der Klärung und Veränderung kritischer Interaktionsschemata.

Der Begründer des CBASP, McCullough, sieht chronische Depressionen als Resultat dysfunktionaler Annahmen in Verbindung mit einem distanzierten interpersonellen Stil, der durch mangelndes soziales Problemlösen verstärkt wird. Wie auch Beck betont er die Rolle **prädisponierender**, unangepasster kognitiver Strukturen und bezieht sich dabei auf Piaget. McCullough geht einen Schritt weiter als Beck: Er konzipiert eine kognitiv-behaviorale Therapie der chronischen Depression und versucht durch die interpersonelle Schwerpunktsetzung, den vermeintlichen Gegensatz »intrapsychisch–interpersonell« aufzulösen. CBASP kann als eine Art ToM-Therapie der Depression bezeichnet werden, da sie sowohl auf die eigenen mentalen und emotionalen Zustände als auch auf diejenigen bedeutsamer Bezugspersonen fokussiert. CBASP ist explizit auf den kognitiven Status chronisch Depressiver zugeschnitten, z. B. durch starke Strukturierung, kleine Lernschritte und ein geringeres Abstraktionsniveau. Das Risiko einer kognitiven Überforderung wird dadurch erheblich minimiert. Durch die proaktive Bearbeitung der Übertragungsbeziehung wird eine neue Dimension interpersonellen Lernens ermöglicht. Der Patient kann in der Beziehung zum Therapeuten (durch dessen Rückmeldung) maladaptive Muster entdecken und verändern. Der Therapeut ist keine »sprechende Attrappe«, sondern darf (kontrolliert) persönliche Reaktionen zeigen, z. B. wenn er mit feindseligem Verhalten konfrontiert wird.

Zu ergänzen ist, dass die Ausbildung für die CBASP-Therapie eine intensive Auseinandersetzung mit eigenen ToM-Fähigkeiten erfordert. Nur wer über ausgeprägte Ressourcen verfügt, kann mitfühlend verstehen, dass der distanziert-feindselige Patient das »verletzte Kind« der Vergangenheit ist, welches in der Kindheit zu wenig Zuwendung und Wertschätzung erfahren hat (und in Erwartung der nächsten Frustration passiv-aggressiv reagiert). Wer als Therapeut eine differenzierte Einsicht in die eigene Motivationslage hat (und z. B. mit eigenen narzisstischen Persönlichkeitsanteilen umgehen kann), wird der Versuchung widerstehen können, den depressiven Patienten aus seiner chronischen Krankenrolle »erretten« zu wollen. In allen dargestellten Depressionsverfahren haben ToM-Konzepte – ohne als solche explizit benannt zu werden – sowohl in den Modellannahmen als auch in der praktischen Umsetzung Berücksichtigung gefunden. Eine empirische Überprüfung, ob zentrale ToM-Konstrukte (z. B. Perspektivenübernahme/Empathie, Selbstreflexion, Affektregulierung etc.) durch Psychotherapie beeinflussbar sind, steht jedoch noch aus. Die Weiterentwicklung von geeigneten ToM-Paradigmen bzw. Messinstrumenten für depressive Patienten ist zu empfehlen. Im Vergleich mit Selbstbeurteilungsskalen wie z. B. der Empathie-Skala (Leibetseder et al. 2001) sind diese Instrumente weniger sensitiv für Antworttendenzen im Sinne der sozialen Erwünschtheit.

Literatur

Ainsworth MD, Blehar M, Waters E, Wall S (1978) Patterns of attachment: a psychological study of the strange situation. Lawrence Erlbaum, Hillsdale, NJ

APA (1991) Diagnostisches und Statistisches Manual psychischer Störungen (DSM III), Beltz, Weinheim

Beck AT, Rush JA, Shaw BF, Emery G (1979) Cognitive therapy of depression. Guilford, New York (Dt. Version: Beck et al. (1999) Kognitive Therapie der Depression. Beltz, Weinheim)

Beck J (1999) Praxis der Kognitiven Therapie. Beltz, Weinheim

Blatt SJ, Zuroff DC, Bondi CM, Sanislow III CA (2000). Short- and long-term effects of medication and psychotherapy in the brief treatment of depression: further analyses of data from NIMH TDCRP. Psychother Res 10(2): 215–234

Bowlby J (1969). Attachment. Basic Books, New York

Brüne M (2005). Emotion recognition, »theory of mind« and social behavior in schizophrenia. Psychiatry Res 133: 135–147

Elkin I, Shea T, Watkins JT et al, National Institute of Mental Health (1989) Treatment of Depression Collaborative Research Program: general effectiveness of treatment. Arch Gen Psychiatry 46: 971–982

e. o. plauen (2000) Vater und Sohn. In: Gesamtausgabe Erich Ohser. Südwestverlag, Konstanz

Flavell JH, Miller PH, Miller SA (2002) Cognitive development, 4th edn. Prentice Hall, New York

Fonagy P, Gergely G, Jurist EL, Target M (2002) Affektregulierung, Mentalisierung und die Entwicklung des Selbst. Klett-Cotta, Stuttgart

Frith CD, Corcoran R (1996) Exploring »theory of mind" in people with schizophrenia. Psychol Med 26: 521–530

Hautzinger M (2005). Kognitive Verhaltenstherapie. In: Bauer M, Berghöfer A, Adli M (Hrsg) Akute und therapieresistente Depressionen. Springer, Berlin Heidelberg New York

Inoue Y, Tonooka Y, Yamada K, Kanba S (2004) Deficiency of theory of mind in patients with remitted mood disorders. J Affect Disord 82(3): 403–409

Keller MB, Mc Cullough JP, Klein DN et al (2000) A comparison of Nefazedone, the cognitive behavioural analysis of psychotherapy, and their combination for the treatment of chronic depression. New Engl J Med 342: 1462–1470

Kerr N, Dunbar IM, Bentall RP (2003) Theory of mind in bipolar affective disorder. J Affect Disord 73: 253–259

Klerman GL, Weissman MM, Rounsaville B, Chevron E (1984) Interpersonal psychotherapy of depression. Basic Books, New York

Leibetseder M, Laireiter AR, Riepler A, Köller T (2001) E-Skala: Fragebogen zur Erfassung von Empathie – Beschreibung und psychometrische Eigenschaften. Z Diff Diagn Psychol 22(1): 70–85

McCullough JP (2000) Treatment for chronic depression. Guilford, New York

O'Connor T, Hirsch N (1999) Intra-individual differences and relationship – specificity of mentalising in early adolescence. Social Dev 8: 256–274

Piaget J, Inhelder B (1947/1971) Die Entwicklung des räumlichen Denkens beim Kinde. Klett, Stuttgart

Piaget J (1936/1960) The moral judgement of the child. Free Press, Glencoe, IL

Schramm E (1998) Interpersonelle Psychotherapie. Schattauer, Stuttgart

Steins G (1998). Diagnostik von Empathie und Perspektivenübernahme: Eine Überprüfung des Zusammenhangs beider Konstrukte und Implikationen für die Messung. Diagnostika 44(3): 117–129

Sullivan HS (1953) The interpersonal theory of psychiatry. Norton, New York

Whisman MA (1991) Cognitive therapy with depressed inpatients: Specific effects on dysfunctional cognitions. J Consult Clin Psychol 59(2): 282–288

WHO (2005) Internationale Klassifikation psychischer Störungen: ICD-10 3. Auflage, Huber, Bern

Wolfersdorf M, Heindl A (2003) Chronische Depression. Papst, Lengerich

Selbst-Fremd-Repräsentation und ihre Störungen bei Schizophrenie

Tilo Kircher und Dirk Leube

25.1 Einführung

Die Schizophrenie ist eine Störung mit einer Vielzahl von unterschiedlichen Symptomen (s. Exkurs). Ein für das Leben der Patienten wichtiger Befund ist die Verschlechterung der sozialen Fertigkeiten bei rund zwei Dritteln der Betroffenen, wobei soziale Informationen fehlerhaft interpretiert werden. In vielen Fällen führt dies zu sozialer Ausgrenzung und trägt zur Stigmatisierung Betroffener bei. Komplexe soziale Situationen und die Emotionen anderer werden dabei nur unvollständig verstanden und zum Teil vom Common Sense abweichend interpretiert. Es kommt zu Kommunikationsproblemen, das soziale Funktionsniveau sinkt in der Folge.

Obwohl schon Emil Kraepelin bei seiner Erstbeschreibung der Schizophrenie unter dem Begriff Dementia praecox und Eugen Bleuler mit seiner Charakterisierung eines »schizophrenen« Autismus, der vom »kindlichen« Autismus unterschieden werden müsse, ein deutliches Gewicht auf solche Defizite auch im sozialen Bereich legten, blieben diese in der experimentellen Forschung bis in jüngste Zeit wenig beachtet.

Soziales Verhalten, d. h. gemeinsames Handeln mit anderen Menschen, ist ein Vorgang, der sich aus einer Vielzahl von kognitiv-emotionalen Prozessen zusammensetzt. Ein wichtiger Faktor, der dabei eine Rolle spielt, ist die Differenzierung zwischen eigenen und fremden Gedanken, Gefühlen und Handlungen, die in weiteren Schritten richtig interpretiert werden müssen.

Die Autoren haben ein vereinfachtes Schema mit Teilprozessen aufgestellt, die auf eine grundlegende Fähigkeit fokussieren, nämlich die Unterscheidung zwischen eigenen gegenüber fremden Handlungen (Eigen- bzw. Fremd-Repräsentation) sowie im Weiteren deren bewusste Verarbeitung, die Einbindung in den sozialen Kontext und schließlich ihren Zusammenhang mit den Symptomen bei Schizophrenie (◻ Abb. 25.1).

Im Spiegelneuronensystem werden eigene und fremde Handlungen in demselben neuronalen Netzwerk verarbeitet. Zusammen mit den Efferenzkopiemechanismen, die zwischen selbst vs. fremd ausgeführten Handlungen, Gedanken und Emotionen unterscheiden, bildet sich eine Repräsentation dieser Zustände. Wie bereits an anderer

---

Exkurs

Schizophrenie – Prävalenz, Ätiologie und Symptome

Die Schizophrenie tritt weltweit in allen Kulturen mit dem gleichen Lebenszeitrisiko von ca. 1% auf (zum Vergleich: Diabetes mellitus Typ I und II in Deutschland ca. 5%), der Ersterkrankungsgipfel liegt vor dem 30. Lebensjahr. Die Erkrankung heilt bei ca. einem Drittel der Betroffenen aus, führt aber bei einem knappen weiteren Drittel zu chronischer Behinderung. Die Ätiologie der schizophrenen Erkrankungen ist pluridimensional. Genetische Veränderungen, Störungen in der fetalen Hirnentwicklung und Umwelteinflüsse (z. B. psychosozialer Stress, Drogen) interagieren und führen typischerweise über eine mehrjährige Prodromalphase zum Ausbruch der Störung. Faktorenanalysen von Symptomen bei Patienten mit Schizophrenie haben drei immer wieder zusammen auftretende **Symptomcluster** identifizieren können:

1. Unter dem paranoid-halluzinatorischen Syndrom werden Wahn, z. B. Verfolgungs- oder Beeinträchtigungswahn, Halluzinationen, meist Stimmenhören, und Ich-Störungen zusammengefasst.
2. Das Negativsyndrom beinhaltet eine heterogene Gruppe, deren Spektrum von affektiver Verflachung über bizarres Verhalten bis hin zur Verarmung des Sprachausdrucks reicht.
3. Das Desorganisationssyndrom zeigt sich in erster Line in Sprach- bzw. Denkstörungen (z. B. Neologismen, inkohärentes Denken, Zerfahrenheit) und desorganisiertem Verhalten.

Die Desorganisations- und paranoid-halluzinatorischen Symptome sind oft nur in den akuten Krankheitsphasen vorhanden und im Allgemeinen gut mit antipsychotischer Medikation behandelbar. Negativsymptome entwickeln sich eher kontinuierlich mit einer Tendenz zur Verschlechterung im langjährigen Verlauf der Erkrankung.

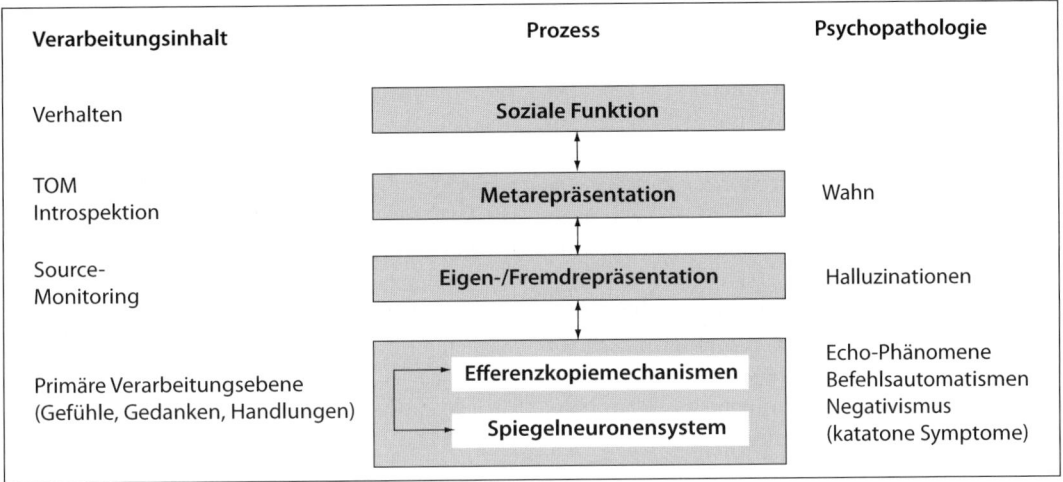

❏ **Abb. 25.1.** Kognitiv-neuronale Prozesse zur Unterscheidung von selbst- und fremdinitiierten Handlungen, Gedanken und Emotionen

Stelle ausgeführt, kann über diese Zustände mittels metakognitiver Fähigkeiten reflektiert werden (introspektives Bewusstsein; Kircher u. Leube 2003, 2005). Wird über eigene Erlebniszustände reflektiert, erscheint dies als Introspektion, wird über fremde Zustände reflektiert (wobei dies auch »vorbewusst« oder »implizit« geschehen kann), wird dies als ToM bezeichnet. Die genannten Fähigkeiten bzw. Prozesse sind entscheidende Konstituenten für eine gelungene soziale Interaktion und werden im Folgenden näher erläutert.

25.2 ToM und Schizophrenie

Angeregt durch die Forschung mit autistischen Kindern, bei denen die sozialen Fertigkeiten ungewöhnlich stark eingeschränkt sind (▶ Kap. 26), wurde deutlich, dass es auch spezifische kognitive Fähigkeiten und damit spezifische neuronale Netzwerke geben könnte, die sozialer Interaktion zugrunde liegen. Spezielle Aufgabentypen wurden entwickelt, die eine Metarepräsentation von Geisteszuständen fremder Personen im eigenen Geist erfordern. Es handelt sich hierbei v. a. um die bereits in früheren Kapiteln (▶ Kap. 5 und 7) beschriebenen Aufgaben, zu deren Lösung die Fähigkeit notwendig ist, sich in das Erleben einer anderen Person hineinzudenken. In der Tat findet

sich auch bei schizophrenen Patienten ein schlechteres Abschneiden in solchen ToM-Tests (Brüne 2005). Ein Zusammenhang zwischen sozialer Dysfunktion im Rahmen der Erkrankung und einem ToM-Defizit bei schizophrenen Patienten konnte empirisch in Verhaltensstudien nachgewiesen werden (Roncone et al. 2002; Langdon et al. 2002).

Beliebte Testverfahren im Zusammenhang mit ToM-Aufgaben sind **Bildergeschichten** (Cartoons). In Studien, die Sarfati et al. (1997) und Langdon et al. (2002) durchgeführt haben, mussten die Patienten für eine solche Geschichte aus mehreren Antwortmöglichkeiten (*multiple choice*) einen geeigneten Schluss auswählen. Langdon et al. (2002) benutzten vier verschiedene Arten von Bildergeschichten:

1. Storys mit sozialen Szenen, in denen keine Geisteszustände anderer Personen simuliert werden mussten,
2. klassische False-belief-Storys, in denen genau dies gefordert war,
3. physikalische Sachverhalte, in denen nur Ursache und Wirkung eine Rolle spielten,
4. Geschichten, in denen v. a. die Inhibitionskontrolle getestet wurde.

Damit konnte eine **Spezifität des Defizits** bei schizophrenen Patienten für ToM-Geschichten nachgewiesen werden. Die Fähigkeit für logisches Schließen und Inhibitionskontrolle hatten keinen Einfluss auf das ToM-Defizit, ebenso wie es sich nicht nur um eine verminderte Fähigkeit handelt, soziale Situationen zu verstehen. Es scheint also eine von anderen, allgemeineren kognitiven Fähigkeiten gut abgrenzbare geistige Leistung zu sein, die bei Patienten mit Schizophrenie eine Störung aufweist.

Es gibt Hinweise, dass sich ToM-Defizite nicht erst mit dem Ausbruch der Erkrankung nach dem 20. Lebensjahr nachweisen lassen, sondern bereits viel früher. Diese kommen aus einer Langzeitstudie von Schiffman et al. (2004). Kinder mit einem High-risk-Status für Schizophrenie, die also aus familiärer genetischer Belastung heraus ein besonders hohes Risiko für das Auftreten der Erkrankung

haben, mussten einen so genannten *Role Taking Test* durchführen und dabei ihre Fähigkeit unter Beweis stellen, fremde Rollenmuster einzunehmen. Tatsächlich schnitten die Kinder, die 20 Jahre später eine Schizophrenie entwickelten, in diesem Test schlechter ab, auch nach Kontrolle konfundierender Variablen.

Ein interessantes Forschungsfeld ist der Zusammenhang zwischen ToM-Fähigkeiten und **Krankheitseinsicht** bei schizophrenen Patienten. Fehlende Krankheitseinsicht ist bei schizophrenen Störungen ein häufiger Befund. Sie kann als ein Aspekt entweder eines gestörten Source-Monitoring (◨ Abb. 25.1, s. Box: Studie 1) oder der Metare-

---

Box

Studie 1

Eine Ich-Erfahrung ist die Wahrnehmung der eigenen Person als handelndes Subjekt, das Gefühl, der Urheber seiner eigenen Handlungen zu sein. Um diese Fähigkeit zu überprüfen, wurde eine Aufgabe entwickelt, die von den Versuchsteilnehmern ausdrücklich verlangte, Veränderungen zwischen eigenen Handlungen und ihren visuellen Konsequenzen zu erkennen (Selbstmonitoring als Beispiel für eine Source-Monitoring-Aufgabe, ◨ Abb. 25.1).

Die Versuchsteilnehmer wurden angewiesen, ohne direkte visuelle Kontrolle ihrer Hand Kreise auf ein elektronisches Zeichentablett zu zeichnen. Als Feedback wurde ihnen ein bewegter Punkt auf einem Computermonitor präsentiert, der dort keine Bewegungsspur hinterließ.

Zuerst wurden in jedem Durchgang drei Kreise gezeichnet, die durch die Abbildung auf dem Bildschirm 1:1 wiedergegeben wurden. Während der Erstellung des vierten Kreises wurde das Verhältnis zwischen Bewegung und Abbildung so geändert, dass die Bewegung des Punkts beschleunigt wurde. Dies vergrößerte den Kreisradius, wenn der Proband wie vorher weiterzeichnete. Falls er jedoch die von außen eingeführte Störung kompensierte, veränderte sich der auf dem Computerbildschirm abgebildete Kreisradius nicht. Die Instruktion für die Versuchsteilnehmer war es, sofort den Stift anzuheben, wenn sie eine

Veränderung ihrer abgebildeten Bewegung wahrnahmen. Wenn sie keine Veränderung bemerkten, sollten sie bis zum Ende des Durchgangs weiterzeichnen.

Das Ergebnis des Versuchs zeigte, dass die Teilnehmer eine beachtlich große Anzahl von Veränderungen des Mapping korrigierten, ohne diese wahrzunehmen. In diesem Fall wurde also eine Handlung ausgeführt (die Korrektur), ohne dass sich das Gefühl einstellte, dies bewusst getan zu haben (Knoblich u. Kircher 2003). Dies macht deutlich, dass die eigenen Bewegungen unwillkürlich und automatisiert korrigiert, die zugehörigen Prozesse nach dem oben entworfenen Modell also den Prozessen der Eigen-/Fremdwahrnehmung zugeordnet werden können.

In einer weiteren Versuchsreihe wurden Patienten mit Schizophrenie und den drei wichtigsten Syndromen (s. Exkurs) untersucht: Patienten mit paranoid-halluzinatorischem oder desorganisiertem Syndrom konnten im Vergleich zu Patienten ohne diese Symptome signifikant schlechter vom Computer erzeugte Manipulationen der eigenen Bewegungen erkennen (Knoblich et al. 2004). Dieses Ergebnis stellt einen wichtigen Befund dar für die Bedeutung einer gestörten Selbst-Fremd-Repräsentation nicht bei allen Patienten für Schizophrenie, sondern nur für das Auftreten bestimmter Symptomkomplexe, bei denen die genannten Prozesse gestört sind.

präsentation (◘ Abb. 25.1) betrachtet werden. Es konnte gezeigt werden, dass zwischen Krankheitseinsicht und der Fähigkeit zum Perspektivwechsel zwischen erster und dritter Person, also einer ToM-Fähigkeit, eine Verbindung besteht (Gambini et al. 2004).

Das Verständnis von **Ironie** setzt neben dem allgemeinen Sprachverständnis die Fähigkeit voraus, sich in die Perspektive und die Geisteshaltung des Sprechers hineinzuversetzen, um die kleinen Nuancen zu erfühlen, die die ironische Aussage von ihrer wörtlichen Bedeutung trennen. Personen mit Schizotypie, die mit schizophrenen Patienten gemeinsame Eigenschaften und gemeinsame Gene teilen, haben größere Schwierigkeiten beim Verständnis von Ironie als nichtschizotype Kontrollpersonen (Langdon u. Coltheart 2004). Dieser Umstand könnte auch zu dem bei schizophrenen Patienten oft beobachteten **Konkretismus** beitragen, bei dem die Neigung besteht, nur wörtliche Bedeutungen zu akzeptieren, und bei dem die Fähigkeit zum Verständnis von Metaphern herabgesetzt ist (Kircher et al., unveröffentlichte Daten).

Sich in andere Personen hineinzuversetzen und das so gewonnene Wissen für die eigenen Zwecke (z. B. durch Täuschung oder Verstellung) zu nutzen, wird oft als **Machiavellismus** bezeichnet, wobei hier gerade nicht längerfristige Strategien im Sinne der politischen Philosophie des Niccolo Machiavelli gemeint sind, sondern einzelne, auf kurzfristigen Erfolg angelegte Täuschungsmanöver. Bei schizophrenen Patienten scheint die Fähigkeit der Nutzung solcher Taktiken, die auf Verständnis und Manipulation der Gedanken und Handlungen anderer sowie auf absichtlicher Täuschung beruhen, weniger gut entwickelt zu sein (Mazza et al. 2003).

25.3 Neuronale Grundlagen der ToM bei Schizophrenie

Um die neuronalen Grundlagen der ToM zu klären, sind zwei Strategien möglich: Gruppenstudien, bei denen ToM-Aufgaben an bestimmten Kollektiven (gesund, krank etc.) mit bildgebenden Verfahren (fMRI, PET) getestet werden, werden hierbei bevorzugt (Beispiele: s. unten). Jedoch können auch Einzelfälle bei sorgfältiger Analyse wertvolle Einsichten liefern.

In einem interessanten Fallbericht (Fine et al. 2001) wird ein Patient mit einer kongenitalen, d. h. seit der Geburt vorhandenen linksseitigen **Schädigung der Amygdala** beschrieben. Im Erwachsenenalter hatte dieser Patient – in einer vom Standpunkt der operationalisierten Diagnostik aus allerdings inkonsequent – die Diagnosen einer Schizophrenie und eines Asperger-Syndroms erhalten. Er zeigte keine Auffälligkeiten bei der Testung der Exekutivfunktionen (etwas grob gesprochen: der geistigen Flexibilität), jedoch deutliche Einschränkungen bei einer Serie von ToM-Tests. Die Autoren schließen hieraus, dass

1. die ToM-Fähigkeit spezifisch, d. h. unabhängig von allgemeinen kognitiven Leistungen (z. B. Exekutivfunktionen) ist, und dass
2. die Amygdala in dem neuronalen Netzwerk, das dieser Fähigkeit zugrunde liegt, eine Rolle spielt.

Ein Problem, ToM-Defizite bei schizophrenen Patienten besser zu definieren, besteht im Fehlen eines Goldstandard-Tests für dieses psychologische Konstrukt. Die ToM-Fähigkeit zerfällt vielmehr in eine Reihe von Fertigkeiten, denen zwar allen gemein ist, den Bewusstseinszustand eines anderen zum Thema zu haben, die jedoch so unterschiedliche Bereiche wie das Erkennen von Emotionen oder das Einnehmen einer fremden visuellen Perspektive umfassen.

Obwohl von manchen Autoren so postuliert, ist es keineswegs selbstverständlich, dass diese unterschiedlichen Teilleistungen in nur einem Modul im Gehirn, das möglicherweise mit funktioneller Bildgebung lokalisiert werden kann, verarbeitet werden. Vielmehr lässt sich auch denken, dass gemeinsame allgemeine Prinzipien der neuronalen Verarbeitung diese Leistung jeweils lokal in den für die Art der Aufgabe (visuelles System, Emotionen etc.) spezialisierten Hirnarealen lösen.

Einige Hirnregionen haben sich jedoch als bemerkenswert konsistent in ihrer Rolle für ToM-Aufgaben herausgestellt (Gallagher u. Frith 2003), selbst wenn die untersuchten Aufgaben in ihren Modalitäten stark variieren (Sprache oder Bildergeschichten; symbolisch oder konkret). Der **vor-**

25

dere parazinguläre Kortex, der **Sulcus temporalis superior** und die **Temporalpole** sind unabhängig vom spezifischen Design der Aufgabe an ToM-Prozessen beteiligt (allerdings gibt es auch hier sich widersprechende Befunde, s. Bird et al. 2004). Der zinguläre Kortex scheint v. a. dann beteiligt zu sein, wenn in der Aufgabe bei einem fiktiven Gegenüber Intentionalität angenommen werden muss, d. h., dieser muss in einer Rolle als Agent mit Zielen und Überzeugungen gesehen werden.

In früheren Betrachtungen war der Versuch unternommen worden, verschiedene alternative Konzepte zu einer möglichen Implementation der ToM gegenüberzustellen. Einer modularen Realisation wie oben diskutiert wurde eine *theory-theory* entgegengestellt, bei der die ToM v. a. von der Fähigkeit zur Bildung von Metarepräsentationen abhängen soll. Die *simulation theory* hingegen denkt ToM als einen Prozess der inneren Nachahmung. Nach Ansicht der Autoren schließen sich diese Konzepte weniger aus, als sie sich, wie bereits oben angedeutet, gegenseitig ergänzen (◘ Abb. 25.1). Hierbei spielen Simulationsvorgänge möglicherweise eine Schlüsselrolle in der primären Repräsentation fremden Verhaltens und Bewusstseins (*mirror neurons*, ► Kap. 25.4), wohingegen durch Bildung von Metarepräsentationen eine Verarbeitung im Sinne eines Selbstmonitoring oder bewusster Operationalisierung erst möglich wird. Hier könnten auch wieder modulare Mechanismen modalitätsübergreifend, z. B. bei der Repräsentation und Analyse von Intentionalität (Zingulum), wichtig sein.

Nur einige wenige bildgebende Untersuchungen konnten Auffälligkeiten bei schizophrenen Patienten in ToM-Aufgaben finden. Russell et al. (2000) untersuchten die Probanden mit einer Aufgabe, bei der aus der visuellen Präsentation der isolierten Augenpartie auf die Emotion der so abgebildeten Person geschlossen werden musste. Die Hirnaktivierung (gemessen mit fMRI) bei den schizophrenen Patienten (die auch schlechtere Leistungen in der Bearbeitung der Aufgabe zeigten) war im linken unteren Frontallappen und im medialen Frontallappen sowie im mittleren und oberen linken Temporallappen vermindert. Dies wird von den Autoren als Hinweis darauf gewertet dass eine »**Hypofrontalität**«, die für die Erkrankung auch in anderen Zusammenhängen diskutiert wurde, in Verbindung mit sozialer Kogni-

tion bzw. deren Einschränkungen bei Schizophrenie, bedeutsam sein könnte.

In einer Arbeit von Brunet et al. (2003), die PET zur Charakterisierung der Hirnaktivierung einsetzte, wurden Bildgeschichten als Stimuli dargeboten, für die jeweils ein passender Schluss aus einer Auswahl von drei Bildern (*multiple choice*) ausgewählt werden musste. Die Geschichten setzten verschiedene Niveaus von ToM-Fähigkeiten voraus. Geschichten, in denen die Intentionen eines anderen verstanden werden mussten, standen Geschichten gegenüber, die lediglich das Verständnis einer physikalischen Kausalität (einmal mit und einmal ohne involvierte Personen) voraussetzten. Während der Aufgabe, die ein Verständnis von Intentionen anderer voraussetzte, war eine rechtsfrontale Aktivierung bei der Gruppe der gesunden Kontrollen zu beobachten, die sich in der Gruppe der schizophrenen Patienten nicht darstellen ließ.

Diese Studie stützt ebenfalls einen Zusammenhang von Hypofrontalität und ToM-Defizit bei schizophrenen Patienten.

25.4 ToM und Metarepräsentation

Ein grundsätzliches Problem des ToM-Defizits bei schizophrenen Patienten ist damit aber noch nicht angesprochen: Im Gegensatz zur frühkindlichen Störung Autismus tritt die Symptomatik einer schizophrenen Psychose im adoleszenten oder frühen Erwachsenenalter auf. In der Phase vor der Erkrankung scheinen ToM-Fähigkeiten bei Patienten mit Schizophrenie grundsätzlich vorhanden zu sein (vielleicht mit der Einschränkung der o. g. frühen Anzeichen einer Dysfunktion, die jedoch erst mit Ausbruch der Erkrankung relevant zu werden scheint).

Es ist wahrscheinlich, dass ToM-Fähigkeiten – vielleicht abgesehen von Fällen mit ausgeprägter Negativsymptomatik – auch in der akuten Krankheitsphase noch vorhanden sind. Denn bei der Entstehung von paranoiden Vorstellungen, z. B. der Vorstellung, von anderen Menschen verfolgt oder bedroht zu werden, können innere Zustände anderer Menschen wie Wünsche oder Überzeugungen ja prinzipiell, wenn auch fehlerhaft, konzeptualisiert werden. Es scheint also eher eine Dysfunktion als ein Fehlen des hypothetischen ToM-Prozesses vorzuliegen. Frith (2004) schlägt vor, diese **fehlerhafte Zuschreibung innerer Zustände** anderer als *poor mentalizing* zu bezeichnen. Er stellt in diesem Zusammenhang die Frage, ob nicht im Fall einer paranoiden Schizophrenie – also dem Auftreten von Wahnideen (z. B. bei Zuschreibung von bösen Intentionen bei anderen) – eher ein *over-mentalizing*, eine überschießende Zuschreibung von inneren Motiven vorliegt (Blackwood et al. 2001). Dies könnte ein qualitativer Unterschied zu einem *under-mentalizing* sein, wie es bei Autismus und starker Negativsymptomatik bei Schizophrenie vorkommt.

Allgemein wird im Frith-Modell postuliert, es bestehe ein Monitoringdefizit oder ein **Defizit der Metarepräsentation** bei Patienten mit Schizophrenie. Dieses umfasst sowohl die Wahrnehmung eigener Handlungen und Bewusstseinszustände (Selbstmonitoring) als auch die Wahrnehmung fremder Bewusstseinszustände (ToM). Im Folgenden soll der Zusammenhang zwischen diesen beiden Aspekten genauer untersucht und der Versuch unternommen werden, sie in einer Theorie gemeinsam zu fassen. Es wird hierbei deutlich werden, dass die Repräsentation eigener und fremder Intentionen und Handlungen nur gemeinsam gedacht werden kann.

Die Wahrnehmung der eigenen Person als handelndes Subjekt und das Gefühl, der Urheber seiner eigenen Handlungen zu sein, bildet einen wesentlichen Baustein der menschlichen Eigenschaft, die wir Selbstbewusstsein oder besser **Ich-Bewusstsein** nennen. Diese Fähigkeit macht die Unterscheidung zwischen der eigenen Person und anderen Lebewesen mit von mir unterschiedenen Intentionen und Zielen erst möglich.

Ein Problem für ein Lebewesen, das sich wie der Mensch aktiv in seiner Umwelt bewegt, ist die Differenzierung zwischen den Folgen eigener Handlungen und den Folgen der Handlungen anderer. Hierzu muss eine Art Kontrollmechanismus vorliegen, der zwischen selbst initiierten und anderen Bewegungen in der Umwelt differenziert. In einer eindrücklichen Form wurde dies bereits im 19. Jahrhundert durch Hermann von Helmholtz am Beispiel der Augenbewegungen beschrieben. Bewege ich mein Auge, verändert sich das Bild der gesehenen Welt auf der Netzhaut. Trotzdem wird die Umwelt als konstant und unbewegt wahrgenommen. Schließe ich dagegen ein Auge und drücke mit dem Finger auf den Augafel des anderen, bemerke ich, wie sich die Umwelt bewegt. Hieraus wurde auf einen Mechanismus geschlossen, der solche Wahrnehmungen bei der Eigenbewegung kompensiert. Dieser Mechanismus wurde von Holst und Mittelstedt Mitte des letzten Jahrhunderts als **Reafferenzprinzip** bezeichnet. Es wird angenommen, dass eine Kopie des motorischen Befehls (in diesem Fall die Augenbewegung) den sensorischen Arealen des Gehirns als »Efferenzkopie« zur Verfügung gestellt wird. Auf diese Weise kann die eigene Bewegung aus der Repräsentation der Umwelt »herausgerechnet« und somit die visuelle Wahrnehmung korrigiert werden. Es ist zwar immer noch nicht genau bekannt, welche neuronalen Netzwerke diese Verrechnung leisten; das Kleinhirn, der Parietalkortex und die Basalganglien (Leube et al. 2003a) scheinen aber eine wichtige Rolle dabei zu spielen.

Das Reafferenzprinzip wurde beim Menschen in einer Reihe von Experimenten untersucht. Beispielsweise wurde erforscht, warum man sich nicht selber kitzeln kann (Blakemore et al. 1998). Es wird angenommen, dass beim Selbstkitzeln ein ähnlicher Mechanismus wie bei den Augenbewegungen dafür sorgt, dass die taktilen Folgen der eigenen Bewegung aus der Wahrnehmung eliminiert werden. Für die Wahrnehmung eigener Bewegungen konnte gezeigt werden, dass bewegungssensitive Hirnregionen dann stärker aktiv werden, wenn das visuelle Feedback der eigenen Handbewegung nicht mit der realen Bewegung synchron bzw. ihr gegenüber zeitlich verzögert ist (Leube et al. 2003a,b). Dies könnte ein grundlegender **Mechanismus der Selbst-Fremd-Unterscheidung** sein, der zwar weitgehend unbewusst arbeitet, jedoch Bewusstseinsinhalte (eben die Repräsentation der Welt – das Selbstgefühl) beeinflusst.

Eine Dysfunktion dieses Mechanismus könnte zu psychopathologischen Symptomen wie den so genannten Ich-Störungen bei Schizophrenie beitragen. Hierunter versteht man z. B. das Gefühl, die eigenen Handlungen würden von außen wie von fremden Mächten gesteuert, oder fremde Gedanken würden einem in den Kopf eingepflanzt. Man nimmt an, dass beim Auftreten solcher Symptome die Prozesse defekt sind, die bei eigenen Bewegungen die sensorischen Hirnareale modulieren.

So werden die aus den eigenen Handlungen entstehenden sensorischen Konsequenzen wie fremde Handlungen wahrgenommen. Diese Beteiligung des **Efferenzkopiemechanismus** wurde bereits theoretisch gut ausgearbeitet und konnte in erst kürzlich veröffentlichten Resultaten eindrucksvoll bei Patienten mit Schizophrenie bestätigt werden (Lindner et al. 2005; s. Box: Studie 2).

Ein neuronaler Mechanismus, der dazu beitragen könnte, die Handlungen anderer für einen selbst konzeptualisierbar und damit verstehbar zu machen, ist das erst kürzlich bei Affen entdeckte und sehr wahrscheinlich auch beim Menschen vorhandene **Spiegelneuronensystem** (*mirror neurons*; Rizolatti et al. 2001). Die Spiegelneurone sind aktiv, wenn die Handlung eines anderen beobachtet wird (deshalb Spiegel), aber auch, wenn dieselbe Handlung selbst ausgeführt wird.

Es wurde vorgeschlagen, dass sich dieser Mechanismus nicht nur auf Handlungen beschränkt, sondern auch Emotionen und Intentionen mit einschließt. So könnte ein solcher automatisierter Mechanismus des Spiegelns der Intentionen, Handlungen und Gefühle des anderen ein weitergehendes Verständnis dieser auf einer höheren kognitiven Ebene (bewusste Konzeptualisierung) erst ermöglichen.

Experimente mit funktioneller Bildgebung haben gezeigt, dass das Modell der Spiegelneurone prinzipiell auch beim Menschen Gültigkeit hat. Eine Hirnstruktur, die besonders an der Unterscheidung zwischen eigenen und fremden Handlungen beteiligt ist, scheint im **rechten Parietallappen** zu liegen. Während man beobachtet, wie eigene Handlungen von einem anderen imitiert werden, oder wenn man sich jemanden anderen eine Handlung ausführend vorstellt, ist diese Hirnregion aktiviert. In eigenen Experimenten konnten die Autoren nachweisen, dass diese Hirnregion auch in dem Moment aktiv wird, in dem eine zuvor als eigen wahrgenommene Handbewegung aufgrund einer durch Bildbearbeitung eingebauten Verfremdung plötzlich zu einer fremden wird (Leube et al. 2003b).

Es konnte auch bei Patienten mit Schizophrenie gezeigt werden, dass eine dysfunktionale Aktivierung des Parietallappens bei einfachen Handbewegungen vorliegt, wenn psychotische Ich-Störungen vorhanden sind (Spence et al. 1997).

Box

Studie 2

Ich-Störungen sind grundlegende Symptome schizophrener Erkrankungen. Man versteht darunter das Gefühl der Patienten, ihre Handlungen seien von außen gesteuert, oder die Gedanken würden von außen eingegeben. Ein neuronaler Mechanismus, dessen gestörte Funktion diese Symptome erklären könnte, ist der **Efferenzkopiemechanismus** oder das **Reafferenzmodell**. Eine elegante Methode der experimentellen Untersuchung und quantitativen Messung dieses Mechanismus wurde von Lindner et al (2005) genutzt, um seine abweichende Funktion bei schizophrenen Patienten nachzuweisen.

Hierfür wurde in einem psychophysischen Experiment bestimmt, wie gut die scheinbare Bewegung eines stationären Hintergrunds kompensiert werden kann, während man einem bewegten Objekt folgt. Da der Hintergrund während der Augenbewegung beim Folgen des bewegten Objekts einen Weg auf dem Augenhintergrund, der Retina, zurücklegt, könnte der Eindruck einer Bewegung entstehen. Dass dies nicht der Fall ist und der Hintergrund als »stehend« wahrgenommen wird, wird auf eine Efferenzkopie des motorischen Befehls zu der Augenmuskulatur zurückgeführt. Dieser rechnet in sensorischen Regionen, in denen Bewegung wahrgenommen wird, die Augenbewegung schon ein, zieht also (grob gesprochen) die Augenbewegung von der retinalen Bildbewegung ab. Die Fähigkeit, auf diese Weise die Konsequenzen der eigenen Handlungen (in diesem Fall Augenbewegung) vorherzusagen, ist bei schizophrenen Patienten beeinträchtigt. Der Betrag der fehlerhaft wahrgenommenen Hintergrundbewegung korreliert mit der Stärke der psychopathologisch festgestellten Ich-Störungen. Selbst verursachte Bewegung wird also bei Patienten mit starken Ich-Störungen nicht als solche erkannt und aus der Wahrnehmung eliminiert, sondern nach außen attribuiert. Die Ich-Grenzen verlieren damit ihre Klarheit.

Die Spiegelneurone könnten in unterschiedlichen neuronalen Netzwerken dafür sorgen, dass eine Aktivierung nicht nur durch spontane eigene Geistesaktivität, sondern auch durch das Beobachten von Handlungen anderer möglich ist. Damit ist die Grundlage für das Lösen der meisten ToM-Aufgaben geschaffen. Dem Vorteil, einen unmittelbaren Zugriff auf das Erleben und die Intentionen anderer zu haben, steht jedoch der Nachteil der Anfälligkeit des Systems für eine Vermischung eigener und fremder Handlungen gegenüber. Es wird hier das Feld für eine Reihe gegenseitiger Verwechslungen und Täuschungen eröffnet, die ursächlich mit an der Entstehung schizophrener Symptomatik beteiligt sein könnten. Zur Kontrolle dieser drohenden Vermischung besteht mit den so genannten *forward models* oder **Reafferenzschleifen** ein potenter Mechanismus, der die Ich-Grenzen aufrechterhalten kann.

Die Autoren stellen eine **Hypothese bezüglich katatoner Symptomatik bei Schizophrenie** auf, wenn eine Störung des Spiegelneuronensystems zugrunde gelegt wird: Katatone Symptome äußern sich v. a. in Bewegungsstereotypien und absonderlichen Körperhaltungen. Sie umfassen aber auch Symptome wie Echolalie und Echopraxie, also das unmittelbare Nachahmen von Bewegungen und Lauten des Gegenübers, sowie Befehlsautomatismus und Negativismus. Hier ergibt sich ein Zusammenhang mit dem Spiegelneuronensystem. Dieses könnte im Fall der Echopraxie unmittelbar von den Bewegungen des Gegenübers erregt werden, wie dies auch beim Gesunden der Fall ist, jedoch ohne dass die reale Bewegungsausführung aufgrund einer Störung des Systems verhindert werden könnte.

Fazit

Einige Symptome der Schizophrenie können zumindest zum Teil auf einem ToM-Defizit beruhen, wie in empirischen Studien gezeigt werden konnte. Diesem Defizit liegt möglicherweise eine grundlegende Störung der Metarepräsentation eigener und fremder Handlungen, sekundär auch von Gedanken und Gefühlen, zugrunde. Mit den *mirror neurons* und *forward models* liegen zwei empirisch gut abgesicherte neuronale Mechanismen vor, die diese Störung genauer erklären können. In einem allgemeineren Sinn wird es hiermit möglich aufzuzeigen, wie aus einem Ich ein soziales Ich und damit ein Wir wird.

Literatur

Bird CM, Castelli F, Malik O, Frith U, Husain M (2004) The impact of extensive medial frontal lobe damage on »theory of mind" and cognition. Brain 127: 914–928

Blackwood NJ, Howard RJ, Bentall RP, Murray RM (2001) Cognitive neuropsychiatric models of persecutory delusions. Am J Psychiatry 158: 527–539

Blakemore SJ, Wolpert DM, Frith CD (1998) Central cancellation of self-produced tickle sensation. Nature Neurosci 1(7): 635–40

Brune M (2005) »Theory of Mind« in schizophrenia: a review of the literature. Schizophr Bull 31(1): 21–42

Brunet E, Sarfati Y, Hardy-Bayle MC, Decety J (2003) Abnormalities of brain function during a nonverbal theory of mind task in schizophrenia. Neuropsychologia 41(12): 1574–1582

Frith CD (2004) Schizophrenia and theory of mind. Psychol Med 34(3): 385–389

Fine C, Lumsden J, Blair RJ (2001) Dissociation between »theory of mind" and executive functions in a patient with early left amygdala damage. Brain 124(Pt 2): 287–298

Gallagher HL, Frith CD (2003) Functional imaging of »theory of mind". Trends Cogn Sci 7(2): 77–83

Gambini O, Barbieri V, Scarone S (2004) Theory of mind in schizophrenia: first person vs third person perspective. Conscious Cogn 13(1): 39–46

Kircher TT, Leube DT (2003) Self-consciousness, self-agency, and schizophrenia. Conscious Cogn 12(4): 656–669

Kircher T, Leube D (2005) Ich-Bewusstsein: Konzeptueller Rahmen und neurowissenschaftliche Ansätze. In: Herrmann C, Pauen M, Rieger J, Schicktanz S (Hrsg) Bewusstsein: Philosophie, Neurowissenschaften, Ethik. UTB, Stuttgart

Knoblich G, Kircher TT (2004) Deceiving oneself about being in control: conscious detection of changes in visuomotor coupling. J Exp Psychol Hum Percept Perform 30(4): 657–566

Knoblich G, Stottmeister F, Kircher TTJ (2004) Self-monitoring in schizophrenia. Psychol Med 34:1–9

Langdon R, Coltheart M (2004) Recognition of metaphor and irony in young adults: the impact of schizotypal personality traits. Psychiatry Res.125(1): 9–20

Langdon R, Coltheart M, Ward PB, Catts SV (2002) Disturbed communication in schizophrenia: the role of poor pragmatics and poor mind-reading. Psychol Med 32(7): 1273–1284

Leube DT, Knoblich G, Erb M, Grodd W, Bartels M, Kircher TT (2003a) The neural correlates of perceiving one's own movements. NeuroImage 20(4): 2084–2090

Leube DT, Knoblich G, Erb M, Kircher TT (2003b) Observing one's hand become anarchic: an fMRI study of action identification. Conscious Cogn 12(4): 597–608

Lindner A, Thier P, Kircher TT, Haarmeier T, Leube DT (2005) Disorders of agency in schizophrenia correlate with an inability to compensate for the sensory consequences of actions. Curr Biol 15(12): 1119–1124

Mazza M, De Risio A, Tozzini C, Roncone R, Casacchia M (2003) Machiavellianism and theory of mind in people affected by schizophrenia. Brain Cogn 51(3): 262–269

Rizzolatti G, Fogassi L, Gallese V (2001) Neurophysiological mechanisms underlying the understanding and imitation of action. Nature Rev Neurosci 2(9): 661–670

Roncone R, Falloon I, Mazza M et al (2002) Is theory of mind in schizophrenia more strongly associated with clinical and social functioning than with neurocognitive deficits? Psychopathology 35(5): 280–288

Russell TA, Rubia K, Bullmore ET et al (2000) Exploring the social brain in schizophrenia: left prefrontal underactivation during mental state attribution. Am J Psychiatry 157(12): 2040–2042

Sarfati Y, Hardy-Bayle MC, Besche C, Widlocher D (1997) Attribution of intentions to others in people with schizophrenia: a non-verbal exploration with comic strips. Schizophr Res 25(3): 199–209

Schiffman J, Lam CW, Jiwatram T, Ekstrom M, Sorensen H, Mednick S (2004) Perspective-taking deficits in people with schizophrenia spectrum disorders: a prospective investigation. Psychol Med 34(8): 1581–1586

Spence SA, Brooks DJ, Hirsch SR, Liddle PF, Meehan J, Grasby PM (1997) A PET study of voluntary movement in schizophrenic patients experiencing passivity phenomena (delusions of alien control). Brain 120(Pt 11): 1997–2011

Autismus, Asperger-Syndrom und schizotypische Persönlichkeitsstörung

Matthias Dose

26.1 Einführung

Die erste Beschreibung der heute als frühkindlicher Autismus (ICD-10 F84.0, WHO 1991; DSM IV 299.0, APA 1996) klassifizierten »tief greifenden Entwicklungsstörung« (Kanner-Autismus) geht auf eine 1943 gedruckte Publikation (»Autistic Disturbances of Affective Contact«) des 1924 in die USA ausgewanderten, 1919 in Berlin promovierten, in Kletokow (Galizien) gebürtigen Psychiaters Leo Kanner zurück. Ohne expliziten Bezug auf E. Bleuler (s. unten) spricht Kanner von einer »extremen autistischen Einsamkeit« (*extreme autistic aloneness*), die das Bild der von ihm als *childhood psychosis* bezeichneten Entwicklungsstörung präge. Damit sollte ausgedrückt werden, dass es bei der klinisch auffälligen »Andersartigkeit« der beschriebenen Kinder nicht um Unsicherheit, Schüchternheit oder Zurückgezogenheit, sondern um selbstbezogene Isolation, psychisches Alleinsein handelt (Frith 1992). Kanner folgerte aus seinen Beobachtungen, dass

> … diese Kinder mit der angeborenen Unfähigkeit zur Welt gekommen sind, den normalerweise biologisch angelegten, affektiven Kontakt zu Menschen herzustellen …
> (Kanner 1943)

Ein Jahr später (inmitten der Wirren des zu Ende gehenden Zweiten Weltkrieges) erschien im November 1944 die als Habilitationsschrift vom Leiter der Heilpädagogischen Abteilung der Wiener Universitätskinderklinik Hans Asperger eingereichte Arbeit über »Die ‚Autistischen Psychopathen' im Kindesalter«. Es handelte sich um die Beschreibung eines Störungsbildes bei vier Knaben, die Asperger als »kleine Professoren« bezeichnete, welches heute als Asperger-Syndrom oder Asperger-Autismus (ICD-10 F84.5; DSM IV 299.80) klassifiziert wird. Asperger nahm – im Gegensatz zu Kanner – bei der Erklärung des Begriffs »autistisch« explizit Bezug auf den Psychiater Eugen Bleuler, über den er schrieb:

> Der Name leitet sich von dem Begriff des Autismus her, jener bei Schizophrenen in extremer Weise ausgeprägten Grundstö-

rung. Der Ausdruck – unseres Erachtens eine der großartigsten sprachlichen und begrifflichen Schöpfungen auf dem Gebiet medizinischer Namensgebung – stammt bekanntlich von **Bleuler**.

Während der Mensch normaler Weise in ununterbrochenen Wechselbeziehungen mit der Umwelt lebt, ständig auf sie reagierend, sind bei dem »Autistischen« diese Beziehungen schwer gestört, eingeengt. Der Autistische ist nur »er selbst« (daher das Wort *autoj**), nicht ein lebendiger Teil eines größeren Organismus, von diesem ständig beeinflußt und ständig auf diesen wirkend. (Im folgenden gebrauchen wir Formulierungen **Bleulers** (1930) über den schizophrenen Autismus:) »Die Schizophrenen verlieren den Kontakt mit der Wirklichkeit« in verschieden hohem Grade, »kümmern sich nicht mehr um die Außenwelt«. Es besteht ein »Mangel an Initiative, Fehlen eines bestimmten Zieles, Außerachtlassen vieler Faktoren der Wirklichkeit, Zerfahrenheit, plötzliche Einfälle und Sonderbarkeiten«. »Viele einzelne Handlungen wie die ganze Einstellung zum Leben sind von außen ungenügend motiviert«; »Intensität wie Extensität der Aufmerksamkeit sind gestört«. »Dem Willen mangelt oft die Nachhaltigkeit, unter Umständen können aber bestimmte Ziele mit großer Energie festgehalten werden«; oft findet man »launischen Eigensinn«; »die Kranken wollen etwas und zugleich das Gegenteil«, es finden sich »Zwangshandlungen, automatische Handlungen, Befehlsautomatien u. dgl.«. »Sie leben in einer eingebildeten Welt von allerlei Wunscherfüllungen und Verfolgungsideen«. Dieses Denken, das nicht von der Realität bestimmt wird, sondern von Wünschen, von Affekten und von **Bleuler** »autistisches« oder »dereistisches« Denken genannt wird (Bleuler 1922), findet sich, abgesehen von den Schizophrenen, bei denen es seine bizarrsten Blüten treibt, weithin auch bei nicht psychotischen Menschen, ja weithin im Alltagsdenken, im Aberglauben, in der Pseudowissenschaft. – (Gerade diese letzte Seite des autistischen Wesens spielt bei unseren Kindern keine große Rolle, es finden sich nur hie und da Andeutungen dieser Denkstörung) (Asperger 1944).

26.2 Autismus und ToM

Schon in seiner ersten Beschreibung des frühkindlichen Autismus wies Kanner auf die mangelnde »Antizipationsfähigkeit« der von ihm beschriebenen Kinder hin – eine Vorwegnahme der ToM? Kanner bezog sich dabei auf Arbeiten von Gesell und Amatruda (1974), wonach Kinder in der Regel ab einem Alter von vier Monaten mit einer »antizipatorischen Anpassung« (mimische Anspannung, Anheben der Schultern) auf die Aufnahme von einem Tisch oder das Legen auf einen Tisch reagieren. Kanner berichtet:

> Es ist daher von grösster Bedeutung, dass nahezu alle Mütter unserer Patienten sich daran erinnerten, wie verwundert sie darüber waren, dass ihre Kinder zu keinem Zeitpunkt irgendeine »antizipatorische Haltung« einnahmen, wenn sie aufgenommen werden sollten. … (Kanner 1943)

Unter Bezugnahme auf den von Premack und Woodruff (1978) vorgeschlagenen Begriff der ToM (umschrieben als Fähigkeit, Annahmen über eigene oder mentale Vorgänge anderer anzustellen), die im Rahmen der kindlichen Entwicklung Repräsentationen 2. Ordnung voraussetzt und sich ab dem zweiten Lebensjahr entwickeln soll, untersuchten Baron-Cohen et al. (1985) 20 autistische Kinder mit dem Sally-und-Anne-Experiment nach Wimmer und Perner (1983) (s. Box).

Aus dem Ergebnis des Experiments schlossen die Autoren, dass die autistischen Kinder – unabhängig vom Ausmaß einer intellektuellen Retardierung – keine ToM anwenden konnten und nicht in der Lage waren, Annahmen über andere und Vorhersagen über deren Verhalten zu entwickeln.

Seitdem konnte in mehreren Studien gezeigt werden, dass Kinder mit frühkindlichem, aber auch

| **Box** | | |

Das Sally-und-Anne-Experiment nach Wimmer und Perner (1983)

In diesem Puppenexperiment (◘ Abb. 26.1) legt Sally in Anwesenheit von Anne eine Murmel oder einen Ball in einen Korb und verlässt anschließend den Raum. In ihrer Abwesenheit nimmt Anne die Murmel/den Ball und legt sie/ihn in eine Schachtel. Nachdem Sally den Raum wieder betreten hat, wird die Versuchsperson befragt:

> Wo wird Sally nach der Murmel/dem Ball suchen?

Das Experiment gilt als verwertbar, wenn die Kinder die Mädchen mit Namen richtig benennen und zwei Kontrollfragen richtig beantworten konnten:

> Wo ist die Murmel/der Ball wirklich?
> Wo war die Murmel/der Ball zu Beginn?

Während 85% der gesunden Kinder und 86% der Kinder mit Down-Syndrom die Frage »Wo wird Sally suchen?« richtig beantworteten, waren 80% der nach den sog. Rutter-Kriterien (Rutter 1978) diagnostizierten autistischen Kinder dazu nicht in der Lage: Sie deuteten auf die Schachtel, in die Anne die Murmel/den Ball in Abwesenheit von Sally gelegt hatte.

dem so genannten High-functioning-Autismus nur eingeschränkt über eine ToM verfügen. Dies führte zu der Hypothese, es handele sich bei diesem Mangel an ToM um eine umschriebene, tief greifende kognitive Störung autistischer Kinder, die u. a. für die Unfähigkeit dieser Kinder zu Als-ob-Spielen, zu imaginativen Handlungen und für ihren Mangel an Empathie ursächlich sein soll.

Eine Replikationsstudie zum Sally-und-Anne-Test an 16 autistischen Kindern, 20 Kindern mit Down-Syndrom und 24 unauffälligen Kindern im Kindergartenalter (Kißgen u. Schleiffer 2002) konnte die Ergebnisse von Baron-Cohen et al. (1985) allerdings nicht bestätigen: Hier konnten sechs von 16 autistischen Kindern (37,5%) die gestellte Aufgabe richtig lösen und schnitten damit besser ab, als die Probanden der beiden Kontrollgruppen. Außerdem konnte nach Anwendung eines autismusspe-

26

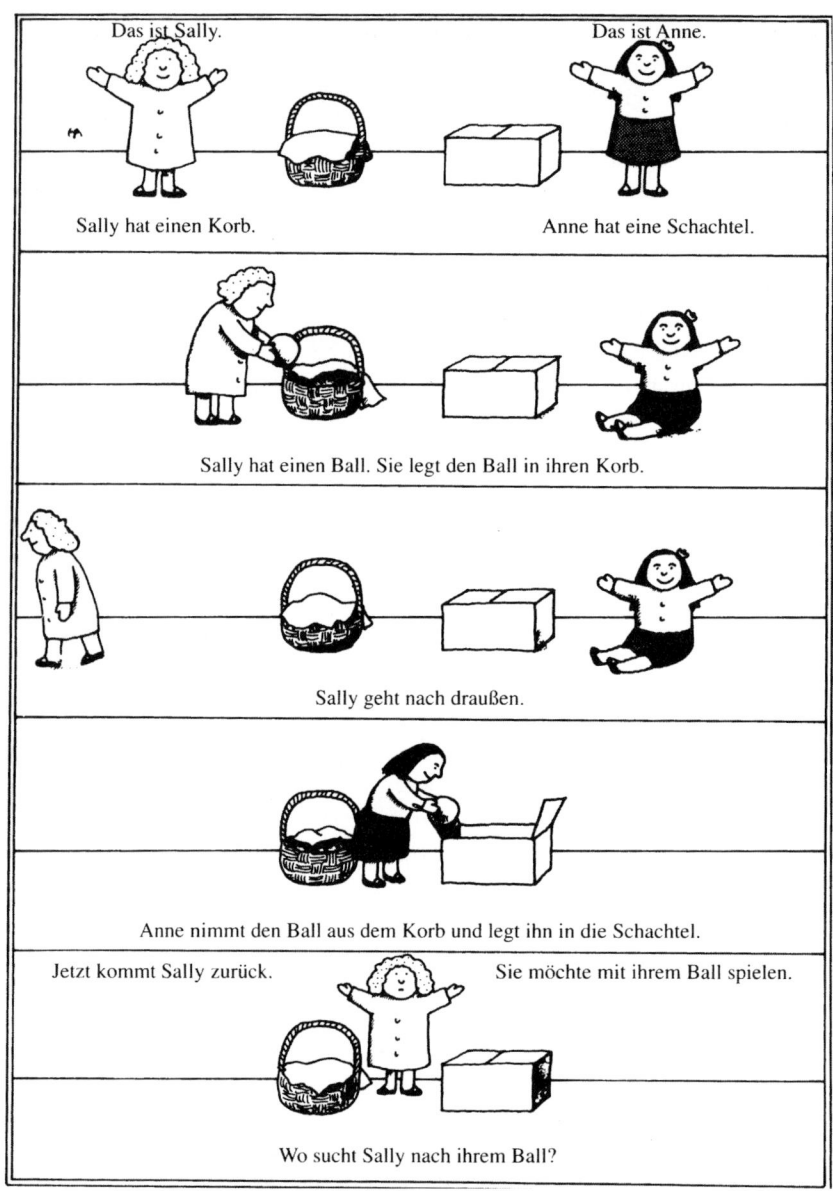

Das ist Sally.　　　　　　　Das ist Anne.

Sally hat einen Korb.　　　　Anne hat eine Schachtel.

Sally hat einen Ball. Sie legt den Ball in ihren Korb.

Sally geht nach draußen.

Anne nimmt den Ball aus dem Korb und legt ihn in die Schachtel.

Jetzt kommt Sally zurück.　　　Sie möchte mit ihrem Ball spielen.

Wo sucht Sally nach ihrem Ball?

◻ Abb. 26.1. Der Sally-und-Anne-Test. (Aus Frith 1989; mit freundlicher Genehmigung)

zifischen Fragebogens für Eltern und Bezugspersonen (*autism diagnosis interview–revised*, ADI-R; Lord et al. 1994) nur bei acht (50%) der autistischen Kinder die Diagnose »Autismus« bestätigt werden, von denen wiederum nur ein Kind die ToM-Aufgabe lösen konnte. Es zeigte sich, dass die Unterschiede bei der Bewältigung der ToM-Aufgabe mit den Ergebnissen der angewandten Intelligenztests korrelierten, sodass einerseits Ausmaß und Spezifität eines Defizits bezüglich ToM fraglich bleiben und andererseits Mängel der klinischen Diagnostik autistischer Störungen aufgezeigt wurden, die bislang nicht ausreichend trennscharf zwischen frühkindlichem Autismus und geistiger Behinderung ohne Autismus differenzieren lassen.

26.3 Diagnostik autistischer Störungen

Noch in der 1978 von der Weltgesundheitsorganisation (WHO) veröffentlichten (1980 in deutscher Sprache publizierten) 9. Revision der Internationalen Klassifikation der Krankheiten/ICD wurde der **frühkindliche Autismus** im »Diagnosenschlüssel und Glossar psychiatrischer Krankheiten« (DGPN 1980) den »Typischen Psychosen des Kindesalters« zugeordnet. Das Asperger-Syndrom wird nicht benannt. Symptomatisch beschrieben wird es näherungsweise beim Störungsbild der »schizoiden Persönlichkeit«, wo es heißt:

> Eine Persönlichkeitsstörung mit Neigung, sich von emotionalen, sozialen und anderen Kontakten zurückzuziehen, und mit autistischer Vorliebe für Phantasie und introspektive Zurückhaltung (DGPN 1980)

Diese Einordnung kommt nicht von Ungefähr: Schon Asperger hatte in seiner Originalarbeit auf Ähnlichkeiten der von ihm beschriebenen »autistischen Psychopathen« mit den

> Schizothymen Kretschmers, weiter mit gewissen Formen der Desintegrierten von E. R. Jaensch und vor allem mit dem »Introvertierten Denktypus« von Jung

Bezug genommen, gleichzeitig aber auf die mangelnde Vergleichbarkeit hingewiesen, da die zitierten Autoren nichts oder nur wenig über das Verhalten der beschriebenen Charaktere im Kindesalter aussagten (Asperger 1944).

In den heute gebräuchlichen Diagnose- und Klassifikationssystemen ICD-10 und DSM IV (▶ Tab. 26.1) werden sowohl der frühkindliche Autismus als auch das Asperger-Syndrom den »tief greifenden Entwicklungsstörungen« zugeordnet, die daneben noch das Rett-Syndrom, andere desintegrative Störungen des Kindesalters und hyperkinetische Störungen mit Intelligenzminderung und Bewegungsstereotypien umfassen. Einen Verweis auf die ursprüngliche Zuordnung enthalten in ICD-10 die »dazugehörigen Begriffe«, die zum frühkindlichen Autismus die »frühkindliche Psy-

chose« und zum »Asperger-Syndrom« die »autistische Psychopathie« bzw. »schizoide Störung des Kindesalters« benennen.

Der Vergleich der diagnostischen Kriterien von ICD-10 und DSM IV für frühkindlichen Autismus ergibt sowohl ein hohes Maß an Übereinstimmung wie auch einen eindeutigen Bezug zu den von Kanner beschriebenen „Hauptmerkmalen" der autistischen Störung:

- »autistische Isolation« und
- »zwanghaftes Beharren« auf Gleichförmigkeit – im englischen Text: *sameness.*

Wesentlich unschärfer sind demgegenüber die diagnostischen Kriterien des **Asperger-Syndroms** (ICD-10) bzw. der **Asperger-Störung** (DSM IV). Asperger selbst hatte sich bei der Zusammenfassung seiner detailreich und anschaulich geschilderten »Fälle« darauf beschränkt, eine »einheitliche Grundstörung« zu beschreiben, die sich »ganz typisch im Körperlichen, in den Ausdruckserscheinungen, im gesamten Verhalten« äußere und »beträchtliche, sehr charakteristische Einordnungsschwierigkeiten« bedinge. Dabei sollte das »Versagen in der Gemeinschaft« in einigen Fällen durch »besondere Originalität des Denkens und Erlebens« kompensiert werden, die »oft zu besonderen Leistungen im späteren Leben führen«.

In späteren Publikationen (Asperger 1965) hatte sich Asperger in Kenntnis internationaler Forschungsergebnisse dahingehend geäußert, die von ihm beschriebene »autistische Psychopathie« sei eine »Extremvariante des männlichen Charakters, der männlichen Intelligenz«. Das häufigere (und im Gegensatz zu seinen Befunden auch Mädchen betreffende) Auftreten autistischer Störungen in den USA führte Asperger auf die »moderne Zivilisation« zurück, die »mit einer Hypertrophie des Intellekts und einer gleichzeitigen Verkümmerung der Instinktfunktionen« einhergehe. Gleichzeitig behauptete Asperger eine Erblichkeit der von ihm beschriebenen Auffälligkeiten, da er glaubte, »in **jedem** Fall«, bei dem es ihm möglich gewesen sei, Eltern und Verwandte genauer kennenzulernen, »psychopathische Züge« festgestellt zu haben.

⬛ Tab. 26.1. Vergleich der diagnostischen Kriterien für Autismus, modifiziert nach ICD-10 und DSM IV (WHO 1991; APA 1996)

ICD-10 (Forschungskriterien)	DSM IV
A. Vor dem dritten Lebensjahr manifestiert sich eine auffällige und beeinträchtigte Entwicklung in mindestens einem der folgenden Bereiche:	**B.** Beginn vor dem dritten Lebensjahr und Verzögerung oder abnorme Funktionsfähigkeit in einem der folgenden Bereiche:
1. Rezeptive oder expressive Sprache	1. Soziale Interaktion
2. Soziale Zuwendung oder Interaktion	2. Sprache zur Kommunikation
3. Funktionales oder symbolisches Spielen	3. Symbolisches oder Phantasiespiel
B. Sechs Symptome aus 1., 2. und 3. müssen vorliegen, davon mindestens zwei von 1. und je eines von 2. und 3.	**A.** Es müssen mindestens sechs Kriterien aus 1., 2. und 3. zutreffen, wobei mindestens zwei aus 1. und je ein Punkt aus 2. und 3. stammen müssen.
1. Qualitative Auffälligkeiten der sozialen Interaktion:	1. Qualitative Beeinträchtigung der sozialen Interaktion in mindestens zwei der folgenden Bereiche:
a) Unfähigkeit, Blickkontakt, Mimik, Körperhaltung und Gestik zur Regulation sozialer Interaktionen zu verwenden	a) Ausgeprägte Beeinträchtigung im Gebrauch nonverbaler Verhaltensweisen
b) Unfähigkeit, trotz hinreichender Möglichkeiten, angemessene Beziehungen zu Gleichaltrigen aufzunehmen	b) Unfähigkeit, entwicklungsgemäße Beziehungen zu Gleichaltrigen aufzubauen
c) Mangel an sozioemotionaler Gegenseitigkeit (Beeinträchtigung oder deviante Reaktion auf Gefühle anderer; Mangel an Verhaltensmodulation nach sozialem Kontext)	c) Mangel, spontan Freude, Interessen oder Erfolge mit anderen zu teilen
	d) Mangel an sozialer Gegenseitigkeit
2. Qualitative Auffälligkeit der Kommunikation in mindestens einem Bereich:	2. Qualitative Beeinträchtigung der Kommunikation in mindestens einem der folgenden Bereiche:
a) Störung der Sprachentwicklung ohne Kompensationsversuche	a) Verzögertes Einsetzen oder Ausbleiben der Sprachentwicklung ohne Kompensationsversuche
b) Unfähigkeit, sprachlichen Kontakt zu beginnen oder zu erhalten	b) Bei ausreichendem Sprachvermögen beeinträchtigte Fähigkeit, ein Gespräch aufzunehmen oder fortzuführen
c) Stereotype und repetitive Verwendung von Sprache bzw. idiosynkratischer Gebrauch	c) Stereotyper oder repetitiver Gebrauch von Sprache oder idiosynkratische Sprache
d) Mangel an Als ob-Spielen oder sozialer Imitation	d) Fehlen entwicklungsgemäßer Rollenspiele oder sozialer Imitationsspiele
3. Begrenzte, repetitive und stereotype Verhaltensmuster in mindestens einem Bereich:	3. Beschränkte, repetitive und stereotype Verhaltensweisen, Interessen oder Aktivitäten in mindestens einem der folgenden Bereiche:
a) Beschäftigung mit stereotypen und begrenzten Interessen, die in Inhalt und Schwerpunkt abnorm sind	a) Beschäftigung mit stereotypen und begrenzten Interessen, wobei Inhalt und Intensität abnorm sind
b) Zwanghafte Anhänglichkeit an nichtfunktionale Handlungen und Rituale	b) Festhalten an nichtfunktionalen Gewohnheiten oder Ritualen
c) Stereotype und repetitive motorische Manierismen	c) Stereotype und repetitive Manierismen
d) Vorherrschende Beschäftigung mit Teilobjekten	d) Ständige Beschäftigung mit Teilen von Objekten
C. Das klinische Bild kann keiner anderen tief greifenden Entwicklungsstörung zugeordnet werden.	**C.** Die Störung kann nicht besser durch das Rett-Syndrom oder eine desintegrative Störung erklärt werden.

26

ICD-10 beschreibt das Asperger-Syndrom demgegenüber als eine »Störung von unsicherer nosologischer Prägnanz«, die »durch dieselbe Form qualitativer Beeinträchtigungen der gegenseitigen sozialen Interaktion charakterisiert ist, die für den Autismus typisch ist«. Es sollen sich »qualitative Beeinträchtigungen in den sozialen Interaktionen sowie die eingeschränkten, sich wiederholenden, stereotypen Verhaltensmuster, Interessen und Aktivitäten (wie beim Autismus)« kombinieren, jedoch »ohne … bedeutsame sprachliche oder kognitive Entwicklungsverzögerung …«. Als dazugehörige Begriffe werden »autistische Psychopathie« und »schizoide Störung des Kindesalters« genannt.

Auch DSM IV benennt als Hauptmerkmale der Asperger-Störung eine »schwere und anhaltende Beeinträchtigung der sozialen Interaktion sowie die Entwicklung von restriktiven, repitiven Verhaltensmustern, Interessen und Aktivitäten« entsprechend den jeweiligen Kriterien des frühkindlichen Autismus ohne Beeinträchtigung der sprachlichen Entwicklung.

26.3.1 Vom Asperger-Syndrom zum »Aspie«

Seit Ende der 90-er Jahre ist es zu einem Boom der wissenschaftlichen und pseudowissenschaftlichen Auseinandersetzung mit dem Asperger-Syndrom – vermeintlich liebevoll, gleichzeitig aber das Ausmaß der Entwicklungsbeeinträchtigung tatsächlich Betroffener verharmlosend »Aspie« genannt – gekommen. Ausgangspunkt dieser Entwicklung (im Internet finden sich derzeit ca. 765.000 Eintragungen zum Thema »Asperger«) war u. a. ein Buch (»Pretending to Be Normal«) von Liane Holliday Willey (1999), die sich darin erstmals selbst als »Aspie« beschrieb.

In der Folgezeit kam es – stellvertretend sei hier der Psychologe Tony Attwood genannt (Gray u. Attwood 1999) – zu einer **Umdefinition** der in ICD-10 und DSM IV genannten diagnostischen Kriterien. Diese bestimmt derzeit zumindest die im Internet verfügbaren »Selbstdiagnosetests« und lässt die Diagnose »Aspie« – im Vergleich zu anderen psychischen Störungen – als gesellschaftlich besser akzeptabel erscheinen. Daneben bestehen

(Gillberg u. Gillberg 1989; Szatmari et al. 1989) Diagnosekriterien, die noch Zusammenhänge zu den Kriterien von ICD-10 und DSM IV erkennen lassen, wenngleich auch hier das Kernkriterium einer autistischen Störung (qualitative Beeinträchtigung der sozialen Interaktion, wie sie für den Autismus typisch ist) im einen Fall (Gillberg u. Gillberg 1989) nicht genannt, im anderen Fall (Szatmari et al. 1989) sogar ausgeschlossen wird (◘ Tab. 26.2).

Noch weiter geht der Ansatz von Gray und Attwood (1999), die diagnostischen Kriterien des Asperger-Syndroms durch »Kriterien für die Entdeckung von Aspie« zu ersetzen, um sich von der Fokussierung auf Defizite und Schwächen abzugrenzen, die Diagnose- und Klassifikationssystemen wie ICD-10 und DSM IV unterstellt wird (s. Übersicht).

Kriterien für die Entdeckung von Aspie (Auszug, mod. nach Gray u. Attwood 1999)

A. Qualitativer Vorteil in sozialer Interaktion

1. Beziehungen zu Altersgenossen geprägt von Loyalität und Zuverlässigkeit
2. Freiheit von sexistischer, altersbezogener und kultureller Voreingenommenheit
3. Man sagt, was man denkt
4. Fähigkeit, persönliche Theorien oder Perspektiven trotz offenkundiger Konflikte zu verfolgen
5. Suche nach (gleichgesinnten) Zuhörern
6. Zuhören ohne dauerndes Urteilen oder voreilige Schlüsse
7. Interesse an gehaltvollen Gesprächen; Vermeiden von Smalltalk, trivialen Bemerkungen und oberflächlicher Konversation
8. Suche nach aufrichtigen, positiven, ehrlichen Freunden mit einem zurückhaltenden Sinn für Humor

---

Nach diesen Kriterien handelt es sich bei den vom »Asperger-Syndrom« Betroffenen um einen eigenwilligen, dabei aber besonders geistreichen und kreativen Menschentyp – ein Störungsbild ist (was auch der erklärten Intention der Autoren entspricht) nicht mehr zu erkennen.

26

◘ Tab. 26.2. Diagnosekriterien für das Asperger-Syndrom

Gillberg und Gillberg (1989)	Szatmari et al. (1989)
1. Soziale Beeinträchtigung (extreme Ichbezogenheit) (mindestens zwei der folgenden Merkmale): a) Unfähigkeit, mit Gleichaltrigen zu interagieren b) Mangelnder Wunsch, mit Gleichaltrigen zu interagieren c) Mangelndes Verständnis für soziale Signale d) Sozial und emotional unangemessenes Verhalten	**1. Einsam** (mindestens zwei der folgenden Merkmale): ▬ Hat keine engen Freunde ▬ Meidet andere Menschen ▬ Hat kein Interesse am Schließen von Freundschaften ▬ Ist ein Einzelgänger
2. Eingeengte Interessen (mindestens eines der folgenden Merkmale): a) Ausschluß anderer Aktivitäten b) repetitives Befolgen der Aktivität c) mehr Routine als Bedeutung	**2. Beeinträchtigte soziale Interaktion** (mindestens eines der folgenden Merkmale): ▬ nähert sich anderen Menschen nur an, wen es um die eigenen Bedürfnisse geht ▬ hat eine ungeschickte Art der Annäherung ▬ zeigt einseitige Reaktionen auf Gleichaltrige ▬ hat Schwierigkeiten, die Gefühle anderer zu spüren ▬ steht den Gefühlen anderer gleichgültig gegenüber
3. Repetitive Routinen (mindestens eines der folgenden Merkmale): a) Für sich selbst, in Bezug auf bestimmte Lebensaspekte b) Für andere	**3. Beeinträchtigte nonverbale Kommunikation** (mindestens eines der folgenden Merkmale): ▬ Begrenzte Mimik ▬ Ist unfähig, aus der Mimik eines anderen Kindes eine Emotion herauszulesen ▬ Ist unfähig, Botschaften mit den Augen zu geben ▬ Schaut andere Menschen nicht an ▬ Nimmt nicht die Hände zu Hilfe, um sich Ausdruck zu verleihen ▬ Hat eine ausufernde und unbeholfene Gestik ▬ Kommt anderen Menschen zu nahe
4. Rede- und Sprachbesonderheiten (mindestens drei der folgenden Merkmale): a) (Verzögerte Entwicklung) b) (Oberflächlich gesehen) perfekter sprachlicher Ausdruck c) Formelle, pedantische Sprache d) Seltsame Sprachmelodie, „fremder" Akzent, eigenartige Stimmerkmale e) Beeinträchtigtes Verständnis, einschließlich Fehlinterpretationen von wörtlichen/implizierten Bedeutungen	**4. Sonderbare Redeweise** (mindestens zwei der folgenden Merkmale): ▬ Abnormale Modulation ▬ Spricht zuviel ▬ Spricht zuwenig ▬ Mangelnde Kohäsion im Gespräch ▬ Idiosynkratischer Wortgebrauch ▬ Repetitive Sprachmuster
5. Nonverbale Kommunikationsprobleme (mindestens eines der folgenden Merkmale): a) Begrenzte Gestik b) Unbeholfene/linkische Körpersprache c) Begrenzte Mimik d) Unangemessener Ausdruck e) Eigenartig starrer Blick	**5. Entspricht nicht den DSM IV-Kriterien für eine autistische Störung**

26.3.2 Autismus oder Schizoidie?

Die in ▫ Tab. 26.2 benannten diagnostischen Kriterien des Asperger-Syndroms (Gillberg u. Gillberg 1989; Szatmari et al. 1989) lassen – wie auch die Originalarbeit von Asperger – letztlich offen, ob ein »autistisches Syndrom« oder aber eine »schizoide Persönlichkeitsstörung« (▫ Tab. 26.3) beschrieben wird.

Einige Merkmale der **schizoiden bzw. schizotypischen Persönlichkeit** stimmen überein mit Kriterien wie

– soziale Beeinträchtigung (extreme Ichbezogenheit),
– Einsamkeit,
– beeinträchtigte soziale Interaktion,
– beeinträchtigte nonverbale Kommunikation und
– Fehlinterpretation wörtlich/implizierter Bedeutungen,

wenngleich insbesondere die genannten Störungen der Sprachmodulation als autismustypisch anzusehen sind. Wichtig erscheint daher, bei der diagnostischen Zuordnung von Störungen, die mit einer Beeinträchtigung der sozialen Interaktion und Kommunikation einhergehen, zu unterscheiden, ob es sich

– (im Sinne Bleulers) um »verlorenen Kontakt zur Wirklichkeit«,
– um die (hirnorganisch bedingte) Unfähigkeit zu angemessenem Kontakt zur Wirklichkeit (Autismus)
– oder um eine durch ungewöhnliche Wahrnehmungserfahrungen, Argwohn und paranoide Vorstellungen geprägte Schizotypie

handelt. In letzterem Fall ist zwar Kontakt zur Wirklichkeit vorhanden, allerdings ein durch die bestehenden Symptome gestörter. Bei autistischer Störung (das zeigt sich v. a. eindrucksvoll beim frühkindlichen Autismus) steht demgegenüber das fehlende Interesse an der Umwelt (ab dem dritten

---

▫ **Tab. 26.3.** Schizoide bzw. schizotypische Persönlichkeitsstörung

Merkmale der schizoiden Persönlichkeitsstörung nach ICD-10 (WHO 1991)	Diagnostische Kriterien der schizotypischen Persönlichkeitsstörung nach DSM IV (APA 1996)
1. Unvermögen zum Erleben von Freude (Anhedonie)	1. Beziehungsideen (kein Beziehungswahn)
2. Emotionale Kühle, Absonderung oder flache Affektivität und Unvermögen, warme, zärtliche Gefühle anderen gegenüber oder auch Ärger zu zeigen	2. Seltsame Überzeugungen oder magische Denkinhalte (bei Kindern bizarre Phantasien und Beschäftigungen)
3. Schwache Reaktion auf Lob oder Kritik	3. Ungewöhnliche Wahrnehmungserfahrungen
4. Wenig Interesse an sexuellen Erfahrungen mit einer anderen Person	4. Seltsame Denk- und Sprechweise
5. Übermäßige Vorliebe für Phantasie, einzelgängerisches Verhalten und in sich gekehrte Zurückhaltung	5. Argwohn oder paranoide Vorstellungen
6. Mangel an engen, vertrauensvollen Beziehungen	6. Inadäquater oder eingeschränkter Affekt
7. Deutliche Mängel im Erkennen und Befolgen gesellschaftlicher Regeln, mit der Folge von exzentrischem Verhalten	7. Verhalten oder äußere Erscheinung sind seltsam, exzentrisch oder merkwürdig
	8. Mangel an engen Freunden oder Vertrauten
	9. Ausgeprägte soziale Angst, die nicht mit zunehmender Vertrautheit abnimmt und eher mit paranoiden Befürchtungen zusammenhängt

bis vierten Lebensmonat kein reaktives Lächeln, kein Erkennen von Gesichtern) ganz im Vordergrund des klinischen Bildes.

26.4   Schizoidie und ToM

Im Unterschied zu Menschen mit autistischen Störungen (s. oben) verfügen Menschen mit einer schizoiden bzw. schizotypischen Persönlichkeitsstörung durchaus über eine ToM – allerdings in der Regel über eine auf (sensitiv-paranoiden) Fehlannahmen darüber beruhende, was andere Menschen über sie denken oder gesagt haben könnten. Insofern ist es zur differenzialdiagnostischen Abklärung durchaus hilfreich, sich ein Bild darüber zu verschaffen, ob die gestörten sozialen Beziehungen eines Menschen, seine Unfähigkeit zu Kontaktaufnahme und Kommunikation und seine merkwürdig erscheinenden Interessen und Aktivitäten auf Unvermögen und Mangel an ToM zurückzuführen oder aber vor dem Hintergrund einer schizoiden bzw. schizotypischen Persönlichkeitsentwicklung oder -störung zu verstehen sind. Bei den vorhandenen Möglichkeiten, paranoid-schizoides Denken therapeutisch (medikamentös und psychotherapeutisch) zumindest zu entaktualisieren und dadurch eine verbesserte soziale Integrationsfähigkeit zu erreichen, hat dieser Ansatz auch therapeutisch bahnende Konsequenzen.

Fazit

Einen ersten Hinweis auf eine gestörte bzw. fehlende ToM gab bereits Kanner (1944), der auf die mangelnde »Antizipationsfähigkeit« der betroffenen Kinder hinwies. Weitere Belege ergab der »Sally-und-Anne-Test«, mit dem Baron-Cohen et al. (1985) zeigten, dass autistische Kinder unabhängig vom Ausmaß ihrer intellektuellen Retardierung nicht in der Lage waren, Annahmen über andere und Vorhersagen über deren Verhalten zu entwickeln. Eine Replikationsstudie (Kißgen u. Schleiffer 2002) konnte die Ergebnisse von Baron-Cohen et al. (1985) allerdings nicht bestätigen. Wie sich hier zeigte, korrelierten die Unterschiede bei der Bewältigung der ToM-Aufgabe mit den Ergebnissen der angewandten Intelligenztests, sodass einerseits Ausmaß und Spezifität eines Defizits bezüglich ToM fraglich blieben und andererseits Mängel der

klinischen Diagnostik autistischer Störungen aufgezeigt wurden, die nicht ausreichend trennscharf zwischen frühkindlichem Autismus und geistiger Behinderung ohne Autismus differenzieren lassen. Darüber hinaus besteht bezüglich des »Asperger-Syndroms« durch die Aufweichung der ohnedies unscharfen diagnostischen Kriterien derzeit die Tendenz, unter Vernachlässigung der (insbesondere bei Erwachsenen) häufig zutreffenden Diagnose einer schizoiden bzw. schizotypischen Persönlichkeitsstörung, dieses Störungsbild im Sinne einer »Modediagnose« zu häufig zu diagnostizieren. Nachdem heute – trotz beträchtlicher Fortschritte – weder die neurobiologische noch die genetische Forschung einen Stand erreicht haben, der es ermöglichen würde, die aufgezeigten diagnostischen Probleme zu lösen, wird die Frage, ob das Fehlen einer ToM für autistische Störungen spezifisch ist, weiterhin ungelöst bleiben.

Exkurs

Neurobiologische Befunde zum Autismus

Ausgehend von der zentralen Rolle der Amygdala für das emotionale Lernen und Erinnern sind bei autistischen Menschen mittels bildgebender Verfahren Befunde erhoben worden, die für einen Zusammenhang der sozialen Defizite mit einer funktionellen **Störung der Amygdala** sprechen. So schnitten Menschen mit Asperger-Syndrom beim Wiedererkennen emotionalen Ausdrucksverhaltens anhand von Bildern, auf denen nur die Augenpartie zu sehen war, deutlich schlechter ab als gesunde Probanden, und sie wiesen im Unterschied zu diesen keine Aktivität im Bereich der Amygdala und nur eine geringe Aktivität des Frontallappens auf (Baron-Cohen et al. 2000). Wie mittels funktioneller Kernspintomographie (Critchley et al. 2000) gezeigt werden konnte, unterscheiden sich Menschen mit Autismus bei der Erkennung von Gesichtern und Objekten von gesunden Probanden hinsichtlich der Aktivierung des Kleinhirns, des limbischen Systems und der Temporallappen dahingehend, dass bei der Wahrnehmung von Gesichtern bei autistischen Patienten und Menschen mit Asperger-Syndrom Gehirnregionen für die Objektwahrnehmung akti-

viert werden, (Schultz et al. 2000; Hubl et al. 2001). Beim Vergleich des regionalen zerebralen Blutflusses (rCBF) zwischen elf autistischen Kindern und sechs nichtautistischen, geistig behinderten Kindern mittels Positronenemissionstomographie (PET) konnten die Autoren den an erwachsenen Autisten erhobenen Befund einer Minderaktivierung des linkstemporalen Sprachzentrums replizieren, die möglicherweise mit der für Autismus spezifischen Störung der Sprachentwicklung in Zusammenhang steht (Boddaert et al. 2004). Noch unvollständig sind die bisherigen Erkenntnisse über die **Funktion des Frontallappens** im Zusammenhang mit autistischen Störungen. Mittels PET konnte gezeigt werden, dass bei autistischen Menschen, die – wie Patienten mit frontalen Läsionen – in neuropsychologischen Tests Defizite der exekutiven Funktionen zeigen, die präfrontale dopaminerge Aktivität reduziert ist (Ernst et al. 1997). Mitbedingt durch genetische Einflüsse, präoder perinatale Hirnschäden und weitere exogene Faktoren kommt es bei Menschen mit Autismus möglicherweise zu Störungen der neuronalen Entwicklung limbischer Strukturen, die an emotionalem Lernen und emotionaler Wahrnehmung beteiligt sind.

Literatur

APA (American Psychiatric Association) (1996) Diagnostisches und Statistisches Manual psychischer Störungen (DSM IV). Deutsche Bearbeitung von H Sass, HU Wittchen und M Zaudig. Hogrefe, Göttingen

Asperger H (1944) Die »autistischen Psychopathen« im Kindesalter. Arch Psychiatrie Nervenkrankh 117: 76–136

Asperger H (1965) Heilpädagogik. Eine Einführung in die Psychopathologie des Kindes für Ärzte, Lehrer, Psychologen, Richter und Fürsorgerinnen. Springer, Wien

Baron-Cohen S, Leslie AM, Frith U (1985) Does the autistic child have a »theory of mind"? Cognition 21: 37–46

Baron-Cohen S, Ring HA, Bullmore ET et al (2000) The amygdala theory of autism. Neurosci Behav Rev 24: 355–364

Bleuler E (1922) Das autistisch-undisziplinierte Denken, 3. Aufl. Springer, Berlin

Bleuler E (1930) Lehrbuch der Psychiatrie, 5. Aufl. Springer, Berlin, S 287f

Boddaert N, Chabane N, Belin P et al (2004) Perception of complex sounds in autism: abnormal auditory cortical processing in children. Am J Psychiatry 161: 2117–2120

Critchley HD, Daly EM, Bullmore ET et al (2000) The functional neuroanatomy of social behaviour: changes in cerebral blood flow when people with autistic disorder process facial expressions. Brain 123: 2203–2212

DGPN (Deutsche Gesellschaft für Psychiatrie und Nervenheilkunde) (1980) Diagnosenschlüssel und Glossar psychiatrischer Krankheiten. Degwitz R, Helmchen H, Kockott G, Mombour W (Hrsg) Springer, Berlin Heidelberg New York

Ernst M, Zmaetkin AJ, Matochik JA et al (1997) Low medial prefrontal dopaminergic activity in autistic children. Lancet 350: 638

Frith U (1989) Autism. Explaining the enigma. Basil Blackwell, Oxford

Gesell A, Amatruda CS (1974) Developmental diagnosis – normal and abnormal development. Harper & Row, New York

Gillberg IC, Gillberg C (1989) Asperger syndrome – some epidemiological considerations: a research note. J Child Psychol Psychiatry 30(4): 631–638

Gray C, Attwood T (1999) The discovery of »Aspie" criteria. The Morning News 11: 3

Hubl D, Bölte S, Feineis-Matthews et al (2001) Face recognition in autistic and healthy controls: Differences in primary visual areas, World J Biol Psychiatry 2(1)

Kanner L (1943) Autistic disturbances of affective contact. Nervous Child 2: 217–250

Premack D, Woodruff G (1978) Does the chimpanzee have a »theory of mind"? Behav Brain Sci 4: 515–526

Kißgen R, Schleiffer R (2002) Zur Spezifitätshypothese eines Theory-of-Mind Defizits beim Frühkindlichen Autismus. Z Kinder- und Jugendpsychiatrie 30: 29–40

Lord C, Rutter M, Le Couteur A (1994) Autism diagnostic interview – Revised: a revised version of a diagnostic interview for caregivers of individuals with possible pervasive developmental disorders. J Autism Devel Disord 24: 659–685

Rutter M (1978) Diagnosis and definition of childhood autism. J Autism Childhood Schizophrenia 8:139–161

Szatmari P, Bremner R, Nagy J (1989) Asperger's syndrome: a review of clinical features. Can J Psychiatry 34(6): 554–560

Schultz RT, Romanski LM, Tsatsanis KD (2000) Neurofunctional models of autistic disorder and Asperger syndrome: Clues from neuroimaging. In: Klin A, Volkmar FR, Sparrow SS (eds) Asperger Syndrome. Plenum Press, New York, pp 179–209

WHO (Weltgesundheitsorganisation) (1991) Internationale Klassifikation psychischer Störungen: ICD-10, Kapitel V (F), Dilling H, Mombour W, Schmidt MH (Hrsg). Huber, Bern

Wimmer H, Perner J (1983) Beliefs about beliefs representation and constraining function of wrong beliefs in young children's understanding of deception. Cognition 13: 103–128

Willey LH (1999) Pretending to be normal living with Asperger's disease. Jessica Kingsley Publishers, London

Frontalhirninfarkte: Defizite der Theory of Mind und anderer Leistungen

Peter Marx und Claudia Wendel

27.1 Einleitung

Frontalhirnfunktionen und ihre Störungen sind für die soziale Prognose von Patienten mit Hirninfarkten oft bedeutsamer als Paresen und andere fokalneurologische Symptome. Im Folgenden soll zuerst eine kurze Darstellung der Gefäßversorgung des Frontalhirns gegeben werden. Anschließend werden die wichtigsten Hirninfarktmuster umschriebener Verschlussprozesse und ihre klinischen Folgen dargestellt, wobei besonders auf Verhaltensstörungen und auf Aspekte der Störung von ToM-Funktionen eingegangen wird.

27.2 Gefäßversorgung des Frontalhirns

Das Frontalhirn wird von den beiden Hauptästen der Arteria carotis interna, der Arteria cerebri anterior und Arteria cerebri media, versorgt, deren weitere Aufzweigungen erhebliche Variationen aufzeigen können.

27.2.1 Arteria cerebri anterior (ACA)

Die ACA gibt im Abschnitt bis zum Abgang der A. communicans anterior bis zu 15 basale **perforierende Äste** zur Versorgung von paraolfaktorischen

Strukturen, Anteilen der Commissura anterior des Globus pallidus, des Nucleus caudatus, des Putamen und des vorderen Gliedes der Capsula interna, Teilen des Nucleus anterior thalami, des Hypothalamus sowie für Chiasma opticum, Nervus und Tractus opticus ab.

In Höhe der A. communicans anterior entspringt die **A. recurrens Heubner**, deren Versorgungsgebiet den vorderen Anteil des Caput nuclei caudati, anterolaterale Anteile von Putamen und Pallidum, Substantia innominata, den lateralen Anteil der Commissura anterior, periventrikuläres Marklager und den vorderen Anteil der Capsula interna einschließt.

Aus der **A. communicans anterior** entspringen perforierende Äste zur Versorgung von Septum pellucidum, Balken, Columna fornicis, Lamina terminalis, mesialen paraolfaktorischen Strukturen und anterioren Anteilen des Hypothalamus.

Distal der A. communicans anterior geht die ACA in die **A. pericallosa** über, die den Balken versorgt und mit Ästen der A. cerebri posterior anastomosiert. Beide Aa. pericallosae sind üblicherweise über viele kleine Balkenanastomosen miteinander verbunden, wobei jedoch erhebliche Variationen beobachtet wurden. Aus der Pericallosa entspringen direkt oder indirekt meist acht kortikale Äste (◘ Abb. 27.1). Das Versorgungsgebiet umfasst den Balken und die medialen Anteile von Frontal- und Parietalhirn einschließlich der Mantelkante.

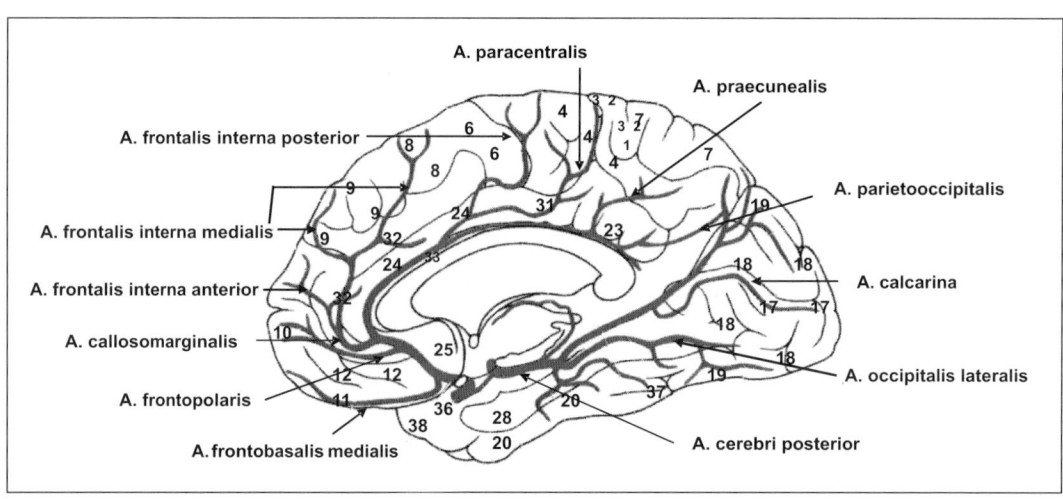

◘ **Abb. 27.1.** Arterielle Gefäße, mediale Ansicht. Die *arabischen Ziffern* bezeichnen die Brodmann-Areale. (Mod. nach Zilles 2001)

27.2.2 Arteria cerebri media (ACM)

Die ACM gibt **lentikulostriäre Arterien** zur Versorgung des Stammganglienmassivs, d.h. des Nucleus lentiformis, des Körpers des Nucleus caudatus und der Capsula interna, ab. Danach teilt sie sich in zwei oder drei Hauptstämme auf, die wiederum mehrere Äste abgeben (◘ Abb. 27.2). Dabei unterscheidet man vordere (**A. frontobasalis lateralis bis A. sulci centralis**) von hinteren Ästen. Erstere durchbluten den lateralen frontalen Kortex einschließlich des darunter liegenden Marklagers. Die hinteren Mediaäste versorgen laterale Anteile von Kortex und Marklager des Parietal-, Okzipital- und Temporalhirns.

27.3 Hirninfarkte

Hirninfarkte entstehen kardio- oder arterioarteriell embolisch, seltener durch autochthone/n Stenose oder Gefäßverschluss, hämodynamisches Versagen oder spezielle Gefäßkrankheiten. Der Verschluss eines Gefäßes führt meist zum Infarkt in seinem gesamten Versorgungsgebiet. Bei gutem Kollateralkreislauf oder rascher Rekanalisation können auch kleinere Infarktmuster entstehen. Infarkte betreffen das Versorgungsgebiet der ACM weit häufiger als das der ACA.

27.3.1 Mediainfarkte

Totalinfarkte des ACM-Versorgungsbiets bedingen eine kontralaterale homonyme Hemianopsie, Hemiparese und Hemihypästhesie/-algesie. Eine initiale Blickparese zur Gegenseite der Läsion mit Blickdeviation zur Seite der betroffenen Hemisphäre bildet sich üblicherweise zurück, signalisiert aber eine schlechte Prognose. Infarkte der sprachdominanten Hemisphäre führen zusätzlich zu globaler Aphasie, solche der nichtdominanten Hemisphäre zu multimodalem Hemineglekt und Anosognosie.

Das klinische Bild bei alleinigem Verschluss der **vorderen Mediaäste** ähnelt dem des Totalverschlusses. Charakteristisch sind eine brachiofazial betonte, kontralaterale Hemiparese, die von einem motorischen Neglekt abgegrenzt werden muss, und eine Hemihypästhesie/-algesie. Bei Läsion der sprachdominanten Hemisphäre findet man eine Broca-Aphasie, bei Infarkten der nichtsprachdominanten Hemisphäre kontralateralen, multimodalen Neglekt, der sich jedoch meist vollständig zurückbildet.

Ein isolierter Verschluss der **lentikulostriären Gefäße** führt zum großen Stammganglieninfarkt mit kontralateraler, rein motorischer Hemiparese ohne begleitende Störungen der Sensorik, des visuellen Systems oder der Sprache. Multiple Lakunen

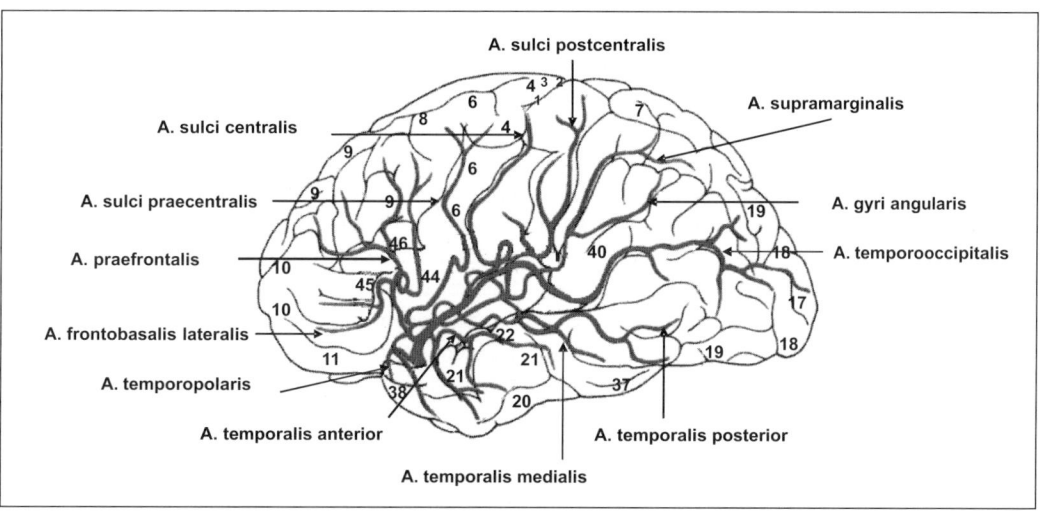

◘ **Abb. 27.2.** Arteria cerebri media, laterale Ansicht. Die *arabischen Ziffern* bezeichnen die Brodmann-Areale. (Mod. nach Zilles 2001)

in den Stammganglien sind jedoch mit frontalem Hypometabolismus, Exekutivfunktionsstörungen, Gedächtnisstörungen und kognitiven Einbußen assoziiert (Kramer et al. 2002; Reed et al. 2004; Giroud et al. 1997). Ursache hierfür sind Unterbrechungen der Verbindungen des präfrontalen Kortex mit Stammganglien und Thalamus. Ähnliches trifft für mikroangiopathische Läsionen im frontalen Marklager zu.

Ein Verschluss der **A. frontobasalis lateralis** bleibt klinisch meist unbemerkt, da motorische und sensible Ausfälle fehlen und Verhaltensauffälligkeiten eher gering sein dürften.

Infarkte im Versorgungsgebiet der **A. praefrontalis** betreffen Brodmann-Areal (BA) 45, BA 46 und laterale Anteile von BA 9. Entsprechend findet sich bei linkshirnigen Infarkten eine Broca-Aphasie. Diese wird nicht durch alleinige Läsion im Broca-Areal hervorgerufen, sondern entsteht nur bei ausgedehnteren Infarkten. Ist die Broca-Aphasie mit einer Hemiparese verbunden, erhöht sich die Sterblichkeit gegenüber Patienten ohne Aphasie. Broca-Aphasien ohne Begleithemiparese haben meist eine gute Rückbildungsprognose. Isolierte Infarkte im Operculum können zu Aphemie (auch bezeichnet als Sprachataxie, oral-verbale Apraxie, *minor Broca aphasia*) führen (Mohr 1973). Initial beobachtet man einen Mutismus mit ideomotorischer und bukkofazialer Apraxie. Auditorisches und visuelles Sprachverständnis sind praktisch intakt. Einige Patienten können mit der linken Hand schreiben. Das Krankheitsbild ist innerhalb von Stunden oder wenigen Tagen reversibel. Aphemie wurde auch bei einem Infarkt im supplementärmotorischen Areal rechts beschrieben (Mendez 2004).

Eine bei Frontalhirninfarkten vorkommende besondere Form der Aphasie wird als transkortikale motorische Aphasie bezeichnet (Goldstein 1917; Grossi et al. 1991; Berthier et al. 1991). Sie ist gekennzeichnet durch gestörte Spontansprache bei recht gut erhaltenem Sprachverständnis und weitgehend ungestörtem Nachsprechen. Zugrunde liegen entweder Infarkte im linken Marklager anterolateral vom Vorderhorn, also im Versorgungsgebiet der vorderen Äste der ACM, oder im Versorgungsbiet der ACA (► Kap. 27.3.2).

Im klinischen Alltagsbetrieb oft übersehen oder zumindest nicht ausreichend geprüft und gewürdigt sind Exekutivfunktionsstörungen, die bei begleitenden motorischen Entwurfstörungen auch als »dorsolaterales Präfrontalsyndrom« zusammengefasst werden (Cummings 1993). Die Patienten weisen Störungen des Arbeitsgedächtnisses auf, d. h., das gleichzeitige kurzfristige Halten und Manipulieren von Information (wie es etwa beim Kopfrechnen erforderlich ist) gelingt nur unzureichend. Die Fähigkeiten zur Aufmerksamkeitsfokussierung und zur Steuerung des Aufmerksamkeitsfokus können beeinträchtigt sein. Schwierigkeiten in den Bereichen Planen, Problemlösen und Handlungssteuerung behindern die Patienten darin, sich regelgerecht und zielorientiert zu verhalten. Dies geht einher mit verminderter Fähigkeit der Hypothesengenerierung und verringerter Flexibilität bei wechselnden Anforderungen. Ausgeprägteste Form der mangelnden Verhaltensunterdrückung sind Impulskontrollstörungen und Perseverationen. Wie für alle Frontalhirnsyndrome gilt, dass unilaterale Ausfälle meist diskret und materialspezifisch sind, d. h. sich auf umschriebene Funktionsbereiche erstrecken. So äußern sich die Störungen linkshirniger Infarkte vorwiegend beim sprachlichen Handeln (geringe Sprachproduktion und -flüssigkeit, verbale Perseverationen), die rechtshirniger Infarkte bei raumbezogenen, konstruktiven Aktivitäten.

Bei Infarkten im Versorgungsgebiet der **A. sulci praecentralis** ist der prämotorische Kortex mit BA 4 (variabel), BA 6 und teilweise BA 8 betroffen. Entsprechend findet man eine brachiofazial betonte kontralaterale Hemiparese mit ausgeprägter Feinmotorikstörung der Hand. Die Hemiparese ist bei linkshirnigen Infarkten von einem motorischen Hemineglekt abzugrenzen. Für diesen sind bei erhaltener Kraft ein Mangel an spontanen Platzierungsreaktionen (die Hand fällt z. B. von der Armlehne und wird nicht wieder in eine adäquate Stellung gebracht), verzögerte und inadäquate Einnahme von Körperhaltungen mit der Folge von Stürzen, gestörte automatische Vermeidungsreaktion nach Schmerzreiz und verminderte Bewegung einer Extremität bei zielgerichteten Bewegungen (z. B. wird bei dem Versuch, die Nase zu berühren, weniger die Hand zum Kopf als der Kopf zur Hand geführt) charakteristisch. Derartige motorische Neglekte kommen ohne sensible Störungen und

Paresen vor. Eine entsprechende Störung ist schon früh bei einem autoptisch gesicherten Infarkt im rechten Gyrus frontalis medius beschrieben worden (Hartmann 1917). Schließlich können linkshirnige Infarkte auch eine ideomotorische Apraxie (mangelhafte Bewegungsimitation bei gut erhaltenen, stark automatisierten Handlungen) zur Folge haben.

Ist das frontale Augenfeld (BA 8) und seine Umgebung betroffen, können Blickparesen nach kontralateral und kontraversive Augen- und Kopfdeviationen beobachtet werden. Sie sind signifikant mit der Infarktausdehnung im Mediastromgebiet korreliert und kommen besonders bei Mitbeteiligung tiefer Strukturen, aber auch bei ausschließlichem Verschluss der vorderen Mediaäste vor. Sie haben eine gute Rückbildungstendenz.

Kürzlich berichteten Pierrot-Deseilligny et al. (2003) über drei Patienten mit ischämischen Läsionen im dorsolateralen präfrontalen Kortex (BA 46) und erhaltenem frontalem Augenfeld. Während visuell geführte Sakkaden, Latenz von Antisakkaden und Gedächtnissakkaden sowie die Verstärkung geführter glatter Augenbewegungen ungestört waren, zeigten sich eine bilaterale Zunahme der Fehler bei Antisakkaden, eine bilaterale Zunahme von Amplitudenfehlern bei Gedächtnissakkaden und eine bilaterale Verminderung des Anteils antizipatorischer Sakkaden. Die Autoren schlossen daraus, dass der dorsolaterale präfrontale Kortex eine wesentliche Rolle für die Entscheidungsprozesse bei der Vorbereitung von Sakkaden spielt, d. h. für die Unterdrückung unerwünschter Reflexsakkaden, die Aufrechterhaltung erinnerter Informationen für intentional geführte Sakkaden und die Bahnung antizipatorischer Sakkaden.

Infarkte im Versorgungsgebiet der **A. sulci centralis** betreffen BA 4, BA 1, BA 2 und BA 3. Entsprechend haben sie eine brachiofazial betonte kontralaterale Hemiparese zur Folge.

Für Verschlüsse der **hinteren Mediaäste** sind homonyme Hemi- oder Quadrantenanopsien und bei linkshirnigen Infarkten Wernicke-Aphasie, bei rechtshirnigen multimodaler Neglekt und gelegentlich Amusie charakteristisch. Visueller, auditorischer und taktiler Hemineglekt werden vorwiegend nach rechtshirnigen parietalen Läsionen beobachtet; sie wurden aber auch bei rechtsseitigen

Infarkten im Frontalhirn, im Zingulum, im Nucleus lentiformis oder im Thalamus beschrieben. In einer jüngeren Studie zeigten Karnath et al. (2004), dass räumlicher Neglekt mit ischämischen Läsionen im oberen Temporalhirn rechts, in der Insel und subkortikal in Putamen und Caudatum assoziiert ist. Multimodaler Neglekt hat in der Regel eine gute Rückbildungsfähigkeit. Gelegentlich verbleibt jedoch ein visuelles Hemiextinkt, das Fahrtauglichkeit ausschließt.

Störungen von ToM-Fähigkeiten sind bei rechtshirnigen Mediainfarkten um den Sulcus temporalis superior beschrieben worden (Happe et al. 1999), nicht dagegen bei linkshirnigen (▶ Kap. 27.4).

27.3.2 Anteriorinfarkte

Infarkte im Versorgungsgebiet der ACA machen nur 0,6–3% aller Hirninfarkte aus. Ihre Entstehungsmechanismen entsprechen denen der Mediainfarkte.

Bei Gefäßanomalien (Aplasie eines A1-Abschnitts, singuläre A. pericallosa etc.) kommen ausgedehnte **bilaterale Anteriorinfarkte** vor. Sie sind durch akinetischen Mutismus (s. unten), bilaterale Beinparese und lang dauernde Inkontinenz charakterisiert. Der akinetische Mutismus kann sich in Abulie zurückbilden.

Bei **einseitigen Anteriortotalinfarkten** findet man kontralateral Paresen, die Gesicht, Arm und Bein gleichermaßen betreffen oder beinbetont sein können, selten ist die Armparese ataktisch, was auf eine Unterbrechung frontopontozerebellärer Bahnen zurückgeführt wird. Sensibilitätsstörungen am kontralateralen Bein betreffen diskriminative und propriozeptive Modalitäten, weniger Schmerz und Temperaturempfindung.

Neuropsychologische Störungen können dem frontomedialen und anterioren Gyrus-cinguli-Syndrom (Cummings 1993) entsprechen. Sie beruhen auf einer Läsion des zwischen anteriorem Gyrus cinguli, Nucleus accumbens, Globus pallidus und mediodorsalem Thalamuskern bestehenden Frontalhirnkreises, der für die motivationale Handlungssteuerung bedeutsam ist. Wichtigstes Symptom ist der Initiativverlust, der je nach Ausdehnung des Infarkts von Apathie über Abulie bis zu Mutismus reichen kann. Die Patienten zeigen eine starke Verminderung spontaner Bewegungen und sprachlicher Äußerungen, eine deutliche Verzögerung der Reaktionen auf verbale oder andere Stimuli sowie ein mangelhaftes Durchhaltevermögen bei unterschiedlichen verbalen und nichtverbalen Aufgaben. Daneben kommen Verwirrtheitszustände vor.

Vor allem wenn der orbitofrontale Kortex mitbetroffen ist, findet sich kontralateral ein pathologischer Greifreflex. Suchverhalten (*groping*), Festkleben des Fußes am Boden (*foot grasp reflex*), Gegenhalten und Saugreflex sind seltenere Folgen. Sie werden auf ungenügende Inhibition supplementärmotorischer Aktivität zurückgeführt. Urininkontinenz vervollständigt das Bild.

Nach Abklingen der Frühphase werden bei linkshirnigen Infarkten transkortikale motorische oder transkortikale gemischte Aphasie, Störungen der Emotionskontrolle und erhöhte Irritabili-

tät gefunden. Auch Exekutivfunktionstests, z. B. Stroop-Test, *Wisconsin Card Sorting Test* (WCST), Wortflüssigkeitstests, fallen pathologisch aus. Rechtshemisphärische Infarkte können zu einem linksseitigen Heminglekt führen. Ist der Balken mitbetroffen, ist bei linkshirnigen Infarkten eine ideomotorische Apraxie mitgeteilt worden. Infarkte, die den vorderen Balken und/oder frontomediale Strukturen der dominanten Hemisphäre einnehmen, können ein *alien hand syndrome* hervorrufen. Die betroffene Hand wird von dem Patienten als fremd empfunden, sie führt auch seinem Willen nicht unterworfene zielgerichtete Bewegungen aus. Eine bisher einmalige Mitteilung einer malignen intrakraniellen Drucksteigerung bei einem einseitigen ACA-Totalinfarkt, die eine Kraniotomie erforderte, wurde von Leistner et al. (2001) beschrieben (◘ Abb. 27.3).

Kasuistiken über Patienten mit **Einzelastverschlussinfarkten** der ACA sind sehr selten.

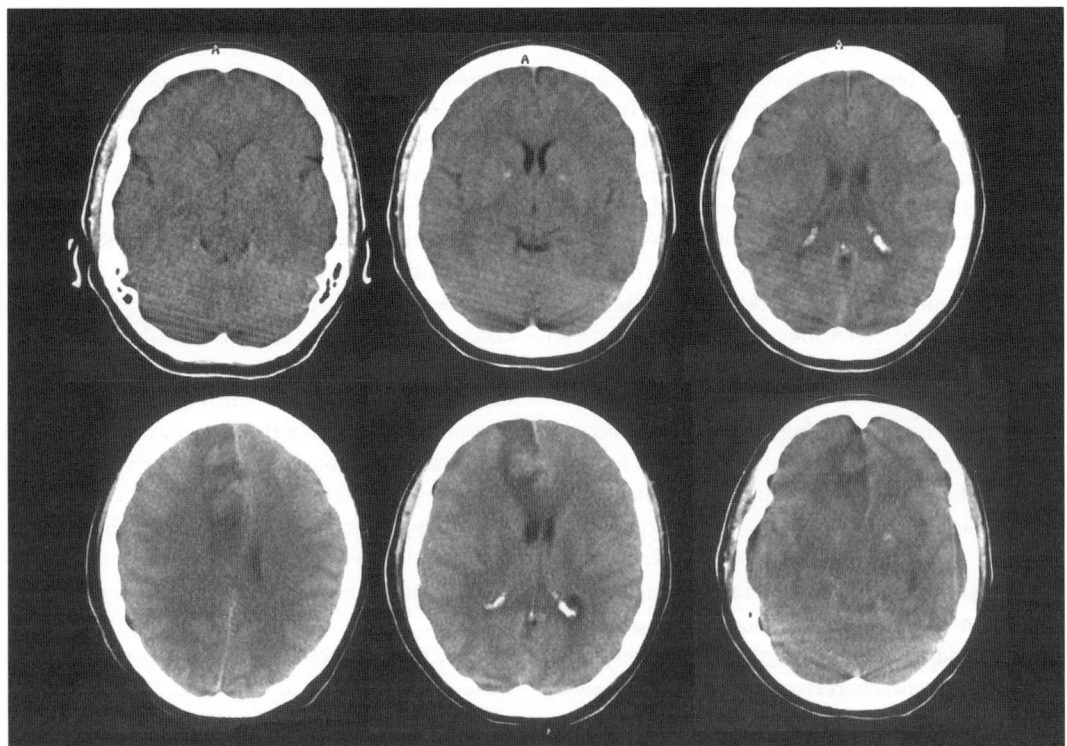

◘ **Abb. 27.3.** Raumfordernder Anteriorinfarkt (kraniale Computertomographie, CCT) mit beinbetonter Hemiparese und zunehmender Eintrübung. *Obere Reihe*: zwei Stunden nach Symptombeginn, *untere Reihe*: Befund am dritten Tag

Isolierter Verschluss eines der kleinen perforierenden Äste aus dem A1-Abschnitt kommt äußerst selten vor und dürfte nicht zu auffälliger klinischer Symptomatik führen. Sind mehrere **Perforatoren** des **proximalen ACA-Abschnitts** und/oder der **A. communicans anterior** betroffen, wurden Ängstlichkeit, Furcht, Schlafstörungen, Sprachenthemmung, Agitiertheit, Greif- und Saugreflex sowie Bradykinesie beschrieben. Infarkte im vorderen Abschnitt des Gyrus cinguli und des Fornix können zu Gedächtnisverlust, retro- und anterograder Amnesie i. S. eines Korsakow-Syndroms führen.

Ausgedehnte **bilaterale Infarkte** im Versorgungsgebiet der Perforatoren sowie der proximalen Anterioräste entstehen als Folge von Spasmen nach Subarachnoidalblutungen oder nach Operationen von A.-communicans-anterior-Aneurysmen. Sie können ausgeprägte orbitofrontale Syndrome hervorrufen (Cummings 1993). Besonders häufig sind Persönlichkeitsveränderungen. Mangelhafte Impulskontrolle führt zu Distanz- und Taktlosigkeit, sexueller Enthemmung und aggressivem Verhalten. Dabei erkennen die Patienten durchaus ihre Handlungsfehler, ziehen aus ihnen aber für die Zukunft keine Konsequenzen. Es ist lange bekannt, dass emotionales Erleben mit vegetativen, hormonellen und somatischen Reaktionen verbunden ist. Untersuchungen der Arbeitsgruppe um Damasio weisen darauf hin, dass der orbitofrontale Kortex entscheidend für die Bewertung dieser somatischen Merkmale emotionalen Erlebens ist, d. h. hier die emotionale Rückkopplung von Bewertungen und Verhaltensentscheidungen erfolgt (Bechara 2004). Dabei scheint der ventromediale präfrontale Kortex der rechten Seite von besonderer Bedeutung zu sein, während linkshirnige Läsionen keine Persönlichkeitsveränderungen hervorrufen (Tranel et al. 2002).

Eine schwere anterograde Amnesie in Folge eines operativen Verschlusses eines asymptomatischen A.-communicans-anterior-Aneurysmas wurde von Abe et al. (1998) beschrieben. Im MRT fanden sich ischämische Läsionen im diagonalen Broca-Band einschließlich des anterioren Hypothalamus, der Septumkerne, der Lamina terminalis und des paraterminalen Gyrus rechts und diskreter auch links.

Wahrscheinlich entspricht ein von Bogouslavsky und Regli (1990) mitgeteilter Fall einem isolierten Infarkt im Versorgungsgebiet der linken **A. frontobasalis medialis**, wobei eine Mitbeteiligung von Perforatoren aus dem A1-Abschnitt nicht ausgeschlossen ist. Der Patient war für etwa eine Stunde mutistisch, zeigte später eine verminderte Wortflüssigkeit sowie inadäquates Lachen, Euphorie und erhöhte Interferenzneigung. Zusätzlich litt er an einer durchgehenden kontralateralen Hemiparese und einem Greifreflex. Fall 21 entspricht einem rechtshirnigen Infarkt im gleichen Versorgungsareal. Klinisch zeigte sich lediglich ein akuter Verwirrtheitszustand.

Einem weiteren Fall lag ein Infarkt im Versorgungsgebiet der **A. frontopolaris** zugrunde. Er wies eine erhöhte Interferenzneigung (Stroop) und Urininkontinenz auf.

Infarkte im Versorgungsgebiet der **A. callosomarginalis** und ihrer Äste können den motorischen Kortex einbeziehen, wenn die A. frontalis interna posterior und die A. paracentralis aus dieser Arterie und nicht aus der A. pericallosa entspringen. Es entsteht dann eine kontralaterale beinbetonte Hemiparese. Ein kontralateraler motorischer Neglekt ist bei Infarkten der supplementärmotorischen Region zu erwarten. Kontralaterale Hemparkinsonsyndrome mit Tremor, Hypokinese und Rigor wurden (Kim 2001) bei Patienten mit ausgedehnten ischämischen Läsionen in der kontralateralen supplementärmotorischen Region beschrieben, Asterixis bei kleinen Infarkten in der Präfrontalregion.

Neuropsychologisch sind die Patienten bei linkshirnigen Infarkten meist zunächst für kurze Zeit (Stunden) mutistisch. Dieser Zustand geht in eine mehr oder minder stark ausgeprägte Abulie über. Zusätzlich findet sich eine transkortikalmotorische Aphasie, die – ebenso wie der motorische Neglekt – als unilaterale Abulie interpretiert werden kann. Die Patienten zeigen eine Beeinträchtigung der spontanen Sprache bei normalem Nachsprechen und gelegentlich auch Echolalie. Betroffen ist die mediale Oberfläche des Frontallappens vor dem Lobus paracentralis zwischen dem Gyrus cinguli und dem Gyrus frontalis superior im Bereich des BA 6. Dehnt sich der Infarkt auch auf die parietalen ACA-Äste aus, kann eine transkortikale gemischte Aphasie mit zusätzlichen

Sprachverständnisstörungen entstehen (Kumral et al. 2002). Außerdem sind bei frontomedialen Infarkten Perseverationen, Dysarthrie und Apathie sowie erhöhte Interferenzanfälligkeit beobachtet worden.

Rechtsseitige Callosomarginalisinfarkte können neben den für die linke Seite geschilderten nichtsprachlichen Störungen zu räumlichem Neglekt und Anosognosie führen.

Bilaterale Infarkte im Versorgungsgebiet der A. callosomarginalis kommen bei der Gefäßvariation einer singulären A. pericallosa vor. Bei ihnen sind v. a. die neuropsychologischen Störungen stärker ausgeprägt und anhaltender als bei unilateralen Infarkten. Bilaterale Infarkte im supplementärmotorischen Areal können zum Bild einer frontalen Gangstörung bzw. Gangataxie führen (Della Sala et al. 2002), wie man sie bei Hydrocephalus malresorptivus oder der subkortikalen arteriosklerotischen Enzephalopathie Binswanger findet.

Die Kasuistik eines ischämisch bedingten, praktisch vollständigen und isolierten Balkeninfarkts wurde von Lausberg et al. (1999) beschrieben. Der Patient zeigte ein Diskonnektionssyndrom, wie man es bei Patienten mit Callosotomie findet: unilaterale verbale Anosmie, Hemialexie, unilaterale ideomotorische Apraxie, unilaterale Agraphie, unilaterale taktile Anomie, unilaterale konstruktive Apraxie, Verlust des somatosensiblen Transfers und dissoziative Phänomene. Obwohl der Patient Linkshänder war, entsprach sein Ausfallmuster dem eines Rechtshänders. Aus Verlaufsbeobachtungen ergaben sich Hinweise darauf, dass die Verbesserung der linksseitigen Apraxie auf eine Kompensation durch die homolateral versorgte proximale Armmuskulatur zurückzuführen war. Zusätzlich zeigte sich, dass die Fähigkeit, neue Bewegungsmuster zu erlernen und zu initiieren, unabhängig von der hemisphärischen Handdominanz war.

27.4 Hirninfarkt und ToM

Der Fähigkeit, mentale Zustände eines anderen – seine Vorstellungen, Wünsche und Intentionen – zu erkennen, liegen Mechanismen zugrunde, die bisher nur unvollständig verstanden sind. Wichtige Fragen liegen darin,

- ob es eine umschriebene Repräsentanz für die ToM-Funktionen gibt,
- welche neuronalen Funktionskreise ihr ggf. zugrunde liegen und
- welche Hirnareale nur als kooptierte Systeme zur Unterstützung von ToM-Funktionen agieren (Siegal u. Varley 2002).

Funktionelle Bildgebung an Gesunden und klinische Prüfung bei Hirngeschädigten haben aufgezeigt, dass die Amygdala, die Temporalpole, die temporoparietale Region, der orbitofrontale Kortex und das mediale Frontalhirn (Frith u. Frith 2003; Siegal u. Varley 2002) bei ToM-Aufgaben aktiviert werden. Diese Areale dienen jedoch auch anderen Funktionen und sind nicht nur bei ToM-Aufgaben aktiv. Ihr Funktionsverlust nach Hirnverletzungen oder Schlaganfällen beeinträchtigt die ToM-Fähigkeit, schließt sie aber nicht notwendigerweise aus. Dies trifft z. B. für Läsionen der linken Hemisphäre, des Frontalhirns und der rechten Temporoparietalregion zu. ToM-Fähigkeit stellt sich entsprechend in der empirischen Überprüfung als korrespondierend mit neuropsychologischen Funktionsbeeinträchtigungen, aber nicht als abhängig von diesen dar. So konnten Rowe et al. (2001) zeigen, dass die Ergebnisse von Stroop-Test, TMT-B (*Trail Making Test-B*), WCST sowie die Gedächtnisleistung und die Aufmerksamkeitsspanne signifikant zur Varianz der untersuchten ToM-Gruppe beitrugen, die Leistungen in den ToM-Aufgaben jedoch nicht determinierten.

Hinsichtlich sprachrelevanter Areale hat sich ebenfalls zeigen lassen, dass ToM-Fähigkeiten auch bei schweren Aphasien erhalten bleiben (Siegal et al. 2001). Da auch Kinder mit speziellen Sprachstörungen weitgehend normale ToM-Fähigkeiten entwickeln, spricht alles dafür, dass sprachliche Funktionen als ToM-kooptierte Systeme angesehen werden müssen.

Patienten mit rechtshemisphärischen Läsionen zeigen eine Reihe von Störungen sozialer und kommunikativer Funktionen. Es lag daher nahe zu untersuchen, ob **rechtshirnige Infarkte** Störungen der ToM zur Folge haben.

Happe et al. (1999) testeten 14 Patienten mit rechtshirnigen Infarkten (meist im Versorgungsgebiet der ACM) im Vergleich mit einem Kollektiv von 19 älteren Menschen ohne Hirnläsion. Patienten mit rechtshirnigen Infarkten machten bei der Beurteilung von Kurzgeschichten und Cartoons mit ToM-relevanten Inhalten mehr Fehler als bei ToM-irrelevanten Vorlagen. Sie hatten im Vergleich zu den gesunden Testpersonen auch größere Schwierigkeiten bei ToM-Aufgaben, während sich bei ToM-irrelevanten Geschichten keine Unterschiede aufzeigen ließen. Patienten mit linkshirnigen Infarkten zeigten dagegen keine Defizite bei ToM-relevanten Aufgaben.

Eine Interpretation der erhobenen Ergebnisse ist schwierig, da die Autoren keine genaue Kartierung der vorliegenden rechtshirnigen Läsionen geben können. Da es sich mehrheitlich um Mediainfarkte gehandelt hat, ist eine Einbeziehung frontomedialer Strukturen weitgehend ausgeschlossen. Betroffen sein können aber neben temporalen und parietalen Strukturen auch laterale und dorsolaterale frontale Areale (Anteile von BA 9, 44, 45 und 46).

Es ist umstritten, ob und gegebenenfalls welche **Rolle der Amygdala** für ToM-Funktionen zukommt. Stone et al. (2003) zeigten eine Störung der Fauxpas-Erkennung und des *reading the mind in the eyes* bei zwei Patienten mit bilateralen Amygdalaläsionen und schlossen daraus auf eine Bedeutung der Amygdala für die ToM. Eine Kasuistik mit linksseitiger kongenitaler oder früh erworbener Amygdalaläsion zeigte deutliche Störungen der ToM, dagegen war der Proband bei allen geprüften Exekutivfunktionen unauffällig (Fine et al. 2001). Shaw et al. (2004) zeigten, dass zwar eine früh erworbene Amygdalaläsion – v. a. wenn sie mit Epilepsie verbunden ist – zu ToM-Defiziten führt, nicht dagegen später erworbene.

Funktionsuntersuchungen mit fMRI oder PET haben immer wieder **frontale Aktivierungen** bei der Lösung von ToM-Aufgaben nachgewiesen. Ihre Interpretation ist schwierig, da die Tests üblicherweise Arbeitsgedächtnis und komplexes Überlegen sowie auch affektive Aspekte beinhalten.

Ferstl und von Cramon (2002) haben in einer fMRI-Untersuchung an gesunden Probanden nachgewiesen, dass der frontomediale Kortex sowohl bei Erfassung von ToM-Inhalten als auch von Kohärenz verbaler Informationen aktiviert wird. Sie schlossen daraus, dass ihm eine domänenunabhängige Funktion für flüchtige Aspekte

der Initiation und Aufrechterhaltung nichtautomatisierter kognitiver Prozesse zukommt. Vogeley et al. (2001) zeigten mit fMRI bei ToM-Aufgaben Aktivierungen im anterioren Gyrus cinguli (rechts stärker als links) und links temporopolar, bei Aufgaben mit Beurteilung einer Eigenperspektive im anterioren Gyrus cinguli (bilateral und inferior zu der Aktivierung bei ToM) und in der rechten Temporoparietalregion. Bei Aufgaben, die sowohl Eigenperspektive als auch Fremdperspektive erforderten, fanden sie eine signifikante Aktivierung des rechten präfrontalen Kortex.

Studien an Patienten mit Frontalhirnläsionen (Stone et al. 1998; Stuss u. Anderson 2004; Stuss et al. 2001; Rowe et al. 2001; Shamay-Tsoory et al. 2005) stehen mit diesen Befunden in guter Übereinstimmung: Sie weisen alle auf eine wichtige Rolle besonders des **medialen Frontalhirns** bei der ToM hin.

In der Untersuchung von Stuss et al. (2001) wiesen v. a. Patienten mit rechtsventralen frontomedialen oder bilateralen Defekten Störungen des Erkennens von Täuschungen auf. Die Autoren deuteten dies als Hinweis auf eine Bedeutung von affektiven Verbindungen zwischen ventromedialem frontalem Kortex mit der Amygdala und dem limbischen System. Ausgedehntere uni- oder bilaterale Frontalhirnläsionen beeinträchtigten vorwiegend visuelle perspektivische Aspekte, woraus sie auf eine Bedeutung kognitiver Prozesse in mehr lateralen und/oder mediodorsalen Arealen schlossen.

Leider geht aus der Arbeit die Genese der zugrunde liegenden Läsionen nicht hervor. Auch die anderen zitierten Untersuchungen weisen auf eine besondere Rolle des medialen Frontalhirns für die ToM hin. Die Interpretation der Ergebnisse ist jedoch dadurch erschwert, dass sie an Hirntraumatikern, Patienten mit Tumoren, frontalen Resektionen oder Lobektomien wegen pharmakologisch unbehandelbarer Epilepsien oder nach Subarachnoidalblutungen gewonnen wurden, sodass Kollateralschäden nicht auszuschließen sind.

Diese hinsichtlich der Bedeutung des medialen Frontalhirns gut übereinstimmenden Befunde werden allerdings durch eine Kasuistik von Bird et al. (2004) in Frage gestellt, die ausführlicher dargestellt und diskutiert werden soll (s. Beispiel).

Beispiel

Mediales Frontalhirn und ToM – Kasuistik von Bird et al. (2004)

Fall einer 62-jährigen berenteten Lehrerin, die plötzlich kollabierte:

Bei der Aufnahme war sie verwirrt und hatte eine leichte faziale und Bein-Schwäche links bei gut erhaltener Kraft der leicht koordinationsgestörten linken oberen Extremität sowie eine Dysarthrie. Sieben Wochen nach der Aufnahme fand sich ein Greifreflex links, aber keine Extremitätenschwäche, keine Gangapraxie oder ideomotorische Apraxie. Synchrone alternative Handbewegungen waren ungestört. Schwierigkeiten bestanden jedoch bei nichtsynchronen alternierenden Handbewegungen, die sich verstärkten, wenn sie der visuellen Kontrolle entzogen wurden. Sie war urininkontinent. Es gab keine Hinweise auf eine konstruktive Apraxie oder einen Neglekt. Auffällig waren eine deutlich verminderte spontane Sprachproduktion, Störungen des Gedächtnisses und Schwierigkeiten, Tätigkeiten zu planen und zu initiieren. Sie zeigte wenig Einsicht in ihre Probleme und versuchte mehrmals, die Station zu verlassen, da es ihr zu langweilig sei. Die Störungen besserten sich im weiteren Verlauf. Ihr Mann bestätigte jedoch persistierende Gedächtnis- und Planungsschwierigkeiten.

Die bildgebende Diagnostik ergab einen ausgedehnten, bilateralen medialen Frontalhirninfarkt bei fehlendem A1-Abschnitt auf der rechten Seite. Der Infarkt betraf bilateral die Orbitofrontalregion, das Genu corporis callosi, den vorderen Anteil des Gyrus cinguli, das Gebiet um Sulcus cinguli und den medialen Sulcus frontalis superior sowie Fornix und basales Vorderhirn. Zusätzlich erstreckte er sich auf der rechten Seite bis in den Nucleus caudatus, den vorderen Anteil der inneren Kapsel und das Putamen.

Umfängliche neuropsychologische Testung zeigte einen normalen IQ-Wert; unter Berücksichtigung des prämorbiden IQ eine leichte intellektuelle Minderfunktion. Das anterograde und retrograde Gedächtnis war erheblich beeinträchtigt. Gleiches galt für das auditorische verbale Arbeitsgedächtnis, was als Aufmerksamkeitsdefizit interpretiert wurde.

Bei der Testung exekutiver Funktionen schnitt sie beim modifizierten WCST, bei Stroop-Test, TMT und Wortflüssigkeitstest normal ab. Dennoch war ihr Wortflüssigkeits-Testscore von 27 deutlich unter dem aufgrund des National Adult Card Reading Test–revidierte Form (Nelson u. Willison 1991) zu erwartenden Ergebnis, was mit

einer Verminderung der spontansprachlichen Initiative übereinstimmte. Die Sprachfunktionen waren ansonsten weitgehend ungestört. Es fiel aber auf, dass sie ziemlich kurze Antworten gab und bei ihr unsicher erscheinenden Antworten leicht aufgab.

Es zeigten sich bei unstrukturierten Tests schwere Defizite ihrer Planungsfähigkeit und des prospektiven Gedächtnisses, was in guter Übereinstimmung mit ihrem Unvermögen zu Aufgabenwechsel stand.

Hinsichtlich ihrer ToM-Fähigkeiten wurden vier zunehmend kompliziertere Tests durchgeführt:

1. *Beim Bildsequenztest hatte sie sowohl bei ToM-freien wie ToM-relevanten Aufgaben keine Schwierigkeiten. Auch bei dem erschwerten ToM-Test (Happe 1994) hatte sie hinsichtlich Doppelbluff, Fehler, Überredung und Lüge keine Schwierigkeiten, d. h., sie hatte keine Defizite beim Verstehen komplexer sozialer Interaktionen, die eine Erkenntnis der mentalen Repräsentation eines anderen erforderten.*

2. *Das Verständnis von Verletzungen sozialer Normen wurde in einer verkürzten Form des von Berthoz et al. (2002) benutzten Tests überprüft. Im Vergleich zu historischen Kontrollen nach der Methode von Crawford und Garthwaite (2002) erkannte sie lediglich Verlegenheitssituationen schlechter als Kontrollen. Dagegen ergaben sich keine Defizite bei der Einschätzung intentionaler Sozialnormverletzungen.*

3. *Bei der Erkennung von Fauxpas lag die Patientin an der unteren Grenze der Norm. Weitere Befragung ergab Hinweise darauf, dass sie möglicherweise leicht insensitiv gegenüber den Gefühlen der Testfiguren war.*

4. *In einem Animationstest (Castelli et al. 2000) erkannte sie zwei von vier ToM-Animationen korrekt und schnitt damit geringfügig, aber nicht signifikant schlechter ab als Kontrollpersonen, die drei von vier Animationen richtig erkannten.*

Die Kasuistik von Bird et al. (2004) ist aus mehreren Gründen lehrreich:

- Sie zeigt, dass bei funktionellen Untersuchungen an gesunden Probanden erhobene Befunde nicht unkritisch auf zu erwartende klinische Symptome bei Läsionen extrapoliert werden dürfen. Die Patientin hat keine wesentlichen Defizite kognitiver Aspekte der ToM, obwohl der Infarkt die frontomedialen Areale einnimmt, die bei gesunden Probanden bei

ToM-Aufgaben aktiviert werden. Einschränkend muss man allerdings anmerken, dass der Infarkt wahrscheinlich nicht alle ToM-relevanten Areale betroffen hat. Bird et al. weisen selbst darauf hin, dass er etwas asymmetrisch ausgeprägt ist und auch seine laterale Ausdehnung nicht alle Areale erfasst, die bei Probanden durch ToM-Aufgaben aktiviert wurden. Da die Untersuchungen erst sechs Monate nach dem Infarkt durchgeführt wurden, sind auch Reorganisationsprozesse möglich, d. h. Übernahme von ToM-Funktionen durch andere Hirnareale.

- Weniger substanziiert scheint die Hypothese, dass der frontomediale Kortex nur für den Erwerb von ToM, nicht aber für die Implementation im Erwachsenenalter notwendig ist. Dieser Hypothese zufolge wäre der frontomediale Kortex nur für das Erlernen sozialer Bezüge essenziell. Erlernte Funktionen würden dann aber in andere Hirnareale verlagert. Der frontomediale Kortex wäre folglich als Top-down-Kontrolleur für mentalisierende Prozesse (Frith u. Frith 2003) bei normal entwickelten Erwachsenen für die getesteten Aufgaben nicht mehr notwendig. Ähnliche Argumente sind für die Bedeutung der Amygdala vorgebracht, bisher jedoch nicht ausreichend belegt worden.

- Ein Vergleich mit den oben genannten Patientenstudien ist schwierig und aussageeingeschränkt, da es sich bei diesen um ätiologisch unterschiedliche Schädigungsmechanismen – v. a. Traumen und pharmakologisch unbehandelbare Epilepsien – handelt, bei denen bildmorphologisch nicht erfassbare oder diffuse zusätzliche Läsionen vorgelegen haben dürften.

- Emotionale Aspekte der ToM waren bei der Patientin von Bird et al. leicht gestört, was gut mit der Läsion des vorderen Gyrus cinguli übereinstimmt. Dennoch ist die Frage nicht gelöst, ob es sich bei dem leicht verminderten Erkennen von Verlegenheit eines anderen um ein spezifisches ToM-Defizit oder um eine allgemeine Affektstörung handelt. Stone et al. (1998) gehen mit Damasio davon aus, dass emotionale und kognitive Prozesse eng ver-

zahnt seien und diskutieren in diesem Zusammenhang die Bedeutung orbitofrontaler und amygdaloider Strukturen für das Verstehen des Verhaltens von anderen bzw. die *hot aspects of ToM*.

❶ Bislang ist nicht abschließend geklärt, ob es umschriebene neuronale Repräsentanzen für die ToM-Funktionen gibt. Durch Untersuchungen an Gesunden und Hirngeschädigten konnten diverse Kandidatenareale bestimmt werden.

Fazit

Versucht man ein Fazit aus den dargestellten Befunden und ihren möglichen Interpretationen zu ziehen, so bleibt die Erkenntnis, dass sich bisher kein klares Bild der ToM zugrunde liegenden Funktionsabläufe abzeichnet. Lokalisierbarkeit bzw. doppelte Dissoziation von ToM-Funktionen lassen sich vor dem Hintergrund des aktuellen Forschungsstandes nicht erkennen.

Die Diskrepanz zwischen funktionellen Untersuchungen und Läsionsstudien mahnt zu Vorsicht bei der Voraussage von ToM-Defiziten bei ischämischen Insulten. Das Dilemma ist nur zu lösen, wenn ToM-Fähigkeiten bei Hirninfarktpatienten systematisch in frühen und späten Erkrankungsstadien getestet, mit den Infarktlokalisationen in Beziehung gesetzt und funktionelle Aspekte mit funktionell bildgebenden Untersuchungen erfasst werden. Dies würde nicht nur Möglichkeiten zur Identifikation der bei ToM-Prozessen involvierten neuronalen Strukturen eröffnen, sondern könnte auch Auskünfte über eventuelle Restitutions- oder Reorganisationsprozesse geben.

Die Implementierung von ToM-Untersuchungen im klinischen Alltag setzt jedoch voraus, dass auf theoretischer Ebene eine weitere Schärfung des Konzepts ToM erfolgt. So erscheint etwa die konzeptuelle Trennung zwischen Exekutivfunktionen und ToM-Fähigkeit nur dann nachvollziehbar, wenn die Erstgenannten sehr eng etwa als Beeinträchtigung der Kategorisierungsfähigkeit operationalisiert werden. Matthes-von Cramon und von Cramon (2000) lehnen eine solche Begriffsbestimmung ab und definieren Exekutivfunktionen als Sammelbegriff für diverse Steuerungs- und Leitungsfunktionen, die zukünftig separiert werden könnten.

Zusätzlich sind für klinische Belange weitere Operationalisierungen notwendig. Hierbei gilt es etwa zu klären, ob sich Probleme im Erkennen mentaler Zustände anderer Personen hinreichend im Rahmen abstrakter Problemkonstellationsfragen erfassen lassen oder Verhaltensanalysen und Fremdanamnesen erforderlich machen. Es steht zu erwarten, dass ToM-Funktionen sich im alltäglichen Leben als schwere Behinderungen sozialer Interaktionen manifestieren, obwohl sie im strukturierten Untersuchungskontext unauffällig erscheinen. Andererseits bilden sich unterdurchschnittliche Testergebnisse nicht zwingend in alltagsbezogenen Beeinträchtigungen ab. Diese Fragen der Operationalisierung stehen in engem Zusammenhang zu der durchaus kontrovers diskutierten Grundannahme einer experimentalpsychologischen Erfassbarkeit von Handlungsintentionalität, wie sie im ToM-Konzept vorausgesetzt wird (Leudar et al. 2004). Diese Diskussion berührt die Auseinandersetzung über Möglichkeiten und Grenzen einer neuronalen Repräsentation des Sozialen.

---

❶ Ein klares Bild der Funktionsabläufe, die der ToM zugrunde liegen, zeichnet sich bislang nicht ab. Eine weitere theoretische Schärfung des Konzepts ToM ist notwendig.

Literatur

Abe K, Inokawa M, Kashiwagi A, Yanagihara T (1998) Amnesia after a discrete basal forebrain lesion. J Neurol Neurosurg Psychiatry 65(1): 126–130

Bechara A (2004) The role of emotion in decision-making: evidence from neurological patients with orbitofrontal damage. Brain Cogn 55(1): 30–40

Berthier ML, Starkstein SE, Leiguarda R et al (1991) Transcortical aphasia. Importance of the nonspeech dominant hemisphere in language repetition. Brain 114(Pt 3): 1409–1427

Berthoz S, Armony JL, Blair RJ, Dolan RJ (2002) An fMRI study of intentional and unintentional (embarrassing) violations of social norms. Brain 125(Pt 8): 1696–1708

Bird CM, Castelli F, Malik O, Frith U, Husain M (2004) The impact of extensive medial frontal lobe damage on »Theory of Mind« and cognition. Brain 127(Pt 4): 914–928

Bogousslavsky J, Regli F (1990) Anterior cerebral artery territory infarction in the Lausanne Stroke Registry. Clinical and etiologic patterns. Arch Neurol 47(2): 144–150

Castelli F, Happed F, Frith U, Frith C (2000) Movement and mind: a functional imaging study of perception and interpretation of complex intentional movement patterns. NeuroImage 12(3): 314–325

Crawford JR, Garthwaite PH (2002) Investigation of the single case in neuropsychology: confidence limits on the abnormality of test scores and test score differences. Neuropsychologia 40(8): 1196–1208

Cummings JL (1993) Frontal-subcortical circuits and human behavior. Arch Neurol 50(8): 873–880

Della Sala S, Francescani A, Spinnler H (2002) Gait apraxia after bilateral supplementary motor area lesion. J Neurol Neurosurg Psychiatry 72(1): 77–85

Ferstl EC, von Cramon DY (2002) What does the frontomedian cortex contribute to language processing: coherence or theory of mind? NeuroImage 17(3): 1599–1612

Fine C, Lumsden J, Blair RJ (2001) Dissociation between »theory of mind« and executive functions in a patient with early left amygdala damage. Brain 124(Pt 2): 287–298

Frith U, Frith CD (2003) Development and neurophysiology of mentalizing. Phil Trans R Soc Lond B Biol Sci 358(1431): 459–473

Giroud M, Lemesle M, Madinier G, Billiar T, Dumas R (1997) Unilateral lenticular infarcts: radiological and clinical syndromes, aetiology, and prognosis. J Neurol Neurosurg Psychiatry 63(5): 611–615

Goldstein K (1917) Die transkorikalen Aphasien. Fischer, Jena

Grossi D, Trojano L, Chiacchio L et al (1991) Mixed transcortical aphasia: clinical features and neuroanatomical correlates. A possible role of the right hemisphere. Eur Neurol 31(4): 204–211

Happe FG, Brownell H, Winner E (1999) Acquired »theory of mind« impairments following stroke. Cognition 70(3): 211–240

Happe FG (1994) An advanced test of theory of mind: understanding of story characters' thoughts and feelings by able autistic, mentally handicapped, and normal children and adults. J Autism Dev Disord 24(2): 129–154

Hartmann F (1917) Beiträge zur Apraxielehre. Monatsschr Psychiatr Neurol 21: 97

Karnath HO, Fruhmann Berger M, Kuker W, Rorden C (2004) The anatomy of spatial neglect based on voxelwise statistical analysis: a study of 140 patients. Cerebr Cortex 14(10): 1164–1172

Kim JS (2001) Involuntary movements after anterior cerebral artery territory infarction. Stroke 32(1): 258–261

Kramer JH, Reed BR, Mungas D, Weiner MW, Chui HC (2002) Executive dysfunction in subcortical ischaemic vascular disease. J Neurol Neurosurg Psychiatry 72(2): 217–220

Kumral E, Bayulkem G, Evyapan D, Yunten N (2002) Spectrum of anterior cerebral artery territory infarction: clinical and MRI findings. Eur J Neurol 9(6): 615–624

Lausberg H, Gottert R, Munssinger U, Boegner F, Marx P (1999) Callosal disconnection syndrome in a left-handed patient due to infarction of the total length of the corpus callosum. Neuropsychologia 37(3): 253–265

Leistner S, Boegner F, Marx P, Koennecke HC (2001) Transtentorial herniation after unilateral infarction of the anterior cerebral artery. Stroke 32(3): 649–651

Leudar I, Costall A, Francis D (2004) Theory of mind. A critical assessment. Theory Psychol 14(5): 571–578

Matthes-von Cramon G, von Cramon Y (2000) Störungen exekutiver Funktionen. In: Strum MHW, Wallesch C-W (Hrsg) Lehrbuch der klinischen Neuropsychologie. Swets & Zeitlinger, Lisse, S 392–410

Mendez MF (2004) Aphemia-like syndrome from a right supplementary motor area lesion. Clin Neurol Neurosurg 106(4): 337–339

Mohr JP (1973) Rapid amelioration of motor aphasia. Arch Neurol 28(2): 77–82

Nelson H, Willison J (1991) National Card Reading Test. NFER-Nelson, Windsor

Pierrot-Deseilligny C, Muri RM, Ploner CJ, Gaymard B, Demeret S, Rivaud-Pechoux S (2003) Decisional role of the dorsolateral prefrontal cortex in ocular motor behaviour. Brain 126(Pt 6): 1460–1473

Reed BR, Eberling JL, Mungas D, Weiner M, Kramer JH, Jagust WJ (2004) Effects of white matter lesions and lacunes on cortical function. Arch Neurol 61(10): 1545–1550

Rowe AD, Bullock PR, Polkey CE, Morris RG (2001) »Theory of mind« impairments and their relationship to executive functioning following frontal lobe excisions. Brain 124(Pt 3): 600–616

Shamay-Tsoory SG, Tomer R, Aharon-Peretz J (2005) The neuroanatomical basis of understanding sarcasm and its relationship to social cognition. Neuropsychology 19(3): 288–300

Shaw P, Lawrence EJ, Radbourne C, Bramham J, Polkey CE, David AS (2004) The impact of early and late damage to the human amygdala on »theory of mind« reasoning. Brain 127(Pt 7): 1535–1548

Siegal M, Varley R (2002) Neural systems involved in »theory of mind«. Nature Rev Neurosci 3(6): 463–471

Siegal M, Varley R, Want SC (2001) Mind over grammar: reasoning in aphasia and development. Trends Cogn Sci 5(7): 296–301

Stone VE, Baron-Cohen S, Calder A, Keane J, Young A (2003) Acquired theory of mind impairments in individuals with bilateral amygdala lesions. Neuropsychologia 41(2): 209–220

Stone VE, Baron-Cohen S, Knight RT (1998) Frontal lobe contributions to theory of mind. J Cogn Neurosci 10(5): 640–656

Stuss DT, Anderson V (2004) The frontal lobes and theory of mind: developmental concepts from adult focal lesion research. Brain Cogn 55(1): 69–83

Stuss DT, Gallup GG Jr, Alexander MP (2001) The frontal lobes are necessary for »theory of mind«. Brain 124(Pt 2): 279–286

Tranel D, Bechara A, Denburg NL (2002) Asymmetric functional roles of right and left ventromedial prefrontal cortices in social conduct, decision-making, and emotional processing. Cortex 38(4): 589–612

Vogeley K, Bussfeld P, Newen A et al (2001) Mind reading: neural mechanisms of theory of mind and self-perspective. NeuroImage 14(1, Pt 1): 170–181

Zilles K (2001) Anatomie des Blutkreislaufs. In: Hartmann A, Heiss WD (Hrsg) Der Schlaganfall. Steinkopff, Darmstadt

Degenerative Erkrankungen des Frontalhirns, delinquentes Verhalten und Theory of Mind

Janine Diehl-Schmid

»Dr. Zorro«

Im September 1999 ritzte der 61-jährige Geburtshelfer Dr. Allan Zarkin nach einer gelungenen Sektio mit dem Skalpell seine Initialen in die Bauchhaut der Mutter. Den Angaben des an der Operation beteiligten Personals zufolge begründete »Dr. Zorro«, wie er anschlie-ßend genannt wurde, seine Tat damit, dass sein Werk so gut gelungen sei. Im Lauf des Gerichtsverfahrens, welches das Opfer angestrengt hatte – es ging um 5 Millionen Dollar Schmerzensgeld – stellte sich heraus, dass der Arzt an der »Pickschen Krankheit« litt (Blum 2000).

28.1   Frontotemporale Demenz

Die Picksche Krankheit bzw. die frontotemporale Demenz (FTD), wie seit einigen Jahren die exakte Bezeichnung lautet (Hodges u. Miller 2001), ist eine Demenzerkrankung, die durch eine fortschreitende Neurodegeneration insbesondere des frontalen zerebralen Kortex verursacht wird. Demenzen auf der Grundlage frontotemporaler lobärer Neurode-generationen (FTLD) zählen mit einer Prävalenz von ca. 3,4 pro 100.000 (Ratnavalli et al. 2002) insgesamt zu den eher seltenen Ursachen einer Demenzerkrankung, verursachen jedoch im Präse-nium 30–50% der demenziellen Erkrankungen und sind somit bei Patienten unter 65 Jahren in etwa so häufig wie die Demenz bei Alzheimer-Krankheit (AD).

Die beiden häufigsten klinischen Subsyndrome, denen eine FTLD zugrunde liegt (Johnson et al. 2005), sind

- die frontotemporale Demenz (FTD) und
- die semantische Demenz (SD).

Die FTD geht mit einer teils symmetrischen, teils asymmetrischen Atrophie des frontalen Kortex einher, in unterschiedlichem Ausmaß ist auch der temporale Kortex atrophiert (Rosen et al. 2002b). Die strukturelle Bildgebung zeigt bei Patienten mit SD eine häufig asymmetrische Atrophie des anterioren temporalen Kortex sowie des poste-rioren und mittleren Anteils der orbitofrontalen Hirnrinde (Edwards-Lee et al. 1997; Mummery et al. 2000).

Im Gegensatz zur Demenz bei Alzheimer-Krankheit, bei der Beeinträchtigungen der kogni-tiven Fähigkeiten im Vordergrund der Sympto-matik stehen, äußert sich die FTD bei den Pati-enten in einer zunehmenden **Veränderung ihrer Persönlichkeit und des Sozialverhaltens** (Neary et al. 1998; s. Übersicht). Die Verhaltensverände-rungen treten dabei häufig schon auf, bevor erste kognitive Beeinträchtigungen offensichtlich wer-den. Die meisten Patienten sind im Vergleich zu ihrem gewohnten früheren Verhalten sorgloser und oberflächlicher, unbedacht und manchmal läppisch; in vielen Fällen steht von Beginn an eine zunehmende Antriebslosigkeit und Apathie im Vordergrund. Die Patienten ziehen sich aus Fami-lie und Freundeskreis zurück, verlieren das Inter-esse an ihren Hobbies, sitzen stundenlang untätig herum oder liegen im Bett und lassen sich nur mit Mühe zu Aktivitäten motivieren. Gleichzeitig wir-ken sie affektiv verflacht und emotional nicht mehr schwingungsfähig. Die Anteilnahme an freudigen oder traurigen Ereignissen nimmt ab. Einige Pati-enten verhalten sich schon im Frühstadium der Erkrankung enthemmt, sozial inadäquat, taktlos oder sogar aggressiv.

Wie im Beispiel des »Dr. Zorro« kann es vor-kommen, dass die Patienten soziale Normen über-schreiten und sogar Delikte begehen. Oftmals finden sich perseverierende und stereotype Ver-haltensweisen oder auch ein Festhalten an ritua-lisierten Verhaltensweisen. Die Krankheitseinsicht ist bereits frühzeitig deutlich beeinträchtigt. Im Verlauf treten dann zunehmende kognitive De-fizite auf, die frontal-exekutive Fähigkeiten wie auch das Gedächtnis betreffen, und Beeinträchti-gungen der Sprache werden offensichtlich. Auch wenn bei der SD Einschränkungen des Sprach-verständnisses und Probleme der Wortfindung dominieren, fallen bei diesen Patienten auch meist schon zu Beginn der Erkrankung, spätestens aber im Verlauf, Verhaltensveränderungen auf, die denen bei FTD ähneln (Bozeat et al. 2000; Liu et al. 2004).

Diagnostische Kriterien der frontotemporalen Demenz (nach Neary et al. 1998)

Kernsymptome

Schleichender Beginn, allmähliche Verschlechterung

Vergröberung des Sozialverhaltens

Veränderung der Persönlichkeit

Verflachung des Affekts

Verlust der Krankheitseinsicht

Symptome, welche die Diagnose stützen

Verhaltensauffälligkeiten
- Vernachlässigung der persönlichen Hygiene
- Geistige Unbeweglichkeit
- Ablenkbarkeit, mangelndes DurchhaltevermögenHyperoralität, Veränderung der Ess- und/oder Trinkgewohnheiten
- Perseverierende und stereotype Verhaltensweisen
- Utilisationsverhalten

Sprech- und Sprachstörungen

Veränderte Sprachproduktion mit Rededrang oder sprachlicher Aspontaneität
- Sprachliche Stereotypien
- Echolalie, Perseverationen
- Mutismus

28.2 Der Frontallappen und delinquentes Verhalten

Der Einfluss des Frontalhirns auf die Steuerung des Sozialverhaltens wurde vielfach untersucht. Schon am Anfang des letzten Jahrhunderts kreierte die europäische Wissenschaft den Begriff »**pseudopsychopathisch**« für entsprechende Verhaltensweisen, die Patienten mit einer traumatischen oder degenerativen Schädigung des (orbito)frontalen Kortex an den Tag legten: Sie zeigten sich urteilsschwach, impulsiv, enthemmt, rücksichtslos, nicht empathisch, z. T. infantil und witzelnd und nicht krankheitseinsichtig. Der Zusammenhang zwischen einer Schädigung des Frontallappens und dem Auftreten von dissozialem Verhalten oder Aggressivität ist seit langem bekannt. Fallbeschreibungen berichten über Patienten mit »erworbener Soziopathie« infolge von präfrontalen Schädel-Hirn-Traumata (Meyers et al. 1992; Blair u. Cipolotti 2000). Die Untersuchung von deutschen Veteranen des Zweiten Weltkriegs zeigte einen Zusammenhang zwischen orbitofrontalen Läsionen und der Entwicklung von antisozialem Verhalten (Blumer u. Benson 1975).

28.2.1 Frontotemporale Demenz und Delikte

Antisoziales und delinquentes Verhalten scheint auch im Verlauf einer FTD oder SD keine Seltenheit zu sein. Neben einigen Kasuistiken, in denen Patienten mit FTD beschrieben wurden, die Lebensmittel gestohlen (Binns u. Robertson 1962), Ladendiebstahl begangen (Neumann u. Cohn 1967) oder sich sexuell enthemmt gezeigt hatten (Neary et al. 1990), gibt es zu dieser Thematik bisher zwei Studien (s. Box).

28.2.2 Kasuistiken

Beispiel

Herr S., geb. 1939, berenteter Prokurist, Diagnose: SD

Der Patient suchte mehrmals wöchentlich das Krankenhaus seiner Heimatstadt auf. Dort begab er sich in leere Patientenzimmer und entwendete Kleinigkeiten. Als er deswegen Hausverbot bekam und ihm vom Pförtner der Zutritt verwehrt wurde, suchte Herr S. sich einen Zugang durch den Keller des Gebäudes. Herr S. zerkratzte einige Male ein vorbeifahrendes Auto mit seinem Regenschirm und rammte am Parkplatz eines Supermarkts mehrere Autos mit einem Einkaufswagen. Zusätzlich entwendete er regelmäßig Post aus den Briefkästen der Nachbarn.

28

Box

Studien zu antisozialem und delinquentem Verhalten bei FTD

In einer amerikanischen Untersuchung (Miller et al. 1997) zeigte sich, dass bei 10 von 22 Patienten mit FTD antisoziales Verhalten (Ladendiebstahl, körperlicher Angriff, öffentliches Zurschaustellen des nackten Körpers, Fahrerflucht) aufgetreten war, dagegen nur bei einem von 22 Patienten mit Alzheimer-Krankheit.

Zu einem nahezu identischen Ergebnis kommt eine eigene Studie (Diehl et al. 2006). Hier wurden die Angehörigen von 41 Patienten mit FTD bzw. SD (27 männlich, 14 weiblich) sowie 33 Bezugspersonen von Patienten mit Alzheimer-Krankheit (21 männlich, 12 weiblich) über das Vorkommen strafbaren Verhaltens befragt. Die Resultate waren

eindrucksvoll: Kriminelle Vergehen, in erster Linie Eigentumsdelikte, waren von der Hälfte der Patienten mit FTD und von rund drei Viertel der Patienten mit SD begangen worden. Nur ein einziger von 33 Alzheimer-Patienten war dahingehend auffällig gewesen. In den meisten Fällen hatten die Patienten regelmäßig aus Geschäften Lebensmittel oder Gegenstände geringen Wertes entwendet. 13 der Patienten mit FTD/SD hatten vornehmlich Ehepartner und Verwandte, in fünf Fällen fremde Personen, körperlich angegriffen, in einem Fall kam es zu einer Körperverletzung (◘ Abb. 28.1). Keiner der auffällig gewordenen Patienten hatte vor Beginn der Erkrankung jemals eine strafbare Handlung begangen. Einige Beispiele sind in ► Kap. 28.2.2 dargestellt.

Beispiel

Herr H, geb. 1943, berenteter Elektroingenieur, Diagnose: FTD

Die Ehefrau des Patienten hatte sich im Jahr 2000 von ihrem Ehemann getrennt, nachdem er mehrmals gedroht hatte, das Haus anzuzünden. Er verlangte eine Aussprache und bat sie, die Haustüre ihrer Wohnung zu öffnen. Als sie der Bitte nicht nachkam, schlug er die Türe ein, ging auf die Ehefrau los und versetzte ihr mit der Faust einen derart starken Schlag ins Gesicht, dass sie gegen einen Schrank fiel und sich mehrere Prellungen zuzog.

Beispiel

Herr K., geb. 1941, Arbeiter im Messeaufbau, Diagnose: FTD

Herr K. entwich mehrmals nachts aus der geschlossenen Station eines Seniorenheims und baute aus geparkten Autos die Autoradios aus. Dies geschah in einem Stadium der Erkrankung, in dem die sprachlichen Fähigkeiten schon so eingeschränkt waren, dass keine Kommunikation mehr möglich war.

Mehrere Patienten konnten über ihre eigene Bewertung der von ihnen verursachten Vorfälle befragt werden. Es stellte sich heraus, dass kaum einer der Patienten sein Verhalten erklären konnte

oder wollte bzw. dieses nicht für erklärungsbedürftig hielt. Ein Patient, der regelmäßig Lebensmittel gestohlen hatte, gab als Grund dafür an, dass er sonst so viel zahlen müsse. Ein anderer Patient, der mit einem Schirm Autos zerkratzte, nannte als Grund, dass er sich ärgere, dass man ihm den Führerschein entzogen habe. Es fiel auf, dass keiner der befragten Patienten Unrechtbewusstsein, Schuldbewusstsein oder Scham zeigte. Weitere Untersuchungen müssen klären, ob diese Patienten unrechtes Verhalten anderer Personen als solches identifizieren können und wie sie es bewerten.

Neben den praktischen Konsequenzen, die sich aus dem Wissen um das gehäufte Auftreten dissozialen und sogar kriminellen Verhaltens im Rahmen der FTD bzw. SD ergeben, werfen die Beobachtungen die Frage nach den Ursachen für diese Veränderung auf:

— Vergessen die Patienten im Verlauf der Erkrankung, was normgemäßes Verhalten ist, oder ist es ihnen gleichgültig?

— Verlieren Sie die Fähigkeit, Recht und Unrecht zu unterscheiden, oder handeln sie antisozial, weil sie infolge einer Enthemmung die entsprechenden Impulse nicht mehr unterdrücken können?

Sind Beeinträchtigungen der ToM – der Fähigkeit, die Gedanken und Gefühle anderer Personen richtig zu deuten und damit auf soziales Feedback angemessen zu reagieren – mitursächlich für das inadäquate Verhalten der Patienten?

28.3 Frontotemporale Demenz und ToM

Bildgebungsstudien an gesunden Probanden sowie an Patienten mit Hirnläsionen konnten ein Netzwerk aus limbischen Strukturen (Blair et al. 1999; Calder et al. 2001; Adolphs 2002) als wesentlich für eine intakte ToM identifizieren (Gallagher et al. 2000; Baron-Cohen et al. 1994; Stone 2000). Amygdala, Insula und orbitofrontaler Kortex, die zum limbischen System zählen, sind diejenigen Hirnregionen, die im Rahmen der FTD und SD schon im Frühstadium der Erkrankung vom neurodegenerativen Prozess betroffen sind (Diehl et al. 2004).

Die Annahme, dass Patienten mit FTD/SD daher schon früh im Verlauf der Erkrankung Defizite in **ToM-Tests** zeigen, wurde und wird derzeit in zahlreichen Studien überprüft. Als relativ einfach durchführbar – selbst für Patienten mit beginnenden kognitiven Beeinträchtigungen – haben sich Tests des **Erkennens emotionaler Gesichtsausdrücke** erwiesen. Das Verständnis insbesondere der Basisemotionen Freude, Trauer, Ekel, Wut, Angst und Überraschung stellt eine wesentliche Komponente der ToM dar und ist für ein intaktes Sozialverhalten unabdingbar. Gesichter enthalten Informationen über den momentanen Gefühlszustand der Person und über die Reaktion auf das Verhalten von anderen. Kann diese Information nicht richtig verarbeitet werden, ist eine angemessene Reaktion unmöglich.

Mehrere Untersuchungen, deren gemeinsame Schwäche in jeweils sehr kleinen Fallzahlen liegt, kommen unabhängig voneinander zu dem Ergebnis, dass das Erkennen von Freude bei Patienten mit FTD bzw. SD im Vergleich zu gesunden Kontrollpersonen allenfalls gering beeinträchtigt ist, dass die Patienten allerdings die negativen Emotionen Trauer, Wut und Angst nicht sicher erkennen können (Lavenu et al. 1999; Rosen et al. 2004). Pati-

enten mit FTD scheinen zudem unfähig, erkennen zu können, ob zwei Gesichter die gleichen oder unterschiedliche Emotionen zeigen (Fernandez-Duque u. Black 2005). Bei Patienten mit SD korreliert das Ausmaß der Beeinträchtigungen beim Erkennen emotionaler Gesichtsausdrücke mit dem Grad der zerebralen Atrophie in der Amygdala rechts und im rechten orbitofrontalen Kortex. Die schwersten Defizite insgesamt zeigen Patienten, bei denen die Amygdalae beidseits atrophisch sind (Rosen et al. 2002b), in Übereinstimmung damit, dass die Amygdalae eine wesentliche Rolle beim Erkennen von Emotionen spielen (Adolphs et al. 1999).

Die Wichtigkeit der Amygdala rechts für ein intaktes Sozialverhalten untermauern die Ergebnisse klinisch-anatomischer Studien: Patienten mit SD, bei denen asymmetrisch der linke Temporallappen atrophiert ist, fallen in erster Linie durch einen Verlust des semantischen Wissens auf. Patienten mit rechtsseitig betonter Atrophie dagegen legen v. a. Verhaltensauffälligkeiten an den Tag: Sie erscheinen reizbarer und impulsiver, kleiden sich entgegen ihren ursprünglichen Gewohnheiten bizarr, wirken affektiv verflacht und ohne jegliche Empathie (Edwards-Lee et al. 1997).

Auch die Ergebnisse einer Studie mit ganz besonderem Untersuchungsmaterial (Mendez u. Lim 2004) unterstreichen die wichtige Rolle der rechten Hemisphäre im zwischenmenschlichen Kontakt: Patienten mit FTD wurden jeweils Folgen von 15 Bildern vorgelegt. Die erste Bildserie hatte das Gesicht eines Hundes zum Gegenstand, das im Verlauf der Präsentation mittels Computerbearbeitung allmählich menschliche Züge annahm und auf den letzten Bildern klar das Gesicht eines Menschen darstellte. In einer zweiten Bildserie wurde ein entstelltes Gesicht, ein »Alien«, immer mehr zum Menschen. Die Patienten mit asymmetrischer FTD, bei denen der rechte Frontallappen deutlich weniger Metabolismus bzw. Perfusion als der linke Frontallappen aufwies, nannten in beiden Versuchen ein Gesicht schon dann eindeutig menschlich, wenn gesunde Kontrollpersonen, aber auch Patienten mit linksseitiger Betonung der FTD noch kein klar menschliches Gesicht identifizierten.

Zwei weitere Studien untersuchten die Leistungen in komplexeren ToM-Tests (Gregory et al.

2002; Snowden et al. 2003) und konnten zeigen, dass Patienten mit FTD schlechter abschneiden als gesunde Kontrollpersonen. Die Patienten mussten u. a. witzige Cartoons und Kurzgeschichten interpretieren, den Fauxpas in einer Geschichte erkennen sowie im False-belief-Test Handlungen einer Person vorhersagen, der eine entscheidende Information vorenthalten wurde. Dabei fand sich ein hoch signifikanter Zusammenhang zwischen Ausmaß der Atrophie des Frontallappens und den Leistungen in diesen Tests.

ToM-Tests eröffnen neue Möglichkeiten der Diagnostik im Bereich der FTLD. Da bei der FTD kognitive Defizite häufig nicht von Beginn an auffallen, ist eine Frühdiagnostik häufig schwierig oder gar unmöglich – was die diagnostische Verzögerung von rund vier Jahren zwischen Auftreten der ersten Symptome und Diagnosestellung (Diehl u. Kurz 2002) unterstreicht. Patienten mit FTD können in neuropsychologischen Untersuchungen unauffällig abschneiden, selbst die frontal-exekutiven Funktionen sind, zumindest in frühen Stadien der Erkrankung, nicht selten altersentsprechend gut und die Ergebnisse somit meist kaum diagnostisch wegweisend. Die traditionellen Tests frontalexekutiver Funktionen erfordern einen intakten dorsolateralen präfrontalen Kortex (Rahmann et al. 1999; Owen 1997). Eben dieser Bereich ist im Frühstadium der FTD meist noch nicht atrophiert, wogegen der orbitofrontale Bereich, welcher entsprechend den Ergebnissen von zahlreichen Läsionsstudien das Sozialverhalten modifiziert, schon früh im Verlauf pathologische Veränderungen aufweist, was offensichtlich dazu führt, dass die Patienten in ToM-Tests schlecht abschneiden, bevor andere Störungen der Kognition offensichtlich werden. ToM-Tests, insbesondere das Erkennen emotionaler Gesichtsausdrücke, stellen zudem ein hilfreiches Instrument zur differenzialdiagnostischen Abgrenzung gegenüber der Alzheimer-Krankheit dar. Patienten mit AD schneiden in diesen Untersuchungen unauffällig ab (Lavenu et al. 1999; Burnham u. Hogevorst 2004) – übereinstimmend damit, dass AD-Patienten im leichtgradigem Stadium der Erkrankung sozial adäquat reagieren, ja sogar lange eine »Fassade« aufrechterhalten können.

Fazit

Die Demenzen auf der Grundlage der FTLD zählen zu den selteneren Erkrankungen, wodurch sich die Zusammenstellung größerer Patientenkollektive ausgesprochen schwierig gestaltet. Gerade die FTD bietet jedoch, in Verbindung mit den Möglichkeiten der modernen Bildgebung, eine einzigartige Chance, Einblick in die Funktionsweise des Frontallappens zu erhalten und damit Erkenntnisse u.a. darüber zu erlangen, welche neuronalen Strukturen der ToM, dem Sozialverhalten, der Emotionalität oder der Sittlichkeit zugrunde liegen. Kann die Forschung mit Patienten, die an einer derartigen degenerativen Hirnerkrankung leiden, möglicherweise weitere Aufschlüsse darüber liefern, wo Ethik und Moral, das Wertesystem des Menschen, das durch Erziehung und Umwelt modifiziert wird, verwurzelt ist? Könnte es tatsächlich sein, dass anatomische Strukturen die individuelle Normenkontrolle repräsentieren? Und warum kommt es, obwohl den Patienten offensichtlich das Schuldbewusstsein abhanden gekommen ist, nicht zu schwer wiegenderen Vergehen, bei denen andere Personen zu Schaden kommen? Gibt es womöglich noch eine, von den kortikalen Strukturen des Gehirns unabhängige Instanz, die uns vor schwereren Verletzungen des menschlichen Wertesystems abhält?

Literatur

Adolphs R (2002) Neural systems for recognizing emotions. Curr Opin Neurol 12: 169-177

Adolphs R, Tranel D, Hamann S et al (1999) Recognition of facial emotion in nine individuals with bilateral amygdala damage. Neuropsychologia 37: 1111–1117

Baron-Cohen S, Ring H, Moriarty J, Schmitz B, Costa D, Ell P (1994) Recognition of mental state terms: clinical findings in children with autism and a functional neuroimaging study of normal adults. Br J Psychiatry 165: 640–649

Berthoz S, Armony JL, Blair RJR, Dolan RJ (2002) An fMRI study of intentional and unintentional (embarrasssing) violations of social norms. Brain 125: 1696–1708

Binns JK, Robertson EE (1962) Pick`s disease in old age. J Med Sci 108: 804–810

Blair R, Cipolotti L (2000) Impaired social response reversal: a case of acquired sociopathy. Brain 123: 1122–1141

Blair JS, Morris JS, Frith CD, Perret DI, Dolan R (1999) Dissociable neural responses to facial expressions of sadness and anger. Brain 122: 883–893

Blum A (2000) Bad medicine, but malicious intent? The Forensic Echo – Behavioral and Forensic Sciences in the Court 4(12)

Blumer D, Benson D (1975) Personality changes with frontal and temporal lobe lesions. In: Blumer D (ed) Psychiatric aspects of neurologic disease. Crime & Stratton, New York

Bozeat S, Gregory C, Ralph M, Hodges J (2000) Which neuropsychiatric and behavioural features distinguish frontal and temporal variants of frontotemporal dementia from Alzheimer`s disease? J Neurol Neurosurg Psychiatry 69: 178–186

Burnham H, Hogevorst E (2004) Recognition of facial expression of emotion by patients with dementia of the Alzheimer type. Dement Geriatr Cogn Disord 18:75–79

Calder AJ, Lawrence AD, Young A (2001) Neuropsychology of fear and loathing. Nature Rev Neurosci 2: 352–363

Diehl J, Kurz A (2002) Frontotemporal dementia: patient characteristics, cognition, and behaviour. Int J Geriatr Psychiatry 17: 914–918

Diehl J, Grimmer T, Drzezga A, Riemenschneider M, Förstl H, Kurz A (2004) Cerebral metabolic patterns at early stages of frontotemporal dementia and semantic dementia. A PET study. Neurobiol Aging 25: 1051–1056

Diehl J, Ernst J, Krapp S, Förstl H, Nedopil N, Kurz A (2006) Frontotemporale Demenz und delinquentes Verhalten. Fortschr Neurol Psychiatr 73: 1–8

Edwards-Lee T, Miller BL, Benson DF, Cummings JL, Russell GL, Boone K, Mena I (1997) The temporal variant of frontotemporal dementia. Brain 120: 1027–1040

Fernandez-Duque D, Black SE (2005) Impaired recognition of negative facial emotions in patients with frontotemporal dementia. Neuropsychologia 43: 1673–1678

Gallagher HL, Happe F, Brunswick N, Fletcher PC, Frith U, Frith CD (2000) Reading the mind in cartoons and stories: an fMRI study of »theory of mind« in verbal and nonverbal tasks. Neuropsychologia 38: 11–21

Gregory C, Lough S, Stone V, Erzinclioglu S, Martin L, Baron-Cohen S, Hodges JR (2002) Theory of mind in patients with frontal variant frontotemporal dementia and Alzheimer's disease: theoretical and practical implications. Brain 125: 752–764

Hodges H, Miller B (2001) The neuropsychology of frontal variant frontotemporal dementia and semantic dementia. Introduction to the special topic papers: part II. Neurocase 7: 113–121

Johnson J, Diehl J, Mendez M et al (2005) Frontotemporal lobar degeneration: demographic characteristics among 353 patients. Arch Neurol 62: 925–930

Lavenu I, Pasquier F, Lebert F (1999) Perception of emotion in frontotemporal dementia and Alzheimer`s disease. Alzheimer Dis Assoc Disord 13: 96–101

Liu W, Miller B, Kramer J et al (2004) Behavioral disorders in the frontal and temporal variants of frontotemporal dementia. Neurology 62: 742–748

Mendez M, Lim GTH (2004) Alterations of the sense of »humaness« in right hemisphere predominant frontotemporal dementia patients. Cogn Behav Neurol 17: 133–138

Meyers C, Berman S, Scheibel R (1992) Case report: acquired antisocial personality disorder with unilateral left orbital frontal lobe damage. J Psychiatr Neurosci 17: 121–125

Miller BL, Darby A, Benson D, Cummings J, Miller M (1997) Aggressive, socially disruptive and antisocial behaviour associated with frontotemporal dementia. Br J Psychiatry 170: 150–155

Mummery C, Patterson K, Price C, Ashburner J, Frackowiak RSJ, Hodges JR (2000) A voxel based morphometry study of semantic dementia: the relationship between temporal lobe atrophy and semantic dementia. Ann Neurol 47: 36–45

Neary D, Snowden J, Mann D (1990) Frontal lobe dementia and motor neuron disease. J Neurol Neurosurg Psychiatry 53: 23–32

Neary D, Snowden JS, Gustafson L et al (1998) Frontotemporal lobar degeneration. A consensus on clinical diagnostic criteria. Neurology 51: 1546–1554

Neumann MA, Cohn R (1967) Progressive subcortical gliosis: a rare form of presenile dementia. Brain 90: 405–418

Owen AM (1997) Cognitive planning in humans: neuropsychological, neuroanatomical and neuropharmacological perspectives. Prog Neurobiol 53: 431–450

Rahman S, Robbins TW, Sahakian BJ (1999) Comparative cognitive neuropsychological studies of frontal lobe function: Implications for therapeutic strategies in frontal variant frontotemporal dementia. Dementia Geriatr Cogn Disord 10(1): 15–28

Ratnavalli E, Brayne C, Dawson K, Hodges JR (2002) The prevalence of frontotemporal dementia. Neurology 58: 1615–1621

Rosen HJ, Perry RJ, Murphy J et al (2002a) Emotion comprehension in the temporal variant of frontotemporal dementia. Brain 125: 2286–2295

Rosen HJ, Gorno-Tempini ML, Goldman WP et al (2002b) Patterns of brain atrophy in frontotemporal dementia and semantic dementia. Neurology 58: 198–208

Rosen H, Pace-Savitsky K, Perry R, Kramer J, Miller B, Levenson R (2004) Recognition of emotion in the frontal and temporal variants of frontotemporal dementia. Dement Geriatr Cogn Disord 17: 277–281

Snowden JS, Gibbons ZC, Blackshaw A et al (2003) Social cognition in frontotemporal dementia and Huntington`s disease. Neuropsychologia 41: 688–701

Stone VE (2000) The role of frontal lobes and the amygdala in theory of mind. In: Baron-Cohen S, Tager-Flusberg H, Cohen D (eds) Understanding other minds: perspectives of developmental cognitive neuroscience. Oxford University Press, Oxford

Theory of Mind im terminalen Koma und im *coma dépassé*

Rudolf W. C. Janzen

29.1 Einführung

Erste Gedanken zu diesem Thema sind zurück-zuverfolgen in das 19. Jahrhundert, als man bei Enthaupteten über die Frage des Denkens, des Fühlens und der Wahrnehmung diskutierte und auch – weit vor dem Sichtbarwerden einer Intensivmedizin – in den Phasen einer Bewusstseinstrübung direkt vor dem Sterben die Frage aufwarf, ob beim Sterbenden eine Dissoziation zwischen dem Gehirn und den übrigen Organfunktionen möglich sei und ob kognitive Prozesse fortdauern und wahrgenommen werden können.

Mit der Einführung der Intensivbehandlung bei schweren und schwersten Funktionsstörungen des Gehirns, z. B. bei postanoxischem Koma oder Basilaristhrombosen, wurde spätestens mit den neuropathologischen Untersuchungsergebnissen zum Befund des *respirator brain* (Moseley et al. 1976) die Frage der Prognose und damit der Indikationsstellung aufgeworfen. Diese Überlegungen führten zum aktuellen Konzept des Hirntodes (Harvard-Kriterien; Beecher 1968).

29.2 Hirntod

29.2.1 Feststellung

Im Zentrum der Debatte um den Hirntod steht immer wieder die Frage, ob wirklich und nachweislich mit der Feststellung des vollständigen und irreversiblen Funktionsverlusts des »Gesamthirns« der Organtod des Gehirns vorliegt und mit dem Hirntod der Tod des Individuums nachgewiesen ist.

Das Phänomen »Hirntod« ist aber bei therapeutisch unbeeinflussbaren, schwersten Hirnerkrankungen eingebettet in den Sterbeprozess. Nach einer längeren Komaphase mit zunehmender Desintegration des Gehirns (terminale Komaphase) ist der Moment des vollständigen Funktionsverlusts für den Beobachter fast immer unscharf, da er sich klinisch nahezu unmerklich entwickelt, nur selten abrupt. Bei kontinuierlichem EEG-Monitoring kann eine zeitliche Festlegung gelingen (◘ Abb. 29.1). Die Feststellung des eingetretenen Hirntodes ist daher zwingend mit dem Kriterium der Irreversibilität des Hirnfunktionsverlusts ver-

knüpft (Beecher 1968); der Terminus »areaktives Koma« bezeichnet dabei die fehlende Vigilanz und fehlende Reaktionen auf geeignete Stimuli bzw. nicht erkennbare Prozesse der Selbstwahrnehmung. Streng genommen ist mit dieser Feststellung der Begriff Koma nicht mehr zutreffend, da er auf Restfunktionen des Gehirns bezogen ist.

Beispiel

Fall 1

Ein 13-jähriger Junge litt an rezidivierenden, lebensbedrohlichen Blutungen eines Rachenfibroms. Eine erste Operation hatte er nur gerade noch überstanden, 30 Blutkonserven waren infolge des Blutverlusts notwendig – mit gefährlichen Konsequenzen für das Gerinnungssystem und die Organfunktionen. Ein leider eintretendes Rezidiv mit erneuten Blutungskomplikationen verlangte eine präoperative Embolisation der zuführenden Arterien des Rachenfibroms. Unter sorgfältigster neuroanästhesiologischer Überwachung und entsprechendem Monitoring wurde die interventionelle Embolisierung durch einen erfahrenen Neuroradiologen durchgeführt. Es entwickelte sich ein schweres, schließlich rasch progredientes malignes Hirnödem in der linken Hemisphäre mit Hemiparese, Aphasie, und Bewusstseinsstörung.

Kaum war der Junge zur Nachüberwachung auf der neurologischen Intensivstation angelangt, zeigten sich Tachykardie sowie Streckreaktionen als Vorboten einer beginnenden Kompression des Mittelhirns. Die am Bett verweilenden Eltern, über die Bedrohlichkeit des Verlaufes informiert, erlebten einen unvermittelt einsetzenden Atemstillstand. Für die Dauer der Notfallintubation wegen noch erhoffter Therapiechancen wurden sie aus dem Intensivzimmer gebeten; dann sprachen sie gefasst aus, was auch die behandelnden Schwestern und Ärzte befürchteten: »Unser Sohn ist doch gerade gestorben.« Zugleich konnten sie das ärztliche Handeln mittragen.

Nachdem sich der Verlauf definitiv wenige Tage später als unbeeinflussbar erwies, wurde schließlich der Hirntod festgestellt. Die Eltern stimmten einer Organspende zu.

Ein zentrales Atemversagen im beginnenden Koma, als erstes Zeichen eines Hirnstammversagens, ist eher selten, z. B. bei primären, ausgedehnten subarachnoidalen Blutungen aus der A. basilaris. Sehr kurzzeitig kann dabei eine Reaktivität des Kranken noch möglich sein. Im Fall des 13-jährigen Pati-

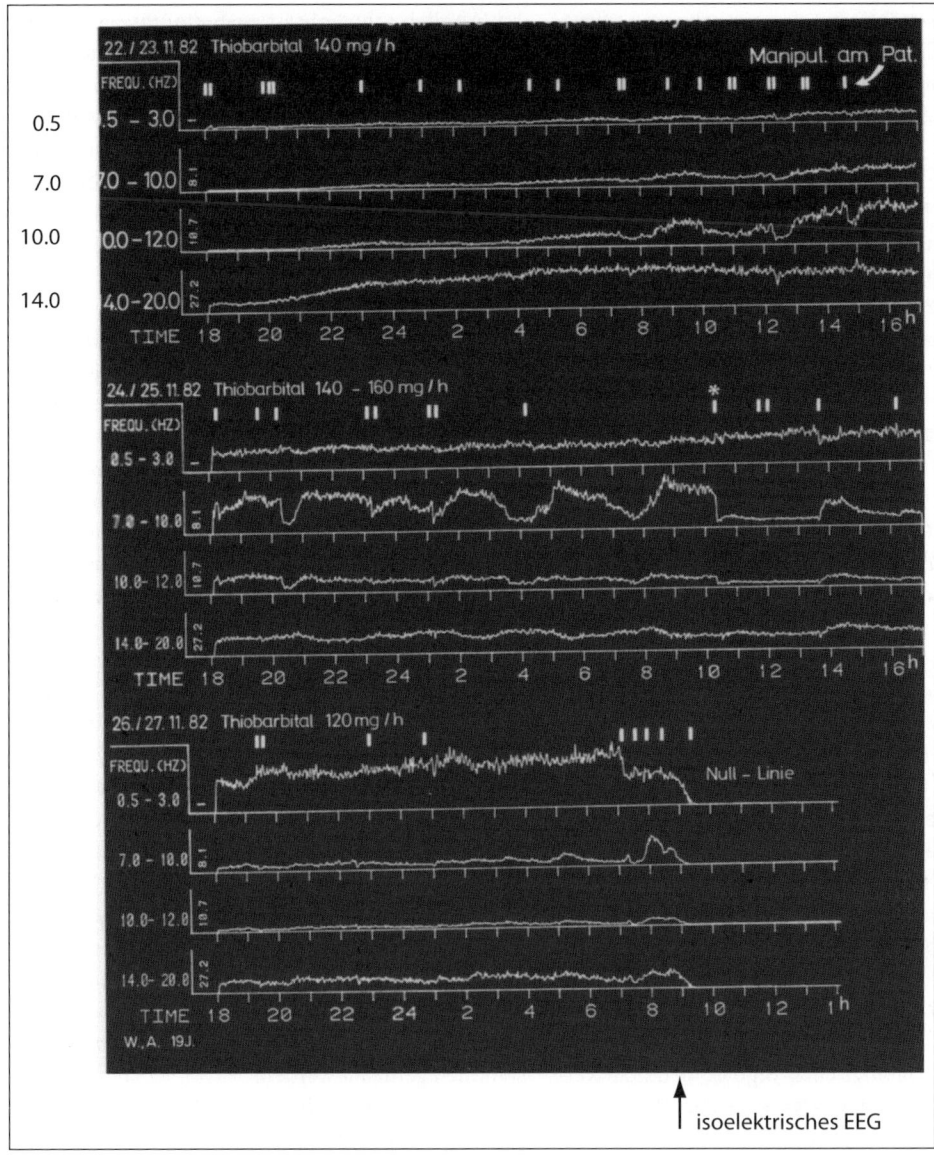

Abb. 29.1. Spektralanalyse eines Langzeit-EEG bei einem Patienten mit malignem posttraumatischem Hirnödem unter Thiopental-Therapie. *Pfeil:* abrupt beginnendes isoelektrisches EEG

enten war es Ausdruck des natürlichen Verlaufs bei extrem rasch außer Kontrolle geratenem Hirnödem nach Embolisation in das Mediastromgebiet links mit Herniation des Temporalhorns sowie Kompression des Hirnstamms.

Spontane Atmung und Herzschlag am Unfallort oder auf einer Intensivstation lassen die Bewusstlosigkeit als schlafähnlichen Zustand wahrnehmen, der vielleicht tröstlich oder hoffnungsvoll erlebt wird. Setzen Atmung und Herzschlag aus, vermag der Beobachter den natürlichen Tod erkennen.

Auch ein durch primäre Hirnerkrankung oder Analgosedierung komatöser Patient wird unter Beatmungsbedingungen, z. B. bei laufendem EKG-Monitoring, meist nicht als »schon tot« wahrgenommen. Vielmehr wird das ärztliche und pflegerische Handeln nicht nur als humane Pflichterfüllung erlebt, sondern als Ausdruck von Hoffnung auf ein Wiedererwachen nach einem langen, heilenden Schlaf.

> ❗ In dieser Phase werden reflektorische Regungen, Pulsänderungen z. B. nach Absaugmanövern, als Bestätigung der eigenen ToM aufgefasst und als Indizien für ein bewusstes und handelndes Gegenüber.

29.2.2 Spinalisation

Beispiel

Fall 2

Mit Eintritt des Hirntodes, aber auch bereits während der Manifestationsphase des Hirntodes, können spinale Automatismen spontan oder auf Reize hin auftreten (Spinalisation, spinal man; Jörgensen 1973). Diese äußern sich z. B. als Beugeschablonen der Arme oder reizgetriggerte Fingerbewegungen, deren Persistenz nicht gegen den Hirntod spricht, sondern eher bei eingetretenem Hirntod dessen Vorliegen absichern kann (Janzen et al. 1985). Dieser neurologischen Erfahrung wird gelegentlich entgegengehalten, dass auch dann, wenn der Hirntod tatsächlich schon vorliege, solche spinalen Bewegungsschablonen »Kommunikation« des Sterbenden mit seiner Umwelt darstellten.

Bei der intensiven Begleitung eines Sterbenden in der terminalen Komaphase kann die Doppeldeutigkeit der biologischen Signale deutlich werden: einerseits versteht der kritische Beobachter die vegetativen und motorischen Reaktionen als Ausdruck des biologischen Desintegrationsprozesses, andererseits kann sich auch der Erfahrenste nicht ganz frei machen von der vermeintlichen kommunikativen Bedeutung dieser Reaktionen (❑ Abb. 29.2).

Immer wieder wird auch im »professionellen Setting«, z. B. bei kutaner Schnittführung vor Organexplantation, von einer noxisch ausgelösten Pulsbeschleunigung oder Muskelzuckung (spinaler Reflexmyoklonus) berichtet, die erneut Anlass zu einer Überprüfung des Hirntodes werden.

Ähnlich schwierig ist auch die letzte Phase der Spinalisationsphänomene zu bewältigen: Mit Diskonnektion vom Beatmungsgerät nach Eintritt und Feststellung des Hirntodes wird infolge des Sauerstoffmangels eine transiente Exzitation spinaler Neurone ausgelöst, die durch kurzzeitig lebhafteste spinale Reflexe oder auch Beugeschablonen der Arme und Beine gekennzeichnet sein kann, sei es spontan oder auf kutane Stimuli.

Ropper (1984) hat dafür den unpassenden Begriff »Lazarus-Syndrom« eingeführt, der allerdings den emotionalen Wahrnehmungsgehalt des Beobachters treffend wiedergibt.

Diese Spinalisationsphänomene lösen für Angehörige trotz Aufklärung oder Begleitung kaum beherrschbare Emotionen aus, die auch retrospektiv nicht ihre Kraft verlieren. Nach Feststellung des Hirntodes wird man, wenn die Angehörigen bei und nach der Diskonnektion vom Beatmungsgerät anwesend sein wollen, eine leichte Relaxation vorsehen, vor allem aber muss die kontinuierliche Anwesenheit eines entsprechend erfahrenen Arztes für alle Fragen und Sorgen sichergestellt sein.

Bis zu 40 Minuten nach Diskonnektion können elektrische Signale auf dem EKG-Kanal des Monitors beobachtet werden, die oft die elektromechanische Entkopplung überdauern. Da bei längeren Komaphasen oder tiefer Analgosedierung das am Monitor sichtbare EKG zum »Marker des Lebens und der Hoffnung« wird, muss auch nach Diskonnektion den Angehörigen der Bedeutungswandel hin zum Zeichen des »sterbenden Herzens« verständlich gemacht werden.

Auf vielen Intensivstationen wird der Todeszeitpunkt mit Feststellung des Hirntodes protokolliert, aber auch der Zeitpunkt des isoelektrischen EKG dokumentiert, so als wäre erst damit das Leben wirklich erloschen.

Dieser Phase der Manifestation des Hirntodes vorgeschaltet ist ein sehr komplexer Prozess der Dissoziation/Diaschisis und auch der Diskonnektion von Hirnfunktionen, die durch selektive oder nichtselektive primäre Hirngewebsschädigung (z. B. Sauerstoffmangel, anhaltende Funktionsentgleisungen wie z. B. nonkonvulsiver Status epilepticus) bzw. sekundäre Hirnschädigungen (septische Enzephalopathie im Rahmen eines Multiorgan-

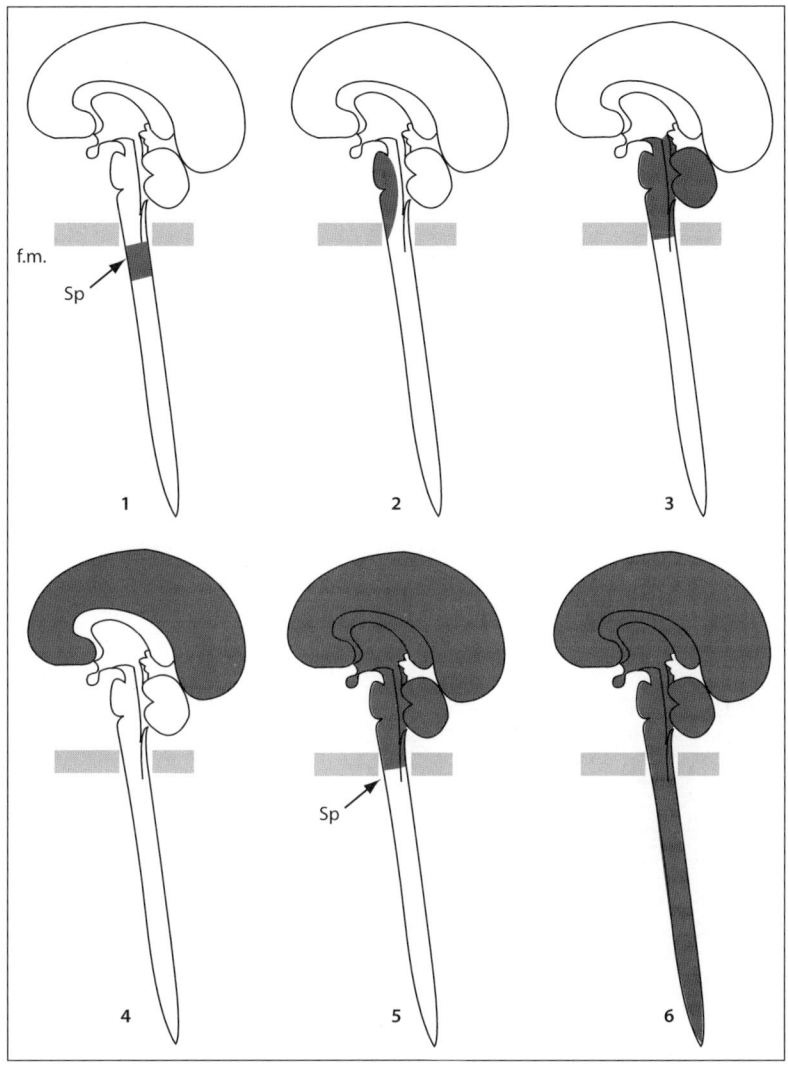

Abb. 29.2. Schematische Darstellung zur Morphologie und Klinik von Komasyndromen. *1* spinale Erkrankungen mit Spinalisationsphänomenen (*Sp*), *2* Läsion bei Locked-in-Syndrom, *3* isolierter Funktionsverlust des Hirnstamms (*brain stem death*), *4* komplettes apallisches Syndrom nach Ingvar (*neocortical death*), *5* Funktionsverlust des Gesamthirns (Hirntod) sowie Spinalisationssyndrom, *6* Funktionsverlust des Gesamthirns und zusätzlicher Funktionsverlust des Rückenmarks (*spinal death*) nach Diskonnektion vom Beatmungsgerät; *f.m.* Foramen magnum

versagens) bedingt sind. Plum und Posner (1980) haben in ihrem grundlegenden Ansatz die Beziehungen zwischen Hirnläsion und neurologischen Symptomen, d. h. Änderungen der Bewusstseinslage, der Vigilanz, der Schlaf-Wach-Rhythmik, der motorischen Schablonen und Hirnstammreflexe sowie ferner vegetativer, neuroendokriner oder auch spinaler Ausfälle, erstmals umfassend dargestellt.

❶ Die sehr hohe Dichte bedeutender klinischer, metabolischer und neuropsychologischer Phänomene im Koma bringt es mit sich, dass eine umfassende Theorie der Komasymptome bislang an dieser Komplexität scheitert. Sie wird eine der schwierigsten Aufgaben der Neurologie bleiben.

29.3 Locked-in-Syndrom – Hirnstammtod – *coma dépassé*

Eine ToM, die dem komatösen Patienten gerecht werden kann, verlangt weit mehr als den praktischen intensiv-neurologischen Zugang. Auch nach vielen Jahren ist dem Autor nicht immer klar, ob das Koma eine natürliche Schutzfunktion hat, ob es ein regeneratives Durchgangsstadium zum Erwachen oder einen Vorraum zu unerforschten Formen des subjektiven Erlebens bildet.

Ein mehr indirekter Zugang zur besseren Beobachtung und Analyse von Komasyndromen ist bis zu einem gewissen Grad in Untersuchungen von Kranken nach dem Koma – nach der Beschreibung von Mollaret und Goulon (1959) als *coma dépassé* bezeichnet –, zu finden.

Die Funktionen von Hirnstamm (Deliyannakis et al. 1975; Pallis 1983) und Kortex können selektiv gestört werden und zu Komata mit unterschiedlicher Symptomatik und abweichenden Reintegrationschancen führen (»neokortikaler Tod«, Brierley et al. 1971; »kognitiver Tod«, Bensford 1978).

29.3.1 Locked-in-Syndrom

Beispiel

Fall 3

Eine ca. 70-jährige Frau wurde als komatös eingestuft. Die Patientin zeigte Streckmechanismen der Arme und Beine, spontan und reflektorisch, wies beidseitig ein Babinski-Phänomen auf und zeigte keinerlei spontane oder pseudowillkürliche Bewegungen der oberen oder unteren Extremitäten. Sie atmete spontan und ließ keine Auffälligkeiten der vegetativen Parameter erkennen. Sie hatte aber keine »komatöse Mimik«. Stirnfalten waren vorhanden, die geschlossenen Lider waren nicht tonuslos. Da ähnliche Zustände bei Hypoglykämie oder Intoxikation vorkommen können, wurde die Aufforderung an die Patientin gerichtet, die Augen zu öffnen. Dies erfolgte fast prompt und wiederholte sich eindeutig nachvollziehbar. Die Patientin war also wach; sie hatte ein inkomplettes Locked-in-Syndrom (LiS; ◘ Abb. 29.3) im Gefolge

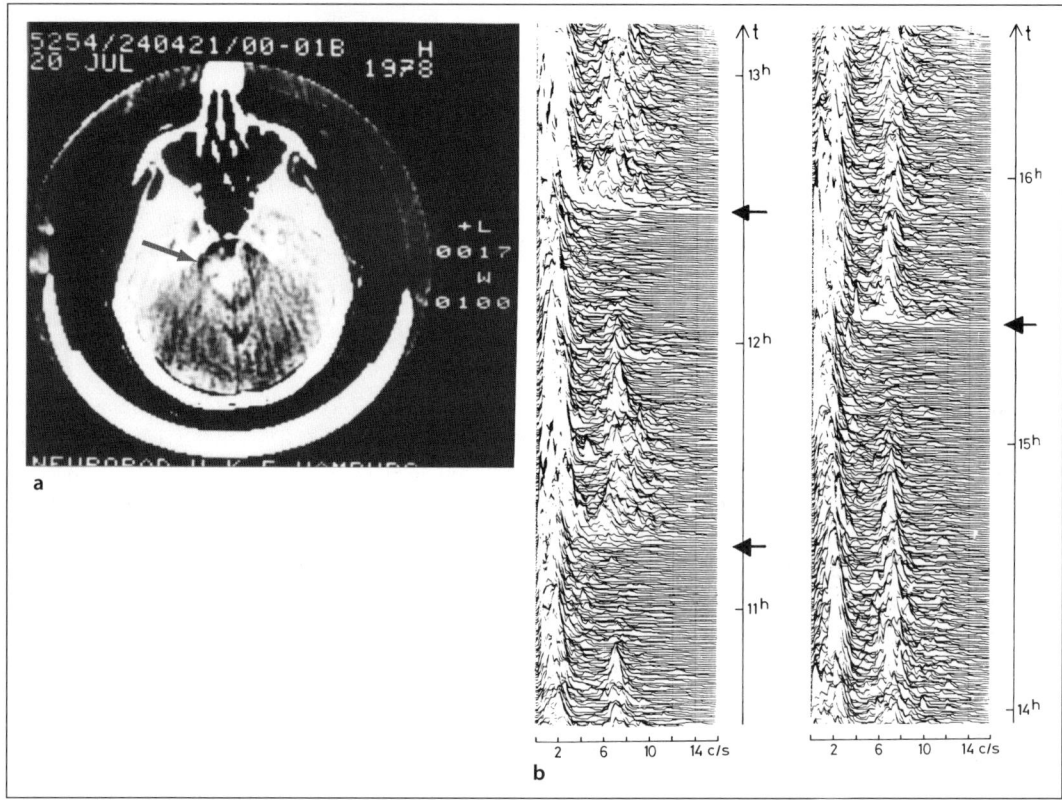

◘ **Abb. 29.3. a** CCT (kraniale Computertomographie): komplettes Locked-in-Syndrom (LiS) infolge ausgedehnter Pons-Blutung (*grauer breiter Pfeil*); **b** Darstellung eines Langzeit-EEG mit Frequenzanalyse; die *schwarzen Pfeile* bezeichnen spontane, klinisch nicht markierte Fluktuationen während des kompletten LiS *einer computertomographisch nachweisbaren pontinen Blutung.*

Während der Phase der lokalen Hirnschwellung entwickelte sich ein komplettes LiS mit fluktuierendem EEG in der Spektralanalyse ohne sichtbare klinische Veränderungen (◘ Abb. 29.3). Patienten im LiS zeigen die Fähigkeit einer kontrollierten Modulation des EEG, möglicherweise auch im kompletten LiS (Frank et al. 1988; Kübler 2000).

Bei ausgedehnten pontinen Blutungen, oft verbunden mit Pin-point-Pupillen oder ausgedehnten Infarkten der Ponsregion sowie des Mesenzephalon nach Basilarisverschluss kann auch ein primär komplettes LiS vorkommen, bei dem keinerlei Modulation der Mimik erkennbar ist und spontan sowie reflektorisch Streckmechanismen auftreten (Thiel et al. 1997). Es kann ein reaktives oder areaktives EEG (z. B. alpha-Koma/beta-Koma) vorliegen. Im Langzeit-EEG-Monitoring sind spontane Frequenzwechsel zu registrieren, die basale Vigilanzschwankungen widerspiegeln (◘ Abb. 29.4).

29.3.2 Hirnstammtod

Bei ausgedehntem Hirnödem der Brücke oder des Kleinhirns, z. B. nach Blutungen, kann es zu einem Hirnstammversagen kommen, mit überdauerndem EEG. Klinisch finden sich dann die Zeichen eines isolierten Hirnstammfunktionsverlusts, keine akustisch evozierten Potenziale, keine somatosensorisch evozierten Potenziale und auch keine spontane Atmung mehr.

Bei diesen Patienten ist ein überdauerndes areaktives EEG ableitbar. Hinweise auf etwaige kognitive Funtkionen sind nicht aktivierbar. Sind die Hirnstammfunktionen vollständig und irreversibel ausgefallen, so spricht man auch vom *brain stem death*, der allerdings in Deutschland, anders als in Großbritannien, nicht dem Hirntod gleichzusetzen ist. Der klinische Verlauf führt durch eine kraniale Herniation des Hirnstamms ins Tentorium in der Regel nach einigen Tagen zum Eintritt eines definitiven Hirntodes.

29.3.3 Postanoxisches Koma

Beispiel
Fall 4

Nach Reanimation mit Stabilisierung des Herz-Kreislauf-Verhaltens bildete sich nach 48 Stunden ein areaktives beta-EEG aus. Die spontane Atmung war stabil, vielleicht etwas tachypnoeisch. Der Patient ließ keine Reaktionen auf bekannte Stimmen erkennen, es zeigte sich allerdings eine tonisierte Gesichtsmuskulatur, die einem basalen Ausdrucksverhalten der fazialen mimischen Muskulatur entspricht. Es bestanden einzelne Schluckfunktionen, disseminierte, minimale, generalisierte Myoklonien. Der Patient wies keine charakteristische »Komamimik« auf. In dieser frühen Phase, 72 Stunden nach dem Reanimationsereignis mit protrahiertem, protokolliertem Komasyndrom, wurden diese Phänomene als möglicherweise mininalreaktive Mimik basaler Art eingeordnet. Der Verdacht auf ein beginnendes Lance-Adams-Syndrom (Lance u. Adams 1963) wurde geäußert und nach einmonatiger Intensivtherapie bestätigt.
Die Rehabilitation führte zu einer Integration in die häusliche Umgebung bei entsprechender Überwachung.

Sehr viel schwieriger sind die kognitiven Fähigkeiten und späteren Entwicklungschancen von Patienten mit postanoxischen Komazuständen zu bewerten (Thiel et al. 1997). Sie können zu einer persistierenden postanoxischen Komaphase führen, eventuell auch zu einem permanenten postanoxischen Koma, einem irreversiblen (permantenten) **apallischen Syndrom** (Haupt et al. 2000; Ingvar et al. 1978).

In der Frühphase nach Herzstillstand kann es zu einer neokortikalen Schädigung mit persistierendem isoelektrischem EEG kommen, dem kompletten postanoxischen apallischen Syndrom (Ingvar u. Brun 1972). Die ToM trägt entscheidend zum Erkennen dieser erwachenden Hirnfunktionen bei, denn oft ist die Kommunikation mit dem Patienten in den frühen postkomatösen Phasen vorwiegend emotional gesteuert, sodass zwischen der eigenen begleitenden affektiven Stimulation, der kommunikativen Therapie nach Zieger (1998), diese Inokulation der Erwartungen in das beobachtete Bild nicht zu trennen ist von dem neurobiologischen Verlauf einer verbesserten Kommunikationsfähigkeit auf Seiten des Patienten (Herkenrath 2006).

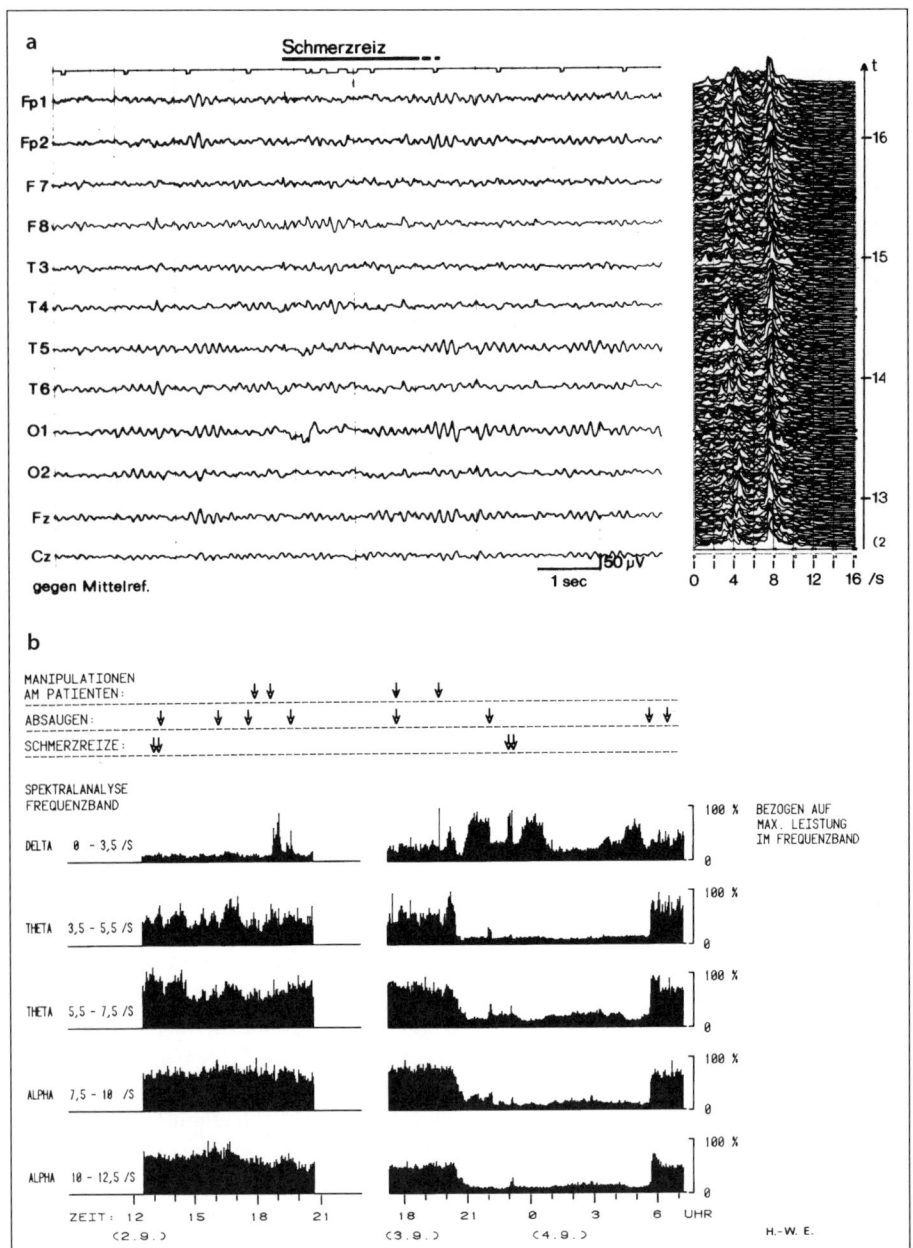

◻ Abb. 29.4. Areaktive *alpha-like activity* im EEG eines Patienten mit komplettem Locked-in-Syndrom nach Basilaristhrombose (auch als alpha-Koma bezeichnet). **a** Ausschnitt aus einem konventionellen EEG mit einem areaktiv verlaufenden Schmerzreiz, der eine Streckreaktion auslöst (Artefakt *01*), *rechts* Aufzeichnung eines Langzeit-EEG mittels Frenquenzanalyse; **b** 24-Stunden-Langzeit-EEG mittels Spektralanalyse mit spontaner Modulation während Tag-Nacht-Periodik

Eine eigene, unwillkürliche Erwartung und Bewertung biologischer Signale – gerade individueller, vermeintlich kommunikativer Signale – ist kaum zu operationalisieren (McMillan u. Wilson 1993). Die Frage der überdauernden Identität der Persönlichkeit, des Wiederentdeckens der bisherigen oder »neuen« Persönlichkeit im postkomatösen Stadium ist ein besonders schwieriges

Thema. Das funktionelle MRT kann zeigen, ob zumindest die primären Sinnesfelder durch die typischen Signale aktiviert werden können, sodass bei entsprechenden, zweifellos sehr aufwändigen Untersuchungsvorgängen mehr Verständnis für die postkomatösen Verlaufsmuster, insbesondere Reintegrationsprozesse, entstehen kann. Auch neuere morphologische Verfahren mit Magnetresonanzspektroskopie und *fiber tracking* werden sich hier bewähren müssen.

Zur Entwicklung einer angemessenen ToM des Komas können moderne Bildgebungsverfahren eine wesentliche Ergänzung zur minutiösen klinischen Beobachtung leisten.

❶ Das Auftauchen aus einem Koma besteht nicht allein in der Wiederherstellung essenzieller neurologischer Grundfunktionen, sondern führt auch zu erkennbar neuen Eigenschaften hinsichtlich Wahrnehmung, Reflexion und Reaktion – letztlich zu einer Veränderung der Person. Dies verlangt eine Abkehr von zu starren Vorgaben einer ToM, die eine weit gehende personale Identität und Kontinuität voraussetzt. Sacks (1984) favorisierte eine »klinische Ontologie« oder »existenzielle Neurologie« – eine Neurologie des Selbst, das in Auflösung und Erschaffung begriffen ist.

Literatur

Beecher HK (1968) A definition of irreversible coma. Report of the Ad Hoc Committee of the Harvard Medical School to Examine the Definition of Brain Death. JAMA 205: 337–340

Bensford HR (1978) Cognitive death. Differential problems and legal overtones. Ann NY Acad Sci USA 315: 339–448

Brierley JB, Adams JH, Graham D, Simpson JA (1971) Neocortical death after cardiac arrest. Lancet II:560–565

DeliyannakisF, Joannu F, Davaroukas A (1975) Brain stem death with persistence of bioelectrical activity of the cerebral hemispheres. Clin EEG 6: 75–79

Faymonville M, Pantek K, Berré J, Sadzot B, Ferring M, de Tiège (2004) Zerebrale Funktionen bei hirngeschädigtenPatienten – was bedeuten Koma, »vegetative state«, »minimally conscious state«, Locked-in-Syndrom und Hirntod. Anaesthesist 53: 1195–1202

Frank C, Harrer G, Ladurner G (1988) Locked-in-Syndrom. Erlebnisdimension und Möglichkeiten eines erweiterten Kommunikations-Systems. Nervenarzt 59: 337–343

Haupt WF, Firsching R, Hansen HC et al (2000) Das akute postanoxische Koma: klinische, elektrophysiologische, biochemische und bildgebende Befunde. Intensivmed 37: 597–607

Herkenrath A (2006) Musiktherapie mit Menschen in der Langzeit-Phase des Wachcomas – Aspekte zur Evaluation von Wahrnehmung und Bewusstsein. Neurol Rehabil 12: 22–32

Ingvar D, Brun A (1972) Das komplette apallische Syndrom. Arch Psychiatr 215: 219–239

Ingvar D, Brun A, Johannson L, Samuelsson SM (1978) Survival after severe cerebral anoxia with destruction of the cerebral cortex: the apallic syndrome. Ann NY Acad Sci USA 315: 184–208

Janzen RWC, Hohnstädt P, Lachenmayer L, Rohr W, Neunzig HP (1985) Neurologische Symptome bei Manifestation des Hirntodes. In: Gänshirt H, Berlit P, Haas G (Hrsg) Verh Dt Ges Neurol, Bd 3. Springer, Berlin Heidelberg New York, S 582–586

Jörgensen ED (1973) Spinal man after brain death: unilateral extensor–pronation reflex of the upper limb as an indicator of brain death. Acta Neurochir 28: 258–273

Kübler A (2000) Brain computer communication. Dissertation, Tübingen

Lance JW, Adams RD (1963) The syndrome of intention or action myoclonus as a sequel to hypoxic encephalopathy. Brain 86: 111–136

McMillan TM, Wilson SL (1993) Coma and persistent vegetative state. Neuropsych Rehabil 3: 97–212

Mollaret P, Goulon M (1959) Le *coma dépassé*. Rev Neurol 101: 3–15

Moseley DR, Molinari GF, Walker AE (1976) Respirator brain: report on a survey and review of current concepts. Arch Path Lab Med 100: 61–64

Pallis C (1983) ABC of brain stem death. Br Med J 286: 39, 123–124, 209–210, 284–287

Plum F, Posner JB (1980) The diagnosis of stupor and coma, 3rd edn. Davis, Philadelphia

Ropper AH (1984) Unusual spontaneous movements in brain-death patients. Neurology 34: 1089–1092

Thiel A, Schmidt H, Prange H, Nau R (1997) Die Behandlng von Patienten mit Thrombose der Arteria basilaris und Locked-in-Syndrom – ein ethisches Dilemma. Nervenarzt 68: 653–658

Sacks O (1984) A leg to stand on. Duckworth, London (dt. Der Tag, an dem mein Bein fortging (1989). Rowohlt, Hamburg, S 219)

Zieger A (1998) Early rehabilitation of neurosurgical intensive care patients emerging from coma. On the philosophy and practice of an interdisciplinary approach. Zbl Neurochir 31: 92–113

Synopse

Ich, der andere und mein Wille. Anmerkungen zur Theory of Mind

Detlev Ploog †

30.1   Conrad und Kopernikus

Meine Überlegungen zum Thema ToM (ToM bedeutet, sich und anderen mentale Zustände – Wissen, Glauben, Wollen, Fühlen – zuzuschreiben) möchte ich mit einem klassischen psychopathologischen Phänomen, dem **schizophrenen Wahn**, beginnen. Ich folge hierbei den Gedanken von Klaus Conrad, der die beginnende Schizophrenie in ihrer Phasengesetzlichkeit beschreibt (1958). Die erste Phase wird als Trema bezeichnet. Es ist der Zustand, der dem eigentlichen Wahn vorausgeht. Mit steigender affektiver Spannung erhält die Umwelt einen befremdlichen Zug voller unheimlicher Bedeutungen. Dem Trema folgt die apophäne Phase, in der Wahrnehmungen eine abnorme Bedeutung bekommen! Zum Beispiel zeigt die rote Mütze des Bahnhofsvorstehers den Weltuntergang an. Der Wahnkranke fühlt sich im Mittelpunkt des Weltgeschehens. Obwohl auch jeder Gesunde Mittelpunkt seiner »Welt« ist, kann er sich doch als einen unter anderen Menschen sehen, sich neben den anderen stellen, sich in ihn hinein versetzen und gleichsam in seine Fußstapfen treten. Der Schizophrene hingegen hat in seiner Psychose die Möglichkeit dieses »Überstiegs« oder Perspektivenwechsels verloren. Er vermag das Bezugssystem nicht mehr zu wechseln. Deshalb gilt nun alles ihm, wohin sein Blick sich auch wendet. Der schizophrene Wahn tritt ein, wenn der Überstieg unmöglich geworden ist. Nicht nur die Außenwelt, auch die Innenwelt wird ergriffen. Jeder Einfall wird zur Eingebung, die eigenen Gedanken werden laut und für jedermann zugänglich, die Scheidewand zwischen der Welt und dem Ich wird durchlässig. Die Phase der Apokalyptik beginnt, die Ordnung der Denkzusammenhänge geht verloren. Stimmen beherrschen den Kranken, seine Bewegungen werden von außen gemacht. Er fühlt sich wie eine Marionette, ohne eigenen Willen.

In der Rückbildung der Psychose kommt es zur Kopernikanischen Wende. Dem Kranken wird der »Überstieg« wieder möglich. Er kann erkennen, dass die Veränderungen nicht draußen in der Welt, sondern in ihm selbst gelegen haben. Die Beziehungen zu seinen Mitmenschen normalisieren sich. Der Genesende fühlt sich nicht mehr als Spielball äußerer Mächte, sondern ist wieder in der Lage, seinen eigenen Willen einzusetzen und ein geordnetes Leben zu führen.

Diese gekürzte Krankengeschichte steht für Tausende von Betroffenen. Die Kranken sind nicht in der Lage, sich in einen anderen Menschen hineinzuversetzen, sie fühlen sich als Spielball von äußeren Kräften, die auf sie einwirken, sie sind nicht in der Lage, sich willentlich zu entscheiden. Begehen sie eine ungesetzliche Handlung oder gar ein Verbrechen, werden sie exkulpiert, weil sie nach unserem Recht moralisch nicht verantwortlich sind.

Die Erkrankung tritt in manchen Familien häufiger auf. Eineiige Zwillinge erkranken sehr häufig konkordant. Man nimmt begründet an, dass genetische Faktoren zur Manifestation der Schizophrenie beitragen. Weltweit wird nach den Ursachen gesucht. Die Frage nach den Ursachen ist, wie auch sonst in Naturwissenschaften und Medizin, deterministisch zu verstehen. Demzufolge gilt es, ein Netz von kausalen Zusammenhängen aufzuklären. Anders als bei sonstigen Erkrankungen ist hier die geistige Domäne menschlichen Daseins, das Denken, das Vorstellungsvermögen und das Fühlen, besonders betroffen. Wie oben beschrieben, kann der Kranke sich nicht mehr aus seiner Wahnwelt lösen und sich nicht in den anderen hineinversetzen. Es gehört zu den größten Erlebnissen im Beginn meiner Ausbildung zum Psychiater, dass der ganze Spuk der Psychose durch ein paar Gaben einer neuronal aktiven Substanz verschwinden kann.

Die Defizite des Kranken – die Unfähigkeit, eine ToM zu haben und den eigenen Willen einzusetzen – sagen uns, dass es eine oder mehrere Instanzen geben muss, die normalerweise die Beziehungen zwischen dem Ich und der Welt regeln. Davon soll in diesem Beitrag die Rede sein.

30.2   Versuche an Kindern

30.2.1 Voraussetzungen der ToM

Zunächst möchte ich der Frage nachgehen, welche Voraussetzungen vorhanden sein müssen, um zu einer ToM fähig zu sein. Dazu wollen wir einen Blick in die menschliche Ontogenese werfen und später Vergleiche mit unseren nächsten Verwandten, den Menschenaffen, anstellen.

Was die ToM in der Ontogenese anbelangt, stütze ich mich vor allem auf die experimentellen Untersuchungen von Doris Bischof-Köhler (1993, 2000). Auf dem Wege der menschlichen Ontogenese der ToM sind einige Entwicklungsstufen zu berücksichtigen, die erreicht werden müssen, bevor die ToM zum Tragen kommen kann.

Der Terminus *theory of mind*, für den es meines Wissens keinen deutschen Ausdruck gibt, ist merkwürdig. Er stammt von Premack und Woodruff (1978). Später wurde auch der Ausdruck *mentalizing* benutzt (Frith u. Frith 2003), den man wohl am besten mit Verstandestätigkeit übersetzt. Im gewöhnlichen Sprachgebrauch würde man sich darunter eine umfassende Theorie des Bewusstseins vorstellen. Tatsächlich ist aber gemeint, dass ein Kommunikationspartner sich gedanklich in den anderen hineinversetzen kann. Das wird an dem inzwischen klassischen **Maxi-Versuchsparadigma** (s. Box) anschaulich gemacht (Wimmer u. Perner 1983).

Beispiel

Das Maxi-Versuchsparadigma

Der Versuchsperson wird mit der Puppe Maxi eine Situation vorgespielt, in der Maxi ein Stück Schokolade in eine blaue Schublade legt und danach den Raum verlässt. Während Maxi abwesend ist, legt die Mutter die Schokolade in eine grüne Schublade.

Nun wird die Versuchsperson gefragt, wo Maxi nach der Schokolade schauen wird, wenn er wieder zurückkommt. Die meisten Dreijährigen sagen, dass Maxi am neuen Ort, in der grünen Schublade, nachsehen wird. Sie können also noch nicht berücksichtigen, dass er beim Platzwechsel der Schokolade abwesend war und also daher von einer falschen Meinung (false belief) ausgehen wird. Erst Dreieinhalb- bis Vierjährige sind in der Lage, Maxis Nichtwissen bei ihrer Voraussage zu berücksichtigen. Sie sagen daher, dass er in der blauen Schublade nachschauen wird, in die er die Schokolade gelegt hat. In diesem Alter ist ein Kind in der Lage, das Verhalten eines anderen Menschen in einer bestimmten Situation richtig vorauszusagen.

Darüber hinaus haben Experimente zum Zeitverständnis (Bischof-Köhler 2000) gezeigt, dass auch diese Kompetenz im Laufe des vierten Lebensjahres heranwächst. Die Kinder entwickeln ein Verständnis für Zeitdauern und zeigen ein pragmatisches Zeitverständnis. Wir müssen aber noch einige Schritte in der Entwicklung zurückgehen, um die ontogenetischen Voraussetzungen zu finden, die das Kind haben muss, um eine ToM entwickeln zu können (Janke 2002).

Entscheidende Entwicklungsschritte zeichnen sich gegen Ende des ersten, zu Beginn des zweiten Lebensjahres ab, in dem die **Entwicklung des Selbsterlebens** zu beobachten ist. Das Kind beginnt, seinen eigenen Willen zu entwickeln (Largo 1995). Es empfindet sich als Zentrum seiner Eigenaktivität. Es stellt Veränderungen in seiner Umgebung fest, die etwas mit seiner eigenen Aktivität zu tun haben. Das Kind beginnt durch konsequentes Ausprobieren, ursächliche Zusammenhänge in seiner Umwelt zu verstehen. Zum Beispiel ist es schon früh über lange Zeit sichtlich lustvoll von einem Mobile fasziniert, das durch eine Schnur mit seinem Fuß verbunden ist und sich daher abhängig von seinen Bewegungen bewegt. Kappt man die Schnur, lässt das Interesse am sich nicht mehr bewegenden Mobile schnell nach. Es ist also die selbstbestimmte Tätigkeit, die fesselt, während fremdbestimmte Veränderungen der eigenen Kontrolle entzogen und daher uninteressant sind. Das Selber-Wollen scheint sich bereits in diesem Alter abzuzeichnen. Trotzreaktionen, die die Eltern sehr beeindrucken, gehören in diesen Entwicklungsabschnitt. Die Ich-Andere-Differenzierung führt zu einer psychischen Abgrenzung und damit zu einem Selbstkonzept, das sich mit der Vorstellungstätigkeit im zweiten Lebensjahr entwickelt.

Der Phase des kognitiven »Gedankenlesens« geht eine frühe Phase voraus, in der das Baby schon in den ersten Monaten in der Lage ist, auf den Emotionsausdruck einer anderen Person angemessen zu reagieren. Typisch dafür ist die **Stimmungsübertragung**, ein Terminus, der aus der Ethologie stammt und im Zusammenhang mit den angeborenen »Auslösemechanismen« zu verstehen ist. Eine angeborene Ausdrucksbewegung, z. B. das Lächeln, löst Lächeln beim Empfänger dieses sozialen Signals aus. Der Reiz – das Lächeln – trifft auf einen Auslösemechanismus (AAM), der angeborenermaßen das Lächeln auslöst. In seinem berühmt gewordenen Buch über den Ausdruck der Gemütsbewegungen bei Menschen und Tieren hat Darwin als erster die phylogenetischen, arteigenen Wurzeln der Ausdrucksbewegungen und deren soziale Wirkungsweisen beschrieben (Darwin 1872). Das Lächeln des Säuglings ruft Entzücken bei der Mutter hervor; es erscheint beim wachen Kind meist in den ersten beiden Lebenswochen.

Nach langem Streit unter den Säuglingsforschern werden jetzt fast alle darin übereinstimmen, dass es sich beim Lächeln um eine angeborene Ausdrucksbewegung handelt, die zum sozialen Lächeln gedeiht und je nach kulturellem Umfeld modifiziert und differenziert werden kann. Die Ausdrucksbewegungen des Säuglings werden im Laufe des ersten Jahres reichhaltiger, und die Stimmungsübertragung wird entsprechend differenzierter. Eindrucksvoll ist das Schreien der Säuglinge im Chor auf Entbindungsstationen. Die geläufigsten Beispiele für Stimmungsübertragung sind das ansteckende Lachen oder Gähnen oder auch das Weinen beim Anblick anderer, die weinen.

Mit der **Ausbildung eines Selbstkonzeptes**, d. h. der Ich-Du-Unterscheidung, entwickelt sich die Fähigkeit zur Empathie im Zeitraum zwischen 18–24 Monaten. Wahrscheinlich knüpft diese Entwicklung an die erwähnten phylogenetisch alten Mechanismen der Stimmungsübertragung an. Aber erst mit der Unterscheidung zwischen dem realen Ich und dem realen anderen ist die kognitive Voraussetzung dafür erfüllt, das eigene mitempfindende Gefühl als Gefühl des andern zu erkennen und sich dem anderen gegenüber empathisch zu verhalten. Mit Bischof-Köhler wollen wir dieser Form der Empathie eine andere – die situativ vermittelte – gegenüberstellen. Hier können wir nicht, wie bei der »ausdrucksvermittelten Empathie«, auf angeborene, phylogenetisch vorbereitete Mechanismen zurückgreifen, um zu verstehen, wie der Empathie Bekundende dazu kommt, emotional zu reagieren. Dazu wären allerlei theoretische Erörterungen zu führen, doch will ich mich hier mit dem alltagspsychologischen Aspekt begnügen und fragen, worin die Basis der emotionalen Teilhabe an der prekären Situation eines anderen bestehen könnte.

Richard Leakey (1997) erörtert eine plausible Situation des Frühmenschen, der weite Strecken durch die trockene Savanne streifen musste. In diesen Gegenden Afrikas ein Bipede gewesen zu sein, muss ein enormes Handicap bedeutet haben. Denn für den vermutlich häufigen Fall, dass das Bein eines Individuums schweren Schaden nahm, konnte der Betroffene nur überleben, wenn ein Freund oder Gefährte sich um den Gehunfähigen kümmerte. Leakey ist fest davon überzeugt,

> … dass unsere frühen zweibeinigen Vorfahren allesamt erheblich sozialer und mitfühlender waren als jeder andere Primat, uns selbst ausgenommen.

Die Nachteile der Zweibeinigkeit beeinflusste mit Sicherheit Änderungen im Verhalten und bewirkte eine Selektion hin zur Kooperation (Leakey 1997, S. 131). Auch beim modernen Menschen äußert sich die situationsbedingte Empathie zumeist in einem Hilfsangebot oder einer Hilfe, wenn z. B. jemand hinstürzt, sich verletzt oder ohnmächtig wird.

30.2.2 Spiegelversuche

Mit der Ausbildung eines Selbstkonzeptes entsteht die Fähigkeit des Kindes, sich im Spiegel zu erkennen. Die Idee, dies bei Kindern zu testen, kam aus der Anthropoidenforschung (Gallup 1970). Seither gibt es eine umfangreiche Literatur zu diesem Thema. Der Grundversuch bestand darin, dass dem Schimpansen ein roter Fleck ins Gesicht praktiziert wurde (**Rouge-Test**). Wurde der Fleck von ihm entdeckt und unter Spiegelkontrolle entfernt, galt dies als Beweis dafür, dass das Tier sich selbst erkannt hat. Man vermutete, dass die soziale Interaktion der entscheidende Faktor für die Ausbildung eines Selbstkonzeptes ist. Also zog Gallup einige Tiere ohne Artgenossenkontakt auf und stellte in der Tat fest, dass die isolierten Tiere sich auch nach Tagen noch dem Spiegel gegenüber so verhielten wie gegenüber einem Artgenossen. Einigen dieser Tiere wurde Gelegenheit gegeben, mit anderen Artgenossen zusammen zu sein. Sie lernten noch, sich selber zu erkennen. Doch einigen gelang dies auch nicht. Das eigene Spiegelbild allein scheint nicht zur Gewinnung eines Selbstbildes zu genügen. Die Interaktion mit dem Artgenossen ist erforderlich.

Der Spiegelversuch wurde bald auch für die Entwicklungsforschung am Menschen benutzt (◘ Abb. 30.1) und zur **Entwicklung des Empathievermögens** in Beziehung gesetzt. In den Empathieversuchen von Bischof-Köhler (1993) wurden 36 Kinder in der Altersstufe von 16 bis 24 Monaten ausgewählt und in einer Empathie hervorrufenden Versuchsanordnung auf ihr Empathievermögen getestet. Unter diesen Kindern gab es vier Gruppen, nämlich

- Helfer,
- Blockierte,
- Verwirrte und
- Unbeteiligte.

Die Helfer waren sichtlich betroffen und zeigten entsprechendes prosoziales Verhalten. Die Blockierten wirkten empathisch betroffen und besorgt, obwohl sie keinen direkten Hilfeversuch unternahmen. Die Verwirrten passten ihr Ausdrucksverhalten zwar der Situation an, unternahmen aber nichts und verharrten abwartend. Die Unbeteiligten blieben von dem Ereignis unberührt und gingen nach einer kurzen Orientierungsreaktion zur Tagesordnung über.

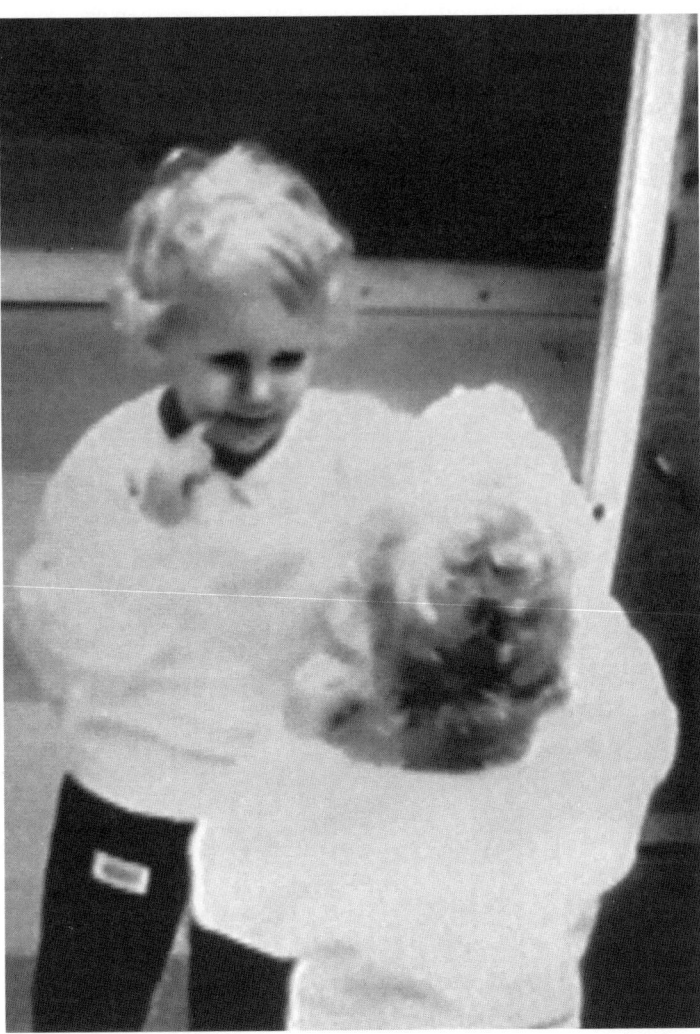

◘ **Abb. 30.1.** Kind im Spiegelversuch

Für den Spiegelversuch standen dieselben 36 Kinder zur Verfügung. Das Sich-selbst-Erkennen wurde in erster Linie nach dem (modifizierten) Rouge-Test beurteilt, ob also der Fleck im Gesicht lokalisiert wurde. Hinzu kam eine Reihe von zusätzlichen Kriterien, die das Sich-Erkennen anzeigten. Insgesamt wurden von den 17 Kindern sechs als »Erkenner« und elf als »Nichterkenner« eingestuft.

Vergleicht man die Ergebnisse des Empathieversuches mit denen des Spiegelversuches, ergibt sich Folgendes: Alle Empathischen (Helfer und Blockierte) sind »Erkenner«. Unter den Nichtempathischen (Verwirrte und Unbeteiligte) erkennen sich vier Kinder, 14 erkennen sich nicht.

Das Ergebnis legt einen Zusammenhang zwischen Empathie und Selbsterkennen nahe. Selbsterkennen und Empathie korrelieren positiv mit dem Alter der Probanden, die Beziehung bleibt jedoch auch unabhängig vom Alter erhalten. Der Zusammenhang von Empathievermögen und dem Selbsterkennen im Spiegel wurde in weiteren Untersuchungen bestätigt und kann als gesichert gelten.

❶ Empathie tritt in der menschlichen Ontogenese auf, wenn das Kind in der Lage ist, ein Selbstkonzept auszubilden und sich im Spiegel zu erkennen.

Um die ontogenetischen Voraussetzungen zu beschreiben, die zur ToM befähigen, fehlt neben der Ausbildung eines Selbstkonzeptes und der Fähigkeit zur Empathie noch das **Verständnis für die Zeit**. Experimente dazu haben gezeigt, dass diese Kompetenz ebenfalls im Laufe des vierten Lebensjahres heranwächst. Die Idee, einen Zusammenhang zwischen Zeiterleben, ToM und deren Auswirkungen auf die Handlungsorganisation herzustellen, konnte durch entsprechende Experimente verifiziert werden (Bischof-Köhler 2000). Die mentale Operation, die für das Zeitverständnis Voraussetzung ist, besteht in der Fähigkeit, Geschwindigkeit, Dauer und Entfernung miteinander in Beziehung zu setzen. Dementsprechend sind die Experimente angelegt. Sie zeigen, dass Vierjährige diese Operation vollziehen können.

30.3   Versuche mit Schimpansen

Es waren die »Intelligenzprüfungen an Menschenaffen« von Wolfgang Köhler, die wie kaum eine andere Entdeckung ihren Eingang in die deutschen und englischsprachigen Lehrbücher fand; zuerst 1917 in den Abhandlungen der Preußischen Akademie der Wissenschaften veröffentlicht, 1921 im Springer-Verlag erschienen und dort 1963 mit einem Anhang »Zur Psychologie des Schimpansen« nachgedruckt. Die amerikanisch-englische Version trug den Titel »The Mentality of Apes« (1925).

Köhler kam es vorwiegend auf »**einsichtiges Verhalten**« an. Der Versuchsleiter stellt eine Situation her, in welcher der direkte Weg zum Ziel, dem Futter, nicht gangbar ist, die aber einen indirekten Weg offen lässt. Das Futter zu erreichen war unterschiedlich schwierig. Es zeigte sich, dass auch die Tiere bei der Aufgabenlösung deutlich verschieden waren. Durch eine Variation der Umwege zum Ziel ließ sich eine Abstufung der Schwierigkeiten her-

❑ **Abb. 30.2.**   Cogito – ergo sum?

stellen. Zum Erreichen des Zieles waren auch Manipulationen von Gegenständen erforderlich, z. B. das Zusammenstecken von zwei Stöcken, um nach dem Futter angeln zu können. Neben den Umwegleistungen war also auch der Werkzeuggebrauch von großer Wichtigkeit. Stöcke, Schnüre, Kisten, Tische, Leitern wurden benutzt. Nach Ameisen wurde mit Stäbchen oder Strohhalmen geangelt. Für die differenzierte Bemessung der Intelligenz kommt Köhler zu dem Schluss, dass

> … der Anthropoide dem Menschen an Einsicht näher steht als vielen niederen Affenarten.

Köhler hat einzelnen Schimpansen auch Photographien ihrer selbst oder von Artgenossen gezeigt. Sie wurden aufmerksam betrachtet und auch auf die weiße Rückseite gedreht. Als Sultan, der klügste unter den untersuchten Schimpansen, sein eigenes Ebenbild sah, hob er nach einer Weile seinen Arm und streckte dem Bild langsam nach Art der Grußbewegung seine eingebogene Hand entgegen. Dieser Vorgang wiederholte sich mehrfach. In der langen Beobachtungszeit hat Sultan nie einem Ding gegenüber die Hand auf diese Weise ausgestreckt. (Köhler 1963, S. 229f).

Abschließend bewertet Köhler seine Versuche limitierend:

> Wir prüfen hier nicht … inwieweit den Schimpansen Nichtgegenwärtiges zu bestimmen vermag und ob ihn »Nurgedachtes« überhaupt in merklicher Weise beschäftigt.

Wir haben nicht sehen können,

> … wieweit nach rückwärts und vorwärts die Zeit reicht, in welcher der Schimpanse lebt.

Und kurz darauf:

> Das Fehlen von den »sogenannten Vorstellungen« wäre danach die Ursache, weshalb dem Schimpansen auch die geringsten Anfänge von Kulturentwicklung nicht gelingen (Köhler 1963, S. 192).

Wir sind hier an einem Punkt, der für die ToM entscheidend ist. Es sind die Vorstellungen, mit denen wir uns auseinanderzusetzen haben.

Vorher jedoch ist es zweckmäßig, sich mit dem **Sich-selbst-Erkennen im Spiegel**, das wir bei den Kindern kennen gelernt haben, bei den Menschenaffen zu beschäftigen. Seit Einführung der Spiegelversuche an Schimpansen durch Gallup (1970) sind zahlreiche Versuche mit allerlei Abwandlungen an Altweltaffen und Menschenaffen gemacht worden. Es steht jetzt wohl fest, dass nur Schimpansen sich mit Sicherheit im Spiegel erkennen, vielleicht auch der Orang-Utan, nicht aber der Gorilla. Mit dem Sich-selbst-Erkennen im Spiegel ist klar, dass der Schimpanse ein Selbst-Konzept hat (Ploog 1989).

Eine lustige Beobachtung, die das Ehepaar Gardner an der jugendlichen Washoe machten – dem Schimpansen, dem als erstem die Zeichensprache (*American Sign Language*) beigebracht wurde – ist die folgende (s. Box; Gardner u. Gardner 1969).

> **Box**
>
> Die Schimpansin Washoe hatte gerade das Zeichen für Affe gelernt. Vor Beginn der Sitzung hatte sie einen heftigen Drohkampf mit zwei Makaken im benachbarten Käfig. Auf Befragen, was diese Makaken seien, kombinierte sie das Zeichen für Dreck, das sie gewöhnlich für Exkremente benutzte, mit dem gerade gelernten Zeichen für Affe, sodass das »Schimpfwort« Drecks-Affe oder in der Jugendsprache vielleicht Scheiß-Affe war. Washoe tippte übrigens, wenn sie sich im Spiegel sah, mit dem Zeigefinger auf ihre Brust.

Etwa zur gleichen Zeit publizierte Premack (1971) seine ersten Resultate, die er mit der jugendlichen Schimpansin Sarah erzielt hatte (Ploog u. Melnechuk 1971). Ich will diese ingeniösen Experimente nur sehr abgekürzt schildern, weil sie uns nur indirekt zum Thema ToM führen, aber eben doch Einblick in die mentalen Prozesse geben, die den Schimpansen vor allen anderen Lebewesen – uns ausgenommen – auszeichnen (s. Box).

30

Box

Die junge Schimpansin Sarah lernte, das generelle Konzept »X« ist der Name für »Y« zu beherrschen. »Y« ist eines von vielen Objekten, von Tätigkeiten, Eigenschaften, Pronomen, und »X« ist ein Stück Plastik von beliebiger Form und Farbe. Jedes bestimmte Stück »X« bedeutet ein bestimmtes »Y«. Die Plastikstücke, »Worte« genannt, sind auf der Unterfläche magnetisiert und können an eine Metalltafel geheftet werden. Die Reihenfolge der »Worte« bestimmt die Bedeutung des Satzes. Der erste komplizierte Satz, den sie »schreiben« konnte, war von folgendem Typ:

Mary geben Apfel Sarah.

Der Apfel war ein blaues Dreieck. Jedes Wort war durch ein anders konfiguriertes Plastikstück repräsentiert.

Die Ansichten, ob es sich bei diesen Leistungen um rudimentäre Formen von Sprache handelt, haben seither viele Primatologen beschäftigt. Wir wollen diese Gedanken hier nicht verfolgen. Jedenfalls verfügt der Schimpanse über mentale Konzepte, von denen er in der Kommunikation mit seinesgleichen keinen Gebrauch macht. Unter phylogenetischen Gesichtspunkten kann man fragen, ob diese mentale Kapazität des Schimpansen eine bestimmte Stufe vor der Entstehung der menschlichen Sprache widerspiegelt, die in der Stammesgeschichte des Menschen zum Zeitpunkt der Trennung von Hominiden und Pongiden vollkommener ausgebildet war (Ploog 1980). Premacks Ansatz für seine Experimente war nicht primär linguistischer Art. Er wollte die **mentale Kapazität des Schimpansen** ausloten. Der Titel seines zusammenfassenden Buches heißt daher auch »Intelligence of Ape and Man« (1976). Wir werden uns Premacks weiterführenden Experimenten im direkten Zusammenhang mit der ToM zuwenden.

Zunächst wollen wir die täuschenden Tricks behandeln, deren vor allem Schimpansen fähig sind. Der »Betrüger« benützt aus seinem Verhaltensrepertoire ein den Mitgliedern der Gruppe bekanntes Verhalten in einem veränderten Kontext. Zum Beispiel sieht ein junger Affe (der »Betrüger«) einen kräftigeren Affen (das »Ziel« des Betruges)

eine begehrte Wurzel mühsam aus der Erde kratzen. Der Junge erhebt Wehgeschrei, als ob ihm etwas geschehe. Seine ranghohe Mutter prescht heran und vertreibt den Älteren. Der Jüngere hat seinen Zweck erreicht und kann nun die Wurzel essen. Whiten und Byrne (1988) haben viele solche Täuschungen beschrieben und nach Art der Täuschungsmanöver klassifiziert. Sie schreiben dem Verhalten eine zentrale Rolle für das Verständnis der sozialen Evolution und der Evolution des Verstandes zu. Zwei spektakuläre Beispiele sollen genügen (s. Box).

Beispiel

Täuschungsmanöver bei Schimpansen

Dandy machte einem Schimpansenweibchen Avancen, blickte aber dabei unruhig herum, um zu sehen, ob einer der Schimpansenmänner ihn beobachten könne. In dem Augenblick, als er die Schenkel spreizte und sich eine Erektion entwickelte, kam ein älteres Männchen um die Ecke. Sofort bedeckte Dandy sein Genitale mit den Händen, sodass das herbeigekommene Männchen die Erektion nicht sehen konnte. Das »genitale Imponieren« ist ein soziales Signal, das im Werbeverhalten benutzt wird (Ploog et al. 1963).

Auch im zweiten Beispiel wird das Sozialverhalten korrigiert: Ein Männchen saß mit dem Rücken einem Widersacher zugekehrt und fletschte die Zähne. Als er Drohlaute von ihm hörte, drückte er seine Lippen mit den Fingern über seine Zähne. Er wiederholte dies dreimal, bis die Drohmimik verschwand. Dann drehte er sich um und drohte vokal zurück, benutzte also statt der starken Aggressionsmimik eine der Situation angemessenere niedere Intensitätsstufe des Drohens.

Was geht in diesen beiden Beispielen vor? Im ersten Beispiel scheint sich das Schimpansenmännchen bewusst zu sein, dass sein Werben um das Weibchen von ranghöheren Männchen des Trupps nicht toleriert würde. Er hat gelernt, welchen Platz er in der Rangordnung einnimmt und was er sich in seiner Stellung erlauben kann. Er »weiß«, dass der ranghöhere Affe »weiß«, welche Bedeutung das genitale Imponieren hat und versucht es zu kaschieren, um der zu erwartenden Strafe zu entgehen.

Wie das genitale Imponieren fungiert auch die Mimik als soziales Signal. Der zähnefletschende Affe »kennt« offenbar die Wirkung des Signals und möchte seinen Herausforderer nicht provozieren. Er manipuliert seinen Gesichtsausdruck so, als ob er wüsste, welche Wirkung er auf seinen Kontrahenten hat. In beiden Fällen verhalten sich die Tiere so, als ob sie die Gedanken des andern lesen könnten.

Diese »Anekdoten«, wie sie gerne in der englischsprachigen Literatur genannt werden, sind mehrfach als unwissenschaftlich und nicht beweiskräftig bezeichnet worden, obwohl oft Mehrfachbeobachtungen an verschiedenen Tieren vorliegen. Auch Premack (1988) gehört zu den Skeptikern und erwartet angemessene Experimente, die die komplexen Zusammenhänge beweisen.

Mit dem Ziel, Klarheit darüber zu gewinnen, ob der Schimpanse über eine ToM verfügt, hat Premack (1988) über ein mehrfach variiertes Experiment berichtet, das zeigen soll, ob und inwieweit der Schimpanse wissen kann, was in seinem und in den Köpfen anderer vor sich geht (s. Box).

Beispiel
Video-Aufgaben
Es handelt sich dabei um Videostreifen, auf denen eine Person, der »Actor«, dargestellt ist, der in einzelnen Szenen versucht, an Bananen heranzukommen, die nur mit Hilfe von allerlei herumliegendem Gerät ergattert werden können. Auf Videostreifen werden acht verschiedene Probleme gezeigt, die der Actor zu lösen hatte. Am Ende jedes Streifens erhält die nun 15-jährige Sarah Fotos, auf denen jeweils vier Lösungsmöglichkeiten zu sehen sind, von denen nur eine die richtige ist. Das Foto mit der richtigen Lösung hat sie in einen Kasten zu legen. So weit – so gut. Die Aufgabe wird gelöst. Von 32 Fotos legt sie die acht richtigen heraus.

Wieso spricht dieses Verhalten dafür, dass der Affe dem Actor Verstand zuspricht? Ein Videostreifen ist eigentlich nichts weiter als eine Folge von Ereignissen: Ein Actor bewegt sich, springt auf und ab etc. Dass der Actor »will« und »versucht«, die Banane zu kriegen, ist eine Interpretation seines Verhaltens.

Wenn dreijährige Kinder in der gleichen Weise getestet werden (sowohl mit den Affen-Videos als auch in altersgerechten Szenen, wie z. B. einem Geschwister, das Kekse auf dem Kühlschrank zu ergattern versucht, geben sie gar nicht auf die Pro-

bleme Acht, wie z. B. den Keks zu bekommen, sondern sie finden einen gelben Vogel oder eine gelbe Blume, die der Farbe der Banane ähnelt, wichtig. Sie sehen also den Videostreifen auf rein visueller Ebene als eine Folge von Ereignissen ohne Sinnzusammenhang. Dieses Ergebnis spricht dafür, dass Sarahs Leistung auf einer »richtigen« Interpretation der gesehenen Videostreifen beruht; sie hat die Zusammenhänge verstanden. Um darüber eine direkte Auskunft zu erhalten, wurde ein weiteres Experiment ersonnen (s. Box).

Beispiel
Das »Schurken-Experiment«
Sarah war wieder das Testsubjekt, die in ihrem eigenen, vertrauten Käfig, ihrem »Kabinett« getestet wurde.

Sarahs Lieblingstrainerin Bonnie trank täglich zur gleichen Zeit Tee mit ihr. Für ihre Tätigkeit brauchte Bonnie Sarahs Kooperation; sie konnte ohne Sarahs Hilfe die Tür des Kabinetts nicht öffnen. Nur wenn Sarah einen Hebel betätigte, konnte Bonnie hereinkommen. Nach einigem Training brauchte Sarah ungefähr sieben Sekunden, um die Tür zu öffnen, wenn Bonnie kam.

Nach 18 Tagen der Eingewöhnung begann das neue Experiment:

Ein »Schurke«, maskiert und eingehüllt, verschaffte sich Eingang zu Sarah, indem er die Tür mit einem Brecheisen öffnete. Alle Sachen im Kabinett wurden herausgezerrt und durcheinander geworfen. Mit Videostreifen wurde Sarahs Verhalten dokumentiert: Sarah reagierte feindselig und warf Sachen nach dem »Schurken«.

Zur gewöhnlichen Tee-Zeit erschien Bonnie, 15 Minuten nachdem der »Schuft« gegangen war. Was war Sarahs Reaktion? Grüßte sie Bonnie in ungewöhnlicher Weise, zögerte sie, die Tür zu öffnen? Tatsächlich zeigte Sarah keinerlei Veränderungen, weder in ihrem allgemeinen Benehmen noch in der Geschwindigkeit, den Türriegel zu öffnen. Sie zeigte Bonnie gegenüber und auch sonst denselben Gleichmut, auch nachdem der »Schurke« noch viermal bei ihr eingedrungen war.

Vergleicht man dieses Experiment mit dem vorhergegangenen, ergibt sich Folgendes: Was der »Actor« im ersten Experiment wusste, war das gleiche, was Sarah wusste, z. B., dass die Banane außerhalb der Reichweite des »Actor« war. Weil keine Unterschiede im Wissen der beiden vorlagen, bestand für Sarah keine Notwendigkeit, eine getrennte mentale

Vorstellung der Situation zu entwickeln. Anders im zweiten Beispiel: Hier hätte sie getrennte Vorstellungen darüber haben müssen von dem, was sie weiß, und von dem, was sie weiß, das Bonnie weiß. Doch ergab sich kein Anhalt dafür, dass Sarah bei diesem Test eine ToM anwendete. Auch in einem weiteren Test sollte Sarah getrennte Vorstellungen über ihr eigenes Wissen und das Wissen des anderen haben. Auch hier versagte sie. Premack kommt, alle Ergebnisse zusammen berücksichtigend, zu dem Schluss, dass es nur gewisse Hinweise dafür gibt, dass der Schimpanse über eine ToM verfügt. Selbst wenn es positive Hinweise gäbe, würde es sich nur um Bruchteile der Merkmale handeln, über die der Mensch verfügt.

Diese kritische Beurteilung eines hervorragenden Experimentators wird m. E. positiver, wenn man die über viele Jahre gehenden Freilandbeobachtungen von Jane Goodall und von Frans de Waal wie auch die verblüffenden Betrugshandlungen von Schimpansen (Whiten u. Byrne 1988) u. a. zu Rate zieht. In der offenen, aber doch engen Gemeinschaft, in der Schimpansen miteinander leben, kennt jedes Mitglied alle Mitglieder der Gemeinschaft genau, und zwar nicht nur das äußere Erscheinungsbild, sondern auch den Charakter, das Verhalten und die Intentionen jedes einzelnen. Eine »Anekdote« erklärt dies am einfachsten (s. Box).

Die Untersuchungen von Premack und die daraus entwickelten Hypothesen zur ToM haben im Laufe der Jahre neue Experimente angeregt, darunter die von Tomasello und Mitarbeitern (2003) und von Povinelli und Mitarbeitern (Povinelli et al.

1994). Zunächst schien sich Premacks zurückhaltende Bewertung seiner Experimente zu bestätigen (Tomasello u. Call 1997). Man fand, dass Schimpansen viel vom Verhalten ihrer Artgenossen verstehen, aber nichts von deren psychischem Zustand. Allgemein formuliert, können nichtmenschliche Primaten mit nichtbeobachtbaren Sachverhalten nichts anfangen, weder im physischen noch im psychischen Bereich. Zum Beispiel lernen sie schnell, dass ihre Genossen auf ein Geräusch hin fliehen, aber sie begreifen die zugrunde liegende, schreckerzeugende Ursache nicht.

Durch die mit neuen Experimenten erzielten Ergebnisse ändern sich die Einblicke in das Vermögen der Schimpansen. In Bezug auf visuelle Wahrnehmung registrieren die Schimpansen die Blickrichtung der anderen und wissen dadurch, was die anderen sehen. Sie wissen, dass Barrieren, in bestimmten Winkeln aufgestellt, die Sicht blockieren. Jedes Individuum kann die von ihm gewonnene Information darüber, was ein anderer sieht, dazu benutzen, vorauszusagen, was er oder sie als nächstes zu tun beabsichtigt.

❶ Schimpansen haben einen sozialen Sinn für die intentionale Struktur des Verhaltens. Dennoch ist offenkundig, dass der Schimpanse keine voll entwickelte ToM besitzt und sich mit Kindern im Vorschulalter nicht messen kann. Es scheint, dass der Mensch in seiner jüngeren Evolutionsgeschichte einen Weg gefunden hat, einen weit umfangreicheren Fächer von mentalen Fähigkeiten zu entwickeln (Tomasello et al. 2003).

Box

Vier Affen – A, der ranghöchste, der gelegentliche sexuelle Beziehungen mit dem jungen Weibchen D hat, B, der eine Vermittlerrolle in der Gruppe einnimmt, und C, ein jüngeres Männchen in untergeordneter Rolle, werden von einem menschlichen Beobachter in folgender Situation beschrieben: C kopuliert mit D hinter einem Felsen, sodass sie von A nicht gesehen werden können. Doch B beobachtet die beiden aus einem anderen Blickwinkel, rennt zu A und zerrt ihn in eine Position, von der aus A C und D sehen kann. C wird von A verfolgt und bestraft.

Aus dieser Szene geht hervor, dass B »weiß«, dass A das Verhalten von C und D nicht dulden würde. Er erkennt, dass A C und D nicht sehen kann und bringt ihn in eine Position, von der aus A den Sachverhalt selbst wahrnehmen kann. Mindestens von B wird man sagen können, dass er »vorausdenkt«, wie A sich verhalten wird, wenn er C und D sieht. Im Sinne der ToM kann B »Gedanken lesen«.

30.4 Das neuronale System der ToM

Selbst eine so komplexe zerebrale Leistung wie die ToM ist in den letzten Jahren mehrfach mit zwei bildgebenden Verfahren, der Positronenemissionstomographie und vor allem der Kernspintomographie, untersucht worden. Versuchspersonen waren nur Erwachsene (Frith u. Frith 2003). Offensichtlich mussten geeignete Tests neu entworfen und alte, teils schon aus der Neuropsychologie bekannte, erprobt werden. Meistens wurden kurze Geschichten mit einem Problem erzählt.

Nach den bis jetzt vorliegenden Befunden ist der mediale präfrontale Kortex (MPFC) immer dann aktiviert, wenn die Versuchspersonen sich über sich selbst oder über andere Gedanken machen. Diese Gedanken müssen von der Realität entkoppelt sein. Nur dann wird das mentale System aktiviert.

❗ Unser Verhalten wird nicht durch den realen Zustand der Welt bestimmt, sondern durch unsere Meinungen oder Ansichten, die wir über die Welt haben.

Drei Komponenten dieses Systems können beschrieben werden: Erstens der schon genannte **präfrontale Kortex**, der während des Denkens die Entkopplung von der realen Welt besorgt; d. h., dass dieser Kortex aktiviert ist, wenn das mentale System sich in Funktion befindet. Die beiden anderen Komponenten sind die beiden **Temporalpole** und der hintere, obere **Sulcus temporalis**. Diese größeren Areale können weiter unterteilt werden, je nach der Art der mentalen Beanspruchung, z. B.
- biographisches Gedächtnis,
- emotional gespannte Szenen,
- moralische Beurteilungen,
- Spiele mit einem Partner,
- Überschreitungen sozialer Normen etc.

Im Bereich des hinteren Teils der **rostralen zingulären Zone** signalisiert die neuronale Aktivität entweder Lösungskonflikte oder das Vorhandensein mehrerer Lösungen anstelle von Irrtümern. Man wird abwarten müssen, ob sich diese erstaunlichen, meist aus zehn Studien gewonnenen Ergebnisse bestätigen werden.

30.5 Der Wille und das Wollen

Der letzte Teil meiner Ausführungen ist der schwierigste; der schwierigste deswegen, weil es nach Jahrtausenden der Diskussion über den Willen und die Willensstruktur keine widerspruchsfreie Lösung der mit dem freien Willen verbundenen Paradoxie gibt (Stent 2002). Freilich kann ich das philosophische Problem der Willensfreiheit nicht lösen. Ich denke aber, dass der mentale Zustand des **Gefühls, einen freien Willen zu haben,** unbedingt thematisiert werden muss, wenn man über die ToM nachdenkt. Nun will es der Zufall, dass gerade in den letzten Jahren dieses Thema unter dem Aspekt der Neurowissenschaften wieder und wieder behandelt worden ist (Geyer 2004), nach meinem Dafürhalten oft mit erstaunlicher Naivität. Wir brauchen uns hier nicht mit der Frage zu beschäftigen, ob sich die Doktrin des Determinismus mit der moralischen Verantwortlichkeit für unser Tun und Handeln vereinigen lässt. Es gibt Überlegungen, die zur Auflösung dieses Paradoxons führen (Stent 2002). Wir halten für den gesamten Bereich der Naturwissenschaften am Kausalitätsprinzip fest, wollen aber bedenken, dass die Kausalkette, so komplex sie auch gerade in der Hirnforschung ist, in der unmittelbaren Vergangenheit endet (Ploog 2000). Das Prinzip von Ursache und Wirkung kann nur für die Vergangenheit, nicht aber für zukünftige Ereignisse Anwendung finden. Für solche Ereignisse lassen sich allenfalls Wahrscheinlichkeitsaussagen machen. Die Klimavoraussage ist ein gutes Beispiel dafür.

Im Rahmen der ToM geht es um das Gefühl und um das Bewusstsein, einen freien Willen zu haben. Bereits im Kleinkindalter beobachten wir teils dramatisch vorgetragene Willensäußerungen. Es gibt kein menschliches Leben ohne Wünsche und keines, in dem der Wünschende nicht versucht, seinen Wunsch durchzusetzen. Bereits mit dreieinhalb bis vier Jahren haben Kinder eine Vorstellung von den Meinungen, Ansichten, Überzeugungen und Wünschen des anderen. Sie können einen Wunsch aber auch zurückstellen, wenn es opportun ist. Schon im zweiten bis dritten Lebensjahr kann das Kind traurig werden, wenn etwas nicht gelingt.

Wie eingangs erwähnt, beginnt das Kind, Interesse an der Eigentätigkeit – z. B. dem Bewe-

30

gen eines Mobiles – zu haben. Der Erwachsene bestimmt sein Leben durch seinen Willen. Er kann sich auch in den Willen eines anderen versetzen. Setzt er seinen Willen durch, fühlt er sich in seinem Selbstwert bestärkt und in seinen Absichten bestätigt. Schlimme Qualen kann derjenige erleiden, der sich nicht entscheiden kann. Die Fabel von Buridans Esel, der zwischen zwei gleich großen Heuhaufen verhungert, soll darauf hinweisen, dass der Urgrund des Wollens triebbedingt ist. Schiller führt uns die ganze Dramatik der erlebten Willensentscheidung im »Wallenstein« vor Augen:

Wär's möglich? Könnt ich nicht mehr wie ich wollte?
Nicht mehr zurück, wie mir's beliebt? Ich müsste
Die Tat vollbringen, weil ich sie gedacht
…
In dem Gedanken bloß gefiel ich mir;
Die Freiheit reizte mich und das Vermögen.
…
Blieb in der Brust mir nicht der Wille frei
…
(Safranski 2005, S. 459)

Fazit

Kehren wir zum Anfang dieses Beitrages zurück. Wir hatten am Beispiel des schizophrenen Wahns gezeigt, dass die psychischen Komponenten, die die ToM betreffen, bei dieser psychischen Erkrankung spezifisch betroffen sind und dass dieser dramatische Krankheitszustand – wenigstens für eine Weile – durch ein Psychopharmakon behoben werden kann. Daraus kann man mit Vorsicht schließen, dass es sich um ein relativ eigenes System handelt, das der ToM dient. Diese Hypothese wird auch durch die sich in bildgebenden Verfahren darstellenden Hirnstrukturen gestützt, wenn auch erst in groben Zügen. Ontogenetische Untersuchungen zeigen, dass die Fähigkeiten, die mit der ToM verbunden sind, in mehreren Jahresabschnitten heranwachsen und erst mit ungefähr fünfeinhalb Jahren abgeschlossen sind. Schließlich scheint dieses System nur dem Menschen eigen zu sein. Umfangreiche Untersuchungen an Schimpansen haben ergeben, dass die ToM – wenn

überhaupt – nur in rudimentärer Form nachzuweisen ist.

In diesem Beitrag zur ToM habe ich von den vielen Aspekten, unter denen das Thema betrachtet werden kann, dem Wollen und dem Willen einen besonderen Platz eingeräumt, weil das Wollen – das langzeitliche Planen – eine Geistestätigkeit ist, die *Homo sapiens* vor allen anderen Lebewesen auszeichnet. Mit dem Wollen stecken wir uns Ziele und gestalten so unser Leben. Mit seinem Willen gelingt es dem Menschen, Kathedralen zu bauen, sich auf den Meeresgrund und in die Lüfte zu begeben, auf den Mond zu fliegen und eine Landung auf dem Mars zu planen. Nicht nur die Gedanken, sondern auch der Wille ist frei.

Am Ende hat wahrscheinlich Kant Recht, der sagt, dass der freie Wille in der Natur des Menschen liege. Ohne ihn könnten wir uns nicht als moralische Wesen verstehen.

Literatur

Bischof-Köhler D (1993) Spiegelbild und Empathie. Huber, Bern

Bischof-Köhler D (2000) Kinder auf Zeitreise. Theory of Mind, Zeitverständnis und Handlungsorganisation. Huber, Bern

Byrne RW, Whiten A (eds) (1988) Machiavellian intelligence. Clarendon, Oxford

Call J (2001) Chimpanzee social cognition. Trends Cogn Sci 5: 388–393

Conrad K (1958) Die beginnende Schizophrenie. Versuch einer Gestaltanalyse des Wahns. Thieme, Stuttgart

Darwin C (1872) The expression of emotions in man and animals. Murray, London (1874: Der Ausdruck der Gemüthsbewegungen bei dem Menschen und den Tieren. Schweizerbartsche Verlagshandlung, Stuttgart, übersetzt v. JV Carus)

De Waal F (1991) Wilde Diplomaten. Deutscher Taschenbuch-Verlag (dtv 30373), München

Frith U, Frith C (2003) Development and neurophysiology of mentalizing. Phil Trans R Soc London B: Biol Sci 358: 459–473

Gallup GG (1970) Chimpanzees' self-recognition. Science 167: 86–87

Gallup GG (1982) Self-awareness and the emergence of mind in primates. Am J Primatol 2: 237–248

Gardner RA, Gardner BT (1969) Teaching sign language in child and chimpanzee. Science 165: 664–672

Geyer C (Hrsg) (2004) Hirnforschung und Willensfreiheit. Zur Deutung der neuesten Experimente. Suhrkamp, Frankfurt

Janke B (2002) Entwicklung des Emotionswissens bei Kindern. Hogrefe, Göttingen

Köhler W (1925) The Mentality of Apes. Routledge and Kegan Paul, London

Köhler W (1963) Intelligenzprüfungen an Menschenaffen. Springer, Berlin Göttingen Heidelberg

Largo RH (1995) Babyjahre. Die frühkindliche Entwicklung aus biologischer Sicht. Carlsen, Hamburg.

Leakey R (1997) Die Bedeutung eines vergrößerten Gehirns in der Evolution des Menschen. In: Meier H, Ploog D (Hrsg) Der Mensch und sein Gehirn. Piper, München (Serie Piper 2457), S 131

Ploog D (1980) Soziobiologie der Primaten. In: Kisker KP, Meyer J-E, Müller C, Strömgren E (Hrsg) Psychiatrie der Gegenwart, Bd I/2, 2. Aufl. Springer, Berlin Heidelberg New York, S 379–544

Ploog D (1989) Zur Evolution des Bewußtseins. In: Pöppel E (Hrsg) Gehirn und Bewußtsein. VCH, Weinheim, S 1–15

Ploog D (2000) Zeit und Zeitmaße im Gehirn. Universitas 55: 1161–1175

Ploog D, Melnechuk T (1971) Are apes capable of language? Neurosci Res Prog Bull 9: 599–700

Ploog DW, Blitz J, Ploog F (1963) Studies on social and sexual behavior of the squirrel monkey. Folia Primatol 1: 29–66

Povinelli DJ, Rulf AB, Bierschwale DT (1994) Absence of knowledge attribution and self-recognition in young chimpanzees (Pan troglodytes). J Comp Psychol 108: 74–80

Premack D (1971) Language in chimpanzees? Science 172: 808–822

Premack D (1976) Intelligence of ape and man. Lawrence Erlbaum, Hillsdale, NJ

Premack D (1988) «Does the chimpanzee have a theory of mind?» revisited. In: Byrne RW, Whiten A (eds) Machiavellian intelligence. Clarendon, Oxford, pp 160–179

Premack D, Woodruff G (1978) Does the chimpanzee have a theory of mind? Behav Brain Sci 4: 515–526

Safranski R (2004) Schiller oder die Erfindung des Deutschen Idealismus. Hanser, München

Stent GS (2002) Paradoxes of free will. American Philosophical Society, Philadelphia. Trans Am Phil Soc 92, part 6.

Tomasello M, Call J (1997) Primate cognition. Oxford University Press, Oxford

Tomasello M, Call J, Hare B (2003) Chimpanzees understand psychological states – the question is which ones and to what extent. Trends Cogn Sci 7: 153–156

Van Lawick-Goodall (1967) My friends the wild chimpanzees. National Geographic Society, Washington, DC

Whiten A, Byrne RW (1988) Tactical deception in primates. Behav Brain Sci 11: 233–273

Wimmer H, Perner J (1983) Beliefs about beliefs: representations and constraining function of wrong beliefs in young children's understanding of deception. Cognition 13: 103–128

Detlev Ploog verstarb kurz nach Abgabe seines Manuskripts. Sein Text erscheint inhaltlich unverändert.

Farbtafel

◘ **Abb. 3.1.** Eipo-Kinder, Hochland von West-Neuguinea, Indonesien. Im gemeinsamen Spiel, weitgehend ohne Spielzeug, können sich die für uns Menschen so kennzeichnenden kognitiven und sozialen Fähigkeiten herausbilden

Abb. 3.2. Tanzfest der Eipo, Hochland von West-Neuguinea, Indonesien. Männer und Frauen folgen einer unterschiedlichen Choreographie. Nach Überzeugung der Einheimischen sind beide Geschlechter in ihrer Unterschiedlichkeit und Komplementarität gleich bedeutsam für den Fortbestand des Lebens und des kosmischen Geschehens

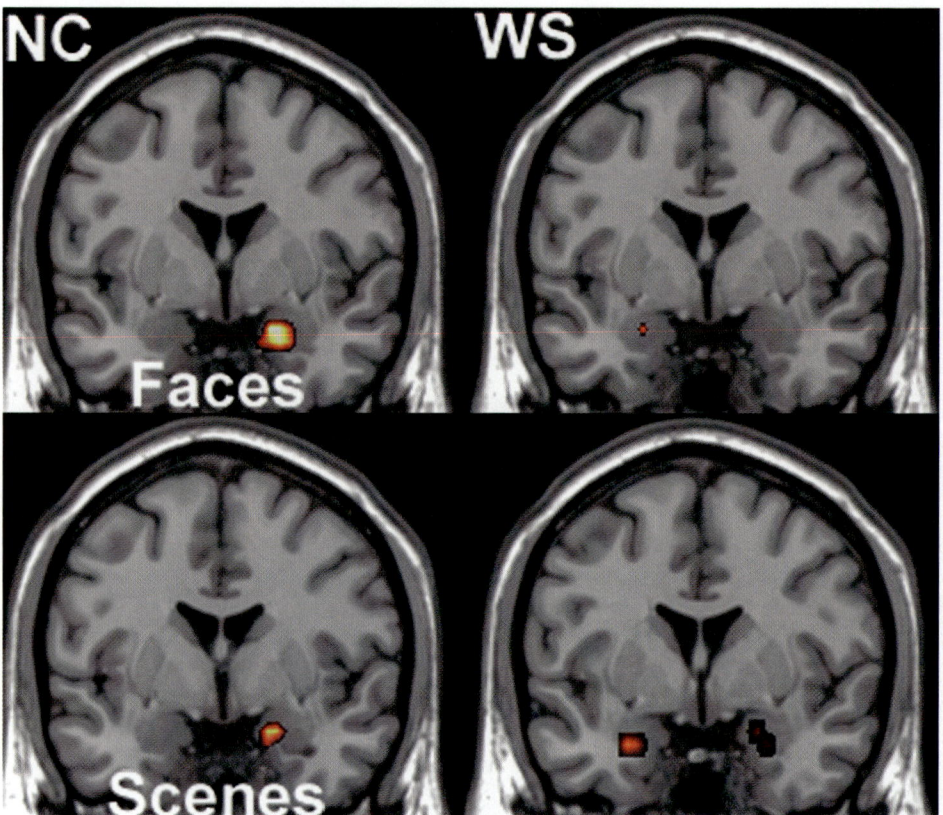

Abb. 6.1. Schnittbilder durch die Amygdala. Die *obere Reihe* zeigt die Aktivierung auf sozial relevante Reize (Gesichter, *faces*), die *untere Reihe* auf sozial nichtrelevante Reize (Bilder, *scenes*); *links*: Normalprobanden (*NC*), *rechts*: Teilnehmer mit WBS (*WS*). Die Aktivierung der Amygdala ist bei sozial relevanten Reizen bei WBS vermindert, bei sozial irrelevanten erhöht. (Mod. nach Meyer-Lindenberg et al. 2005a)

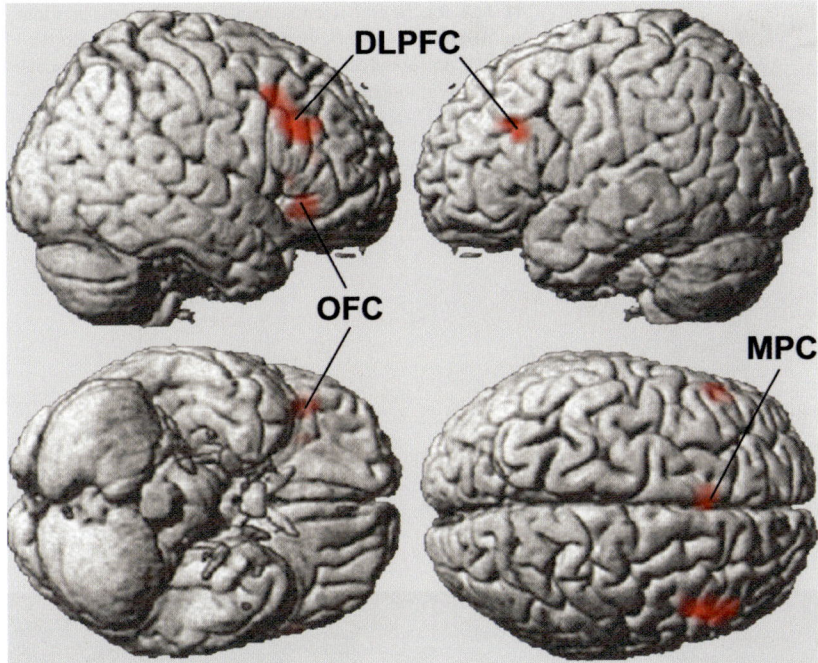

■ **Abb. 6.2.** Gruppenstatistik mit bei Normalprobanden gegenüber WBS differenziell aktivierten Regionen beim Vergleich der einfacheren mit der schwierigeren Zuordnungsaufgabe. Aktivierungsunterschiede finden sich im DLPFC, im MPC (nur angedeutet *unten rechts in der Mittellinie* zu sehen) und im OFC. (Mod. nach Meyer-Lindenberg et al. 2005a)

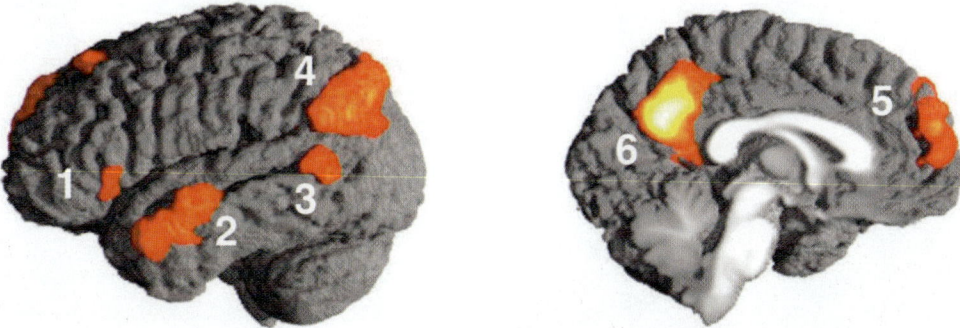

■ **Abb. 7.2.** Typisches Aktivierungsmuster für Sprachverstehen im Kontext, aber auch für ToM-Aufgaben. *1* inferiorer frontaler Gyrus, *2* anteriorer Temporallappen (aTL), *3* superiorer temporaler Sulcus, *4* temporoparietaler Übergang (TPJ), *5* frontomedianer Kortex (dmPFC), *6* posteriorer zingulärer Kortex/Präkuneus. (Nach Ferstl u. von Cramon 2002, 2005)

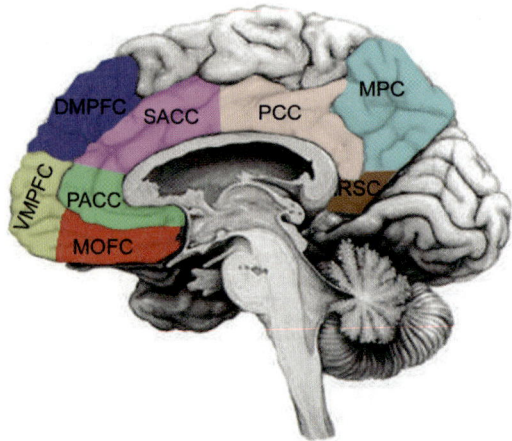

Abb. 9.1. Neuroanatomie der KMS. MOFC medialer orbitofrontaler Kortex, VMPFC ventromedialer präfrontaler Kortex,
DMPFC dorsomedialer präfrontaler Kortex, PACC prägenualer
anteriorer zingulärer Kortex, SACC supragenualer anteriorer
zingulärer Kortex, PCC posteriorer zingulärer Kortex, MPC
medial parietaler Kortex, RSC retrosplenialer Kortex

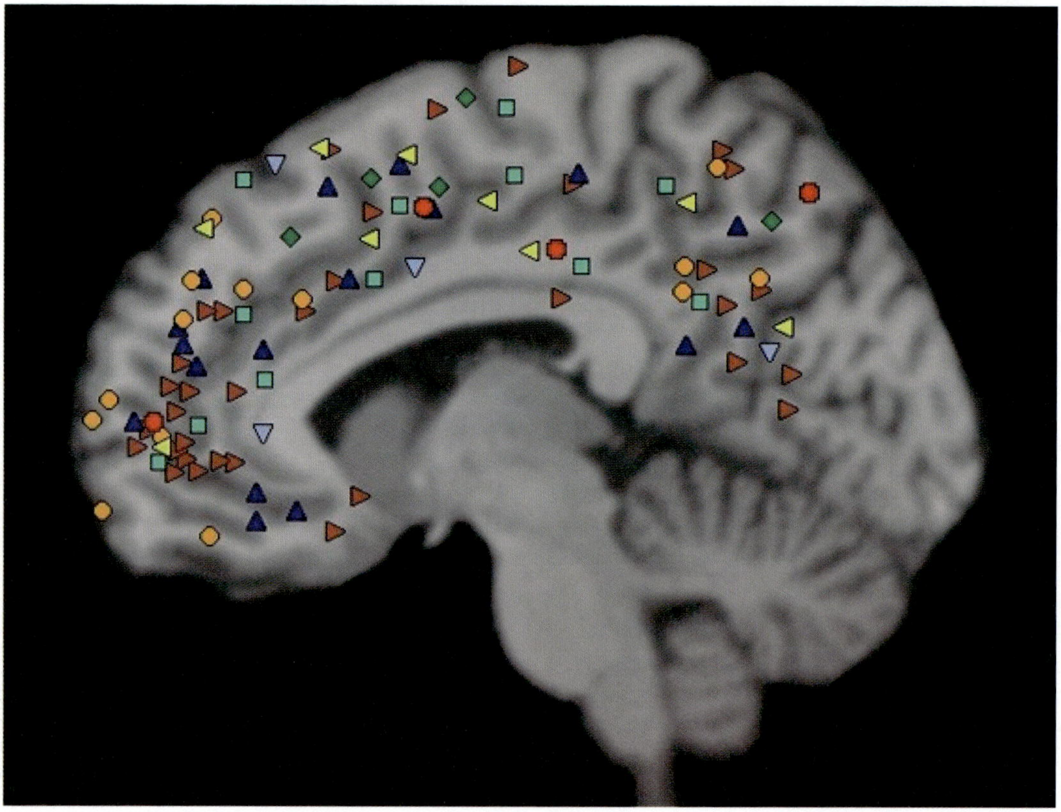

Abb. 9.2. Studien zum Selbstbezug in den verschiedenen Domänen.

▲ Emotionale Domäne: Selbst > Nicht-Selbst,

◀ soziale Domäne: Selbst > Nicht-Selbst,

▼ Gesichtsdomäne: Selbst > Nicht-Selbst,

● soziale Domäne: Selbst > Nicht-Selbst,

▣ Erinnerungsdomäne: Selbst > Nicht-Selbst,

✚ räumliche Domäne: Selbst > Nicht-Selbst,

◆ motorische Domäne: Selbst > Nicht-Selbst,

▶ verbale Domäne: Selbst > Nicht-Selbst

Farbtafel

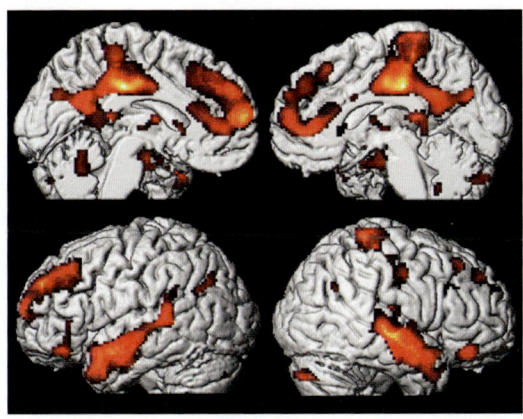

☑ **Abb. 10.1.** Statistisch signifikante Unterschiede im BOLD-Kontrast, die typischerweise bei selbstreferenziellen Prozessen als neuronales Korrelat erscheinen und die als Maß für die regional unterschiedlichen Aktivierungen genommen werden können; gruppenstatistische Darstellung der Aktivierungen, die über die Gruppe der beteiligten Probanden hinweg signifikant wurden. Der Datensatz entstammt der Untersuchung von Vogeley et al. (2004). Die Hirnaktivierungen sind auf einen anatomischen Datensatz projiziert, der die linke und die rechte Hirnhemisphäre (*linke und rechte Bildspalte*) von der medialen und lateralen Ansicht zeigt (*obere und untere Bildzeile*)

a

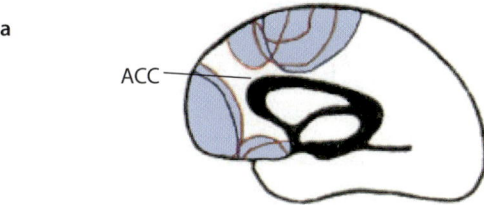

ACC

b

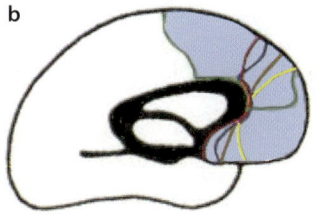 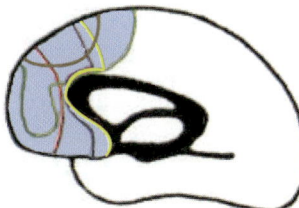

☑ **Abb. 11.1.** Lokalisation präfrontaler Läsionen bei subjektiver Veränderung der eigenen Emotionalität. **a** Geringere Veränderungen der eigenen Emotionalität (Score 0–2) gingen mit Läsionen der *farblich hervorgehobenen* präfrontalen Hirnregionen einher. Nicht betroffen bei diesen Läsionen war der rostrale Anteil des ACC (der nach Bush so genannte affektive Anteil) sowie der unmittelbar ventral davon gelegene, unilaterale mediale präfrontale Kortex (ca. BA 9). **b** Massivere Veränderungen der eigenen Emotionalität (Score 2,5–5,5) gingen in jedem Fall mit Läsionen in genau diesem Bereich (rostraler ACC und BA 9) einher. Diese Läsionen sind sowohl bei linkshemisphärischer (n = 5) als auch bei rechtshemisphärischer (n = 5) Lokalisation für jede Lateralität

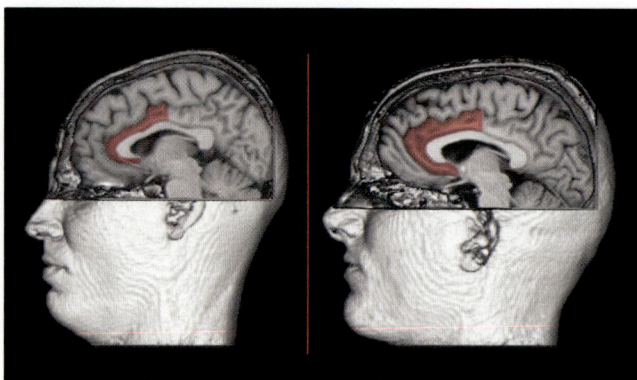

Abb. 11.2. Lage des anterioren zingulären Kortex (*rot*). (Mod. nach Gündel et al. 2004)

▶

Abb. 17.1. Der hier erstmals abgebildete Meldebogen ist der einzige bisher aufgefundene mit den Bearbeitungsvermerken der Gutachter und der T4-Zentrale. Er betrifft die jüdische Patientin Klara B. aus Wien, die zuletzt am 6.5.1939 in die Wiener Heil- und Pflegeanstalt »Am Steinhof« eingewiesen worden war. Der Meldebogen wurde im Juni 1940 »Durch eine Kommission unter der Leitung von Prof. Dr. Heyde aufgenommen« (*abgerissener roter Aufkleber*). Die Begutachtung des Meldebogens erfolgte mit *roten Plus-Zeichen* für Tötung durch Prof. Dr. Nitsche, Dr. Steinmeyer, Dr. Mennecke und den Obergutachter Prof. Heyde (*schwarz umrandetes Feld mit Paraphen*). Die Nummer Z 67652 ist die Registriernummer der »Euthanasie«-Zentrale, die an jeden gemeldeten Patienten vergeben wurde. Der Stempel *oben rechts* verschleiert die Tötung in der Gasmordanstalt Schloß Hartheim bei Linz in Oberösterreich unter dem Vermerk »erledigt in C am 8.8.40.« Die Beurkundung des Todes erfolgte jedoch erst am 7.1.1941 mit dem Zeichen X 11, ein Kennzeichen, das für jüdische Patienten verwendet wurde. Für die Zeit von der Tötung bis zur Beurkundung des Todes wurden Pflegekosten geltend gemacht (Hinz-Wessels et al. 2005, S. 92–95). Für den Hinweis auf dieses Dokument danken wir Herrn Prof. Dr. Wolfgang Neugebauer, Dokumentationsarchiv des Österreichischen Widerstandes Wien. (Bundesarchiv Berlin R 179/18427, publiziert mit freundlicher Genehmigung des Bundesarchivs)

Meldebogen 1

Z 67652

Ist mit Schreibmaschine auszufüllen!

Lfde. Nr. 4005

Name der Anstalt: **Direktion der Heil- und Pflegeanstalt der Stadt Wien „Am Steinhof" Wien 109, 14, Baumgartner Höhe 1**

in: _____ Erledigt in _____ 8. 8. 40

Vor- und Zuname des Patienten: **B███ Klara Sara** geborene: am _____

Geburtsdatum: **19.2.1909** Ort: **Wien** Kreis: **Beurkundet in**

Letzter Wohnort: **Wien 20., ███████████** Kreis: am _____

ledig, verh., verw. od. gesch.: **led** Konf.: **mos** Rasse [1]) **Jüdin** Staatsang.: **DR**

Anschrift d. nächsten Angeh.: **Mutter Ida B███ Wien 2., ███████████**

Regelmäßig Besuch und von wem (Anschrift): **r. von Mutter**

Vormund oder Pfleger (Name, Anschrift): **Kurrator**

Kostenträger: _____ Seit wann in dortiger Anst.: **6.5.1939**

In anderen Anstalten gewesen, wo und wielange: **vorher Steinhof 1934,1937,1938**

Seit wann krank: **1911 ?** Woher und wann eingeliefert: **Klinik**

Zwilling ja/nein _____ Geisteskranke Blutsverwandte: **unbekannt**

Diagnose: **Schizophrenie**

Hauptsymptome: **Persönlichkeitszerfall, versandet,**

Vorwiegend bettlägerig? ja/nein **nein** sehr unruhig? ja/nein **nein** in festem Haus? ja/nein **nein**

Körperl. unheilb. Leiden: ja/nein _____ Kriegsbeschäd.: ja/nein _____

Bei Schizophrenie: Frischfall _____ Endzustand **ja** gut remittierend **nein**

Bei Schwachsinn. debil: _____ imbezill: _____ Idiot: _____

Bei Epilepsie: psych. verändert _____ durchschnittliche Häufigkeit der Anfälle _____

Bei senilen Erkrankungen: stärker verwirrt _____ unsauber **nein**

Therapie (Insulin, Cardiazol, Malaria, Salvarsan usw.): _____ Dauererfolg: ja/nein **nein**

Eingewiesen auf Grund § 51, § 42b StrGB. usw. _____ durch: _____

Delikt: _____ Frühere Straftaten: _____

Art der Beschäftigung: (Genaueste Bezeichnung der Arbeit und der Arbeitsleistung, z. B. Feldarbeit, leistet nicht viel. — Schlosserei, guter Facharbeiter. — Keine unbestimmten Angaben, wie Hausarbeit, sondern eindeutige: Zimmerreinigung usw. Auch immer angeben, ob dauernd, häufig oder nur zeitweise beschäftigt.)

unbrauchbar

Ist mit Entlassung demnächst zu rechnen: **nein**

Bemerkungen:

Dieser Raum ist freizulassen.

+ ℋ, + ℋ + ℳℳℳ
+ ℋ

Ort, Datum _____

Durch eine Komm███
von Prof. Dr. F███ (███ Leiters oder seines Vertreters)

[1]) Deutschen oder artverwandten Blutes (deutschblütig), Jude, ███████ ██ II. Grades, Neger (Mischling), Zigeuner (Mischling) usw.

An C am – 7. AUG. 1940 6.████

■ **Abb. 13.2.** Claude Monet. Nymphéas (Seerosen), 1914–1918, Musée National de l'Orangerie, Paris. (Aus Wildenstein 1999, S. 454; mit freundlicher Genehmigung der Wildenstein-Institute, Paris)

■ **Abb. 13.3.** Mark Rothko: *The Rothko Chapel Paintings*, 1969, Houston. (Aus Nodelman 1997; © Foto: Douglas M. Parker, Los Angeles; © Kate Rothko-Prizel & Christopher Rothko/VG Bild-Kunst, Bonn 2006)

◨ **Abb. 13.4.** James Turrell: *Twilight Arch, Waiting for the Arrival of Color* (1991), Wolfram- und Fluoreszenzlicht, Museum für Moderne Kunst, Frankfurt am Main. (Mit freundlicher Genehmigung von James Turrell)

◨ **Abb. 13.8.** James Turrell: Afrum-Proto (1967), Quartzhalogen-Installatio. (Aus Ausstellungskatalog Wien 1999, S. 60; mit freundlicher Genehmigung von James Turrell)

Abb. 13.9. Bruce Nauman: *Green Light Corridor*, Holz, Fluoreszenzlicht, Solomon R. Guggenheim Museum, Panza Collection.(Foto: Giorgio Colombo, Mailand; © VG Bild-Kunst, Bonn 2006)

■ **Abb. 13.10.** Olafur Eliasson: *360° room for all colours* (2002), Projektionsfolie, Leuchtstoffröhren, Steuerung, Holz, Edelstahl, Höhe: 320 cm, Durchmesser: 815 cm, Privatsammlung, Courtesy Tanya Bonakdar Gallery, New York. photo: courtesy neuger-riemschneider, Berlin and Tanya Bonakdar gallery, New York.

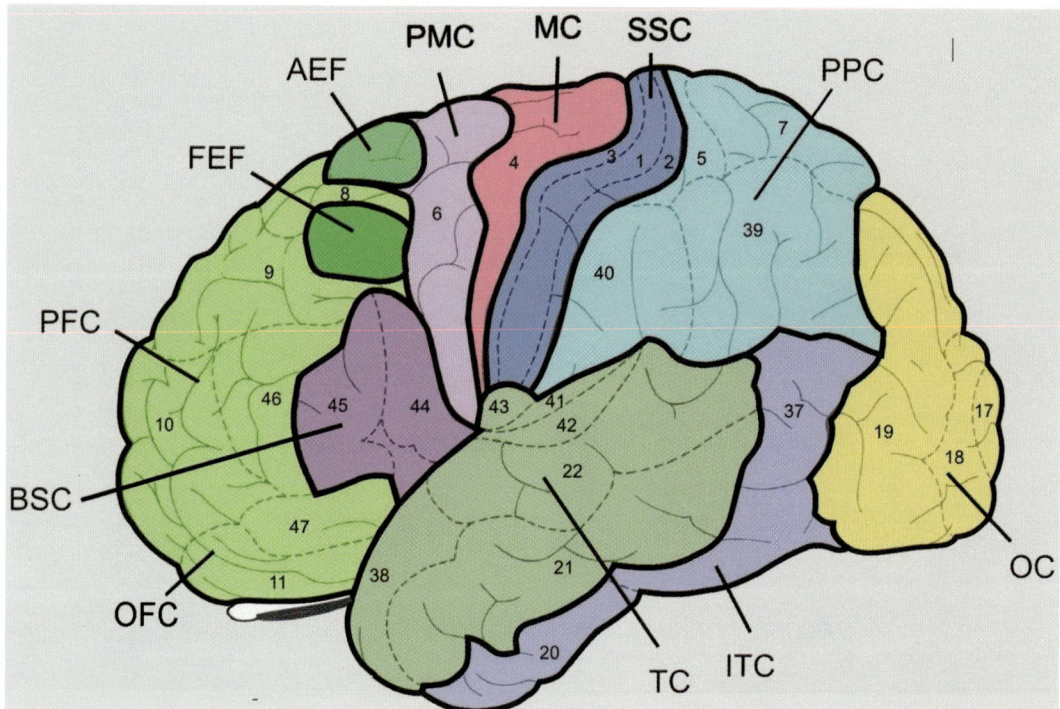

▣ Abb. 16.1. Anatomisch-funktionelle Gliederung der seitlichen Hirnrinde. Die *Ziffern* geben die übliche Einteilung in zytoarchitektonische Felder nach K. Brodmann an. *AEF* vorderes Augenfeld, *BSC* Brocasches Sprachzentrum, *FEF* frontales Augenfeld, *ITC* inferotemporaler Kortex, *MC* motorischer Kortex, *OC* okzipitaler Kortex (Hinterhauptslappen), *OFC* orbitofrontaler Kortex, *PFC* präfrontaler Kortex (Stirnlappen), *PMC* dorsolateraler prämotorischer Kortex, *PPC* posteriorer parietaler Kortex, *SSC* somatosensorischer Kortex, *TC* temporaler Kortex (Schläfenlappen). (Mod. nach Nieuwenhuys et al. 1991)

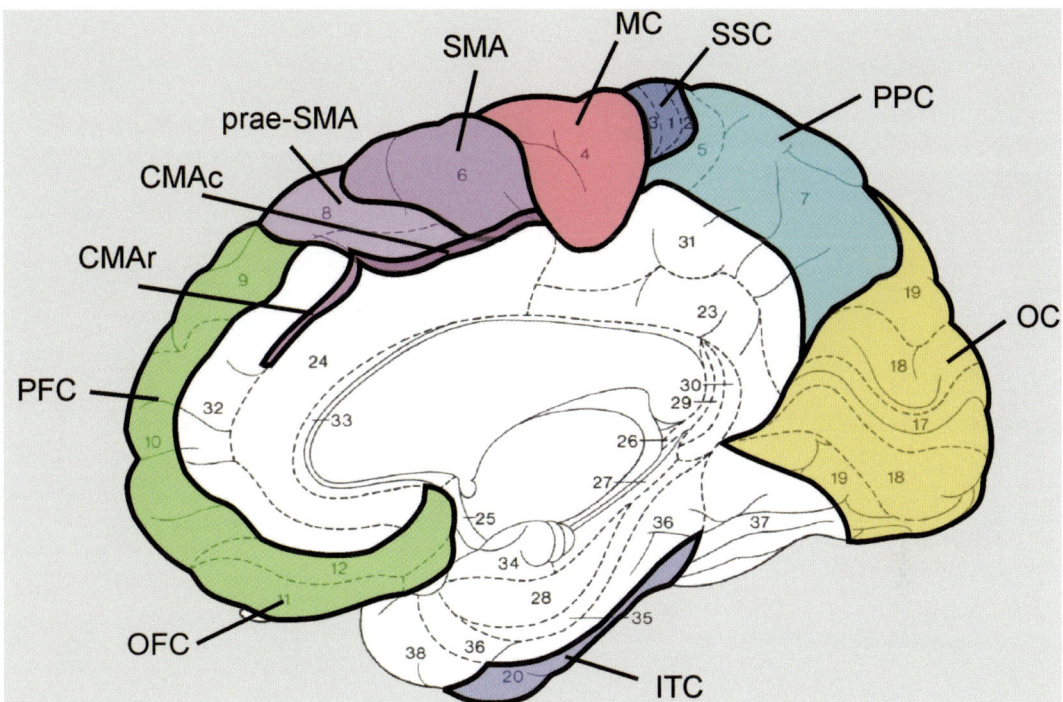

Abb. 16.2. natomisch-funktionelle Gliederung der zur Mittellinie gelegenen Hirnrinde. *CMAc* kaudales zinguläres motorisches Areal, *CMAr* rostrales zinguläres motorisches Areal, *prae-SMA* prä-supplementärmotorisches Areal, *SMA* supplementärmotorisches Areal; ◘ Abb. 16.1 für weitere Abkürzungen. (Mod. nach Nieuwenhuys et al. 1991)

Sachverzeichnis

Druck: Krips bv, Meppel
Verarbeitung: Stürtz, Würzburg